教育部高等学校地矿学科教学指导委员会
矿物加工工程专业规划教材

矿物浮选

主　编　胡岳华

副主编　印万忠　张凌燕　童　雄

中南大學出版社
www.csupress.com.cn
·长 沙·

内容简介

本书是教育部高等学校地矿学科教学指导委员会规划教材。全书共分13章，系统地介绍矿物浮选的发展历史及发展方向；矿物的晶体结构与可浮性分类；浮选捕收剂、起泡剂、调整剂的分类、性质和用途；润湿性理论、双电层理论、吸附理论及浮选动力学；现代浮选化学的基本原理；浮选工艺的物理、化学影响因素及浮选原则流程的选择和一些新的浮选工艺；浮选机的分类、工作原理、结构特点与性能关系；浮选柱工作的基本原理；介绍硫化矿、金属氧化矿和非金属矿浮选实践；贵金属矿浮选工艺；铁矿、铜铅锌钨锡等氧化矿浮选工艺；各种多金属矿或非金属矿的浮选分离药剂制度与原则流程及浮选技术的新用途等。

本书为大专院校矿物加工工程专业学生的专业课教材，也可作为冶金、化工等相关专业的教学参考书，对有关的研究院所的科研人员也有参考价值。

图书在版编目(CIP)数据

矿物浮选／胡岳华主编．—长沙：中南大学出版社，2014.3(2023.8重印)

ISBN 978-7-5487-0271-9

Ⅰ．①矿… Ⅱ．①胡… Ⅲ．①浮游选矿 Ⅳ．①TD923

中国版本图书馆CIP数据核字(2011)第087984号

矿物浮选

胡岳华　主编

□责任编辑　胡业民　刘石年　史海燕
□责任印制　唐　曦
□出版发行　中南大学出版社
社址：长沙市麓山南路　邮编：410083
发行科电话：0731-88876770　传真：0731-88710482
□印　　装　长沙印通印刷有限公司

□开　　本　787 mm×1092 mm　1/16　□印张 24.75　□字数 571 千字
□版　　次　2014年3月第1版　□印次 2023年8月第3次印刷
□书　　号　ISBN 978-7-5487-0271-9
□定　　价　58.00元

教育部高等学校地矿学科教学指导委员会
矿物加工工程专业规划教材

编审委员会

《矿物浮选》
编 委 会

总序

“人口、发展与环境”是21世纪人类社会发展过程中的重要问题，矿物资源是人类社会发展和国民经济建设的重要物质基础。从石器时代到青铜器、铁器时代，到煤、石油、天然气，到电能和原子能的利用，人类社会生产的每一次巨大进步，都与矿物资源利用水平的飞跃发展密切相关。

人类利用矿物资源已有数千年历史，但直到19世纪末至20世纪20年代，世界工业生产快速发展，使生产过程机械化和自动化成为现实，对矿物原料的需求也同步增大，造成了“矿物加工”技术从古代的手工作业向工业技术的真正转变，在处理天然矿物原料方面获得大规模工业应用。

特别是20世纪90年代以来，我国正进入快速工业化阶段，矿产资源的人均消费量及消费总量高速增长，未来发展的资源压力随之加大。我国金属矿产资源总量不少，但禀赋差、品位低、颗粒细、多金属共生复杂难处理，矿产资源和二次资源综合利用率都比较低。

矿物加工科学与技术的发展，需要解决以下问题。

(1)复杂贫细矿物资源的综合回收：随着富矿和易选矿物资源不断开采利用而日趋减少，复杂、贫细、难处理矿产资源的开发利用成为当前的迫切需要。

(2)废石及尾矿的加工利用：在选矿过程中，全部矿石经过碎磨，消耗了大量原材料和能源，通常只回收占总矿石质量10%～30%的有用矿物，大量的伴生非金属矿不仅未能有效利用，并且当作“废石”和“尾矿”堆存，成为环境和灾害的隐患。

(3)二次资源：矿山、冶炼厂、化工厂等排出的废水、废渣、废气中的稀有、稀散和贵金属，废旧汽车、电缆、机器及废旧金属制品等都是仍然可以利用的宝贵的二次资源。由于一次资源逐步减少，二次资源的再生利用技术的开发无疑成了矿物加工领域的重要课题。

(4)海洋资源：海洋锰结核、钴结壳是赋存于深海底的巨大矿产资源，除富含锰外，铜、钴、镍等金属的储量也十分丰富，此外，海水中含有的金属在未来陆地资源贫化、枯竭时，也将成为人类的宝贵资源。

（5）非矿物资源：城市垃圾、废纸、废塑料、城市污泥、油污土壤、石油开采油污水、内陆湖泊中的金属盐、重金属污泥等，也都是数量可观的能源资源，需要研发新的加工利用技术加以回收利用。

面对上述问题，矿物加工科技领域及相关学科的科技工作者不断进行新的探索和研究，矿物加工工程学与相邻学科的相互交叉、渗透、融合，如物理学、化学与化学工程学、生物工程学、数学、计算机科学、采矿工程学、矿物学、材料科学与工程已大大促进了矿物加工学科的拓展，形成各种高效益、低能耗、无污染矿物资源加工新知识、新技术及新的研究领域。

矿物加工的主要学科方向有：

（1）浮选化学：浮选电化学；浮选溶液化学；浮选表面及胶体化学。

（2）复合物理场矿物分离加工：根据流变学、紊流力学、电磁学等研究重力场、电磁力场或复合物理场（重力＋磁力＋表面力）中，颗粒运动行为，确定细粒矿物的分级、分选条件等。

（3）高效低毒药剂分子设计：根据量子化学、有机化学、表面化学研究药剂的结构与性能关系，针对特定的用途，设计新型高效矿物加工用药剂。

（4）矿物资源的生化提取：用生物浸出、化学浸出、溶剂萃取、离子交换等处理复杂贫细矿物资源，如低品位铜矿、铀矿、金矿的提取，煤脱硫等。

（5）直接还原与矿物原料造块：主要从事矿物原料造块与精加工方面的科学研究。

（6）复杂贫细矿物资源综合利用：研究选－冶联合、选矿、多种选矿工艺（重、磁、浮）联合等处理一些大型复杂贫细多金属矿的工艺技术和基础理论，研究资源综合利用效益。

（7）矿物精加工与矿物材料：通过提纯、超细粉碎、纳米材料制备、表面改性和材料复合制备等方法和技术，将矿物加工成可用的高科技材料。

现今的矿物加工工程科学技术与20世纪90年代以前相比，已有更新更广的大发展。为了适应矿业快速发展的形势，国家需要大批掌握现代相关前沿学科知识和广泛技术领域的矿物加工专业人才，因此，搞好教材建设，适度更新和拓宽教材内容对优秀专业人才的培养就显得至关重要。

矿物加工工程专业目前使用的教材，许多是在20世纪90年代前出版的教材基础上编写的，教材内容的进一步更新和提高已迫在眉睫。随着教育部专业教育规范及专业论证等有关文件的出台，编写系统的、符合矿物加工专业教育规范的全国统编教材，已成为各高校矿物加工专业教学改革的重要任务。2006年10月在中南大学召开的2006—2010年地矿学科教学指导委员会（以下简称地矿学科教指委）成立大会指出教材建设是教学指导委员会的重要任务之一。会上，矿物加工工程专业与会代表酝酿了矿物加工工程专业系列教材的编写拟题。之后，中南大学出版社主动承担该系列教材的出版工作，并积极协助地矿学科教指委于2007年6月在中南大学召开了“全国矿物加工工程专业学科发展与教材建设研讨会”，来自全国17所院校的矿物加工工程专业的领导及骨干教师代表参加了会议，拟定了矿物加工专业系列教材的选题和主编单位。此后分别在昆明和长沙又召开了两次矿物加工专业系列教材编写大纲的审定工作会议。系列教材参编高校开始了认真的编写工作，在大部分教材初稿完成的基础上，2009 年 10 月在贵州大学召开了教材审稿会议，并最终定稿，交由中南大学出版社陆续出版。

本次矿物加工专业系列教材是在总结以往教学和教材编撰经验的基础上，以推动新世纪矿物加工工程专业教学改革和教材建设为宗旨，提出了矿物加工工程专业系列教材的编写原则和要求：①教材的体系、知识层次和结构要合理；②教材内容要体现科学性、系统性、新颖性和实用性；③重视矿物加工工程专业的基础知识，强调实践性和针对性；④体现时代特性和创新精神，反映矿物加工工程学科的新原理、新技术、新方法等。矿物加工科学技术在不断发展，矿物加工工程专业的教材需要不断完善和更新。本系列教材的出版对我国矿物加工工程专业高级人才的培养和矿物加工工程专业教育事业的发展将起到十分积极的推进作用。

形成一整套符合上述要求的教材，是一项有重要价值的艰巨的学术工程，决非一人一单位之力可以成就的，也并非一日之功即可造就的。许多科技教育发达的国家，将撰写出版水平很高的、广泛应用的并产生了重要影响的教材，视为与高水平科学论文、高水平技术研发成果同等重要，具有同等学术价值的工作成果，并对获得此成果的人员给予的高度的评价，一些国家还把这类成果，作为评定科技人员水平和业绩的判据之一。我们认为这一做法在我国也应当接纳及给予足够的重视。

感谢所有参加矿物加工专业系列教材编写的老师，感谢中南大学出版社热情周到的出版服务。

王淀佐

前　言

20世纪20年代初，黄药、黑药在浮选硫化矿中的工业应用，使浮选技术在处理天然矿物原料方面获得大规模工业应用。从20世纪30年代到60年代前后，初步形成了浮选的三大基本理论（润湿理论、吸附理论及双电层理论）。

20世纪60年代以来，随着世界经济的快速发展，一方面人类对矿物资源的需求不断增加，另一方面，矿物资源中，富矿减少、贫细矿物资源增加，而且矿山、冶炼厂排出的废水、固体废弃物等对环境的污染与治理问题，二次资源的开发等问题，也开始受到重视。

为了从贫细矿物资源中有效地分离、富集有用矿物，充分合理地利用资源，同时解决环境问题，选矿科技工作者开始综合利用多学科的知识与新成就，寻找新的学科起点，开发新的浮选科学技术，以实现矿物资源的综合利用。近几十年来，选矿及相邻学科的科技工作者在选矿学科及交叉学科领域，进行了大量的基础理论与工艺技术的研究，取得了许多新的进展。

在浮选剂方面，针对特定矿石，可定量设计新型浮选剂分子并预测其浮选性能。硫化矿浮选混合电位模型的建立奠定了浮选电化学理论的基础，揭示了在不同矿浆氧化还原气氛下，硫化矿溶液界面发生不同的电化学反应，表现不同的浮选行为。浮选溶液化学，研究矿物溶解组分与各种矿物表面的化学反应，研究矿物与浮选剂相互作用的溶液平衡，确定氧化矿与浮选剂相互作用与浮选分离的最佳条件。通过颗粒间相互作用力研究，确定细粒矿物选择性凝聚、分散与浮选分离行为，解决锡、钨、铅、锌、煤等微细粒矿物加工利用难题。

《矿物浮选》一书，是作为矿物加工专业国家教改项目的成果，为适应矿物加工专业教学改革的需要重新编写的新教材，是教育部高等学校地矿学科教学指导委员会规划教材。在以下几个方面体现创新特色：

1. **研究对象多样化。**

传统的这一领域的教科书，主要针对矿物的基本性质及矿石的分选。由于人类社会经济的发展依赖于对矿物资源的开发和日益增加的消耗，矿物资源面临短缺的危机。一些以往难于利用的“贫、细、杂”矿产资源和二次资源的加工利用变得越来越重要。国内外在这方面已有许多研究工作。本书针对资源特点的变化，把一些新的浮选知识介绍给学生。

2. **更新的教材内容。**

本书除保留传统浮选教科书中一些经典的理论外，更新了许多内容，把近十年矿物加工科学研究的新成果、新知识编进了教材，如有关浮选溶液化学、电化学与电位调控浮选、新型浮选药剂及其结构与性能、铝土矿浮选等。使学生有更扎实的基础，更丰富的知识面。

3. **全面系统的浮选知识。**

全书共分13章，系统地介绍了矿物浮选的发展历史及发展方向，矿物的晶体结构与可浮性分类，硫化矿、氧化矿物、盐类矿物及硅酸盐矿物的晶体结构与可浮性等。浮选捕收剂、起泡剂、调整剂的分类与作用、分子式、结构、性质和用途。经典浮选理论，包括润湿性理论、双电层理论、吸附理论及浮选动力学；浮选剂在矿物表面的吸附的基本概念与其可浮性的关系，浮选剂吸附方程；浮选速率常数，矿粒－气泡碰撞黏附和脱附概念等。介绍现代浮选化学的基本原理，包括浮选药剂结构与性能理论、浮选溶液化学理论、浮选电化学理论和细粒浮选理论。浮选工艺与浮选原则流程的选择，浮选工艺的物理、化学影响因素，如矿浆酸碱度、水质、温度、药剂制度和气泡的调控等及一些新的浮选工艺。浮选机的分类，浮选机充气搅拌原理；机械搅拌式浮选机、充(压)气式浮选机、气体析出式浮选机等的工作原理、结构特点与性能关系；浮选柱工作的基本原理；国内外浮选设备的现状及发展趋势。介绍硫化矿、金属氧化矿和非金属矿浮选实践，铜、铅、锌、钼、镍、锑、铋多金属硫化矿浮选工艺；贵金属矿浮选工艺；铁矿、铜铅锌矿氧化矿、钨矿、锡矿、铝土矿浮选工艺；磷矿、萤石浮选工艺；重点是各种多金属矿或非金属矿的浮选分离药剂制度与原则流程。介绍了一些浮选技术的新用途，如废纸的浮选、塑料的浮选、废水浮选、离子浮选、沉淀浮选、土壤清洗等。

由于时间和知识水平有限，书中难免存在不当之处，欢迎读者批评指正。

各章节编写分工如下：胡岳华，第1章和4.2～4.4；印万忠，第2章、第8章；张凌燕，第9章、第12章；童雄，第5章，11.2～11.7和11.9～11.10及10.7、13.1、13.2；顾帼华，第6章；黄红军，第7章；伍喜庆，第3章；欧乐明，10.1～10.6；曹学峰，4.1；张芹，11.1；王毓华，11.8；张覃，13.3；邓海波，13.4。

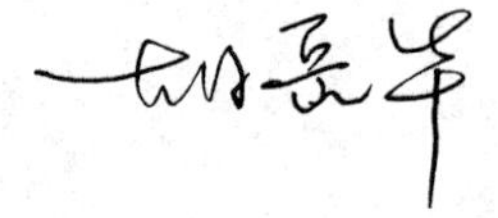

目 录

第1章 导 论

1.1 古代的“选矿”

人类利用矿物资源已有数千年历史，如自然金、自然铜、滑石、朱砂等的开采与利用。无论是公元前几千年的古埃及，还是中世纪的罗马帝国，或者是古代中国，由于科学技术水平整体落后，社会生产力低，对矿物资源的需求少，人类利用的矿物资源主要是通过手工作业从天然矿石中得到的。在古代，金属原料除了部分来自富矿床外，还有大量来自河溪海边的砂锡、砂金和砂铁矿床，这些砂矿都要经过洗、选富集才能进行冶炼。

中国是世界上利用铜、铁矿物最早的国家之一。在铜矿方面，考古工作者从安阳发掘到重18.8 kg的大块孔雀石矿物，是经过挑选的，推断为殷代炼铜的原料，说明我国殷朝即已有矿石拣选技艺。图1－1为在湖南衡阳出土的商代(公元前1600—前1046)青铜牛尊。

图1－1 湖南衡阳出土的商代青铜牛尊

据《淮南子·万毕术》记载，早在西汉时，即有胆水浸铜—铁置换铜粉—流槽富集法生产铜的记载。东汉时的现存最早的中药经典著作《神农本草经》也有：“石胆……能化铁为铜”的话，石胆或胆矾，成分是含水硫酸铜 $CuSO_4 \cdot 5H_2O$。这种认识大约到唐末、五代(907—960)间就应用到生产中去了。宋时(960—1279)更有发展，成为大量生产铜的重要方法之一，即胆水浸铜—铁置换铜粉—流槽富集法生产铜的水法炼铜工艺，称为“胆铜法”。宋代文献记载，当时南方用“水法炼铜”的约有11处，其中以饶州德兴、信州铅山和韶州岑水规模最为宏大。北宋每年产胆铜达一百万至一百七八十万斤，占当时铜总产量的15%～20%。

清康熙年间的顾祖禹(1631—1692)所著《读史方舆纪要》一书中记载了铅山场的作业情况是：“有沟槽77处，各积水为池，随地形高下深浅用木板闸之，以茅席铺底。取生铁击碎，入沟排砌，引水通流浸杂，俟其色变，锤之则为铜。”可见这是将铁置换铜的化学选矿与流槽重选巧妙结合的选矿工艺。

在炼铁方面，春秋战国时期(公元前770—前221)，据《山海经·五藏山经》记载产铁之山有37处。汉武帝(公元前119)在49个产铁地区设置铁官。西汉时期还发明了“炒钢法”，即利用生铁“炒”成熟铁或钢的新工艺，产品称为炒钢。同时，还兴起“百炼钢”技术。东汉(25—220)汉光武帝时，发明了水力鼓风炉，即“水排”。1975年在郑州附近古荥镇曾发现和发掘出汉代冶铁遗址，场址面积达12万 m^2，发掘出两座并列的高炉炉基，高炉容积约50 m^3。

汉代以后，发明了灌钢方法。《北齐书·綦母怀文传》称为“宿钢”，后世称为灌钢，又称为团钢。这是中国古代炼钢技术的又一重大成就。唐代(618—907)，按《新唐书·地理志》记载，当时全国产铁之山104处。著名的河北沧州铁狮子铸于后周广顺三年(953)，重约40 t。宋、元时期已普及用煤炼铁。到明代(1368—1644)已能用焦炭冶炼生铁。在公元14—15世纪之际，铁的产量曾超过1000万kg，约为1.2万t。

图1-2

在欧洲，随着哥伦布发现美洲(1492)、麦哲伦环球航行(1519—1522)，地理大发现推动了西方的扩张和经济发展。欧洲经过文艺复兴时期（The Renaissance，1490—1620）绘画、音乐和文艺的发展，特别是科学和民主思想冲破宗教和封建专制的束缚，欧洲终于来到一个新的大发展年代，对矿物和金属材料的需求量猛增。被誉为矿物学之父的德国矿物学家阿格里科拉(Agricola Georgius)(1494—1555)以20年时间用拉丁文写成《论冶金》一书。书中关于矿山开采和金属冶炼的生产过程叙述颇为详细。至于古代的“浮选法选矿”，在明朝宋应星所著《天工开物》中早有记载：“凡金箔粘物，他日敝弃之时，刮削火化，其金仍藏，灰内滴清油数点，伴落聚底，淘洗入炉，毫厘无差。”这是选择性团聚分离的技术。这种手工作业虽然有近代“表层浮选”的影子，但还算不上是一门工业技术，这种现象一直延伸到19世纪中。

1.2 近代浮选技术的发展

19世纪末至20世纪20年代，世界工业生产快速发展，对矿物原料的需求增大，加上18世纪产业革命的推动，使机械化成为可能，造成了“选矿”技术从古代的手工作业向工业技术的真正转变。近代大部分的选矿工艺与设备属于这一时期选矿领域的技术发明，如颚式破碎机，球磨机，机械分级机，重选、电磁选的设备与工艺及浮选药剂、工艺与设备等。使选矿技术(包括破碎、筛分、磨矿、重选、电选、磁选、浮选等)能处理大部分天然矿物原料。从那时起，选矿技术已成为一门人类从天然矿石中选别、富集有用矿物原料的成熟的工业技术，得到广泛应用。

19世纪末，全油浮选开始工业应用于从硫化铅锌矿石中回收铅锌矿物，1902年，泡沫浮选首次在澳大利亚应用。特别是20世纪20年代初，黄药、黑药在浮选硫化矿中的工业应用，使浮选作业开始实现大规模工业生产，成为分离富集各种金属与非金属矿物的最重要的矿物加工方法。

在我国，1917年辽宁青城子建成铅锌浮选厂，1935年日伪在辽宁锦西杨家杖子建铅锌选厂，生产能力100 t/d，1940年确认含钼后，改为钼选厂，1941—1943年先后建成三条架空索道，1945年，形成日处理矿石2000 t的能力。此外，辽宁清源金铜矿浮选厂、辽宁华铜浮选厂等均成为我国早期的浮选厂。新中国成立后，矿冶工业得到迅速发展，兴建了一大批有色金属矿山和铁矿山，建成了大规模浮选厂，如江西铜业公司德兴铜矿选厂、金川有色金属公司镍选厂、凡口铅锌矿选厂、金堆城钼选厂、鞍山钢铁集团齐大山选厂等。

浮选基础研究始于20世纪30年代，美国的Taggart及苏联的Plaksins等先后提出了捕收剂的“化学反应假说”或“溶度积假说”，以解释重金属硫化矿的可浮性顺序。美国的Gaudin、苏联的Bogdanov及澳洲的Wark等人较多地研究了矿物的润湿性与可浮性的关系，浮选剂的吸附作用机理，浮选的活化等。美国的Fuerstenau等人系统地研究了矿物表面电性与可浮性的关系。

从20世纪20年代至60年代前后，一些重要的著作有：美国Taggart的*Handbook of Ore Dressing*，1927年第1版，1944年第2版；Gaudin的*Flotation*，1932年第1版，1957年第2版；澳洲的Sutherland和Wark的*Principles of Flotation*，1955年第1版；苏联Bogdanov的Theory and Technology of Flotation，1959年第1版。到60年代前后，浮选的三大基本理论（润湿理论、吸附理论及双电层理论）已初步形成。其中，润湿理论主要研究矿物表面接触角大小、黏附感应时间、表面水化膜的形成等与可浮性关系；双电层理论主要研究矿物表面电性起源、荷电机理、表面定位离子、双电层结构、表面电位及动电位与可浮性关系；吸附理论主要研究浮选剂在矿物表面吸附机理、吸附状态与吸附能力，用各种吸附等温线及方程进行描述。此外，重要的成果还有对浮选捕收剂、调整剂、起泡剂、活化剂等进行了分类；出现了优先浮选、混合浮选、全浮选、等可浮、分支分速浮选等各种硫化矿和非硫化矿浮选工艺；以及机械搅拌式、充气式浮选机和浮选柱等。浮选已成为在固－液－气三相界面分离矿物的科学技术。

1.3 现代浮选理论与技术的发展

经过半个多世纪的发展，特别是近20年，由于量子化学、表面及胶体化学、配合物化学、有机结构理论、固体物理及计算机科学等学科的发展，浮选理论研究已深入到矿物表面及浮选剂分子的微观层次进行研究，浮选化学已成为浮选最重要的理论基础。形成了4个系统的理论体系：非硫化矿浮选溶液化学、硫化矿浮选电化学、细粒浮选界面力理论与浮选剂分子设计理论，针对不同体系，从不同角度研究矿物表面物理化学性质与浮选行为。

1986年，国际选矿界著名学者，美国Columbia大学P. Somasundaran教授发表了第一篇浮选溶液化学（*Solution Chemistry of Flotation*）的论文。1988年，第一本《浮选溶液化学》专著出版。浮选溶液化学是研究矿物－溶液平衡、浮选剂－溶液平衡、浮选剂/矿物相互作用平衡对浮选过程的影响规律，以确定浮选剂对矿物起浮选活性的有效组分及浮选剂与矿物相互作用的最佳条件。其理论体系包括：①矿物－溶液平衡，主要研究矿物的溶解行为，溶解组分的水解及与矿物表面的反应，对矿物表面电性、药剂在溶液中的作用及浮选的影响；②浮选剂－溶液平衡，研究浮选剂在溶液中的解离、溶解平衡及优势组分，确定浮选活性组分；③浮选剂/矿物相互作用溶液平衡，研究矿物表面与浮选剂发生化学反应或静电吸附的最佳溶液化学条件，为浮选分离提供理论依据。

1953年Salamy和Nixon提出硫化矿表面的化学作用可根据电化学机理解释，开创了浮选化学研究领域一个新的方向——硫化矿浮选电化学。进入20世纪70年代后，浮选电化学更是受到了矿物加工科技工作者的关注，历届国际矿物加工大会均有这一主题，并举行过5届大规模的国际学术研讨会。长期以来，硫化矿浮选电化学研究主题是：①硫化矿的无捕收剂可浮性；②氧在硫化矿浮选中的作用；③浮选剂与硫化矿的作用机理。提出了混合电位模型与电化学浮选关系，根据循环伏安极化曲线、交流阻抗等电化学方法和能带理论、分子轨道理论来研究硫化矿电化学机理。

20 世纪 60 年代以来，随着开采的矿物资源愈来愈复杂、贫、细，细粒矿物浮选成为矿物加工研究的主要方向之一，随之出现了载体浮选、絮凝、油团聚、乳化浮选等细粒浮选新技术。细粒矿物选择性凝聚与分散问题，主要取决于颗粒间界面相互作用力与流体动力学力。胶体化学中关于颗粒凝聚与分散行为的经典的 DLVO 理论(Darjaguin Landau Verwey Overbeek theory)成为细粒浮选的理论基础。在 DLVO 理论中，颗粒间界面相互作用力包括静电力 V_E 和范德华力 V_W，它们的和，即颗粒间相互作用的 DLVO 力决定了颗粒间的凝聚或分散行为。进入 20 世纪 80 年代后，许多研究发现，除了静电力与范德华力外，颗粒间还存在某种特殊的相互作用力，从而提出了扩展的 DLVO 理论(EDLVO)。颗粒与气泡相互作用是颗粒间相互作用研究的热点，通过高速摄影仪准确地测量出两相流体中运动气泡的粒度分布和密度，研究浮选泡沫中气泡的合并行为，利用原子力显微镜研究微细气泡与微细矿物颗粒间的相互作用，证明了长程疏水力是导致颗粒气泡相互结合的主要动因。

浮选剂是浮选成功的关键之一，浮选剂作用机理及新型高效浮选剂的研究与开发一直是矿物加工科技工作者研究的重点，构成了现代浮选化学的又一重要组成部分。尽管溶度积假说、吸附理论、电化学反应在不同程度上解释了浮选剂作用机理，但直到 1981 年，《浮选剂作用原理与应用》一书的出版才开始了原子－电子层次的浮选剂结构性能理论研究。1992 年《选矿与冶金药剂分子设计》一书的出版，使浮选剂结构性能理论研究更加完善，形成了系统的浮选剂分子设计理论。针对待处理的矿石特点，定量设计选择性浮选药剂。影响浮选剂与矿物表面相互作用的能力大小与选择性的结构因素为价键因素、亲水－疏水因素及几何因素。根据有机结构理论及量子化学计算，可确定一系列描述这些结构因素与药剂性能的定量判据。

随着有用矿物资源的不断开发利用，易选富矿石愈来愈少，复杂贫细多金属矿物将成为主要的待处理矿物资源，在我国更是如此。针对矿物资源变化的这些特点，浮选化学的研究为开发处理这些矿物资源的技术提供了新的理论基础，出现了许多新的浮选技术。

硫化矿电位调控浮选技术，把矿浆电位引入浮选过程中，通过矿浆原生电位的调节和控制，以及与矿浆 pH、药剂浓度的匹配，使浮选过程由传统的二维参数(pH、药剂浓度)控制向三维参数(pH、药剂浓度、矿浆电位)控制发展，提高了复杂多金属硫化矿资源综合利用水平。

一水硬铝石型铝土矿浮选脱硅技术，解决了铝土矿浮选脱硅的世界性难题。开创了通过正、反浮选获得高品位铝土矿精矿(浮选精矿)，并直接与拜耳法流程联接的浮选－拜耳法新技术，为提高我国氧化铝生产的资源保障程度提供了全新的技术支撑。

粗粒效应载体浮选新技术，针对我国微细粒氧化矿资源，利用浮选体系中同类矿粒的粗粒效应与载体作用，在常规浮选设备条件下，与细粒混合浮选，提高了细粒矿物的浮选速率和有用矿物的回收率，增加了系统处理能力。

在铁矿石的浮选工艺方面，反浮选技术和高效捕收剂的应用是“提铁降杂”关键技术中的主要技术，针对磁铁矿选矿提出了弱磁－阴离子和阳离子浮选法，针对赤铁矿选矿提出了磁选－阴离子反浮选工艺，是近年来铁矿浮选的重要进展。如针对鞍山地区贫赤铁矿石的选别，采用的阶段磨矿、粗细分选、重选－磁选－阴离子反浮选联合流程，精矿铁品位已由以前的60%～63%提高到65%～67%。

正－反浮选，反－正浮选，双反浮选用于复杂磷矿浮选，解决了我国碳酸盐、硅酸盐脉石的复杂胶磷矿浮选难题。柿竹园钨、铋、钼、萤石复杂多金属矿，矿物种类多，共生关系密切，属难选矿石。选矿工艺技术是制约该基地矿产资源有效开发利用的瓶颈。10年的科技攻关研制成功的以主干全浮流程为基础、以螯合捕收剂为核心的综合选矿新技术——柿竹园法，很好地解决了该矿石的选矿技术难题，成为难选矿石新技术的代表。

在浮选药剂方面，出现一系列高效药剂，如黄原酸甲酸酯类、Y－89系列、T－2K、KM－109、PAC等硫化矿捕收剂；GY、CF、MOS等氧化矿捕收剂；作为铝土矿、赤铁矿和磁铁矿反浮选用的各种胺类捕收剂，如季铵盐、叔胺及多胺类捕收剂。开发了各种含羟基、羧基的有机小分子和大分子抑制剂，醚醇等起泡剂，各种无机、有机分散剂等。

浮选装备也取得了显著进步，浮选设备逐步大型化，目前世界上最大规格的浮选机容积超过200 m^3，浮选柱容积超过220 m^3，国内最大规格的浮选机容积达160 m^3，320 m^3 浮选机也在研发当中。代表国际上浮选设备研究开发和应用水平的有芬兰的Outokumpu公司，美国的Dorr-Oliver Emico公司，芬兰的Metso公司，俄罗斯的国立有色金属研究院，我国的北京矿冶研究总院(BGRIMM)等。

近些年来，还诞生了一些新的浮选技术及其新的应用领域，如：生物浮选，物理力场(电场、磁化、超声波等)作用下浮选，浮选脱墨，废塑料分选，污染土壤治理等。

1.4 本教材的主要内容和学习要点

全书分为13章。第1章，导论，要求学生了解浮选发展历史及发展方向。第2章，矿物的晶体结构与可浮性分类，要求学生掌握矿物的晶体结构、解离和断裂特性、晶格类型、晶格能、价键类型与表面性质关系等基本概念；硫化矿、氧化矿物、盐类矿物及硅酸盐矿物的晶体结构与可浮性等。第3章描述经典浮选理论，包括润湿性理论、双电层理论、吸附理论及浮选动力学。要求学生掌握表面润湿性与接触角的概念，Young氏方程与接触角的测定，润湿性与可浮性关系；矿物表面电性起源、矿物表面电位、动电位、零电点与等电点等基本概念，矿物表面电性与浮选行为；物理吸附、化学吸附、氢键吸附、范德华力吸附、静电吸附及半胶团吸附的基本概念，浮选剂在矿物表面的吸附与其可浮性的关系，浮选剂吸附方程；浮选速率常数，矿粒－气泡碰撞黏附和脱附概念等。第4章介绍现代浮选化学的基本原理，包括浮选药剂结构与性能理论、浮选溶液化学理论、浮选电化学理论和细粒浮选理论。要求学生初步了解矿物－溶液平衡、浮选剂－溶液平衡、浮选剂/矿物相互作用平衡与浮选行为关系；硫化矿的无捕收剂可浮性、氧在硫化矿浮选中的作用及浮选剂与硫化矿作用机理的混合电位模型；细粒矿物选择性凝聚与分散行为及经典的DLVO理论的基本关系；浮选药剂分子结构模型、价键因素、亲水－疏水因素及几何因素等。第5章到第7章讲述浮选捕收剂、起泡剂、调整剂，要求学生掌握浮选药剂的作用及分类，烃油类捕收剂、硫化矿捕收剂、非硫化矿捕收剂的分子式、结构、性质和用途；起泡剂的选择原则及对起泡剂的要求，2号油的制备及其性能(馏分、相对密度、黏度、起泡能力)的测定方法；常见起泡剂分类及结构特点；

抑制剂、活化剂、分散剂、絮凝剂、脱水与过滤剂等调整剂在矿物浮选中的分类、作用，分子结构与特性等。第 8 章为浮选工艺，要求学生掌握浮选原则流程的选择，浮选工艺物理、化学影响因素如矿浆酸碱度、水质、温度、药剂制度和气泡的调控等及一些新的浮选新工艺。第 9 章为浮选机与辅助设备，要求学生掌握浮选机性能的基本要求，浮选机的分类，浮选机充气搅拌原理；机械搅拌式浮选机、充(压)气式浮选机、气体析出式浮选机等的工作原理、结构特点与性能关系；了解充填介质浮选柱、逆流浮选柱、喷射型浮选柱、微泡浮选柱等的工作基本原理；国内外浮选设备的现状及发展趋势。第 10 章到第 12 章介绍硫化矿、金属氧化矿和非金属矿浮选实践，要求学生掌握铜、铅、锌、钼、镍、锑、铋多金属硫化矿浮选工艺；贵金属矿浮选工艺；铁矿、铜铅锌矿氧化矿、钨矿、锡矿、铝土矿浮选工艺；磷矿、萤石浮选工艺；了解其他一些硫化矿、金属氧化矿和非金属矿浮选工艺；重点是各种多金属矿或非金属矿的浮选分离药剂制度与原则流程。第 13 章要求学生了解一些浮选技术的新用途，如废纸的浮选、塑料的浮选、废水浮选、离子浮选、沉淀浮选、土壤清洗等。

习　题

1－1　简述浮选理论与技术的发展。

1－2　浮选的研究对象及研究方向有哪些?

第2章　矿物的晶体结构与可浮性

矿物的晶体化学特性是指矿物的化学组成、化学键、晶体结构及其相互关系，是矿物最本质的特征之一。矿物晶体在外部所表现的性质大都是以其内在的晶体化学特性为依据的，即矿物晶体的物理和化学性质都与矿物内部结晶构造有关。因此，对矿物晶体化学特征的研究对于了解矿物的物理、化学性质及表面性质具有重要的理论意义；矿物晶体化学特征与矿物的浮选特性有着密切的联系，深入研究矿物晶体化学在矿物浮选中的应用，是解决难分选矿物分离问题的重要途径之一。

矿物表面性质是决定矿物向气泡附着难易程度的主要因素，而影响矿物表面性质的主要因素是矿物的化学组成和晶体结构。所有的矿物都是由离子、原子、分子等质点以一定的键力联系起来的，这些质点在矿物内既可呈规则排列，也可呈不规则排列；规则排列时称为晶体，不规则排列时称为非晶体；由于矿物不同的晶体化学特征，从而使矿物具有不同的表面性质和可浮性。

矿物的晶体结构是研究晶体内部质点的排列方式及它们之间通过化学键相连结的规律，包括结构中基本质点的具体数目、相对大小、在晶格中的极化程度，以及结构中化学键的类型、晶格类型、晶格能的高低等，这些晶体结构特性直接影响着矿物解离后表面的极性、不饱和键的性质和微结构的形成，引起矿物表面性质（表面电性、润湿性等）的差异，进而影响矿物在浮选过程中的行为。

矿物的解离和断裂特性与矿物的晶体结构有着密切的关系。了解矿物的晶体结构，能根据晶体的解离规律，预测矿物将从哪一部位裂开，裂开后表面应具有的性质，从而可以了解矿物的浮选特点。

矿物的晶体结构与矿物的解离方向具有对应关系。一定结构的矿物晶体在外力的作用下将沿着一定的结晶方向破裂成光滑的平面。根据发生解离的难易和解离面完好的程度，解离可分为极完全解离、完全解离、中等解离、不完全解离和无解离。矿物的解离面一般平行于面网密度最大的面网、阴阳离子电性中和面网、两层间同号离子相邻的面网及化学键力最强的方向。

另外，对晶体结构相同的同种矿物，不同的破碎方式，也会对矿物的解离性质产生影响。即矿物破碎方式不同，解离也不同，因此可以利用它们之间的关系，通过采用不同的粉碎方式对特定的矿物进行选择性破碎，获得所需的解离面。

2.1　矿物的价键类型与天然可浮性

2.1.1　矿物的价键类型

矿物内部结构按键能可分为四大类，即离子键或离子晶体、共价键或共价晶体、分子键或分子晶体及金属键或金属晶体。

1．离子晶体

离子晶体由阴离子和阳离子组成，阴、阳离子交替排列在晶格节点上，它们之间以静电引力相结合，这种结合力所形成的键称为离子键。矿物破碎时，沿离子界面断开，断裂后表面暴露不饱和的离子键。由于阴、阳离子的电子云可以近似地看成球形对称，故离子键没有方向性，一般配位数较高、硬度较大、极性较强。具有典型离子键的矿物有岩盐（NaCl）、萤石（CaF_2）、白铅矿（$PbCO_3$）、白钨矿（$CaWO_4$）、闪锌矿（ZnS）和方解石（$CaCO_3$）等。

2．共价晶体

共价晶体由原子组成，晶格节点上排列的是中性原子，靠共用电子对结合在一起，这种键称为共价键。共价键具有方向性和饱和性，一般配位数很小，因此，该晶体结构的紧密程度远比离子晶体低。原子晶格中没有自由电子，故晶体是不良导体；晶格断裂时，必须破坏共价键，故极性较强。共价键键合强度比离子键高，因此晶体的硬度比离子晶体高。自然界单纯以共价键结合的晶体在矿物中较少见，最典型的如金刚石（C），多数晶体为离子键和共价键的混合键型，如石英（SiO_2）、锡石（SnO_2）、金红石（TiO_2）等。

3．分子晶体

分子晶体的晶格中分子是结构的基本单元，分子间由极弱的范德华力（即分子间力）或分子键连接。晶格破裂时暴露出的是弱分子键。分子间无自由电子运动，为不良导体。组成分子晶体的分子键力很弱，因此硬度较小，对水的亲和力弱。多数层状结构矿物层与层之间常以弱分子键相连，如滑石[$Mg_3(Si_4O_{10})(OH)_2$]、辉钼矿（MoS_2）等。

4．金属晶体

金属晶体的节点上为金属阳离子，周围有自由运动的电子，阳离子与共有电子相互作用，结合成金属键。金属键无方向性和饱和性，具有最大的配位数和最紧密的堆积。晶格断裂后其断裂面上为强不饱和键。自然金（Au）和自然铜（Cu）属于此类。

自然界的矿物中很少由单一的键组成，常见的矿物多为混合键或过渡键型晶体，如方铅矿、黄铁矿等具有半导体性质的硫化矿物，具有介于离子键、共价键和金属键之间的过渡形式的键，是含有多种键型的晶体；像一水硬铝石等氢氧化物矿物则多为离子键、分子键混合键型。多种元素所构成的晶体，常同时存在几种不同性质的键；同一元素组成的晶体内，有时也有不同的键。

2.1.2 矿物的解离

矿石破碎时，矿物沿脆弱面（如裂缝、解理面、晶格间含杂质区等）裂开，或沿应力集中部位断裂。矿物晶体受到外力作用破碎时，主要沿着晶体结构内键合力最弱的面网之间发生断裂，如沿着相互距离较大的面网、两层同号离子相邻的面网、阴阳离子电性中和的面网、弱键连接的面网以及沿裂缝或晶格内杂质聚集的区域等处裂开。图 2－1 列出了 6 种典型的晶体结构，现以解理面为基础，简要分析一下它们的断裂面。

单纯离子晶格断裂时，常沿着离子界面断裂。如岩盐为单纯离子晶格，断裂时，常沿着离子间界面断裂，在解理面上分布有相同数目的阴离子和阳离子，可能出现的断裂面如图 2－1（a）中的虚线所示。

较复杂的离子晶格，则其解理面的规律是：①不会使基团断裂；②往往沿阴离子交界面断裂，如方解石就是沿 CO_3^{2-} 离子交界面断开，只有当没有阴离子交界层时，才可能沿阳离

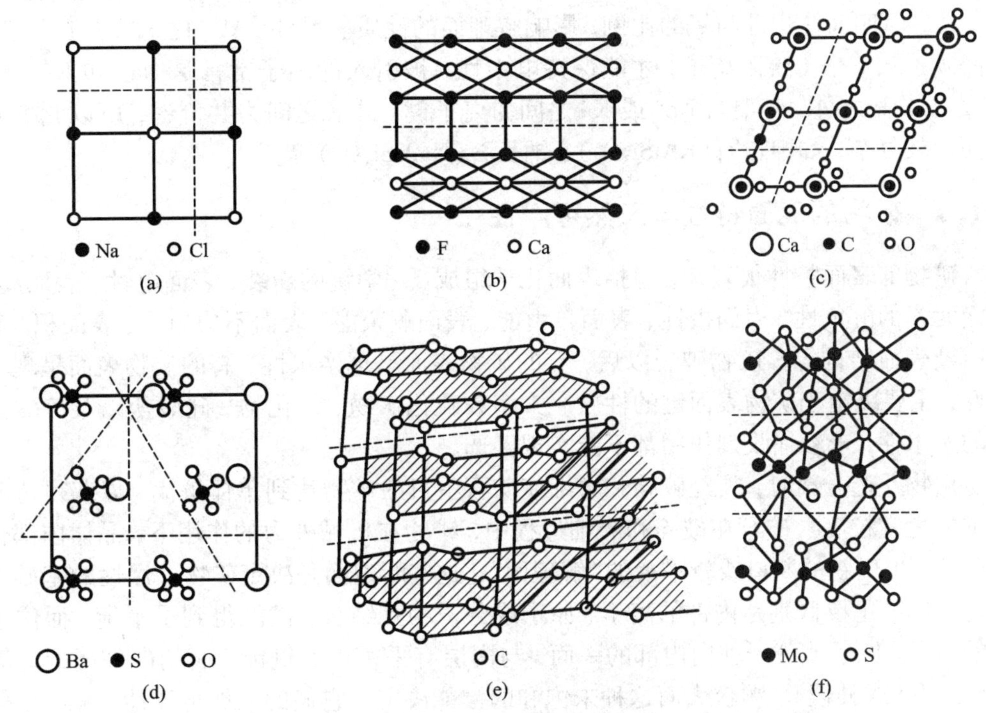

图2-1 典型矿物晶格及可能断裂面

(a)岩盐($NaCl$)；(b)萤石(CaF_2)；(c)方解石($CaCO_3$)；(d)重晶石($BaSO_4$)；(e)石墨(C)；(f)辉钼矿(MoS_2)

子交界层断裂；③当晶格中有不同的阴离子交界层或者各层间的距离不同时，常沿较脆弱的交界层或距离较大的层面间断裂。

萤石也是离子晶格，它的断裂主要沿图2-1(b)中的虚线进行。由此可见，在萤石的晶格中有2种面网排列方式，一是Ca^{2+}与F^-面网相互排列，另一种是由F^-与F^-面网排列，Ca^{2+}和F^-存在着较强的键合能力；F^-间的电性相同，它们之间的静电斥力导致了晶体内的脆弱解理面。因此，当受外力作用破碎时，萤石常沿F^-组成的平面网层断裂。

方解石虽然也是离子晶格，但在它的晶格中含有基团CO_3^{2-}，因C—O间为更强的共价键结合，所以不会沿酸根中的C—O共价键断开。受外力破碎时，将沿图2-1(c)中的虚线所表示的CO_3^{2-}与Ca^{2+}交界面断裂。

重晶石的碎裂如图2-1(d)中的虚线所示，它有3个解理面，都是沿含氧离子的面网间发生破裂。

共价晶格的可能断裂面，常是相邻原子距离较远的层面，或键能弱的层面。分子键是较弱的键，因此当矿物含有分子键时，常使分子键发生断裂。如石墨和辉钼矿都具有典型的层状结构。石墨断裂情况如图2-1(e)所示，层与层间的距离(图中的垂直距离)为0.339 nm，而层内碳原子之间相距0.12 nm，所以容易沿此层间裂开；辉钼矿则是沿平行的硫原子的层间断裂，见图2-1(f)。

实践中最常见的硅酸盐和铝硅酸盐矿物结构非常复杂，骨架的最基本单位为二氧化硅，硅氧构成四面体，硅在四面体的中心，氧在四面体的顶端，彼此联结起来构成骨架。在骨架内，原子间距离在各个方向上都相同。硅酸盐矿物中的 Si^{4+} 易被 Al^{3+} 取代，形成铝硅酸盐矿物，其硅氧四面体中硅与氧的比例，影响解理面的性质。另外，Al^{3+} 比 Si^{4+} 少 1 个正价，因此就必须引入 1 个 1 价阳离子，才能保持电中性，被引入的离子常常是 Na^+ 和 K^+，但 Na^+ 或 K^+ 处于骨架之外，骨架与 Na^+ 或 K^+ 之间为离子键，硅氧之间为共价键，所以此类矿物的断裂面比较复杂，如钾长石($KAlSi_3O_8$)、钠长石($NaAlSi_3O_8$)等。

2.1.3 矿物的表面特性与天然可浮性

矿物的表面特性很复杂，包括表面化学组成、化学键的断裂、表面电性、表面离子状态、表面元素的电负性、表面极性、表面自由能、表面剩余能、表面不均匀性、表面积、表面溶解性以及表面结构等。矿物破裂以后，有的矿物表面呈现亲水性，有的矿物表面呈现一定的疏水性，主要决定于矿物表面键的性质。大多数硫化矿物、氧化物、硅酸盐以及硫酸盐等都有强的亲水性，未经捕收剂作用都不能实现浮选。

矿物浮选分离时，须经破碎和磨细使矿石中目的矿物达到单体解离，以获得适于浮选所要求的适宜粒度。矿石在破碎和磨细过程中，矿物在机械外力的作用下，晶体内部化学键受到破坏，出现新的断口或较平滑的“解理面”，这些断裂面是决定矿物可浮性的基础。颗粒表面与内部的主要区别是内部的离子、原子或分子相互结合，键能得到了平衡，而位于表面层中的离子、原子或分子朝向内部的一面，与内层有平衡饱和键能，而朝向外面的键能却没有得到饱和(或补偿)，颗粒表面这种未饱和的键能决定了它们的天然可浮性。

所谓天然可浮性是指矿物在不添加任何浮选药剂的情况下的浮游性，矿物的天然可浮性与其解理面和表面键性及矿物内部的价键性质、晶体结构密切相关。

(1)由分子键构成分子晶体的矿物，沿较弱的分子键层面断裂，其表面不饱和键是弱的分子键，此时矿物表面以定向力、诱导力为主。其极性及化学活性较弱，对水分子吸引力较小，不易被水润湿，故称为疏水性表面。疏水性表面的接触角大，天然可浮性好。但这类矿物断裂面的边缘、棱角、端头等处，就不一定呈现疏水性。这类表面对水分子引力弱，接触角都在60°至90°之间，划分为非极性矿物。如辉钼矿、叶蜡石、滑石等。

(2)凡内部结构属于共价晶格和离子晶格的矿物，其破碎断面往往呈现原子键或离子键，这类表面有较强的偶极作用或静电力，为强不饱和键。这类矿物表面极性和化学活性强，对极性的水分子有较大的吸引力，因而表现出强亲水性，称为亲水性表面。这种表面易被润湿，接触角小，天然可浮性较差，具有强共价键或离子键表面的矿物称为极性矿物。如方解石、重晶石、磷灰石等。

常见矿物按表面性质进行分类的情况如表 2－1 所示。具有代表性的矿物天然可浮性分类见表 2－2。

天然可浮性好的矿物是很少的，所以要实现矿物的浮选分离，主要是借助于添加捕收剂来人为地改变它们的可浮性。捕收剂的一端具有极性，朝向矿物表面，可以满足颗粒表面未饱和的键能；另一端具有石蜡或烃类物质那样的疏水性，朝外疏水，造成固体表面的“疏水性”，提高了它的可浮性。对于那些具有一定天然可浮性但又不希望其上浮的颗粒，经常使用具有选择性的抑制剂，抑制它们上浮，通过人为调整矿物表面性质差异，达到良好的分离结果。

表2-1 常见矿物表面性质分类

类别	Ⅰ	Ⅱ	Ⅲ	Ⅳ	Ⅴ	Ⅵ
表面性质	分子键，非极性表面，润湿性差	共价键，部分金属键和离子键，润湿性较差	离子键，极性表面，润湿性较强	多种键型，极性表面，润湿性强	氧化易溶，极性表面，润湿性强	表面极易溶解
所包含的主要矿物	硫、石墨、煤、滑石、辉钼矿、金、银、铂	黄铜矿、辉铜矿、铜蓝、斑铜矿、黝铜矿、斜方硫砷铜矿、砷黝铜矿、方铅矿、闪锌矿、黄铁矿、磁黄铁矿、砷黄铁矿、镍黄铁矿、针硫镍矿、砷镍矿、硫化钴矿、辉砷钴矿、雄黄、雌黄、毒砂、辉锑矿、辉铋矿、辰砂	萤石、白钨矿、磷灰石、方解石、白云石、重晶石、菱镁石	赤铁矿、针铁矿、磁铁矿、褐铁矿、软锰矿、菱锰矿、黑钨矿、钛铁矿、钽铁矿、铌铁矿、金红石、锆英石、绿柱石、锡石、锂辉石、石英、电气石、蓝晶石、高岭石、铝土矿、刚玉	孔雀石、蓝铜矿、赤铜矿、硅孔雀石、白铅矿、铅钒、钼铅矿、菱锌矿、异极矿	硼砂、岩盐、钾盐

表2-2 矿物天然可浮性分类

天然可浮性	代表性矿物	结晶构造	天然可浮性	代表性矿物	结晶构造
好	石蜡	分子结晶	差	自然铜	金属结晶
	自然硫			方铅矿、黄铁矿	共价及金属结晶
中	滑石	离子结晶及层状结构		萤石	离子结晶
	辉钼矿	共价结晶及层状结构		重晶石	离子结晶
	石墨	片状结晶		石英	架状结构
	叶蜡石	共价结晶及层状结构		云母	层状结构

2.2 硫化物矿物的晶体结构与其表面性质及可浮性

2.2.1 硫化物矿物的主要结构类型

硫化物矿物是金属或半金属元素与硫结合而成的天然化合物。硫化物矿物已发现有300多种，约由26种造矿元素所组成，绝大部分是热液作用的产物，表生作用亦有产出。

硫化物的晶体结构常可看作硫离子作最紧密堆积，阳离子位于四面体或八面体空隙，因此，金属阳离子的配位多面体很多是八面体和四面体或由此畸变的多面体，少数为三角形、柱状或其他的多面体形态。

从堆积特点看，硫化物属离子化合物，但它又具有一系列不同于标准离子晶格的特点，这种状态主要是由硫化物成分中元素的性质所决定。因为阳离子为亲铜元素和过渡元素，它们位于周期表的右方，极化能力强，电负性中等，而阴离子硫易被极化，电负性（相对于氧）较小，因而阴阳离子电负性差较小，致使硫化物的化学键体现着离子键向共价、金属键的过渡，以共价键为主，并常带有金属键的成分。

硫化物矿物同质多相普遍，温度升高有利于形成对称程度较高的变体。硫化物矿物具有完好的解理，其主要结构类型如表 2-3 所示。

表 2-3　硫化物矿物的主要结构类型

M∶S	立方最紧密堆积	六方最紧密堆积	其　他
M_2S	反萤石型 简单的(例如辉银矿 Ag_2S) 缺陷的(例如蓝辉铜矿 $Cu_{1.8}S$) 复杂的缺陷衍生(例如斑铜矿 Cu_5FeS_4)	六方辉铜矿 Cu_2S	
MS	方铅矿型 简单的(例如方铅矿 PbS) 畸变的(例如辰砂 HgS) 闪锌矿型 简单的(例如闪锌矿 β-ZnS) 复杂的衍生(例如黄铜矿 $CuFeS_2$)	红砷镍矿型 简单的(例如红砷镍矿 NiAs) 缺陷的(例如磁黄铁矿 $Fe_{1-x}S$) 纤维锌矿型 简单的(例如纤维锌矿 α-ZnS)	铜蓝型 (例如铜蓝 CuS) 环状结构 (例如雄黄 AsS)
M_2S_3			链状结构 简单的(例如辉锑矿 Sb_2S_3) 层状结构(例如雌黄 As_2S_3)
MS_2	黄铁矿型 简单的(例如黄铁矿 FeS_2)	层状结构 辉钼矿型(例如辉钼矿 MoS_2)	白铁矿型 简单的(例如白铁矿 FeS_2) 复杂的衍生(例如毒砂 FeAsS)

如黄铁矿为二硫化合物，其成分为 FeS_2。它的晶体结构属 Pa_3 空间群。结构中 Fe 的配位数为 6，它由 6 个 S 离子包围构成八面体形状的 FeS_6 配位多面体；S 的配位数为 4，它与 3 个 Fe 和 1 个 S 相联，构成四面体状的多面体。结构中的各个 FeS_6 配位多面体相互共顶联结，形成黄铁矿型的晶体结构，如图 2-2 所示。

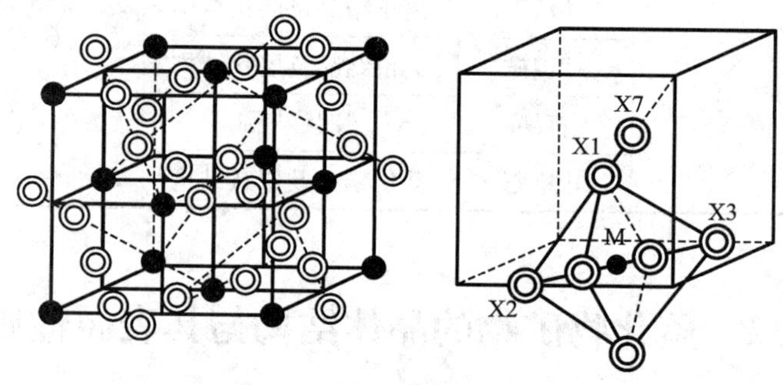

图 2-2　黄铁矿的晶体结构

在黄铁矿晶体结构中，M 阳离子位于 4a 位置，它的坐标是(0，0，0)等(即位于 $\bar{3}$ 轴的反伸点上)，这个位置和对称轴($\bar{3}$)不随成分的变化而变化，八面体角顶上的 X 离子的坐标是变化的，它会同步地按 $\bar{3}$ 的对称规律进行变动。这样，它就形成一个反三方柱的配位体，其变形可用八面体的扁平角来表征。X 离子位于 8c 位置，它的坐标是(u，u，u)等(即位于 $\bar{3}$ 轴的非反伸点上)，这个位置的坐标是变化的，它会在两个反伸点之间进行变动。这样，它就形成一个扁平的三方锥多面体。

2.2.2　硫化物矿物晶格缺陷对可浮性的影响

矿物的晶体常常会由于内部或表面产生原子空位、填隙原子或晶体位错而形成缺陷。实际晶体的缺陷就其作用方向划分，可分为点缺陷、线缺陷、面缺陷和体缺陷四大类。在晶体的缺陷中，点缺陷种类是比较多的，例如在正常的点阵节点上应当出现的原子未出现，就是

“缺位”；而不应出现的原子出现时，就是“填隙”；另一类则是在点阵中某些原子其中有个别电子处于激发状态，从而离开原来的原子而成为“自由电子”，因此在原来的电子轨道上留下“电子空穴”。这些缺陷又可以相互结合形成一些新的缺陷。线缺陷是指位错造成的晶体缺陷，所谓位错，就是在晶体格子构造中沿着某方向所造成位置上的错动。位错又分为棱位错和螺旋位错两种。由于位错的存在，对于晶体的生长，杂质在晶体中的扩散，晶体内嵌镶结构的形成以及晶体的高温蠕变等一系列过程和性质，都有重要的影响。晶体的面缺陷是范围更大的缺陷，它存在于一个较大的面积而且影响到一个相当的空间范围。面缺陷有晶面、晶界及嵌镶块等。晶体的体缺陷就是固溶体。化学式相似、离子半径相近、结构相同的晶体，在高温时形成溶液而冷却时呈单一结晶相的均匀晶体，就是固溶体。固溶体也可以看作是由于杂质存在而引起的一种缺陷。这些混入杂质，无论是从离子的电子组态、大小、极化能力以及价态都与原来的情况有所不同，因而与周围离子之间的相互作用必然有所差异。按照在固溶体中溶质的分布情况，可以分为置换型固溶体、填隙型固溶体和缺位型固溶体。

晶体的缺陷常导致晶体位能增加，稳定性下降。因此矿物晶格缺陷越多，其化学性质就越活泼，越易对矿物晶体的浮游性产生影响。晶体的浮游性质也与其光学、磁电以及力学等性质一样，具有结构的灵敏性，即当其在结构上发生较小的变异时，在性质上能反映出较强的变化。如当发生置换型缺陷时，虽然晶形不变，但性质发生了变化。若进入晶格的较高价离子代替了原有的较低价离子时，则将引起该晶体硬度的提高、表面晶格能的增加以及溶解度的降低，必然对矿物的浮游性产生影响。晶体缺陷对研究矿物与浮选药剂之间相互作用的规律具有特别重要的意义。经破碎、磨矿解离出的矿物颗粒表面分布着各种不同类型的缺陷，这些缺陷对药剂吸附过程影响极大，尤其是对化学吸附过程。矿物晶格缺陷的定位和哪一种缺陷类型占优势，对于不同的矿物是不同的，即使是同一种矿物，因其成因或成矿条件不同也有差异，这样将产生不同的吸附形式，因而就有可能利用结晶学上的缺陷以提高矿物的分选效果。实际上结晶学缺陷有可能被用于提高各种方法(除重选外)的效率，如浮选、电选、磁选、湿法冶金以及破碎和磨矿等。

图2-3为方铅矿(PbS)缺陷(阳离子空位)与黄药离子反应示意图，由于阳离子空位，使化合价及电荷状态失去平衡，造成电负性缺陷，在空位附近的电荷状态使硫离子对电子有较强的吸引力，而阳离子则形成较高的荷电状态及较多的自由外层轨道，缺陷使晶体半导性成为P型，因而形成对黄原酸(阴)离子较强的吸附中心。相反，若缺陷使晶体半导性成为N型(阴离子空位或带间隙阳离子)，则不利于黄原酸(阴)离子吸附。

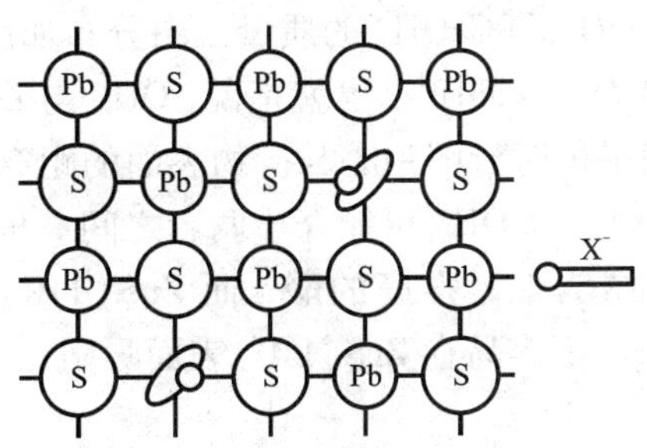

图2-3 方铅矿(PbS)缺陷与黄药离子反应示意图

理想的方铅矿晶体内部，Pb—S之间大部分为共价键，只有少量离子键，其内部价电荷是平衡的，所以对外界离子的吸附力不强，缺陷使内部价电荷不平衡，从而形成表面活性，产生不均匀性，这就是缺陷的类型及浓度直接影响可浮性以及使不同的方铅矿具有不同可浮性的原因之一。对硫化矿而言，缺陷除影响捕收剂吸附外，还影响氧化还原状态及界面电化学反应。

如对某方铅矿的研究中，当方铅矿含银(呈缺陷存在)量增加时，晶格常数减小，矿物中铅的含量随之升高，接触角逐渐减小，其亲水性有所提高，从而使可浮性下降。同样当闪锌矿含铁（呈缺陷存在）时，随着含铁量的增加，闪锌矿的离子键从 20%（纯闪锌矿）提高到 36%（同晶形铁闪锌矿），晶格参数也随着增加，导致其水化作用的增强而可浮性下降。T. Harada 证实了闪锌矿的晶格参数与可浮性有线性关系，即晶格参数越大，晶体表面能越低，矿物的可浮性越小。但当闪锌矿晶格中的锌原子被铜、银、铅等金属取代时，则可以提高闪锌矿的可浮性。

一些矿物的选矿加工过程中也会形成晶格缺陷，从而影响矿物的可浮性。如 В. И. Тюриникова 等人用 X 射线衍射分析了硫化矿在加工过程中所出现的晶格畸变现象，认为这种晶格畸变是在磨碎矿物过程中磨矿体动能的累积引起的。研究还发现，晶格畸变越严重，水化程度就越强，从而使矿物的可浮性越差。

2.2.3 硫化物矿物晶体结构与离子吸附

利用 C² Soterware 分子力场中的万能力场方法，可研究硫化物晶构与某些离子吸附行为关系。例如，对闪锌矿(110)表面 $CaOH^+$ 和 OH^- 两种离子的吸附进行了动力学模拟，并对吸附能和吸附质量云图进行分析发现 $CaOH^+$ 在 ZnS(110)表面的吸附自由能为 $-1.96478\ kJ\cdot mol^{-1}$，$OH^-$ 吸附自由能为 $-0.97469\ kJ\cdot mol^{-1}$。因而，$CaOH^+$ 的吸附量为 $0.01414\ mol\cdot cell^{-1}$，比 OH^- 的 $0.01146\ mol\cdot cell^{-1}$ 大。因此，相对于 OH^- 来说，$CaOH^+$ 更容易在 ZnS(110)表面吸附。这些吸附在表面的离子又与 OH^- 和硫化矿氧化产物产生的 SO_4^{2-} 等离子作用形成不溶性亲水表面产物，从而导致矿物受到抑制，这也正是高碱电位调控成功的原因之一。

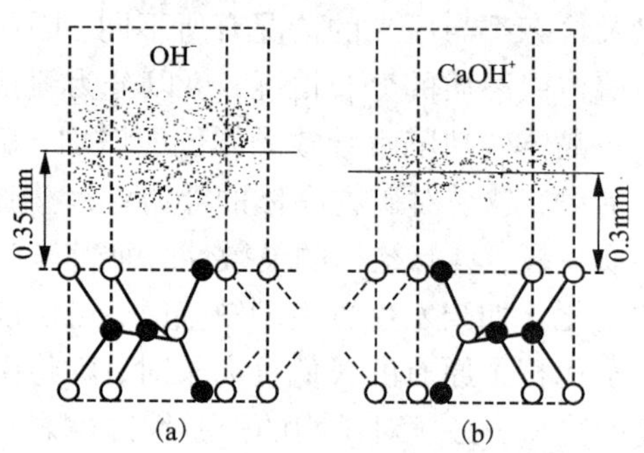

图 2-4 OH^- 和 $CaOH^+$ 的质量云图分布

(a) OH^-；(b) $CaOH^+$

OH^- 和 $CaOH^+$ 的质量云图分布如图 2-4 所示。从质量分布云图来看，OH^- 的分布范围明显大于 $CaOH^+$，也就是说，OH^- 与 ZnS 表面的作用力对距离的敏感程度小于 $CaOH^+$，结合吸附平衡时云图中心与矿物表面的距离可以推断，$CaOH^+$ 与 ZnS 的作用可能是以轨道相互作用为主，而 OH^- 可能介于两者之间。根据软硬酸碱理论，OH^- 属于硬碱，$CaOH^+$ 由于 OH^- 的中和成为中等强度的酸，而 ZnS(110)表面悬挂键处都为软酸或软碱，因此相比较而言，$CaOH^+$ 更容易在 ZnS(110)表面吸附。

2.3 氧化物矿物和盐类矿物的晶体结构与可浮性

2.3.1 氧化物矿物和盐类矿物的主要结构类型

目前已发现的氧化物矿物已逾 200 种，它们在地壳中分布广泛。其中一些为重要的造岩矿物，如石英；一些为提取如 Fe、Mn、Al、Ti、Sn、Nb、Ta、U、Th 等重要金属元素、放射性元素的矿石矿物。

氧化物矿物的最大特征是其中的阳离子是弱碱性阳离子 Al^{3+}、Fe^{3+}、Ti^{4+}、Cr^{3+}、Mn^{2+}、

V^{3+}、Sn^{4+}、Zr^{4+}、Ta^{5+}、Nb^{5+}等构成，强碱性阳离子很少进入氧化物矿物的晶格中，仅在复杂的氧化物中见到。氧化物中的化学键以离子键为主，且以惰性气体型离子组成的氧化物中表现得最为明显。但由于阳离子性质的不同也可呈现出共价键、分子键等其他的键性。

由于离子键不具共价键的方向性和饱和性，且由于O^{2-}的半径(0.135～0.142 nm)远大于一般的阳离子，因此，在许多氧化物中，其结构可以看成是氧呈最紧密堆积，而阳离子充填于其八面体(CN＝6)、四面体(CN＝4)和其他类型的空隙中。在氧呈最紧密堆积的结构中，其垂直堆积层方向的晶胞参数常为氧最紧密堆积层厚(约为0.231 nm)的倍数。

在部分氧化物中，也可由氧和大半径的阳离子共同呈最紧密堆积，而由较小半径的阳离子充填其形成的空隙。

在许多氧化物中，由于其键性以离子键为主，故阳离子的配位数主要取决于阳离子与阴离子半径的比值(r_c/r_a)。氧化物中阳离子的配位数如表2－4所列。

表2－4 氧化物中阳离子的配位数

配位数	阳离子
4	Be^{2+}、Mg^{2+}、Fe^{2+}、Mn^{2+}、Ni^{2+}、Zn^{2+}、Cu^{2+}
6	Mg^{2+}、Fe^{2+}、Mn^{2+}、Ni^{2+}、Al^{3+}、Fe^{3+}、Cr^{3+}、V^{3+}、Ti^{4+}、Zr^{4+}、Sn^{4+}、Ta^{5+}、Nb^{5+}
8	Zr^{4+}、Th^{4+}、U^{4+}
12	Ca^{2+}、Na^{+}、Y^{3+}、Ce^{3+}、La^{3+}

氧化物的晶体结构可看成是阳离子的配位多面体以不同方式相连结而成的体系，在其晶体结构主要以阳离子配位八面体联结而成的氧化物中，阳离子配位八面体的基本大小为：八面体厚度(即八面体二相对面间的距离)为0.22～0.24 nm；八面体棱长为0.28～0.30 nm；八面体高度(即八面体二相对角顶间的距离)为0.38～0.40 nm。这同矿物晶胞参数间存在着明显的依赖关系。

表2－5 氧化物矿物的主要族

晶格类型	最常见的矿物
刚玉－钛铁矿	刚玉、赤铁矿、磁赤铁矿、钛铁矿
褐锰矿	褐锰矿
尖晶石	尖晶石、磁铁矿、铬铁矿、黑锰矿、金绿宝石
金红石	金红石、铌铁矿、钽铁矿、锡石、软锰矿
钙钛矿	钙钛矿、铈钙钛矿、钛铌酸钠铈矿
黄绿石	黄绿石
沥青铀矿	沥青铀矿、斜锆矿、方钍石
三水铝矿	三水铝矿
针铁矿	针铁矿、单水铝矿、硬水铝矿、水锰矿
硬锰矿	硬锰矿

氧化物矿物的主要族如表2－5所示。

氧化物中的类质同象替代比硫化物更为广泛，异价类质同象更多，且常常形成完全类质同象系列。类质同象替代主要出现于以离子键为主的结构中，且这种替代在复杂氧化物中较简单氧化物中更易进行，而在共价键占较大比例和具分子键的矿物中类质同象替代则较为有限。异价类质同象的替代常可导致缺陷结构的产生，当缺陷有序化则可导致超结构的产生。

盐类矿物是各种含氧酸的络阴离子与金属阳离子所组成的盐类化合物，是地壳中分布较广的一类矿物，其主要络阴离子有$[PO_4]^{3-}$、$[SO_4]^{2-}$、$[CO_3]^{2-}$等，如表2－6所示。

表 2-6 盐类矿物的主要络阴离子

络阴离子	离子半径近似值，nm	价键力	络阴离子形状
$[N^{5+}O_3]^{1-}$	0.257	1.67	三角形
$[C^{4+}O_3]^{2-}$	0.257	1.33	三角形
$[B^{3+}O_3]^{3-}$	0.268	1	三角形
$[As^{5+}O_4]^{3-}$	0.295	1.25	四面体
$[S^{6+}O_4]^{2-}$	0.295	1.5	四面体
$[Cr^{6+}O_4]^{2-}$	0.300	1.5	四面体
$[P^{5+}O_4]^{3-}$	0.300	1.25	四面体

根据络阴离子种类的不同，盐类矿物可分为硼酸盐、磷酸盐、砷酸盐、钒酸盐、钨酸盐、钼酸盐、铬酸盐、硫酸盐、碳酸盐和硝酸盐。

2.3.2 氧化物矿物和盐类矿物的晶体结构与可浮性

晶格缺陷对氧化物矿物的浮选也会产生不利影响，但有时可以利用晶格缺陷来提高矿物的浮游性。如钛铁矿（$FeTiO_3$）矿物表面除具有 -2/3 和 +2/3 的正负电荷交替以外，尚有 -2/3、+2/3 和 -1 的电荷，尤其是带有负电荷的氧原子直接分布在钛铁矿表面，直接影响钛铁矿与浮选捕收剂的作用。通过把钛铁矿进行酸性处理，在其表面制造人工缺陷，使钛质点逐渐增多，铁质点相应减小，而使其浮游能力得到提高。对攀枝花钛铁矿晶体化学特性及其可浮性的研究表明，矿物表面的质点种类和分布密度是影响矿物可浮性的重要因素，通过改变钛铁矿表面质点分布密度，制造人工缺陷，可以对可浮性产生较大的影响。

矿物表面上捕收剂的吸附与费米能级的位置有关系，药剂在矿物表面上的吸附取决于表面电子平均能级的费米能级等性质。该理论认为矿物随着功函数的增加及费米能级的降低，捕收剂在矿物表面上的吸附量增加，浮选回收率得到改善。通过在矿浆中引入氧化剂，降低矿物的费米能级，使阴离子捕收剂对重晶石、萤石和方解石的浮选回收率得到提高，当使用还原剂时则能降低它们的回收率。

巴西某磷灰石具有不同的成因，包括火成型、变质型和沉积型，为了考察不同磷灰石的晶体化学特性与可浮性之间的相互关系，进行了详细的 X 衍射研究，以准确地测定这些磷灰石样品的晶胞参数和结晶度，并进行了化学全分析。此外，还以油酸钠和十二胺为捕收剂，进行了浮选研究。研究中还测定了这些磷灰石样品的结晶度，以结晶指数表示，采用标准进制时其数值范围为 10.0 至 4.5。这种结晶指数与可浮性之间具有显著的相关性，当结晶指数小于 8 时，无论是采用上述两种捕收剂中的哪一种，其可浮性均显著下降。另外，延长调浆时间，结晶度差的磷灰石的可浮性也会降低。还有研究者研究了结晶程度不同的磷灰石在用阳离子捕收剂十二胺和阴离子捕收剂油酸钠捕收时，调浆时间对矿物可浮性的影响。研究表明，矿物的结晶程度越好，表面的溶解度越低，调浆时间对矿物可浮性的影响不大；对那些结晶程度差，表面溶解度较大的矿物，调浆时间越长，可浮性越差。因为结晶度较低的磷灰石表面的可溶性较大，从而使吸附的捕收剂膜越易于脱落。在一定程度的搅拌条件下时间间隙越长，这种作用越显著，捕收剂的稳定性就越差，使矿物上浮量越小。因此对结晶度低、表面溶解性大的磷灰石的浮选应在尽可能短的时间内进行。

2.3.3 氧化物矿物和盐类矿物的晶体结构与浮选剂的作用

油酸钠是氧化物矿物和盐类矿物浮选时通常使用的捕收剂之一。红外光谱分析结果发现，在低 pH 时油酸以物理吸附为主，高 pH 时为化学吸附；所谓油酸盐化学吸附，实质为油酸根阴离子等量置换矿物晶格的阴离子。

氧化物矿物与盐类矿物的浮选性质相似，其可浮性在很大范围内变动，既可使用阴离子捕收剂也可使用阳离子捕收剂实现浮选，但无论哪一种捕收剂选择性均较差。因此，要实现氧化物矿物的浮选，必须在浮选过程中添加选择性抑制剂，并阻止脉石的活化、去活以及除去氧化膜等。20 世纪 80 年代初，已有研究表明，采用磷酸盐作为调整剂优先浮选白钨矿是白钨矿浮选的有效方法，其根本原因是磷酸盐调整剂选择性络合溶解矿物表面钙离子，从而抑制白钨矿中的含钙脉石矿物。柿竹园法是应用于钨矿物与含钙脉石矿物浮选分离的一种新方法，柿竹园法在弱碱性矿浆中就能较好地实现钨矿物与含钙脉石矿物的浮选分离。

有研究者以方解石作为研究对象，考察了几种无机、有机抑制剂对其浮选行为的影响，并运用浮选溶液化学理论及分子结构理论，对其抑制能力和抑制机理进行了分析。研究认为，磷酸钠、六偏磷酸钠和水玻璃对方解石的抑制作用不同，三种抑制剂的抑制作用大小依次为：六偏磷酸钠，磷酸钠，水玻璃。三种抑制剂抑制强弱不同，是由于其抑制机理不同。由于六偏磷酸钠与晶格中的 Ca^{2+} 离子强烈螯合，故抑制作用最强；磷酸钠则是各种形式的磷酸根阴离子的竞争吸附，因而抑制作用也较强。对于水玻璃来说，由于形成 $Ca—SiO(OH)_3^-$ 的量不很多，而依靠自身的亲水性起抑制作用的 $Si(OH)_4$ 也不多，因而作用力要小一些。研究还考查了不同 pH 条件下柠檬酸、酒石酸对方解石浮选的抑制作用及柠檬酸、酒石酸、琥珀酸、草酸、苯二甲酸氢钾对方解石抑制的浓度试验，几种有机抑制剂的抑制顺序为：柠檬酸，酒石酸，草酸，琥珀酸，苯二甲酸氢钾。有机抑制剂对方解石的抑制作用，是由于在抑制剂分子中含有许多强烈亲水的基团。其中有些基团与矿物表面金属离子螯合，其他基团强烈亲水起抑制作用。对有机抑制剂来说，抑制活性取决于所带极性基的数量及种类，极性越大的极性基，其抑制作用就越强。

针对天青石、重晶石和石膏三种硫酸盐矿物的晶体化学特征与表面特性和可浮性之间的关系研究表明，在油酸钠和水杨羟肟酸浮选体系中，三种矿物按可浮性大小顺序为重晶石，天青石，石膏；在十二胺浮选体系中可浮性顺序为：石膏，天青石，重晶石。XPS 和红外光谱测试发现，油酸钠与三种硫酸盐矿物的作用为化学吸附，十二胺在矿物表面发生物理吸附，水杨羟肟酸则可能与矿物发生了螯合反应。对三种硫酸盐矿物晶体结构中的化学键进行理论计算发现，化学键的键长、键能、静电力、离子键百分比和极性及键强决定了 $M^{n+}—O^{2-}$ 的断裂程度，而 $M^{n+}—O^{2-}$ 的断裂程度与三种硫酸盐矿物的可浮性密切相关。对于天青石和重晶石而言，Sr—O 键、Ba—O 键大量断裂，Sr^{2+}、Ba^{2+} 在矿物表面大量暴露，在浮选溶液中易与阴离子捕收剂油酸钠产生化学吸附，并能与水杨羟肟酸发生螯合反应，因此两种矿物在油酸钠和水杨羟肟酸浮选体系中的可浮性较好。

石膏结构中的Ca—O键不易断裂，Ca^{2+}暴露很少，因此石膏表面电负性大，在阳离子捕收剂十二胺浮选体系中的可浮性好于在阴离子捕收剂油酸钠和螯合捕收剂水杨羟肟酸浮选体系中的可浮性。分子模拟计算的结果表明，矿物与药剂作用前后的能量变化越大，矿物的可浮性越好。

2.4 硅酸盐矿物晶体结构与可浮性

2.4.1 硅酸盐矿物的结构类型

硅酸盐矿物结构中的基本结构单元是[SiO_4]四面体。在[SiO_4]四面体中Si^{4+}的四个sp^3杂化轨道与O^{2-}的四个成对电子轨道结合形成牢固的络阴离子团[SiO_4]$^{4-}$。

在[SiO_4]四面体中，Si—O键中40%是离子键，60%是共价键，从电价配键的角度看，带正电荷Si^{4+}离子赋予每一个氧离子的电价为1，即等于氧离子电价的一半，氧离子另一半电价既可以用来联系其他的四面体阳离子，也可以与另一个硅离子相连。因此，[SiO_4]四面体既可以孤立地被其他阳离子包围起来，也可以彼此以共角顶的方式连结起来形成各种形式的硅氧骨干，这就是硅酸盐矿物结构种类繁多的原因。根据其硅氧骨干的构型可分为岛状、环状、链状、层状和架状五大结构类型。

1. 岛状结构硅酸盐矿物

在岛状结构的硅酸盐矿物中，[SiO_4]四面体被其他阳离子（如Ca^{2+}、Al^{3+}、Mg^{2+}、Fe^{2+}、Fe^{3+}、Mn^{2+}、Zn^{2+}等）所隔开，彼此分离犹如孤岛。根据其岛状基型的不同，还可分为单四面体岛状结构（又称正硅酸盐）、双四面体岛状结构（又称聚硅酸盐）和单四面体与双四面体共存的岛状结构，如图2-5所示。

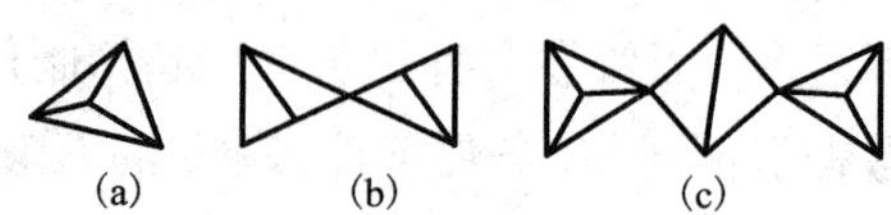

图2-5 岛状结构硅酸盐矿物的不同岛状基型

(a)单四面体，[SiO_4]$^{4-}$；(b)双四面体，[Si_2O_7]$^{6-}$；(c)单四面体与双四面体共存，[Si_3O_{10}]$^{8-}$

在单四面体结构硅酸盐矿物中，[SiO_4]之间互相不连接，其四个角顶均为活性氧，依靠这些活性氧与其他阳离子相结合而连接起来。在双四面体结构硅酸盐矿物中，基本结构单元[Si_2O_7]为两个四面体共一个角顶组成，具有六个活性氧，分别与其他阳离子相结合。位于中间用来连接两个硅氧四面体的氧原子，其负电荷已全部用来与硅配衡，为不活泼原子。

在岛状结构硅酸盐矿物中有时还具有一些附加阴离子如O^{2-}、$(OH)^-$、Cl^-、F^-等。在这类晶体结构中络阴离子间一般不直接相联，而靠其他阳离子来联结。硅氧骨干中的[SiO_4]四面体一般不被或很少被[AlO_4]四面体替代。该类矿物的结构比较紧密，硅氧骨干内部以共价键为主，而硅氧骨干与其他阳离子之间以离子键为主。

2. 环状结构硅酸盐矿物

该类矿物的基本结构单元为[SiO_4]四面体共角顶相连接而成的封闭环，并有单层环和双层环之分。根据组成环的硅氧四面体的个数，单层环可分为三环[Si_3O_9]、四环[Si_4O_{12}]、六环[Si_6O_{18}]、九环[Si_9O_{27}]和斧石环[$B_2O_2(Si_2O_7)_4$]。双层环可分为双三环[Si_6O_{15}]、双四环[Si_8O_{20}]和双六环[$Si_{12}O_{30}$]。单层环如图2-6所示，双层环如图2-7所示。

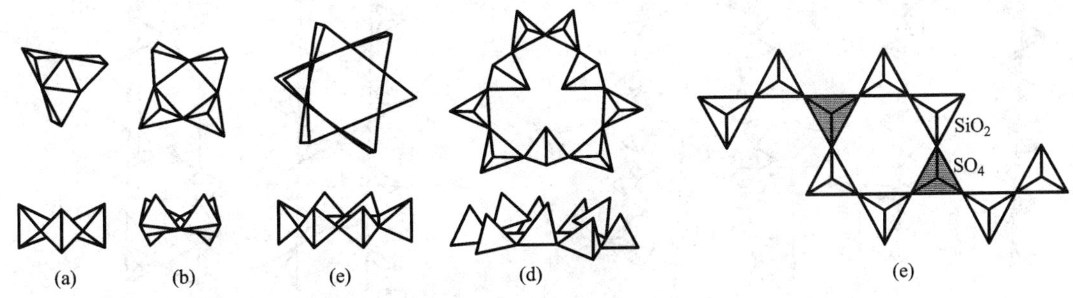

图2-6　不同类型的单层环

(a)三环[Si_3O_9]；(b)四环[Si_4O_{12}]；(c)六环[Si_6O_{18}]；(d)九环[Si_9O_{27}]；(e)斧石环[$B_2O_2(Si_2O_7)_4$]

在环状结构硅酸盐矿物中连接环的主要阳离子有Ca^{2+}、Na^+、K^+、Al^{3+}、Fe^{2+}、Mn^{2+}、Li^+、Zr^{4+}等，在环的大空隙处常为水分子、OH^-和较大阳离子所占据。

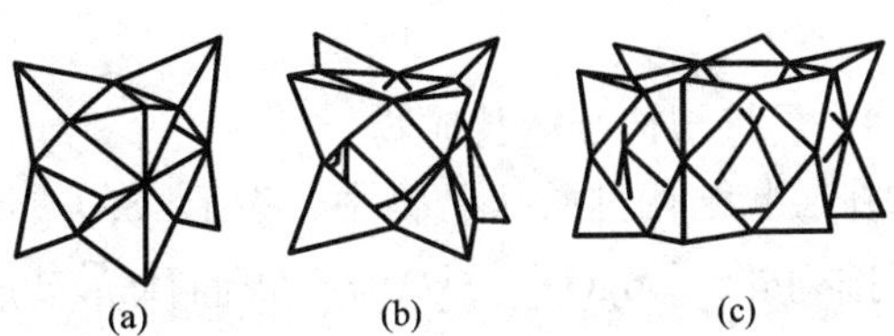

图2-7　不同类型的双层环

(a)双三环[Si_6O_{15}]；(b)双四环[Si_8O_{20}]；(c)双六环[$Si_{12}O_{30}$]

3. 链状结构硅酸盐矿物

链状结构硅酸盐矿物为[SiO_4]四面体共两个(或三个)角顶联结而成的沿一个方向无限延伸的链，链可分为单链、双链和似管状链。

单链是硅氧四面体共两个角顶连接而成的链，每个硅氧四面体都有两个活性氧与阳离子相连接。根据重复周期和联结方式，单链又可分为简单二元链(辉石链[Si_2O_6])、简单三元链(硅灰石链[Si_3O_9])、简单五元链(蔷薇辉石链[Si_5O_{15}])和简单七元链(锰辉石链[Si_7O_{21}])，如图2-8所示。

双链由两个单链相互连接而成。两个二元链共用氧原子连接就形成闪石链，两个三元链共用氧原子连接就形成了硬硅钙石链，如图2-9所示。

闪石链可看作是由两个辉石链共角顶连接而成的直线形双链，由[Si_4O_{11}]表示。链中具有附加阴离子OH^-，链与链间通过活性氧与阳离子连接。硬硅钙石链是由活性指向相反的两个硅灰石链共角顶连接而成的一种双链，以[Si_6O_{17}]表示。

在链状结构硅酸盐矿物中，连接链的主要阳离子有Ca^{2+}、Na^+、Fe^{2+}、Mg^{2+}、Al^{3+}、Mn^{2+}、K^+、Ba^{2+}、Li^+等，这些阳离子的配位多面体同链的类型之间具有相互制约的关系，尤其是大阳离子的配位多面体，对硅氧骨干往往起着支配作用。矿物中常见附加阴离子有OH^-、F^-、Cl^-等，其硅氧骨干中的Si^{4+}常被少量的Al^{3+}所替代，故常有低电价、大半径的阳离子来补偿电荷，但一般Al^{3+}替代Si^{4+}的量少于1/3。

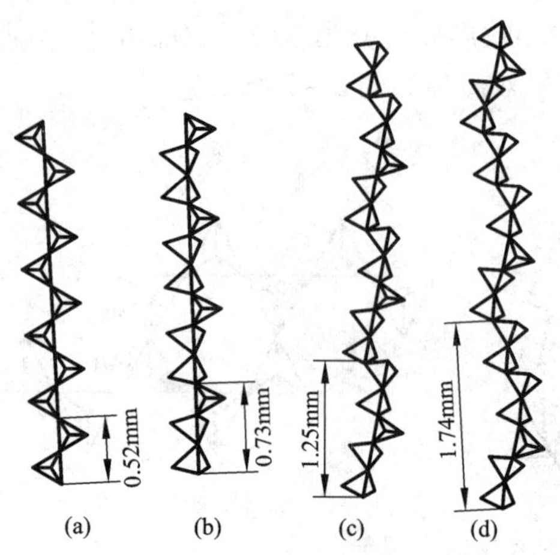

图 2-8 单链的类型

(a)辉石链[Si_2O_6]；(b)硅灰石链[Si_3O_9]；
(c)蔷薇辉石链[Si_5O_{15}]；(d)锰辉石链[Si_7O_{21}]

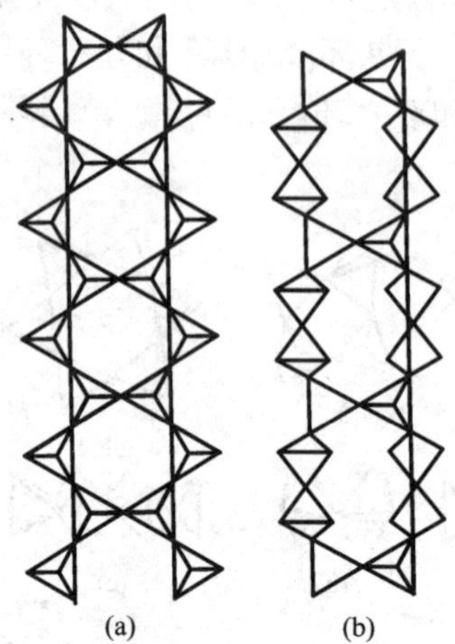

图 2-9 双链的类型

(a)闪石链[Si_4O_{11}]；(b)硬硅钙石链[Si_6O_{17}]

4. 层状结构硅酸盐矿物

在层状结构硅酸盐矿物中，除了[SiO_4]四面体呈六方网层排列外，[MgO_6]或[AlO_6]八面体亦呈层状排列。八面体层中的阳离子有 Al^{3+}、Mg^{2+}、Fe^{2+}、Fe^{3+} 和 Ti^{4+} 等，由于阳离子的电价不同，故在单位晶胞中的数目也不同。在四面体片和八面体片的相互匹配中，[SiO_4]四面体所组成的六方环范围内有三个八面体与之相适应，如图 2-10 所示。

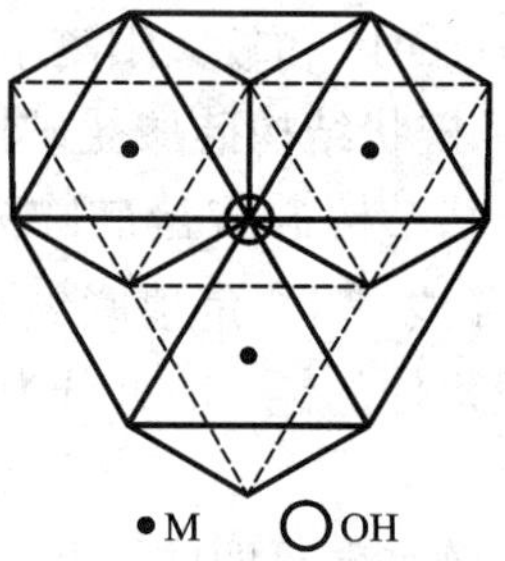

•M ○OH

图 2-10 与[SiO_4]四面体所形成的与六方网格相适应的八面体

如果在这三个八面体的中心位置被三价离子(如 Al^{3+})充填，即在半个晶胞中含有两个充填阳离子，则这种结构称为二八面体型结构；如果这三个八面体的中心位置均被二价离子(如 Mg^{2+})占据时，即半个晶胞中含有三个充填阳离子，则这种结构称为三八面体型结构。同时存在这两种结构时称过渡结构。层状结构硅酸盐矿物中的[SiO_4]四面体片与[AlO_6](或[MgO_6])八面体层通常都组合在一起，形成构造单元层。当一个四面体片和一个八面体片组合时，称 1∶1 型(即 TO 型)，如高岭石结构，如图 2-11(a)。当两个四面体片与一个八面体片组合时，八面体片便夹在两个四面体的中间形成夹心式的构造单元层，称 2∶1 型(即 TOT 型)，如滑石(或称白云母)结构，如图 2-11(b)。

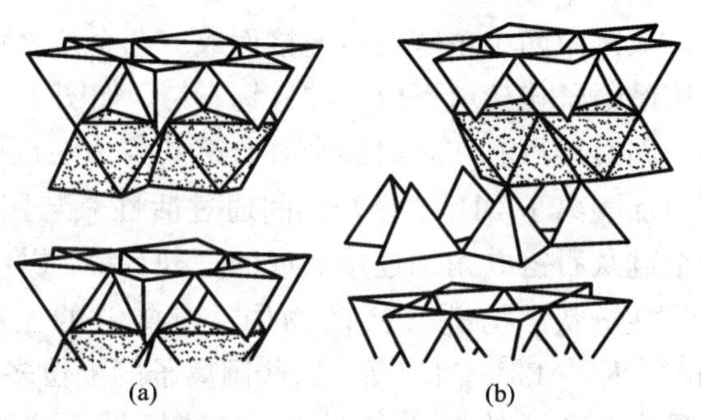

图 2-11 1∶1 型(TO)和 2∶1 型(TOT)结构层

(a)1∶1 型；(b)2∶1 型

1∶1 型层状结构硅酸盐的典型矿物有高岭石 $Al_4[Si_4O_{10}][OH]_8$ 和蛇纹石 $Mg_6[Si_4O_{10}][OH]_8$，晶体结构断面如图 2－12(a)所示。2∶1 型层状结构硅酸盐的典型矿物有滑石 $Mg_3[Si_4O_{10}][OH]_2$[断面如图 2－12(b)]、叶蜡石 $Al_2[Si_4O_{10}][OH]_2$[断面如图 2－12(b)]、白云母 $KAl_2[AlSi_3O_{10}][OH]_2$[断面如图 2－12(c)]、绿泥石 $Mg_3[AlSi_3O_{10}][OH]_2Mg_2Al(OH)_6$[断面如图 2－12(d)]和蒙脱石 $(1/2Ca、Na)_{0.66}\{(Al、Mg、Fe)_4[(Si、Al)_8O_{20}][OH]_4\cdot nH_2O\}$[断面如图 2－12(e)]。

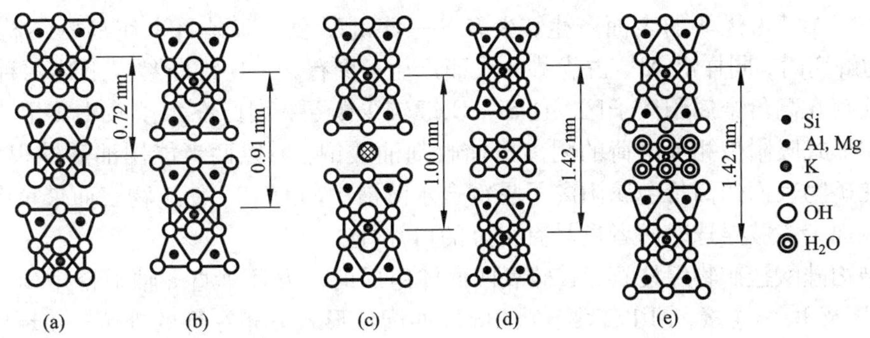

图 2－12　层状结构硅酸盐矿物晶体结构断面单位示意图(最小圈表示交换阳离子)

(a)高岭石或蛇纹石；(b)滑石或叶蜡石；(c)白云母；(d)绿泥石或蛭石；(e)蒙脱石

5. 架状结构硅酸盐矿物

架状结构硅酸盐矿物是硅氧四面体共四个角顶连接而成的三度空间的骨架，其中的每个氧与两个硅相联系，因此所有的氧均是惰性的。骨架中当部分 Si^{4+} 被 Al^{3+} 替代时，形成 $[AlO_4]$ 四面体，这时正电荷的不足主要由一些低电价、大半径的阳离子如 K^+、Na^+、Ca^{2+}、Ba^{2+} 来补偿，这些阳离子与带有部分剩余电荷的氧离子结合，从而使该类型矿物形成一个比较空旷但非常稳固的晶体结构。

在架状结构硅酸盐矿物中，由于化学成分的差异，如各矿物中 Si 与 O 搭配数目的不同、Al^{3+} 替换 Si^{4+} 的数目不同、阳离子种类和数目不同，以及是否存在附加阴离子(Cl^-、SO_4^{2-}、CO_3^{2-}、F^-、OH^- 等)和附加阳离子(Na^+、Ca^{2+})或者含有结晶水等，此外，还由于 $[SiO_4]$ 间的排列方式不同，因此四面体在三度空间不同方向上的排列密度有时各不相同，架状结构硅酸盐矿物有许多不同的矿物。当硅氧四面体形成四环或六环等轴状骨架时，就形成了方钠石型和方沸石型矿物；当硅氧四面体以六环或双层环为结构单元彼此相连成架状结构时，就形成了霞石族、钙霞石族、菱沸石族以及毛沸石和菱锌沸石族矿物；当四环链彼此相连成架状时，就构成了长石族、方柱石族、钠沸石族和硅锆钠石族矿物；此外架状结构硅酸盐矿物还有以 $[SiO_4]$ 四面体三环和 $[TiO_6]$ 八面体或 $[ZrO_6]$ 八面体相连成架的形式，如蓝锥矿族和钠锆石族矿物。

2.4.2　硅酸盐矿物的晶体结构与可浮性

各类结构硅酸盐矿物的晶体化学特征与表面特性和浮游性具有密切的关系。不同结构类型硅酸盐矿物解离时 Si—O 键和 Al—O 键的断裂程度、Al^{3+} 对 Si^{4+} 的替代程度及 Al 的配位方式、矿物的化学组成及矿物的解离程度等晶体化学特征的差异，导致矿物表面电性(包括零电点)、暴露于矿物表面的阴阳离子的种类、性质和相对含量、表面多价金属阳离子对于阴离子的相对密度($\sum M^{n+}/\sum O^{2-}$)、表面不均匀性、表面金属阳离子的溶解度及表面键合羟基的能力等诸多表面特性的不同。这导致矿物在阴、阳离子捕收剂浮选体系中在不加活化剂和抑制剂时的自然可浮性及多价金属阳离子、无机阴离子调整剂、有机高分子调整剂及有机络合调整剂对矿物可浮性影响的差异，不同浮选条件下这些矿物可浮性与矿物主要晶体化学特征和表面特性之间的规律如下：

岛状结构硅酸盐矿物铁铝榴石的晶体结构中，孤立的[SiO_4]四面体由阳离子 Al^{3+} 组成的[AlO_6]联结，其间形成的畸变立方体空隙由二价金属阳离子 Fe^{2+} 占据。矿物解离时一般沿阳离子 Fe^{2+} 、Al^{3+} 占优势的表面产生，少有 Si—O 键断裂。蓝晶石也属岛状结构硅酸盐矿物，该矿物解离时，同样沿 Al^{3+} 占优势的表面产生，少有 Si—O 键断裂。上述两种矿物由于解离时表面存在高价金属阳离子区，且 Si—O 键较少断裂，因此在水溶液中零电点较高，易以静电作用形式吸附带相反电荷的阴离子捕收剂油酸钠，所以两者能用油酸钠很好地浮选。另外由于在矿物表面的高价金属阳离子易键合水溶液中的 OH^-，使矿物表面带负电，因此用阳离子捕收剂十二胺浮选时两者也具有很好的可浮性。

环状结构硅酸盐矿物绿柱石，其硅氧四面体组成的六方环垂直 c 轴平行排列，上下错动 25°，由 Al^{3+} 及 Be^{2+} 连接，Al 以六配位、Be 以四配位形式分布在环的外侧，在环中心平行 c 轴有宽阔的孔道，以容纳大半径的离子 K^+ 、Na^+ 、Rb^+ 、Cs^+ 及 H_2O。该矿物解离时，有可能垂直于环平面或沿上下环间断裂，因此 Be—O、Al—O 键发生断裂，Si—O 键也有断裂。因此解离后表面暴露了一些金属阳离子，同时 Si 和 O 也得到了部分暴露；解离时由于环发生部分断裂，使充填在环中心的大半径阳离子 K^+ 、Na^+ 、Rb^+ 、Cs^+ 也得到了暴露，这些阳离子易溶于水中，与水中的 H^+ 发生交换，使 H^+ 吸附在矿物表面的氧区；另外，矿物表面暴露的金属阳离子 Be^{2+} 、Al^{3+} 、Si^{4+} 都能键合水中的 OH^- 。以上因素造成该矿物与岛状结构硅酸盐矿物相比，零电点要低一些，且矿物表面带有更多的负电荷，因此用阴离子捕收剂油酸钠捕收时，可浮性很差，用阳离子捕收剂十二胺浮选时，可浮性很好。由于矿物表面存在高价金属阳离子 Al^{3+} ，所以用油酸钠浮选时，仍具有一定的可浮性。

链状结构硅酸盐矿物锂辉石属单链结构，其结构中[SiO_4]四面体共角顶相连形成沿一维方向无限延伸的链状硅氧骨干，该骨干依靠呈八配位的阳离子 Li^+ 和呈六配位的 Al^{3+} 而连接。由于 Li—O 键弱于 Al—O 键，故矿物沿链间解离时，Li—O 键断裂的数目要多于 Al—O 键。另外，也有 Si—O 键断裂。普通角闪石为双链结构硅酸盐矿物，其[SiO_4]四面体链间也依靠 Ca^{2+} 、Mg^{2+} 、Fe^{2+} 、Al^{3+} 、Na^+ 等阳离子而连接，矿物双链结构中的硅被铝部分取代，它的正电荷不足由碱金属和碱土金属离子所补偿，矿物解离时晶格中氧与低电价、大半径阳离子连接的键发生断裂，同时链也发生断裂，故部分 Si—O 键会断裂。在水溶液中，矿物表面低电价、大半径的阳离子与水中的 H^+ 发生交换，使 H^+ 吸附于矿物表面氧区，另外 Si—O 键断裂后所暴露出来的 Si 具有键合水中 OH^- 的能力，且连接链的高价小半径阳离子很少暴露，因此链状结构硅酸盐矿物的零电点很低，矿物表面带有更高的负电荷，所以该类矿物用阴离子捕收剂浮选时，可浮性很差，而用阳离子捕收剂十二胺浮选时，矿物具有很好的可浮性。

层状结构硅酸盐矿物锂云母为 TOT 型结构，两硅氧四面体的活性氧及 OH 上下相对，但在平行方向有相对位移，从而使上下两层活性氧及 OH 呈最紧密堆积，阳离子 Li^+ 、Al^{3+} 等充填其八面体空隙，结成 $Al—O_4(OH)_2$ 八面体片。两层四面体片夹一层八面体片构成其基本结构，四面体片中有 1/4 的 Si 被 Al 所代替，由此产生的负电荷由层间大半径阳离子 K^+ 所补偿。由于其层间依靠碱金属离子与配位离子相连接，键较弱，故矿物解离沿(001)面进行，解离时大半径的碱金属阳离子得到暴露，这些阳离子溶解于水中后，与水中 H^+ 发生交换，使 H^+ 吸附于表面氧区。由于锂云母为片状构造，因此 H^+ 可以大面积吸附在矿物表面。另外，Al 对 Si 的取代也必然使矿物表面带有更多的负电荷，因此该矿物零电点极低，用阴离子捕收剂油酸钠浮选时完全不浮，而用阳离子捕收剂十二胺浮选时，在较宽的 pH 范围内，均可以完全回收。

架状结构硅酸盐矿物微斜长石和钠长石都属铝硅酸盐，矿物晶体结构中，硅氧四面体相互连接形成一个平行 a 轴的链，链由四个四面体围成的四方环组成，链与链之间彼此相连，在三维空间形成架状结构，每个四方环结构中存在较大的空隙，其中不足的电荷由大半径金属阳离子 K^+、Na^+、Ca^{2+} 等补充。矿物结构中有 1/4 的 Si 被 Al 所取代，使矿物解离时 Si—O 和 Al—O 键断裂，断裂时补偿电荷的 K^+、Na^+、Ca^{2+} 等阳离子溶解后，与水中 H^+ 发生交换，使 H^+ 吸附于矿物表面的氧区，同时暴露于矿物表面的 Si 和 Al 均能键合水中 OH^-，以上因素造成这两种矿物表面荷负电，零电点很低，因此难以用阴离子捕收剂油酸钠进行浮选，而易用阳离子捕收剂十二胺进行浮选。

结合国内外对硅酸盐矿物可浮性的研究结果，得出典型硅酸盐矿物结构中主要晶体化学特征与表面特性和可浮性的关系如表 2－7 所示，不同晶体结构典型硅酸盐矿物的主要晶体化学特征、表面特性和可浮性如表 2－8 所示。

表 2－7　典型硅酸盐矿物结构中主要晶体化学特征与表面特性和可浮性的关系

主要的晶体化学特征	表面特性	可浮性	
		阴离子捕收剂浮选体系	阳离子捕收剂浮选体系
解离时 Si—O 键的断裂程度	Si—O 键的断裂程度越大，解离后表面暴露的 Si^{4+} 及 O^{2-} 越多，表面键合羟基的能力较强，矿物的零电点低，负电性和亲水性较强	Si—O 键的断裂程度较大时，矿物的可浮性很差，易被多价金属阳离子活化，且被活化的矿物难被氟化物去活；强酸性条件下 Na_2SiO_3 和 Al^{3+} 对矿物具有较好的联合活化作用；$(NaPO_3)_6$ 易于以氢键形式在矿物表面吸附	Si—O 键的断裂程度较大时，可浮性极好；淀粉及 Pb^{2+} 对矿物的抑制作用较好
解离 Al—O 键的断裂程度	Al—O 键的断裂程度越大，表面 Al^{3+} 阳离子区域面积越大，正电性越强，矿物表面键合羟基能力也越强	Al—O 键的断裂程度越大时，可浮性较好	Al—O 键的断裂程度越大时，单宁对矿物的抑制作用较强
Al 对 Si 的类质同象替换程度及 Al 的配位方式	当 Al 对 Si 的类质同象替换程度较大时，Al 主要以[AlO_4]四面体形式存在，取代结果导致矿物晶格中电荷不足，故矿物表面负电性较强，零电点较低	替换程度较大的矿物可浮性较差，NaF 对矿物具有一定的抑制作用	替换程度较大的矿物可浮性较好

续表 2－7

主要的晶体化学特征		表面特性	可浮	
			阴离子捕收剂浮选体系	阳离子捕收剂浮选体系
矿物的化学组成	当矿物晶格中除 Al^{3+} 外含有较多高电价、小半径金属阳离子时	解离后矿物表面含有大量的高电价金属阳离子，表面多价金属阳离子对于阴离子的相对密度（$\sum M^{n+}/\sum O^{2-}$）较大，表面正电性较强，零电点较高，键合羟基的能力较强	可浮性较好，HF、Na_2SiF_6 在近中性条件下对矿物具有活化作用，Na_2S、$(NaPO_3)_6$、有机络合物（酒石酸、草酸和柠檬酸）对矿物均具有抑制作用	可浮性较好，淀粉及 Pb^{2+} 对矿物具有较好的协同抑制作用
	当矿物晶格中含有大量补偿电荷的大半径、低电价金属阳离子时	解离后表面多价金属阳离子对于阴离子的相对密度（$\sum M^{n+}/\sum O^{2-}$）低，表面阳离子易溶解，表面负电性强，零电点低	可浮性较差，氟化物 Na_2SiO_3 对矿物具有抑制作用	可浮性很好
矿物的解理程度		解理程度越低，解离后矿物表面不均匀性越大，暴露的不饱和离子数量越多	解理程度较低的矿物易被多价金属阳离子活化	解理程度较低的矿物易被多价金属阳离子抑制

表 2－8　不同晶体结构典型硅酸盐矿物的主要晶体化学特征、表面特性和可浮性

结构类型	主要晶体化学特征	表面特性	可浮性	
			阴离子捕收剂浮选体系	阳离子捕收剂浮选体系
岛状	解离时沿金属阳离子占优势的表面进行，结构中的 Al 均以［AlO_6］八面体形式存在。Al—O 键离子键特征明显，解离时大量断裂，但 Si—O 键断裂较少，结构中多价金属阳离子大量存在，解理程度低	表面有较多多价金属阳离子暴露，多价金属阳离子对于阴离子的相对密度（$\sum M^{n+}/\sum O^{2-}$）较高，零电点高，正电性强，具有一定键合羟基的能力，表面亲水性强	可浮性较好，多价金属阳离子对矿物具有活化作用，对结构中除 Al^{3+} 外还有其他多价金属阳离子的矿物，氟化物对其具有活化作用，否则则产生抑制作用，Na_2SiO_3、$(NaPO_3)_6$、Na_2S 及有机络合剂对矿物均具有抑制作用	可浮性较好，Fe^{3+}、单宁、淀粉及 Ca^{2+}、Pb^{2+} 均可强烈地抑制矿物的浮选，Pb^{2+}、Ca^{2+} 对矿物的抑制作用不大，HF、Na_2SiF_6，及 Na_2S 对矿物具有较弱的抑制作用
环状	解离时沿由金属阳离子连接的环间断裂，环也有一定破坏，Si—O 键有部分断裂，Al 均以［AlO_6］八面体形式存在，解离时有部分 Al—O 键断裂	表面有金属阳离子区存在，也存在部分 Si^{4+} 和 O^{2-}，多价金属阳离子对阴离子的相对密度（$\sum M^{n+}/\sum O^{2-}$）不高，零电点低，负电性强	可浮性一般，多价金属阳离子、HF、Na_2SiF_6 均可强烈活化矿物的浮选，Na_2S、NaF、Na_2SiO_3、$(NaPO_3)_6$ 对矿物具有抑制作用	可浮性很好，Fe^{3+}、$(NaPO_3)_6$、淀粉、单宁对矿物具有很好的抑制作用，Pb^{2+}、Ca^{2+}，HF、NaF、Na_2SiF_6 及 Na_2SiO_3 对矿物的抑制作用一般
层状	解离时沿层间断裂，结构中部分 Si 被 Al 取代，故 Al 以［AlO_4］四面体和［AlO_6］八面体两种配位方式存在，解离时 Al—O 键的断裂程度较小，其片层状结构破坏时，Si—O 键能发生部分破坏	大半径、低电价的碱金属阳离子得到暴露，表面负电性强，零电点低，多价金属阳离子对于阴离子的相对密度（$\sum M^{n+}/\sum O^{2-}$）小	可浮性极差，多价金属阳离子对矿物均具有较好的活化作用，无机阴离子对矿物的可浮性影响不大	可浮性很好，多价金属阳离子、无机阴离子调整剂、单宁、淀粉及 Ca^{2+}、Pb^{2+} 对矿物可浮性的影响很小

续表 2-8

结构类型	主要晶体化学特征	表面特性	可浮性	
			阴离子捕收剂浮选体系	阳离子捕收剂浮选体系
链状	解离时大半径、低电价金属阳离子与氧之间的键发生断裂，键断裂也造成 Si—O 键发生部分断裂，单链结构中 Al 以 [AlO_6] 八面体形式存在，双链结构中由于 Al 对 Si 的取代，Al 以 [AlO_4] 四面体和 [AlO_6] 八面体两种形式存在	单链结构矿物表面除 Al^{3+} 外只含有一些低电价的金属阳离子，零电点低，负电性强，多价金属阳离子对于阴离子的相对密度($\sum M^{n+}/\sum O^{2-}$)较小。双链结构矿物表面有多价金属阳离子存在，零电点高，负电性弱，($\sum M^{n+}/\sum O^{2-}$)较大，表面键合羟基能力较强	可浮性一般，多价金属阳离子对矿物具有一定的活化作用，但活化能力较差(特别是 Ca^{2+})，无机阴离子调整剂和有机络合剂对矿物均具有抑制作用	可浮性较好，Fe^{3+} 对单链结构矿物的抑制作用较好，但对双链结构矿物的抑制作用较差，Pb^{2+}、Ca^{2+}、NaF、Na_2SiF_6、Na_2S 和 Na_2SiO_3 及单宁对矿物具有一定的抑制作用，单用淀粉对矿物的抑制作用不大，淀粉和 Pb^{2+} 对矿物具有较好的协同抑制作用
架状	解离时 Si(Al)—O 键大量断裂，Al 全部取代 Si，因此 Al 只以 [AlO_4] 四面体形式存在，且结构中存在补偿电荷的大半径、低电价金属阳离子	表面暴露了大量的 Si^{4+}、Al^{3+}、O^{2-} 及补偿电荷的金属阳离子，具有较强键合羟基的能力，零电点低，表面负电性强，表面多价金属阳离子对于阴离子的相对密度 $\sum M^{n+}/\sum O^{2-}$ 极小	可浮性很差，多价金属阳离子对矿物均具有一定的活化作用，HF、Na_2SiF_6 对石英具有活化作用，而对长石类矿物可浮性的影响较小，NaF、Na_2S、$(NaPO_3)_6$ 及有机络合剂对矿物可浮性的影响较小	可浮性很好，Fe^{3+}、$(NaPO_3)_6$ 对矿物均具有一定的抑制作用，Pb^{2+}、Ca^{2+}、Na_2SiF_6、Na_2S、NaF 及 Na_2SiO_3 对矿物可浮性的影响较小，淀粉及其与 Pb^{2+} 对矿物具有较好的抑制作用

习 题

2-1 简述矿物的价键类型和解理规律。

2-2 简述矿物天然可浮性的定义及其与矿物表面特性之间的关系。

2-3 举例说明硫化物矿物晶格缺陷对其可浮性的影响。

2-4 简述氧化物矿物和盐类矿物晶体结构与可浮性的关系。

2-5 简述硅酸盐矿物的晶体结构类型及其特点。

2-6 叙述硅酸盐矿物主要晶体化学特征与表面特性和可浮性的关系。

第3章 浮选基本理论

浮选是利用矿物表面物理化学性质差异，在固－液－气三相界面有选择性地富集目的矿物，使之与废弃物料分离的一种选别技术。本章讲述与浮选有关的最基本的分选原理，主要包括矿物表面润湿性、表面电性、浮选药剂的吸附及浮选速率等。

3.1 矿物表面润湿性与浮选

3.1.1 矿物表面润湿性

1. 润湿现象

润湿是自然界常见的现象。例如往干净的玻璃上滴一滴水，水会很快地沿玻璃表面展开，成为平面凸镜的形状。但若往石蜡表面滴一滴水，水则力图保持球形，但因重力的影响，水滴在石蜡上形成一椭圆球状而不展开。这两种不同现象表明，玻璃能被水润湿，是亲水物质；石蜡不能被水润湿，是疏水物质。

同样，将一水滴滴于干净的矿物表面上，或者将一气泡引入浸在水中的矿物表面上(如图3－1所示)，就会发现不同矿物的表面被水润湿的情况不同。在一些矿物(如石英、长石、方解石等)表面上水滴很易铺开，或气泡较难在其表面上扩展；而在另一些矿物(如石墨、辉钼矿等)表面则相反。图3－1所示的这些表面的亲水性由左至右逐渐减弱，而疏水性逐渐增强。

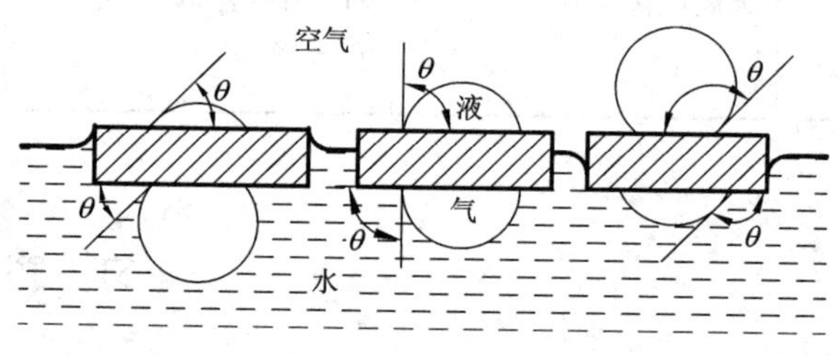

图3－1 矿物表面润湿现象

由此可知，为了占有固体表面，在气相与液相之间存在着一种竞争。任意两种流体与固体接触后，一种流体被另一种流体从固体表面部分或全部排挤或取代，这是一种物理过程，且是可逆的。例如，浮选过程就是调节矿物表面上一种流体(如水)被另一种流体取代(如空气或油)的过程(即润湿过程)。

2. 接触角与Young氏方程

为了判断矿物表面的润湿性大小，常用接触角θ来度量，如图3－1和图3－2所示。在一浸于水中的矿物表面上附着一个气泡，达到平衡时，气泡在矿物表面形成一定的接触周边，称为三相润湿周边。在任意二相界面都存在着界面自由能，以γ_{SL}、γ_{LG}、γ_{SG}分别代表固－液、液－气、固－气三个界面上的界面自由能。通过三相平衡接触点，固－液与液－气两个界面所包之角(包含液相)称为接触角，以θ表示。可见，在不同矿物表面接触角大小是不同的，接触角可以表征矿物表面的润湿性：如果矿物表面形成的θ角很小，则称其为亲水性表面；反之，当 θ 角较大，则称其疏水性表面。亲水性与疏水性的明确界限是不存在的，只是相对的。θ 角越大说明矿物表面疏水性越强；θ 角越小，则矿物表面亲水性越强。

矿物表面接触角大小是三相界面性质的一个综合效应。如图 3－2 所示，当达到平衡时(润湿周边不动)，作用于润湿周边上的三个表面张力在水平方向的分力必为零。于是其平衡状态(Young 杨氏)方程为：

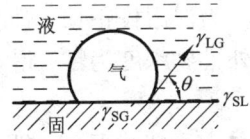

$$\gamma_{SG} = \gamma_{SL} + \gamma_{LG}\cos\theta$$

或

$$\cos\theta = (\gamma_{SG} - \gamma_{SL})/\gamma_{LG} \tag{3-1}$$

图 3－2 气泡在水中与矿物表面相接触的平衡关系

式中：γ_{SG}、γ_{SL} 和 γ_{LG} 分别为固－气、固－液和液－气界面自由能。

上式表明了平衡接触角与三个相界面之间表面张力的关系，平衡接触角是三个相界面张力的函数。接触角的大小不仅与矿物表面性质有关，而且与液相、气相的界面性质有关。凡能引起任何两相界面张力改变的因素都可能影响矿物表面的润湿性。但上式只有在系统达到平衡时才成立。

3. 接触角的测定

常用的接触角测定方法，是针对气－液－固体系的接触角而设计的，主要包括躺滴法、吊片法等。

(1)躺滴或气泡法。

这是接触角测定最常用的方法，如图 3－3(a)、(b)所示，接触角可通过照相，装在目镜上的量角器直接测量 θ，或测量滴高 h 和液滴与固体表面接触面的直径后计算而得接触角，如图 3－3(c)所示。

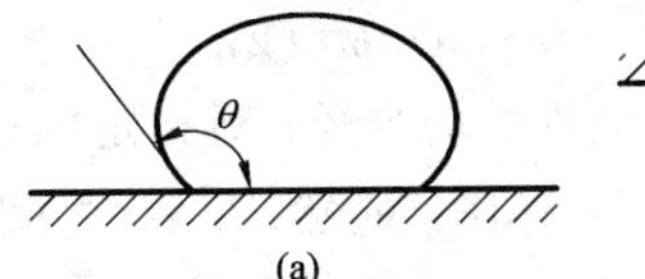

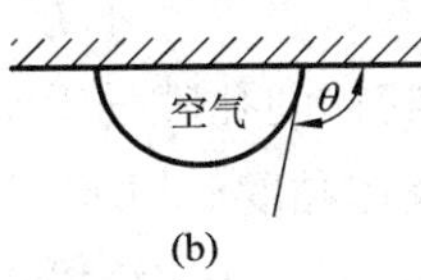

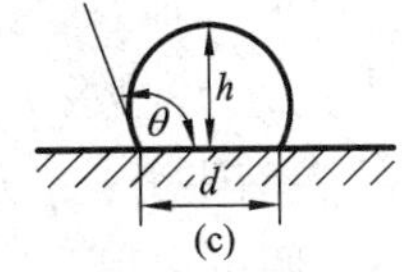

图 3－3 躺滴法和气泡法

在实际固体表面几乎或大或小总会是出现接触角滞后现象，因此需同时测定前进角(θ_a)和后退角(θ_r)。对于躺滴法，可用增减液滴体积的办法来测定。增加液滴体积时测出的是前进角，如图 3－4(a)所示，减少液滴体积时测出的为后退角，如图 3－4(b)所示。为了避免增减液滴体积时可能引起液滴振动或变形，在测定时可将改变液滴体积的毛细管尖端插入液滴中，尖端插入液滴不影响接触角的数值。

在倾斜面上的一液滴，接触角滞后现象很明显，可同时看到前进角和后退角，如图 3－5 所示。

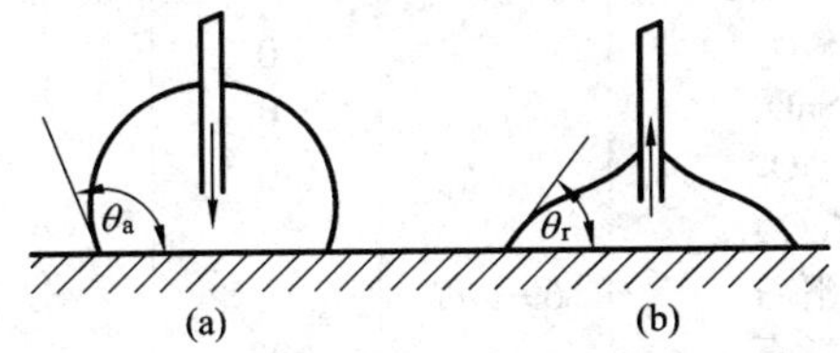

图 3－4 前进角和后退角的测定方法

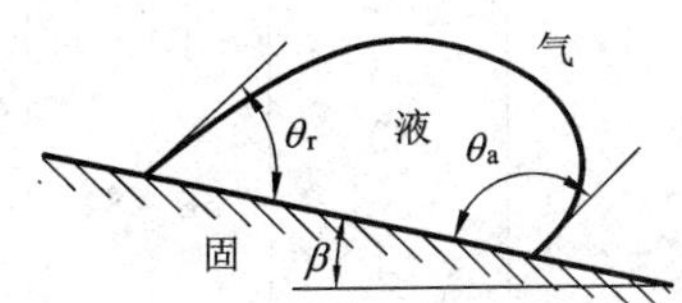

图 3－5 倾斜面上的接触角滞后现象

(2)吊片法。

吊片法是测定液体表面张力的一种方法，此方法的条件是要求吊片能为液体很好润湿，

以保证 $\theta=0$，$\cos\theta=1$。如果接触角大于零，则可利用下式计算接触角数值

$$W=P\gamma_{LG}\cos\theta-v\rho g \tag{3-2}$$

式中：W 为吊片所受之力；P 为吊片周长；v 为吊片伸入液面下的体积；ρ 为液体的密度。式中 $v\rho g$ 为浮力校正项。改变吊片插入液面下的深度测定 W，以 W 对吊片插入液面下的深度作图，外推到深度为零，得

$$W=P\gamma_{LG}\cos\theta \tag{3-3}$$

若液体表面张力已知，即可计算 θ。在吊片下降时测定吊片所受之力，则测得的接触角为前进角，反之为后退角。

上述均是平衡时测得的接触角，称为静态接触角，而在达到平衡之前，固体表面上的三相接触线向内或向外移动时的接触角称为动态接触角。

(3)粉末润湿性(接触角)的测定。

在测量固体粉体的接触角时，目前应用得较多的是 Washburn 渗透法。它是利用液体在由粉体所形成的毛细管上升的高度与时间之间的关系来测定的。称取一定量粉体(样品)装入下端用微孔隔膜封闭的玻璃管内，并充实到某一固定刻度，然后将测量管垂直放置，使下端与液体接触(如图 3-6 所示)，记录不同时间 t 时液体润湿粉末的高度 h，再按下式计算得到接触角。

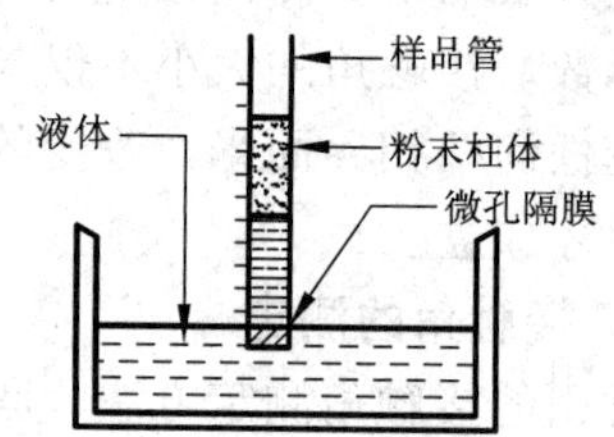

图 3-6　Washburn 粉末润湿性测定

$$h^2=Cr\gamma_{LG}\cos\theta t/(2\eta) \tag{3-4}$$

式中：C 为常数；r 为粉体间孔隙的毛细管平均半径，对指定的粉体来说 Cr 为定值；γ_{LG} 为液体的表面张力；η 为液体黏度。以 h^2 对 t 作图，显然，$h^2\sim t$ 之间有线性关系，由直线斜率、η 和 γ_{LG} 便可求得($Cr\cos\theta$)值。在指定润湿粉体的液体系列中，选择最大的 $Cr\cos\theta$ 值作为形式半径 Cr(此时 $\theta=0$)，由此可以算出不同液体对指定粉体的相对接触角 θ。现在也有利用 Washburn 渗透法这一原理而设计的专用的粉末接触角测定仪。

常见矿物在水中的接触角列于表 3-1。

表 3-1　某些固体物料的接触角测定值

物　质	θ_a	θ	θ_r	物　质	θ_a	θ	θ_r
Au	85 ± 3		46 ± 2	$BaSO_4$			0
$CuFeS_2$ 多晶	47		42	$CaCO_3$	0 ~ 10		0
$CuFeS_2$ 单晶	46		46	$CuCO_3$	17		0
HgS	113		47	SiO_2		0	
MoS_2	53		13	SnO_2		0	
Sb_2S_3	80		0	TiO_2		0	
Sb_2S_3		38 ~ 84		$ZnCO_3$	47		0
ZnS	81		47	滑石	69 ~ 77		52
FeS_2 {100}		69		滑石		88	
FeS_2 {010}		74		炭(无定形)		40	
PbS	47	0	0	石墨		60 ~ 86	
硫		78		云母		0	

3.1.2 表面润湿过程

1. 一般润湿过程

润湿是一种流体从固体表面置换另一种流体的过程。从微观角度来看，润湿固体的流体，在置换原来在固体表面上的流体后，本身与固体表面是在分子水平上的接触，它们之间无被置换相的分子。最常见的润湿现象是一种液体从固体表面置换空气。可以把润湿现象分成沾湿、铺展和浸没三种类型，如图3－7所示。润湿方式或润湿过程不同，润湿的难易程度和润湿的条件亦不同。

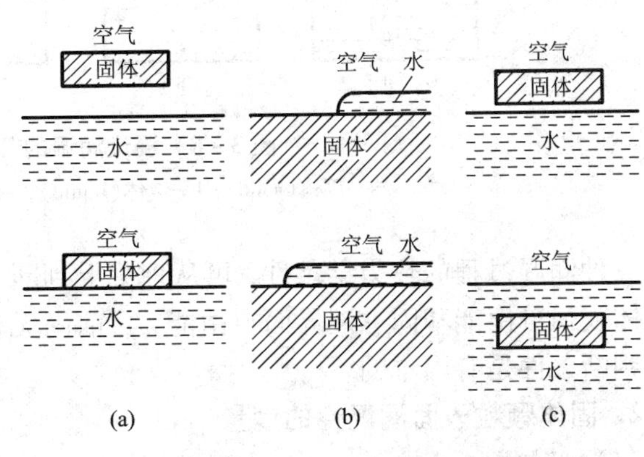

图3－7 三种基本的润湿现象

(a)沾湿；(b)铺展；(c)浸没

以 W 代表该系统由原来状态转变为最终状态时单位面积上所做的功，此功等于系统位能的损失。因此它是系统变化的推动力的判据。为简化起见，略去了重力和静电力。

(1)沾湿。

这里系统消失了固－气界面和液－气界面，新生成了固—液界面，单位面积上位能降低为：

$$W=\gamma_{SG}+\gamma_{LG}-\gamma_{SL}=-\Delta G \tag{3-5}$$

式中：γ_{SG}为固体－空气界面自由能；γ_{LG}为水－空气界面自由能；γ_{SL}为固体－水界面自由能。

如果 $\gamma_{SG}+\gamma_{LG}>\gamma_{SL}$，则位能的降低是正值，沾湿将会发生。

(2)铺展。

这里，系统消失了固－气界面，新生成了固－液界面和液－气界面，单位面积上

$$W=\gamma_{SG}-\gamma_{SL}-\gamma_{LG}=-\Delta G \tag{3-6}$$

若 $\gamma_{SG}>\gamma_{SL}+\gamma_{LG}$，水将排开空气而铺展，为了达到很好的润湿，须使 γ_{LG} 和 γ_{SL} 降低，而不降低 γ_{SG}。

(3)浸没。

这里，系统消失了固－气界面，新生成了固－液界面，单位面积上

$$W=\gamma_{SG}-\gamma_{SL} \tag{3-7}$$

因此，自发浸没的必要条件是 $\gamma_{SG}>\gamma_{SL}$，但这还不充分。因为固体进入水中必须通过气－液界面，这样就必须满足其他有关的条件。图3－8所示为浸没润湿的几个连续阶段。

使每个连续阶段成为可能的必要条件是：

由阶段Ⅰ到阶段Ⅱ　$\gamma_{SG}+\gamma_{LG}>\gamma_{SL}$

由阶段Ⅱ到阶段Ⅲ　$\gamma_{SG}>\gamma_{SL}$

由阶段Ⅲ到阶段Ⅳ　$\gamma_{SG}>\gamma_{LG}+\gamma_{SL}$

如果第三阶段是可能的，则其他阶段亦皆可能。因此浸没润湿的主要条件是 $\gamma_{SG}-\gamma_{SL}>\gamma_{LG}$。所以浸没润湿与铺展润湿的条件相同。

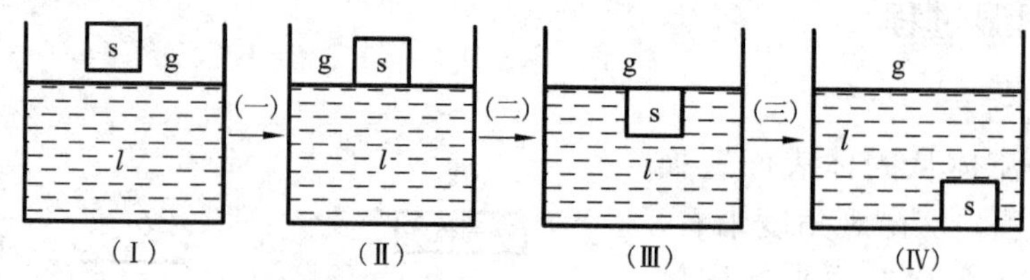

图 3-8　浸没润湿的几个连续阶段

s—固体(solid); l—液体(liquid), 一般指水; g—空气(gas)

三种润湿过程的热力学条件，可从理论上判断一个润湿过程是否能够自发进行。但实际上固体表面自由能和固-液界面自由能，目前尚无合适的直接测定方法，因而定量地运用上面的判断条件是有困难的。

2. 固体颗粒表面润湿性的度量

(1)接触角。

前面已经谈到，接触角可以标志固体表面的润湿性。如果固体表面形成的 θ 角很小，则称其为亲水性表面；反之，当 θ 角较大，则称其为疏水性表面。θ 角越大说明固体表面疏水性越强；θ 角越小，则固体表面亲水性越强。

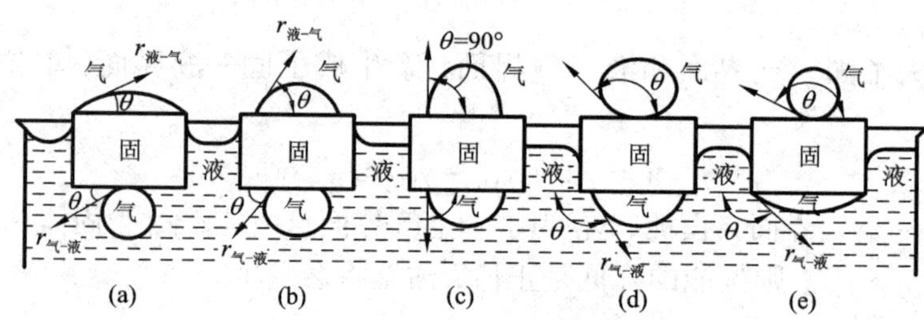

图 3-9　不同固体表面的润湿性

图 3-9(a)表示可以被水完全润湿的固体，水滴可沿整个表面展开，θ 值近于零。当 $\theta<90°$时，如图 3-9(b)所示，此亦可被水润湿，属亲水性固体。当 $\theta \geqslant 90°$时，如图 3-9(c)、(d)所示，此固体表面不易被水润湿，属于疏水性固体。当 $\theta=180°$，说明此固体表面不被水润湿，是绝对疏水的固体，如图 3-9(e)所示。

(2)润湿功与润湿性。

如式(3-5)，水在固体表面黏附润湿过程体系对外所能做的最大功，称为润湿功 W_{SL}，亦称为黏附功。

将杨氏(Young)方程 $\gamma_{SG}=\gamma_{SL}+\gamma_{LG}\cos\theta$[式(3-1)]代入式(3-5)，得

$$W_{SL}=\gamma_{LG}(1+\cos\theta) \tag{3-8}$$

式中：γ_{LG}的数值与液体的表面张力相同(如水的表面张力为0.072 N/m)，θ 可由实验测定，于是 W_{SL}可以算出。

润湿功亦可定义为：将固-液接触自交界处拉开所需做的最小功。显然，W_{SL}越大，即 $\cos\theta$ 越大，则固-液界面结合越牢，固体表面亲水性越强。

(3)黏着功与可浮性。

浮选涉及的基本现象是，矿粒黏附在空气泡上并被携带上浮。矿粒向气泡附着的过程是系统消失了固－水界面和水－气界面，新生成了固－气界面，即为铺展润湿的逆过程。对照式(3－6)，定义该过程体系对外所做的最大功为黏着功 W_{SG}，则

$$W_{SG}=\gamma_{LG}+\gamma_{SL}-\gamma_{SG}=-\Delta G \tag{3-9}$$

将杨氏(Young)方程式(3－1)代入式(3－9)，得

$$W_{SG}=\gamma_{LG}(1-\cos\theta) \tag{3-10}$$

W_{SG}表征矿粒与气泡黏着的牢固程度。显然，W_{SG}越大，即$(1-\cos\theta)$越大，则固－气界面结合越牢，固体表面疏水性越强。

因此，浮选中常用$(1-\cos\theta)$值来判断“可浮性”。

接触角 θ、润湿性 $\cos\theta$、可浮性$(1-\cos\theta)$均可用于度量固体颗粒表面的润湿性，且三者彼此之间是互相关联的。

当矿物完全亲水时，$\theta=0°$，润湿性 $\cos\theta=1$，可浮性$(1-\cos\theta)=0$。此时矿粒不会附着气泡上浮。当矿物疏水性增加时，接触角 θ 增大，润湿性 $\cos\theta$ 减小，可浮性$(1-\cos\theta)$增大。

3.1.3 矿物表面水化作用与润湿性

1. 水化作用

浮选是在水介质中进行的。水分子由两个氢原子和一个氧原子组成，如图3－10所示，三个原子构成以两个质子为底的等腰三角形。其中氧的两个孤对电子不成键，而形成两个负电中心，两个杂化轨道与氢成键而形成两个正极，这样形成两个正极和两个负极的四极结构，电荷集中在四个顶点。水分子具有电荷极性，且正负电荷中心相距较远，所以水分子具有较大的偶极距，属强极性分子。

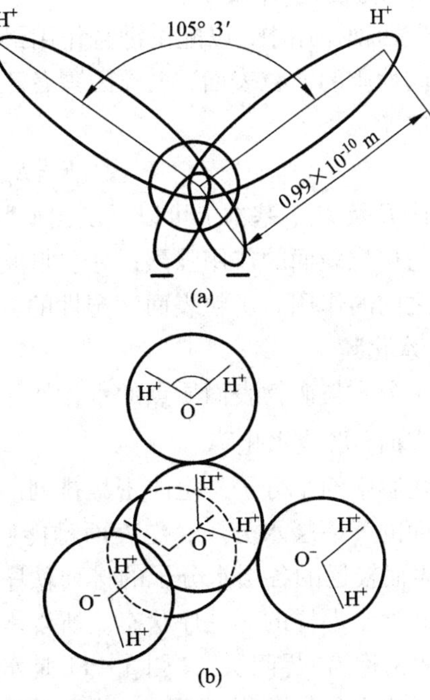

图3－10 水分子和水结构

(a)水分子结构；(b)水的结构

不论矿物晶体断裂面上不饱和键的性质及强弱如何，都有从周围介质中得到最大补偿的趋向。矿粒表面可能与水的偶极分子发生不同性质及强度的作用，使表面不饱和键得到程度不同的补偿。

设真空中矿粒的表面自由能为 G_{SG}，在水中经过水分子补偿作用(水合作用)后矿粒的表面自由能为 G_{SL}，水合作用前后表面自由能的变化 $A_{SL}-A_{SG}$可以近似地看做矿粒表面的水合自由能 ΔG_h：

$$\Delta G_h=G_{SL}-G_{SG} \tag{3-11}$$

根据前面讨论的矿粒－水界面发生的一系列分过程，可以看出，ΔG_h 由多种分过程的能量变化组合叠加而成：

(1)矿粒排开周围的水分子占据一定的几何空间过程的实现：①断开周围水分子与水分子间的缔合；②将这些水分子推移一定距离。当矿粒粒度很小时，为了简化可忽略第二步引起的能量变化，近似地认为实现这一过程所需要做的功就是水分子间的缔合能 E_w，对于纯水，$E_w = 146 \times 10^{-3}\ J \cdot m^{-2}$。

(2)矿粒表面与水分子作用获得的补偿能 E。总括而言，矿粒表面的带电或不带电质点与水分子有四种作用方式：

①矿粒表面的晶格阳离子与水分子通过配位键发生水合反应。如前所述，这是最强的水合作用，作用势能用 E_{com} 表示。在矿粒表面有 Co^{2+}、Fe^{3+}、Al^{3+}、Cr^{3+} 等多价金属阳离子时，表面发生此种强水合作用。

②矿粒表面的晶格离子与水分子通过静电作用发生水合，静电作用势能用 E_e 表示。原则上矿粒表面上所有的带电质点(阳离子、阴离子)均同水分子发生静电作用，其中如像 Na^+、K^+、Br^-、I^- 等半径大、电荷小的离子与水分子主要靠静电作用。

③矿粒表面的带电或不带电晶格质点如包含有电负性较大的原子(如 F，O 等)或氢原子时，可与水分子发生氢键缔合作用，氢键缔合势能用 E_{hy} 表示。从本质上看，阴离子与水分子的作用可以看做是一种强的氢键键合作用。

④矿粒表面的各种分子键性质的不饱和键与水分子有分子吸引作用，这是一种弱的补偿作用，作用势能用 E_m 表示。

以上四种作用中，以配位键合作用最强，静电作用及氢键作用次之，分子键合作用最弱。对于不同性质的矿粒表面，主导因素各不相同，补偿作用强弱各异。但因为都是补偿作用，均为释放能。

$$E = E_{com} + E_e + E_{hy} + E_m \tag{3-12}$$

对比 E 及 E_w，基本上可以反映出矿粒表面与水作用的性质，对于极性表面 $|E| > |E_w|$，水分子与矿粒表面的作用强烈；对于非极性表面 $|E| < |E_w|$，水分子与矿粒表面的作用弱于水分子之间的作用。矿粒表面润湿性的分界线便在于此。

2．水化膜

当水分子与矿物表面质点的水化作用能(E)大于水分子间的缔合能(E_w)时，水分子吸附在矿物表面，形成水化膜。

水化膜中的水分子是定向密集排列的，它们与普通水分子的随机稀疏排列不同。最靠近矿物表面的第一层水分子，受表面键能吸引最强，排列最为整齐严密。随着键能影响的减弱，离表面较远的各层水分子的排列秩序逐渐混乱。表面键能作用不能达到的距离处，水分子已呈普通水那样的无秩序状态。所以水化膜实际是介于固体矿物表面与普通水之间的过渡间界，故又称为“界间层”。图3－11是水化膜的示意图。

通过表面化学的研究得知，水化膜的厚度与矿物的润湿性成正比。例如，亲水性矿物(如石英、云母)的表面水化膜可以厚达10 μm，疏水性矿物表面水化膜则仅为1～10 nm。这层水化膜受矿物表面键能的作用，它的黏度比普通水大，并且具有同固体相似的弹性，所以水化膜虽然外观是液相，但其性质却近似固相。

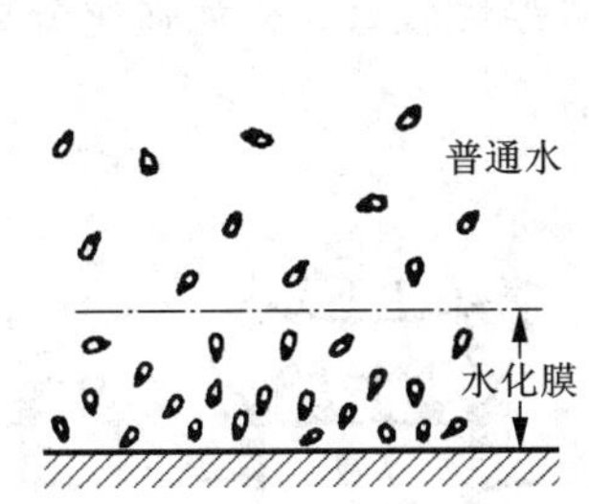

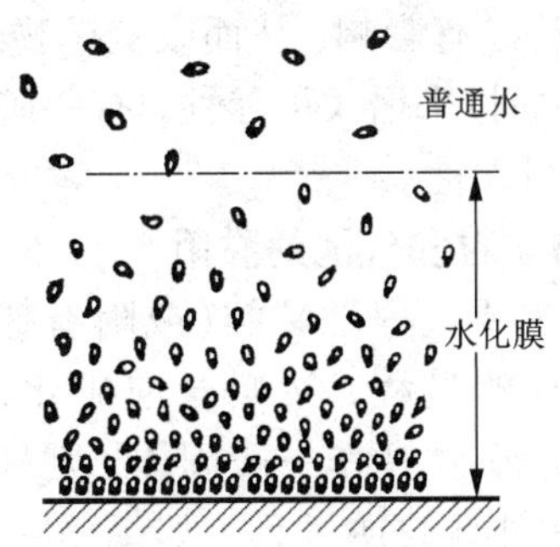

图 3-11 水化膜示意图

(a)疏水性矿物(如辉钼矿)，表面呈弱键，水化膜薄；(b)亲水性矿物(如石英)，表面呈强键，水化膜厚

3. 矿物价键特性与润湿性

矿物表面润湿性，实际上反映了水化作用的强弱，其中价键性质是水化作用能的主要影响因素，因而矿物价键与其表面润湿性直接相关，依据价键特性，可以把矿物的自然润湿性分为四个类型，即强亲水性、弱亲水性、弱疏水性、疏水性、强疏水性。

矿物表面润湿性的分类见表3-2。

表 3-2 矿物表面润湿性的分类

类型	表面不饱和键性质	E/E_w	接触角(θ)	界面水结构类型	代表性矿物
强亲水	离子键　共价键　金属键	≫1	无	b 型	石英、云母、锡石、刚玉、高岭石、方解石等
弱亲水 弱疏水	离子-共价键(部分自身闭合)	1 左右，	无，或 θ 很小	b 型为主	方铅矿、辉铜矿、闪锌矿等
疏水	分子键为主(层面间)，离子，共价键为辅(层端断面)	<1	中等 θ，40°~90°	a 型为主	滑石、石墨、辉钼矿、叶蜡石等
强疏水	色散作用为主的分子键	≪1	大 θ，90°~110°	a 型	自然硫、石蜡

注：E 为表面同水的作用能；E_w 为水分子间缔合能。

3.1.4 润湿与浮选

1. 改变固体表面润湿性差异的方法

Young 氏方程(式3-1)表明，固体表面的润湿性取决于固-液-气三相界面自由能并可用接触角 θ 来判断。改变三相界面自由能就可改变固体表面润湿性，因此在工业中具有重要的实际意义。

矿物浮选分离就是利用矿物间润湿性的差别，并用调节自由能的方法扩大差别来实现分离的。常用添加特定浮选药剂的方法来扩大矿物间润湿性的差别。

如前所述，$(1-\cos\theta)$ 表示某物体的可浮性的大小。根据 Young 氏方程，应设法增大 γ_{SL}，或 γ_{LG}，以及降低 γ_{SG}，以增大 θ 来提高其可浮性。

浮选药剂(包括捕收剂、起泡剂及调整剂，调整剂又分调整酸度-pH 剂、活化剂及抑制剂）对 γ_{SL}、γ_{LG} 或 γ_{SG} 有影响，从而改变矿物的可浮性。如有些矿物的可浮性本来不大，可用捕收剂（或加活化剂）来增大可浮性；有些矿物本来可浮性较好，但为强化分离过程而需要用抑制剂来减小其可浮性。

2．润湿性与矿粒和气泡的黏附

泡沫浮选的主要过程是矿粒（或附有捕收剂的矿粒）附着气泡的过程，又叫气泡矿化过程。若将附有捕收剂的矿粒视作一般固体，则气泡矿化过程正是铺展润湿的逆过程，如图 3－12 所示，为一消失固－液界面及液－气界面，生成固－气界面的过程。若气泡矿化的条件为：

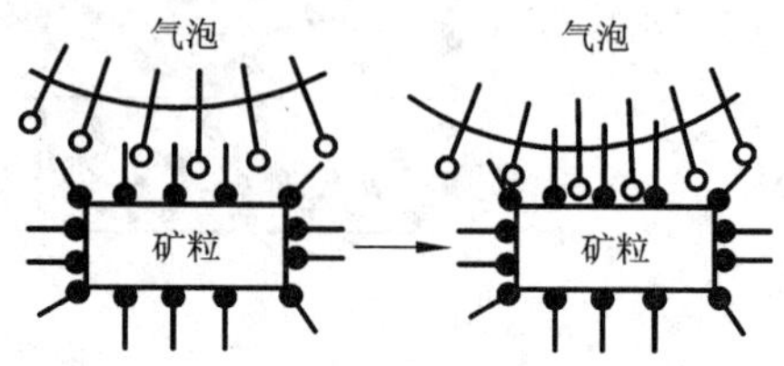

图 3－12　气泡矿化过程

$$\Delta\gamma_{矿化} = \gamma_{SG} - \gamma_{SL} - \gamma_{LG} \leqslant 0$$

将杨氏（Young）方程 $\gamma_{SG} = \gamma_{SL} + \gamma_{LG}\cos\theta$（式 3－1）代入，得

$$\Delta\gamma_{矿化} = -\gamma_{LG}(1 - \cos\theta) \leqslant 0 \tag{3-13}$$

可见，只有 $\theta > 0$ 时，才有 $(1 - \cos\theta) > 0$，才能发生气泡矿化作用使矿粒上浮。

如果暂不考虑搅拌等外力以及深度所产生的水柱压力，则气泡矿化矿粒的上浮只与矿粒质量、接触面的大小、气泡的半径等因素有关。设半径为 R 的气泡黏附矿粒（如图 3－13 所示）浸在水中。受到的上浮力应是 γ_{LG} 的垂直分力（$2\pi r\gamma_{LG}\sin\theta$）。受到的下沉力是气泡内气体对矿粒的压力和矿粒在水中的有效重力（G_0），前者等于气泡反抗曲面附加压力的内压力（$2\gamma_{LG}/R$）与接触面积（πr^2）的乘积。显然，黏附气泡的矿粒上浮的条件应是其上浮力大于或等于下沉力，即：

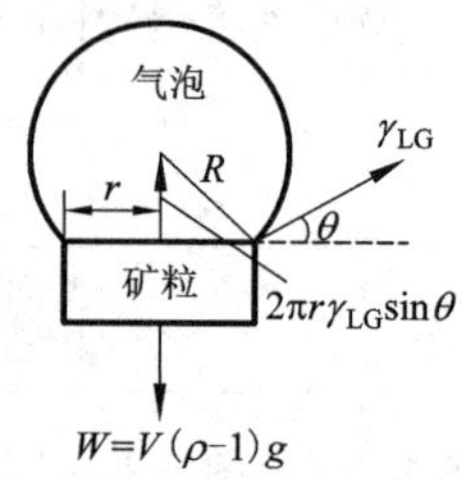

图 3－13　矿粒的浮沉

$$2\pi r\gamma_{LG}\sin\theta \geqslant G_0 + \frac{\pi r^2 2\gamma_{LG}}{R}$$

或

$$\sin\theta \geqslant \frac{G_0}{2\pi r\gamma_{LG}} + \frac{r}{R} \tag{3-14}$$

此矿粒在水中的有效重力 G_0，可由矿粒的体积 V、密度 δ，水的密度 ρ 及重力加速度 g 算得：

$$G_0 = V(\delta - \rho)g \tag{3-15}$$

代入式（3－14）得

$$\sin\theta \geqslant \frac{V(\delta - \rho)g}{2\pi r\gamma_{LG}} + \frac{r}{R} \tag{3-16}$$

从式（3－16）可知 θ 越大，γ_{LG} 大或 R 大时，可浮的矿粒可以重些或粗些（G_0 大或 V 大些）；矿粒细时，θ、γ_{LG} 和 R 可以小些。而 θ 及 γ_{LG} 可用浮选药剂加以调整。应该指出，这里所说的 θ、γ_{LG} 及 R 是指矿粒浮出要求的最小值。

图 3－14 为泡沫浮选过程框图。

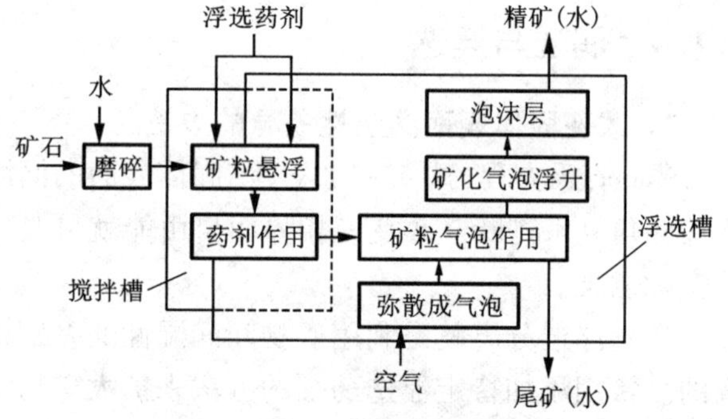

图 3－14　泡沫浮选过程框图

3. 表层浮选或粒浮

表层浮选或粒浮是让矿物或其他固体物料浮在水面的过程，粒浮的条件是接触角保持在 $90° \leq \theta \leq 180°$ 的范围内，如图3－15(a)所示。

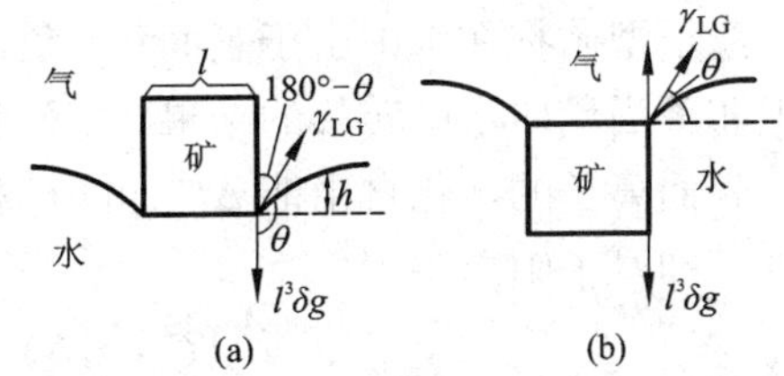

图3－15 表层浮选

设有边长为 l，其密度为 δ 的立方体颗粒，水面差距为 h，重力加速度为 g，液－气表面张力 γ_{LG}，接触角 θ，水的密度 ρ，则其下沉力为颗粒重力 $l^3\delta g$，上浮力为表面张力的垂直分力 $4l\gamma_{LG}\cos(180° - \theta)$ 与静水水压力 l^2hg 之和，浮起条件为上浮力大于或等于下沉力，即

$$l^3\delta g \leq l^2hg + 4l\gamma_{LG}\cos(180° - \theta) = l^2hg - 4l\gamma_{LG}\cos\theta$$

或

$$\cos\theta \geq \frac{gl(h - \rho l)}{4\gamma_{LG}} \tag{3-17}$$

若 $0° < \theta \leq 90°$，如图3－15(b)所示，颗粒只能浮在水面下，其上浮力为浮力 $l^3\rho g$ 与表面张力的垂直分力 $4l\gamma_{LG}\sin\theta$ 之和，下沉力为 $l^3\delta g$，浮起条件为

$$l^3\delta g \leq l^3\rho g + 4\gamma_{LG}\sin\theta \tag{3-18}$$

因 $0 < \sin\theta \leq 1$，只要有足够大的接触角及液－气表面张力 γ_{LG}，就能使颗粒浮起。颗粒越粗(l 大)要求的 θ 及 γ_{LG} 越大。

所以，对特定的体系要实现浮选，矿物的润湿性需要一个临界接触角[如图3－16(a)所示]，浮选行为与上述讨论的各因素(接触角、粒度等)相关[如图3－16(b)所示]。

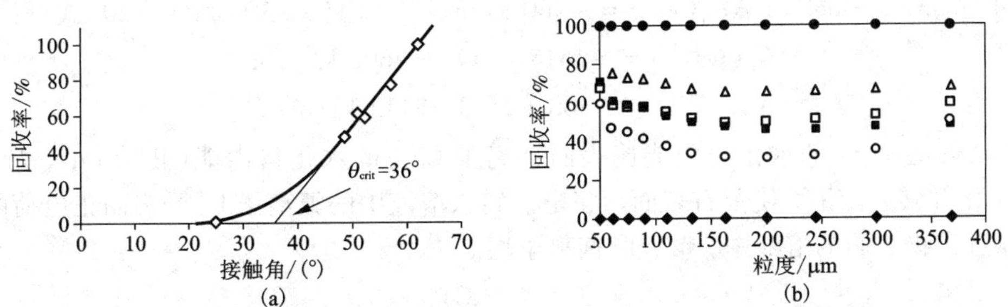

图3－16 石英浮选与表面接触角的关系

(a)浮选的临界接触角；(b)浮选回收率与表面接触角和粒度的关系

三甲基氯硅烷作用下不同的前进接触角：◆ 25°，○ 49°，■ 51°，□ 52°，△ 57°，● 62°

3.2 表面电性与浮选

3.2.1 矿物表面电性起源

矿物在水溶液中受水偶极及溶质的作用，表面会带一种电荷。矿物表面电荷的存在影响到溶液中离子的分布，带相反电荷的离子被吸引到表面附近，带相同电荷的离子则被排斥而远离表面。于是，矿物－水溶液界面产生电位差，但整个体系是电中性的。

矿物表面电荷的起源，归纳起来，主要有以下四种类型：

1. 优先溶解

离子型矿物在水中由于表面正、负离子的表面结合能及受水偶极的作用力(水化)不同而产生非等当量向水中转移的结果，使矿物表面荷电。

表面离子的水化自由能 ΔG_h 可由离子的表面结合能 ΔU_s 和气态离子的水化自由能 ΔF_h 计算。即对于阳离子 M^+：

$$\Delta G_h(M^+) = \Delta U_s(M^+) + \Delta F_h(M^+) \qquad (3-19)$$

对于阴离子 X^-，则

$$\Delta G_h(X^-) = \Delta U_s(X^-) + \Delta F_h(X^-) \qquad (3-20)$$

根据 $\Delta G_h(M^+)$ 和 $\Delta G_h(X^-)$ 何者负值较大，相应离子的水化程度就较高，该离子将优先进入水溶液。于是表面就会残留另一种离子，从而使表面获得电荷。

对于表面上阳离子和阴离子呈相等分布的1-1价离子型矿物来说，如果阴、阳离子的表面结合能相等，则其表面电荷符号可由气态离子的水化自由能相对大小决定。

例如碘银矿(AgI)，气态银离子 Ag^+ 的水化自由能为 $-441\ kJ \cdot mol^{-1}$，气态碘离子 I^- 的水化自由能为 $-279\ kJ \cdot mol^{-1}$，因此 Ag^+ 优先转入水中，故碘银矿在水中表面荷负电。

相反，钾盐矿(KCl)气态钾离子 K^+ 的水化自由能为 $-298\ kJ \cdot mol^{-1}$，氯离子 Cl^- 的水化自由能为 $-347\ kJ \cdot mol^{-1}$，Cl^- 优先转入水中，故钾盐矿在水中表面荷正电。

对于组成和结构复杂的离子型矿物，则表面电荷将决定于表面离子水化作用的全部能量，即式(3-19)和式(3-20)。

例如萤石(CaF_2)。已知：$\Delta U_s(Ca^{2+}) = 6117\ kJ \cdot mol^{-1}$，$\Delta F_h(Ca^{2+}) = -1515\ kJ \cdot mol^{-1}$；$\Delta U_s(F^-) = 2537\ kJ \cdot mol^{-1}$；$\Delta F_h(F^-) = -460\ kJ \cdot mol^{-1}$。由(6-19)和(6-20)式得：

$$\Delta G_h(Ca^{2+}) = -1515 + 6117 = 4602\ kJ \cdot mol^{-1}$$

$$\Delta G_h(F^-) = -460 + 2573 = 2113\ kJ \cdot mol^{-1}$$

即表面氟离子 F^- 的水化自由能比表面钙离子 Ca^{2+} 的水化自由能(正值)小。故氟离子 F^- 优先水化并转入溶液，使萤石表面荷正电。转入溶液中的氟离子 F^- 受表面正电荷的吸引，集中于靠近矿物表面的溶液中，形成配衡离子层。

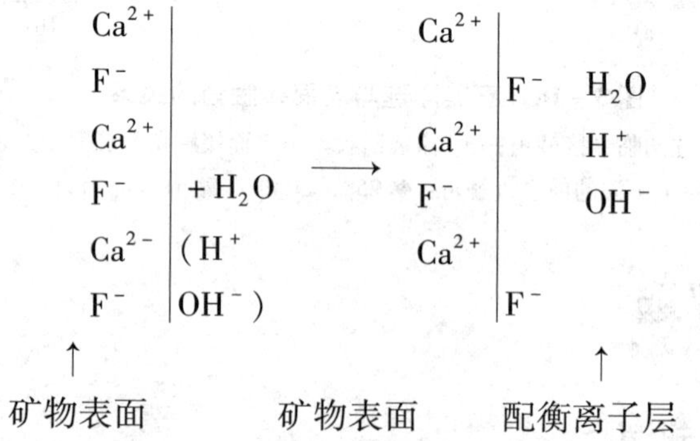

Ca^{2+}			Ca^{2+}	
F^-				F^- H_2O
Ca^{2+}			Ca^{2+}	H^+
F^-	$+H_2O$	$\longrightarrow$	F^-	OH^-
Ca^{2-}	$(H^+$		Ca^{2+}	
F^-	$OH^-)$			F^-
↑				↑
矿物表面			矿物表面	配衡离子层

其他的例子有，重晶石($BaSO_4$)、铅矾($PbSO_4$)的负离子优先转入水中，表面阳离子过剩而荷正电；白钨矿($CaWO_4$)、方铅矿(PbS)的正离子优先转入水中，表面负离子过剩而荷负电。

2. 优先吸附

这是矿物表面对电解质阴、阳离子不等当量吸附而获得电荷的情况。

离子型矿物在水溶液中对组成矿物晶格的阴、阳离子的吸附能力是不同的，结果引起表面荷电不同，因此矿物表面电性与溶液组成有关。

例如前述白钨矿在自然饱和溶液中，表面钨酸根离子 WO_4^{2-} 较多而荷负电。如向溶液中添加钙离子 Ca^{2+}，因表面优先吸附钙离子 Ca^{2+} 而荷正电。又如，在用碳酸钠与氯化钙合成碳酸钙时，如果氯化钙过量，则碳酸钙表面荷正电（+3.2 mV）。

3. 优先电离

对于难溶的氧化物矿物和硅酸盐矿物，表面因吸附 H^+ 或 OH^- 而形成酸类化合物，然后部分电离而使表面荷电，或形成羟基化表面，吸附或解离 H^+ 而荷电。以石英（SiO_2）在水中为例，其过程可示意如下：

石英破裂：

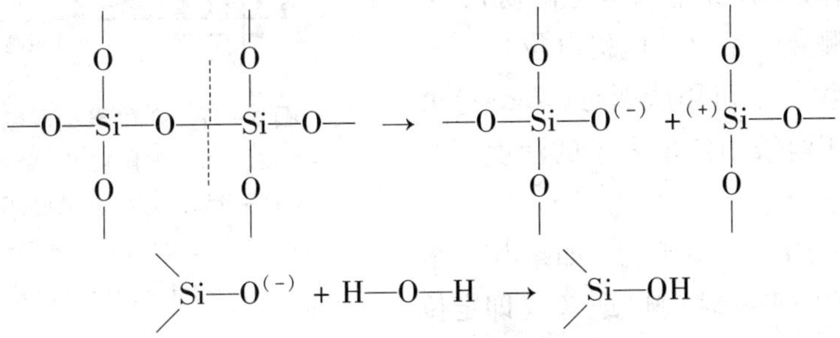

$$
\begin{array}{c} | \\ O \\ | \\ -O-Si-O-Si-O- \\ | \\ O \\ | \end{array}
\;\rightarrow\;
\begin{array}{c} | \\ O \\ | \\ -O-Si-O^{(-)} \\ | \\ O \\ | \end{array}
+
\begin{array}{c} | \\ O \\ | \\ {}^{(+)}Si-O- \\ | \\ O \\ | \end{array}
$$

$$\rangle Si-O^{(-)} + H-O-H \rightarrow \rangle Si-OH$$

电离：

$$\rangle Si-OH \Leftrightarrow \rightarrow SiO^{(-)} + H^+$$

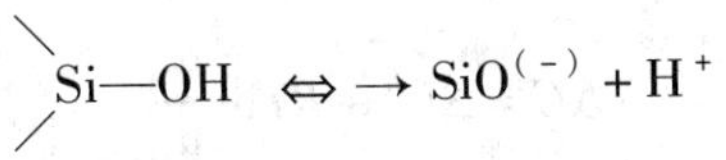

其他难溶氧化物，例如锡石（SnO_2）也有类似情况。

因此，石英和锡石在水中表面荷负电。

4. 晶格取代

黏土、云母等硅酸盐矿物是由铝氧八面体和硅氧四面体的层状晶格构成。在铝氧八面体层片中，当 Al^{3+} 被低价的 Mg^{2+} 或 Ca^{2+} 取代，或在硅氧四面体层片中，Si^{4+} 被 Al^{3+} 置换，结果会使晶格带负电。为维持电中性，矿物表面就吸附某些正离子（例如碱金属离子——Na^+ 或 K^+）。当矿物置于水中时，这些碱金属阳离子因水化而从表面进入溶液，故这些矿物表面荷负电。

3.2.2 双电层结构及电位

1. 双电层结构

矿物－水溶液界面的双电层可用斯特恩（Stern）双电层模型表示。图 3－17 是其示意图。

在两相间可以自由转移，并决定矿物表面电荷（或电位）的离子称“定位离子”。定位离子所在的矿物表面荷电层称“定位离子层”或“双电层内层”，如图 3－17 中的 $A-A$ 层。

根据双电层起源，一般认为，对于氧化物、硅酸盐矿物定位离子是 H^+ 和 OH^-；对于离子型矿物、硫化物矿物定位离子就是组成矿物晶格的同名离子。

溶液中起电平衡作用的反号离子称为“配衡离子”或“反离子”。配衡离子存在的液层称“配衡离子层”或“反离子层”、“双电层外层”。

在通常的电解质浓度下，配衡离子受定位离子的静电引力作用，在固－液界面上吸附较多而形成单层排列。随着离开表面的距离增加，配衡离子浓度将逐渐降低，直至为零。

因此，配衡离子层又可用一假设的分界面将其分成紧密层(或称斯特恩层)，如图3－17中的B层；以及扩散层或称古依(Gouy)层，如图3－17中的D层。紧密层的厚度约等于水化配衡离子的有效半径(δ)。

2. 双电层电位

在双电层中有如下几种电位：

(1)表面电位(ψ_0)。

即荷电的矿物表面与溶液之间的电位差。对于导体或半导体矿物(如金属硫化矿物)，可将矿物制成电极测ψ_0，故又称电极电位。

非导体的矿物ψ_0，可用能斯特(Nernst)公式算出。它取决于溶液中定位离子的活度。其关系式可推导如下：

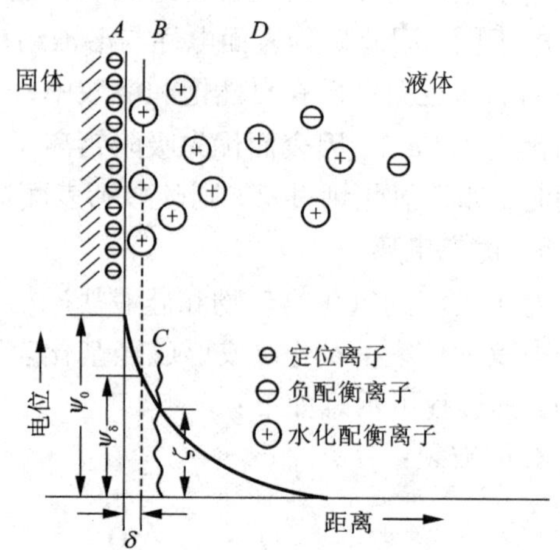

图3－17　矿物表面双电层示意图

A—内层(定位离子层)；B—紧密层(Stern层)；C—滑移面；D—扩散层(Guoy层)；ψ_0—表面总电位；ψ_δ—斯特恩层的电位；ζ—动电位；δ—紧密层的厚度

设M^+或X^-为1－1型矿物，如果其溶解度小，当在水溶液中平衡时，M^+或X^-(即定位离子)在溶液内的活度分别为a_{M^+}和a_{X^-}，则当阳离子M^+吸附后，其自由能变化(ΔG)为：

$$\Delta G = \Delta G^0 + RT\ln\frac{a^s_{M^+}}{a_{M^+}} \tag{3-21}$$

式中：ΔG^0为标准状态时自由能变化；$a^s_{M^+}$，a_{M^+}为M^+离子在表面和溶液内的活度；R为气体常数；T为绝对温度。

平衡状态时，化学功应等于电功，即

$$\Delta G = -F\psi_0 \tag{3-22}$$

式中：F为法拉第常数。

于是式(3－22)写成：

$$-F\psi_0 = \Delta G^0 + RT\ln\frac{a^s_{M^+}}{a_{M^+}} \tag{3-23}$$

当$\psi_0 = 0$时，有

$$\Delta G^0 = -RT\ln\frac{a^{s0}_{M^+}}{a^0_{M^+}} \tag{3-24}$$

式中，$a^{s0}_{M^+}$、$a^0_{M^+}$分别为$\psi_0 = 0$时，M^+在矿物表面和溶液中的活度。

将式(3－24)代入式(3－23)，得

$$\psi_0 = \frac{RT}{F}\ln\frac{a_{M^+}\cdot a^{s0}_{M^+}}{a^0_{M^+}\cdot a^s_{M^+}} \tag{3-25}$$

因为M^+是矿物的一个组分，其在表面的活度可假定为常数，即$a^s_{M^+} = a^{s0}_{M^+}$，所以式(3－25)可简化为

$$\psi_0 = \frac{RT}{F}\ln\frac{a_{M^+}}{a^0_{M^+}} \tag{3-26}$$

同样，对于阴离子 X^- 的吸附可得

$$\psi_0 = -\frac{RT}{F}\ln\frac{a_{X^-}}{a^0_{X^-}} \tag{3-27}$$

如果离子价数为 n，则式(3-26)和式(3-27)可写成

$$\psi_0 = \frac{RT}{nF}\ln\frac{a_{M^+}}{a^0_{M^+}} = -\frac{RF}{nF}\ln\frac{a_{X^-}}{a^0_{X^-}} \tag{3-28}$$

(2)斯特恩电位(ψ_δ)。

紧密层与溶液之间的电位差。

(3)动电位(ζ)。

当矿物-溶液两相在外力(电场、机械力或重力)作用下发生相对运动时，紧密层中的配衡离子因吸附牢固会随矿物一起移动，而扩散层将沿位于紧密层稍外一点的“滑移面”(如图3-17)移动。此时，滑移面上的电位称为动电位，写成 ζ-电位。

3. 零电点和等电点

(1)零电点 PZC。

式(3-28)表明，矿物的表面电位取决于溶液中定位离子的活度。当 $a_{M^+} = a^0_{M^+}$ 或 $a_{X^-} = a^0_{X^-}$ 时，$\psi_0 = 0$ 时，反之亦然。因此，当 ψ_0 为零(或表面净电荷为零)时，溶液中定位离子活度的负对数值被定义为零电点，用符号 PZC(Point of Zero Charge)表示。

如果已知矿物的零电点，则可根据式(3-28)求出在其定位离子活度条件下的 ψ_0。

对于硅酸盐和氧化物矿物，如石英、刚玉、锡石、赤铁矿、软锰矿、金红石等，根据双电层的起源，一般认为 H^+ 和 OH^- 是定位离子。按式(3-28)，在25℃时，代入各常数数值，则

$$\psi_0 = 2.303 \times \frac{8.314\times298}{1\times96500}\lg\left[\frac{H^+}{H^+_0}\right] = 0.059(pH_{PZC} - pH) \quad (V) \tag{3-29}$$

式中：pH_{PZC} 为氧化物和硅酸盐矿物的零电点 pH。

例3-1 已知石英的 $pH_{PZC} = 1.8$，计算 pH = 1.0 和 7.0 时表面电位大小。

解：由(3-29)式，当 pH = 1.0 时：

$$\psi_0 = 0.059\times(1.8-1.0) = 0.047(V) = 47\ mV$$

当 pH = 7.0 时：

$$\psi_0 = 0.059\times(1.8-7.0) = -0.305(V) = -305\ mV$$

计算结果表明，在定位离子是 H^+ 和 OH^- 的情况下，当 $pH > pH_{PZC}$ 时，$\psi_0 < 0$，矿物表面荷负电；当 $pH < pH_{PZC}$ 时，$\psi_0 > 0$，矿物表面荷正电；

对于离子型矿物，如白钨矿、重晶石、萤石、碘银矿、辉银矿等，一般认为定位离子就是组成矿物晶格的同名离子，因此，计算 ψ_0 的(3-28)式可写成：

$$\psi_0 = \frac{0.059}{n}(pM_{PZC} - pM) \tag{3-30}$$

式中：pM_{PZC} 为以定位离子活度的负对数值表示的零电点，例如有人测得重晶石的 $pBa_{PZC} = 7.0$，即表示当 $a_{Ba^{2+}} = 10^{-7}$ 时，$\psi_0 = 0$；pM 为定位离子活度的负对数值。

应该指出，离子型矿物在水溶液中，随 pH 的变化而影响矿物的解离，因此在一定的 pH，

表面电位 ψ_0 会出现为零的情况，此时称该 pH 为"零表面电位 pH"（或零电点 pH），以区别于该矿物的 PZC。

一些矿物的零电点列于表 3－3 中。

（2）等电点 IEP。

双电层中的配衡离子对矿物表面只有静电力相互作用。但当溶液中某种离子（例如表面活性剂离子）对矿物表面除有静电力外尚有附加的其他作用力时，例如化学力、烃链缔合力等存在时，则可使这种离子会更多地进入紧密层中，使配衡离子层的电位发生更复杂的变化。当这种离子与表面电荷符号相同时，它能克服静电斥力而进入紧密层，其电位变化如图 3－18（a）所示；而当这种离子与表面电荷符号相反时，则可使 ψ_δ 和 ζ 电位符号与 ψ_0 相反，如图 3－18（b）所示，我们称这种作用为特性吸附作用。

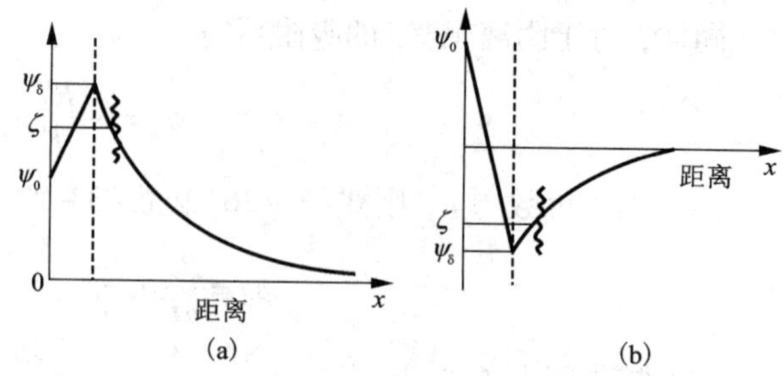

图 3－18　特性吸附离子对电位的影响

由于 ζ 电位测定容易，故在浮选中有很重要的意义。因此，与零电点对应，定义当没有特性吸附，ζ 电位等于零时，溶液中定位离子活度的负对数值为等电点，用符号 IEP（Isoelectric Point）表示。

在没有特性吸附的情况下，当 $\psi_0=0$ 时，$\zeta=0$，即 PZC＝IEP。因此，可用测定动电位的方法来测定矿物的 PZC，即用测量 ζ 电位变号时的 IEP 值来表示 PZC 值。

3.2.3　动电位测定

前节所讨论的双电层都是指界面相对静止的情况，当一相相对于另一相运动时，会引起一些有趣的电现象，称为电动现象，包括电渗、电泳、流动电位和沉降电位四种。电动现象获得了广泛的应用，特别是电泳和电渗，应用在许多过程中，如脱水、浓缩、分离，水的净化，红血球分离等。这些现象被用来测定动电位。

1. 电渗

在外加电场作用下，液相沿着固相（毛细管、多孔隔膜、多孔塞、粉末等）移动，称为电渗。在电场作用下，溶液发生移动，说明液相中存在剩余电荷，即固体微粒周围应存在双电层或离子云，由此可以得出以下结论：

（1）通过水或水溶液的流动方向，可以确定粒子带何种电荷。如闪锌矿、方铅矿在蒸馏水中试验时，水向阴极流动，说明这些矿粒在水中带负电荷；相反，萤石（CaF_2）、方解石在蒸馏水中带正电，因此水向阳极移动。

（2）根据玻璃管中溶液的移动速度可以确定电渗流出体积（V）：$V=\mu A$（cm^3/s）。其中，μ 为液面移动速度；A 为玻璃管截面积。

（3）电渗速度不仅同多孔物质的性质有关，而且还与溶液性质和电解质浓度有关。电解质对电渗速度影响非常敏感，有时可以使电渗方向发生改变。

（4）由电渗速度的测定可以求得 ζ 电位。

由电渗法测定 ζ 电位通常是测出电渗电流和液体的电渗流出体积 V mL/s，由下式求出 ζ 电位：

$$\zeta = \frac{4\pi\eta\kappa^* V}{Di} \times 300^2 (\mathrm{V}) \tag{3-31}$$

式中：κ^*为溶液电导率，$\Omega\cdot cm^{-1}$；300^2为换算因子；η为黏度，P(g/cm·s)；D为液体的介电常数；i为电流强度，A；V为电渗时液体流过多孔性物质的体积，$mL\cdot s^{-1}$。

2. 电泳

在外电场作用下，分散在液相中的固体粒子向电极的移动称为电泳。通过粒子在电场中的移动方向，可以确定它们带何种电荷。如$Fe(OH)_3$、$Al(OH)_3$等向阴极移动，说明它们带正电荷；而S、As_2S_3、淀粉、阿拉伯树胶带负电荷，移向阳极。

由所施加的电场强度i，测得界面移动速度u，然后求得电泳迁移率u_0，便可根据下式求得ζ电位：

$$\zeta = \frac{\pi\eta u_0}{fD} \times 300^2 (\mathrm{V}) \tag{3-32}$$

式中：η、D同式(3－31)；f为数值因子，取决于离子半径与扩散层有效厚度κ^{-1}之比(a/κ^{-1})，当a/κ^{-1}大(即与扩散电荷厚度比较，粒子大)，不论粒子形状如何，f取1/4；当粒子与扩散层厚度比较小时，对平行电场的圆柱粒子f取1/4，对球形粒子f取1/6。

3.2.4 颗粒表面电性与浮选

PZC和IEP是矿物表面电性质的重要特征参数，当用某些以静电力吸附作用为主的阴离子或阳离子捕收剂浮选矿物时，PZC和IEP可作为吸附及浮选与否的判据。当pH > PZC时，矿物表面带负电，阳离子捕收剂能吸附并导致浮选，pH < PZC时，矿物表面带正电，阴离子捕收剂可以靠静电力在双电层中吸附并导致浮选。

以浮选针铁矿为例，针铁矿的动电位与可浮性关系如图3－19所示。针铁矿的零电点PZC为pH＝6.7，当pH＜6.7时，其表面电位为正，此时用阴离子捕收剂，如烷基硫酸盐RSO_4^-，或烷基磺酸盐RSO_3^-，以静电力吸附在矿物表面，使表面疏水上浮。当pH＞6.7时，针铁矿的表面电位为负，此时用阳离子捕收剂如脂肪胺RNH_3，以静电力吸附在矿物表面，使表面疏水上浮。

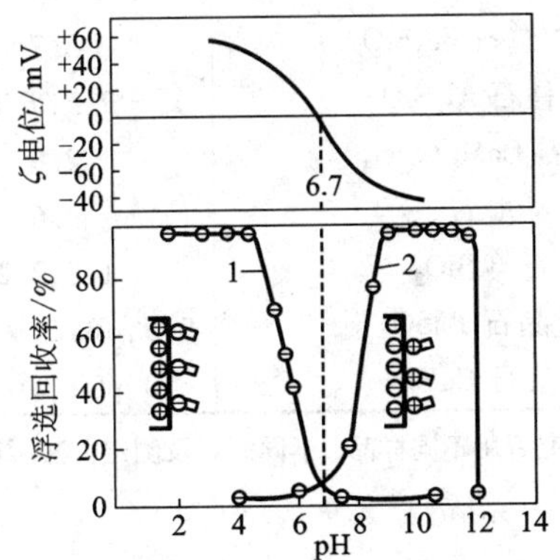

图3－19 针铁矿的动电位与可浮性关系

1—阴离子型捕收剂$R_{12}OSO_3Na$；

2—阳离子型捕收剂RNH_3

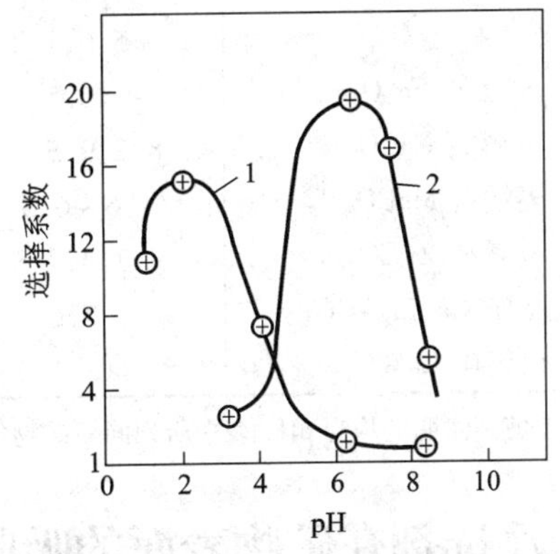

图3－20 针铁矿与石英混合物的分选

1—阴离子型捕收剂$R_{12}OSO_3Na$

2—阳离子型捕收剂$R_{12}NH_2Cl$

用纯针铁矿与石英混合物分选试验的结果，如图 3－20 所示，其中的选择性系数是指在精矿产品中，两者回收率之差。在 $2<pH<6.7$ 时，针铁矿的表面电位为正，石英的表面电位为负，用阴离子捕收剂，浮选针铁矿，如曲线 1，或者用阳离子捕收剂浮选石英，如曲线 2，可以有好的分选性。

在浮选绿柱石、铬铁矿、石榴子石等矿物时，也常将其表面电位调整到正值，再用阴离子捕收剂(如磺酸盐类)浮选。

由此可见，讨论矿物的表面电性质及其同浮选捕收剂的静电力作用时，矿物的 PZC(或 IEP)值，是基本的理论依据。常见的矿物表面零电点及等电点 pH 列于表 3－3。

磺酸盐、烷基硫酸盐和羧酸盐的短链同系物与氧化矿物表面一般通过静电力吸附。这种吸附的特点是在氧化矿物表面荷正电的条件下，吸附才能发生。阳离子胺则在氧化矿物表面荷负电的条件下，吸附才能发生。因此，在使用这些捕收剂时，必须知道有关氧化物的零电点。

此外，矿物表面电性质还会影响与浮选有关的颗粒分散和絮凝、细泥在矿物表面的吸附和覆盖等。

表 3－3　常见矿物表面零电点或等电点

矿　物	pH_{PZC} 或 pH_{IEP}	矿　物	pH_{PZC} 或 pH_{IEP}
赤铁矿 Fe_2O_3	8.0,6,7.8,4	孔雀石 $CuCO_3\cdot Cu(OH)_2$	7.9
针铁矿 FeOOH	7.4,6.7	菱锰矿 $MnCO_3$	10.5
刚玉 Al_2O_3	9.0,9.4	菱铁矿 FeCO3	11.2,5.6
锡石 SnO_2	4.5,6.6	水磷铝石 $AlPO_4\cdot 2H_2O$	4.0
金红石 TiO_2	6.2,6.0	红菱铁矿 $FePO_4\cdot 2H_2O$	2.8
软锰矿 MnO_2	5.6,7.4	氟磷灰石 $Ca_5(PO_4)_3(F,OH)$	6.0
墨铜矿 CuO	9.5	黑钨矿 $(Mn\cdot Fe)WO_4$	2～2.8
赤铜矿 Cu_2O	9.5	高岭石 Al	3.4
锆石 $ZnSiO_3$	5.8	蔷薇辉石 $MnSiO_3$	2.8
钛铁矿 $FeTiO_2$	8.5	镁橄榄石 Mg_2SiO_4	4.1
铬铁矿 $FeCr_2O_4$	5.6,7.2	铁橄榄石 Fe_2SiO_4	5.7
磁铁矿 Fe_3O_4	6.5	红柱石 Al_2SiO_3	7.5,5.2
方解石 $CaCO_3$	8.2,9.5,6.0	透辉石 $CaMg(SiO_3)_2$	2.8
菱镁石 $MgCO_3$	6～6.5	滑石	3.6
菱锌矿 $ZnCO_3$	7.4,7.8	石英 SiO_2	1.8,2.2
白云石 $(Ca,Mg)CO_3$	7.0	重晶石 $BaSO_4$	9.5,pBa 3.9～7.0
白钨矿 $CaWO_4$	1.8, pCa 4.0～4.8	萤石 CaF_2	6.0,pCa 2.6～7.7

注：非特别注明的均为 pH，表中所列同一矿物的多个数据是不同研究者用不同样品、不同制备及测定方法所得结果。

3.3　浮选剂在矿物表面的吸附

3.3.1　吸附及表面活性

吸附是指在吸附剂表面力作用下，在体系表面自由能降低的同时，吸附质从各体相向表面浓集的现象。因此，吸附过程总是发生在各相的界面上。

在浮选中主要的吸附界面有如下一些：气－固界面，例如，水蒸气或各种气体在矿物表面上的吸附，影响矿物的疏水性；气－液界面，例如，起泡剂的吸附，降低表面自由能，防止气泡兼并，并形成稳定的泡沫层；固－液界面，例如，各种浮选剂在矿物表面上的吸附，改变矿物表面的疏水性；液－液界面，例如，表面活性剂在两种不相混溶的液体界面上的吸附，能促进某种液滴的分散。

吸附结果用吸附量(Γ)表示。对于气体在固体界面上的吸附，吸附量通常以每克吸附剂所吸附的标准状态下的气体毫升数表示，或以每克吸附剂吸附的气体摩尔数表示，常用单位是 $mol \cdot g^{-1}$；对于表面活性剂在溶液表面上的吸附量，用单位面积上吸附的表面活性剂摩尔数表示，常用单位是 $mol \cdot cm^{-2}$；对于溶液中浮选药剂在矿物表面上的吸附，吸附量用单位界面面积上吸附药剂的摩尔数表示时，称吸附密度，或用每克矿物吸附的药剂量表示，$mol \cdot g^{-1}$ 或 $g \cdot g^{-1}$。

在液－气界面体系，吸附密度(Γ)与溶液中表面活性物质的平衡浓度(c)及表面张力(γ)的变化规律，可由吉布斯(Gibbs)等温吸附方程计算：

$$\Gamma = \frac{-c\mathrm{d}\gamma}{RT\mathrm{d}c} \tag{3-33}$$

式中：R 为气体常数，T 为绝对温度，$(\frac{\mathrm{d}\gamma}{\mathrm{d}c})$ 称为表面活性。

如果吸附质能使吸附剂的表面张力显著降低，即$(\frac{\mathrm{d}\gamma}{\mathrm{d}c})$小于零，则 Γ 大于零，即吸附质在表面层的浓度大于体相浓度，则称为正吸附。这种吸附质就称为表面活性物质(剂)，例如浮选中常用的长烃链羧酸盐类、硫酸酯、磺酸盐及胺类捕收剂等。如果吸附质使表面张力升高，即$\frac{\mathrm{d}\gamma}{\mathrm{d}c}$大于零，则 Γ 小于零，此时吸附质在表面层的浓度小于体相浓度，则称为负吸附。这种吸附质就称为非表面活性物质，如浮选中使用的无机酸、碱、盐调整剂。

3.3.2 浮选常用的等温吸附方程

由于吸附剂和吸附质之间作用力不同(例如物理吸附和化学吸附)以及吸附剂表面状态的差别(例如表面不均匀性等)，在研究吸附量随吸附质浓度变化的规律时，得出了不同形式的吸附等温线方程。浮选体系中常用的吸附方程有如下几种形式：

1. 朗缪尔(Langmuir)单分子层吸附方程

该方程是自由气体分子在固体表面上发生单层吸附时导出的。如果气体压力是 P，则气体在固体表面的单分子层覆盖度 θ 与 P 的关系为

$$\theta = \frac{bP}{1+bP} \tag{3-34}$$

或

$$V = \frac{V_{\mathrm{m}}bP}{1+bP} \tag{3-35}$$

式中：b 为吸附系数；V_{m}为饱和吸附量，即表面完全被覆盖时的气体的标准状态体积；V 为气体压力为 P 时吸附气体的标准状态体积。

该方程所表示的吸附等温线形式如图 3－21 所示（P_0——饱和蒸汽压）。

对于浮选中表面活性物质向液－气界面和固－液界面的单层吸附，吸附量可由式（3－33）导出。

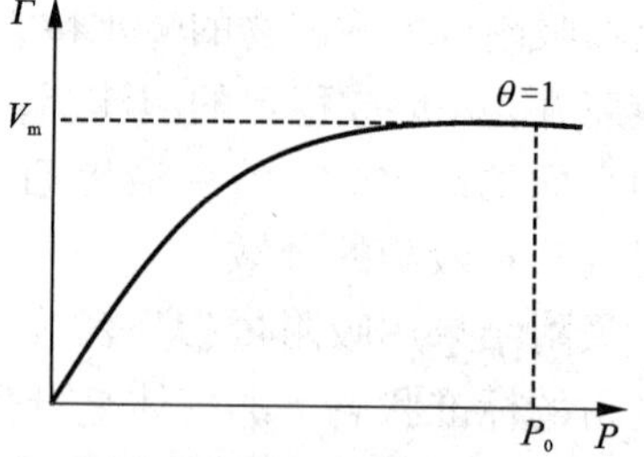

图 3－21　Langmuir 单分子层吸附等温线示意图

在式（3－33）中，仅当表面活性$\frac{d\gamma}{dc}$为已知时，该式才能实际运算。为此，使用表示 γ 与 c 关系的希什可夫斯基（Б. А. Шищковский）经验公式，

$$\Delta\gamma = a\ln(1+bc) \qquad (3-36)$$

式中：a 和 b 为常数，并微分，

$$\frac{d\Delta\gamma}{dc} = -\frac{d\gamma}{dc} = \frac{ab}{1+bc} \qquad (3-37)$$

代入式（3－33），则得

$$\Gamma = \frac{c}{RT}\frac{ab}{1+bc} \qquad (3-38)$$

当浓度达到饱和时（c 很大），则 $1+bc \approx bc$，此时的吸附量为饱和吸附量（Γ_∞），所以，由式（3－38）得

$$\Gamma_\infty = \frac{a}{RT} \qquad (3-39)$$

将式（3－39）代入式（3－38）得

$$\Gamma \approx \Gamma_\infty \frac{bc}{1+bc} \qquad (3-40)$$

或

$$\frac{c}{\Gamma} = \frac{1}{b\Gamma_\infty} + \frac{c}{\Gamma_\infty} \qquad (3-41)$$

该式表明$\frac{c}{\Gamma}$对 c 是直线关系，因此可以由其斜率及截距求出 Γ_∞ 和 b 值。

典型的化学吸附是单分子层的，遵循朗缪尔吸附等温线。最初的 Langmuir 的气体吸附理论有如下三个假设：①被吸附分子之间无作用力；②吸附剂的表面是均匀的；③吸附是单分子层吸附。实际浮选中表面活性剂在固－液界面吸附时这些条件都无法实现，表面活性剂分子之间以及水分子之间肯定是有相互作用。尽管如此，浮选研究表明，许多表面活性剂在固－液界面上吸附等温线仍显示出 Langmuir 吸附形式，这可能是由于这些因素相互抵消之故。但是，也有许多例外情况，因为常常伴有多层的物理吸附及表面化学反应。

2．弗兰德利希（Freundlish）吸附经验方程

这是通过总结大量试验数据而得出的经验方程，适用于固体表面是不均匀的多层吸附，在浮选中有广泛的应用。

对于固－气界面的吸附：

$$V = k \cdot P^{1/n} \qquad (3-42)$$

对于固体自溶液中的吸附：

$$\Gamma = k \cdot c^{1/n} \qquad (3-43)$$

式中：k 和 n（>1）都是经验常数，可用做双对数图的方法获得。水溶液中，捕收剂在矿物表面吸附常能符合此式，但式中的经验常数 k 和 n 的物理意义不明确，无法说明吸附作用的机理。

3. BET(Brunauer、Emmett、Teller)等温吸附方程

BET 是 Brunauer、Emmett 和 Teller 三人在对 Langmuir 理论加以修正、扩展而提出的，该等温吸附方程概括了单分子层吸附和多分子层吸附的情况，符合吸附的一般规律。因此，大多数浮选药剂自溶液向矿物表面的吸附可用 BET 方程描述。

对于固－气界面的吸附，可以用直线方程表示

$$\frac{P}{V(P_0-P)}=\frac{1}{V_m a}+\frac{a-1}{V_m a}\frac{P}{P_0} \tag{3-44}$$

式中：a 为常数，其余符号同前。

由实验测定的数据，用$\frac{P}{V(P_0-P)}$对$\frac{P}{P_0}$作图，得出直线就说明该吸附规律符合 BET 方程。并可根据直线的斜率和截距求出 V_m 和 a 值。

图3－21 的吸附等温线可应用 BET 表示。此外，还有两种类型的吸附等温线可应用 BET 方程，如图3－22 所示。

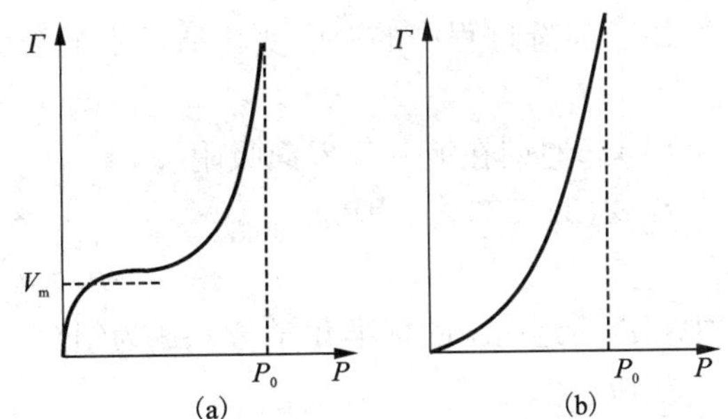

图3－22　吸附等温线示意图

图3－22 曲线(a)是常见的物理吸附等温线。在低压时形成单分子层，但随压力增加而转变成多分子层吸附。

对于固－液界面吸附，可类似地表示为

$$\frac{c}{\Gamma(c_0-c)}=\frac{1}{\Gamma_\infty a}+\frac{a-1}{\Gamma_\infty a}\frac{c}{c_0} \tag{3-45}$$

式中：c_0 为饱和吸附的溶液浓度。

多数情况下，溶液中捕收剂在矿物表面的吸附作用可用 BET 式描述。

4. 吉布斯吸附方程

溶解物质的吸附热力学基础由吉布斯方程确定。

对于相邻的、多元组分的两相体系，当各组分在界面吸附时，如果各组分的化学位为 μ_i，摩尔数为 n_i，则在可逆过程中自由能(G)与基本状态函数，绝对温度(T)、体积(V)、压力(P)及熵(S)、表面张力(γ)的基本关系为

$$dG=-SdT+VdP+\sum\mu_i dn_i+\gamma dA \tag{3-46}$$

式中：A 为表面积。

对相界面的情况，设 $V=0$，则

$$dG^s=-S^s dT+\sum\mu_i dn_i^s+\gamma dA \tag{3-47}$$

在恒温恒压及恒组成条件下，积分式(3－47)得

$$G^s=\sum\mu_i n_i^s+\gamma A \tag{3-48}$$

将式(3－48)全微分(设 A 为常数)并与式(3－47)比较，可以得

$$S^s dT+\sum n_i^s d\mu_i+Ad\gamma=0 \tag{3-49}$$

用 A 除各项，则

$$d\gamma = -\frac{S^s}{A}dT - \sum\frac{n_i^s}{A}d\mu_i \tag{3-50}$$

设 $\frac{S^s}{A}=S_s$，$\frac{n_i^s}{A}=\Gamma_i$，故

$$d\gamma = -S_s dT - \sum\Gamma_i d\mu_i \tag{3-51}$$

式中：S_s 为单位表面积的表面熵；Γ_i 为各组分的吸附量，表示稀溶液中单位表面上的浓度与容积浓度之差。

式(3－51)就是吉布斯－杜赫姆(Gibbs-Duhem)吸附方程式，该方程将两相间的界面张力、体系问题、各组分的吸附密度和化学位联系起来，适用气泡体系的固－液－气三相界面，故与浮选关系密切。

由于浮选过程中的温度变化通常不显著，可假设 $dT=0$，则式(3－51)可简化为

$$d\gamma = -\sum\Gamma_i d\mu_i \tag{3-52}$$

(1)起泡剂在液－气界面吸附

在式(3－52)中，因为

$$\mu_i = \mu_i^0 + RT\ln a_i \tag{3-53}$$

式中：μ_i^0 为组分 i 的标准化学位；μ_i 为组分 i 在溶液中的活度；R 为气体常数。

所以

$$d\mu_i = RT\ln a_i \tag{3-54}$$

将式(3－54)代入式(3－52)中，当醇类起泡剂稀溶液在液－气界面吸附时，吉布斯吸附方程式(3－52)可写成下列形式

$$d\gamma = -RT\Gamma_{ROH}d\ln a_{ROH}$$

式中：a_{ROH} 为醇(ROH)的活度，可近似的用浓度代替。以丁醇为例，丁醇稀溶液的液－气界面的测定值，如图 3－23 所示。由图可见，随着丁醇的加入，即随着丁醇活度 a_i 的增加，水溶液的表明张力降低。表明醇正吸附于水－气界面，而吸附量则随着活度增加而增加，同时，每个丁醇分子所占的表面积则相应递减。

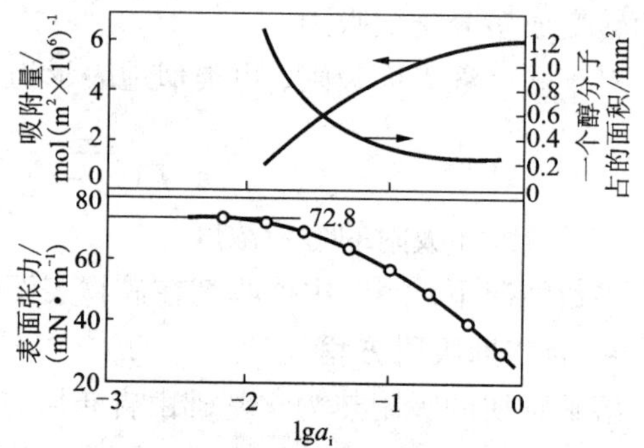

图 3－23　丁醇在液－气界面的吸附量及表面张力与活度的关系

将图 3－23 的吸附量和活度(或浓度)折算成分子数，可推算出每个醇分子所占的表面积。例如，丁醇活度为 0.712(浓度为 0.854 $mol \cdot L^{-1}$)时，测知表面吸附密度为 6.03×10^{-10} mol/cm^2，算得每个分子所占表面积为 0.274 nm^2，得知吸附接近单分子层罩盖(丁醇密集膜每个分子所占面积为 0.216 nm^2)。

(2)电解质在矿物－水溶液界面的吸附

以难溶氧化物刚玉为例，在电解质 NaCl 的水溶液中，由于 H^+、OH^-、Na^+ 和 Cl^- 的吸附，矿物－水溶液界面张力的变化可由吉布斯吸附方程式(3－52)计算。

$$d\gamma = -\Gamma_{H^+}d\mu_{H^+} - \Gamma_{OH^-}d\mu_{OH^-} - \Gamma_{Na^+}d\mu_{Na^+} - \Gamma_{Cl^-}d\mu_{Cl^-}$$

因为 $$d\mu_{H^+} = -d\mu_{OH^-}$$

所以 $$d\gamma = -(\Gamma_{H^+} - \Gamma_{OH^-})d\mu_{H^+} - \Gamma_{Na^+}d\mu_{Na^+} - \Gamma_{Cl^-}d\mu_{Cl^-} \quad (3-55)$$

当电解质离子强度$\left(\frac{1}{2}\sum n_i z_i^2\right)$恒定时，则

$$d\gamma = -(\Gamma_{H^+} - \Gamma_{OH^-})d\mu_{H^+} \quad (3-56)$$

将式(3-54)代入式(3-56)

故 $$d\gamma = 2.3RT(\Gamma_{H^+} - \Gamma_{OH^-})d(pH) \quad (3-57)$$

由于添加的 NaCl 是惰性电解质，而氧化物矿物的定位离子是 H^+ 和 OH^-，所以此时矿物表面的电荷密度(σ_0)将由 H^+ 和 OH^- 的吸附密度决定，即

$$\sigma_0 = F(\Gamma_{H^+} - \Gamma_{OH^-}) \quad (3-58)$$

式中：F 为法拉第常数。

根据能斯特公式(3-26)

$$\psi_0 = \frac{RT}{F}\ln\frac{a_{H^+}}{a^{\ominus}_{H^+}}$$

微分得 $$d\psi_0 = \frac{RT}{F}d\ln a_{H^+} = -2.3\frac{RT}{F}d(pH) \quad (3-59)$$

将式(3-58)和式(3-59)代入式(3-57)，得

$$d\gamma = -\sigma_0 d\psi_0 \quad (3-60)$$

式(3-57)、式(3-59)和式(3-60)表明，在恒定离子强度下，氧化矿物-水溶液界面的界面张力可以用改变 pH 的办法加以控制，图 3-24 表示了刚玉-水溶液的界面张力在不同的电解质溶液下随 pH 的变化，其界面张力最大值出现在零电点(pH=9)左右。

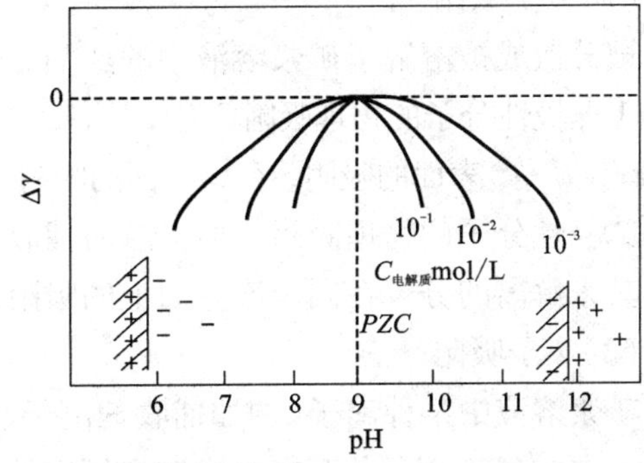

图 3-24 刚玉-水溶液的界面张力随 pH 及离子浓度变化示意图

同样，对离子型矿物也有类似曲线，只是横坐标应为 pM。

(3)捕收剂在固-液界面吸附

以辉银矿-乙黄药浮选体系为例。假设用 NaOH 和 HNO_3控制 pH，$AgNO_3$和 Na_2S 控制 pAg，$NaNO_3$控制离子强度，添加乙黄药的量应无 AgEX 析出($K_{sp}=5\times10^{-19}$)，并在氮气气氛下浮选不使硫化矿物氧化。则由吉布斯方程式(3-52)得

$$d\gamma = -\Gamma_{Ag^+}d\mu_{Ag^+} - \Gamma_{S^{2-}}d\mu_{S^{2-}} - \Gamma_{HS^-}d\mu_{HS^-} - \Gamma_{H_2S}d\mu_{H_2S} - \Gamma_{EX^-}d\mu_{EX^-} - \Gamma_{HEX}d\mu_{HEX}$$
$$- \Gamma_{OH^-}d\mu_{OH^-} - \Gamma_{H^+}d\mu_{H^+} - \Gamma_{Na^+}d\mu_{Na^+} - \Gamma_{NO_3^-}d\mu_{NO_3^-} \quad (3-61)$$

实验表明，在 pH=5~9 时，Γ_{HS^-}和 Γ_{H_2S}可以忽略不计；

在 pH 为常数时，$d\mu_{H^+} = -d\mu_{OH^-} = 0$；

在碱性溶液中(如 pH=9)，Γ_{HEX}可忽略不计；

由 Ag_2S 的溶度积得

$$\mu_{Ag_2S}=2\mu_{Ag^+}+\mu_{S^{2-}}$$

所以

$$d\Gamma_{Ag^+}=-\frac{1}{2}d\Gamma_{S^{2-}}$$

在离子强度不变时，$d\mu_{Na^+}=d\Gamma_{NO_3^-}=0$

将上述条件代入(3-61)式，得

$$d\gamma=-(\Gamma_{Ag^+}-2\Gamma_{S^{2-}})d\mu_{Ag^+}-\Gamma_{EX^-}d\mu_{EX^-} \tag{3-62}$$

如果保持 pAg 为常数(无 AgEX 析出)，则

$$d\gamma=-\Gamma_{EX^-}d\mu_{EX^-}=-RT\Gamma_{EX^-}d\ln c_{EX^-}$$

该结果表明，用黄药浮选硫化矿物时，在稳定条件下，矿物-水溶液界面张力主要决定于捕收剂浓度及其吸附量。

3.3.3 浮选药剂在矿物-水溶液界面的吸附类型

浮选剂在固-液界面的吸附，就其本质而言，可以分为物理吸附和化学吸附两大类。但由于浮选药剂种类繁多，不同种类的药剂可吸附在界面的不同位置并产生不同性质的吸附及结果。为了便于研究，将浮选药剂在矿物-水溶液界面的吸附作用归纳和分类如下。

1. 按吸附物的形态

(1)分子吸附。

被分散或被溶解于矿浆溶液中的药剂分子在表面上的吸附。

①非极性分子的物理吸附，主要是各种烃类油的吸附。例如中性油在天然可浮性矿物(石墨、辉钼矿等)表面的吸附，在煤表面的吸附而使煤粒团聚。其吸附力为瞬间偶极力(色散力)。

②极性分子的物理吸附。弱电解质捕收剂(例如黄原酸类、羧酸类、胺类)在水溶液中解离。其未解离的分子在固-液界面上的吸附，起泡剂分子在液-气界面的吸附。

(2)离子吸附。

矿浆溶液中某种离子(例如捕收剂离子、活化剂离子)在矿物表面上吸附，对浮选有重要意义。在 pH>5 时，黄药在方铅矿表面上的吸附、羧酸类捕收剂在含钙矿物(萤石、方解石、白钨矿等)上的吸附主要都是离子吸附。

络离子的吸附也属这一类。例如有人认为溶液中金属离子是以一羟络离子的形态($MeOH^+$)在石英表面吸附。

```
—O      OH···OMe⁺            —O      OMe⁺
   \   /     |                  \   /
    Si       H      ⟶           Si          + H₂O
   /   \                        /   \
—O      O⁻                   —O      O⁻
```

(3)半胶束吸附。

当捕收剂浓度足够高时，吸附在矿物表面上的长烃链捕收剂的非极性基缔合而形成二维空间的胶束，这种吸附称“半胶束吸附”。图 3-25 是以石英电位表示的十二胺离子吸附作用与溶液中胺浓度的关系。

在低浓度时，十二胺离子吸附的影响与NaCl相似，是单个胺离子的静电吸附；随十二胺浓度增加，十二胺离子吸附增多在矿物表面形成半胶束，而使ζ-电位变号；继续增加浓度，则可能形成多层吸附。这三种吸附情况，示意表示于图3-26中。

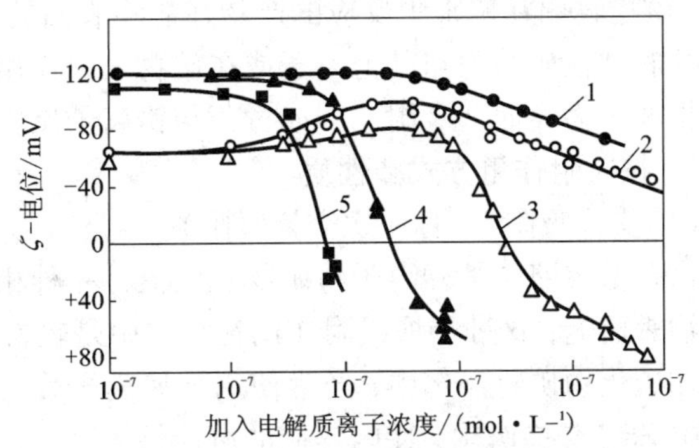

图3-25 石英在十二烷基醋酸胺及氯化钠溶液中的动电位

1—NaCl，pH=10；2—NaCl，pH=7；3—RNH_3AC，pH=7；4—RNH_3AC，pH=10；5—RNH_3AC，pH=11

浓度较高时，胺离子吸附密度增加，相互靠近，靠其非极性端分子引力而互相联合，形成半胶束。区域 *b* 和 *c* 之间的转折的吸附密度相当于单分子层的十分之一范围时出现。表面活性剂的吸附密度、吸附的状态，可

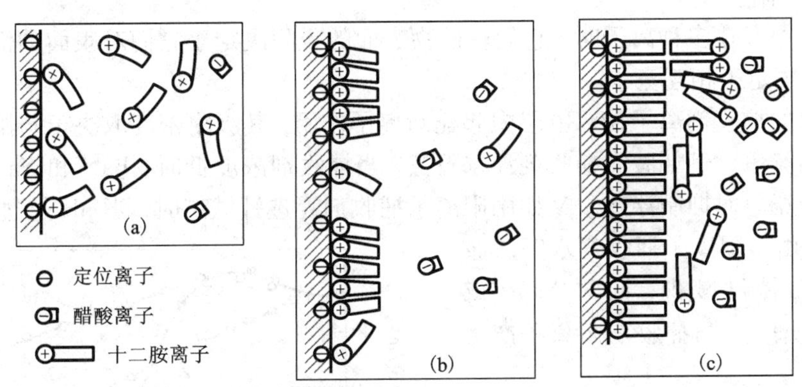

图3-26 石英表面双电层结构与阳离子捕收剂示意图

(a)个别胺离子吸附；(b)半胶束吸附；(c)多层吸附

用斯特恩-格雷姆方程式计算和描述。

$$\Gamma_{\delta}=2rc_{i}\exp\left(\frac{-\Delta G_{\text{ads}}^{\ominus}}{RT}\right) \tag{3-63}$$

式中：c_i为 i 药剂在溶液中的浓度；R 为气体常数；T 为绝对温度；Γ_{δ} 为在紧密层的吸附量；r 为 i 药剂的离子半径。

$\Delta G_{\text{ads}}^{\ominus}$又可分为：

$$\Delta G_{\text{ads}}^{\ominus}=\Delta G_{\text{elec}}^{\ominus}+\Delta G_{\text{chem}}^{0}+\Delta G_{\text{CH}_2}^{\ominus}+\cdots \tag{3-64}$$

式中：$\Delta G_{\text{elec}}^{\ominus}$为静电力吸附自由能；$\Delta G_{\text{chem}}^{\ominus}$为化学吸附自由能；$\Delta G_{\text{CH}_2}^{\ominus}$为烃链间发生缔合作用的分子键合自由能。

由上式可得出以下结论：

①药剂浓度很低时，表面活性剂仅为配衡离子吸附，只有静电力吸附自由能 $\Delta G_{\text{elec}}^{\ominus}$；

②若浓度已达到半胶束浓度，还应包括烃链间的分子键合自由能 $\Delta G_{\text{CH}_2}^{\ominus}$；

③若表面活性剂与氧化物间有化学活性，还应包括化学吸附自由能 $\Delta G_{\text{chem}}^{\ominus}$。

(4)捕收剂在矿浆中反应的产物在矿物表面的吸附。

捕收剂在矿浆中与其他离子或在矿物表面作用过程中可能发生一系列反应，反应中的一些产物在矿物表面上吸附。例如黄药与铅离子反应生成的黄原酸铅在方铅矿表面上吸附。

2．按吸附作用方式和性质

(1)交换吸附(又称一次交换吸附)。

这是指溶液中某种离子与矿物表面上另一种相同电荷符号的离子发生等当量交换而吸附在矿物表面上，这种交换吸附作用在浮选中是较常见的。

在硫化物矿物浮选中，经常使用金属离子作为活化剂。例如，Cu^{2+}、Ag^{+}与闪锌矿表面晶格中Zn^{2+}交换吸附，使闪锌矿的可浮性提高。

$$ZnS + 2Ag^{+} = Ag_2S + Zn^{2+} \tag{3-65}$$

$$K = 10^{26}$$

反应的平衡常数很大，表明Cu^{2+}、Ag^{+}从闪锌矿表面交换Zn^{2+}的速度是很快的。

又如，方铅矿表面在轻度氧化过程中表面上的S^{2-}会被OH^{-}、SO_4^{2-}、CO_3^{2-}等交换。

(2)竞争吸附。

矿浆溶液中存在多种离子时，它们在矿物表面的吸附决定于它们对表面的活性及在溶液中的浓度，即决定于相互竞争。

物理吸附的捕收剂离子在双电层中起配衡离子作用，其吸附密度取决于与溶液中任何其他配衡离子的竞争。例如胺类捕收剂浮选石英，当捕收剂浓度低时，Ba^{2+}和Na^{+}在石英表面与捕收剂离子竞争而抑制浮选。又如用阳离子捕收剂浮选针铁矿时，当pH超过12后，浮选就会终止，是由于阳离子捕收剂水解成胺分子使RNH_3^{+}浓度减少，同时Na^{+}(或K^{+})浓度迅速增加，与捕收剂阳离子产生竞争作用。

(3)特性吸附(或称专属性吸附)。

矿物表面对溶液中某种组分有特殊的亲和力，因而产生的吸附叫特性吸附。它具有很强的选择性，可以改变动电位的符号，亦可以使双电层外侧产生充电现象。例如，刚玉(Al_2O_3)在不同浓度的NaCl、Na_2SO_4和RSO_4Na溶液中，其表面动电位变化如图3－27所示。刚玉在NaCl溶液中动电位始终保持正值，在Na_2SO_4或RSO_4Na溶液中，随着溶液浓度的增加，动电位由正值逐步减小并变为负值，这是由于SO_4^{2-}或RSO_4^{2-}离子的特性吸附所致。讨论药剂在双电层中吸附时，常将静电吸附以外的吸附统称为特性吸附。

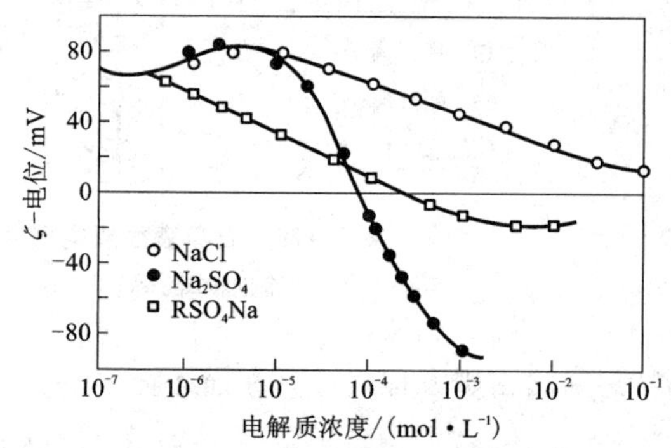

图3－27　刚玉动电位与电解质浓度的关系(pH＝6.5)

3．按双电层中吸附的位置

(1)双电层内层吸附(又称定位离子吸附)。

矿物表面吸附溶液中的晶格离子、晶格类质同象离子和其他双电层定位离子(例如H^{+}和OH^{-})，吸附结果使矿物表面电位改变数值或符号，这种吸附称定位离子吸附。例如离子型矿物吸附溶液中的组成矿物晶格离子；氧化物和硅酸盐矿物吸附H^{+}和OH^{-}离子。

(2)双电层外层吸附(又称二次交换吸附)。

这是配衡离子在双电层外层，靠静电力的吸附，其特点是这种吸附只改变动电位的大小而不改变电位的符号。凡与表面电荷符号相反的离子都可产生这样的吸附，因此，在矿浆中原吸附的配衡离子可被溶液中的其他配衡离子交换：

例如 $2(\mathrm{AgI}\cdots\mathrm{I}^-)|\mathrm{H}^+ + \mathrm{Pb}^{2+} \rightarrow (2\,\mathrm{AgI}\cdots\mathrm{I}^-)|\mathrm{Pb}^{2+} + 2\mathrm{H}^+$

根据双电层结构，配衡离子吸附又可分为紧密层吸附和扩散层吸附。

4. 按吸附作用的本质

上述几种吸附是根据吸附特征来分类的。就吸附本质而言，可以分为物理吸附和化学吸附两大类型。

物理吸附：凡是由物理作用力，如范德华力、静电力等引起的吸附都称为物理吸附。物理吸附的特征是热效应小，一般只有21 kJ/mol左右；吸附质易于从表面解吸，具有可逆性；吸附有多层分子或离子；无选择性；吸附速度快。例如分子吸附，双电层外层吸附以及半胶束吸附等属于此类。

化学吸附：凡是由化学键力引起的吸附都称为化学吸附。化学吸附的特征是热效应大，一般在84~840 kJ/mol之间；吸附牢固，不易解吸，是不可逆的；往往只是单层吸附；具有很强的选择性；吸附速度慢。例如交换吸附、定位离子吸附等。化学吸附与化学反应不同，化学吸附不能形成新“相”，吸附产物的组分与化学反应产物的摩尔式量有差别。

3.4 浮选速率

浮选过程进行的快慢，可用单位时间内浮选矿浆中被浮选矿物的浓度变化或回收率变化来衡量，并称之为浮选速率。浮选动力学的主要任务是研究浮选速率的规律并分析各种影响因素。研究浮选速率可以为改善浮选工艺和流程，改进浮选机设计和比拟放大，完善浮选试验研究方法，实现浮选槽和浮选回路的最佳化控制及自动化提供依据。

3.4.1 浮选速率的经验方程

浮选过程涉及的是气泡与矿粒的相互作用。因此，浮选过程的速率可由矿粒向气泡的附着速率决定。化学反应涉及的是原子、分子、离子间的相互作用。就粒子间的相互作用来说，可以将浮选过程与化学反应相类比。故浮选速率方程可从化学反应速率方程类推。假定浮选过程中充气速度和搅拌强度等影响浮选速率的各种变量保持恒定，则在自由浮选条件下(即矿浆较稀)，浮选速率方程可表示为：

$$\frac{\mathrm{d}c}{\mathrm{d}t} = -KC^n \tag{3-66}$$

式中：C为在任何指定时刻t，矿浆中被浮矿物的浓度；K为速率常数，s^{-1}或min^{-1}；n为浮选反应级数。

式(3-66)采用了微分形式，这是因为浮选速率是随时间而变化的。由于浮选速率不可能是负值，因此用被浮矿物的浓度随时间的变化率表示速率时，因$\mathrm{d}c$是负值，所以在式(3-66)中加上负号。

在式(3-66)中，如以精矿回收率ε表示时，则矿浆中被浮矿物的浓度C应以矿浆中尚未被浮出的目的矿物的回收率($\varepsilon_\infty-\varepsilon$)代替。此时式(3-66)可写成：

$$\frac{\mathrm{d}\varepsilon}{\mathrm{d}t}=K(\varepsilon_\infty-\varepsilon)^n \tag{3-67}$$

式中：ε_∞为无限延长浮选时间后，被浮矿物可能达到的最大回收率，纯矿物浮选时可取100%；ε为在任何指定时刻t，被浮矿物的回收率。

在式(3-67)中，当$n=1$时称“一级反应”，此时若以K_1表示一级反应常数，则积分(当$t=0$时，$\varepsilon=0$)可得：

$$\ln\frac{\varepsilon_\infty}{\varepsilon_\infty-\varepsilon}=K_1t \tag{3-68}$$

或

$$\varepsilon=\varepsilon_\infty(1-e^{-K_1t}) \tag{3-69}$$

由式(3-68)可知，如以$\ln\frac{\varepsilon_\infty}{\varepsilon_\infty-\varepsilon}$对$t$作图，当符合一级反应时，则应得到通过坐标原点的直线，直线的斜率就是速率常数K_1值。或者将各组ε对t的数据分别代入式(3-69)，如果算出的各K_1值为基本一致的常数，则也可以确认为它是一级反应。

在式(3-67)中，当$n\neq1$时，积分可得：

$$\frac{1}{n-1}[(\varepsilon_\infty-\varepsilon)^{1-n}-\varepsilon_\infty^{1-n}]=K_Nt$$

即

$$(\varepsilon_\infty-\varepsilon)^{1-n}=(n-1)K_Nt+\varepsilon_\infty^{1-n} \tag{3-70}$$

当$n=2$时称“二级反应”。以K_{II}表示二级反应速率常数，则由式(3-70)可得：

$$\frac{t}{\varepsilon}=\frac{1}{\varepsilon_\infty^2K_{\mathrm{II}}}+\frac{t}{\varepsilon_\infty} \tag{3-71}$$

即在$t/\varepsilon-t$坐标系中，式(3-71)的图形应是一条直线。对于浮选时间比较短的情况，则可将式(3-71)写成：

$$\frac{1}{t}=\frac{K_{\mathrm{II}}\varepsilon_\infty^2}{\varepsilon}-K_{\mathrm{II}}\varepsilon_\infty \tag{3-72}$$

当符合二级反应时，在$1/t-1/\varepsilon$坐标系中，其图形也应是直线。

在式(3-70)中，如果n不是整数，则称之为“非整数级反应”。此时$(\varepsilon_\infty-\varepsilon)^{1-n}$对$t$是直线关系。图3-28是-45+30 μm粒级的赤铁矿浮选结果。当$n=1.4$时，是一条直线，表明它的浮选速率为非整数级。当n值大于该值时，在相应坐标中为向下凹曲。而当n值小于该值时，在相应坐标中则为向上凸起的曲线。

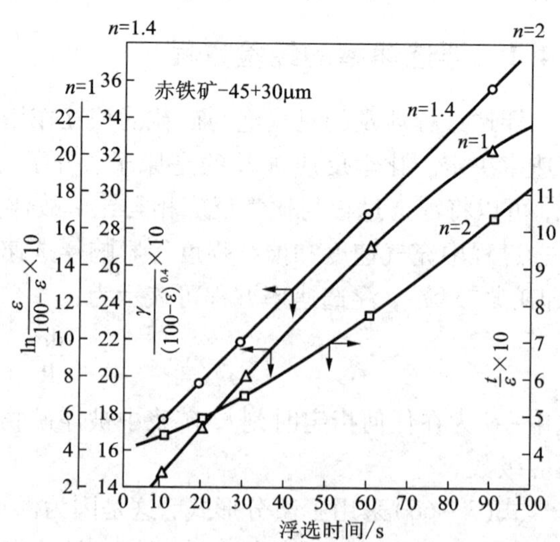

图3-28　-45+30 μm粒级赤铁矿的浮选反应级数

由于浮选速率正比于速率常数和回收率的n次方，因此在比较浮选过程的快慢时，对于同一反应级数，可直接比较速率常数的大小。速率常数大，则浮选速率快。

如果反应级数不同，则必须算出某时刻的浮选速率来进行比较。

上述的浮选速率方程（如式3-66）中只考虑了一种变量，如果把浮选看成是气泡和粒子之间的化学反应，那么，浮选的通用速率方程可以写成：

$$\frac{\mathrm{d}c}{\mathrm{d}t} = -KC^{n}C_{\mathrm{b}}^{m} \tag{3-73}$$

式中：C_{b}为气泡的浓度；m 为气泡的级数。

3.4.2 速率常数的分布特性

浮选实践表明，当组成浮选物料的各粒子的可浮性越来越相近（例如纯矿物粒级越来越窄），直至它们中的每一颗粒的可浮性都相同时，这一物料的浮选速率符合一级反应，这时各矿粒的速率常数应是相等的，此时，我们把可浮性相同并具有相同的一级反应速率常数的这些矿粒称为一个“品种”（Species）。在实际矿石中，可能存在组成不同、粒度不同、解离度及表面性质不同的矿粒。因此，在实际矿石浮选时，由于浮选物料由不同 K 值的品种组成，所以，具有较大浮选速率常数的品种将以较快的速率浮选，而速率常数低的以较慢速率浮选，随着较大速率常数的品种不断浮出，浮选机中剩余物料的平均 K 值就会随着浮选时间的延长逐步降低，即 K 值是时间的函数。

例如，对白铅矿（粒度 -74 +37 μm，质量占10%）和石英（粒度 -147 +74 μm，质量占90%）的混合物料，以不同用量的硫化钠硫化后，用丁黄药浮选，所得结果在 $t/\ln\frac{1}{1-\varepsilon} - t$ 坐标系中是一条直线，于是得：

$$\frac{t}{\ln\frac{1}{1-\varepsilon}} = a + bt$$

即

$$\ln\frac{1}{1-\varepsilon} = \frac{t}{a+bt} \tag{3-74}$$

式中：a，b 分别由试验确定的常数。

比较式（3-74）和式（3-68）可知，当式（3-68）中的 K 为变量 $1/a+bt$ 代替时，就得到式（3-74）。变量 $K=\frac{1}{a+bt}$表明，随着浮选时间的延长，K 值是逐渐降低的。

由于浮选物料是由不同 K 值的品种组成的，因此，许多人都把一级反应速率方程作为基本方程来研究 K 值的分布规律，即求出 K 值的概率密度分布函数。

由于浮选物料的组成实际上是十分复杂的，因此 K 值的分布函数也就可能有多种表达形式，例如，γ 分布函数、β 分布函数、多项式分布、双峰值品种（bimodal species）分布、多重分布等。例如，K 值的“多项式分布”函数如下式，

$$M_{\mathrm{p}}(K,0) = aK^{3} + bK^{2}cK + d \tag{3-75}$$

式中：$M_{\mathrm{p}}(K,\ 0)$ 为 K 值的分布率；a，b，c，d 为系数。

采用多项式分布符合多种复杂分布情况，但需解多个方程求出系数，例如式（3-75）同时需将四个方程求解。

关于反应级数和速率常数的分布函数的研究，都属于经验方程的范围。可以认为，浮选反应级数问题，实际上是浮选速率的宏观表示。而 K 值分布问题，则是对物料中不同速率的矿种组成规律的微观分析。

3.4.3 浮选速率的理论分析

1. 影响浮选速率的一般因素

归纳起来，影响浮选速率的因素可分为四类：

(1)矿石和矿物性质。

如矿物的种类和成分，粒度分布，矿粒形状，单体解离度，矿物表面性质等。

(2)浮选化学方面的因素。

例如捕收剂的选择性、捕收能力强弱，活化剂、抑制剂、起泡剂的种类和用量，介质 pH，水质等。

(3)浮选机特性。

如浮选机结构和性能，充气量、气泡尺寸分布及分散程度，搅拌程度，泡沫层的厚度及稳定性，刮泡速度。

(4)操作因素。

如矿浆浓度、温度等。

就特定的矿石浮选而言，浮选是一个包括许多分过程的复杂过程，这些分过程大体上包括：

给料引入：

矿浆引入；

空气引入。

矿粒和气泡的附着：

矿粒和气泡碰撞；

矿粒向气泡黏附；

矿粒从气泡脱附。

矿粒在矿浆和泡沫间的转移：

矿化气泡进入泡沫；

矿粒直接带入泡沫；

矿粒从泡沫上返回矿浆。

浮选产品的排除：

泡沫的排除；

尾矿的排除。

上述各分过程均会对浮选速率产生影响。但是，在给定的矿浆条件下，矿粒与气泡的碰撞、黏附和脱附对浮选过程起决定作用，颗粒在浮选槽矿浆中被捕收的概率(P)可以用矿粒和气泡碰撞概率(P_c)、矿粒与气泡黏附概率(P_a)和矿粒从气泡脱附概率(P_d)来表示，即

$$P = P_c P_a (1 - P_d) \tag{3-76}$$

2. 矿粒与气泡的碰撞黏附过程

由于颗粒表面的不饱和键能对水偶极分子吸引，在颗粒表面往往存在一层水化膜（参看图3－11）。颗粒与气泡的碰撞与黏附示意图见图3－29。

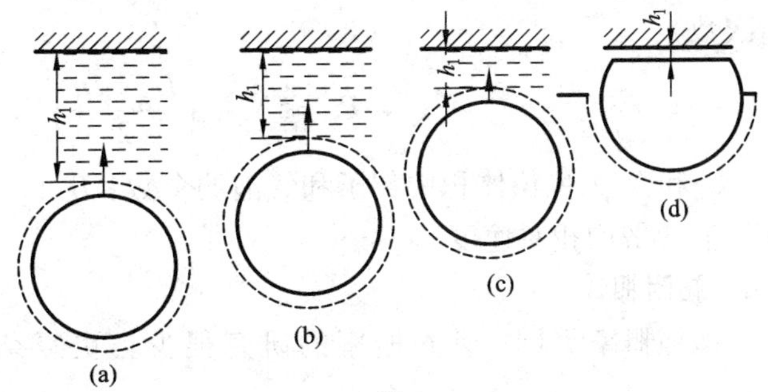

图3－29 颗粒与气泡的碰撞与黏附示意图

颗粒向气泡的碰撞与黏附过程，如图3－29所示，可分为a、b、c、d四个阶段。a为颗粒与气泡的互相接近，b为颗粒与气泡的水化层的接触，c为水化膜的变薄或破裂，最后阶段d是颗粒与气泡接触。

在浮选过程中，矿粒与气泡互相接近，先排除隔于两者夹缝间的普通水。由于普通水的分子是无序而自由的，所以易被挤走。当矿粒与气泡进一步接近时，矿粒表面的水化膜受气泡的排挤而变薄。水化膜变薄过程的自由能变化，与矿物表面的水化性有关，见图3－30。

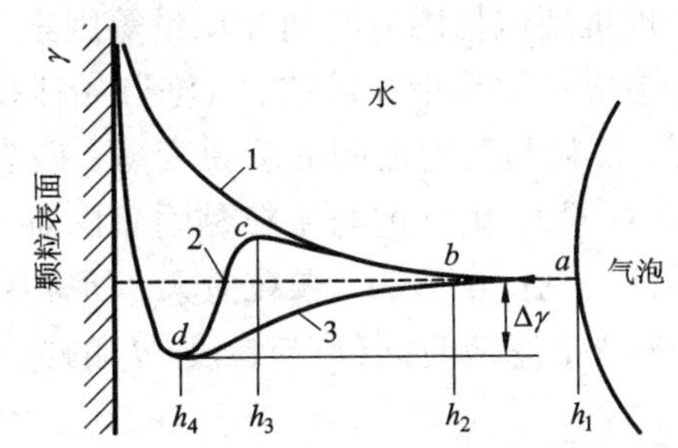

图3－30 水化膜的厚度与自由能的变化

1—强水化性表面；2—中等水化性表面；3—弱水化性表面

(1)矿物表面水化性强，即亲水性表面，则随着气泡向矿粒逼近，水化膜表面自由能增加，如图3－30曲线1所示。曲线1表明，当矿粒与气泡愈来愈接近时，其表面能不断升高。所以，除非有外加的大能量，否则水化膜不会自发薄化。这表明表面亲水性的矿粒不易与气泡接触附着。

(2)中等水化性表面，如曲线2所示，这是浮选中常遇到的情况。

(3)弱水化性表面，就是疏水性表面，如曲线3。疏水性表面的水化膜比较脆弱，有一部分自发破裂，此时自由能减低。但到很接近表面的一层水化层，仍是很难排除，曲线3在右侧急剧上升说明此点。

图3－31 浮选矿浆中矿粒与气泡碰撞和黏附或矿化气泡的基本形式

(a)气泡向上运动时，黏附的矿粒群聚集气泡尾部，形成矿化尾壳；(b)颗粒－微泡联合体，即多个气泡黏附在一个矿粒上；(c)多个气泡和许多细小颗粒构成气絮团

在实际的浮选过程中，表面已疏水的矿粒在流体中向气泡碰撞黏附并上升形成几种常见的矿化气泡，参看图3－31。

3. 碰撞概率

矿粒与气泡的碰撞主要与粒子和气泡的大小以及矿浆的水动力学相关，有许多这方面的研究，并推出了相应的计算。如，苏则尔兰德（1948年）、弗林特（1971年）、雷依（1973年）等公式，这些都是假定颗粒与气泡在层流中相互碰撞结合。但是，机械搅拌浮选槽中的矿浆是紊流的，Schubert 等(1979 年)利用下式计算气泡 - 颗粒的碰撞概率(单位体积和时间内的碰撞次数)：

$$P_c = 5N_p N_b \left(\frac{D_p + D_b}{2}\right)^2 \sqrt{v_p^2 + v_b^2} \quad (3-77)$$

式中：N_p 和 N_b 为单位体积中粒子和气泡的个数；D_p 和 D_b 为粒子和气泡的大小；V_p 和 V_b 为粒子和气泡的平均相对速度。

4. 黏附概率

与碰撞概率不同，黏附概率的研究很少且更复杂，可从物理和化学两方面进行机理分析：

(1)物理机理。

物理机理包括感应时间和动量等因素。

①感应时间是指在矿粒、气泡开始碰撞时，气泡在矿粒表面形成三相接触所需时间，即碰撞后，矿粒与气泡之间的液膜变薄、破裂、形成三相接触所用的时间，也称诱导时间。如果感应时间长，则气泡与矿粒黏附就困难，浮选速率就降低。爱格列斯曾以此评判药剂作用及可浮性。克拉辛认为，颗粒愈大，所需感应时间愈长，感应时间过长则较难浮。对于不同的流动状态，感应时间(t)与粒度(d)的关系可以表示如下：

$$t(\text{层流状态}) = \text{常数}$$

$$t(\text{紊流状态}) \propto d^{1.5}$$

$$t(\text{过渡状态}) \propto d$$

即除开在层流状态下运动的细矿粒以外，感应时间随粒度的增加而急剧增加，因此，粗粒浮选速率下降很快。此外，感应时间还与捕收剂用量、气泡大小和温度等因素相关。

②动量机理是克拉辛首倡，他认为粗粒动量大，容易突破水化膜而黏附，细粒动量小不易突破水化膜，故黏附概率也小。因此，从动量的观点来看，颗粒与气泡的碰撞必须拥有足够的相对动能(E_k)来克服能量壁垒(E)，然后，水化膜破裂而黏附发生，Yoon 将这个概念结合成 Arrenius 型的附着概率方程，

$$P_a = \exp\left(\frac{-E}{E_k}\right) \quad (3-78)$$

能量壁垒(E)的大小主要与浮选化学相关。

很多人详细研究过矿粒粒度对浮选速率的影响。有人曾得出速率常数 K 与矿粒粒度的经验关系式为：

$$K = qd^{\alpha} \quad (3-79)$$

式中：q 为与矿物种类有关的常数；d 为矿粒直径；α 为试验确定的常数，对 20 ~ 200 μm 的磷灰石，赤铁矿和方铅矿 $\alpha = 2$，石英 $\alpha = 1$。

其实，式(3 - 79)的适用范围是有限的。一般的情况是，在某一中间粒度有最大浮选速率。对于不同矿物，出现最大浮选速率的粒度不同。当粒度小于这一最佳值时，随着粒度增加，气泡和矿粒碰撞并形成气泡 - 矿粒集合体的概率增加，因此其浮选速率也随着增加。当粒度大于这一最佳值后，粒度对矿粒与气泡碰撞并形成集合体的概率的影响虽然不大，但是粒度增大后惯性增大，使气泡和矿粒集合体在到达浮选机表面的泡沫层之前分开，因此其浮选速率降低。

(2)化学机理。

化学机理包括吸附速率，矿粒表面寿命，表面能、溶解度、吸附罩盖度等因素。

①吸附速率：指药剂向矿粒吸附的速率，药剂从溶液中扩散到表面，并且和表面发生反应，如果表面反应是决定速率的过程，则粒度没有影响，由此推论，粗细粒一样易浮。如药剂扩散是决定速率的过程，则计算表明，粒度小于20~40 μm的矿粒，吸附速率增快。

②矿粒表面寿命：高登认为，粗粒在破碎磨细过程中有“自护作用”，暴露寿命较短；而细粒表面暴露时间较长，因而细粒表面被污染罩盖氧化等的机会较多。但有人认为在磨矿分级循环中，粗细粒表面寿命不会有很大差别。

③表面能：粗细粒总表面能大小不一样。细粒表面能大，水化度增加，对药剂失去选择吸附作用。磨细过程中，应力集中，裂缝、位错、棱角等高能地区增多，对药剂的吸附量增加。

④溶解度：粒度愈小，溶解度愈大，关系式为

$$RT\ln\left(\frac{S_r}{S_\infty}\right)=\frac{2\gamma_{S-L}V}{r} \tag{3-80}$$

式中：R为气体常数，T为绝对温度，r为矿粒半径，S_r指半径为r的细粒溶解度，S_∞为无穷大颗粒(即体相)的溶解度，γ_{S-L}为单位面积中固-液界面自由能，V为摩尔体积。对此式的估算表明，只有0.1 μm矿粒的溶解度才比较明显地增加，而0.5~10 μm的矿粒的溶解度基本相同。

⑤吸附罩盖度：克来门曾试验测定各种粒度的赤铁矿被油酸罩盖度与浮选回收率关系。在同一表面罩盖度条件下，粗粒(60~40 μm，40~20 μm)比微粒(10~0 μm)的回收率高得多。但安妥内(1975年)试验铜离子对闪锌矿的活化时，认为同一表面罩盖度条件下，粒度对回收率影响不显著，这方面还需继续研究。

5. 脱附概率

脱落速率是指碰撞黏附的矿粒又脱落的概率。迈克推导认为，脱落速率与粒度的7/3次方成正比。后来伍德波恩提出脱落概率P_d与粒度d的关系式：

$$P_d=\left(\frac{d}{d_{max}}\right)^{1.5} \quad 当\ d\leqslant d_{max} \tag{3-81}$$

式中：d_{max}为指在突然加速冲击下，仍能保持不脱落的最粗粒直径，估计约为400 μm。可推算出1 μm直径的矿粒脱落概率约等于10^{-4}，可见1 μm矿粒的脱落概率是极低的。

有些浮选速率理论模型结合了上述理论分析的概念以及考虑了其他因素对浮选速率影响，由于所涉及的问题实际上十分复杂，所以很难得出一个统一的合适的理论模型，也很难对每一因素对浮选速率影响得出一致的结果。倒是近来发展的高速摄像仪器，能够很好地记录这些碰撞-黏附-脱附过程，原子力仪(AFM，Atomic Force Microscopy)也能够测定颗粒—颗粒和颗粒-气泡间作用力的大小。

习 题

3-1 润湿现象中的沾湿(a)、铺展(b)和浸湿(c)三种类型有何区别和联系？

3-2 固体颗粒表面润湿性的度量有哪些参数？与浮选过程有何联系？

3-3 矿物的表面润湿性是如何分类的？

3－4　什么是接触角、前进和后退接触角、三相润湿周边？

3－5　如何通过接触角鉴别颗粒表面的润湿性？

3－6　简述润湿方程及其物理意义。

3－7　接触角的测量方法有哪些？躺滴法测润湿角应注意什么？

3－8　如何改变固体间表面的天然润湿性差异，创造出较大的人工润湿性差异，从而有利于实现浮选？

3－9　矿物在水介质中的表面电现象是如何起源的？

3－10　简述矿物表面的双电层结构。

3－11　简述石英在水中的荷电过程及其机理。

3－12　什么是零电点 PZC？什么是等电点 IEP？

3－13　什么是动电现象？它有何应用？如何通过动电现象来测定 ζ 电位？

3－14　举例说明颗粒表面电性与浮选药剂的吸附，颗粒可浮性的关系。

3－15　锡石的 $pH_{PZC}=6.6$。计算 $pH=4$ 和 $pH=8$ 时锡石表面电位的大小，并说明其表面电性质。分别在此两种不同条件下浮选锡石时，如何选择捕收剂？

3－16　简述 Langmuir 型吸附等温线及其应用。

3－17　简述半胶束吸附现象，及其在浮选中的应用。

3－18　简述颗粒与气泡碰撞与黏结机理。

第4章　浮选化学

4.1　浮选药剂结构与性能理论

4.1.1　浮选药剂结构模型

在矿物浮选过程中，为了改变矿物表面的物理化学性质，提高或降低矿物的可浮性，以扩大矿浆中各种矿物可浮性的差异，需使用各种浮选药剂。浮选过程中，起泡剂排列在气－液界面，通过降低溶液表面张力或其他功能，使气泡易于产生并且稳定化；抑制剂吸附在被抑制矿物表面使其亲水而不被气泡黏附；捕收剂亲矿物基与浮选矿物作用，疏水的非极性基朝外使矿物表面疏水化，被气泡捕捉而浮起。

从这三类浮选剂在浮选过程中的行为和作用机理可以看出，无论是哪类浮选药剂，总是由几种基本单元组成的。这些单元是：亲水基、亲矿物基和烃基。由此，我们得到构成浮选药剂的结构模型图，如图4－1所示。

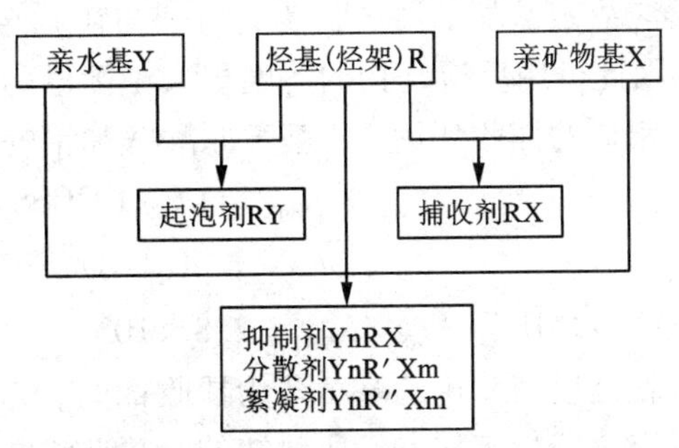

图4－1　浮选药剂结构模型框图

按照表面化学中所谓“表面作用独立性原理”，表面活性分子的整个表面活性，是由分子中个别基团部分单独性质的影响加合而成的。根据该原理，可将研究结构比较复杂的浮选药剂分子分解成研究各个基团的结构对其性能的影响。亲水基和亲矿物基都具有亲水作用，又统称为极性基，烃基是疏水性的，又称为非极性基，各类浮选药剂的基团组成和特点简述如下。

1．亲矿物基

浮选药剂通过它的亲矿物基与矿物表面作用而吸附在矿物表面上，这种吸附有三种形式：一是物理吸附，药剂与矿物间通过静电力、疏水相互作用力、偶极吸引力等发生吸附，其特点是吸附热低，吸附不牢固，且没有选择性或选择性较差；二是化学吸附，药剂极性基与矿物表面金属离子形成化学键或离子键，化学吸附的特点是吸附热高，吸附牢固，通常选择性较好；三是表面化学反应，为化学吸附的进一步发展，在矿物表面形成了新的独立相。化学吸附和表面化学反应是浮选过程中最重要、最常见的两种方式。

硫化矿浮选药剂的亲矿物基以巯基—SH、硫羰基 C═S 为主，如—C(S)SH（黄药）、═NC(S)SH（硫氮类）、═O_2P(S)SH（黑药）、—OC(S)N═（硫氨酯），等等。

非硫化矿浮选剂亲矿物基以羟基及氨基为主，如—C(O)OH（羧基）、—SO_3H（磺酸）、

—AsO_3H_2（胂酸）、—NH_2（胺）、—C（OH）·NOH（羟肟酸）、—PO_3H_2（膦酸）等。

2. 亲水基

亲水基是一些极性较大的基团，常见的如羧基—C（O）OH、羟基—OH、磺酸基—SO_3H、醚氧基—O—，等等。

3. 烃基

主要有烷基、烯烃基、环烷基、苯基、含杂原子烃基等等。

对于硫化矿捕收剂，烃基约有2~6个碳原子，并且以烷基为主。对于非硫化矿捕收剂，烃基长度达7~20个碳原子，常用烷基和烯烃基。

起泡剂分子除亲水基外，其烃基一般用异构烷基、萜烯基、苯基和烷氧基作烃基，碳原子数多在6~7个。

抑制剂 Y_nRX 中，$n \geqslant 2$；分散剂分子中带有更多亲水基和亲矿物基，$Y_nR'X_m$ 的 n 和 m 值较大，抑制剂和分散剂相对分子质量通常小于10^4。絮凝剂往往与分散剂有类似的结构，但分子量更大，达10^5~10^6，$Y_nR''X_m$ 中的 n 和 m 可高达数百。

4.1.2 浮选药剂结构与性能的基本判据

1. 溶度积理论

溶度积理论是美国学者Taggart在1930年前后提出的。大意是：捕收剂与矿物表面的化学反应决定矿粒的浮选行为，药剂与矿物金属离子化学反应产物的溶度积越小作用能力越强，因此可用反应产物的溶度积大小衡量药剂的浮选作用能力。例如比较乙基黄药对闪锌矿和方铅矿的捕收作用，乙基黄原酸锌和铅的溶度积如下：

$$L_{ZnX_2} = [C_2H_5OCSS^-]^2 \cdot [Zn^{2+}] = 4.9 \times 10^{-9}$$

$$L_{PbX_2} = [C_2H_5OCSS^-]^2 \cdot [Pb^{2+}] = 1.7 \times 10^{-17}$$

两者之比为 $L_{ZnX_2}/L_{PbX_2} = 2.8 \times 10^8$。

就是说当使用乙基黄药为捕收剂时，方铅矿的可浮性，比未经活化的闪锌矿要大得多。实际浮选行为正如人们所熟知的，方铅矿可用乙基黄药很好地浮选，而不经活化的闪锌矿用乙基黄药浮选效果很差。可见在这里用溶度积的计算作为定性的判据，与实际情况是相符合的。根据溶度积的测定值来判断，黄原酸锌需辛基以上时，溶度积值才接近乙基黄原酸铅（辛基黄原酸锌的 $L = 1.5 \times 10^{-16}$），换言之，若想不经过活化直接浮选闪锌矿，应当使用辛基黄药为捕收剂。

按照黄原酸盐溶度积依次增大的顺序排列，常见硫化矿金属离子顺序如下（用当量溶度积 $L^{1/m}$ 比较）：

$$Au^+, Cu^+, Hg^{2+}, Ag^+, Bi^{3+}, Pb^{2+}, Ni^{2+}, Zn^{2+}, Fe^{2+}$$

这也大体上是可浮性依次降低的顺序，说明溶度积数据可以作为参考理论判据。

2. 基团电负性

分子中原子的电负性并不是一个不变的常数，它因为受到相邻原子，甚至间隔原子的影响而发生改变，不同基团中的同一原子，表现的电负性各不相同，由此将电负性的概念扩大到化学基团，设法给各种化学基团以电负性数值，用于表征基团的特性，这就是基团电负性（x_g）。基团电负性（x_g）是表征浮选药剂极性基的简便方式，而浮选剂的极性基主要决定浮选药剂的价键因素。因此，基团电负性(x_g)是药剂极性大小的判据，可用于浮选药剂极性基设计。对极性基团：

$$\begin{array}{cccc} A — & B — & C — & D\cdots\cdots \\ \vdots & \vdots & \vdots & \\ 0 & 1 & 2 & \end{array} \tag{4-1}$$

式(4－1)中，A为亲固原子。

基团电负性的计算方法是：

$$x_g = 0.31 \times \left(\frac{n^* + 1}{r}\right) + 0.5 \tag{4-2}$$

式(4－2)中：

$$n^* = (N - P) + \sum 2\ m_0 \varepsilon_0 + \sum s_0 \delta_0 + \sum \frac{2m_i + s_i}{\alpha^i} \delta_i \tag{4-3}$$

式(4－2)和式(4－3)中：r为A原子的共价半径；N为A原子的价电子数；P为A原子被B原子键合的电子数；m_i为与A原子间隔为i的二电子数；α为隔离系数(＝2.7)；s_i为与A原子相隔i键的原子未成键电子数；m_0为零号键，A—B间二电子键数；s_0为B原子未成键电子。

式(4－3)中 $\varepsilon_0 = \dfrac{x_A}{x_A + x_B}$，$\delta_0 = \dfrac{x_B - x_A}{x_A + x_B}$，$\varepsilon_1 = \dfrac{x_B}{x_B + x_A}$，$\delta_1 = \dfrac{x_C - x_B}{x_B + x_C}$

x_i是i原子的电负性值。

按照浮选药剂与矿物作用的价键特性，可将捕收剂分为硫化矿捕收剂、过渡金属氧化矿捕收剂和氧化矿捕收剂。硫化矿捕收剂的基团电负性较小，氧化矿捕收剂的基团电负性较大，过渡金属氧化矿的基团电负性中等。同类的捕收剂中，x_g较大者，捕收性较弱，但选择性可能较好，如硫化矿捕收剂中黄药同黑药比较，黑药的x_g捕收性较弱但选择性较好；氧化矿捕收剂中胂酸、膦酸及烃基磺酸的x_g值较大，它们的选择性都比羧酸更好些。三种捕收剂的基团电负性大小范围如表4－1所示。

表4－1 各种捕收剂的基团电负性范围

判据	硫化矿捕收剂	过渡金属氧化矿捕收剂	氧化矿捕收剂
x_g	2.5～3.3	3.7～3.9	4.0～4.2
$x_g - x_H$	0.4～1.2	1.6～1.8	1.9～2.1

注：表中x_H为氢原子的电负性

3. 浮选剂性能的临界胶团浓度(CMC)判据

(1)临界胶团浓度的概念及计算方法。

在水中，表面活性分子或离子的非极性基烃链间由于范德华力作用而互相吸引，引力达到一定大小时克服了分子(或离子)的水化能力及极性基离子间的斥力，而发生非极性基间互相缔合，形成多个分子(离子)有规则排列的集合体，称为“胶团”。胶团的形成使得表面活性剂溶液的某些性质在一定浓度范围内发生突变，这一浓度范围称为表面活性剂的临界胶团区域。将开始形成胶团的浓度称为“临界胶团浓度”，并以CMC表示。

CMC 值可由各种实验方法测得，通常是测定表面活性剂溶液浓度逐渐升高时电导率、透光率、表面张力的变化及吸附指示剂颜色的变化等，在 CMC 处这些测定值将发生突变。

CMC 值也可以用经验公式进行推算。根据长链表面活性剂分子结构的特点，最常用的计算 CMC 值的经验公式如下：

$$\lg CMC = A - Bn \tag{4-4}$$

式中：CMC 单位为 $mol \cdot L^{-1}$；A 是与极性基特性有关的常数，B 是与非极性基及温度有关的常数，n 是与非极性基烃链大小有关的数，当非极性基是正构烷基时，n 即为—CH_2—的数目。常见的用作氧化矿捕收剂及起泡剂的表面活性物质的 A、B 数值如表 4-2 所示。

用不同方法及在不同条件下测得及算得的 CMC 值都不尽相同，表 4-3 和表 4-4 列出的是一些脂肪酸及皂的 CMC 值以及一些磺酸钠、硫酸酯钠的 CMC。

捕收剂和起泡剂大多为表面活性物质，用 CMC 来衡量其疏水-亲水性能是合适的。显然，CMC 越小，药剂的疏水性能就越强。

表 4-2　计算 CMC 的 A、B 值

化合物	A	B	温度(℃)
RiCOOK	1.63	0.29	25
RiCOOK	1.74	0.292	45
RiCOONa	2.41	0.341	20
$RiSO_3Na$	1.59	0.294	40
$RiSO_3Na$	1.63	0.294	50
$RiSO_4Na$	1.42	0.295	45
$RiNH_3Cl$	1.79	0.295	45
$RiN(CH_3)_2Br$	1.77	0.292	60
$RiCH(COOK)_2$	1.54	0.22	25
$RiCH(COOK)CH(COOK)_2$	1.7	0.226	25
$RiC_6H_4SO_3Na$	—	0.292	—

表 4-3　一些脂肪酸及皂的 CMC($mol \cdot L^{-1}$)

化合物	CMC	化合物	CMC
$C_5H_{11}COOK$	1.49×10^{-3}	$C_{12}H_{25}COOK$	0.39×10^{-4}
$C_6H_{13}COOK$	0.78×10^{-3}	$C_{13}H_{27}COOK$	0.60×10^{-5}
$C_7H_{15}COOK$	0.40×10^{-3}	$C_9H_{19}COONa$	1.0×10^{-1}
$C_8H_{17}COOK$	0.20×10^{-3}	$C_{11}H_{23}COONa$	2.4×10^{-2}
$C_9H_{19}COOK$	0.97×10^{-4}	$C_{13}H_{27}COONa$	4.4×10^{-3}
$C_{10}H_{21}COOK$	0.49×10^{-4}	$C_{15}H_{31}COONa$	9.0×10^{-4}
$C_{11}H_{23}COOK$	0.24×10^{-4}	$C_{17}H_{35}COONa$	1.8×10^{-4}

表4-4 一些阴离子表面活性剂的CMC($mol \cdot L^{-1}$)

药剂	CMC	温度/℃	药剂	CMC	温度/℃
(1)脂肪酸			油酸钠	2.1×10^{-3}	25
丁酸	1.75	25	油酸钾	8.0×10^{-4}	25
己酸	1.0×10^{-1}	—	反油酸钠	1.4×10^{-3}	40
辛酸	1.4×10^{-1}	27	(3)硫酸酯钠		
癸酸	2.4×10^{-2}	27	辛基硫酸钠	1.3×10^{-1}	25
十二酸	5.7×10^{-2}	27	癸基硫酸钠	3.3×10^{-2}	25
十四酸	1.3×10^{-2}	27	十二烷基硫酸钠	8.2×10^{-3}	25
十六酸	2.8×10^{-3}	27	十四烷基硫酸钠	2.0×10^{-3}	25
十八酸	4.5×10^{-4}	27	十六烷基硫酸钠	2.1×10^{-4}	25
(2)脂肪酸钠			十八烷基硫酸钠	3.0×10^{-4}	40
丁酸钠	3.5	—	(4)磺酸钠		
己酸钠	7.3×10^{-1}	20	辛基磺酸钠	1.6×10^{-1}	25
辛酸钠	3.5×10^{-1}	25	癸基磺酸钠	4.2×10^{-2}	25
癸酸钠	9.4×10^{-2}	25	十二烷基磺酸钠	9.8×10^{-3}	25
十二酸钠	2.6×10^{-2}	25	十四烷基磺酸钠	2.5×10^{-3}	40
十四酸钠	6.9×10^{-3}	25	十六烷基磺酸钠	7.0×10^{-4}	50
十六酸钠	2.1×10^{-3}	50	十八烷基磺酸钠	7.5×10^{-4}	57
硬脂酸钠	1.8×10^{-3}	50	十二烷基苯磺酸钠	1.2×10^{-3}	75
硬脂酸钾	4.5×10^{-4}	55	二丁基萘基磺酸钠	2.9×10^{-4}	—

(2)CMC值在浮选药剂中的应用。

①估计浮选药剂的类别和作用能力大小。

CMC值越小，药剂的疏水性越大，表明表面活性剂分子中非极性基比例较大，提示有可能作为捕收剂使用，且捕收性较强；CMC值较大，说明药剂亲水性强，极性基比例大，作捕收剂疏水性不够，但有可能成为起泡剂；若极性基比例非常大，即CMC的计算值很大时，实际上已不能发生胶团生成的现象，药剂在水中溶解分散较好，则有可能作抑制剂。

②估计药剂的用量范围。

既然药剂的CMC值与分子的疏水-亲水性能有关，CMC就有可能与达到浮选所需的浓度发生联系。通常认为有效的捕收剂浮选浓度为CMC的十分之一。

③估计异极性药剂分子中极性基和非极性基两种基团的配比关系。

在研制新药剂时，常需推测对具某一结构非极性基(或极性基)的原料，应引入何种极性基(或非极性基)，才能得到合用的药剂。通过CMC值的计算可以给我们一定的启示。

4. 捕收剂几何大小与作用的选择性

(1)浮选药剂几何大小与浮选性质的一般关系。

浮选药剂分子的大小与作用和性能之间的关系早已为浮选工作者所注意。例如Gaudin早年研究用铜离子活化闪锌矿时，铜离子的大小与闪锌矿结晶大小、锌原子间距离大小的关系等。他还研究了黄药在方铅矿吸附时，吸附密度与矿物结晶大小之间的对应关系。后来，许多人用电子衍射、电子显微镜等手段对药剂在矿物表面存在的状态进行测定，提出像黄药、黑药类捕收剂在硫化矿表面(例如方铅矿)，药剂分子的排列方式与矿物晶格的排列大小等因素有密切关系。这些研究结果都提示：当药剂与矿物大小愈接近时，作用愈容易发生，容易得到较大的覆盖密度；如果药剂的几何大小比矿物晶格大很多，则因不能形成一定对应的排列关系，只能以疏松的排列覆盖矿物表面，而使药剂同矿物的作用和药剂分子之间的作用都受到削弱。当药剂以化学吸附或表面化学反应的方式作用于矿物表面时，几何因素的影响应当更为重要。

(2)捕收剂极性基大小的估算。

表面活性剂有机分子的大小，早有人用表面膜测定及 X 光分析等方法进行研究。同时也可以按照分子的空间构型，由键角、键长及范德华半径、共价半径及其他数据计算分子的几何大小和形状。有各种估算药剂几何大小的方法，在生物化学中，著名的汉施(Hansch)、藤田学派采用立体参数及范德华体积等方法作为几何大小的标度。

浮选药剂与矿物的作用是表面过程，在考察两者几何大小的关系时，药剂极性基的横断面大小比起全部体积大小更有意义，因而用体积参数不如用宽度或直径大小更为合理。一般利用原子的范氏半径、共价半径及键角数据，按照药剂分子结构，估算浮选药剂极性基断面的大小。

(3)捕收剂极性基几何大小与作用的选择性。

大量的实践表明，捕收剂极性基的大小与它们同矿物作用的选择性是有密切关系的。各种硫化矿捕收剂极性基的体积和断面一般都比较大，浮选作用的选择性一般也都比较好；各种氧化矿捕收剂的选择性通常不如硫化矿捕收剂，它们的极性基的断面及体积恰恰也都是比较小的。即使在同类捕收剂中，也是断面大的药剂选择性更好。例如第一胺、脂肪酸、烃基磺酸、膦酸、胂酸和羟肟酸，都同为氧化矿捕收剂，一般来说，它们的选择性是按上述顺序递增的，它们的几何大小也同这一顺序。

浮选药剂结构与性能的定量关系，归纳起来可以分为三个方面，即价键因素、疏水－亲水因素(或称表面作用因素)和立体因素。价键因素包括极性基对矿物表面的亲固作用，主要讨论结构与化学吸附、表面反应及静电力物理吸附时电子转移共用等组合作用，如基团电负性(Xg)；表面作用因素讨论内容主要是非极性基结构与药剂疏水－亲水性和极性－非极性部分的比例关系，如临界胶团浓度(CMC)、水油度(HLB)；立体因素则是关于药剂及矿物的几何大小和空间结构对浮选的影响，如分子断面直径、等张比容及范氏体积。溶度积计算则是包括这三种因素在内的综合判据。

4.2 浮选溶液化学

1986 年，国际选矿界著名学者，美国 Columbia 大学 P. Somasundaran 教授发表了第一篇浮选溶液化学(*Solution Chemistry of Flotation*)的论文。1988 年，第一本《浮选溶液化学》专著出版。浮选溶液化学是研究矿物－溶液平衡、浮选剂－溶液平衡、浮选剂/矿物相互作用平衡对浮选过程的影响规律，以确定浮选剂对矿物起浮选活性的有效组分及浮选剂与矿物相互作用的最佳条件。

4.2.1 矿物－溶液平衡

1. 矿物溶解与表面电性

通过矿物溶解组分分布图、溶解度对数图，计算矿物表面理论等电点(IEP)及表面 ζ 电位的变化规律，预测矿物浮选行为。以一水硬铝石的溶解与表面电性为例，一水硬铝石为氧化矿，在水溶液中的溶解反应为：

$$AlO(OH)+3H^+ \rightleftharpoons Al^{3+}+2H_2O \qquad K_{sp}=10^{7.58} \tag{4-5}$$

而 Al^{3+} 在水溶液中存在以下反应：

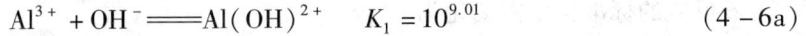

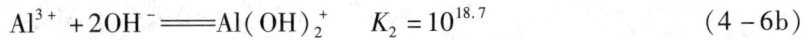

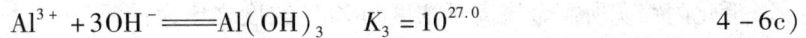

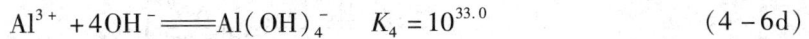

$$Al^{3+}+OH^- \rightleftharpoons Al(OH)^{2+} \qquad K_1=10^{9.01} \tag{4-6a}$$

$$Al^{3+}+2OH^- \rightleftharpoons Al(OH)_2^+ \qquad K_2=10^{18.7} \tag{4-6b}$$

$$Al^{3+}+3OH^- \rightleftharpoons Al(OH)_3 \qquad K_3=10^{27.0} \tag{4-6c}$$

$$Al^{3+}+4OH^- \rightleftharpoons Al(OH)_4^- \qquad K_4=10^{33.0} \tag{4-6d}$$

由上述平衡关系，可得各组分浓度与 pH 的关系：

$$\lg[Al^{3+}]=7.58-3pH \tag{4-7a}$$

$$\lg[Al(OH)^{2+}]=2.59-2pH \tag{4-7b}$$

$$\lg[Al(OH)_2^+]=-1.72-pH \tag{4-7c}$$

$$\lg[Al(OH)_3]=-7.42 \tag{4-7d}$$

$$\lg[Al(OH)_4^-]=-15.42+pH \tag{4-7e}$$

根据上述各式，计算一水硬铝石的溶解度对数图如图 4-2 所示。

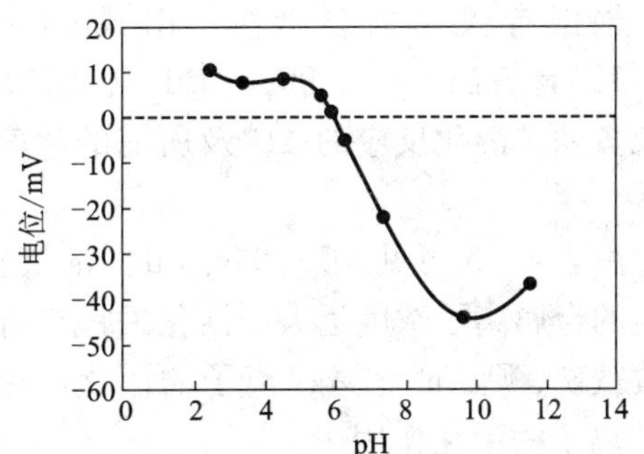

图 4-2 一水硬铝石溶解浓度对数图和 zeta 电位与 pH 的关系

由图 4-2 一水硬铝石溶解度对数图和 zeta 电位与 pH 的关系可看到，在酸性溶液中，一水硬铝石的溶解组分为正离子组分 Al^{3+}、$Al(OH)^{2+}$、$Al(OH)_2^+$，而在碱性条件下为负离子组分 $Al(OH)_4^-$。根据溶液化学原理，对于简单的氧化矿，其理论零电点（PZC）对应于氧化矿物的高价阳离子的正一价组分 $[M^{n+}(OH)_{n-1}^+]$ 与低价阳离子的负一价组分 $[M^{m+}(OH)_{m+1}^-]$ 浓度相等的 pH。由图 4-2 可以看到，pH = 6.85 时，$[Al(OH)_2^+]=[Al(OH)_4^-]$，由此可得一水硬铝石的理论零电点为 pH = 6.85。用电泳法测得的一水硬铝石零电点 6.2，与理论值接近。一水硬铝石表面的定位离子可认为是 H^+，OH^-，$Al(OH)_2^+$ 和 $Al(OH)_4^-$。图 4-2 进一步表明，pH > PZC，组分 $[Al(OH)_4^-]$ 浓度随 pH 增大，一水硬铝石表面的负 ζ 电位绝对值随 pH 增大。pH < PZC，组分 $[Al(OH)_2^+]$ 浓度随 pH 降低而增大，一水硬铝石表面的正 ζ 电位值随 pH 降低而增大。

2. 矿物溶解与表面转化

矿浆中，一种矿物的溶解组分可与其他矿物表面发生化学反应，这种反应导致矿物表面相互转化，使其表面电性与浮选行为发生显著改变，影响浮选分离过程。如方解石、白钨矿体系：

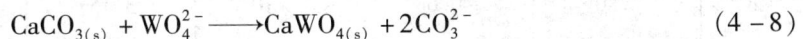

$$CaCO_{3(s)}+WO_4^{2-} \longrightarrow CaWO_{4(s)}+2CO_3^{2-} \tag{4-8}$$

表面转化临界 pH 是其判据。

3. 矿物溶解离子的活化作用

由于矿物的溶解，使矿浆中溶入了各种离子，这些离子会对矿物的浮选产生重要影响。

例如溶解的 Cu^{2+} 会使闪锌矿、黄铁矿的浮选明显改善，这时，我们称 Cu^{2+} 起了活化作用。假定金属离子对闪锌矿的活化反应按下式进行：

$$Me^{2+} + ZnS \Longleftrightarrow MeS + Zn^{2+} \qquad K_1 = \frac{[Zn^{2+}]}{[Me^{2+}]} \tag{4-9}$$

该反应的标准自由能变化为

$$\Delta G^{0\prime} = \Delta G^0_{Zn^{2+}} + \Delta G^0_{MeS} - \Delta G^0_{Me^{2+}} - \Delta G^0_{ZnS} \tag{4-10}$$

活化闪锌矿所需金属离子浓度与 Zn^{2+} 浓度之比为：

$$\frac{Me^{2+}}{Zn^{2+}} = \exp\left(\frac{\Delta G^{0\prime}}{RT}\right) \tag{4-11}$$

同理，黄铁矿被活化的反应为

$$Me^{2+} + FeS_2 \longrightarrow MeS + Fe^{2+} + S^0$$

$$\Delta G^0 = \Delta G^0_{Fe^{2+}} + \Delta G^0_{MeS} - \Delta G^0_{Me^{2+}} - \Delta G^0_{FeS_2} \tag{4-12}$$

活化黄铁矿所需金属离子浓度与溶液中 Fe^{2+} 离子浓度之比为：

$$\frac{[Me^{2+}]}{[Fe^{2+}]} = \exp\left(\frac{\Delta G^{0\prime\prime}}{RT}\right) \tag{4-13}$$

根据有关热力学数据，由式(4－11)和式(4－13)计算出 Cu^{2+}、Pb^{2+}、Cd^{2+}、Ag^+ 离子对闪锌矿及黄铁矿活化反应的 ΔG^0 及所需的浓度如表 4－5 所示。

由表 4－5 可见，Cu、Pb、Cd、Ag 等硫化物溶解产生的金属离子浓度远大于活化闪锌矿所需的浓度。对黄铁矿，则 Cu^{2+}、Ag^+ 离子的活化作用强，Pb^{2+}、Cd^{2+} 离子的活化作用小。

而当硫化矿氧化后，矿浆离子浓度增大，相互之间的影响增强，故复杂多金属矿的浮选分离具有难度。例如在有氧存在下，在黄铜矿饱和溶液中，闪锌矿表面 Cu 的覆盖率可达 1.5 个单分子层，并形成铜蓝，见图 4－3，此时闪锌矿的浮选性能就与铜蓝相近，铜锌浮选分离难度加大。

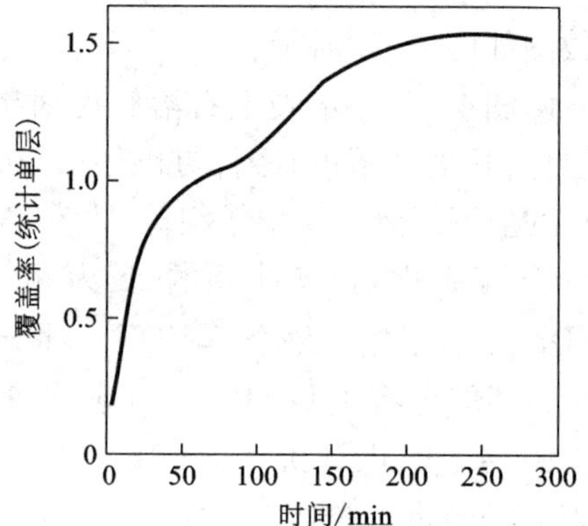

图 4－3　黄铜矿饱和溶液中，闪锌矿表面 Cu 的覆盖率

表 4－5　金属离子活化闪锌矿、黄铁矿的条件

金属离子	$-\Delta G^0/(\text{cal·mol}^{-1})$		计算所需		二种硫化矿共存时	
	$-\Delta G^{0\prime}$	$-\Delta G^{0\prime\prime}$	$[Me]/[Zn^{2+}]$	$[Me]/[Fe^{2+}]$	$[Me]/[Zn^{2+}]$	$[Me]/[Fe^{2+}]$
Cu^{2+}	15.04	11.53	9.3×10^{-12}	3.4×10^{-9}	10^{-5}	10^{-8}
Pb^{2+}	4.12	0.64	9.5×10^{-4}	0.34	7.9×10^{-2}	1.4×10^{-3}
Cd^{2+}	2.80	−0.68	8.8×10^{-3}	3.15	0.12	2.12×10^{-3}
Ag^+	34.26	29.06	7.4×10^{-26}	4.9×10^{-22}	10^{-8}	2.4×10^{-10}

4.2.2 浮选剂–溶液平衡

1. 浮选剂溶液 pH

pH 是影响矿物浮选行为的重要参数，一般采用 pH 调整剂调节矿浆 pH。但是，许多浮选捕收剂和调整剂本身带碱性或酸性，在使用过程中会影响浮选矿浆 pH，因此，了解这些浮选药剂在不同浓度时对矿浆 pH 的影响，将有助于矿浆 pH 的调节与对矿物浮选行为的影响。浮选剂溶液 pH 与其浓度的关系，可根据浮选剂–溶液平衡中的浮选剂溶液平衡质子等恒式计算得到。表 4–6 是多种不同浮选剂矿浆 pH 与浓度的关系。可见，一些捕收剂的溶液显弱碱性，一些调整剂的溶液显弱碱性，而另一些调整剂的溶液显强碱性或酸性。

表 4–6 浮选剂矿浆 pH 与药剂浓度的关系

浮选剂	pH				
	浓度/($mol \cdot L^{-1}$)				
	10^{-1}	10^{-2}	10^{-3}	10^{-4}	10^{-5}
黄药	9.0	8.5	8	7.5	7.2
油酸钠	9.0	8.5	8.0	7.5	7.2
氰化钠	11.1	10.6	10.1	9.6	9.1
草酸	1.3	2.1	3.0	4.0	5.0
磷酸钠	12.6	11.9	11.0	10.0	9.0
碳酸钠	11.3	10.8	10.2	9.7	8.9
硫化钠	12.9	12.0	11.0	10.0	9.0
草酸钠	8.6	8.1	7.6	7.1	
硅酸钠	12.4	11.8	11.0	10.0	9.0

2. 阳离子浮选剂溶解与解离平衡

浮选剂溶解与解离出各种组分，溶液平衡计算可确定这些组分起浮选活性的条件：如确定烷基胺、烷基脂肪酸盐等浮选矿物的 pH 上、下限。

对于直链烷基胺捕收剂，胺的解离反应可用下列反应式表示：

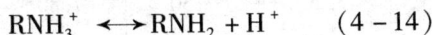

$$RNH_3^+ \longleftrightarrow RNH_2 + H^+ \qquad (4-14)$$

RNH_3^+ 的解离常数为：

$$K_a = \frac{[RNH_2][H^+]}{[RNH_3^+]} \qquad (4-15)$$

K_a又常称为“酸解离常数”。

对式(7–15)取对数有

$$pH - pK_a = \lg \frac{[RNH_2]}{[RNH_3^+]} \qquad (4-16)$$

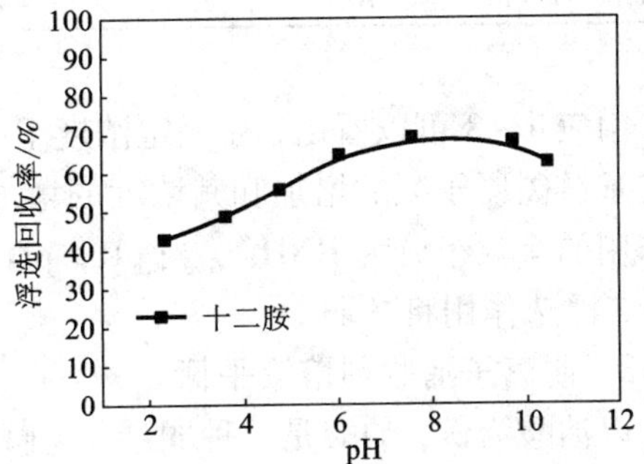

图 4–4 十二胺作捕收剂一水硬铝石浮选回收率与 pH 的关系

当阳离子捕收剂与矿物表面发生静电作用时，要求矿物表面带负电，则需 pH > PZC。同时，组分$[RNH_3^+] > [RNH_{2(aq)}]$ 即 $pH < pK_a$，阳离子捕收剂同矿物表面的静电作用最有效，矿物可浮性最大，即阳离子捕收剂同矿物表面的

静电作用最有效的 pH 范围为 $pK_a > pH > PZC$。对于十二胺作捕收剂浮选一水硬铝石最有效的 pH 范围为 $6.2 < pH < 10.63$。

图 4-4 是十二胺作捕收剂时，一水硬铝石的浮选回收率与 pH 的关系，由图可知，当 pH > PZC(6.2)时，阳离子捕收剂十二胺的浮选效果好，十二胺的 pK_a 为 10.63，当 $pH > pK_a$ 时，一水硬铝石浮选效果变差。

在一定浓度下，随着 pH 的增大，阳离子捕收剂会生成胺分子沉淀，从而影响其浮选性能。即除了式(4-14)以外，烷基胺分子在溶液中还存在如下沉淀平衡

$$[RNH_{2(s)}] \rightleftharpoons [RNH_{2(aq)}] \qquad S = 10^{-4.69} \tag{4-17}$$

S 为分子溶解度。若不考虑二聚物及离子-分子复合物的生成，则溶液中胺浓度 C_T 为：

$$C_T = [RNH_{2(aq)}] + [RNH_{3+}] \tag{4-18}$$

生成胺分子沉淀的临界 pH_s 为：

$$pH_s = pK_a + \lg \frac{S}{C_T - S} \tag{4-19}$$

不同碳链烷基胺的 pK_a 与 S 值见表 4-7，求得不同浓度下，不同碳链烷基胺生成胺分子沉淀的临界 pH(pH_s)由式(4-19)求得，见表 4-8。

表 4-7　不同碳链烷基胺的 pK_a 与 S 值

参数	十胺	dodecylamine	tetradecylamime	hexadecylamine	octadecylamine
pK_a	10.64	10.63	10.60	10.60	10.60
$S/(mol \cdot L^{-1})$	$10^{-3.3}$	$10^{-4.7}$	$10^{-6.0}$	$10^{-7.1}$	$10^{-8.3}$

表 4-8　不同浓度下烷基胺生成胺分子沉淀的 pH_S 值

$C_T/(mol \cdot L^{-1})$	10^{-2}	10^{-3}	5×10^{-4}	2×10^{-4}	10^{-4}	5×10^{-5}	2×10^{-5}
十胺	9.36	10.64	—	—	—	—	—
dodecylamine	7.93	8.93	9.25	9.68	10.0	10.45	-
tetradecylamime	6.60	7.60	7.90	8.30	8.60	8.91	9.32
hexadecylamine	5.50	6.50	6.80	7.20	7.50	7.80	8.20
octadecylamine	4.30	5.30	5.60	6.00	6.30	6.60	7.00

由表 4-8 可以看出，在一定浓度下，不同碳链烷基生成胺分子沉淀的 pH 差别较大，随着烷基链碳原子数的增加和其浓度的增加，生成胺分子沉淀的 pH 降低。阳离子胺类捕收剂起作用的有效组分为 RNH_3^+，当 $pH > pH_s$ 时，胺大部分生成 $RNH_{2(S)}$ 沉淀，RNH_3^+ 的浓度大大减少，浮选作用将减弱。

3. 阴离子捕收剂溶液平衡

以油酸为例，油酸是一种弱酸，与碱金属生成盐之后，在不同的 pH 条件下，在水中能发生水解反应，生成油酸，并发生如下的反应：

$$HOl_{(aq)} \longleftrightarrow H^+ + Ol^- \qquad K_a = \frac{[H^+][Ol^-]}{[HO_{(aq)}]} = 10^{-4.95} \tag{4-20}$$

式(4-20)两边取对数有

$$pH - pK_a = \lg \frac{[Ol^-]}{[HOl_{(aq)}]} \tag{4-21}$$

上式的浮选意义在于能确定浮选剂对矿物产生静电作用的条件。

如果油酸钠以静电力同矿物表面作用，必须具备两个条件：一是矿物表面要带正电，即要 $pH < PZC$（或 IEP）；另一个要求是药剂本身需大部分解离为阴离子，油酸的 $pK_a = 4.95$。由式(4-21)可知，这一条件通过控制 $pH > pK_a$达到，因此，油酸对矿物以静电力作用的有效 pH 范围为：

$$pK_a < pH < PZC$$

烷基磺酸盐和烷基硫酸盐均为强酸强碱盐，溶于水时完全电离，解离与溶液的 pH 无关。它们作捕收剂时，与矿物表面发生静电作用的范围为 $pH < PZC$。

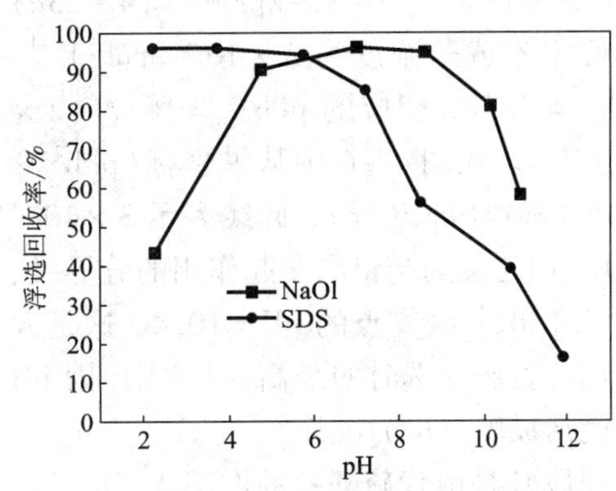

图4-5 油酸钠和十二烷基磺酸钠作捕收剂一水硬铝石浮选回收率与 pH 的关系

图4-5是油酸钠和十二烷基磺酸钠作捕收剂时，一水硬铝石的浮选回收率与 pH 的关系。由图可知，当用油酸钠作捕收剂，$pH < pK_a$时，一水硬铝石浮选回收率低，当 $pH > pK_a$时，一水硬铝石的浮选回收率增加，说明油酸钠与一水硬铝石之间存在静电作用。油酸钠为阴离子捕收剂，当 pH 大于一水硬铝石的等电点时，对一水硬铝石的浮选效果仍很好，这是由于油酸钠与一水硬铝石之间存在化学作用。十二烷基磺酸钠浮选一水硬铝石时，当 pH 小于一水硬铝石的 PZC 时，浮选效果好，当 $pH > PZC$ 时，浮选效果变差。说明十二烷基磺酸钠与一水硬铝石之间为静电作用。

4.2.3 浮选剂/矿物相互作用溶液平衡

对大多数浮选体系来说，捕收剂在矿物表面的化学吸附往往具有决定性作用。

化学吸附理论认为，捕收剂离子吸附于矿物的金属原子格点上，当形成的捕收剂金属盐的溶度积愈小，吸附反应就愈易发生。另一方面，在矿物表面上还发生捕收剂离子与抑制剂离子的竞争。因此影响浮选剂作用的主要原因是决定药剂解离程度的 pH 和金属离子浓度。

浮选化学吸附图解法可以用来研究化学吸附的浮选剂与矿物的作用，进而认识和解决矿物的分选问题。浮选化学吸附 $pH - pM^{n+}$ 图又称为贝杰勒（Bjerrum）图，这是一种双对数图，用 pH 作横坐标，用金属离子（M^{n+}）浓度的负对数值 $-\lg[M^{n+}] - pM^{n+}$ 作纵坐标。根据各种浮选剂与矿物金属离子作用产物的溶度积，可换算出它们起作用的 pH 和 pM^{n+} 范围，从而得出在各种离子竞争情况下优先发生哪种反应。

1. 方铅矿与黄药和其他抑制剂作用的 $pH - pPb^{2+}$ 图

方铅矿与黄药和其他抑制剂作用的 $pH - pPb^{2+}$ 图见图4-6，各种金属黄原酸盐的溶度积见表4-9。其计算及作图方法如下：

斜线 *A* 表示在高 pH 下方铅矿表面生成 $Pb(OH)_2$ 而被抑制的临界条件。

已知

$$L_{Pb(OH)_2}=[Pb^{2+}][OH^-]^2=10^{-15.1} \quad (4-22a)$$

$$pL_{Pb(OH)2}=pPb^{2+}+2pOH^-=15.1 \quad (4-22b)$$

$$pPb^{2+}=15.1-2pOH^- \quad (4-22c)$$

$a-b$ 点的连线就是 $Pb(OH)_2$的分界线。

线段 B 是乙黄药与 Pb^{2+}离子的作用线：

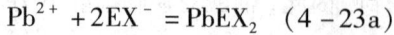

$$Pb^{2+}+2EX^-=PbEX_2 \quad (4-23a)$$

$$L_{PbEX_2}=[Pb^{2+}][EX^-]^2 \quad (4-23b)$$

$$pPb^{2+}=16.7-2pEX^- \quad (4-23c)$$

假定乙黄药浓度为 3×10^{-5} mol·L^{-1}，即 $pX^-=4.52$，相应的 $pPb^{2+}=16.7-2\times4.52=7.7$。在图 4-6 中从纵坐标($pPb^{2+}$) 7.7 处作横线(即 B 线)，此线表示 3×10^{-5} mol·L^{-1}的乙黄药与铅离子起作用的分界线，它与 $Pb(OH)_2$线交点的 pH=10.4，这是方铅矿用乙黄药浮选时的最高 pH 界限[因 pH 再高就形成$Pb(OH)_2$沉淀]。

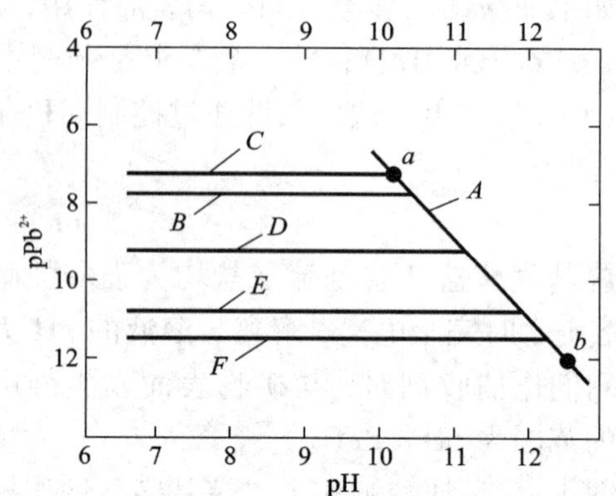

图 4-6 pH-pPb^{2+}图(方铅矿浮选化学吸附图)

A—$Pb(OH)_2$；B—3×10^{-5} mol·L^{-1}乙黄药；C—5×10^{-3} mol·L^{-1} $S_2O_3^{2-}$；D—15×10^{-5} mol·L^{-1} SO_3^{2-}；E—1×10^{-3} mol·L^{-1} CrO_4^{2-}；F—3×10^{-5} mol·L^{-1}己黄药

线段 C 是硫代硫酸盐的作用线：

表 4-9 各种金属黄原酸盐溶度积(以负对数 pL_{MeX_2} 表示)

黄原酸离子	金属离子							
	Ag^{2+}	Pb^{2+}	Cu^{2+}	Ni^{2+}	Co^{2+}	Fe^{2+}	Zn^{2+}	Mn^{2+}
	pL_{MeX_2}							
$C_2H_5OCSS^-$	18.6	16.7	24.2	12.5	—	—	8.2	—
$C_3H_7OCSS^-$(异丙)	18.6	17.8	24.7	13.4	—	—	—	—
$C_4H_9OCSS^-$	19.5	18	26.2	—	—	—	—	—
$C_4H_9OCSS^-$(异丁)	19.2	17.3	26.3	—	—	—	—	—
$C_5H_{11}OCSS^-$	19.7	17.6	27	14.5	—	—	—	—
$C_6H_{13}OCSS^-$	20.8	20.3	29	16.5	14.3	—	—	—
$C_8H_{17}OCSS^-$	20.4	21.3	—	17.7	—	—	—	—
$C_9H_{19}OCSS^-$	22.6	24	30	22.3	21.3	11	16.2	9.9
$C_9H_{19}OCSS^-$(异壬)	21.3	—	—	21.7	—	—	—	—
$C_{12}H_{25}OCSS^-$	23.8	26.3	37	23	—	—	19.5	—
OH^-	7.9	15.1	18.2	14.8	14.5	14.8	15.7	13.1

$pL_{PbS_2O_3}=pPb^{2+}+pS_2O_3^{2-}=9.5$，假定 $S_2O_3^{2-}$ 浓度为 5×10^{-3} mol·L^{-1}，即 $pS_2O_3^{2-}=2.3$，则 $pPb^{2+}=9.5-2.3=7.2$。在图 4-6 中，从纵坐标(pPb^{2+})7.2 处作横线(即 C 线)，此线表示浓度为 5×10^{-3} mol·L^{-1}的硫代硫酸盐与铅离子起作用的分界线。

线段 D 是亚硫酸盐的作用线：

$pL_{PbSO_3}=pPb_2^{2+}+pSO_3^{2-}=13.0$，假定 SO_3^{2-} 浓度为 15×10^{-5} mol·L^{-1}，即 $pSO_3^{2-}=3.8$，则

$pPb^{2+}=13.0-3.8=9.2$。

线段 E 是重铬酸盐的作用线：

$pL_{PbCrO_4}=pPb_2^{2+}+pCrO_4^{2-}$，$=13.8$ 假定 CrO_4^{2-} 浓度为 $1\times10^{-3}mol\cdot L^{-1}$，即 $pCrO_4^{2-}=3$，则 $pPb_2^{2+}=13.8-3.0=10.8$。

线段 F 是己黄药的作用线：

$pL_{PbHX_2}=pPb^{2+}+2pX^-=2.03$，假定 X^- 浓度为 $3\times10^{-5}mol\cdot L^{-1}$，即 $pX^-=4.52$，则 $pPb^{2+}=20.3-2\times4.52=11.3$。

分别在 pPb^{2+} 坐标为9.2，10.8，11.3处作横线，就得出亚硫酸盐、重铬酸盐和己黄药与铅离子起作用的分界线。

$pH-pM^{n+}$ 图在化学吸附的浮选剂与矿物作用研究中的作用，主要有以下方面：

(1)指出了矿物与浮选剂(特别是捕收剂)溶液体系中各种离子的竞争情况。根据溶度积原理，图4-6中纵坐标铅离子浓度越向下数值越小，即越靠下面的离子愈易起作用。

例如，F 线比 E 线低，表示 3×10^{-5} $mol\cdot L^{-1}$ 己黄药比 1×10^{-3} $mol\cdot L^{-1}$ 重铬酸盐优先起作用。但 E 线比 B 线低，可见 1×10^{-3} $mol\cdot L^{-1}$ 重铬酸盐比 3×10^{-5} $mol\cdot L^{-1}$ 乙黄药优先起作用。这说明采用重铬酸盐抑制方铅矿时，捕收剂用乙黄药，抑制作用有效；若用己黄药，则重铬酸盐的抑制作用就抵不过己黄药的捕收作用。再如图中 C 线最高，表示在此体系中，5×10^{-3} $mol\cdot L^{-1}$ 硫代硫酸盐的作用能力最弱，因为它需要[Pb_2^{2+}]浓度高达 $10^{-7.2}$ $mol\cdot L^{-1}$，才能发生硫代硫酸铅(PbS_3O_3)沉淀。

(2)各种离子作用的分界线与 A 线的交点，表示该离子起浮选作用的pH上限，超过此交点的pH，就会形成氢氧化铅($Pb(OH)_2$)沉淀。例如图4-6中的 B 线与 A 线交点 pH=10.4，表示乙黄药浓度 3×10^{-5} $mol\cdot L^{-1}$，起反应的pH上限为10.4。

(3)对同一药剂离子来说，由于与铅离子作用产物的溶度积是常数，所以当药剂用量增加时，则该药剂起作用的分界线将向下移动，浮选pH上限也增大，说明药剂用量将影响各种药剂与矿物的作用效果。

2．阴离子捕收剂 A^-/一水硬铝石体系 $pH-pAl^{3+}$ 图

阴离子捕收剂 A^-/一水硬铝石体系中，可存在如下反应：

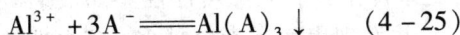

$$Al^{3+}+3OH^-=\!=\!=Al(OH)_3\downarrow \qquad K_{Sp}=10^{-33.5} \tag{4-24}$$

$$Al^{3+}+3A^-=\!=\!=Al(A)_3\downarrow \tag{4-25}$$

如果A是油酸盐(OL^-)，$K_{Sp(OL^-)}=10^{-30}$，A是脂肪酸盐(R^-)，$K_{Sp(R^-)}=10^{-33.6}$。

根据化学反应双对数图，得出油酸盐和脂肪酸盐浮选一水硬铝石时，捕收剂浓度变化和pH变化之间的匹配关系，见图4-7。

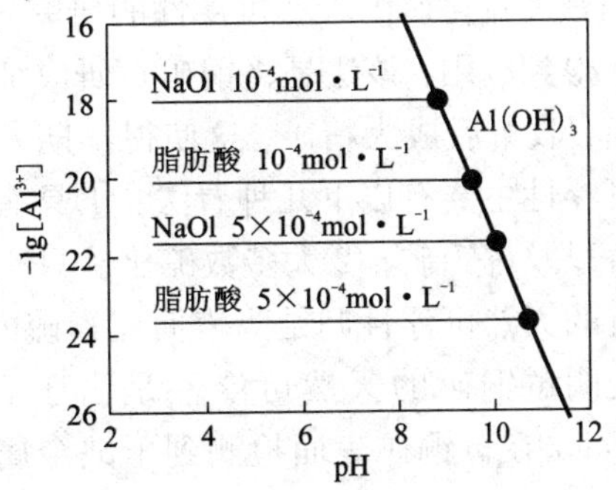

图4-7　阴离子捕收剂浮选一水硬铝石浓度pH匹配关系

可以看出，不同种类捕收剂和不同浓度，可具有不同的浮选pH范围。表4-10给出了不同浓度捕收剂，油酸盐和脂肪酸盐浮选一水硬铝石的pH上限，随着捕收剂浓度增加，浮选pH上限增加，脂肪酸盐比油酸盐浮选pH上限更高。

表 4-10　不同捕收剂浮选一水硬铝石 pH 上限

捕收剂浓度/($mol \cdot L^{-1}$)	5×10^{-3}	10^{-3}	5×10^{-4}	10^{-4}	5×10^{-5}
油酸 pH_U	10.1	9.8	9.5	8.8	8.5
脂肪酸 pH_U	11.3	11.0	10.7	10.0	9.7

当油酸的用量为 10^{-4}，浮选一水硬铝石的 pH 上限为 8.8。此结果与油酸钠浮选一水硬铝石的 pH 上限的结果一致。超过油酸钠浮选一水硬铝石的 pH 上限，一水硬铝石表面生成 $Al(OH)_3$变得亲水，不可浮选。

4.3　硫化矿浮选电化学

1953 年 Salamy 和 Nixon 提出硫化矿表面的化学作用可根据电化学机理解释，开创了浮选化学研究领域的一个新的方向——硫化矿浮选电化学。20 世纪 50 年代末，人们开始注意和深入研究氧在硫化矿浮选中的作用，通过现代电化学理论和测试方法，发现氧的还原是硫化矿浮选过程中一个重要的环节，并发现硫化矿的浮选是一系列氧化还原反应的综合结果，这些氧化还原反应包括硫化矿的氧化、捕收剂的氧化以及氧的还原。而这一系列氧化还原反应的结果又与硫化矿/矿浆界面电位有着密切联系，不同的界面电位导致不同的表面产物。在此发现的基础上，综合电极过程动力学、热力学理论，半导体能带理论以及分子轨道理论，形成硫化矿浮选电化学理论，在浮选电化学理论指导下，把电位的调节和控制引入浮选过程，这标志着硫化矿的浮选发展到一个新的高度——电化学调控浮选阶段，利用电位-pH、药剂浓度的匹配、调节和控制，使硫化矿表面疏水化或亲水化，从而实现浮选分离，其主要控制参数为矿浆电位，药剂浓度和矿浆 pH。

4.3.1　硫化矿的天然可浮性和无捕收剂浮选

有关硫化矿的天然可浮性的研究一直是这个领域争论的热点。1907 年表层浮选法在工业上得到应用，该法是将铜矿石研成细粉，轻轻地撒到移动的水流表面，疏水的铜矿物浮在水面，收集后成为精矿，这使得早期人们认为硫化铜矿物具有天然可浮性。关于硫化矿的天然可浮性主要有以下几种看法：①具有弱极性表面的少数硫化矿具有天然可浮性，如雌黄、雄黄以及辉钼矿；②大多数硫化矿只有在特定条件下具有天然可浮性。如黄铜矿和黄铁矿所具有的天然可浮性归结为表面元素硫的形成，并发现表面元素硫越多，疏水性越强。也有研究表明黄铜矿的天然可浮性是由于表面形成了缺金属硫化物的结果。1993 年，Pang 和 Chander 在黄铜矿表面检测到了缺金属硫化物。而 Yoon 则认为这是硫化矿表面形成了多硫化物的原子簇的结果。而无论是元素硫、缺金属硫化物还是多硫化物，都是 S^{2-} 经过某种程度氧化后的产物，与矿浆电位有关。

因此，硫化矿的天然可浮性是指一些具有特定结构的硫化矿的无捕收剂浮选能力，如雄黄以及辉钼矿等，它们的解理面显弱的分子力，疏水性越强，不加捕收剂可浮性也好，矿浆电位对其可浮性影响不大。

大多数硫化物不具备天然可浮性，而是在一定矿浆电位下才出现无捕收剂浮选行为，如

图4－8所示的方铅矿无捕收剂浮选回收率随电位的变化。该图表明，在160 mV到340 mV之间，方铅矿表现出良好无捕收剂可浮性，研究表明其表面有元素硫的生成。

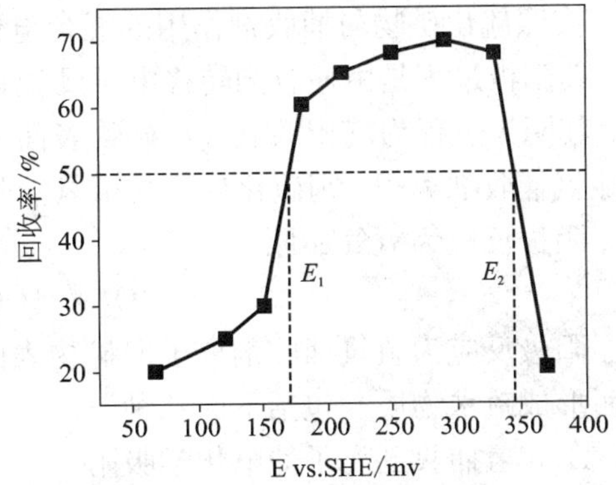

图4－8 方铅矿无捕收剂浮选回收率随电位变化关系

KNO_3：0.1 mol·L^{-1} 浮选时间：2 min

不同的硫化矿具有不同的无捕收剂浮选能力，Ralston根据试验结果对不同硫化矿的无捕收剂浮选能力进行了排序，其顺序为：黄铜矿＞方铅矿＞磁黄铁矿＞镍黄铁矿＞铜蓝＞斑铜矿＞闪锌矿＞黄铁矿＞毒砂。矿物的无捕收剂浮选行为与pH、电极电位、磨矿条件、电位控制方式等因素有关。对黄铜矿无捕收剂浮选行为的研究表明，黄铜矿和方铅矿在适当的电位条件下可进行无捕收剂浮选，且黄铜矿的可浮电位区间大于方铅矿。同时方铅矿的无捕收剂浮选受pH影响较大。pH越高，可浮性越低。

对矿物天然可浮性和无捕收剂浮选的研究产生了无捕收剂浮选技术，当把矿浆电位和pH调控到适宜范围时，某些具有良好电子导电性的硫化矿物无须添加捕收剂也能很好浮选，我们把这种技术称之为电化学调控下的无捕收剂浮选。

4.3.2 硫化矿表面产物形成的混合电位模型

(1)混合电位模型的基本原理。

混合电位模型确立以前，有关捕收剂在硫化矿物表面的吸附形式一直没有定论，有分子吸附、离子吸附、交换吸附、化学反应等。20世纪六七十年代，通过大量电化学测试和红外光谱研究了硫化矿与黄药的作用机理，发现黄铁矿、方铅矿和闪锌矿表面产物的形式是截然不同的。1972年，Allison通过提取不同静电位下不同硫化矿与黄药作用的产物进行检测，从而得出了系统的结论。其结果列于表4－11。Allison认为，如果矿物的静电位高于捕收剂氧化的可逆电位，则在矿物表面生成捕收剂的双聚物，这种类型的矿物有黄铁矿、毒砂、铜蓝等；反之则生成捕收剂盐，这种类型的矿物有方铅矿、斑铜矿等。同一年，Goold等人用乙硫氮和黑药进行了类似的研究，得出了相似的结论。这些研究结果奠定了硫化矿浮选电化学混合电位模型的基础。

表4－11 几种硫化矿在黄药溶液中静电位以及表面产物

矿物	静电位 vs SHE/V	产物	矿物	静电位 vs SHE/V	产物
闪锌矿	－0.15	NPI	铜蓝	0.06	X_2
辉锑矿	－0.125	NPI	黄铜矿	0.05	X_2
雄黄	－0.12	NPI	硫锰矿	0.14	X_2
雌黄	－0.1	NPI	辉钼矿	0.15	X_2
辰砂	－0.09	NPI	黄铁矿	0.16	X_2
方铅矿	－0.05	MX	砷黄铁矿	0.21	X_2
斑铜矿	0.06	MX	磁黄铁矿	0.21	X_2
辉铜矿	0.06	NPI			

注：NPI表示未确实鉴定；KEX：6.25×10^{-5} mol·L^{-1}

按照硫化矿物与捕收剂作用的混合电位模型，认为硫化矿物与捕收剂的作用为电化学反应；其阳极过程是由捕收剂转移电子到硫化矿物或硫化矿物直接参与阳极反应而产生疏水物质，其阴极过程为气相的氧气从矿物表面上接受电子而还原。如用MS表示硫化矿物，X^-表示硫氢捕收剂离子，则硫化矿物与硫氢捕收剂的作用可用电化学反应表示。

阴极反应为氧气还原

$$O_2 + 2H_2O + 4e \longrightarrow 4OH^- \tag{4-26}$$

阳极反应为硫氢捕收剂离子向矿物表面转移电子，或者为硫化矿物表面直接参与阳极反应而形成疏水物质。包括下面几种：

①硫氢捕收剂离子的电化学吸附

$$X^- \longrightarrow X_{ads} + e \tag{4-27}$$

②硫氢捕收剂与硫化矿物反应生成硫氢捕收剂金属盐

$$MS + 2X^- \longrightarrow MX_2 + S^0 + 2e \tag{4-28}$$

或者

$$MS + 2X^- + 4H_2O^- \longrightarrow MX_2 + SO_4^{2-} + 8H^+ + 8e \tag{4-29}$$

$$2MS + 4X + 3H_2O^- \longrightarrow 2MX_2 + S_2O_3^{2-} + 6H^+ + 8e \tag{4-30}$$

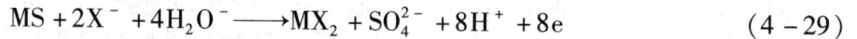

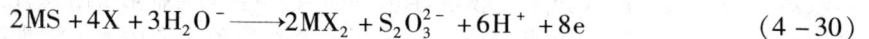

这类作用机理以方铅矿为代表。

③硫氢捕收剂离子在硫化矿物表面氧化为二聚物

$$2X^- \longrightarrow X_2 + 2\ e \tag{4-31}$$

这类作用机理以黄铁矿为代表。

根据电化学原理，对单电极过程，其基本特征是，反应的自由能随界面(固－液)的电位大小而变化。以反应式$2X^- \longleftrightarrow X_2 + 2e$为例，在该反应中，一方面捕收剂离子($X^-$)氧化为二聚物(正向反应)，另一方面氧化生成的捕收剂二聚物也可以还原为捕收剂离子(反向反应)。当界面电位等于该反应的平衡电位时，总的表观反应速度为0，即正向反应速度等于反向反应速度。

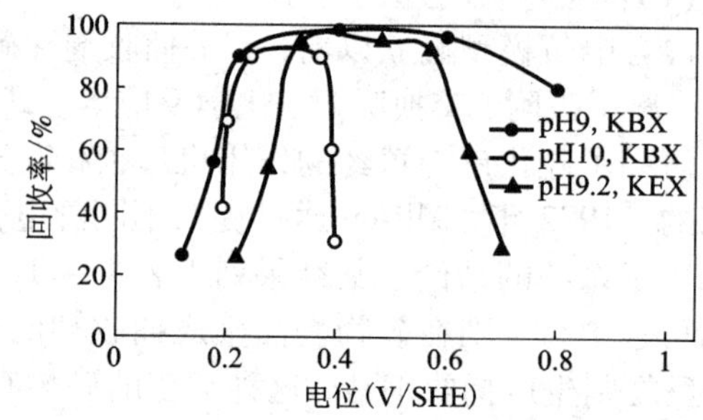

图4－9 黄铁矿浮选回收率与矿浆电位关系

KEX 和 KBX：2×10^5 mol·L^{-1}

当电位发生变化时，有两种情形：一是电位值向阳极方向增加(电位增大)。在这种情况下，正向反应速度增大，反向反应速度减小。总的结果是捕收剂离子氧化为二聚物的速度增加。二是电位值向阴极方向增加(电位减小)，此时正向反应速度减小，反向反应速度增加，总的结果为捕收离子氧化为二聚物的速度减小。如果电位向阴极方面增加很多，就会出现正向反应速度小于反向反应速度，即会发生二聚物的还原反应，或者说捕收剂离子不能氧化为二聚物。

对于浮选电化学体系，即总的电化学反应，阳极反应和阴极反应总是同时存在，并以相同的速度进行，不可能出现单独的阳极反应和阴极反应。阳极反应给出电子，阴极反应接收电子，从而构成一个完整的电化学氧化还原反应。同时，也由于这种阳极反应与阴极反应的相互制约，使整个电化学反应只能以有限的速度进行。相应地，电化学反应体系存在一个由阳极反应和阴极反应所控制的平衡电位，这种电位称之为混合电位。

(2)混合电位模型的浮选意义。

图4-9是黄铁矿浮选回收率与矿浆电位关系曲线。由图4-9可以看出，在一定的pH下，黄铁矿有一定的可浮电位区间。对于乙基黄药，反应式(4-31)的标准电极电位为-0.06 V，当浓度为2×10^{-5} mol·L^{-1}时，计算得到乙基黄药氧化成乙基双黄药的电位为0.22 V，对应于图4-9中黄铁矿乙基黄药浮选起始电位。对于丁基黄药，反应式(4-31)的标准电极电位为-0.1 V，当浓度为2×10^{-5} mol·L^{-1}时，计算得到丁基黄药氧化成丁基双黄药的电位为0.18 V，对应于图4-9中黄铁矿丁基黄药浮选起始电位。而且，黄铁矿丁基黄药浮选起始电位与pH变化关系不大，进一步说明，反应式(4-31)，即双黄药的生成是黄铁矿表面的疏水产物。

图4-10是方铅矿浮选回收率与矿浆电位关系曲线。由图4-10可以看出，在一定的pH下，方铅矿有一定的可浮电位区间，而且与pH有关。当浓度为2.3×10^{-5} mol·L^{-1}时，计算得到乙基黄药氧化成乙基双黄药的电位为0.21 V，与图4-10中方铅矿乙基黄药浮选起始电位相差较大。而且，从反应式(4-31)来看，双黄药的生成电位似乎与pH无关。图4-10中方铅矿的浮选起始电位与pH有关，因此，方铅矿表面的疏水可能不是由于双黄药的生成。对于乙基黄药/方铅矿体系，反应式(4-28)、(4-29)和式(4-30)的标准电极电位分别为-0.124 V，0.232 V和0.163 V。当浓度为2.3×10^{-5} mol·L^{-1}时，按照式(4-30)，计算得到乙基黄原酸铅生成的电位为-0.096 V(pH8)和-0.2 V(pH11)，分别对应于图4-10中方铅矿乙基黄药浮选起始电位，说明，反应式(4-30)，即乙基黄原酸铅的生成是方铅矿表面的疏水产物。按照式(4-29)，计算得到乙基黄原酸铅生成的电位为-0.2 V(pH8)和-0.39 V(pH11)，与图4-10中方铅矿乙基黄药浮选起始电位不一致，式(4-28)的反应与pH无关，因此，可以认为，反应(4-30)是方铅矿表面疏水产物——乙基黄原酸铅生成的主要机理。

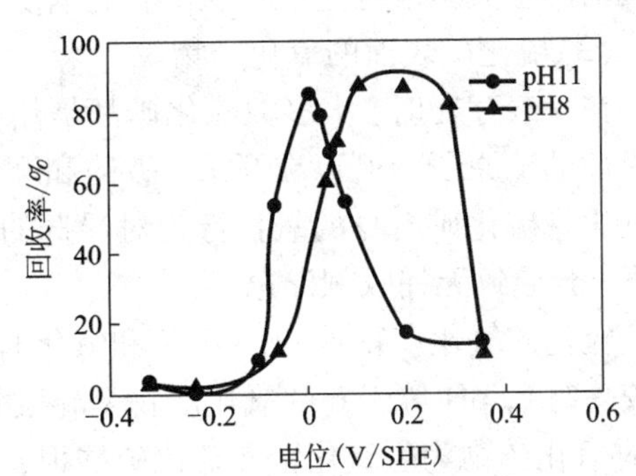

图4-10　方铅矿浮选回收率与矿浆电位关系

KEX：2.3×10^{5} mol·L^{-1}

将混合电位模型应用于硫化矿无捕收剂浮选，电化学反应包括矿物表面的氧化反应

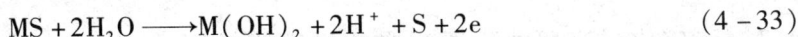

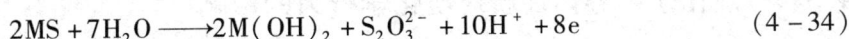

$$MS \longrightarrow M^{2+} + S^0 + 2e \qquad (4-32)$$

$$MS + 2H_2O \longrightarrow M(OH)_2 + 2H^+ + S + 2e \qquad (4-33)$$

$$2MS + 7H_2O \longrightarrow 2M(OH)_2 + S_2O_3^{2-} + 10H^+ + 8e \qquad (4-34)$$

和阴极过程氧的还原，如式(4-26)。

矿物表面氧化生成元素硫时，表现无捕收剂可浮性。

4.3.3　氧在硫化矿浮选中的作用

(1)氧在硫化矿表面的还原反应。

在浮选发展的早期，人们发现氧化过度的硫化矿难以浮选，因此人们认为氧化不利于硫化矿浮选，于是工业实践中采取了氮气浮选的工艺，但并未达到预期的效果。Gaudin等人认识到硫化矿物与氧气反应生成氧-硫产物，该产物再与捕收剂离子进行交换，形成捕收剂盐。

前面的混合电位模型进一步表明，氧的还原作为硫化矿表面电化学反应的阴极反应是不可缺少的。

氧在硫化矿表面的还原有许多研究结果：①不同矿物表面氧的还原活性不同：如不同类型黄铁矿表面氧的还原活性不同，是由表面电子结构的差异引起的。对于黄铜矿、方铅矿、砷黄铁矿、铜蓝、辉铜矿等矿物表面氧的还原，黄铁矿表面对氧的还原活性最高，方铅矿最差，这种活性的差异可能影响捕收剂在矿物表面的产物。②硫化矿表面氧的还原产物：1996年，Alhberg 和 Broo 用旋转环盘技术研究了黄药存在时，金、铂、黄铁矿和方铅矿表面氧的还原过程，并在黄铁矿表面检测到了 H_2O_2的存在，指出黄铁矿表面氧还原的产物以过氧化氢为主，方铅矿表面则以水为主，且黄铁矿表面氧还原电流远远大于方铅矿，并认为黄铁矿表面双黄药的生成可能与过氧化氢的存在有关。

(2)硫化矿表面的氧化产物。

在氧气存在时，大多数硫化矿都是热力学上的不稳定体，因为它们的矿物晶格中含有具还原性的硫原子。所以在开采、破碎和磨剥硫化矿时，矿物表面或多或少都会存在某种程度的氧化。硫化矿自身的氧化行为对浮选的影响巨大，不同的矿浆条件氧化结果不同，适合条件下，会导致无捕收剂浮选。

硫化矿氧化产物受 pH、电位和氧化时间影响很大，对于方铅矿来说，深度氧化时(过电位较高时)，pH 等于 6 的氧化产物是硫酸铅，pH 等于 9 的氧化产物是硫代硫酸铅，pH 大于 12 时氧化产物为氢氧化铅和硫代硫酸根，轻度氧化时(过电位较低时)，氧化产物主要是元素硫。对于黄铁矿来说，XPS 研究表明 pH 约等于 9.2 的缓冲液中，氧化初期表面产物为氢氧化亚铁和氧化亚铁以及硫酸根，后期则以氢氧化铁和硫酸根为主，对于 pH 大于 11 的环境，表面产物以氢氧化铁为主，酸性条件下，表面会产生元素硫。总的来说，硫化矿氧化时，低过电位下，表面产物会产元素硫，高过电位时，硫原子被氧化为硫酸盐或硫代硫酸盐。

(3)硫化矿的氧化速度。

硫化矿氧化的快慢，按耗氧率确定氧化速度的顺序是：磁黄铁矿 > 黄铁矿 > 黄铜矿 > 闪锌矿 > 方铅矿；按电极电位确定氧化速度的顺序是：黄铁矿 > 铜蓝 > 黄铜矿 > 毒砂 > 斑铜矿 > 闪锌矿。Brion 用 XPS 结合极化曲线研究表明黄铜矿和黄铁矿的氧化速度大于方铅矿和闪锌矿，闪锌矿的氧化速度最小。Buckley 则发现断裂的黄铁矿表面比摩擦的黄铁矿表面更加容易氧化。大多数研究者都一致认同，在高过电位时，硫化矿的氧化速度比低过电位时的氧化速度快得多。

4.3.4 硫化矿半导体性质对电化学行为的影响

硫化矿浮选行为的差异源于不同硫化矿独特的个性特征，绝大多数硫化矿都是半导体(见表 4 - 12)，不同的半导体性质导致不同的硫化矿与捕收剂作用行为。

研究指出矿石中的黄铁矿为 p - type 半导体，而煤中的黄铁矿性质为 n - type 半导体，这种差异导致它们表现出不同的浮选行为。p 型半导体方铅矿空穴导电，有利于黄药吸附，而光照效应影响方铅矿半导体性质，方铅矿表面空穴富集，利于捕收剂的吸附。而 n 型半导体黄铁矿对于氧的还原非常有利。由于 pH 和药剂浓度的变化，矿物的表面电子结构(费米能级，平带电位)会有相应的改变，进而影响黄铁矿与方铅矿表面电化学行为。

表 4-12 不同硫化矿的半导体性质

矿物	禁带宽度/(eV)或导电性	矿物	禁带宽度/(eV)或导电性
PbS	0.41	Sb_2S_3	1.72
ZnS	3.6	As_2S_3	2.44
(Zn,Fe)S*	0.49	HgS	2
$CuFeS_2$	0.5	CoS_2	<0.1
FeS_2	0.9	Cu_2S	金属导电性
NiS_2	0.27	CoS	金属导电性
Cu_2S	2.1	FeS	金属导电性

注：* Fe 含量占 12.4%。

实现对硫化矿的捕收和抑制。因此，通过控制矿物表面电子结构可控制矿物浮选的行为。例如，用光照和升温的方法改变矿物的电子结构，可达到改善浮选指标的目的。此外，引入缺陷、掺入杂质也会影响矿物的浮选行为。事实上，控制电位与控制能级异曲同工，因为电位在本质上就是一种电子能级的度量。

4.3.5 磨矿体系的电化学性质

硫化矿浮选是一个复杂的体系，硫化矿在入选前要经过开采、破碎、筛分、磨矿、分级和搅拌等工序，每一个工序都是开放体系，必然会对硫化矿的表面性质产生影响，最终影响到硫化矿的分离效率。这些因素中，影响最大、研究最多的应当是磨矿体系。

不同磨矿介质下矿物具有不同可浮性。例如用瓷球磨矿，方铅矿浮选速度快，回收率高，铁球磨矿石，浮选速度慢，回收率低。低碳钢球介质对铜和铅的浮游性有不利的影响，采用自磨则改善了它们的浮游性。

磨矿体系对硫化矿表面电化学反应及浮选的影响可以归结为以下几点：

第一，磨矿行为改变了矿物的表面性质，在矿物表面产生缺陷，引入杂质，使得表面电子能级产生变化，影响到矿物的电极电位，同时也改变了表面的活性。例如，钢球介质磨矿下的铁略微降低了方铅矿的活性，而明显降低了闪锌矿的活性，因而导致了铅锌矿的选择性分离。硫化矿磨矿时吸附在硫化矿表面的铁微粒引起电位降低，使这些硫化矿对黄原酸盐捕收剂的吸附作用大大减弱，从而降低了硫化矿的可浮性。对闪锌矿的磨矿作用发现，磨剥行为使 Fe^{2+} 取代闪锌矿的 Zn^{2+}，改变了矿物的表面性质，恶化了闪锌矿的浮选。干式与湿式磨矿矿浆的氧化还原电位的差异，也使黄铁矿表面的单体硫析出量存在差异，因而造成了浮选速率的差异。

第二，磨矿介质的某些组分直接参与矿物表面氧化还原反应，影响表面产物。磨矿体系一般采用钢球介质，不可避免地会产生 Fe^{2+} 和 Fe^{3+}，这些离子既可以在硫化矿表面氧化或还原，又可以在矿物表面形成不溶物质，从而影响矿物的可浮性。Katerina Adam 用 XPS 研究发现方铅矿、闪锌矿表面都有含铁化合物出现，且它们的特征峰随磨矿时间延长而增强。

第三，腐蚀电偶的作用。在新生表面与未磨剥表面之间，矿物与矿物之间，矿物与介质之间，不同性质的表面之间，因为各自的电位不同而形成腐蚀电偶。一般有两种类型的腐蚀电偶。一种为磨剥腐蚀电偶，它是以钢球介质新鲜的磨剥表面作为阳极，而没有被磨剥的表面作为阴极。腐蚀反应包括磨剥表面的氧化和未磨剥表面上氧的还原。另一种类型的腐蚀电偶是矿物与钢球之间的电化学作用。这里的矿物颗粒，特别是硫化矿物起阴极作用，而钢球作为阳极。例如，当磁黄铁矿与几种钢球介质接触时，其浮选效果不同。这是由于矿物与低碳钢产生的腐蚀电偶，特别是氧存在时，严重地影响矿物的可浮性。在磁黄铁矿阴极发生氧的还原产生氢氧根离子，氢氧根离子与磁黄铁矿中的 Fe^{2+} 反应生成氢氧化铁薄膜，正是这种氢氧化铁薄膜对磁黄铁矿浮选产生不利影响。在低碳钢阳极，铁被氧化成 Fe^{2+}。根据腐蚀理论，铁的氧化速率正比于氧的还原速度。因此腐蚀损耗随着氧气分压的提高而增加。Majima 用电化学极化技术研究了黄铁矿与方铅矿和闪锌矿的腐蚀电偶，发现当黄铁矿与后两者分别接触时，方铅矿和闪锌矿表面形成元素硫，并把它归结为腐蚀电偶的作用。

4.4 微粒间相互作用理论

4.4.1 微粒间聚集与分散行为

在固体悬浮体系中，微米级的粒子虽然并不完全是胶体粒度，但由于质量小，表面能高，表面电荷和比表面积大等原因，在悬浮液中表现出的性质及目前处理它们的方法如分散脱泥，选择性絮凝等的主要机理仍属于胶体化学原理范畴。

1. 微细粒子的分散和聚集状态

悬浮液中微细粒子呈悬浮状态，且各个颗粒可自由运动时，称为分散状态；如果相互黏附团聚，因团粒尺寸变大则称为聚集状态。

根据聚集状态作用机理的不同，可将其分为三种，如图 4－11 所示。

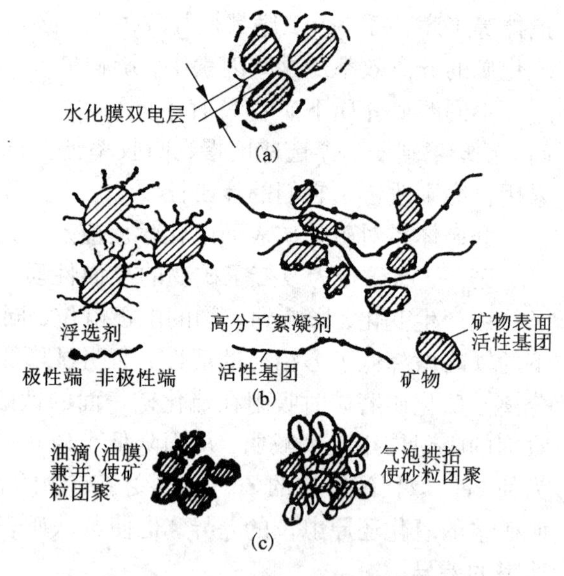

图 4－11 微细粒的聚集状态

(a)凝聚；(b)絮凝；(c)团聚

(1)凝结(或称凝聚)。

在某些无机盐(如酸、石灰、明矾等)的作用下，悬浮液中的微细粒子形成凝块的现象称为凝结。其主要机理是外加电解质消除了表面电荷、压缩双电层的结果。

(2)絮凝。

主要是用高分子絮凝剂(例如淀粉和聚电解质)通过桥联作用，把微粒联结成一种松散的、网络状的聚集状态，有时也称为高分子絮凝。

如果主要由外加表面活性物质(例如捕收剂)在粒子表面形成疏水膜，则各粒子表面间疏水膜中的非极性基互相吸引、缔合而产生的絮凝称为疏水性絮凝。

(3)团聚。

这是指悬浮液中加入非极性油后，促使粒子聚集于油相中形成团，或者由于大小气泡拱抬，使粒子聚集成团的现象。或者加入捕收剂使矿物表面疏水，形成"疏水团聚"。

悬浮液的分散和聚集状态，对细粒矿物的处理过程和产品质量有显著影响。要使矿物混合物达到有效的选择性分离，首先必须使悬浮液处于最佳分散状态，避免各种矿物细粒间相互混杂和矿泥覆盖。例如，控制分散浮选法就是在浮选前添加分散剂，使悬浮液达到所要求的分散度，然后浮选。载体浮选(carrier flotation)又称背负浮选就是利用可浮性好的粗粒矿物作载体，背负细粒矿物，用常规浮选法回收"载体－细粒"聚集体。

(4)磁团聚。

细粒磁性矿物彼此受磁力作用而形成聚集体，外加磁场作用可强化弱磁性细粒矿物间的磁团聚。

2. 絮凝与桥联作用

高分子絮凝与凝聚的原理不同。絮凝剂的分子相当长，例如，常用的聚丙烯酰胺，每个结构单元长度为2.5×10^{-10} m。如果聚合度为14000，则每个分子长度可达3.5 μm，超过粒子间范德华力和双电层力的作用距离。这样，高分子絮凝剂就会像架桥一样，搭在两个或多个粒子上，并以自己的活性基团与粒子起作用，从而将粒子联结形成絮凝团。这种作用称为桥联作用。因此，不论悬浮液中粒子表面荷电状况如何、势垒多大，只要添加的絮凝剂分子具有在粒子表面吸附的官能团，或具有吸附活性，便可实现絮凝。絮凝剂桥联作用示意图如4－12所示。

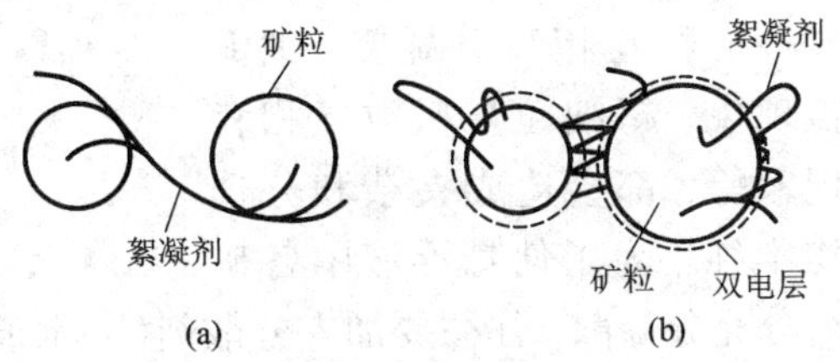

图4－12 絮凝剂桥联作用示意图

絮凝剂在粒子表面上的吸附，主要是由三种类型的键合作用引起。

(1)静电键合。

主要是双电层内的静电相互作用。例如，粒子表面荷正电，则阴离子型高分子絮凝剂可进入双电层取代原有的配衡离子。由于离子型絮凝剂一般电荷密度高，带有大量荷电基团，所以这种聚合物即使剂量很低，也能中和表面电荷，降低粒子的动电位，甚至使表面电荷变号。例如，在荷正电的赤铁矿吸附聚苯乙烯黄酸盐(pH＝3.7)时，可使其电荷降到零，当添加量较大时还可使粒子带负电。

(2)氢键键合。

聚合物分子中有NH_2基团和OH基团时，它们与粒子表面的电负性较强的氧原子作用，会失去大部分电子云而形成氢键。氢键虽然较弱，但由于絮凝剂聚合度很大，氢键的键合总数也很大，所以能量不可忽视。例如，当赤铁矿荷负电时(pH＝7.8)，阴离子型聚苯乙烯酸盐也能吸附；又如，非离子型聚合物也能在粒子表面吸附等，这些都是由于氢键的作用。但是，单纯氢键键合作用，相对来说是无选择性的，因此，靠氢键吸附的聚合物，对于全絮凝是理想的，但不适用于选择性絮凝。

(3)共价键合。

高分子絮凝剂的活性基团在粒子表面的活性区吸附，并与表面的离子产生共价键合作用。这种作用可生成某种难溶的表面化合物或稳定的络合物、螯合物，并能导致聚合物的选择性吸附。例如，聚丙烯酰胺絮凝高岭土时，与高岭土表面的Ca^{2+}生成盐类化合物。由于这种作用，则有可能使絮凝剂絮凝与它荷同种电荷的粒子。

在上述三种键合作用中，哪一种起主要作用，则取决于粒子－聚合物体系的特性和水溶液介质的性质。在有利条件下，可有两种以上机理起作用。

3. 选择性絮凝

选择性絮凝是在含有两种或多种矿物组分的悬浮液中加入絮凝剂，由于各种矿物对絮凝剂的作用不同，絮凝剂将选择性地吸附于某种矿物组分的粒子表面，促使其絮凝沉降，其余矿物仍保持稳定的分散状态，从而达到分离的目的。

如图 4－13 所示，矿物的选择性絮凝可分为五个阶段。

(1)分散。

加絮凝剂之前悬浮液中各矿物组分必须充分分散。电荷相反的异种矿物互相吸引凝聚，细泥罩盖现象，超细粒与粗粒互相背负现象等，都会造成夹杂和分选产物不纯。为了使悬浮液中各矿物组分充分分散，往往要加入分散剂(如水玻璃等)，使之形成稳定的分散悬浮液。

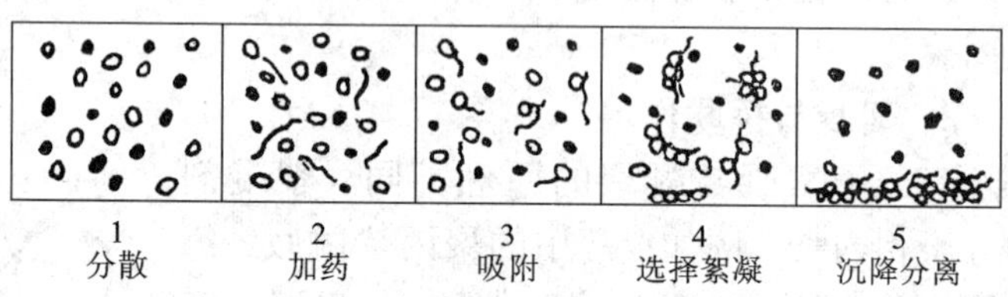

图 4－13　选择性絮凝过程示意图

(2)加药。

加入絮凝剂并使其充分混匀弥散。为了“活化”或“抑制”絮凝作用，要附加其他调整剂，其作用大致为：

①改变矿物的表面电性，降低静电斥力。例如，加入 Ca^{2+}，可削弱石英表面的负电性，有利于阴离子絮凝剂的吸附。

②改变高聚物絮凝剂的吸附机理。例如，加多价阳离子可活化阴离子的吸附，选择絮凝高岭土时，加入铅离子起活化作用就属于此类。另外，调整 pH 或加入调整剂，会影响高聚物的聚合度、电离度及水解度等。

③调整剂与絮凝剂竞争并占据表面，防止絮凝剂吸附。例如加入六偏磷酸钠能防止絮凝剂在方解石表面的吸附。

(3)吸附。

絮凝剂吸附既与矿物表面性质及药剂性质有关，又与加药方式、搅拌强度及悬浮液浓度等有关。高速搅拌稀释的絮凝剂溶液，有利于药剂的分散及混匀。有时搅拌要分阶段，例如，先快搅来扩散药剂，然后慢搅以利吸附及絮凝。

(4)选择絮凝。

此阶段要求避免夹杂，一般在浓度较稀、絮凝团不过大、沉降慢等条件下得出的絮团，夹杂较少。有时，为了“释放”夹杂物，可利用微弱的上升水流来冲洗絮团，甚至将第一次分离所得絮团进行再分散和再絮凝，以求除去夹杂，提高絮团质量。

(5)沉降分离。

沉降时间短，则下沉的絮团较纯；沉降时间久，则杂质也沉降，质量就受影响。但沉降时间短会使回收率降低。

4.4.2　微粒间相互作用的 DLVO 理论

浮选体系中矿物表面间或气泡表面间相互作用力主要包括静电力、范德华力、水化力、疏水力、空间稳定化力、磁力等等。颗粒间的相互作用影响着颗粒间的选择性絮凝、疏水凝聚、不同颗粒间的异凝聚及矿粒与气泡的黏附等过程。

1. 静电力 V_{ER}

静电力主要指两带电粒子相互接近时的静电相互作用力，一般带相同电荷颗粒间存在静电排斥力，带异号电荷颗粒间存在静电引力。描述颗粒间静电相互作用时一般用静电相互作用能（V_{ER}）表示，它随间距的变化就是带电颗粒由无限远处接近到间距 H 处时体系自由能的变化。表面化学中有粒子间静电相互作用能计算的专门公式，在计算粒子间静电相互作用能时，根据相互作用的粒子形状及作用形式的不同而有不同的计算公式。

2. 范德华相互作用 V_{WA}

(1)宏观物体的范德华相互作用。

极性分子的范德华相互作用由三部分组成：诱导作用（induction）、定向作用（orientation）及色散作用（dispersion）。除了尺寸很小的强极性分子，如水分子等，大多数分子之间均以色散作用为主。当两个分子中一个为极性分子，另一个为非极性分子时，分子间的作用也主要表现为色散作用。

对于非极性分子，范德华作用的来源是瞬时偶极矩，它是原子中的电子相对于原子核的瞬时位置偏折而产生的。瞬时偶极矩产生电场，引起周围中性原子极化产生偶极矩，导致二者相吸，此时范德华作用就是色散作用一项。

单个原子间的范德华作用能与原子间距离的六次方成反比，随着原子间距离的增大，衰减很快，是短程力作用。

由于颗粒的范德华作用是多个原子（分子）之间的集合作用，因而其表现形式与单个原子相比有很大不同。假定颗粒中所有原子间的作用具有加和性，那么便可求出不同几何形状的颗粒间的范德华作用能。和静电相互作用能一样，表面化学书中也有专门的计算方法。

3. DLVO 力

DLVO 理论作为经典的胶体化学理论之一，一直以来被用来解释胶体的凝聚与分散现象，后被用来解释颗粒之间的相互作用。它是基于胶体或颗粒间的静电力（V_{ER}）和范德华力（V_{WA}）的加和，在此基础上来预测胶体或颗粒之间的存在状态的，即

$$V_T = V_{ER} + V_{WA} \tag{4-35}$$

当 $V_T > 0$ 时，胶体或颗粒以分散（稳定）状态存在；

当 $V_T < 0$ 时，胶体或颗粒相互凝聚。

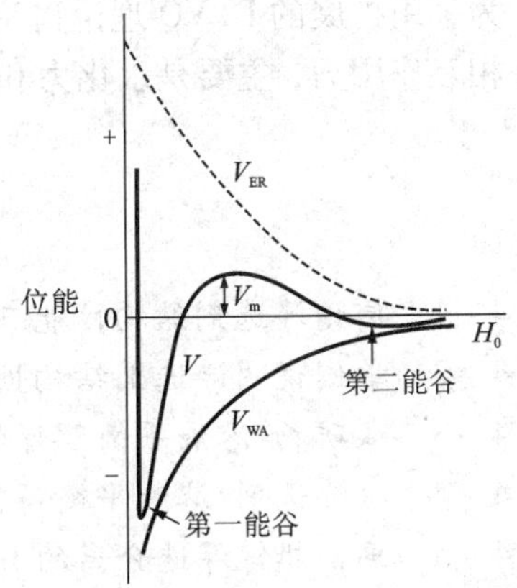

图4-14 相互作用能（V_e）和伦敦-范德华力作用能（V_a）与粒子间距的关系

粒子间相互作用的能量与粒子间距离的关系即位能曲线如图4-14所示。由 V_{WA} 和 V_{ER} 加和得到的总位能（V）曲线，在粒子间距离较大时，有一较缓的极小值，称为“第二能谷”。此时粒子可能形成“准稳态凝聚”，即形成的聚集体系存在可逆性倾向，一经搅动，体系容易再分散。当粒子间距离逐渐减小时，总势能逐渐增大，直至达到极大值 V_m，称为“势垒”。当粒子间距离继续减小时，则又出现极小值，称“第一能谷”，此时粒子可获得稳定的凝聚状态，要分散它们则需相当大的能量。随后总势能骤然上升。显然，为了形成稳定的凝聚状态，必须克服势垒。所以势垒的高低往往标志稳定性

的大小。如果势垒消失，则在任何情况下，粒子都将产生凝聚。

位能曲线的形状受粒子的性质、表面电位、双电层配衡离子浓度及电价等因素影响。因此，这些因素的变化将使粒子分散状态的稳定性发生变化，直至发生凝聚。

4.4.3 扩展的 DLVO 理论

经典的 DLVO 理论可以解释一些矿物粒子在水中的凝聚行为，但由于浮选体系中各种浮选剂的存在，经典的 DLVO 理论不能圆满解释浮选剂存在下矿物粒子的凝聚行为，甚至常常得出完全相反的结果。近二十年来，在胶体分散体系与稳定性的研究中，人们已经发现，由于亲水胶体之间的水化斥力，疏水胶体之间的疏水力及大分子化合物产生的空间斥力，经典的 DLVO 理论不能圆满解释胶体粒子间的凝聚行为，从而提出了扩展的 DLVO 理论。

扩展的 DLVO 理论就是在胶体分散体系中，考虑各种可能存在的相互作用力，在粒子间相互作用的 DLVO 理论的势能曲线上，加上其他相互作用项，即粒子间相互作用总能量由下式给出：

$$V_T^{ET} = V_E + V_W + V_{HR} + V_{HA} + V_{SR} + V_{MA} \tag{4-36}$$

式中：V_{HR} 为水化相互作用排斥能；V_{HA} 为疏水相互作用吸引能；V_{SR} 为空间稳定化作用能；V_{MA} 为磁吸引势能。

对于亲水体系：

$$V_T^{ED} = V_E + V_W + V_{HR} \tag{4-37}$$

对于疏水体系：

$$V_T^{ED} = V_E + V_W + V_{HA} \tag{4-38}$$

V_{SR} 与 V_{MA} 则取决于体系性质，若有这两项作用时，则分别加到式(4－37)或(4－38)中去。

为了用扩展的 DLVO 理论讨论浮选体系中粒子的凝聚行为，需要求出体系中可能存在的各种相互作用力，主要是水化力和疏水力。

习 题

4－1 何谓浮选剂结构性能三要素。

4－2 举例说明浮选剂结构性能的基本判据。

4－3 从矿物/溶液平衡解释铜锌浮选分离的难题。

4－4 从浮选剂/溶液平衡解释油酸浮选赤铁矿机理。

4－5 画出铅锌浮选分离的 Bjerrum 图，设乙黄药浓度为 10^{-4} mol·L^{-1}。

4－6 举例说明硫化矿混合电位模型。

4－7 描述氧在硫化矿浮选中的主要作用。

4－8 简述磨矿环境对硫化矿浮选过程表面电化学作用的影响。

4－9 简述微细颗粒的聚集状态。

4－10 简述选择性絮凝过程及机理。

4－11 颗粒间相互作用力有哪些。

第5章　浮选捕收剂

浮选捕收剂是能提高矿物表面疏水性的药剂，是矿物浮选最主要的一类药剂。利用捕收剂与矿物表面的活性点作用，可以使矿物表面疏水上浮。而自然界中，天然疏水性矿物为数甚少，大部分矿物亲水或弱疏水，只有与捕收剂作用，增大其表面的疏水性，才具有一定的可浮性。即使是天然疏水性矿物，为了有效浮选，也要适当添加非极性油类捕收剂，以提高其可浮性。因此，捕收剂对浮选技术的发展起着关键的作用。

最初的捕收剂为杂酚油等油类，主要用于全油浮选从硫化铅锌矿石中回收铅锌矿物。20世纪20年代初，可溶于水的捕收剂，如黄药、黑药，在浮选硫化矿中的工业应用，是浮选药剂的一大进步。20世纪30年代，浮选技术发展到处理非金属矿物，此时皂类捕收剂和胺类阳离子捕收剂与抑制剂一起使用。20世纪50年代以来，捕收剂的研究取得很大进展，研制了大豆油脂肪酸硫酸化皂、氧化石蜡皂等铁矿的捕收剂，合成了黄原酸酯类和硫代氨基甲酸酯类等选择性较好的捕收剂。近些年，也出现了一系列高效捕收剂，例如硫化矿捕收剂Y－89、KM－109、PAC、T－2K，氧化矿捕收剂GY、CF、MOS，硅酸盐浮选的胺类捕收剂等。

目前，捕收剂的研究主要朝两个方向发展：一是开发研制高效、无毒（或低毒）、价廉、低耗、原料来源广泛的新型捕收剂；二是对各种现有捕收剂进行合理搭配与组合使用。前者一旦突破，将使浮选技术取得新进展，但研制周期长、难度大；后者见效快，容易在矿物加工实践中实现。

5.1　浮选捕收剂的分类与作用

5.1.1　捕收剂的分类

浮选理论研究和实践表明：不同类型的矿石需要选用不同类型的捕收剂。对捕收剂进行分类，可系统地、科学地认识各类捕收剂的共性和个性，有助于正确地选择和使用好各种药剂。然而，由于研究的角度不同，捕收剂的分类存在着不同的方法。根据捕收剂对矿物起捕收作用的部分及其结构，可将其分为异极性捕收剂、非极性油类捕收剂和两性捕收剂三类；按捕收剂的应用范围，可分为硫化矿、氧化矿、硅酸盐矿物、非极性矿物和沉积金属等的捕收剂；根据药剂在水溶液中的解离性质，通常将捕收剂分为离子型（ionizing）和非离子型（non-ionizing）两类。根据捕收剂解离组分的电性，离子型捕收剂分为阴离子型、阳离子型和两性型捕收剂；非离子型捕收剂可分为非极性与异极性捕收剂两类（见表5－1）。

表 5－1　常用浮选捕收剂的分类

名称	类别		典型药剂
捕收剂	离子型	阴离子型	巯基类:黄药、黑药、噻唑、Z－200 等
			羧基类:油酸、动植物油、脂肪酸皂、皂化氧化石油产品、氧化煤油等
			硫氧酸类:烷基硫酸和烷基磺酸等
		阳离子型	第一脂肪胺及其盐:月桂胺、十八碳胺、混合胺、含羧酸的胺类等
			季铵盐:烷基季铵盐、烷基吡啶盐等
		两性型	十六胺基乙酸、N－十二烷基－β－胺基丙酸、N－十四胺基乙磺酸等
	非离子型	异极性	含硫化合物:双黄药、黄原酸丙烯醚、米涅列克浮选剂等
		非极性烃类油	煤油、柴油、燃料油、变压器油、重油、中油等

1. 离子型捕收剂

这类捕收剂在水中易解离，主要以离子形式与矿物表面发生作用，一般通式为 RX，X 为亲固基，R 为烃基或芳香基，亲固基固着于矿物表面，其非极性基起疏水作用。若亲固基是阴离子，就叫阴离子捕收剂；若是阳离子就叫做阳离子捕收剂。阴离子捕收剂主要有巯基类和烃基酸(盐)类捕收剂，如黄药、黑药、油酸钠等，广泛用作各种硫化矿、氧化矿和盐类矿物的捕收剂；阳离子捕收剂主要是胺类，广泛用作各种硅酸盐类矿物的捕收剂。

离子型捕收剂还包括既有阳离子基团又有阴离子基团的有机复极性化合物的两性捕收剂，其分子结构至少有一个阳离子基团、一个阴离子基团、一个较短的烃基和一个较长的烃链，一般通式为 $R_1X_1R_2X_2$，其中 R_1为较长的烃链，以 C_8 ~ C_{18}的烷烃较好，若 R_1为芳香基，则捕收能力较弱；R_2为一个或多个较短的烷基、芳香基或环烷基等；X_1为一个或多个阳离子基团；X_2为一个或多个阴离子基团。随着介质条件的变化，两性捕收剂既可呈阴离子性，如捕收剂分子中羧基(—COOH)、磺酸基(—SO_3H)、膦酸基(—PO_3H_2)和黄原酸基(—OCSSH)的解离等，也能呈阳离子性，如氨基(—NH_2)的加质子等。所以，两性捕收剂有时可以看成是将氨基引入羧酸分子、磺酸分子、膦酸分子或黄原酸分子中而得到的一些复极性有机化合物。两性捕收剂对赤铁矿、萤石、镍矿等有较好的选择性捕收作用，但成本高，目前尚处于研究阶段。

2. 非离子型极性捕收剂

这类药剂有双黄药、黄原酸酯、硫胺酯、双黑药、黑药酯等，在水中不能解离成离子，但整个分子具有不对称的结构而显示出极性，故叫非离子型极性捕收剂，其捕收能力比黄药弱，但选择性好，适应性强，主要用于分选重金属硫化矿。

以上两大类捕收剂的共同特点是分子由极性基(—OCSSNa，—COOH，—NH_2)和非极性基(R－)两部分组成，所以，也称复极性药剂。极性基中不是全部的原子价都被饱和，因而有剩余亲和力，并决定了极性基的作用活性；它与矿物表面作用时，固着在矿物表面上，故也叫亲固基。非极性基即亲油(疏水)基团中，全部原子价均被饱和，因此具有很低的化学活性，不被水润湿，也不易与其他化合物反应，可形成既有亲固性又有疏水(亲油)性的所谓“双亲结构”分子。与矿物表面作用的特点是以其分子(或离子)中的极性基团，如黄药中的—$OCSS^-$、硫胺酯中的—$OCSNH^-$等与矿物表面作用，疏水的非极性基朝向水，使矿物表面疏水化。

3. 非极性烃类油捕收剂

煤油、焦油、变压器油等这类捕收剂的整个分子是非极性的，结构是均匀的，化学通式为R—H，分子不含极性基团，且碳氢原子间都是通过共价键结合而成的饱和化合物，在水溶液中不与偶极水分子作用而呈现出疏水性和难溶性，同时，不能电离成离子，因此，被称为中性油或非极性烃类油捕收剂。

烃油作为主要捕收剂始于浮选初期的全油浮选，但因分子结构既无极性官能团，本身又无极性，化学活性很低，故与矿物表面作用不可能发生化学吸附或表面化学反应，只能通过范德华力依靠物理吸附方式与矿物表面作用。

烃油对外表现为弱的分子键，容易附着于同样呈弱分子键的非极性矿物表面。矿物表面的疏水性越强，亲油性越大，烃油在矿物表面的吸附越容易，吸附量越多，吸附速度越快。因此，烃油的捕收作用对不同矿物能呈现出一定的选择性，尤其是分离非极性矿物与极性矿物时，可获得较好的分离效果。但烃油捕收剂能有效分选的矿物种类不多，特别是在现代浮选药剂种类多样化、矿石趋于“贫、细、杂”的情况下，单独使用烃油只适于分选某些天然可浮性很好的辉钼矿、石墨、天然硫、滑石、煤以及雄黄等所谓非极性矿物。这些矿物碎磨后的解离面主要呈分子键力，表面有一定的天然疏水性，浮选时不需要用很强的捕收剂，通常烃油即可很好地浮选这些矿物。很多情况下，阴离子型或阳离子型捕收剂，若与适量烃油混合使用，常可增强极性捕收剂的捕收能力，提高矿物的浮选粒度上限，降低极性捕收剂的用量，获得良好的浮选效果。因此，烃油尤其是燃料油、煤油和柴油等，已广泛用作离子型捕收剂的辅助捕收剂。

5.1.2 捕收剂的作用

自然界中常见的矿物如硫化矿物、氧化矿物和硅酸盐矿物绝大多数亲水难浮，矿石在开采、储存、运输以及选厂的破碎与磨矿等过程中，矿物表面难免受到一定程度的氧化和污染，其可浮性也受到一定的影响。为了有效地进行浮选，必须根据不同类型的矿石采用不同的捕收剂，使矿物表面疏水化。概括起来，捕收剂主要有两重作用：提高矿物表面的疏水性；增大矿粒在气泡表面的附着力，缩短感应时间，提高矿粒与气泡黏附的速度。

1. 提高矿物表面的疏水性

除烃类油外，捕收剂能使矿物表面疏水化主要是由于它的极性基和非极性基组成的异极性有机化合物的极性基或称极性端与矿物表面作用，在化学键、氢键、静电力等某种键力作用下，能选择性地、比较牢固地吸附在矿物表面，这时矿物表面的部分不饱和键在很大程度上得到补偿而趋于饱和(削弱其与水分子的作用力)；分子中的非极性基的C—C键虽有很强的共价键力作用，但因原子价键全部被饱和，对外只呈现极微弱的分子间力，使非极性基就像其母体烃，如石蜡、煤油似的不易被水润湿(即非极性基疏水亲气)。因此，作为一个整体的捕收剂分子或离子在矿物表面吸附固着时可定向排列，极性亲固基朝向矿物表面，非极性基朝外伸向介质(水)起疏水作用，造成矿物表面的疏水化并容易黏附于气泡。当极性基一定时，捕收剂改变矿物表面疏水能力的程度，主要取决于分子中烃基的长度与结构。捕收剂分子的非极性基和极性基对矿物表面的疏水化都有重要作用，且相互依存，彼此影响。

一些非极性的烃类油捕收剂可以以分子聚合体(微细油珠)的形式吸附在某些非极性矿物表面并兼并成油膜，因而也可提高矿物表面的疏水性，其过程为：捕收剂在水中搅拌成均匀分散的小油滴状和油分子聚合体，小油滴与矿粒碰撞后附着在矿物表面并沿表面展开，靠分子间力与非极性矿物作用；对于疏水性强的矿物(如辉钼矿)，油滴展开快，形成的油膜较薄；对于亲水性较强的矿物，油滴展开有限，仍形成滴状附着于矿物表面，当油滴兼并后，可形成较厚的非极性油膜，附着在矿物表面，提高矿物表面的疏水性。

2. 增大矿物在气泡上的附着力并缩短附着时间

捕收剂使矿物表面疏水化后，可增大润湿阻滞和接触角，此时若使矿粒与气泡接触或相互碰撞，可增大矿物在气泡上的附着力，使附着更为牢固，同时大大缩短矿物向气泡附着的时间。

捕收剂离子(或分子)与矿物表面的结合力，大大超过了水分子与矿物表面的结合力，使捕收剂能破坏原来水分子与矿物表面间的联系，取而代之的是结合力更强、吸附更为牢固的捕收剂离子(或分子)。矿物表面吸附捕收剂后，表面不饱和键能在很大程度上得到补偿，从而大大削弱了矿物表面的“力场”；另一方面，分布在矿物表面水化层中非极性基的疏水效应，对水分子产生强烈的排斥作用。所以捕收剂可破坏矿物表面与偶极水分子间的联系，降低矿物表面水化层的稳定性，使其厚度变薄。在矿物表面疏水化过程中，首先破坏的是离矿物表面最近、最不牢固的那部分水化层，同时也削弱靠近矿物表面联系最牢固的那部分水化层。当矿物表面的疏水性达到一定程度，即矿物表面水化层的稳定性和厚度降低到一定程度，水化层就会出现破裂，或只剩下残余的水化膜，此时矿物与气泡相互接触和碰撞，就会出现三相润湿周边，实现矿粒与气泡的黏附。

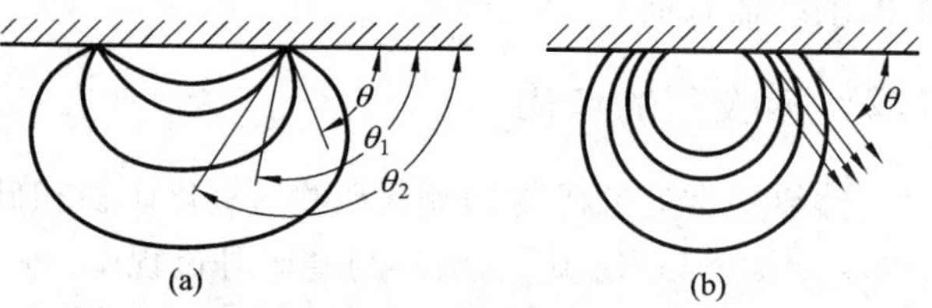

图5-1 浮选剂对矿物表面润湿阻滞的影响

(a)预先用黄药捕收剂溶液处理过的方铅矿磨光片上所呈现的润湿阻滞情况；(b)预先用重铬酸钾抑制剂溶液处理过的方铅矿磨光片上所呈现的润湿阻滞情况

捕收剂在矿物表面所造成的疏水性愈强，矿物表面所呈现的润湿阻滞也愈大，即固、液、气三相润湿周边沿矿物表面移动的阻力愈大。可见，润湿阻滞的增大可作为矿物表面疏水性增强的标志之一，亦可反映出捕收剂的作用效应。苏联学者 П. А. 列宾捷尔研究了黄药和重铬酸钾(抑制剂)溶液分别对方铅矿与气泡附着的润湿阻滞及其接触角的影响(见图5-1)。由图5-1(a)可以看出，捕收剂预先处理过的方铅矿，如果将黏附在矿物表面气泡内的空气逐渐抽出，这时气泡虽然随之渐渐变小，但由于捕收剂使矿物表面疏水性增强，润湿阻滞增大，使三相润湿周边沿矿物表面移动受到很大的阻力，甚至几乎不能移动，致使呈现出一种所谓的“刚性”固着。所以气泡虽逐渐变小，但接触角却随之增大，说明捕收剂可增强矿物在气泡上的黏附。而在图5-1(b)中，抑制剂预先处理过的方铅矿表面亲水性(水化性)增大，三相润湿周边沿矿物表面移动的阻力降到极低限度，即三相润湿周边可沿矿物表面自由移动，所以，随着气泡内空气的抽出，气泡逐渐变小，接触角的大小却保持不变，说明抑制剂不能使润湿阻滞增大，不能增强矿粒在气泡表面的黏附。

可见，捕收剂可增大矿物表面的润湿阻滞，使矿物在气泡上黏附有一定的附着力，使附着较为牢固和稳定。示踪原子法研究表明：方铅矿表面的黄药有浓集于固－液－气三相周边的迹象，有利于提高矿粒在气泡上黏附的牢固程度。

另一方面，矿物表面越是疏水，所形成的水化层就越薄、越不稳定，这时矿粒与气泡相互接触和碰撞黏附就越容易，换言之，捕收剂使矿物表面疏水化的结果，使黏附所需要的时间大为缩短。试验已证实，有效作用的捕收剂使黏附时间缩短到几千分之一到几万分之一秒。可见，黏附时间的长短也可作为矿物表面疏水程度及捕收剂作用效率的一种度量。

总之，在泡沫浮选过程中，捕收剂的作用主要是提高矿物表面的疏水性，增大矿粒在气泡上的黏附强度以及缩短黏附所需要的时间或称“感应时间”。

5.2 硫化矿捕收剂

硫化矿捕收剂分子内通常有二价硫原子组成的亲固基，故又可称为硫代化合物类捕收剂或含巯基的捕收剂，同时疏水基分子量较小，对硫化矿有捕收作用，而对石英和方解石等非硫化矿脉石则没有捕收作用，所以，浮选硫化矿时，易将石英和方解石等脉石矿物分离出去。这类药剂有一部分溶于水，如黄药、黑药等阴离子型捕收剂；另一部分是在水中不能电离的极性油类化合物，如黄原酸酯、硫胺酯、黑药酯等，它们是黄药、黑药、硫氮等的衍生物，其捕收能力一般比黄药弱，但选择性较好。

5.2.1 黄药

1. 黄药的结构与制备

黄药(xanthate)是最重要的巯基(—SH)捕收剂，也是应用最广的捕收剂，又名黄原酸盐，学名(烃基)二硫代碳酸盐，通式ROCSSMe，其中R多为烃基，Me为碱金属离子，通常为Na^+或K^+，钾盐虽比较稳定，但钠盐易溶且便宜，故生产上黄原酸钠盐的使用率较高。黄药结构式如图5－2所示。

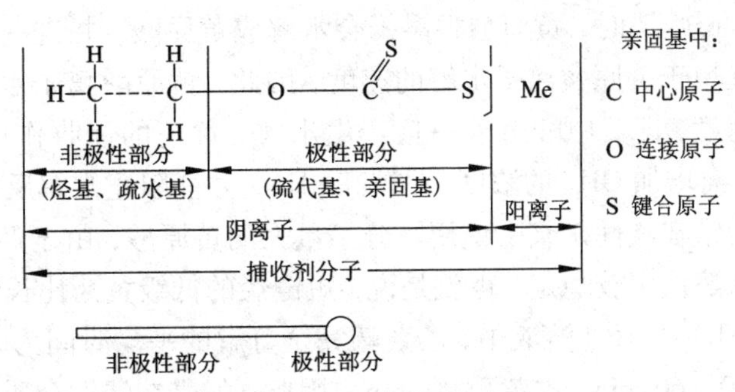

图5－2 黄药结构示意图

黄药是用醇、氢氧化钠(或氢氧化钾)和二硫化碳制成，反应如下：

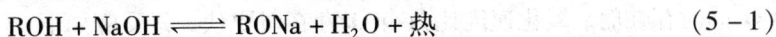

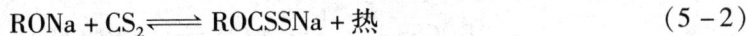

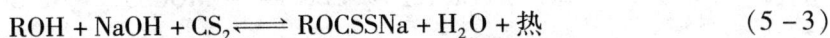

$$ROH + NaOH \rightleftharpoons RONa + H_2O + 热 \tag{5-1}$$

$$RONa + CS_2 \rightleftharpoons ROCSSNa + 热 \tag{5-2}$$

$$ROH + NaOH + CS_2 \rightleftharpoons ROCSSNa + H_2O + 热 \tag{5-3}$$

可见，黄药的制取是放热反应，因此，反应器要有散热设备。原料醇中的烃基和烃基衍生物的不同，可得到各种黄药。例如，我国以甲基异丁基甲醇MIBC、CS_2和NaOH为原料研制出六碳醇黄药(Y－89系列黄药)，该黄药在浮选含金硫化铜矿物时能提高金回收率；而以胺醇、CS_2和NaOH为原料合成的二乙胺甲醇黄药，浮选铜、铅、锌硫化矿时，其捕收能力是常规黄药的2～5倍。

2. 黄药的主要性质

1)黄药的物理性质

黄药在常温下是淡黄色粉状或颗粒状物，因而得名；常因含有杂质而颜色较深，相对密度为1.3~1.7，具有刺激性臭味，有毒，可燃，易溶于水、丙酮与醇；在水中解离出 $ROCSS^-$ 阴离子，具有捕收作用。黄药性质不稳定，易吸水潮解，遇热分解加速。为了防止分解与变质，要求黄药贮存于干燥和阴凉的地方，防止水、酸、碱等物质的作用，注意防火，不应暴晒，不宜长期存放；配制的黄药溶液不能放置过久，更不要用热水配制；使用时注意其颜色变化，若不正常则停止使用。

2)黄药的解离、水解和分解

黄药在水中溶解度很大，并且发生电离：

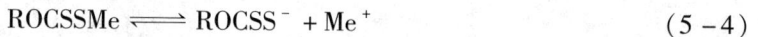

$$ROCSSMe \rightleftharpoons ROCSS^- + Me^+ \tag{5-4}$$

黄原酸盐是弱酸盐，在碱性介质中是稳定的，但在某些情况下会水解生成黄原酸：

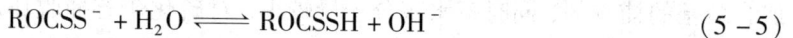

$$ROCSS^- + H_2O \rightleftharpoons ROCSSH + OH^- \tag{5-5}$$

黄原酸是弱酸，它的 pK_aH 在 2~5 之间，

$$ROCSSH \rightleftharpoons ROCSS^- + H^+ \tag{5-6}$$

黄原酸在酸性介质中易分解，pH 越低，分解越迅速：

$$ROCSSH \rightleftharpoons ROH + CS_2$$

黄药遇热也容易分解，温度越高，分解越快；温度高于 25℃，黄药分解速度增加很快。在黄药水溶液中，过渡元素离子对黄药的分解有催化作用。

$pH < 7$ 时，黄原酸根离子会水解成黄原酸，并进一步分解为醇和二硫化碳，且分解速度远远快于黄原酸离子水解的速度，因此，黄原酸离子水解的速度决定了黄药分解成醇与 CS_2 的速度，即黄原酸离子一旦产生水解，黄药的捕收作用也随之消失。为了防止黄药分解失效，需增加 OH^- 的浓度(即较高 pH)，才能阻止水解反应的发生，减少黄原酸的生成，所以，黄药常在碱性矿浆中使用。分子量大的黄原酸，由于烃基斥电子能力强，S—H 键联结牢固，在水溶液中较稳定，也就是说，短链烃的低级黄药比长链烃的高级黄药分解快，例如，在 0.1 $mol \cdot L^{-1}$ 的 HCl 溶液中，乙黄药完全分解的平均时间为 5~10 min，丙黄药 20~30 min，丁黄药 50~60 min，戊黄药 90 min。因此，如需在酸性介质中浮选，使用高级黄药更为有利。

3)黄药的氧化

黄药本身是还原剂，存放过久的黄药除分解失效，部分还会氧化成双黄药。在有 O_2 和 CO_2 同时存在时，氧化速度比只有 O_2 存在时更快，其反应如下：

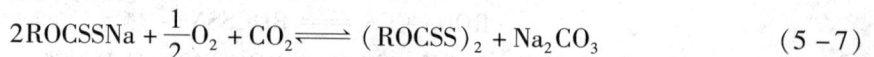

$$2ROCSSNa + \frac{1}{2}O_2 + CO_2 \rightleftharpoons (ROCSS)_2 + Na_2CO_3 \tag{5-7}$$

黄药与溶液中的某些金属离子作用，也可氧化成双黄药，即某些易还原的高价态过渡元素金属离子对黄药的氧化有催化作用，例如 Cu^{2+} 与黄药作用先生成不稳定、高价态、只是过渡的黄原酸铜[$2ROCSSNa + CuSO_4 \longrightarrow Cu(ROCSS)_2 + Na_2SO_4$]产物，随后会立即分解成稳定的黄原酸亚铜和双黄药：

$$2Cu(ROCSS)_2 \longrightarrow Cu_2(ROCSS)_2 + (ROCSS)_2$$

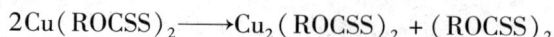

双黄药通常为黄色油状液体，难溶于水，是一种非离子型极性多硫化合物，其结构为

$RO—\overset{\overset{S}{\|}}{C}—S—S—\overset{\overset{S}{\|}}{C}—OR$ 。它在酸性介质中较稳定，当升高pH时，会逐渐分解为黄药，平衡式为：

$$4ROCSS^- + \frac{2H_2O + O_2}{溶于水的氧} \rightleftharpoons 2(ROCSS)_2 + 4OH^- \tag{5-8}$$

双黄药也是硫化矿捕收剂，常用于酸性介质中浮选铜矿浸出液经置换得到的沉积铜，其选择性能比黄药好。

3. 黄药的捕收性能

1）捕收能力

黄药的捕收能力与其分子中非极性部分的烃链长度、异构有关。黄药亲固基（二硫代碳酸基）固着在矿物表面，烃基朝外，黄药捕收能力的强弱，很大程度上取决于烃链的长度，烃链增长，捕收剂分子所显示的非极性就越强，同时，捕收剂固着于矿物表面的"覆盖层"就越厚，矿物表面显示的烃基疏水性就越明显。黄药捕收性能与其碳原子数的关系见图5-3。

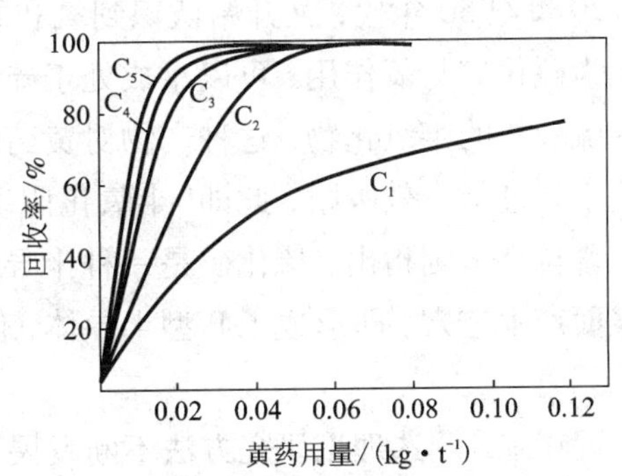

图5-3 黄药烃链长度对方铅矿浮选的影响

烃链短，捕收能力弱，甲基黄药捕收能力太弱，没有浮选价值。使用烃链较长的黄药与较短链的黄药相比，达到相同回收率所需的用量要少，但烃链过长，其选择性和溶解性能随之下降。同系列化合物的烃基每减少一个—CH_2基，在水中的溶解度平均增加4.25倍，因此，烃链过长会降低药剂的捕收效果。常用的黄药烃链中碳原子数是2~5。另外，短烃链的黄药，正构体不如异构体好；但烃链增长到一定（如C_5以上）时，异构体不如正构体，特别是支链靠近极性基者尤为明显。

2）选择性

黄药在矿物表面吸附的选择性和吸附固着强度与非极性基直接相关，与极性基尤其是与极性基负二价活性硫原子的关系更为密切，其基本特点是：离子半径很大，极化率很高，易与具有较强极化力，本身又容易被极化变形的一些金属离子（如重金属和贵金属离子等）结合，形成比较牢固的化学键，使黄药与这些离子生成难溶盐。以铜离子为例，其反应式如下：

$$2ROCSS^- + Cu^{2+} \longrightarrow Cu(ROCSS)_2\downarrow$$

黄原酸盐的形成是黄药产生捕收作用的根据之一，其捕收作用的强弱与金属黄原酸盐的难溶性是一致的，也就是说，黄原酸盐愈难溶，则相应的金属或硫化矿物愈易被黄药捕收。而钙、镁、钡等碱土金属的黄原酸盐易溶，故黄药对萤石、方解石、重晶石及碱土金属矿物没有捕收作用。各种金属与黄药生成黄原酸盐的难溶顺序，按溶度积大小可大致排列为两类。

（1）第一类：汞、金、铋、锑、铜、铅、钴、镍等（溶度积均小于10^{-10}）；

（2）第二类：锌、铁、锰等（溶度积小于10^{-2}）。

此性质可用于粗略估计黄药对重金属和贵金属硫化矿物的捕收作用顺序，可用来调节矿浆的离子组成和药剂间的相互影响，如含铜、铅、锌、铁等金属的硫化矿中，常有次生铜矿物，此时矿浆中含有Cu^{2+}，并与黄原酸离子生成难溶的黄原酸铜，将消耗一部分黄原酸离子，因此，浮选矿浆中含有过量的重金属离子是有害的。

4．黄药的作用机理

黄药作为硫化矿的有效捕收剂，应用了近一个世纪，其作用机理随着人们的认识而逐步加深，但由于矿物种类繁多，性质各异，至今仍没有一个完全统一的看法。

早在20世纪50年代前就提出了"化学假说"和"吸附假说"理论。化学假说认为：黄药与硫化矿表面发生化学反应，反应产物的溶度积愈小，反应愈容易发生，对该矿物捕收力越强。吸附假说则认为：黄药与矿物表面的作用主要是吸附，如离子交换吸附和分子吸附，前者是黄原酸离子在矿物表面产生吸附；后者是黄原酸分子在矿物表面吸附。

20世纪50年代，又开始认识到氧和氧化作用对黄药捕收硫化矿的重要性。苏联什维多夫认为硫化矿与氧作用，可以生成处于硫化物和硫酸盐中间状态的一种产物，并称之为硫化物－硫酸盐的半氧化物，这种产物对黄药离子有较强的吸附活性，没有氧化或过度氧化的表面均不能进行有效吸附，此即"半氧化假说"。

普拉克辛则指出：硫化矿是一种半导体，当有氧存在时，可从矿物表面夺取电子，使矿物表面产生空穴，即形成了P型半导体，促使阴离子捕收剂在矿物表面吸附，此即"半导体理论"。

近年来，浮选理论研究方法不断发展，尤其是界面电性和浮选电化学的研究，对黄药的作用机理有了更深入的认识，形成了以下看法：

1）金属黄原酸盐的生成

黄药与硫化矿表面作用，生成了仍与晶格内部联系牢固的硫化物－黄原酸盐的表面化合物，固着在矿物表面而起捕收作用，这类矿物主要有方铅矿、辉铜矿等。

2）双黄药的吸附

20世纪70年代之前，有人提出双黄药对硫化矿的捕收作用，但并未引起重视；近年来对电化学的深入研究，特别是红外光谱在浮选理论研究中的应用，发现黄药对硫化矿的捕收作用是黄药氧化后生成了具有疏水作用的双黄药（X_2），吸附在硫化矿物表面，使矿物表面疏水，这类矿物主要有黄铁矿、磁黄铁矿等。

3）黄原酸盐和双黄药共吸附

矿物表面仅有黄原酸盐和双黄药都不能使矿物很好地浮选，只有这两种产物共存时，才能使矿物表面具有足够的疏水性。捕收剂在矿物表面的吸附层均由化学吸附产物如MeX（Me^+为金属离子，X^-为黄原酸根）和物理吸附的双黄药组成，且两种产物有一最佳比例。以黄铁矿为例，当pH为4～5时，X_2的吸附量达到最大值，可占黄药总吸附量的45%。阿伯拉莫夫认为，为了保证方铅矿、黄铜矿、黄铁矿的有效浮选，分子吸附（即X_2吸附）至少应占总吸附量的10%～30%。而巴格达诺夫测定，在pH为4～12的范围，方铅矿表面X_2占总量的50%左右，可得到最理想的分选效果。还有人指出，方铅矿表面的共吸附层中，当X^-与X_2的摩尔（离子）比为3∶1时，方铅矿的浮选效果最佳。

黄药与各种硫化矿表面作用，生成MeX或X_2，或二者共吸附，取决于矿物和黄药在矿浆中的电位，这将在浮选电化学理论一节中介绍。

5.2.2 黑药

1. 黑药的结构与制备

黑药(aerofloat)在浮选中应用已久，是仅次于黄药应用较广的硫化矿物捕收剂。黑药是二烃基二硫代磷酸盐，可看作是磷酸的衍生物，其结构通式见图3－4(a)。

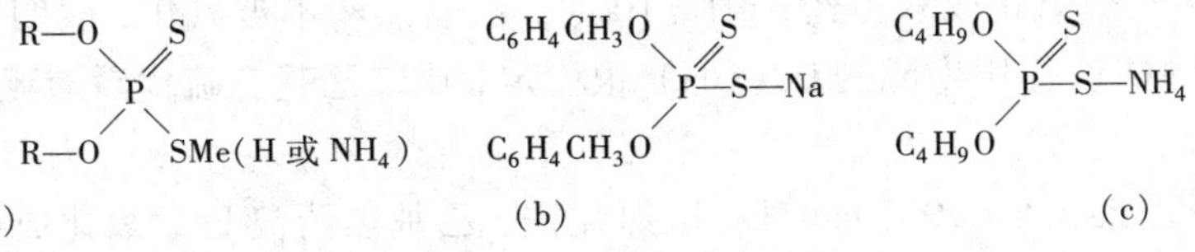

(a) R—O, R—O, P=S, SMe(H或NH_4)　(b) $C_6H_4CH_3O$, $C_6H_4CH_3O$, P(=S)—S—Na　(c) C_4H_9O, C_4H_9O, P(=S)—S—NH_4

图5－4 黑药结构示意图

(a)结构通式；(b)甲酚黑药；(c)丁基铵黑药

通常使用的黑药，R是芳基，称为酚黑药；R为烷基，称为醇黑药。

黑药由醇或酚与五硫化二磷反应制得，不同的酚类或醇类可以制得不同的黑药，一般反应式如下：

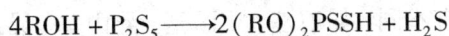

$$4ROH + P_2S_5 \longrightarrow 2(RO)_2PSSH + H_2S$$

酸式产物为油状黑色液体，中和成钠盐或铵盐时，可制成固体产品。酸式黑药用氨中和可生成铵黑药，用氢氧化钠或碳酸钠中和则生成钠黑药(苏打黑药)。最早使用的二甲酚二硫代磷酸为黑褐色或暗绿色黏稠液体，故而得名黑药，但许多同类捕收剂，如乙基钠黑药[$(CH_3CH_2O)_2PSSNa$]是白色的，丁铵黑药也不是黑色的，而是白色或灰色粉末状，虽然颜色不黑，但习惯上都称为黑药。

黑药有一定毒性，属易燃品，应注意防火。我国常用的酚黑药有15号和25号黑药，是用甲酚和含量分别为15%和25%的五硫化二磷制成并得名。31号黑药是25号黑药中加入6%的白药[二苯基硫脲$(C_6H_5NH)_2CS$]组成的混合剂。常用的醇黑药为丁铵黑药，易溶于水，没有腐蚀性和恶臭。丁基钠黑药的浮选性质与胺盐相近。

2. 黑药的主要性质

1)黑药的物理性质

酸性黑药在水中的溶解度较小，微溶于水，比重为1.1，有难闻的臭味。铵黑药或钠黑药在水中的溶解度较大。在合成过程中，反应生成的H_2S会部分溶解在黑药中，使黑药对氧化矿略有硫化作用，有利于表面被氧化的硫化矿的浮选。黑药还有起泡性能，使用时用量不宜过大，一般为25～100 $g \cdot t^{-1}$。

2)黑药的氧化

黑药比黄药稳定，在酸性矿浆中，不像黄药那样易分解；当必须在酸性矿浆中浮选时，有时选用黑药。黑药较难被氧化，但在一定条件下能将其氧化成双黑药，例如，碘与黑药作用，可将其氧化成双黑药：

$$2(RO)_2PSS^- + I_2 \longrightarrow (RO)_2PSS—SSP(RO)_2 + 2I^-$$

所以，分析黑药时，可以和分析黄药一样，应用碘量法。

双黑药是较难溶于水的非离子型捕收剂，大多为油状物，性质较稳定，可作为硫化矿的捕收剂，也适于沉积金属的浮选。

在 Cu^{2+}、Fe^{3+} 或黄铁矿等矿物存在下，黑药能部分被氧化为双黑药：

$$Cu^{2+} + 2DDP^{-} \rightleftharpoons DDPCu(s) + \frac{1}{2}(DDP)_2$$

$$Cu(OH)_2 + 2DDP^{-} + 2H^{+} \rightleftharpoons DDPCu(s) + \frac{1}{2}(DDP)_2 + 2H_2O$$

$pH < 8$ 时，黑药被氧化成双黑药；$pH = 10$ 时，乙基黑药不被氧化，表明在高 pH 下，H^{+} 离子很少，Cu^{2+} 与 OH^{-} 作用生成的 $Cu(OH)_2$ 很稳定，比二乙基二硫代磷酸亚铜还稳定，故氧化反应不能进行。

在低 pH 时，加入 2.5×10^{-4} mol·L^{-1} 三氯化铁，乙基黑药被 Fe^{3+} 氧化成少量的乙基双黑药；而同样条件下，不加三氯化铁，添加 2 g 粒度为 100 ~ 200 μm 的黄铁矿，乙基黑药氧化为乙基双黑药的量大约多 10 倍；pH 升高时，黑药被氧化程度减少。据此估计，吸附在黄铁矿表面的氧，其氧化乙基黑药的能力强于 Fe^{3+}。

3）酸性黑药呈弱酸性，在水溶液中有部分电离

黑药是弱电解质，在水中的电离反应如下：

$$(RO)_2PSSH \rightleftharpoons (RO)_2PSS^{-} + H^{+}$$

烃基不同，电离常数亦有不同，如乙基、正丙基、异丙基、异丁基黑药的电离常数分别为 2.4×10^{-2}、1.78×10^{-2}、1.5×10^{-2}、1.0×10^{-2}。

4）黑药与一些金属离子作用生成难溶盐

$$Me^{n+} + n(RO)_2PSSH \longrightarrow [(RO)_2PSS]_nMe \downarrow + nH^{+}$$

式中：n 可以是 1、2 或 3，即 Me^{n+} 可以是某些一价、二价或三价的金属阳离子。

与金属离子生成难溶盐是黑药能作捕收剂的重要原因。同一金属离子的二烃基二硫代磷酸盐的溶度积均较相应离子的黄原酸盐大，故黑药的捕收能力比黄药差。

3. 黑药的捕收性能

由于结构和成分上的原因，黑药的捕收性能与黄药相似。实践表明：凡是黄药可以捕收的矿物，黑药一般也可捕收，但捕收能力弱于黄药。这是因为黄药极性基的中心原子是碳，而黑药极性基的中心原子是磷，磷原子与硫原子的结合要比碳原子与硫原子的结合强，使黑药中的硫与金属结合的能力减弱。

黑药的选择性、稳定性比黄药好，在较低 pH 时使用也不易迅速分解，对黄铁矿的捕收能力弱，对金的捕收性能一般较好，所以在分选含黄铁矿的硫化铜矿或硫化铅锌矿时，可用黑药作捕收剂。另外，黑药与黄药按一定比例混合使用，取长补短，常可获得较好的指标。

1）酚黑药的选择性

25 号黑药做捕收剂时，对不同矿物的吸附曲线见图 5－5，当没有氰化钠、pH 为 6.5 ~ 8.5 时，黄铁矿是不附着的，而黄铜矿和闪锌矿是附着的，说明在这种条件下，从含黄铁矿的闪锌矿和黄铜矿中，可选择性浮出黄铜矿和闪锌矿。

生产实践也表明：图 5－5 所示的原理是正确的。我国某选矿厂处理的矿石是含铜、铅、锌、钼、铋的硫化矿物和黄铁矿，并含有白钨矿，在 pH 为 6.5 ~ 7.0 时，粗选用煤油和 25 号黑药做捕收剂，煤油浮辉钼矿，而黑药捕收铜、铅、锌、铋的硫化矿物，25 号黑药对黄铁矿的捕收能力很弱，而对铜、铅、锌、铋等硫化矿物有很好的选择性；粗选尾矿用硫酸铜活化，用

黄药浮黄铁矿；黄铁矿浮完后，用油酸浮白钨，然后丢弃尾矿。

2）醇黑药的选择性

我国使用的醇黑药多为丁铵黑药或丁钠黑药。蓖子沟铜矿、建德铜矿、前进铜矿、拉么矿、张公岭铅锌矿、东南金矿家岭分矿等，用丁铵黑药替代黄药浮选铜锌硫化矿、铅锌硫化矿时，浮选指标均接近或优于黄药的指标。

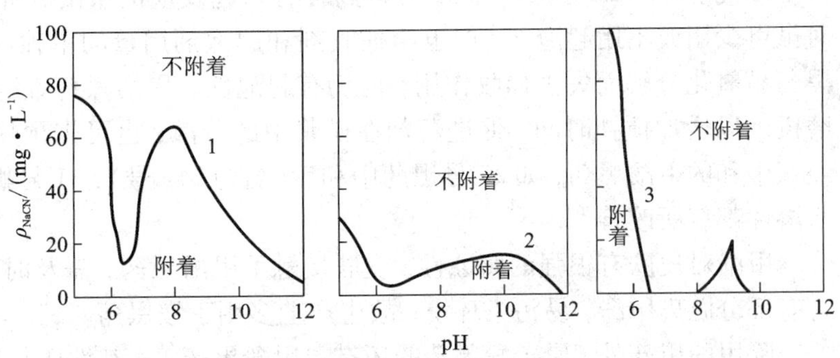

$CuSO_4 \cdot 5H_2O$ 150 $mg \cdot L^{-1}$；Na_2CO_3 25 $mg \cdot L^{-1}$；25 号黑药 150 $mg \cdot L^{-1}$

1—黄铜矿；2—闪锌矿；3—黄铁矿

图 5－5　25 号黑药做捕收剂时不同矿物的吸附曲线

总之，生产上丁铵黑药具有以下三个特点：①丁铵黑药有起泡性能，故做捕收剂时，可以不加松醇油等起泡剂；②丁铵黑药可在较低的 pH 下浮铜或浮铅，故可节省石灰用量；③丁铵黑药的选择性好，铜锌分离或铅锌分离时，可不用或少用氰化钠、硫酸锌，节省药剂费用，消除或减少环境污染，使铜精矿或铅精矿中金的含量提高；④丁铵黑药替代丁黄药浮金时，金精矿回收率和品位有较大幅度的提高。

3）黑药烃基的长短与捕收性能的关系

用乙基到癸基黑药做捕收剂浮选石英和方铅矿的混合物，随着烃基的增长，浮选速度加快，至已基黑药时达到最大值；从戊基到癸基黑药，随着烃基的增大，浮选速度变化不明显。

用 C_8、C_9、C_{10}的醇和对－癸基苯酚、丁基－β－萘酚、叔丁基苯酚、氢化的叔丁基苯酚与五硫化二磷合成黑药时，醇和酚与五硫化二磷之比为 5∶1，用醇合成的黑药为液体产物，用高级酚合成的黑药为膏状或晶体产物，各产品含 50%～80% 二烃基二硫代磷酸。它们用于浮选铜、铅、锌硫化矿和氧化铜、氧化铅矿等的结果表明，高级酚黑药起泡性能太强，矿化较少；高级醇黑药对硫化矿有较强的捕收能力。用 $C_{10} \sim C_{12}$ 混合醇制成的黑药（50 $g \cdot t^{-1}$）和乙基黄药（20 $g \cdot t^{-1}$）浮选铜矿石，其回收率比用丁基黄药与丙基黄药的回收率提高 2.61%，尾矿铜品位明显下降。俄罗斯已工业化生产了 $C_{10} \sim C_{12}$ 烷基黑药。

4．常见黑药

1）酚黑药[$(C_6H_4CH_3O)_2PSSH$]

甲酚黑药是用甲酚与占原料重 25% 或 15% 的五硫化二磷合成。25 号黑药或 15 号黑药的反应式如下：

$$4CH_3-C_6H_4-OH + P_2S_5 \xrightarrow{120 \sim 140℃} 2(CH_3-C_6H_4-O)_2P(=S)-SH + H_2S$$

药剂厂生产甲酚黑药时，只需对反应物料搅拌并升温至 130℃ 即可得到合格产品。

甲酚的邻、间、对三种异构体，以间甲酚为原料合成的黑药，捕收能力最强，对甲酚次之，邻甲酚最差，但这只在理论上有价值，生产中实际意义不大，因为选矿药剂厂生产甲酚黑药都是用混合甲酚为原料合成的。

15 号黑药、25 号黑药和 31 号黑药含有未起反应的甲酚，所以有较强的起泡性能，使用时虽可少用或不用起泡剂，但也给捕收剂和起泡剂用量的单独调节造成困难。长时间放置，黑药易氧化分解而失去捕收作用，但仍有起泡性。甲酚黑药难溶于水，使用时常将其加入球磨机中以增加搅拌时间，促进药剂在矿浆中的分散；也可先预热，再加入搅拌槽内；或使用经氨中和的甲酚黑药，如 25 号黑药中和后(名为 241 号)，31 号黑药中和后(242 号)，它们的水溶性都有所改善。

甲酚对皮肤有很强的腐蚀性，皮肤接触了甲酚黑药，需及时用大量清水冲洗。甲酚黑药含有部分游离甲酚，易污染环境，故生产上多用丁铵黑药。

除甲酚黑药外，属于酚黑药的还有二甲酚黑药等，其性质与甲酚黑药类似。

2)醇黑药

最常用的醇黑药是丁铵黑药[二丁基二硫代磷酸铵，$(C_4H_9O)_2PSSNH_4$]。一般先合成二丁基二硫代磷酸(丁黑药)，再与氨作用便可制取丁铵黑药。丁铵黑药多为白色细粒结晶粉末，微臭，易溶于水，潮解后变黑，有一定的起泡性，无腐蚀性，适于铜、铅、锌、镍等硫化矿的浮选，在弱碱性矿浆中，对黄铁矿和磁黄铁矿的捕收能力较弱，对方铅矿的捕收能力较强。用丁铵黑药部分地替代黄药，可使方铅矿与黄铁矿、黄铜矿与黄铁矿的分离得到改善，为采用无氰分离工艺创造了条件。

除丁铵黑药外，醇黑药还有丁钠或乙钠黑药。丁钠黑药是丁黑药与 Na_2CO_3 中和而成，所以又称“苏打黑药”。其他更长烃链的醇类黑药，由于高级醇的起泡性较强，影响浮选时药剂的单独调节和浮选过程的选择性，效果并不太好，故实践中以丁基钠黑药应用较广。

3)胺黑药

胺黑药是结构与黑药类似的另一类硫化矿捕收剂，通式为 $(RNH)_2PSSH$。工业生产的有环己胺和苯胺黑药等，都是由相应原料(如苯胺)与五硫化二磷反应制得，均为白色粉末，有硫化氢臭味，不溶于水，溶于酒精和稀碱溶液。使用时用 1% 的碳酸钠配成 0.5% 的溶液添加。

胺黑药对光和热的稳定性差，易变质失效，对硫化铅的捕收能力强，选择性较好，泡沫不粘，对细粒方铅矿的捕收比甲酚黑药和乙基黄药更有效，特别是在低 pH 下分选铅锌和铜硫；但用量稍大，一般为 200 ~ 240 $g\cdot t^{-1}$。

5.2.3 硫氮类

1. 硫氮类捕收剂的结构与制备

二硫代氨基甲酸盐[或称氨基二硫代甲酸盐(dithiocarbamate)]类捕收剂在我国习惯上称为硫氮类捕收剂，结构通式为：

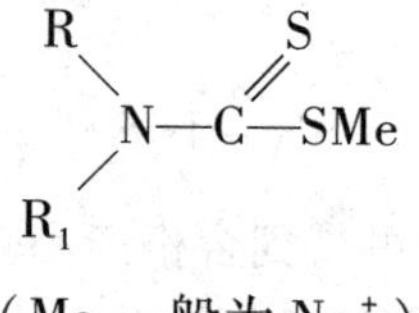

$$(R)(R_1)N-C(=S)-SMe \qquad (C_2H_5)_2N-C(=S)-SNa \qquad (C_4H_9)_2N-C(=S)-SNa$$

(Me 一般为 Na^+) 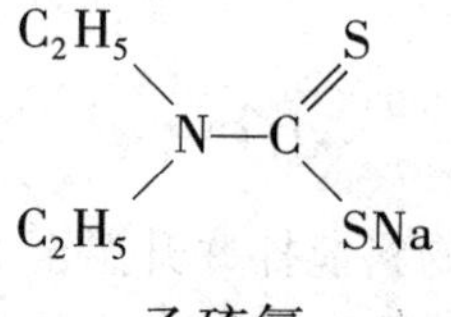　　乙硫氮(二乙基二硫代氨基甲酸钠)　　丁硫氮(二丁基二硫代氨基甲酸钠)

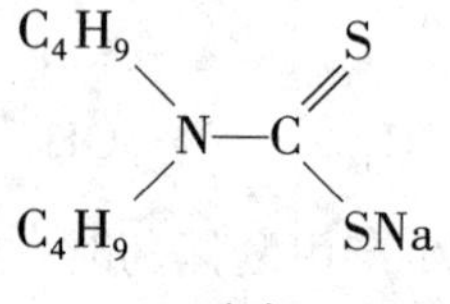

式中 R、R_1 一般是相同的烷基，也可以是芳香基、脂烷基、杂环基等，但一般是 $R = R_1$ 的

两个烷基，所以下面只讨论二烷基二硫代氨基甲酸盐。该分子中硫氮两个原子可同时与矿物表面作用。

20世纪60年代，我国研究了硫氮类捕收剂，并将乙硫氮(ethyl thiocarbamate，SN-9#)在全国推广使用。这类捕收剂是由胺(第一胺或第二胺)与二硫化碳、氢氧化钠作用而成，以乙硫氮为例，用二乙胺、氢氧化钠、二硫化碳合成的反应如下：

$$(C_2H_5)_2NH + CS_2 + NaOH + 2H_2O \longrightarrow (C_2H_5)_2NCSSNa \cdot 3H_2O$$

合成的乙硫氮含三个结晶水，纯度为97%左右。欲合成其他硫氮类捕收剂，可以用相应的胺替代二乙胺。

2. 硫氮类捕收剂的主要性质

乙硫氮是白色粉剂，是应用较广的硫化矿捕收剂之一，因反应时有少量乙黄药产生，工业品常呈淡黄色，易溶于水(35 g/100 mL H_2O)，无毒、无刺激性气味。

硫氮类捕收剂与黄药的性质和浮选性能相近，二者都易氧化和水解，在酸性介质中不稳定等，故在潮湿的空气中长时间放置时，能吸水、分解变质，宜放在阴凉干燥处；适于碱性矿浆；其螯合能力比黄药强，与 Cu^{2+}、Pb^{2+} 等金属离子能生成螯合物，比一般络合物更稳定，覆盖矿物表面后可增强矿物的疏水性。

3. 硫氮类捕收剂的捕收性能

硫氮类捕收剂和黄药的差异在于一个氮原子替代了黄药中的氧原子，且具有两个疏水基，因而与黄药相比，其捕收能力强，浮选速度快，药剂用量少，在高碱度矿浆中选择性强，但生产成本比黄药略高。主要特点如下：

(1)捕收能力较黄药强。

对部分被氧化的硫化铜铅矿石、含贵金属的硫化矿、硫化矿的粗粒连生体，硫氮类捕收剂比黄药有更强的捕收能力，用量比黄药少。

(2)浮选速度快。

以乙硫氮浮选铅锌矿的浮选速度为例，两分钟可取得很高的指标；随着浮选时间的延长，铅精矿中锌的含量显著增加，而铅回收率无显著提高。

(3)选择性好。

硫氮类捕收剂捕收黄铁矿的能力很弱，甚至低于25号黑药，对其他硫化矿具有良好的选择性。铜铅硫化矿抑铜浮铅时，硫氮类捕收剂比黄药可获得更好的分选效果；在高碱度条件下，也能改善铅锌分离效果，可不用或少用氰化钠。工业上使用乙硫氮浮铅抑锌时，采用浅刮泡、勤刮泡、高碱度、低循环、低消耗等综合措施，对铅锌分离有好处。

5.2.4 常见酯类

黄药酯、黑药酯、硫胺酯和硫氮酯等酯类捕收剂是近些年来研究较多的硫化矿捕收剂，一般不溶或微溶于水，大多为油状液体，属非离子型极性捕收剂，是重金属硫化矿的捕收剂，其捕收能力一般弱于黄药，但选择性好、比较安全、不易分解，对酸性强的矿浆也有一定的适应性。

1. 黄药酯

黄药酯又名黄原酸酯，是由黄药分子中的碱金属被其他基团替代而成，可将其看作是黄药的衍生物，其结构通式为 $ROC(=S)—SR'$，式中 R 为烃基，R′是烃基或烃基的衍生物，也可是甲酸酯基等。

(1)黄药酯的主要性质和浮选特性。

①多为油状液体，溶解度很低，使用时需较长时间搅拌，或加入球磨机内，或制成乳化液使用；生产中，多与水溶性捕收剂混合使用，以提高药效、降低用量、改善选择性。

②性质稳定，在水溶液中不电离也不易分解，对介质酸碱度有较强的适应性，对铜有较好的捕收性能，可在碱性或酸性介质中捕收水冶的沉积铜或离析铜。

③具有较高的浮选活性，属于高选择性的捕收剂，对黄铁矿的捕收能力甚至比黑药还弱，即使被铜离子活化了的黄铁矿，用它做捕收剂，只需少量氰化钠即能产生强烈的抑制效果；对铜、锌等硫化矿的捕收能力较强。因此，黄药酯可用于黄铜矿或闪锌矿与黄铁矿的浮选分离。

④对辉钼矿具有较强的捕收能力，可提高铜－钼混合浮选时，铜和钼的回收率，即使在较低 pH 下，也能提高浮选速度，获得良好的选别结果，铜－钼分离时，则可作为浮钼的捕收剂。

(2)常见的黄药酯。

①黄原酸烯酯。

主要是黄原酸丙烯酯，用黄药与 3－氯丙烯作用便可制取，反应如下：

$$ROCSSNa + ClCH_2CH{=}CH_2 \longrightarrow ROCSSCH_2CH{=}CH_2 + NaCl$$

使用不同的黄药作原料，可制得不同的黄原酸丙烯酯。国外常以代号 S－3302、AF－3302 表示，国内代号为 OS 系列，多为淡黄色油状液体，水中溶解度较小，是硫化矿较好的捕收剂，选择性比黄药强。从乙基至己基的各种烷基黄原酸丙烯酯，对黄铜矿、活化了的闪锌矿和黄铁矿的捕收能力，随着烷基碳链的增长而加强，但稍弱于丁黄药，且对黄铁矿只有极弱的捕收能力。丙基替代不饱和的丙烯基时，对黄原酸酯的浮选性能不产生显著的影响。

②黄原酸腈酯。

通式为 $ROCSSCH_2CH_2CN$，其中 R 含 3～8 个碳原子，包括正丙基、异丙基、正丁基、仲丁基、异丁基、己基和辛基等，在水、丙酮或四氢呋喃等有机溶剂中，可用相应的黄药与 β－卤代丙腈或丙烯腈制得，反应如下：

$$ROCSSNa + XCH_2CH_2CN \longrightarrow ROCSSCH_2CH_2CN + NaX$$

$$ROCSSNa + CH_2{=}CHCN + H_2O \longrightarrow ROCSSC_2H_4CN + NaOH$$

这类药剂是自然铜、金以及铜、铅、锌、铁、汞、砷、钼硫化矿的有效捕收剂，在某些情况下，与水溶性的捕收剂混用，可以改善分选效果，特别是低 pH 时浮选硫化铜矿，一般优于戊黄原酸丙烯酯，但不如烃基黄原酸丙烯腈酯。

当 R 为正丁基时，称正丁基黄原酸丙腈酯，按照我国选矿药剂的命名法，称为丁黄腈酯（OSN－43），为淡黄色透明油状液体，浮选性质与硫胺酯相近，是一种选择性较好的硫化矿捕收剂，但对黄铁矿、磁黄铁矿、含钴黄铁矿的捕收能力比黄药差，并有微弱的起泡性能。

③黄原酸烯腈酯。

结构通式为 $ROC(=S)—SCH{=}CHCN$，R 是含碳原子数可以多到 12 的烷基，也可以是芳香基。它们可用顺式或反式的β-卤代丙烯腈与相应的黄药制得，反应式为：

$$ROCSSNa + XCH{=}CHCN \longrightarrow ROCSSCH{=}CHCN + NaX$$

其中：X 可以是氯，也可以是溴；黄药可以是钠黄药，也可以是钾黄药；反应可在水或丙酮、氯仿、乙醚等有机溶剂中进行；反应温度为 0~30℃。用甲、乙、异丙、正丁、仲丁、戊、己、辛、烷基黄药分别和β-卤代丙烯腈作用，可制得相应的烷基黄原酸丙烯腈酯。

在原矿性质、药剂用量和浮选条件相同的情况下浮选铜矿物时，用异丙基黄原酸丙烯腈酯做捕收剂，浮选尾矿铜品位很低，即它的捕收能力最强；用烷基黄原酸丙腈酯做捕收剂，尾矿品位居中，即其捕收能力一般；用戊基黄原酸丙烯酯做捕收剂，尾矿品位最高，说明其捕收能力最弱。

④黄原酸甲酸酯。

这类药剂可用黄药与氯甲酸酯反应而成：

$$x\,\mathrm{ROC}(=\mathrm{S})\text{—}\mathrm{SNa} + y\,\mathrm{ClCOOR'} \xrightarrow{\text{戊烷}} \mathrm{ROC}(=\mathrm{S})\text{—}\mathrm{SCOOR'} + \mathrm{NaCl}$$

式中：$x = 1.5y$，R、R′为烷基或芳烷基。

将浓度50%的钠黄药水溶液与溶于戊烷的氯甲酸酯混合，搅拌24 h即得黄原酸甲酸酯，它是黄铁矿中浮出硫化铜矿物选择性很好的捕收剂，还可在酸性介质中浮选浸出的沉积海绵铜，也可用于海水介质的浮选过程。

这类药剂与矿物表面金属离子生成螯合物而固着于矿物表面，烃基疏水而引起矿物上浮。对矿物的捕收性能顺序为：黄铜矿≈辉铜矿>铜蓝>斑铜矿≫黄铁矿，因此，浮选硫化铜矿时，很容易与黄铁矿分离。而黄药浮选硫化铜矿物，为了抑制黄铁矿，常加入大量石灰，石灰会抑制金，使金的回收率降低，因此，浮选含金的硫化铜矿时，若采用黄原酸甲酸酯，既便于铜硫分离，又有利于金回收率的提高。

2. 黑药酯

烃基二硫代磷酸硫醚酯是黑药的衍生物，可视作黑药的酯，故称为黑药酯，也是硫化矿的捕收剂，结构通式为：

$$(\mathrm{RO})_2\mathrm{P}(=\mathrm{S})\text{—}\mathrm{SH(Me)} \qquad\qquad (\mathrm{RO})_2\mathrm{P}(=\mathrm{S})\text{—}\mathrm{S(\underset{\displaystyle R'}{\underset{|}{C}}H)_n SR''}$$

黑药　　　　黑药酯（烃基二硫代磷酸硫醚酯）

黑药通式中，R 为碳原子数少于或等于6的烷基，如甲基、乙基、丙基、丁基、戊基、己基等；R′为 H 原子或甲基；R″为碳原子数较少的烷基（如甲基、乙基、丙基、丁基、戊基等）、烯烃（如乙烯基）、芳香基（如苯基、甲苯基、萘基等）；n 为小于3的正整数；通常，R 为乙基或丙基，R′为 H 原子，R″为乙基、丙基、异丙基和丙烯基。

含有活泼卤原子的β-卤代硫醚及其衍生物在碱性物质如吡啶、碳酸钠存在下，与黑药作用能生成相应的黑药酯，反应通式如下：

$$(\mathrm{RO})_2\mathrm{P}(=\mathrm{S})\text{—}\mathrm{SH} + \mathrm{ClCH_2CH_2SR''} \xrightarrow{\text{吡啶或碳酸钠}} (\mathrm{RO})_2\mathrm{P}(=\mathrm{S})\text{—}\mathrm{SCH_2CH_2SR''} + \mathrm{HCl}$$

吡啶或碳酸钠能与反应生成的 HCl 作用，使反应向右进行：

如用钾、钠或铵黑药作原料，可在合适的有机溶剂中进行反应，生成的无机盐氯化钠（铵）不溶于有机溶剂而沉淀析出，促使反应向右进行：

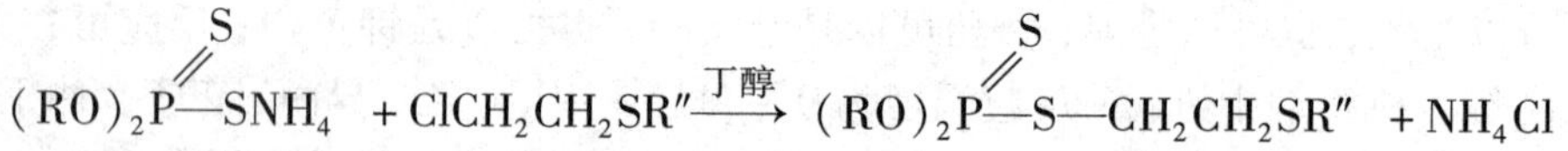

$$(RO)_2P(=S)—SNH_4 + ClCH_2CH_2SR'' \xrightarrow{丁醇} (RO)_2P(=S)—S—CH_2CH_2SR'' + NH_4Cl$$

黑药酯的特点是在低 pH 下（pH 为 5）对硫化矿的浮选也能保持很高的选择性。离子型捕收剂浮选硫化矿时一般 pH 为 9～11 时，对许多自然 pH 低的硫化矿，往往消耗大量的石灰。若用黑药酯浮选，不加石灰，也能得到与添加大量石灰和黄药浮选时相似的结果，有利于实现低碱或弱酸条件下的高效分选。

值得注意的是：该捕收剂可捕收活化的闪锌矿，却完全不浮方铅矿，如用量为45 $g \cdot t^{-1}$的乙基黑药甲基乙基硫醚酯[$(C_2H_5O)_2PSSCH_2SC_2H_5$]不能从硫化矿中浮选硫化铅。

3．硫胺酯

黄原酸分子中的巯基被烷基氨基取代即成硫胺酯（硫逐氨基甲酸酯），属非离子型极性捕收剂，结构通式为 $ROC(=S)—N(R')—R''$，其分子中与氧相连的 R 和与氮相连的 R′可以是相同的烷基，也可以是不同的烷基；R″可以是氢原子，也可以是烷基。

（1）主要性质。

硫胺酯类也是国内外使用较广的硫化矿捕收剂，为淡黄色（琥珀色）油状液体，由于有杂质存在，故具有硫化物的气味；比重略低于水，在水中的溶解度较小，当硫胺酯用量为几十克/吨矿时，在矿浆中有足够好的分散性，可直接加入浮选槽或搅拌槽中使用。在酸性或中性介质中，它呈分子的“硫逐”（C═S）形式存在；在碱性介质，则能从“硫逐”型部分转化为硫醇型，这种互变异构现象已经被吸收光谱所证明，因而可以认为该类捕收剂具有弱酸性：

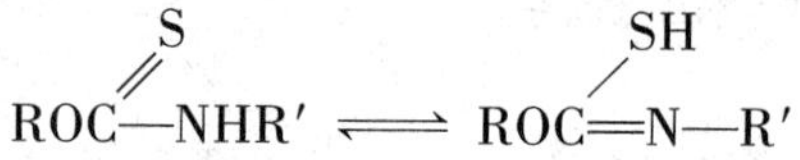

$$\underset{(酸性或中性介质)}{ROC(=S)—NHR'} \rightleftharpoons \underset{(碱性介质)}{ROC(SH)=N—R'}$$

在1%～20%氢氧化钠溶液中，可能发生如下转化：

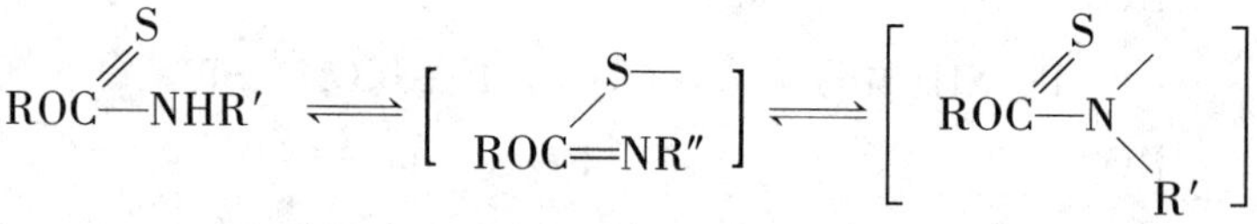

$$ROC(=S)—NHR' \rightleftharpoons \left[ROC(S—)=NR''\right] \rightleftharpoons \left[ROC(=S)—N(—)(R')\right]$$

（2）捕收性能。

硫胺酯的特点是选择性强、用量少，虽然成本较高，但效果较好，可节省其他药剂，对黄铜矿、辉铜矿和活化的闪锌矿的捕收作用较强，对黄铁矿的捕收能力却极弱，是分选铜、铅、锌等硫化矿的选择性捕收剂，可降低抑制黄铁矿所用的石灰用量，对锌硫的分离也能取得较好的效果。

（3）常见硫胺酯。

①丙乙硫胺酯[O－异丙基－N－乙基硫逐氨基甲酸酯，代号 Z－200，也可用 UTK 符号代表，其中 TK 代表硫胺类捕收剂]是主要应用的硫胺酯，是用一氯醋酸、异丙黄药和乙胺合成的，为琥珀色微溶于水的油状液体。

②丙甲硫胺酯[O－异丙基－N－甲基硫逐氨基甲酸酯]，习惯上称为甲基硫胺酯，结构

式为：

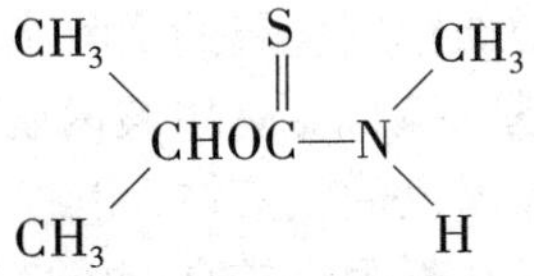

$$\begin{array}{c} CH_3 \quad\quad S \quad\quad CH_3 \\ \diagdown \quad\quad \| \quad\quad \diagup \\ CHOC—N \\ \diagup \quad\quad\quad\quad \diagdown \\ CH_3 \quad\quad\quad\quad H \end{array}$$

在酸性和中性介质中，甲基硫胺酯呈分子的硫逐形式存在，而在碱性介质中，则能从硫逐(C═S)形式部分地转化成离子的硫赶(C—S—)形式，因而可认为甲基硫胺酯是酸性的；它对矿浆 pH 适应的范围也较宽，具有选择性好和捕收能力强的特点，可以很好地实现铜－硫分离，明显提高铜及伴生贵金属的回收指标。

③PAC(promotor and collector)主要成分为 O—异丁基—N—烯丙基硫逐氨基甲酸酯，结构式为：

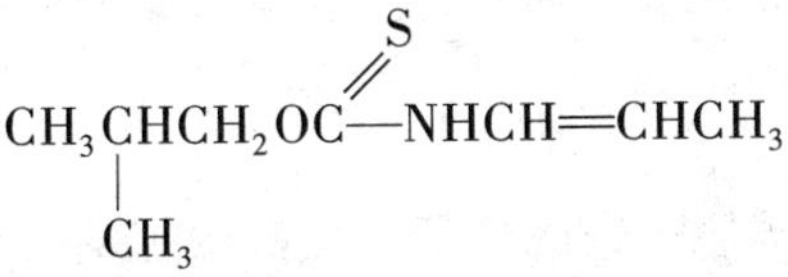

$$CH_3\underset{\displaystyle |\atop \displaystyle CH_3}{C}HCH_2O\overset{S}{\overset{\diagup\!\!\diagup}{C}}—NHCH═CHCH_3$$

PAC 分子结构中有两个极性亲固基和两个断面较大的非极性基，使整个药剂分子和基团的直径大、断面大。PAC 分子中一个 R 基对亲固基起静电吸引作用，另一个 R 基对亲固基起供电效应，正负效应的一致性，使双亲固基的 π 共轭体系得以加强，使 PAC 的捕收能力和选择性得到加强。

PAC 性能稳定，加热到 120℃不分解，低温下不凝固，仍可流动，对黄铁矿和磁黄铁矿捕收力弱，对伴生的金银捕收效果显著。用 PAC 替代 OSN－43（丁黄腈酯）浮选凤凰山硫化铜矿，精矿铜品位和回收率分别提高 1.27% 和 1.65%，金和银的回收率分别提高 7.43% 和 4.33%。

④ECTC 为乙氧基羰基硫逐氨基甲酸酯，其结构式为：

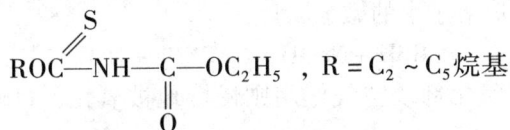

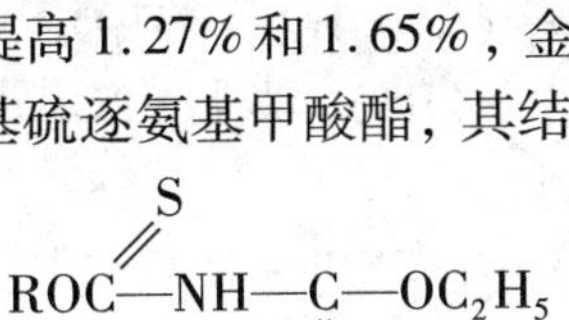

$$RO\overset{S}{\overset{\diagup\!\!\diagup}{C}}—NH—\underset{\displaystyle \|\atop \displaystyle O}{C}—OC_2H_5 \quad , R = C_2 \sim C_5\text{烷基}$$

黄药、Z－200、ECTC 均可做硫化铜矿物的捕收剂，但铜硫分选所需的矿浆 pH 不同。黄药做捕收剂，pH 为 12.5；Z－200 的 pH 为 11 左右，ECTC 的 pH 为 8.5 左右，此时可取得很好的浮铜抑硫指标。由于石灰会抑制金银，pH 越高，对贵金属的回收越不利，而 ECTC 能在 pH 为 8.5 左右进行铜硫分选，是铜硫分离的良好捕收剂，有利于含金银硫化铜矿的综合回收。

⑤ATC 为 O－烷基－N－丙烯基硫逐氨基甲酸酯（$R-O-C(S)-NH-CH_2-CH=CH_2$），该类捕收剂已在铜、锌硫化矿浮选中得到了应用。

4. 硫氮酯

硫氮酯(氨基二硫代甲酸酯)是硫氮类捕收剂的金属离子 Me 被烃基或烃基的衍生物取代而成。硫氮酯分子中，R_1一般是和 R 相同的含碳较少的烃基。

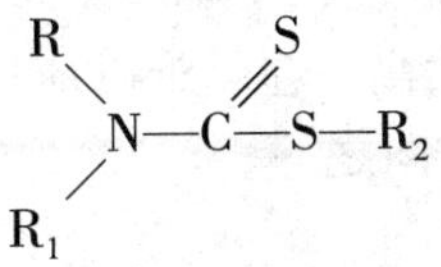

$$\begin{array}{c} R \quad\quad\quad S \\ \diagdown \quad\quad \diagup\!\!\diagup \\ N—C—S—R_2 \\ \diagup \\ R_1 \end{array} \qquad \begin{array}{c} R \quad\quad\quad S \\ \diagdown \quad\quad \diagup\!\!\diagup \\ N—C—SMe \\ \diagup \\ R_1 \end{array}$$

硫氮酯 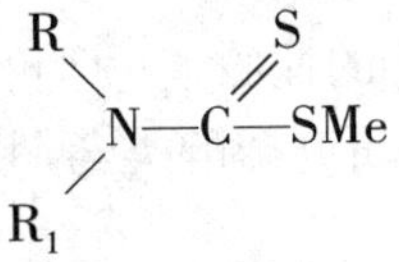　　　　硫氮类捕收剂

用二甲基二硫代氨基甲酸酯(简称为 DMDC)替代异丙基甲基硫逐氨基甲酸酯(ITC)和丁黄药浮选含铂族金属的铜镍矿，能增加铂族金属的回收率，并降低药耗。

乙硫氮丙腈酯[酯-105，二乙基二硫代氨基甲酸丙腈酯，$(C_2H_5)_2NCSSCH_2CH_2CN$]是一种兼有捕收和起泡性能的药剂，呈棕褐色油状液体，稍有鱼腥味，难溶于水，可溶于酒精、四氯化碳等有机溶剂，化学性质稳定。其凝固点较高(约22℃)，在浮选过程中使用时，需要加温或配成乳液使用；通过与松醇油混合使用，可避免冬夏温差对浮选指标的影响。

浮选硫化铜矿时，硫氮丙腈酯代替丁黄药和松醇油，其用量仅为黄药和松醇油的1/4～1/3，显著地降低选矿药剂费用，提高选矿指标。

5.2.5 硫醇类

这类捕收剂包括硫醇及其衍生物，通式为 RSH，主要有硫醇(mercaptan)、硫酚、苯骈噻唑、苯骈咪唑硫醇等巯基化合物。

1. 硫醇和硫酚

硫醇易挥发，沸点比相同碳原子数的醇低。硫醇中巯基的缔合能力较醇中羟基的缔合能力差。硫醇和硫酚都是弱酸性物质，在水中电离出少量氢离子：

硫醇： $$RSH \rightleftharpoons RS^- + H^+$$

硫酚： $$ArSH \rightleftharpoons ArS^- + H^+$$

解离的阴离子 RS^- 通过活性硫原子可以与硫化矿表面的某些重金属离子作用，并通过其烃基 R 造成矿物表面的疏水性。例如硫醇与 HgO 或醋酸汞作用，生成无色的不溶解的硫醇汞，与醋酸铅作用生成黄色的硫醇铅：

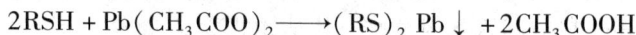

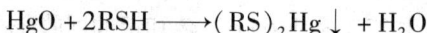

$$HgO + 2RSH \longrightarrow (RS)_2Hg\downarrow + H_2O$$

$$2RSH + Pb(CH_3COO)_2 \longrightarrow (RS)_2Pb\downarrow + 2CH_3COOH$$

硫醇与稀碱作用，生成溶于水的碱金属盐：

$$RSH + NaOH \longrightarrow RSNa + H_2O$$

巯基化合物与温和的氧化剂或空气作用则慢慢地被氧化，如硫醇氧化为二烃基二硫化合物：

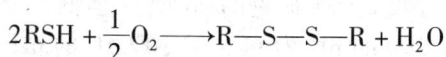

$$2RSH + \frac{1}{2}O_2 \longrightarrow R—S—S—R + H_2O$$

分子量小的硫醇或硫酚具有特殊的臭味，且价格较高，不适于做浮选药剂，以免影响工人的健康；但随着分子量增大，其挥发性减少，臭味减弱，可做捕收剂。国外已有长链烃硫醇(如 R_{12})工业应用的报道。十二烷基叔硫醇是同分异构体的混合物，即含12个碳叔硫醇的混合物。采用十二烷基硫醇与巯基苯骈噻唑混合捕收剂浮选炉渣中的铜，不仅能浮选硫化铜，也能捕收金属铜。正十二烷基硫醇和十二烷基叔硫醇以质量比(0.5～1):1 混合，再加入10%～30%的甲酚组合使用，效果也较好，尤其适用于从矿石中浮选铂族金属。十二烷基叔硫醇也是铜钼矿的良好捕收剂，与硫代硫酸钠混用，能提高铜钼精矿的回收率，并对钼具有较好的选择性。

硫醇虽是捕收性能很好的捕收剂，但价格太高，选厂难以应用。改进合成路线，降低成本，使其得到推广利用，是研究硫醇类药剂的方向之一。

2. 苯骈噻唑

巯基苯骈噻唑在橡胶工业中用做硫化促进剂，化工上俗称快热粉，国外简称 MBT，国内简称噻唑硫醇，其结构式为：

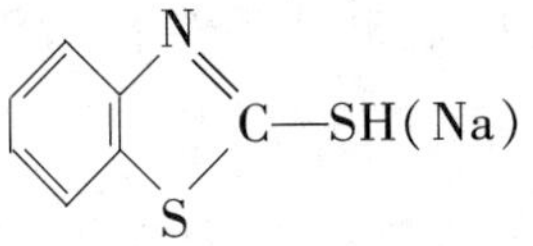

N
C—SH(Na)
S

苯胺、二硫化碳和硫在高压釜中加热到250℃，即可生成巯基苯骈噻唑：

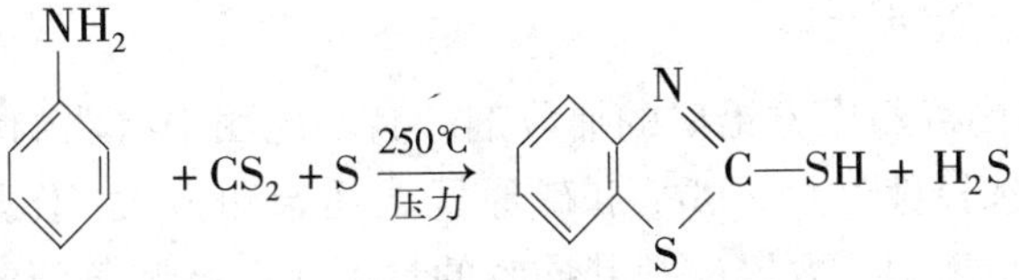

$$NH_2 + CS_2 + S \xrightarrow[\text{压力}]{250℃} \text{C—SH} + H_2S$$

工业品的苯骈噻唑为黄色粉末，不溶于水，具有微弱的酸性，能溶于氢氧化钠或碳酸钠溶液。使用时可将其固体粉末直接加入磨机，或先溶于碱液后使用。其钠盐称为卡普耐克斯(Capnex)，可溶于水。

苯骈噻唑浮选硫化矿时，对方铅矿的捕收能力最强，对闪锌矿的捕收能力较差，对黄铁矿的最弱。苯骈噻唑也是金和含金黄铁矿非常好的捕收剂，用其替代黄药浮选黄铁矿，能使捕收剂的用量减少、回收率增加。但苯骈噻唑用量大时，常引起精矿质量下降，实践中多与黄药或黑药配合使用。

3. 苯骈咪唑

国内选矿药剂的商品名为咪唑硫醇(N－苯基－2－巯基苯骈咪唑)，其结构式为：

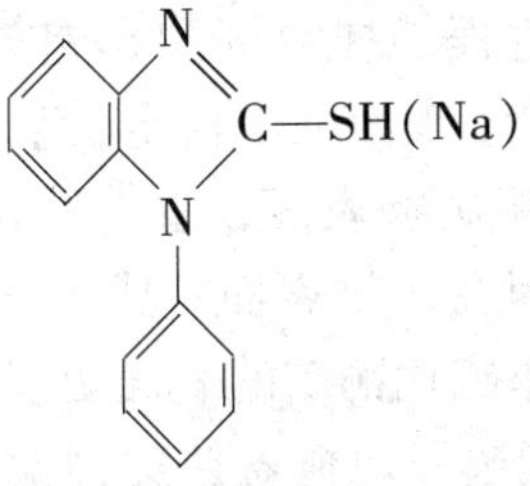

N
C—SH(Na)
N

咪唑硫醇为灰色固体粉末，有臭味，较稳定，不易分解变质，难溶于水、苯和乙醚，易溶于丙酮、乙醇、热碱和热醋酸。使用时常溶于热氢氧化钠中配成1%～2%的水溶液。其分子中除含—SH基外，还含可配位的基团 —N═ ，可以与某些金属离子生成螯合物。由于其选择性较好，常用于氧化铜矿(主要是硅酸铜和碳酸铜)、难选硫化铜矿和自然金矿中作浮选捕收剂；既可单独使用，也可以与黄药混合使用。

5.2.6 其他硫化矿捕收剂

硫化矿捕收剂及其应用的报道较多，但结构明确的新药剂不多，除了上述捕收剂外，下面介绍一些结构明确的硫化矿捕收剂。一些以代号表示的捕收剂，如T－2K、KM－109、Mac－10、AP、DY－1、TF－3、NXP－1、JT－235、BS－1201、PN405、T－208、BF系列、PN403、FZ－9538、ZJ－1、BK905B、ZY_{101}、BK_{320}、N－132等不在这里叙述。

1. Armac C 捕收剂

Armac C是椰子烷基氨基硫代醋酸的商品名称，纯度为95%～100%，相对分子质量217.8，结构式为$RN-HCH_2C(S)OH$，其中R为含12个碳原子的椰子油基。它有很强的疏水性，50℃时可溶于水，在水中呈下列平衡：

$$RNHCH_2—C(O)SH \rightleftharpoons RNHCH_2C(S)OH$$

它对黄铁矿具有很强的捕收能力，在碱性条件下，浮选氰化浸渣中的硫化物时，浮选效果比戊黄药好。

2．一硫代苯甲酸

其结构式为：$C_6H_5—C(=O)—SH$

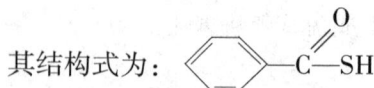

一硫代苯甲酸可替代黄药作方铅矿的捕收剂。其功能团中有弱的和强的电子给予体S和O原子，对金属离子有选择性作用，Pb^{2+}和硫原子之间亲和力大，作用比较容易；根据红外光谱研究，硫原子的效应明显，方铅矿被其捕收的量不比乙基钾黄药的少，在苯甲酸存在下，能增强捕收作用。一硫代苯甲酸能牢固地吸附在方铅矿表面，吸附等温线的斜率在捕收剂浓度高的区间很陡。

3．二苯胍

其结构式为：$C_6H_5—NHC(=NH)—HN—C_6H_5$

用酒精或甲苯重结晶得到的二苯胍是针状晶体，熔点148℃，温度高于170℃分解，易溶于酒精、四氯化碳、三氯甲烷、热苯、热甲苯和稀无机酸，微溶于水，与硝酸作用生成硝酸二苯胍。

国外二苯胍做铜镍、冰铜分选过程的捕收剂和起泡剂，比黄药浮选硫化铜的选择性好。黄药浮选氧化铜矿时，由于溶解度大、表面层不稳定，浮选困难，回收率低，一般需要硫化，使矿石表面生成硫化膜以稳定氧化铜矿物表面，才能得到较好的指标，但效果仍不够理想。若将氧化铜矿硫化，再加二苯胍，因在矿物表面生成了稳定络合物，降低溶解度，并产生了更为耐磨、不易脱落的“表皮”，使非硫化铜矿的表面更稳定，这种被二苯胍覆盖的表面只是略为疏水，但非常亲油，非极性油能选择地覆盖在这种铜矿物的表面，使之转化为强疏水性的可浮状态，所以用硫化钠将铜矿硫化，再用二苯胍和非极性油捕收，可得到较好的浮选效果。可见，胍不但可作硫化铜矿的捕收剂，也是氧化铜矿物较好的捕收剂。

4．亚砜

其结构式为 $R—\underset{\underset{O}{\downarrow}}{S}—R'$ ，其中R、R′一般是烷基。

亚砜是硫化矿和金、银的捕收剂。代号为P－60的金、银捕收剂的主要成分即为亚砜，铜绿山铜矿、狮子山铜矿、凤凰山铜矿等企业的工业实践表明，它可提高金银的回收率3%~8%。另外，少量的低硫亚砜与黄药混用浮选铜镍矿能得到较好的效果，这类有代表性的捕收剂代号为OSIM。

5．环硫烯胺组合药剂

环状硫化物与胺作用生成新药剂，一般对锌的浮选有不同程度的效果，其中以环硫乙烯与苯胺作用的产物效果最佳，但对这种药剂的组成尚未彻底弄清，暂时命名为环硫烯胺混合药剂。环硫乙烯胺类药剂的特点是不必用硫酸铜作活化剂，就可得到较好的效果。某铅锌矿选厂铅浮选尾矿，采用环硫乙烯－苯胺混合药剂浮选闪锌矿与黄药和硫酸铜的效果接近，比只用黄药不用硫酸铜的效果好。

6. 烷基醚醇硫酸钠

这类药剂是高级醇与环氧丙烷缩合产物的硫酸盐，通式为：

$$R(OCH_2\underset{\underset{CH_3}{|}}{CH})_nOSO_3Na$$

式中：R是含8~10个碳原子的烷基，$n=10$及少量的氧乙烯者最好。

烷基硫醚硫酸类捕收剂具有起泡性，可以减少起泡剂用量，不捕收黄铁矿，分选含铜、铁硫化矿物时，能显著地提高黄铜矿与黄铁矿和脉石的分选效率。该药剂是除黄铁矿以外的其他金属硫化矿的有效捕收剂，无特殊气味，在浮选细粒矿物时比常用的捕收剂效果好；可以单独使用，也可以和黄药、黑药等配合使用。

7. 三硫代碳酸盐/酯(TTC)

三硫代碳酸盐结构式为：

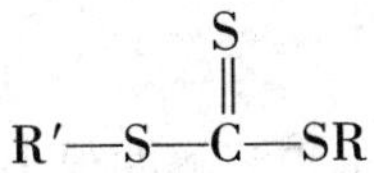

$$R'—S—\overset{\overset{S}{\|}}{C}—SR$$

式中R为烷基，R′多为丙烯基、乙烯基、苄基等。典型的代表是异丙基三硫代碳酸钠，容易水解，在空气中与水蒸气作用放出硫醇气味；为了避免水解生成硫醇，毒化空气，在合成和贮存时，须用去湿剂防潮。浮选辉钼矿时，用三硫代碳酸酯与碳原子数大于11以上的芳烃混合使用，能提高选择性和回收率。

TTC比二硫代碳酸盐(黄药，DTC)更易氧化生成相应的二硫醇盐。常规吸附量分析结果表明，TTC捕收剂可有效地用于硫化矿混合浮选中。TTC在南非Anglogold选厂所进行的工业试验和铂族金属矿石小型试验中，都获得了高效的分离效果。

8. 带乙炔功能团的捕收剂

用含有炔烃结构的有机物做硫化矿的捕收剂，有关它们的结构式举例如下：

(a) 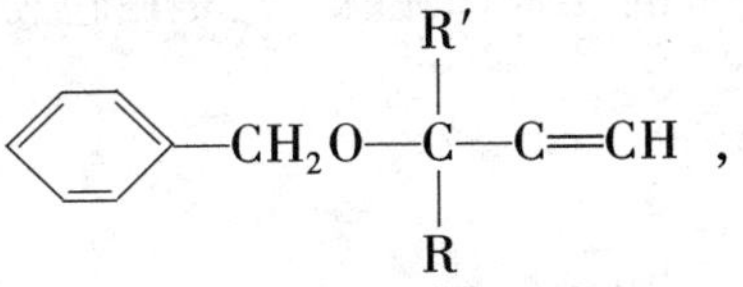 $C_6H_5—CH_2O—\underset{R}{\overset{R'}{C}}—C{\equiv}CH$，R和R′是烷基，如$—CH_3$、$—C_2H_5$等。

(b) $ROCH—CH—C{\equiv}CH$，R=1~8个碳原子的烷基。

(c) 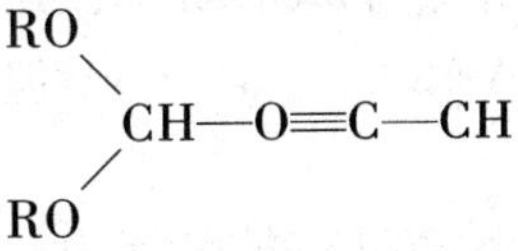 $(RO)_2CH—O{\equiv}C—CH$，R=1~7个碳原子的烷基。

(d) 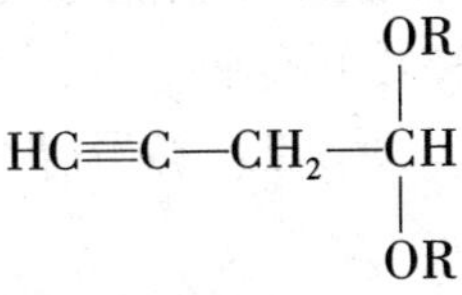 $HC{\equiv}C—CH_2—\underset{OR}{\overset{OR}{CH}}$，R=1~7个碳原子的烷基。

这类药剂通过产生金属炔盐和络合物而固着在矿物表面，烃基疏水附着于气泡而上浮，是硫化钼矿物浮选很有前途的捕收剂。我国对此类捕收剂亦作了研究，且原料丰富，很有应用价值。

9．磷酸衍生物

（1）二烷基二硫代次膦酸：其分子式为 $\mathrm{R_2P(=S)—SH(Na)}$ ，式中 R 为烷基。

二烷基二硫代次膦酸钠可做硫化矿的捕收剂，浮选某黄铜矿时，铜回收率高达86.4%。该捕收剂也能有效地捕收金和银，用量较常规药剂低 20% ~30%。

二异丁基二硫代次膦酸钠(DTPINa，Aerophine 318A)可用于黄铁矿含量高的矿石中浮选铅、铜和贵金属。墨西哥某选厂用它替代黄药，铅精矿中银品位从 10 $\mathrm{kg\cdot t^{-1}}$ 提高到 30 $\mathrm{kg\cdot t^{-1}}$，该药剂对方铅矿中 Pb^{2+} 亲合力大，对方铅矿选择性好，如矿浆中有 Pb^{2+}、Fe^{2+} 或 Fe^{3+} 离子，会吸附在黄铁矿表面，降低浮选的选择性。

（2）二(2－乙基己基)磷酸：结构式为：

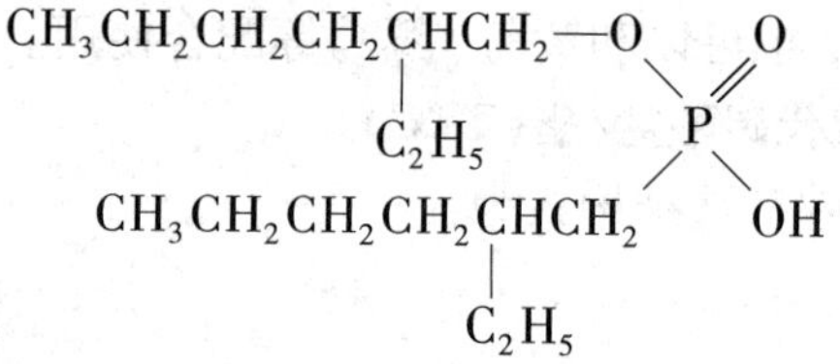

$$\mathrm{[CH_3CH_2CH_2CH_2CH(C_2H_5)CH_2—O]_2P(=O)OH}$$

分子量为 322.34，纯度为 99%，在水中溶解度很小，易溶于丙酮、苯和四氯化碳等有机溶剂。用它的丙酮溶液浮选闪锌矿单矿物和人工混合矿，可取得较好效果。二(2－乙基己基)磷酸从分子结构上看，与矿物吸附的磷酸根中的原子应为氧原子，说明它也可捕收氧化矿。

10．硫脲类

硫脲在水溶液中存在互变异构现象，有两种互变异构体，其结构平衡式为：

$$\mathrm{H_2N—C(=S)—NH_2 \rightleftharpoons H_2N—C(SH)=NH}$$

硫脲分子中没有非极性基，与矿物作用后不但不能提高矿物表面的疏水性，反而会增强其表面的亲水性，因此作为捕收剂使用的硫脲类实际上是硫脲的某些烃基衍生物。

具有代表性的硫脲(thioureas)类捕收剂是不溶于水的二苯基硫脲，它是白色粉末，故俗称白药，其结构式为：$\mathrm{C_6H_5—NH—C(=S)—HN—C_6H_5}$。

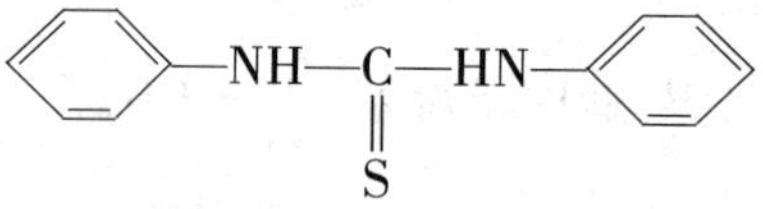

用作硫化矿捕收剂的白药有烃基硫脲(如 N，N′－二苯基硫脲，N，N′－亚乙基硫脲，N，N′－亚丙基硫脲等)和烃基异硫脲等。因其难溶于水，实践时多加于球磨机中，或将其溶于苯胺或邻甲苯胺中配成 10% ~20% 的溶液使用，分别称为 T－A 和 T－T 混合剂，但由于成本高，工业应用不多。

白药大多与黄药和黑药共用，它的主要特点是选择性强，对黄铁矿捕收能力较弱，浮选速度慢，而对方铅矿特别是含银方铅矿和含银硫化矿捕收性较好，多用作铜、铅、锌、铁多金属硫化矿分选时铅的捕收剂。但由于白药比黄药贵，且使用不便，所以工业应用不多。

乙基硫脲结构式为：$\mathrm{CH_3CH_2NH—C(=S)—NH_2}$

分子中 S 和 N 原子与黄铜矿表面的铜原子生成螯合物，并吸附在表面，乙基疏水而起捕收作用，因而可做黄铜矿捕收剂。

5.3 氧化矿捕收剂

这类捕收剂的极性基(亲固基)以羧酸基、磺酸基、硫酸基、磷酸基和胺基为主，非极性基一般为7~20个碳原子的烷基或烯烃基，分子量较大，极性亲固基团的亲固原子一般为O和N，根据“相似相吸”原则，这类捕收剂对晶格表面有O原子的氧化矿物有选择性捕收作用，同时也有较强的起泡性。生产上把氧化矿(oxide minerals)捕收剂分为阴离子型和阳离子型，前者多为各种烃基酸，后者主要是有机胺类。胺类不仅可以浮选有色金属氧化矿，也是硅酸盐矿物的有效捕收剂。此外，还可用特殊的捕收剂如螯合剂浮选氧化矿。近年来，大量的组合捕收剂和螯合剂浮选氧化矿的研究，取得了可喜成果，例如攀枝花细粒级钛铁矿的浮选，采用MOS捕收剂(由三种捕收剂组合而成)效果较好；对柿竹园的黑白钨矿，用CF、GY类螯合剂捕收，解决了多年来黑钨矿和白钨矿必须用不同选矿方法分步回收，以及白钨矿与含钙矿物难以浮选分离的技术难题。

5.3.1 烃基酸类捕收剂的结构及性能

1. 烃基酸类捕收剂的分类及结构

烃基(含氧)酸阴离子型捕收剂的极性基含有键合氧原子，与含键合硫原子的硫化矿捕收剂相比，由于氧的电负性比硫的大得多(氧的电负性 $X_o=3.5$，而硫则为 $X_s=2.5$)，致使氧和金属原子结合形成的化学键离子性成分多一些，共价成分少一些；同时含氧酸极性基的水化性比硫代酸极性基的水化性也要强得多，因此，为了能在矿物表面产生比较牢固的吸附固着并造成足够的疏水性，烃基酸类捕收剂比硫代化合物非极性基的分子量(或烃链长度)要大得多，且药剂的用量一般也要大。

烃基酸的种类很多，按亲固基的组成和结构，大致分为6类，其中应用最广泛的是脂肪酸及其皂(分子中的氢被Na或K取代就成皂)：

(1)羧酸(盐)类：如油酸、氧化石蜡皂、环烷酸等。由于常用的含羧基的有机酸最早是由脂肪水解得到的，故这些酸又常称为脂肪酸。

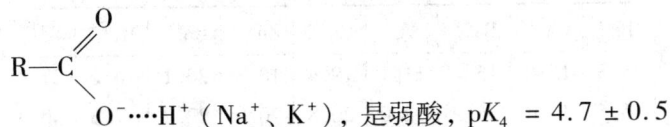

$$R—C(=O)—O^-\cdots H^+\ (Na^+、K^+)$$，是弱酸，$pK_4=4.7\pm0.5$

(2)烃基磺酸(盐)类：如磺化石油、烷基芳基磺酸盐等。

$$R—S(=O)(=O)—O^-\cdots H^+\ (Na^+、K^+)$$ 是较强酸，$pK_4\approx1.5$

式中，R为烷基、烷基芳基或环烷基。

(3)硫酸酯类：如烃基硫酸酯等。其结构式如下：

$$R—O—S(=O)(=O)—O^-\cdots H^+\ (Na^+、K^+)$$ 是较强酸

(4)膦酸类：如苯乙烯膦酸等。其结构式如下：

$$R-P(=O)(O^-\cdots H^+)(O^-\cdots H^+)$$

，是弱酸，pK_a 在 2.0 ~ 4.7 之间

(5)羟肟酸类：如烷基羟肟酸等。其结构式为：

$$R-C(OH)=N-OH$$

弱酸，$pK_a \approx 9$

(6)胂酸类：如混合甲苯胂酸等。其结构式为：

$$R-As(=O)(O^-\cdots H^-)(O^-\cdots H^-)$$

2. 烃基酸类捕收剂的捕收性能及应用

烃基酸的捕收能力除与烃基长短和亲固基有关外，主要与烃基的不饱和程度有关。碳原子数相同、不饱和程度越高的烃基，即烃基中双键数目越多，捕收能力越强，这是因为不饱和程度越高的烃基酸越容易溶解，临界胶束浓度愈大，捕收剂覆盖面积愈大，降低矿浆温度时这一影响更为明显。在温度较低的矿浆中，不饱和程度高的烃基酸的捕收活性不大，而饱和酸和不饱和程度低的酸的捕收能力却显著降低。

很多烃基酸类捕收剂能与 Ca^{2+}、Mg^{2+}、Ba^{2+}、Sr^{2+} 等碱土金属生成溶解度较小的盐(见表5-2)，因此，含有碱土金属离子的非硫化矿物可以用该类捕收剂浮选，巯基类捕收剂却不能。另外，烃基酸与 Pb^{2+}、Mn^{2+}、Fe^{2+} 等一些有色和黑色金属离子也能生成难溶的金属皂，故也可以捕收这些金属的非硫化矿物。烃基酸虽可以浮选硫化矿物，但实践上一般不用，因为其选择性较巯基类捕收剂差，脉石矿物也经常能被它浮起。

表5-2　各种脂肪酸的溶度积(负对数值)

脂肪酸种类	Mg^{2+}	Ca^{2+}	Ba^{2+}	Ag^+	Cu^{2+}	Zn^{2+}	Pb^{2+}	Mn^{2+}	Al^{3+}	Fe^{3+}	Cd^{2+}	Fe^{2+}
$C_{15}H_{31}COO^-$	14.3	15.8	15.4	11.1	19.4	18.5	20.1	16.2	27.9	31.0	18.0	15.6
$C_{17}H_{33}COO^-$	15.5	17.4	16.9	12.0	20.8	20.0	22.2	17.5	30.3	—	—	17.4

用烃基酸及其皂浮选的矿物一般有：①含碱土金属阳离子的极性盐类矿物，如方解石、萤石、重晶石、白钨矿、菱镁矿、白云石和磷灰石等；②碳酸盐和硫酸盐类有色金属氧化矿物，如孔雀石和白铅矿等；③赤铁矿、氧化锰和菱铁矿等黑色金属氧化矿物；④未被活化的硅酸盐不能被有机酸及其皂浮选，而经活化、表面吸附 Ca^{2+}、Mg^{2+}、Fe^{2+} 等金属离子的硅酸盐才能被烃基酸浮选；⑤岩盐、硼矿物等易溶于水的含碱和碱土金属的可溶性矿物。

3. 烃基酸类捕收剂的作用机理

烃基酸多为弱有机酸，在矿浆中因其解离常数大小和介质 pH 的不同，而呈分子或离子状态。它们与矿物表面作用的形式多样，有范德华力产生分子的物理吸附，或静电力产生的双电层吸附。这些药剂多数能与碱土金属和重金属离子形成难溶化合物，在矿物表面也可以

发生化学吸附和表面化学反应。在不同的矿物－捕收剂体系或不同的介质条件下，有的吸附起主导作用，有的则可忽略或不起作用，因此烃基酸类捕收剂与矿物的作用应具体情况具体分析。

(1)在矿物表面双电层的吸附。

常见的解离常数较大的药剂如烃基磺酸，与矿物的作用属于双电层吸附形式。研究表明：捕收剂浓度较低时，主要以单个离子依靠静电力吸附，称为“配衡离子吸附”；而浓度高时，捕收剂非极性基间相互缔合，形成半胶体状态，称为“半胶束吸附”。

(2)静电力吸附与矿物表面电性。

阴离子捕收剂靠静电引力吸附在矿物表面时，矿物的零电点是重要的参数。静电力作用吸附机理，以针铁矿的动电位与可浮性关系最为明显。针铁矿的零电点为 $pH=6.7$，当 $pH<6.7$ 时，其表面电位为正，此时阴离子捕收剂 RSO_4^- 或 RSO_3^- 吸附在矿物表面，起捕收作用。绿柱石、铬铁矿、石榴子石等的浮选也常将其表面电位调整到正值，再用阴离子捕收剂(磺酸盐类)浮选。当阴离子捕收剂分子量增大、烃链较长时，浮选的 pH 范围扩大；当捕收剂用量增多，浮选 pH 范围也扩大，这可能是逐步超出物理吸附范畴，而显示出半胶束作用。另一方面，如捕收剂烃链过短，如辛酸，即使浓度很高，浮选回收率仍然有限，说明短链没有足够的相互作用力形成半胶束吸附，即始终仅保持静电力的物理吸附。

捕收剂阴离子在矿物表面的静电力吸附，受溶液中其他阴离子的干扰，并可能与捕收剂阴离子争夺双电层位置。例如，石英在 $pH<1.8$ 时，表面荷正电，此时加入阴离子捕收剂仍然不浮，可以用阴离子的竞争来解释。例如加入 $1\times10^{-4}mol\cdot L^{-1}$ 磺酸盐时，要把介质 pH 调到小于1.8，需要加入的盐酸量足以使介质中阴离子 Cl^- 比捕收剂阴离子 RSO_3^- 的浓度大1000倍。由于大量的 Cl^- 占据了石英表面正电荷区，致使 RSO_3^- 无法接近表面起捕收剂作用。

(3)在矿物表面的化学吸附。

烃基酸类捕收剂除以静电力、范德华力产生的物理吸附外，也常常在矿物表面发生化学吸附。在许多情况下，化学吸附对浮选有决定性的影响。羟肟酸、脂肪酸、胂酸等解离常数较小的烃基酸类捕收剂，能与碱土金属和重金属离子形成难溶化合物，使药剂在矿物表面发生化学吸附，如脂肪酸类与含钙、钡、铁矿物的作用，胂酸、膦酸类与锡、钛、铁的作用，羟肟酸、胺基酸等络合捕收剂与铁、铜、稀土氧化物的作用等。有些化学活性不甚高的捕收剂，如烃基磺酸盐、烃基硫酸盐，当分子量足够大时，因“加重效应”的影响也能发生化学吸附。常用的阴离子捕收剂与金属离子形成的皂，其溶度积已有系统研究，通过计算发现皂的生成条件与浮选行为之间有对应关系。

化学吸附的发生及其某些规律，已由一系列的测试和理论讨论加以肯定。矿物表面动电位的测定表明：阴离子型捕收剂，如油酸盐在方解石和磷灰石表面的吸附，在零电点 pH 以上发生，此时捕收剂离子与矿物表面电荷符号相同，并且吸附后电位负值增大，这显然不是单纯的静电吸附造成的。油酸盐与方解石表面作用，当 $pH=9.6$(零电点以上)、浓度大于 $3\times10^{-5}mol\cdot L^{-1}$ 时，吸附急剧增加，同时动电位的改变也比较明显，对此的解释是同时发生了化学吸附和半胶束特性吸附。

用红外光谱测定油酸盐在萤石表面吸附(见图5－6)发现：5.8 μm 谱带是与—COO^- 基的物理吸附相应，而6.4 μm 和6.8 μm 谱带则与—COO^- 基的化学吸附相应。可见，萤石表面既有物理吸附的油酸，又有化学吸附的油酸，浮选行为与化学吸附的关系密切。物理吸附油酸与化学吸附油酸的比例随介质 pH 变化而异，低 pH 时以物理吸附为主，高 pH 时以化学吸附为主。

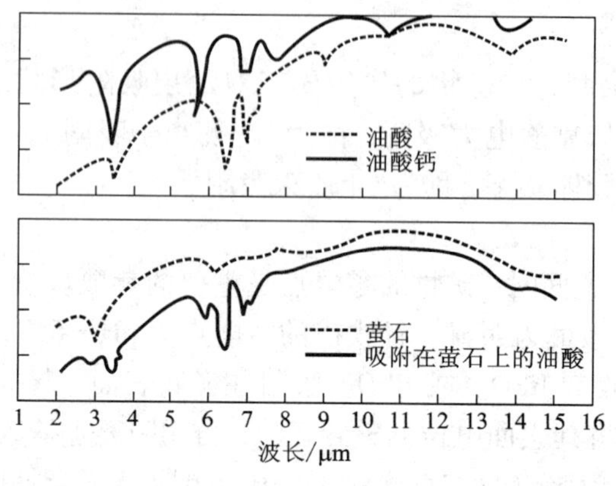

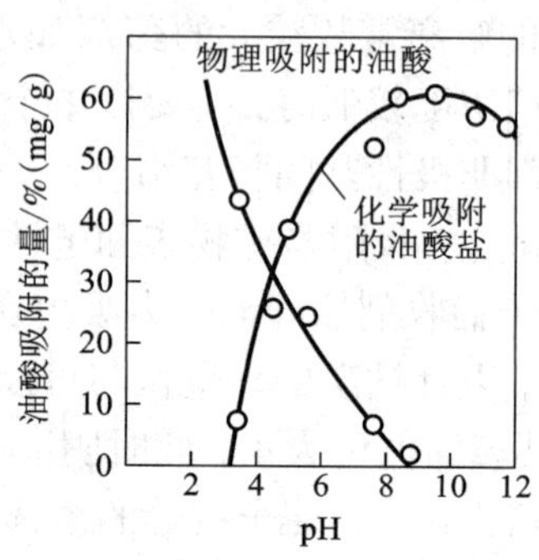

图 5-6 油酸盐在萤石表面吸附的红外光谱

羟肟酸浮选赤铁矿或硅孔雀石、油酸浮选软锰矿均呈现出明显的化学吸附特性。

对于一些难溶的氧化物，有人提出，化学吸附与矿物表面的阳离子微量溶解、随后金属离子水解形成羟基络合物的量有关，如油酸浮选软锰矿（MnO_2），在 pH = 8.5 时，回收率最高，此时矿物表面生成的锰离子羟基络合物 $MnOH^+$ 的量也最大。在 pH = 8 时，油酸在辉石表面吸附和浮选峰值，与矿物表面 $FeOH^+$ 的生成量相应；pH = 10 ~ 12 时，则与 $MgOH^+$、$CaOH^+$ 的生成量有关。

石英与金属氧化物不同，它没有可以水解的金属离子，所以石英用烃基酸类捕收剂浮选时，需用金属阳离子活化。阳离子活化的石英与捕收剂的作用，则与活化阳离子特性有关，该浮选机理亦可用双电层吸附或化学吸附加以解释。

5.3.2 主要的烃基酸类捕收剂

1. 羧酸(盐)类

羧酸通常分为脂肪酸和芳香酸。在浮选工业中，具有很活泼的羧基官能团的脂肪酸比较重要，几乎可以浮选所有的矿物，特别是油酸、亚油酸、亚麻酸和蓖麻油酸等不饱和酸。这些高级不饱和酸与相应的饱和酸（如硬脂酸）相比，其熔点较低，对温度敏感性差，化学活性大，凝固点低，捕收性能强。因此，浮选厂多用高级不饱和脂肪酸及其钠皂类。

(1) 主要性质

脂肪酸的熔点与分子中烃基的长短和不饱和程度有关，常温下不饱和脂肪酸多是液体，而相同碳原子数的饱和脂肪酸多为固体。

脂肪酸是弱电解质，在水中发生解离，其解离常数随烃链的增长而减少。由表 5-3 可见：大分子量的脂肪酸较难溶于水。脂肪酸离子或分子在水中浓度达到一定值时可生成由几十个离子或分子组成的胶束，如油酸钠临界胶束浓度 CMC 为 $2.1\times10^{-3}\ mol\cdot L^{-1}$。由于配制药剂时浓度往往较大，为避免或减少胶粒的形成，使用前需将其溶于煤油或其他有机溶剂，或经超声波乳化，或加温和强烈搅拌，以改善其水溶性和分散性。脂肪酸的碱金属皂在水中具有较大溶解度，可直接以水溶液状态使用。

表 5－3　脂肪酸的溶解度

脂肪酸类别	在水中的溶解度/[g·(100g 水)$^{-1}$]		脂肪酸类别	在水中的溶解度/[g·(100g 水)$^{-1}$]	
	20℃	60℃		20℃	60℃
癸酸	0.015	0.027	十五酸	0.0012	0.002
十一酸	0.0039	0.015	棕榈酸	0.00072	0.0012
月桂酸	0.0035	0.0087	十七酸	0.00042	0.00081
十三酸	0.0033	0.0054	硬脂酸	0.00029	0.0005
豆蔻酸	0.002	0.0034			

脂肪酸及其皂对硬水很敏感，能与矿浆中的 Ca^{2+}、Mg^{2+}，尤其是硬度较高的供水反应生成难溶性皂盐，不仅消耗大量脂肪酸，还会恶化浮选过程的选择性，因此，通常需要配合使用苏打做介质调整剂。

(2)捕收性和起泡性

脂肪酸及其皂的亲固基—C(O)O—中有一个羧基，造成亲固基有较大的极性，与水分子的作用能力很强。脂肪酸烃链长短也与其捕收性能密切相关，对正构饱和的烷基同系物的研究表明：在一定范围内，烃链中碳原子数增加，捕收能力提高；当其离子或分子固着于矿物表面时，若烃链较短则不足以消除矿物表面的亲水性；若烃基较长却常缺乏选择性，或表现为浮选矿浆的 pH 范围变宽；烃链过长时，由于药剂的溶解度降低，导致其在矿浆中不能很好分散，反而又降低了捕收性能。一般烃链中碳原子数为 12～18 即具有足够的捕收能力，碳原子数超过 20 的脂肪酸很少使用，碳原子数小于 8，捕收能力弱而不适用，但可作为起泡剂使用。

脂肪酸及其皂类都是表面活性物质，有很强的起泡能力，使用时通常可不添加起泡剂；特别是药剂用量较大、矿浆含泥量较高时，容易导致泡沫发黏，甚至出现“跑槽”现象，造成操作、泡沫产品的输送和脱水困难。但当药剂用量较小或起泡能力仍感不足时，也可适当补加少量起泡剂以改善浮选指标。

(3)常见羧酸及其盐

1)油酸(oleic acid，$C_{17}H_{33}COOH$)和油酸钠（sodium oleate，$C_{17}H_{33}COONa$）。

油酸是天然不饱和脂肪酸中使用最广泛的一种，又名十八烯(9)酸，可由油脂的水解得到。纯油酸为无色油状液体，冷却后为针状结晶，熔点 8～14℃，相对密度 0.895。油酸容易氧化变成黄色，并产生酸败的气味。油酸不易溶解和分散，实践中常需加溶剂乳化，矿浆温度不应低于熔点(14℃)，主要用于浮选碱土金属的碳酸盐、金属氧化矿物、重晶石和萤石等。米糠油酸、豆油酸等工业用油酸和油酸钠，是多种脂肪酸的混合物，以油酸为主，还有亚油酸、亚麻酸等不饱和酸和各种饱和酸等。由于来源不同，碳链长度的分布、双键的数量也各不相同，以 C_{18} 直链脂肪酸为主的羧酸类捕收剂，可用亚油酸/油酸之比来判断和预测其浮选效果；用于捕收磷矿时，其比例越大，即含亚油酸越多，浮选效果越好，且在一定温度范围内，适于较低温度浮选。矿浆中的二价碱土金属离子易与油酸作用而消耗大量药剂，并影响浮选过程，因此，油酸不耐硬水，用量较大。另外，油酸的选择性也较差，需要调整剂配合使用。

2）氧化石蜡皂。

石蜡是含 C_{15} ~ C_{40} 的饱和烃类的混合物，是石油原料加工提炼时产生的熔点较高的馏分产物；其相对分子质量的大小，视其熔点而定，熔点较低的蜡，除了相对分子质量较小外，还可能会有一定数量的烷烃和不饱和烃等。生产氧化石蜡皂的蜡，熔点为 40 ~ 50℃。在 150 ~ 170℃条件下，用软蜡为原料、高锰酸钾为催化剂，氧化产物经皂化并脱除不皂化石蜡，可制成氧化石蜡皂。

氧化石蜡皂是暗黄色油脂膏状物质，易溶于水，其成分大致有三种：①起捕收作用的主要成分为羧酸，其中饱和羧酸占 80%、羟基酸占 5% ~ 10%；饱和酸烃链的长度随原料和氧化深度而定，一般原料蜡熔点较低时，烃链较短，带支链较多；原料蜡熔点较高时，烃链较长，主要是直链烃；②对羧酸起稀释作用、未被氧化的高级烷烃或煤油，使羧酸在矿浆中易于分散，同时起辅助捕收剂的作用；③未皂化的氧化产物，主要包括有起泡作用的醇、酮和醛等一些极性物质。

温度较低时，氧化石蜡皂的浮选效果不好；常温下使用时，需要进行乳化。但石蜡原料易得、价格较低，是应用较广的一种捕收剂，可用于浮选赤铁矿、磷酸盐矿、白钨矿、萤石和一些稀有金属矿石。731 氧化石蜡皂是白钨矿最为常见的捕收剂，其捕收能力较差，起泡性也弱，通常与粗妥尔油混合使用。生产上还可用发烟硫酸或 SO_3 磺化氧化石蜡，再用纯碱中和、皂化生成磺化氧化石蜡皂。磺化氧化石蜡皂用于包钢选厂磁选铁精矿中赤铁矿等含铁矿物的正浮选，在 40℃和 14℃时，粗选精矿品位分别可达 53.81% 和 54.32%，回收率分别为 90.93% 和 85.35%，表明该捕收剂具有较好的选择性；当用于宝钢选厂弱磁选铁精矿反浮选除杂时，与氧化石蜡皂相比，选矿效率提高 1.35% ~2.97%，药剂用量降低 45% ~54%。

3）环烷酸（naphthenic acid）。

环烷酸是石油炼制工业的副产品，石油的不同馏分用苛性钠洗涤时，碱洗液（碱渣）中含有石油的酸性成分即不同结构的环烷酸和其他有机物的混合物，其中环烷酸含量一般为 40% 左右、不皂化物约为 15%，为绿色至褐色胶状物，其结构式随环烷基相对分子质量的不同而异。环烷酸皂的分子量越大，越易形成胶束。

石油经馏分洗出的环烷酸为无色液体，其黏度随相对分子质量的增加而增大，其物理化学性质与直链脂肪酸相似。环烷酸可以作为油酸的替代品，用于浮选赤铁矿、碳酸盐和磷灰石等。

4）妥尔油和妥尔油皂。

妥尔油是脂肪酸和树脂酸的混合物，还含有一定数量的非酸类的中性物，如粗硫酸盐皂、粗制和精制妥尔油，广泛用于磷灰石、氟石、锰矿石、铁矿石等氧化矿物的浮选。

木材原料的碱法造纸过程会得到一种纸浆废液，经静置分层，将下层黑液分出，上层皂状物即为粗硫酸盐皂，其中含有起捕收性能的脂肪酸和树脂酸、抑制性能的木质素和纤维素等成分，其脂肪酸含量太低、用量大、选择性差等，不宜直接采用，需进一步净化制成粗制妥尔油，或再精制得到精制妥尔油。粗制妥尔油为暗黑色液体，皂化后得到的皂液有水溶性，其成分随原材料的不同而变化。妥尔油以不饱和的油酸、亚油酸和亚麻酸等脂肪酸为主要成分。粗制妥尔油起捕收作用的有效成分较粗硫酸盐皂多，且成分稳定，浮选效果好，但其中含相当多的树脂酸，故起泡能力强，用量大时，泡沫过多、浮选操作困难、指标下降。生产实践中常将它与氧化石蜡皂混用。精制妥尔油是将粗制妥尔油减压蒸馏，使树脂酸和不饱和脂肪酸分离，得到脂肪酸馏分，皂化后得妥尔油皂。精制妥尔油及其皂中不饱和脂肪酸的含量一般都在90%以上，捕收性能好，耐低温，是一种良好的羧酸类捕收剂。

2. 烃基磺酸(盐)类

这类药剂结构通式为RSO_3Na，R为烷基、烷基芳基或环烷基。由石油精炼副产物磺化制得的，通常称为石油磺酸；煤油磺化得到的烃基磺酸盐，称为磺化煤油等。

石油磺酸和石油磺酸钠在氧化矿的浮选中有很好的应用前景。烃基较短的烷基磺酸钠捕收能力不强，但起泡性较好，可做起泡剂。一般C_{12} ~ C_{18}烃基磺酸钠作为氧化矿捕收剂，按其溶解特性分为水溶性和油溶性两类。油溶性磺酸盐烃基分子量较大、烃基为烷基时，烃链中含C原子20个以上就基本上不溶于水，其捕收性较强，主要用作非硫化矿的捕收剂，浮选氧化铁矿、萤石和磷灰石等非金属矿。

与相同碳原子数的脂肪酸相比，磺酸盐的水溶性较好，耐低温性能好，起泡性能和抗硬水能力较强，捕收能力稍低，有时有较好的选择性。

其他磺酸盐有磺丁二酰胺酸[N-十八烷N-(1，2羧乙基)基磺化琥珀酰胺四钠盐]：

$$\begin{array}{c} \qquad\qquad\qquad CH_2(CH_2)_{16}CH_3 \\ \qquad\qquad | \\ NaSO_3—\underset{\displaystyle CH_2—COONa}{\underset{|}{CH}}—CO—N—\underset{\displaystyle CH_2—COONa}{\underset{|}{CH}}—COONa \end{array}$$

它是一种半透明淡黄色液体，可用于浮选锡石、天青石、氧化铁、硫化铅和碳酸铅等矿物；对细粒锡石的捕收性能好，浮选速度快、用量低(50 ~ 100 $g \cdot t^{-1}$)；对方解石等含钙矿物也有捕收作用，但选择性较差。它适于在酸性介质中使用，在碱性介质中，会发生分解，捕收性能降低。该四钠盐易溶于水，无毒，易于生物分解。同类药剂还有磺丁二酸(N-十八烷基磺化琥珀酰胺二钠盐，国内代号为A-18)、209洗涤剂(N油酰N-甲基牛磺酸钠)等，都能够浮选赤铁矿。

此外，混合磺酸类捕收剂也得到了一定的应用。MKS是以齐大山药剂厂生产的石油磺酸钠(简称MPD)、马鞍山矿山研究院生产的K2捕收剂和SL苯磺酸混合而成，可在用量为MPD的50%的条件下，获得与MPD单独使用的相同选矿指标，且大幅度降低了药剂成本。

3. 硫酸酯类

(1)烃基硫酸酯钠($R-OSO_3Na$)。

它由脂肪醇经硫酸酯化与中和制得，其结构不同于磺酸盐$R-SO_3Na$。磺酸盐的硫原子直接和烃基中的碳原子相连接，不能水解成醇；烃基硫酸酯钠$R-O-SO_3Na$的硫原子可通过氧和碳原子相结合，容易水解生成醇和硫酸氢钠。因此，烃基硫酸酯钠的水溶液放置过久，会水解并降低捕收能力。水解反应如下：

$$R—O—SO_3Na + H_2O \rightarrow ROH + NaHSO_4$$

C_{12} ~ C_{20}的烷基硫酸钠盐是典型的表面活性剂，其主要代表是白色结晶、易溶于水、有起泡性的十六烷基硫酸钠($C_{16}H_{33}OSO_3Na$)，可作为黑钨矿、锡石、重晶石、钾石盐等的捕收剂；对白钨矿、方解石等含钙矿物的捕收能力较油酸弱，选择性较好，可在硬水中使用；还可用于多金属硫化矿的浮选。它对黄铜矿有选择性捕收能力，对黄铁矿的捕收能力较弱，对粗粒和微细粒矿物均有良好的捕收能力，其浮选效果比戊黄药好，用量一般为20 ~ 30 $g \cdot t^{-1}$。

(2)硫酸化脂肪酸(皂)。

不饱和脂肪酸(一般是油酸、亚油酸)经浓硫酸作用再皂化，可制得硫酸化脂肪酸皂，其结构式为：

$$CH_3(CH_2)_7CH_2—\underset{\displaystyle OSO_3Na}{\underset{|}{CH}}(CH_2)_7COONa$$

它有两个极性基(羧基—COO—，硫酸基—OSO_3—)，既有脂肪酸的强捕收能力，又有烃基硫酸盐的耐酸、耐硬水和选择性良好的优点，我国20世纪50年代用于浮选赤铁矿的大豆油脂肪酸硫酸化皂即属此类。

4. 胂酸类

胂酸是砷酸的衍生物，有机胂酸种类很多，用作捕收剂的主要是苯胂酸类衍生物。国内目前生产的是含邻、对两种异构体的混合甲苯胂酸，它是白色或浅黄色粉末，易溶于热水或碱性溶液，难溶于冷水，常温下在水中的溶解度为3%～5%；工业品中含有少量砒霜，有毒，但性质稳定，在弱酸性介质中，能与多种金属离子生成难溶性沉淀。虽然混合甲苯胂酸对锡石、黑钨矿、钽铌矿、稀土矿和氧化铅矿物都有捕收作用，但由于有毒，我国现已基本改用膦酸或羟肟酸。

5. 膦酸类

有机磷酸是磷酸的衍生物，作为捕收剂的主要是苯乙烯膦酸，其结构式为：

$$C_6H_5—CH{=}CH—P({=}O)(OH)_2$$

另外，萃取剂二(2－乙基己基)磷酸也可能是一种有前景的赤铁矿捕收剂。

纯的苯乙烯膦酸为白色结晶，可溶于水，溶解度随温度的升高而增大，选择性比甲苯胂酸稍差，但毒性较小，无起泡性，对温度较敏感。苯乙烯膦酸能与Sn^{2+}、Sn^{4+}、Fe^{3+}等生成难溶性盐，可用于浮选锡石、黑钨矿、金红石等。浮选金红石的捕收剂如苄基胂酸、油酸钠、肉桂酸钠、十二烷基硫酸钠、氨基酸、二膦酸和苯乙烯膦酸等中，最好的捕收剂是苯乙烯膦酸与脂肪醇(例如辛醇)混合物，该组合捕收剂可以替代苄基胂酸浮选金红石。苯乙烯膦酸浓度只有很高时，才能与Ca^{2+}、Mg^{2+}形成盐，故对含Ca^{2+}、Mg^{2+}的矿物捕收能力较弱。锡石浮选的膦酸类药剂还有烃基二膦酸、氨基二膦酸和烷基亚氨基二膦酸等。

5.3.3 螯合类

贫、细、杂难选氧化矿通常直接浮选，选择性较差，回收率一般很低，常规捕收剂无法满足浮选分离的要求。于是，螯合捕收剂以其选择性深受人们的关注。

所谓螯合捕收剂，必须至少有两个原子同时与同一个金属原子配位，这些原子通常是O、N和S。配位物质提供的这些给予体原子称为“配位体”。如果单个配位体分子或离子不止一个原子与金属离子配位，使其自身围绕中心原子弯曲成螯状，形成复杂的环状结构，称为“螯合物”。螯合类捕收剂有供电子原子(如硫、氮和氧、有时也包括磷)组成的碱性官能团或酸性官能团。碱性官能团含有能与金属阳离子反应的未配对电子的原子，其中重要的有—NH_2(胺)、—NH(亚氨基)、—N═(无环或杂环叔氮)、—O—(酯或醚)、—N═OH(肟)、—OH(脂肪醇)、—S—(硫醚)、—PR_2(取代膦基)等；酸性基团丢失一个质子而与金属原子配位，主要有—COOH(羧酸)、—SO_3H(磺酸)、—$PO(OH)_2$(磷酸)、—OH(烯醇和酚基)、

═N—OH(肪)或—SH(硫醇和硫酚)。

尽管螯合剂的发展取得了飞速进步，但真正应用于浮选实践的仍然很少，主要是这类药剂稳定性较差、价格昂贵，浮选理论也不够完善。在我国应用的比较好的螯合类捕收剂是柿竹园的 CF 和 GY 混合浮选黑白钨矿。

结合当今捕收剂发展趋势和螯合剂特点，与其他捕收剂混合使用，将是扩大螯合捕收剂应用范围、提高经济效益的重要途径之一。例如，螯合捕收剂与烃类油混用，螯合剂在矿物表面首先生成表面螯合物，造成初步的疏水性，再由烃类油覆盖其表面，形成多层覆盖的疏水状态，既避免了由螯合剂造成表膜疏水的困难，又大大降低了螯合剂的消耗，形成价廉的烃类油浮选所需要的多层覆盖状态。

1. O—O 型螯合剂

(1)羟肟酸类。

烷基羟肟酸有两种互变构体，两者同时存在：

OH
R—C═NOH ⇌ R—C(═O)—NHOH (氧肟酸或异羟肟酸)

式中：R 为非极性基，可以是烷基，也可以是苯基，邻、间、对甲苯基等。

我国生产的羟肟酸主要有2－羟基－3－萘甲羟肟酸(H_{205}：[萘环]—C(═O)—HNOH, OH)、环烷羟肟酸、水杨羟肟酸(HOBA：[萘环]—C(═O)—HNOH, OH)、苯甲羟肟酸和 $C_7 \sim C_9$羟肟酸等，价格偏高是其最大缺点。改进生产流程，提高产品质量和转化率，降低生产成本是生产羟肟酸亟待解决的问题。实际应用的羟肟酸常为钠盐或铵盐。

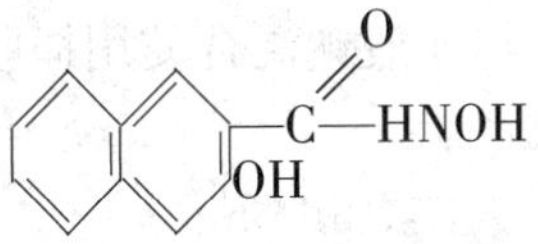

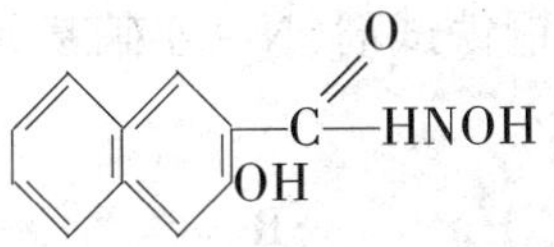

羟肟酸可以浮选锡石、氧化铁矿、黑钨矿、白钨矿和白铅矿等。苯甲羟肟酸浮选黑钨矿的效果最好，且与731 氧化石蜡皂混合使用，既能有效回收黑钨矿，也能很好地回收白钨矿。羟肟酸对赤铁矿、钛铁矿、红柱石、硅线石、黄绿石、钙钛矿、氟碳铈矿、硅孔雀石等具有较强的选择捕收性能，而与 Ca^{2+}、Ba^{2+} 等碱土金属离子则不易形成稳定的螯合物，故能有效地从含 Ca^{2+}、Ba^{2+} 的矿物中分选出稀土矿物。1－羟基－2－萘甲羟肟酸(H_{203}：[萘环](OH)—C(OH)═N—OH)是很有前途的稀土捕收剂，能有效地捕收包钢选厂的稀土矿物。与 H_{205}、HOBA 一样，H_{203} 对锡石也有良好的捕收性能。2－羟基－1－萘甲醛肟([萘环](OH)—CH═N—OH)也是很有前途的稀土捕收剂，与 H_{205}相比，具有捕收效果更好、药剂用量降低20%的特点。

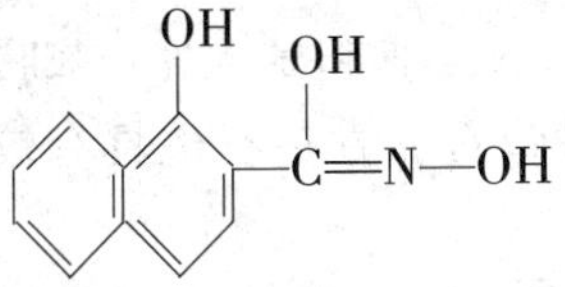

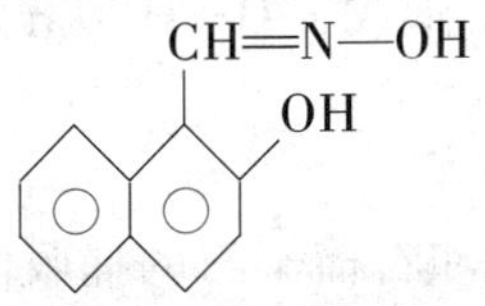

羟肟酸浮选时，应注意其对钙、镁等碳酸盐也有一定的捕收作用，其选择性与矿浆 pH、

温度等有关，温度升高时，其吸附量和浮选回收率都增加。

羟肟酸类捕收剂属于典型的O—O型螯合剂。苯甲羟肟酸对黑钨矿的捕收主要是生成五元环的螯合物，以化学吸附为主，从络合物的晶体场稳定能上看，黑钨矿表面的Fe^{2+}能与苯甲羟肟酸形成更稳定的产物，是捕收作用的主要活性组分。1－羟基－2－萘甲羟肟酸能有效地捕收稀土矿物的机理也主要是羟肟基的两个氧原子与氟碳铈矿表面的Re(Ⅲ)形成O—C═N—O—Re(Ⅲ)—O五元环的螯合物。

2)COBA。

其结构式为：

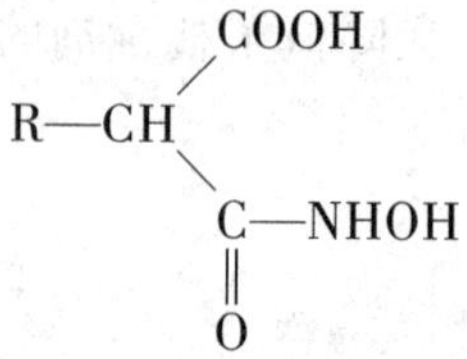

```
        COOH
       /
R—CH
       \
        C—NHOH
        ‖
        O
```

它对一水硬铝石的捕收能力很强，对高岭石的捕收能力弱，具有比HOBA更好的选择性。COBA分子中的四个氧原子，即极性基中羧基—COOH的O原子、羟肟基—C(O)NHOH中 >C═O 的O原子和—NHOH的O原子，通过化学成键与一水硬铝石矿物表面Al原子形成双环螯合物吸附在矿物表面，烷基疏水而起捕收作用。与油酸钠混合使用捕收黑钨矿时，COBA可明显减少捕收剂用量，对黑钨矿也有很好的捕收性能。

3)铜铁灵和CF。

在弱酸和强酸介质中，铜铁灵或铜铁试剂(N－亚硝基萘胲铵)能与金属离子形成不溶性的螯合络合物。其结构式为：

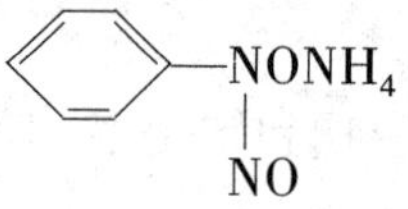

```
C6H5—NONH4            R—C6H4—NONH4
     |                       |
     NO                      NO
```

铜铁灵 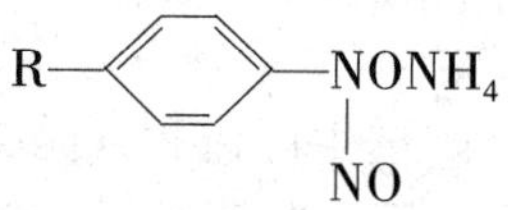　　　　烷基铜铁灵

亚硝基苯胲铵盐是白色或稍带褐色、具有光泽的鳞片状晶体，易溶于水和苯，加热时溶于酒精，不溶于甲苯和乙醚，是多种氧化矿的螯合捕收剂，可以浮选锡石、黑钨矿和白钨矿等，烷基铜铁灵还用于浮选铀矿。单用铜铁灵浮选锡石细泥，虽可以获得较好指标，但用量大，如与苯甲氧肟酸(BHA)混用，利用两种药剂的协同效应可以降低用量，并得到较好的浮选指标。

CF捕收剂是CF法浮选柿竹园黑白钨矿使用的药剂，主要成分是N－亚硝基－N－苯胲铵盐。它除了对柿竹园粗、细粒黑白钨矿具有较强的捕收能力外，对萤石和方解石也具有较强的选择性。

运用吸附量、电位、红外光谱、电负性和X射线光电子能谱等手段，研究CF与氧化铅锌矿的作用机理，认为CF中的O—和O═与矿物表面上的金属离子螯合，形成了O—O型五元环表面配合物。

4)SF_8。

SF_8为N－辛烷基－β－氨基丙酸甲酯，在自然pH条件下，对石英和石榴子石的捕收能力很强，对萤石和赤铁矿的捕收能力很弱，因此，可作萤石与石英、石榴子石及赤铁矿与石英浮选分离的捕收剂。ζ－电位和吸附量测定结果表明：SF_8在硅酸盐矿物表面是以静电力作用为主，并伴有氢键的螯合吸附形式。

2. S－N 型螯合剂

(1)2，5－二硫酚－1，3，4 硫代二唑(D_2)。

D_2是对 DMTDA(2，5－二硫酚－1，3，4 硫代二唑)的合成方法改进后而研制的，是以 DMTDA 为主体成分的浮选药剂，其外观和某些物理化学性质有别于 DMTDA，是一种橘红到暗紫色的透明液体，密度约1.35，pH＞13，可与水混溶。使用时可直接滴加，亦可稀释添加。D_2有如下几种形式的结构：

```
  HN—NH                 N——NH                 N——N
  |    |                ‖    |                ‖   ‖
S═C    C═S  ⇌    HS—C      C═S  ⇌    HS—C     C—SH
   \  /                 \  /                  \  /
    S                    S                     S
```

D_2能与 Cu、Pb、Bi 等许多金属离子生成螯合物，可作为含硫的氧化矿捕收剂，对孔雀石有较强的捕收能力，可少用或不用硫化剂。反应如下：

```
   N—  N                        N—  N
   ‖   ‖                        ‖   ‖
   C   C      + Me²⁺ ⇌          C   C       + 2H⁺
  / \ / \                      / \ / \
HS   S   SH                   S   S   S
                               \     /
                                 Me
```

(2)5－丁醇醚－2－氨基噻吩钾盐

5－丁醇醚－2－氨基噻吩钾盐是有效浮选蓝铜矿的一种捕收剂，在很窄的 pH 范围内(pH 5.5～6)，浮选效果最好；pH＝5.0 时，浮选效果急剧下降。红外光谱研究表明：该捕收剂中的 S、N 与蓝铜矿表面的 Cu 形成了螯合链。

3. N－N 型螯合剂

苯骈三唑(BTA)作为铜矿物的螯合捕收剂浮选孔雀石时，该药剂与丁黄药混用比二者单用效果好，能有效地分离孔雀石与石英人工混合矿，当 BTA 和丁黄药用量都为 300 $mg \cdot L^{-1}$ 时，孔雀石上浮率可达90%。

4. N－O 型螯合剂

3，5，6－三氯吡啶－2－酚(TCPO)是一种应用广泛的有机化工原料，用于多种精细化工产品的合成。TCPO 分子中键合原子 N 给出电子与金属形成正配 σ 键，还接受金属离子提供的 d 电子形成反馈 π 键，同时，O 原子提供电子与金属离子形成正配 σ 键和正配 π 键；反馈 π 键和正配 π 键的同时形成产生了协同作用，加强了 N、O 原子的螯合性能。它对过渡金属氧化矿有较好的捕收性能，在较高浓度下，矿物的可浮性顺序为：孔雀石＞赤铁矿＞黑钨矿＞锡石，其有效浮选的 pH 区间为6.0～8.0。

5.4 硅酸盐矿物捕收剂

硅酸盐矿物是由金属阳离子与硅酸根化合而成的含氧酸盐矿物，是地球上储量最大、最普遍的矿物，已知的约有 548 个，约占矿物总数的24%，常见的矿物中大约40%是硅酸盐矿物。其化学组成中广泛存在着类质同象替代，除金属阳离子间的替代非常普遍外，经常有

Al^{3+}、同时有 Be^{2+} 或 B^{3+} 等替代硅酸根中的 Si^{4+}，从而分别形成铝硅酸盐、铍硅酸盐和硼硅酸盐矿物；有时还可能有 $(OH)^-$ 替代硅酸根中的 O^{2-}。

浮选法是处理硅酸盐矿物的主要方法之一，常用的捕收剂为胺类，经活化的硅酸盐矿物也可用烃基酸类捕收。我国一般采用十二胺、十八胺、混合胺和醚胺，国外一般用酰胺、醚胺、多胺、缩合胺及其盐等。近年来，胺类捕收剂的反浮选取得了显著效果，如对弓长岭选厂磁选精矿反浮选脱硅，其浮选指标达到国际先进水平。

5.4.1 胺类

胺类(amine)捕收剂是指分子结构中含有负三价氮原子的有机异极性化合物，主要用于捕收有色金属氧化矿以及石英、长石、云母等铝硅酸盐和钾盐等。根据烃基的类型与结构，可将其分为脂肪胺、芳香胺和醚胺等；根据氨基($—NH_2$)的数目，则分为一元胺和二元胺等。在很多情况下，胺类捕收剂主要以解离后带有疏水基的阳离子起捕收作用，故又称阳离子捕收剂。

1. 主要性质

胺难溶于水，与盐酸或醋酸作用生成胺盐后易溶于水。使用时可用盐酸与胺以1:1~1.5:1当量配料，加热水并搅拌溶化后，再用水稀释到1.0%~0.1%的水溶液。第一胺的盐酸溶液按以下反应进行解离和水解：

$$RNH_2 + HCl \Longrightarrow RNH_2 \cdot HCl$$

$$RNH_2 \cdot HCl \Longrightarrow RNH_3^+ + Cl^-$$

$$RNH_3^+ \Longrightarrow RNH_2 + H^+$$

矿浆中 $RNH_2 \cdot HCl$、RNH_3^+ 和 RNH_2 的存在与其各自的浓度和 pH 有密切关系。

使用胺类捕收剂应注意如下四方面的问题：①阳离子捕收剂与阴离子捕收剂在一起使用，易形成分子量比较大的不溶性盐而失去捕收作用，因此，两者一般不宜同时加入使用，但也有例外，有时反而改善浮选过程，这可能与有利于形成半胶束或发生共吸附有关。②矿泥表面经常带负电荷，胺能优先附着于矿泥上，导致选择性降低，因此，脱泥可改善浮选过程并降低药耗。③胺有一定的起泡能力，对水硬度有一定的适应性，但水硬度过高，其用量增大。④胺可与中性油类混合使用，如与煤油混合使用浮选石英。

2. 作用机理

属于弱电解质的胺类是浮选石英等硅酸盐矿物的典型捕收剂，在水溶液中，既存在部分离子状态的胺(RNH_3^+)，又存在部分分子状态的胺(RNH_2)，胺分子与胺阳离子的比例受介质 pH 的支配，并直接影响其在双电层中的吸附能力及其与矿物表面的作用机理。

胺类捕收剂与矿物的作用形式也比较多样化，对硅酸盐矿物主要以胺离子或二聚物起捕收作用，且可浮的矿物种类也较多；胺还可以络合捕收剂或 RNH_3Cl 形式起捕收作用，但这些作用形式在实践中只适于一些特定场合，如硫化浮选效果较差的菱锌矿或氯化物饱和溶液中浮选钾石盐等。下面主要介绍胺对硅酸盐矿物的捕收机理。

胺类捕收硅酸盐矿物的机理主要是物理吸附，包括静电力吸附和半胶束吸附，与硅酸盐矿物表面的相互作用，在大多数情况下，在矿物表面双电层，由阳离子 RNH_3^+ 或 $RNH_3^+ \cdot RNH_2$ 依靠静电力吸附在荷负电的矿物表面，这种吸附形式不牢固，易脱落，故胺类应具有足够浓度。在适宜的浓度下，胺类可在矿物表面形成半胶束吸附，此时除静电引力吸附作用外，烃链间的范德华力亦起重要作用。

胺离子 RNH_3^+ 与胺分子 RNH_2 之间，其非极性基之间还易于发生相互缔合作用，并在矿物表面产生共吸附，或形成胺分子与离子二聚体 $RNH_3^+ \cdot RNH_2$ 的半胶束吸附。

3. 主要的胺类捕收剂

(1)一元胺。

一元胺可看成是 NH_3 中的 H 被烃基取代的衍生物，按取代烃基的数目，可分为第一(伯)、第二(仲)、第三(叔)胺和季铵等。用作捕收剂的一元胺多数是第一胺，其烃基的结构依所用原料而定。国内生产的混合脂肪胺是由石蜡氧化所得皂用混合脂肪酸($C_{10} \sim C_{20}$ 的混合脂肪酸)作原料制成的，简称为混合胺、脂肪胺、第一胺等。常温下混合胺为淡黄色蜡状体，有刺激气味，不溶于水，溶于酸性溶液或有机溶剂中。

仲胺、叔胺、季胺等在实践中应用较少，其中属强碱性物质、烃链较短的季铵盐在水溶液中溶解度较高，解离性能较好，主要用于浮选可溶性钾盐。

(2)醚胺。

醚胺是指胺分子中的非极性基中含有醚基[—O—]，即烃基为 ROR′—(烷氧基)的一些有机胺类化合物。因 R′通常为丙基，故醚胺也常作为烷基丙基醚胺(或 3－烷氧基－正丙基胺)系列的简称，其化学式为 $R—O—CH_2CH_2CH_2NH_2$，其中 R 为 $C_8 \sim C_{18}$ 的烷基。我国试制的醚胺 R 有 $C_{7\sim9}$、$C_{10\sim13}$、$C_{13\sim16}$ 三种。

与脂肪烷胺相比，醚胺是在脂肪胺的烷基上引入一个醚基，因而二者具有相似的浮选性质和捕收性能；但烃链较长的脂肪烷胺如 C_{12} 以上的混合胺在常温下是固体，难溶于水，在矿浆中分散不好；而醚胺由于烷氧基中氧原子的极性，即非极性基与偶极水分子间的氢键结合能力，降低了熔点，使醚胺的溶解性能有所改善，在矿浆中较易分散，改善了浮选效果。

醚胺对高岭石、叶蜡石的浮选试验结果表明，烷氧基丙胺($R—O—CH_2CH_2CH_2NH_2$)对高岭石、叶蜡石和伊利石的捕收性能比十二烷胺好，浮选高岭石和伊利石的性能按以下顺序降低：$C_{18}H_{37}O(CH_2)_3NH_2 > C_{16}H_{33}O(CH_2)_3NH_2 > C_{14}H_{29}O(CH_2)_3NH_2 > C_{12}H_{25}O(CH_2)_3NH_2$。这些 n－烷氧基丙胺对烧绿石亦有相似的捕收性能。因而，这些烷氧基丙胺捕收剂对铝土矿反浮选除去铝硅酸盐矿物具有选择性。

醚胺的浮选性能优于脂肪烷胺，但其捕收能力比碳原子数相同的烃基脂肪烷胺要弱。

5.4.2 其他捕收剂

1. 阴离子捕收剂

硅酸盐矿物常用的阴离子捕收剂为脂肪酸类和部分含硫有机化合物。研究较多的脂肪酸类捕收剂是油酸(钠)，而工业上应用较多的是氧化石蜡皂及其精制产品、妥尔油、环烷酸皂等。常见的含硫有机化合物有十二烷基磺酸钠、苯磺酸钠、十二烷基硫酸钠等。

2. 烷基吗啉

烷基吗啉是吗啉与脂肪醇合成的产品，结构式为：

$$
\begin{array}{ccc}
 & CH_2—CH_2 & \\
 / & & \backslash \\
O & & N—C_nH_{2n+1} \\
 \backslash & & / \\
 & CH_2—CH_2 &
\end{array}
$$

其中：$n=12\sim22$。烷基吗琳分子有三个碳与氮相连，属于叔胺捕收剂，分子中的氧原子与连个碳相联，属于醚的结构，因此，烷基吗琳也可看作是另一种醚胺。

烷基吗啉在光卤石($KCl-MgCl_2$)表面的吸附量少、捕收力弱，而在石盐表面的吸附量多、捕收力强。十六烷基吗琳和十八烷基吗琳对石盐的可浮性最好。

3. 十六烷基三甲基溴化铵

该药剂属季铵盐类的阳离子捕收剂，其化学式为$CH_3(CH_2)_{14}CH_2N(CH_3)_3Br$，在水中电离产生十六烷基三甲铵阳离子。高岭石的等电点为pH 4.3，当其电位为负值时，十六烷基三甲基溴化铵在高岭石表面的吸附率比在酸性条件下的要大，但高岭石晶体边缘和底面电荷不同，矿粒间的静电有可能导致浮选聚集现象，使高岭石在酸性介质中也显出良好的可浮性。

4. DN_{12}、DEN_{12}、DRN_{12}

DN_{12}为N－十二烷基1，3丙二胺的简称(亦有文献简称为ND)，可用十二胺与丙烯腈加成后在无水乙醇中用金属钠还原制成，其化学式为$C_{12}H_{25}NH(CH_2)NH_2$，主要用于石英与长石、赤铁矿与石英、普通辉石的分选，在相同的试验条件下，DN_{12}比十二胺反浮选捕收效果更好。对高岭石、叶蜡石和伊利石的浮选行为研究表明，DN_{12}的捕收性能亦优于十二胺，当DN_{12}浓度为3×10^{-4} $mol\cdot L^{-1}$、pH为$5\sim8$时，三种铝硅酸盐矿物的浮选回收率均超过80%，捕收能力顺序为：高岭石 > 叶蜡石 > 伊利石。

DRN_{12}为N，N－二甲基十二烷基胺，DEN_{12}为N，N－二乙基十二烷基胺，二者的结构式分别为：$CH_3(CH_2)_{10}CH_2N\begin{matrix} \diagup CH_3 \\ \diagdown CH_3 \end{matrix}$ 和 $CH_3(CH_2)_{10}CH_2N\begin{matrix} \diagup C_2H_5 \\ \diagdown C_2H_5 \end{matrix}$。

对高岭石的捕收能力：DEN_{12} > DRN_{12} > 十二胺；对一水硬铝石的捕收能力：DEN_{12} > 十二胺 > DRN_{12}。红外光谱检测证实了DEN_{12}和DRN_{12}与高岭石发生电性吸附，且作用较强，而与一水硬铝之间发生的吸附很弱。DEN_{12}做捕收剂时可不用起泡剂和乳化剂，而DRN_{12}须与起泡剂配合使用，但可不用乳化剂。

通过对高岭石和一水硬铝石的人工混合矿进行浮选分离，用DEN_{12}做捕收剂时精矿铝硅比可达25.37；而用DRN_{12}，精矿铝硅比更是高达34.51，回收率也较高。

5. 酰胺

酰胺是极性部分为氨基，而非极性烃链的不同位置嵌入酰胺基的捕收剂，化学通式为$RCONHR_1NR_2R_3$，如月桂酰胺、脂肪酸酰胺等，对一水硬铝石、高岭石、伊利石和叶蜡石等铝硅酸盐有较好的捕收性能。在酸性介质中，这类捕收剂通过静电引力吸附在矿粒表面；在碱性介质中，捕收剂分子通过氢键吸附在矿粒表面。

(氨基乙基)萘乙酰胺结构式：

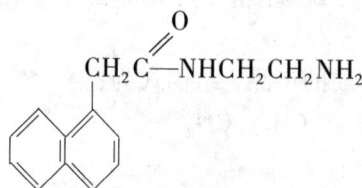

$$C_{10}H_7-CH_2C(=O)-NHCH_2CH_2NH_2$$

它与N－(2－氨乙基)月桂酰胺[$CH_3(CH_2)_{10}CO-NHCH_2CH_2NH_2$]一样，是叶蜡石的良

好捕收剂，而对高岭石、伊利石的浮选回收率较低。

N－3氨基丙基十二烷酰胺结构式为：$CH_3(CH_2)_{10}C(=O)—NHCH_2CH_2CH_2NH_2$，常用于浮选铝硅酸盐，对伊利石、叶蜡石和高岭石三种硅酸盐单矿物的浮选，其回收率可分别达到90.6%、96.3%和91.5%。

与前类捕收剂相反，N－十二烷基－β－氨基丙酰胺(DAPA)以酰胺基位于分子端部为极性部分，而非极性烃链嵌入氨基，以试图克服一般胺类氨基捕收性强而选择性差的缺点。

DAPA结构式为：

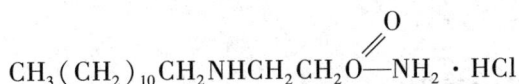

$$CH_3(CH_2)_{10}CH_2NHCH_2CH_2\overset{O}{\overset{//}{C}}—NH_2 \cdot HCl$$

有两个极性基，而位于分子端部的酰胺基是比胺基弱的碱基，它吸附于石英后，石英的电负性变小，所以DAPA属于阳离子捕收剂。DADA浓度为12.5 $mg \cdot L^{-1}$、$pH=6.5\sim8.5$时，SiO_2回收率可达90%以上，与十二胺相比，DAPA对石英捕收能力较弱，但选择性较强；随着DAPA浓度的增加，其捕收石英的能力明显大于对赤铁矿、磁铁矿和镜铁矿的捕收能力，在$pH<6.5$时，能有效地分离石英与三种铁矿物组成的人工混合矿。

习　题

5－1　试述黄药的主要性质及其与硫化矿物的作用原理。

5－2　简述烃基酸类捕收剂的种类，捕收性能及其作用原理。

5－3　简述硅酸盐类矿物捕收剂的特点。

第6章　起泡剂

起泡剂是浮选过程中必不可少的药剂。在泡沫浮选过程中，能促使空气在矿浆中有效地分散成细小的气泡，在气泡上升过程中防止其兼并、破灭，提高泡沫稳定性的药剂，统称为起泡剂。

6.1　起泡剂的结构与性能

6.1.1　起泡剂的结构特点与分类

起泡剂一般是异极性表面活性物质，由亲水的极性基和疏水的非极性基两部分组成。由于起泡剂的结构特点，使其在气－水界面吸附能力大，多数能使水表面张力大大降低，增大空气在矿浆中的弥散，改变气泡在矿浆中的大小和运动状态，减少向矿浆中充气搅拌的动力消耗，并在矿浆面上形成浮选需要的泡沫层。

常用起泡剂分为非离子型和离子型两大类。非离子型起泡剂一般无捕收性能，而离子型多数兼具捕收性能。具体分类见表6－1。

表6－1　起泡剂的分类

类型	品　种	极性基	典型代表	结　　构	备　注
非离子型	醇类	—OH	正构脂肪醇	$C_nH_{2n+1}OH$（$C_6 \sim C_9$ 混合）	制醇工业副产品杂醇油
			异构脂肪醇（如甲基异丁基甲醇）	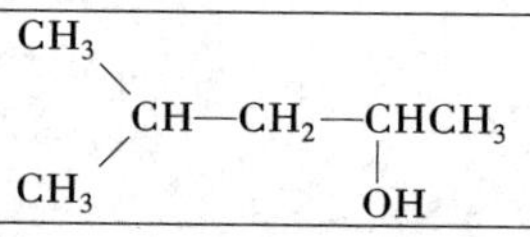 CH_3 $CH—CH_2—CHCH_3$ CH_3　　　　　OH	缩写为MIBC
			萜烯醇	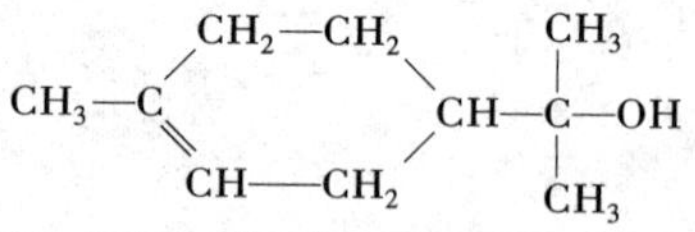 $CH_2—CH_2$　　CH_3 $CH_3—C$　　$CH—C—OH$ $CH—CH_2$　　CH_3	2号油的主要成分
			樟脑（莰酮）	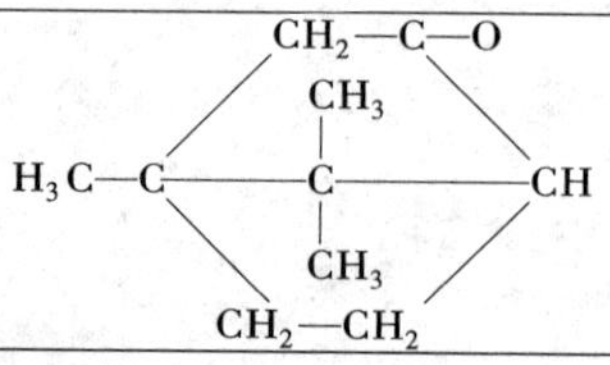 $CH_2—C—O$ CH_3 $H_3C—C$　C　CH CH_3 $CH_2—CH_2$	樟脑油主要成分
	聚醇醚类	—O— —OH	聚丙烯二醇醚	$H_3C—(OC_3H_6)—OH$	
	氧烷类（醚类）	—O—	三乙氧基丁烷（又称四号油，丁醚油）	$CH_3—CH—CH_2—CH—OC_2H_5$ OC_2H_5　　OC_2H_5	缩写为TEB

续表 6-1

类型	品 种	极性基	典型代表	结 构	备 注
离子型	酸及皂类	—COOH(Na)	脂肪酸(皂)	$C_nH_{2n+1}COOH(Na)$	包括不饱和酸(皂)
	酚类	—OH	甲苯酚等	CH_3—⟨苯环⟩—OH	多用混合物
	吡啶类	═N	重吡啶	吡啶环(N)	混合物

6.1.2 泡沫层及起泡剂的作用

1. 泡沫层

浮选体系矿浆中，由于空气分散，形成的气泡上升到矿浆表面，聚集形成泡沫层。泡沫层可根据其性质，分为两相泡沫和三相泡沫两种。

1) 两相泡沫。

两相泡沫由气、液两相组成，其中没有固相。两相泡沫是气相在液相中分散的另一种形式。其特点是气相体积远大于液相体积，气相之间以呈薄层状的液相分隔。两相泡沫的纵剖面见图 6-1。

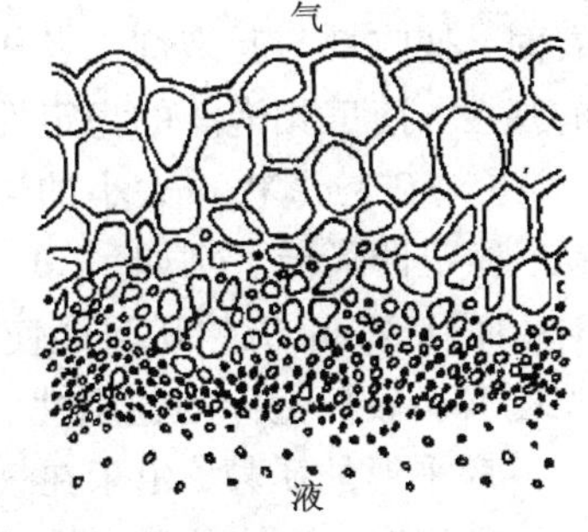

图 6-1 两相泡沫纵剖面图

泡沫层中气泡结构，理论上应是 14 面体的气泡集合体。实际上，8 面体到 18 面体均有，又以 12 面体到 15 面体为主，气泡剖面大部分为五角形。

两相泡沫同其他二元分散体系一样，属于不稳定体系。总是处于表层老气泡不断破灭及从下部不断补充新鲜气泡的动平衡状态。泡沫层中气泡破灭主要与以下三方面原因有关：

(1) 气泡间水层变薄，小气泡兼并成大气泡，这是自发的过程。气泡在静水中上升时，静水压力逐渐减少，气泡不断增大。上升至液面时，气泡上层的水受到上浮气泡的挤压及水本身的重力作用，不断向下渗流，气泡壁逐渐变薄而破裂。在水中运动的气泡，还会因碰撞而兼并。

(2) 由于气泡水膜的蒸发，当气泡上升至空气层界面时，水膜变薄而导致泡沫的破灭。

(3) 许多气泡间形成三角形地区的抽吸力，如图 6-2 所示。许多气泡靠近时，会排列成规则的形状，在气泡间形成三角形地带。在气泡内部对气泡有拉力，即毛细压力 $P=2\gamma/R$（γ 为表面张力，R 为气泡曲率半径）。在三角形地带，因曲率半径小，故 P_1 大；在气泡相邻界面，曲率半径大，故 P_2 小，于是在三角形地区形成负压，从而产生抽吸力，促使气泡水膜薄化终于合并。

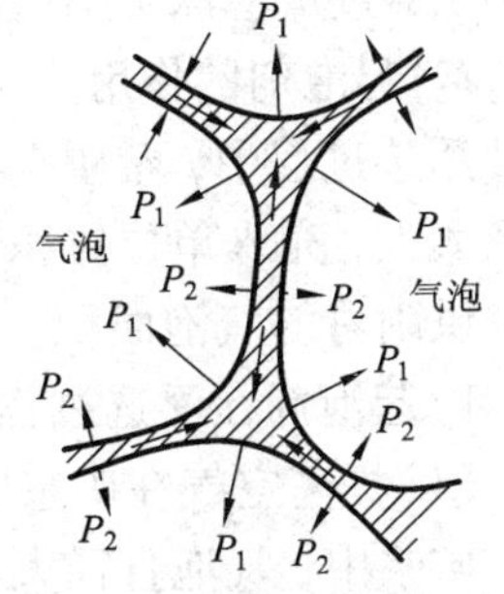

图 6-2 泡沫的破灭，三角形地带的抽走水

2) 三相泡沫。

在两相泡沫中，加进矿粒或第三相即成三相泡沫，选矿中的三相泡沫称为矿化泡沫层。

三相泡沫有许多与两相泡沫相似之处。例如，泡沫层中的气泡自上而下由大变小，分隔水层由上而下由薄变厚，泡沫层上部的大气泡显著变形等。浮选过程中常见的三相泡沫结构见图6－3。

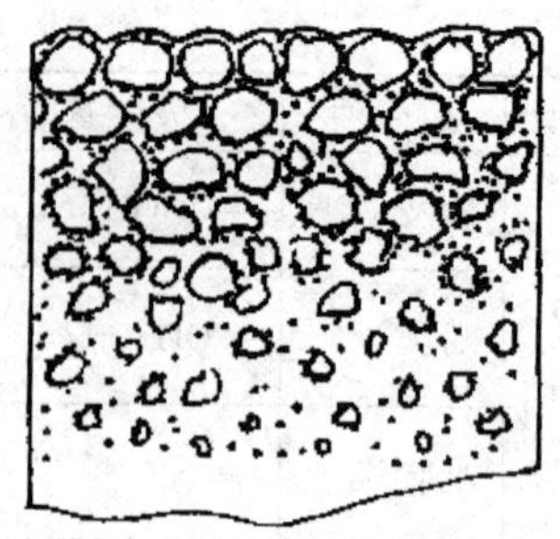

图6－3　三相泡沫纵剖面图

浮选过程中理想的三相泡沫是由矿化充分、大小适度的气泡所组成的。泡沫层面上的气泡直径为10～30 mm，泡沫不黏，有较好的流动性，除顶部气泡外，其他气泡表面均被矿化。泡沫中如含有大量的疏水矿粒和少量的水，则有较高的稳定性，不容易破裂。

由于第三相的作用，三相泡沫比两相泡沫的稳定性好，其原因如下：

(1)矿粒的装甲作用。由于矿粒在气－液界面密集排列，相当于给泡沫"装甲"，防止气泡互相兼并，阻止水膜流失，使气泡不易破裂。因为，气泡兼并时需要消耗额外的能量才能使黏附的矿粒脱落，故兼并难以发生。

(2)药剂的作用。矿粒的表面吸附有捕收剂，气泡的表面吸附有起泡剂。矿粒和气泡附着时，捕收剂与起泡剂二者相互穿插，酷似编了一道篱笆。篱笆中夹着水层，提高了气泡壁的强度，使三相泡沫的稳定性提高。

(3)矿粒形状和大小的影响。矿粒的形状和大小对泡沫的稳定性有显著影响。矿粒过粗，稳定性降低。例如，0.1 mm方铅矿矿粒，可使异戊醇溶液的泡沫层寿命由17 s增至几小时，而0.3 mm方铅矿只能使泡沫寿命由17 s增至1 min。粒度过小，如小于0.1 μm的疏水胶粒又会破坏泡沫的稳定性。

扁平形的矿粒，由于在气泡上覆盖面积比较大，使所产生的气泡稳定性也较好。

浮选时，泡沫的稳定性要适当，不稳定易破灭的泡沫易使矿粒脱落，影响有用矿物回收率；过分稳定和过黏的泡沫，流泻作用减弱，降低泡沫层的二次富集作用，影响精矿品位，并使泡沫的运输及产品浓缩发生困难。泡沫量也要适当，泡沫量不足则矿物失去黏附机会且不易刮出；过量泡沫会引起溢流(俗称"跑槽")损失。

2. 起泡剂的作用

浮选过程中，希望空气在矿浆中充分地分散成直径较小、具有一定寿命的气泡。若气泡直径太大，充入单位体积气体形成的气泡表面积比较小，气泡个数少，欲上浮的矿粒没有足够可供附着的气泡面积，不利矿化。气泡直径也不能太小，过于稳定同样对分选不利。

1)起泡剂在浮选过程中的作用。

(1)提高空气在矿浆中的分散度。

矿浆中，气泡直径大小与起泡剂浓度和矿浆充气量有关。在相同充气量条件下，加入起泡剂后，所得气泡直径较小(矿浆中没有加入起泡剂时，气泡的平均直径约为3～5 mm，加入起泡剂以后，可以降到0.5～1 mm)，并且气泡直径随起泡剂用量增大而减小。气泡直径变小意味着气泡数目的增加，以及气泡表面积增加。起泡剂用量相同时，气泡直径随充气量增大而增大。

(2)增大气泡机械强度，提高泡沫的稳定性。

气泡为了保持最小面积，通常呈球形。异极性表面活性物质的起泡剂分子在气－液界面吸附后，定向排列在气泡的周围，见图6－4。起泡剂分子极性端朝外，对水偶极有引力，减慢了气壁间水层流动，减小水层变薄速度，增大气泡机械强度，从而提高了泡沫的稳定性。

(3)防止气泡在矿浆中兼并。

起泡剂分子在水－气界面的定向排列，使气泡周围形成一定厚度的水层，从而防止了气泡间的合并。

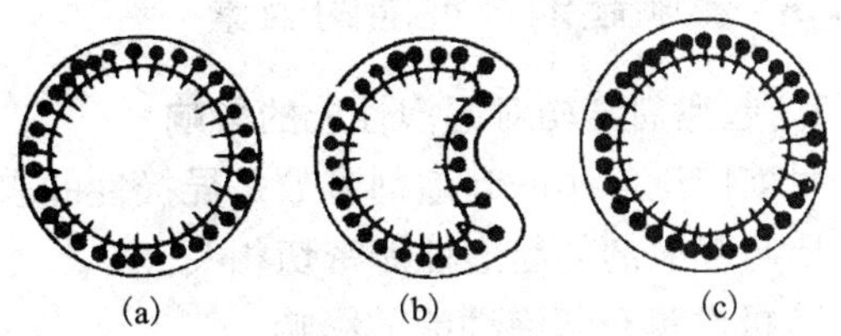

图6－4　起泡剂增大气泡的机械强度示意图

(a)未变形前；(b)产生变形；(c)恢复原形

(4)降低气泡的运动速度，增加气泡在矿浆中的停留时间。

矿浆中加入起泡剂后，使气泡的平均尺寸变小，而气泡越小，其上浮力越弱，上升速度越小；此外，起泡剂极性端上有一层水化膜，气泡运动时必须带着这层水化膜一起运动，由于水化膜中水分子与其他水分子之间的引力，将减缓气泡运动速度。因此，增加了气泡在矿浆中的停留时间，并使矿粒与气泡的碰撞机会增多，促使气泡矿化，提高分选效果。

2)起泡剂与捕收剂的共吸附作用。

一些捕收剂本身虽没有起泡作用，但能够在气泡表面吸附，对起泡剂的起泡作用产生影响。例如，黄药本身是捕收剂，不具备起泡能力，但若与醇一起使用，就会提高醇类的起泡能力，而且高级黄药的影响比低级黄药的大，见图6－5。该现象说明捕收剂与起泡剂在气液界面有联合作用，这种现象称为共吸附。捕收剂与起泡剂不仅在气泡表面产生共吸附现象，而且在矿物表面也产生共吸附。当矿粒与气泡碰撞时，起泡剂与捕收剂由于在界面上的共吸附而产生互相穿插，使气泡与矿物固着稳定。

非表面活性物质，易溶于水，在气－液界面没有吸附活性，因而不会产生两相泡沫，一般不作起泡剂；非表面活性物质虽能吸附于矿物表面，但在浮选用量范围内，并不能使矿物表面疏水化，所以也不是捕收剂。但新的一些研究表明，部分非表面活性物质，如与捕收剂一起使用，可以产生很好的泡沫，并可提高精矿品位及回收率。例如，双丙酮本身不起泡，虽能吸附到固液界面，但并不能使矿物表面疏水。如果它与捕收剂一起使用，由于它与捕收剂在矿物颗粒与气泡表面发生共吸附的结果，可形成良好的泡沫层。共吸附的穿插机理见图6－6。

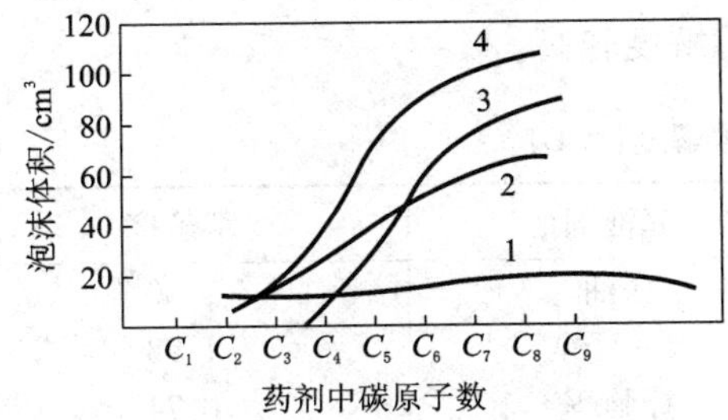

图6－5　捕收剂(黄药)对起泡剂(醇)起泡能力的影响

1—单用黄药；2—单用醇；3—乙黄药＋醇；4—戊黄药＋醇

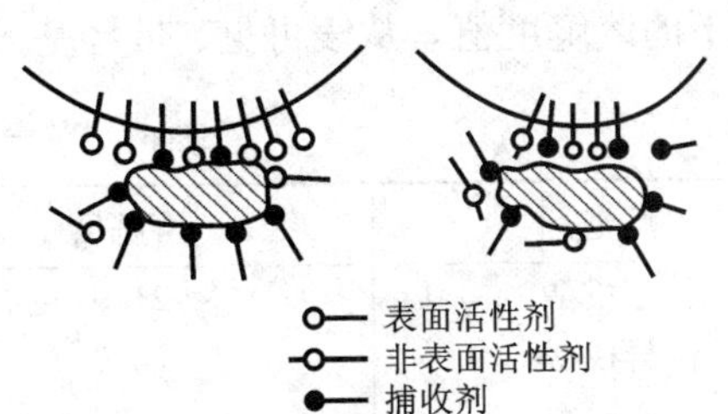

图6－6　表面活性起泡剂、非表面活性剂与捕收剂共吸附及互相穿插机理

6.1.3 影响起泡剂性能的因素

1. 起泡剂结构对起泡性能的影响

目前广泛应用的起泡剂多数是异极性的表面活性剂，其分子结构中的极性基和非极性基的性质与起泡剂的起泡性能密切相关。

1）极性基对起泡性能的影响。

极性基的结构和数量影响起泡剂的物理性质（如溶解度、解离度、黏度等）和化学性质（如对矿物表面化学活性、与矿浆离子的化学反应等）。常见起泡剂极性基有关特性见表6-2。

表6-2 起泡剂极性基特性

极性基	对水的引力	对相似分子的引力	泡沫稳定性
$—CH_2I$，$—CH_2Br$，$—CH_2Cl$	强	强	不起泡
$—CH_2OCH_3$，$—C_6H_5OCH_3$，$—COOCH_3$，$—OC_nH_{2n+1}$	强	弱	泡不稳定，药剂溶解度低
$—CH_2OH$，$—COOH$，$—CH$，$—CONH_2$，$—CH{=}NOH$，$—C_6H_4OH$，$—CH_2COOH$，$—NHCONH_3$，$—NHCOCH_3$	很强	中弱	泡稳定，药剂溶解度中等
$—C_6H_4SO_4H$，$—SO_3H$，$—SO_4H$	极强	中弱	泡稳定，药剂溶解度高

（1）极性基对起泡剂溶解度的影响。

起泡剂结构中的极性基与水分子作用力越强，极性基数目越多，起泡剂溶解度越大。起泡剂溶解度大小，对起泡剂性能及形成的泡沫特性有很大影响。

溶解度高的起泡剂，溶于水中之后，溶质分子大部分处于溶液内部，在气-液表面吸附量较少，因而表面活性较低。这类起泡剂可以迅速产生大量气泡，但气泡较脆，寿命短。为了保持适当的泡沫层，必须多次不断添加起泡剂，即分段加药。溶解度低的起泡剂，多数药剂不容易分散在矿浆中，除少量溶于水中之外，大部分集中在矿浆表面，容易随泡沫层及水层排出，因此，不能产生有效作用。这种起泡剂，起泡速度慢，但泡沫延续时间较长，泡沫层比较稳定。但过于稳定时，将给后续作业带来困难。

常见起泡剂的溶解度见表6-3。表6-4列出了带某些极性基的起泡剂在各种非极性基情况下的溶解度值。从表可见，带羟基的起泡剂，溶解度较高。

表6-3 常见起泡剂的溶解度(g/L)

起泡剂	溶解度	起泡剂	溶解度
正戊醇	21.9	松油	2.50
异戊醇	26.9	α-萜醇	1.98
正己醇	6.24	樟脑醇	0.74
甲基异戊醇	17.0	甲酚酸	1.68
正庚醇	1.81	1,1,3-三乙氧基丁烷	≈8
庚醇-[3]	4.5	聚丙烯正二醇醚（分子量400~450）	全溶
正壬醇	0.586		
壬醇-[2]	1.28		

表6-4 不同极性基和非极性基的起泡剂的溶解度(g/L)

非极性基	极性基			
	—OH	$—NH_2$	—COOH	$—NO_2$
C_4H_9	1055	—	333	—
C_6H_5	874	383	24	15
$m-C_6H_4CH_3$	202	—	7	5
$o-C_6H_4CH_3$	227	158	9	—

(2)极性基对起泡剂解离度的影响。

各种醇类、醚类是非离子型起泡剂，在水中不能解离。羧酸类由于—COOH基中—C═O对—OH基有诱导效应和共轭效应，氢有一定程度的解离，使之具有酸性。酚虽然和醇一样有极性基—OH，但酚的羟基连在苯环上，由于苯环的共轭作用，羟基中的氢易解离，使酚呈酸性。磺酸盐和硫酸盐类起泡剂则是较强的电解质。

离子型起泡剂，在水中的解离度受溶液pH的影响，因此，起泡能力也受pH的影响。解离后使溶液呈酸性的起泡剂称酸性起泡剂。酸性起泡剂在碱性介质中解离度较高，使其表面活性降低，对起泡剂的使用不利。所以，酸性起泡剂一般应在酸性介质中使用较好；同样的道理，碱性起泡剂在碱性介质中使用较为理想。

非离子型起泡剂，例如松油和醇类，虽然不解离，但分子中有羟基，可视作碱性物，所以，一般在碱性介质中使用较好。实践表明，松油在 $pH>9$ 时，其起泡能力显著上升。

(3)极性基水化能力对起泡性能的影响。

起泡剂分子或离子，在水中与水偶极子作用，发生水化，在气泡表面形成一层水膜，使气泡不容易破裂，提高其稳定性。极性基水化能力较强的，气泡稳定性也较强。各种极性基水化能力大小，表6-2已经列举。从极性基在气-液界面吸附自由能的大小，也可以讨论起泡剂性能。各种极性基吸附自由能见表6-5。

表6-5 各种极性基在气-液界面吸附自由能

极性基	—COOH	—OH	$—SO_4$	$—NH_2$
吸附自由能/($J\cdot mol^{-1}$)	4333	2407	1256	105

由表中可见，—COOH吸附能最大，最容易吸附到气液界面，因此，其泡沫发黏，选择性差。$—SO_4$、$—NH_2$吸附能小，形成的泡沫性脆，选择性好。

2)非极性基对起泡性能的影响。

(1)非极性基碳链长度对起泡性能的影响。

当极性基一定时，正构烷基同系物表面活性符合特劳贝(Traube)定则，即每增加一个$—CH_2—$基，表面活性增大3.2倍。表面活性越大，起泡能力越强。所以起泡剂非极性基越长，起泡能力就应越强。但非极性基过长，溶解度会显著降低，反而会使起泡能力下降。溶解度对起泡性能的影响与在极性基中的分析相同。

非极性基碳链长度不同时，形成的气泡直径不同。随着碳链长度增加，所形成气泡的粒度组成中，小直径气泡比例增加，且以3~8个碳范围内最为明显。由于小直径气泡比例的增加，气泡上升速度降低，这对浮选过程有利。常用起泡剂非极性基长度有一定范围：烃基中无双键的醇，一般6~8个碳，有双键的醇由于溶解度较大，烃基可以更长一些，如萜烯醇$C_{10}H_7OH$。

(2)非极性基性质对起泡性能的影响。

非极性基的性质指非极性属于正构烷烃或异构烷烃，饱和烃或不饱和烃以及芳烃等。

①正构烷烃和异构烷烃与起泡性能的关系。正构烷烃和异构烷烃的起泡性能，目前尚有争议。但起泡剂中以带支链的异构药剂应用较多。例如，甲基异丁基甲醇、萜烯醇、三乙氧基丁烷等，都具有支链程度较高的结构。这是由于异构烷烃的范德华力的作用比正构烷烃小，溶解度较高，使起泡性能得到改善。如烷基苯磺酸钠的烷基为支链异构时，用作起泡剂浮选黄铁矿的回收率比同等长度正构烷基的更高。

②双键的影响。非极性基中含有双键时，起泡性能略有提高。在萜烯醇、树脂酸等环族化合物中，增加双键时，起泡性能显著提高。这是由于双键的存在，可以提高溶解度，并减少疏水端的缔合作用，使在气-液界面排列的起泡剂分子或离子之间可以保留一定的水分子，使气泡不易破裂，提高气泡的稳定性。

2. 起泡剂溶液浓度对起泡性能的影响

起泡剂溶液浓度影响其起泡性能。实践表明，起泡剂用量不宜过大，起泡剂浓度过大会降低起泡能力。图6-7所示为起泡剂浓度、溶液的表面张力和起泡能力之间的关系。由图可见，当起泡剂浓度开始增大时，溶液的表面张力降低比较明显，起泡能力显著增大。当起泡能力达到峰值后，再增大起泡剂浓度，表面张力变化较小，起泡能力则反而下降。当起泡剂浓度达到饱和状态(B点)时，和纯水(A点)一样，不能生成稳定的泡沫层。因此，溶液的起泡能力不完全由表面张力降低的绝对值决定。

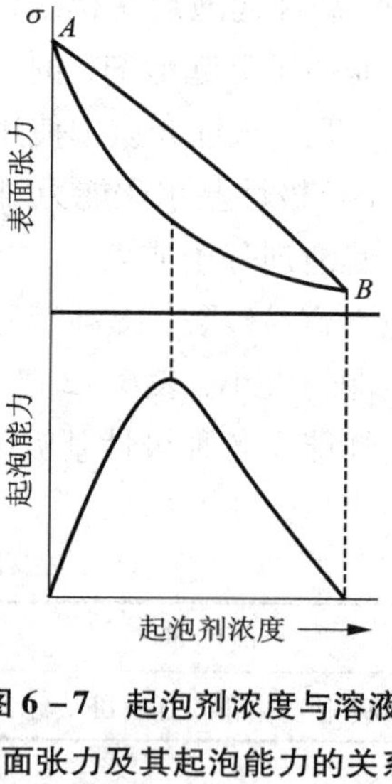

图6-7 起泡剂浓度与溶液表面张力及其起泡能力的关系

6.1.4 起泡剂选择

具有起泡性质的物质很多，例如醇类、酚类、醚类、酮类、醛类及酯类等均有较好的起泡性能。选择作为浮选用的起泡剂，除能起泡外，还应具有如下性质：

①在较小的耗量下形成泡沫数量多、泡沫大小分布合理、韧性适中、黏度不高等；

②药剂本身具有良好的流动性、无毒、无臭味、无腐蚀性、便于运输、添加操作；

③起泡性不受(或少受)矿浆pH的影响及矿浆中其他组分(如各种浮选药剂，难免离子等)的影响；

④不具捕收作用并且不影响捕收剂的选择性；

⑤价格、来源等工业应用条件合适。

另外还考虑选择的药剂应具有起泡剂的特性:

①起泡剂应是异极性的有机物质,极性基亲水,非极性基亲气,使起泡剂分子在气-水界面上产生定向排列。大部分起泡剂是表面活性物质,能够强烈地降低水的表面张力。

②起泡剂应有适当的溶解度。起泡剂的溶解度,对起泡性能及形成气泡的特性有很大影响,如溶解度很高,则耗药量大,或迅速产生大量泡沫,但不能耐久;当溶解度过低时,起泡剂来不及溶解,随泡沫流失,或起泡速度缓慢,延续时间较长,难以控制。

6.2 常用起泡剂

6.2.1 松油类及其加工产品

松油类起泡剂使用较早,现在虽然许多国家使用了人工合成起泡剂,但松油类及其加工制品起泡剂仍占有相当比例。

松油是指由松根、松脂经过蒸馏得到的产品,起泡作用的主要成分是萜烯醇。东北地区所产用松根干馏制得的松根油,沸点75~350℃,此类松油作起泡剂用量较大,而且来源逐渐减少,目前已无工业应用。

目前使用的松油类起泡剂,是松节油的加工品。松节油由松脂蒸馏制成,主要成分为蒎烯,经过水化加工,可以制成有效成分萜烯醇含量较高的起泡剂产品,所谓松醇油(二号油)就是这种产品。它的主要成分为α-萜烯醇[$C_{10}H_{17}OH$],其化学结构式为:

```
        CH——CH2          CH3
       //      \          |
CH3——C          CH——C——CH3
       \       /          |
        CH2——CH2          OH
```

松醇油中萜烯醇含量为50%左右,尚有萜二醇、烃类化合物及杂质。它是淡黄色油状液体,有刺激性作用,相对密度为0.9~0.915,可燃,微溶于水,在空气中可氧化,氧化后,黏度增加。

松醇油起泡性强,能生成大小均匀黏度中等和稳定性合适的气泡。当其用量过大时,影响浮选指标。

松油类起泡剂对滑石、硫磺、石墨、辉钼矿、煤等有一定的捕收性。

6.2.2 樟脑油和桉树油

1. 樟脑油

用樟树的枝叶或根经蒸馏得樟脑油,经过170~220℃,200~270℃,>270℃分馏,分别得到白油、红油、蓝油。其中白油可以代替松油作起泡剂。当精矿质量要求较高和优先浮选时,可用白油代替松油,其选择性比松油好。红油生成的泡沫较黏。蓝油既有起泡性又有捕收性,多用于选煤或与其他类起泡剂配合使用。樟脑油成分和性质如表6-6所示:

表 6-6　樟脑油成分和性质

种类	分馏温度/℃	主要成分	相对密度
白樟油	170 ~ 200	蒎烯 $C_{10}H_{16}$ 樟脑精 $C_{10}H_{16}$ 桉叶醇 $C_{12}H_{18}$	0.862 ~ 0.890
红樟油	200 ~ 270	黄樟醇 $CH_2{=}CHCH_2-C_6H_3(-O-CH_2-O-)$ 丁香醇 CH—(CH₃)—C_6H_4—CH_2—CH═CH_2	0.9 ~ 1.035
蓝樟油	>270	2.3 倍半萜类 2.3 倍萜烯醇	

2. 桉树油

将桉树的枝叶用水蒸气蒸馏而得。主要成分是桉叶醇[$C_{10}H_{18}O$]，含量占 50% ~70%。桉树油一般为无色或带淡黄色的油状液体，相对密度 0.8668 ~0.930(15℃)。其起泡性能较松油弱，泡沫性脆，选择性较好，但用量略高。结构式为：

```
          CH2
           |
           C ──────────┐
         /   \         │
     H2C      CH2      │
      |        |       O     桉叶醇
      C       CH2      │
         \   /         │
          CH           │
           |           │
           C ──────────┘
         /   \
      CH3     CH3
```

以上两种天然起泡剂，目前从全国来看已很少使用，但可结合各地具体经济条件仍可考虑应用。

6.2.3　醇类

一元醇的通式是 R—OH，当 R 是脂肪族烃基时，属脂肪醇类，R 是芳基烷基时，称芳香族醇类，R 是环烷基时，称环烷醇类。例如：

$CH_3(CH_2)_5$—OH　　己醇

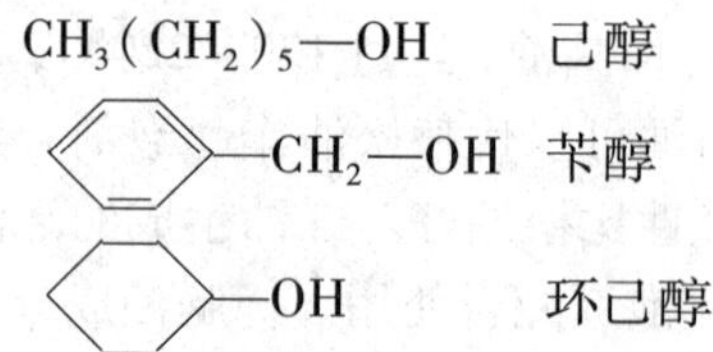

醇类的功能团是羟基(—OH)。当分子中含一个羟基时，称一元醇，含 2 个羟基以上者称为多元醇。醇的结构(R—OH)与水的结构 H—OH 相似，尤其是低级醇，其 R 基碳链极短，

与 HOH 更相近，故低级醇如甲醇、乙醇、丙醇可以与水任意混合，并且不具有起泡性质，C_4—C_{10}脂肪醇部分溶于水，能明显地降低水的表面张力，使气泡稳定，所以是起泡剂。十二碳醇以上在常温下是固体，在水中不易分散，不宜单独用作起泡剂。已经研究过或已经应用的醇类起泡剂有许多种，如 C_5—C_6、C_6—C_7、C_6—C_8 脂肪族混合醇，甲基异丁基甲醇（MIBC），二甲基苄醇等等。

1. 混合脂肪醇（C_6—C_8）

其原料来源有两种：一种是电石工业，以乙炔为原料生产丁、辛醇时的 C_4—C_8 醇的馏分；另一种是石油工业副产品的混合烯烃经过“羰基合成”制成的。

C_6—C_8混合醇的物理性质随合成时所用原料而变化，如果原料来自石油裂化产物烯烃，则所得的 C_6—C_8醇具有如下性质：沸点 146 ~ 200℃、相对密度 0.838、羟基值（KOH $mg \cdot g^{-1}$）470、含醛 0.2%、溴值 0.6。这种 C_6—C_8混合醇是强有力的起泡剂，可用于多种矿石的浮选，也可用于选煤。用量较一般松油（含醇约 45%）少 2.5 ~ 3 倍，比甲酚用量低 3 ~ 4 倍，并且选择性比甲酚好。例如，用阳离子捕收剂浮选赤铁矿，C_6—C_8混合醇作起泡剂并与松油作对比试验，当松油用量为 20 $g \cdot t^{-1}$、C_6—C_8混合醇用量为 10 $g \cdot t^{-1}$时，所得精矿品位相同（铁品位 66%），而后者的回收率和浮选效率都稍高，但用量只有前者的一半。

利用电石厂合成丁醇的副产品 C_4—C_8混合醇，将其中低沸点馏分（丁醇）分离出去，剩下 C_6—C_8馏分直接用作起泡剂。这种混合醇外表为淡黄色液体，相对密度 0.83，可代替松醇油，用于有色金属硫化矿浮选，其用量比松醇油低。其组分含量为：

名称	结构式	含量
正丁醇	$CH_3CH_2CH_2CH_2OH$	18.85%
庚醇 - [4]	$CH_3CH_2CH_2CH(OH)CH_2CH_2CH_3$	2.46%
2 - 乙基丁醇	$CH_3CH_2CH(CH_2CH_3)CH_2OH$	30.60%
3 - 甲基庚醇	$CH_3CH_2CH_2CH_2CH(CH_3)CH_2CH_3OH$	14.12%
2 - 乙基已醇	$CH_3CH_2CH_2CH_2CH(CH_2CH_2)CH_2OH$	25.10%

2. 甲基戊醇（又名甲基异丁基甲醇，代号为 MIBC）

其结构式为：

$$(CH_3)_2CH—CH_2—CH(OH)—CH_3$$

纯品为无色液体，可用丙酮为原料合成制得。工业上已大量生产，在国际市场上已占起泡剂总量的一半。它特点是选择性强，活性好，泡细、脆、不黏，消泡容易，不具捕收性能，用量少，不易夹带脉石细泥到泡沫中去，对提高精矿质量有利。

醇类起泡剂的泡沫结构不像松油那样致密，用量较多时泡变为紧密结构，但泡沫容积不减少。故需分段加入，以控制泡沫量。

6.2.4 重吡啶及甲酚酸类

重吡啶及甲酚酸类都是煤焦油产品。

甲酚酸类起泡剂，主要成分是甲苯酚、苯酚、二苯酚等，是煤焦油蒸馏时，低馏分部分用碱溶液抽出再用硫酸中和使酚类析出的产品。工业上也常用不加工的粗甲酚酸作起泡剂。

甲酚酸的各种异构体的起泡剂性能已介绍如前。甲酚酸类的起泡性能比二号油为弱，泡沫结构与松油类似，但泡直径较大，具有一定的捕收性，粗甲酚酸因混有中性油类及其他杂质，成分不固定，泡沫也常常过黏，选择性较差。

重吡啶是由煤焦油的中油、重油、萘馏分中提取的碱性物质，主要有效成分是吡啶 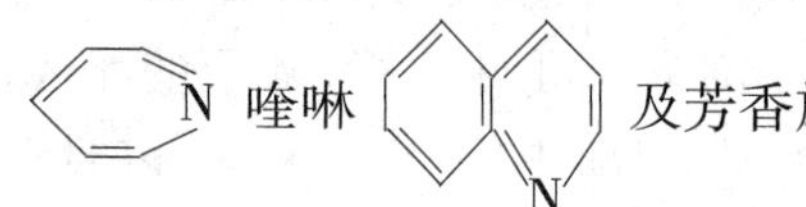 及芳香族胺（苯胺、甲苯胺、萘胺等），组分不固定，依原料及提取过程而异，可以用 H_2SO_4 抽取精制，精制品有效成分含量高。因平均相对分子质量高于吡啶（C_5H_5N），故称重吡啶。

重吡啶类起泡剂对硫化矿有捕收性，捕收性较强的组分主要是吡啶、喹啉，此外游离的中性物如萘等，也有捕收性。因此使用此类起泡剂浮选硫化矿时，可以减少黄药用量。

6.2.5 醚类

醚类通式是 R—O—R，R 基可以同是链状烃基，或同是环状烃基，也可以一个是链状烃基，另一个是环状烃基。醚基的氧原子直接与烃基的碳原子相连接，氧原子上还有两对弧电子对、与 H_2O 极性分子相吸引，所以醚基是亲水基团。醚类作为起泡剂用于选矿是 20 世纪 50 年代开始的。国内生产的 4 号油或称丁醚油即属于这类起泡剂，成分为三乙氧基丁烷，结构式为：

$$\begin{array}{l} C_2H_5O \\ \quad\quad\quad \diagdown \\ \quad\quad\quad\quad CH—CH_2—\underset{\displaystyle |\atop \displaystyle OC_2H_5}{CH}—CH_3 \\ \quad\quad\quad \diagup \\ C_2H_5O \end{array}$$

它的纯品为无色透明油状液体，工业品由于含有杂质呈棕黄色。丁醚油起泡能力强，泡沫脆易于破灭，适用的 pH 范围宽。丁醚油易水解，并氧化失去有害作用，可减轻对水质的污染。其缺点是，虽然用量很低，但产生泡沫量太大，精选时不易控制。它可单独使用，也可和其他起泡剂配合使用。国外对该起泡剂简称为 T. E. B。

6.2.6 酯类

酯的通式是 RCOOR′，R 可以是烷基也可以是芳基。作为起泡剂用的脂，R′一般是 C_2H_5—。R 基含 5 ~6 个碳原子的混合脂肪酸乙酯及含 5 ~9 个碳原子的混合脂肪酸乙酯，分别称为 56 号起泡剂和 59 号起泡剂；R 含 3 ~17 个碳原子的脂肪酸乙酯，称为 W －02 起泡剂；R 为苯基的邻苯二甲酸乙酯称苯乙酯油。酯的功能团是—COO—，其中的氧原子有弧对电子，所以可以与水亲和，属亲水基因，R 基及 R′基亲气，所以酯类也有起泡性能。

酯类的泡沫稳定，黏性低于松醇油。铅锌硫化矿和铜钴黄铁矿选矿厂的工业试验结果表明，其浮选性质比松醇油好，用量约10 ~15 $g \cdot t^{-1}$。

6.2.7 醚醇类

醚醇类化合物用作起泡剂是选矿药剂的发展之一，这类起泡剂的特点是分子中既有醚基又有醇基，醚基氧原子及醇基氧原子的弧对电子都可以与水分子结合而亲水，烃基亲气而使气泡稳定。醚醇起泡剂分子中有多个亲水功能团，属多功能团起泡剂，有甲基醚醇、乙基醚醇、丁基醚醇等。例如，我国研制的乙基聚丙醚醇称醚醇油，它是内环氧丙烷与乙醇在苛性钠催化剂的作用下制得，其结构为；$C_2H_5—(OC_3H_6)_n—OH$，$n=2.5$，平均分子量为200。美国的DOWFROTH系列、氰胺公司的Aerofroths系列、英国的Teefroths系列及澳大利亚TERIC系列起泡剂，均属于该类产品。常称为烷基聚丙烯二醇醚。DOWFROTH250就是三丙二醇甲醚，结构式为：

$$CH_3O(CH_2\underset{\displaystyle |\atop \displaystyle CH_3}{C}HO)_3H \quad \text{三丙二醇甲醚}$$

国外金属矿浮选大量使用该类产品，几乎占起泡剂用量的一半。

醚醇类起泡剂是一种可以严格按照环氧丙烷数目和醇的碳链长度由人工合成的起泡剂，其起泡性能可以预先进行设计，并在过程中进行调节。起泡能力随环氧丙烷数目及醇的烃链碳原子数增加而提高。同时捕收性能增加，选择性降低。该类起泡剂水溶性较高，泡沫结构致密、不黏，选择性好，消泡快，用量少，仅10 ~80 $g \cdot t^{-1}$原矿，并能生成大量对浮选有利的小于0.2 mm的微泡，提高浮选指标，但价格较贵。

6.2.8 起泡剂的进展

随着人们对起泡剂在浮选作业中的重要性的逐渐重视，新型起泡剂研制方向如下：

①混合起泡剂的效果和适应性比单一起泡剂要好，不仅能降低药耗（包括捕收剂的用量），而且可改善气固界面吸附和泡沫结构，是研究起泡剂的一个方向。

②在不改变矿山企业现有工艺流程的情况下，使用组合合理的起泡剂和捕收剂也可达到提高选矿指标的目的。

③随着人们环保意识的加强，在新型起泡剂的设计和研发时，应尽可能避免起泡剂的生产和使用给环境造成的污染。

④随着化学工业的发展，原料来源广泛，合成工艺简单，易生物降解的合成起泡剂将逐步取代以松节油为原料的、价格偏高的松醇油，降低矿山企业的药剂费用。

习　题

6－1　常用起泡剂有什么结构特点，分为几类？

6－2　什么是两相泡沫、三相泡沫，两者有什么区别？

6－3　简述影响泡沫层中气泡破灭的原因。

6－4　简述起泡剂在浮选过程中的作用。

6－5　简述起泡剂结构如何影响起泡性能。

6－6　起泡剂的选择有哪些要求？

6－7　常用起泡剂有哪几类？

第7章　调整剂

7.1　pH 调整剂

7.1.1　pH 调整剂的作用

在浮选过程中，矿浆 pH 具有十分重要的意义，各种矿物只有在各自适宜的 pH 条件下才能有效地浮选。矿物浮选的最佳 pH 又取决于浮选药剂制度等条件。例如，油酸作捕收剂，几种矿物浮选的最佳 pH 是，黑钨矿 6.0，锡石 5.9 ~6.2，软锰矿 7.4 ~7.7，磁铁矿 6.8 ~7.1，霞石 8.3。除黄铁矿以外的有色金属硫化矿，一般都在弱碱性或碱性介质中浮选较快。因此，调节矿浆 pH 是控制浮选过程的最重要的参数之一。

pH 调整剂的作用主要有以下几种：

(1)改变溶液的 pH，从而改变矿物表面性质，如双电层的组成和结构，矿物表面的水化作用等。调整浮选剂在溶液中的组成和状态，如捕收的离子和分子化，影响离子型捕收剂在矿物表面上的吸附，影响浮选剂的作用。

(2)pH 调整剂与溶液中的金属离子形成难溶化合物，其中多数是低溶度积的多价金属氢氧化物或碳酸盐。由于形成难溶化合物，出现了晶核。这些晶核可长大到胶体分散颗粒和微细分散颗粒的大小，对浮选有显著影响。

(3)由于 OH^- 离子的存在，与捕收剂阴离子产生竞争反应，当 pH 超过临界 pH 时，很多矿物的浮选将受到强烈抑制。

(4)pH 调整剂能清洗矿粒表面上妨碍捕收剂附着的薄膜或黏附的矿泥，有利于矿物浮选。例如硫酸、草酸均能用于活化被石灰抑制的黄铁矿和磁黄铁矿。对于某些硅酸盐矿物，其所含金属阳离子被硅酸骨架所包围，使用酸或碱调整剂能够将矿物表面溶蚀，可以暴露出金属离子，增强矿物表面与捕收剂作用的活性。此时，多采用溶蚀性较强的氢氟酸。

(5)pH 调整剂通过改变矿物表面性质及其与药剂的作用，改变悬浮液的聚集稳定性。

7.1.2　pH 调整剂的种类及应用

调节矿浆酸碱度的药剂，可分为有机和无机两大类，而常见的主要是无机类，如硫酸、氧化钙、碳酸钠、氢氧化钠等。有机类常用的是草酸、乳酸、柠檬酸等。

硫酸是应用最广泛且廉价的酸类调整剂，其次为盐酸、硝酸、磷酸等。硫酸被广泛用于硫铁矿的活化浮选，用硫酸洗过的黄铁矿，可用黄药或黑药浮选。硫酸处理可溶解黄铁矿表面上有碍于巯基捕收剂浮选的氢氧化铁，从而活化黄铁矿。其反应式为：

$$2Fe(OH)_3 + 3H_2SO_4 \longrightarrow Fe_2(SO_4)_3 + 6H_2O$$

在非硫化矿浮选时，硫酸的作用也十分明显。用硫酸($100\ mg\cdot L^{-1}$)酸洗锰矿石，可大大降低浮选锰矿物所必需的捕收剂用量。在 pH 为 2.8 ~4.8 浮选锡石时，硫酸可抑制电气石。

氢氧化钠被广泛应用于各种类型矿石的浮选。在硫化矿、白钨矿、磷灰石和萤石浮选时，用它作介质调整剂。从铁矿石中反浮选石英时，经常用氢氧化钠作 pH 调整剂。氢氧化钠可抑制辉锑矿、促进游离金的回收，分散多种矿泥，从而提高多种矿石浮选的选择性。

无水碳酸钠在硫化矿和非硫化矿浮选时，常被作为碱性调整剂使用，介质 pH 一般不高于9 ~10。所以，在需要提高 pH 的浮选作业中，苏打应与氢氧化钠混合使用。苏打广泛用作钨矿、钼矿、锂矿、锡矿、碳酸锰矿、磷块岩、萤石等矿石浮选时的调整剂。在用油酸和油酸盐浮选锆石、锡石时，碳酸钠具有较弱的抑制作用。碳酸钠是一种强碱弱酸的盐，在矿浆中水解后得到 OH^-、HCO_3^- 和 CO_3^{2-} 等离子，对矿浆 pH 有缓冲作用，使溶液的 pH 保持稳定。反应式为：

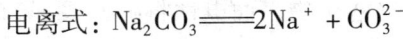

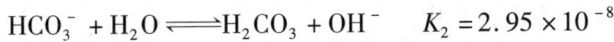

电离式：$Na_2CO_3 \xlongequal{} 2Na^+ + CO_3^{2-}$

水解式：$CO_3^{2-} + H_2O \rightleftharpoons HCO_3^- + OH^- \quad K_1 = 2.26 \times 10^{-4}$

$HCO_3^- + H_2O \rightleftharpoons H_2CO_3 + OH^- \quad K_2 = 2.95 \times 10^{-8}$

K_1、K_2分别是第一步和第二步的水解常数。由反应式可见，外来少量的 H^+ 或 OH^- 离子，对矿浆 pH 并没有多大影响，所以用碳酸钠调节的 pH 比较稳定，它可使矿浆的 pH 保持在 8 ~10 之间的中等碱性。

石灰的有效组分为氧化钙（CaO），是应用最广泛的碱性调整剂，碱性较强，可使矿浆 pH 提高到 11 ~12，对黄铁矿有较强的抑制作用。在硫化矿浮选（铜矿、黄铁矿、铅－锌矿）中，石灰一直被作为最经济的 pH 调整剂，其用量可达 1 ~10 $kg \cdot t^{-1}$。使用硫酸、氢氧化钠和石灰作为矿浆 pH 调整剂，黄药作为捕收剂（用量为 $10^{-4} mol \cdot L^{-1}$），黄铁矿的回收率与 pH 关系如图 7－1。

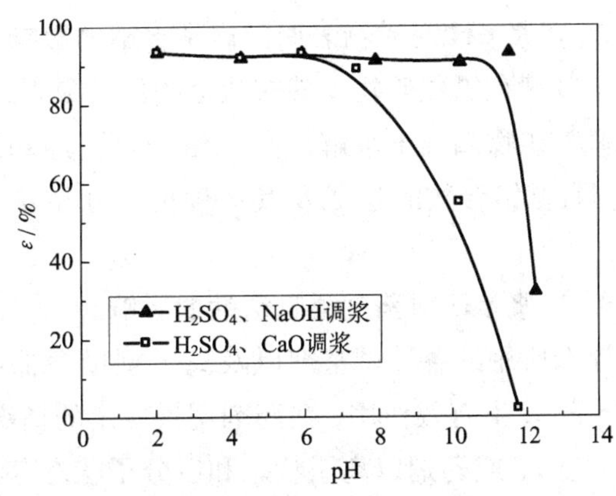

图 7－1　pH 调整剂对黄铁矿浮选的影响

从图 7－1 中的结果可看出，黄铁矿在酸性和中性环境中均表现出良好的可浮性。使用氢氧化钠作为碱性调整剂时，在 pH <12 范围内，黄铁矿依然保持较高上浮率，此后继续加大氢氧化钠用量，提高矿浆 pH，黄铁矿的可浮性急剧下降。在使用石灰作为碱性调整剂时，在弱碱性条件下，黄铁矿的上浮率开始出现下降，并随着石灰用量的增加急剧降低，在 pH =11.73 时完全被抑制。说明石灰对黄铁矿的抑制效果非常明显。另外，石灰对起泡剂的起泡能力也有影响，如松醇油类起泡剂的起泡能力，随 pH 的升高而增大，酚类起泡剂的起泡能力，则随 pH 的升高而降低。

当用脂肪酸捕收剂浮选非硫化矿时，则不宜用石灰调节矿浆 pH。因为石灰解离出的不仅有 OH^- 离子，而且还有 Ca^{2+} 离子，脂肪酸类捕收剂在碱性介质中解离出来的阴离子 $RCOO^-$ 易与 Ca^{2+} 离子发生作用，并生成溶度积很小的脂肪酸钙沉淀，反应式为：

$$2RCOO^- + Ca^{2+} \longrightarrow (RCOO)_2Ca \downarrow$$

这样会消耗大量的捕收剂，此外，钙离子还会活化石英等硅酸盐矿物的浮选，影响过程的选择性。可见，用脂肪酸类捕收剂浮选非硫化矿物时，若用石灰作 pH 调整剂将会破坏浮选过程的正常进行。

7.1.3 pH 调整剂的作用原理

浮选过程中，添加 pH 调整剂可对矿物表面电性、药剂水解、捕收剂吸附、矿物可浮性等方面产生直接影响，其原理概括如下。

1. 矿浆 pH 对矿物表面电性的影响

矿浆 pH 影响矿物表面的电性，因而影响矿物对捕收剂的静电物理吸附。溶液中的 H^+ 和 OH^- 离子，可在许多矿物表面吸附，例如可以吸附在石英、硅酸盐、铝硅酸盐和某些难溶高价金属氧化物矿物表面并成为它们的定位离子，所以这些矿物表面电性将随矿浆 pH 的变化而异。对于大多数的氧化矿物，H^+ 和 OH^- 离子是其定位离子，当 pH 高于零电点时，矿物表面带负电，低于零电点时，矿物表面带正电。

若矿物主要是依靠静电物理吸附与阳离子捕收剂（如胺类）或阴离子捕收剂（如烃基硫酸及烃基磺酸）作用，此时矿物表面的电性，对矿物的可浮性将具有决定性的影响。在这种情况下，欲获得最佳的浮选选择性和回收率，则调节和控制矿浆的 pH 往往就成为浮选成败的关键。

2. 矿浆 pH 对矿物表面阳离子水解的影响

捕收剂在氧化矿物和硅酸盐上的化学吸附，是随着矿物表面离子微量溶解而实现的。溶解的微量矿物阳离子水解成羟基络合物。羟基络合物的活性很强，能牢固地吸附在矿物表面，但羟基络合物的生成及其浓度的大小受矿浆 pH 控制，并且对矿物的浮选产生直接的影响。

3. 矿浆 pH 对药剂浮选活性的影响

浮选所用的各种调整剂以及离子型极性捕收剂，常常是药剂解离出来的某种活性离子（或分子）发生有效作用，在药剂用量一定的情况下，矿浆中各种药剂离子的浓度（即药剂的解离程度），或药剂以离子状态和以分子状态存在的比例，将主要取决于矿浆的 pH。

pH 可以调节矿浆中捕收剂离子的浓度。例如非硫化矿浮选中常用的脂肪酸类捕收剂，由于它们只有在碱性矿浆中才易解离出较多的脂肪酸阴离子，调节 pH，则可调节矿浆中脂肪酸阴离子的浓度或阴离子数与分子数各组分间的比例；硫化矿浮选中常用的黄药类捕收剂，在水溶液中特别是在强酸性矿浆中极易分解成相应的醇及 CS_2 而使之失效，将矿浆 pH 调至碱性或弱碱性时就能得到较多的黄药阴离子。又如，使用胺类捕收剂时，调节矿浆 pH 可以调节胺类是以离子状态为主或以分子状态为主，从而调节胺类的浮选特性。

pH 可以调节抑制剂及活化剂的离子浓度。例如，用氰化物抑制硫化矿物，提高矿浆 pH 即可增加 CN^- 离子，从而可以加强氰化物的抑制作用并可避免剧毒 HCN 气体的逸出，许多常用调整剂如硫化钠、水玻璃等，是强碱弱酸盐，在矿浆中的解离程度深受 pH 的影响。调节矿浆 pH 可直接影响它们的水解程度，从而可以调整它们在矿浆中的离子浓度。

4. 矿浆 pH 对捕收剂在矿物－水溶液界面吸附性质的影响

十二烷基磺酸盐在刚玉表面的吸附密度与 pH 关系如图7－2所示。随着 pH 的增加，十二烷基磺酸盐在刚玉表面的吸附量也降低。又如油酸在萤石上的吸附，在 pH 小于5时以物理吸附为主，大于5时以化学吸附为主。

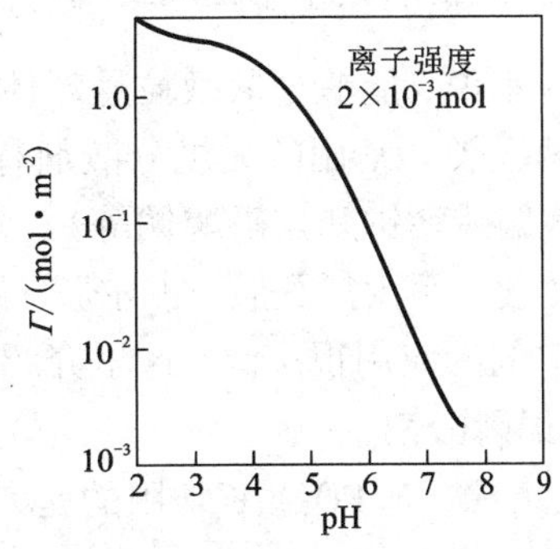

图7－2 十二烷基磺酸钠(3×10^{-5} mol·L^{-1})在刚玉表面吸附密度与 pH 关系

5. 矿浆 pH 影响矿泥的分散和凝聚

pH 调整剂常常影响着矿泥的分散和凝聚，所以改变矿浆 pH 可起到分散或团聚矿泥的作用。无机酸、碱电离出的氢离子和氢氧根离子是许多矿物的定位离子，如某些金属氧化矿物、硅酸盐矿物以及含氧酸盐矿物等，而吸附在双电层内层的 H^+ 离子及 OH^- 离子对矿粒表面的动电位可产生决定性的影响，所以这些矿物表面的荷电情况(电位符号及数值大小)深受介质 pH 的影响。加入酸、碱，降低或提高矿浆的 pH，即可显著地降低或提高矿物表面的动电位或使其改变符号，增强或削弱矿粒间的静电作用力，促使矿粒呈现分散或凝聚状态。

7.2 分散剂

7.2.1 分散剂的作用

分散剂是一种在分子内同时具有亲油性和亲水性的化合物，能促使物料颗粒均匀分散于介质中，或可均一分散那些难溶解于液体的无机、有机的固体颗粒，同时也能防止固体颗粒的沉降和凝聚，形成稳定悬浮液所需的药剂。在矿物浮选领域，微细粒矿物和矿泥对浮选会产生明显的负面影响，因此添加分散剂使微细矿粒处于有效悬浮分散状态，对于改善选择性絮凝或改善目的矿物与气泡的选择性吸附就显得尤为重要。分散剂在选矿中用途主要有两方面：一是通过阻止矿泥在矿物颗粒上的附着从而改善矿物的可浮性；一是在选择性絮凝中起着分散微细粒矿物的作用。

分散剂的作用是增强颗粒间的排斥作用能。增强排斥作用方式为：

(1)增大颗粒表面电位的绝对值以提高粒间静电排斥作用。带有一定符号电性(通常为负电荷)的分散剂吸附在矿粒表面后可改变矿粒表面的电性，使动电位同号，并大大提高它们的绝对值，增加矿粒间的静电排斥力，使之不能相互接近或靠拢，静电排斥势能 U_{el} 项增大。

(2)通过高分子分散剂在颗粒表面形成的吸附层，产生并强化空间位阻效应，使颗粒间产生强位阻排斥力。分散剂所带来的亲水极性基团可提高矿粒表面水化层的强度，增强矿粒表面的亲水性，使表面覆盖强亲水性吸附层，使矿粒相互接触产生空间位阻效应。于是矿浆中的微细粒群就不会因相互间范德华引力作用发生聚结成团现象。空间排斥势能 U_{st} 项增大。

(3)增强颗粒表面的亲水性，以提高界面水的结构化，加大水化膜的强度及厚度，使颗粒间的溶剂(水)化排斥作用显著提高。水化排斥势能 U_{sol} 项增大。

7.2.2 分散剂的种类及应用

一般来说，能够分散微粒悬浮体的药剂都是分散剂。分散剂一般分为无机分散剂和有机分散剂两大类。常用的无机分散剂有硅酸盐类(例如水玻璃)和碱金属磷酸盐类(例如三聚磷酸钠、六偏磷酸钠和焦磷酸钠等)。常用的有机分散剂有十二烷基硫酸钠、甲基戊醇、纤维素及其衍生物、聚丙烯酰胺、古尔胶、脂肪酸聚乙二醇酯等。

分散剂的应用很广泛，这里介绍几种常见分散剂。

1. 偏磷酸钠

偏磷酸钠$(NaPO_3)_n$，常用的是六偏磷酸钠$(NaPO_3)_6$，它能够和Ca^{2+}、Mg^{2+}及其他多价金属离子生成络合物，从而使得含这些离子的矿物受到抑制。此外它能分散矿泥，消除Ca^{2+}、Mg^{2+}离子的影响，对硬水有软化作用。

六偏磷酸钠不是简单的化合物，其基本结构单元为：

在水溶液中各基本结构单元PO_3^-仍能相互连接聚合成螺旋状的长链，吸附在矿物表面增强矿物的亲水性，并显著地提高矿物表面负电位，故可作为某些矿物的抑制剂或矿泥的分散剂。例如六偏磷酸钠对一水硬铝石的抑制作用从图7－3中可看出，用油酸钠为捕收剂，随着六偏磷酸钠的用量增加，其对一水硬铝石的抑制作用增强，一水硬铝石的浮选回收率显著下降。

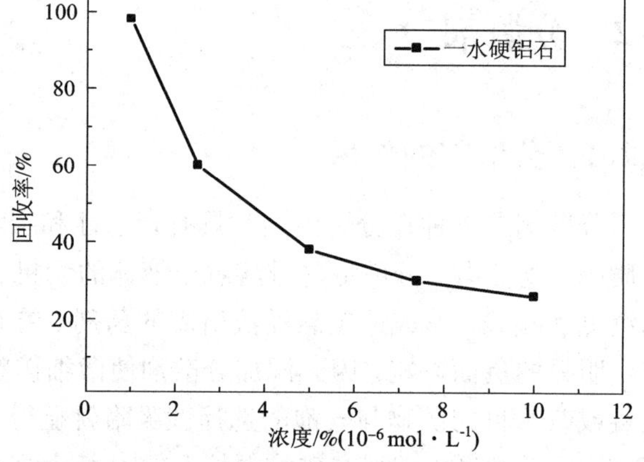

图7－3 油酸钠(1.5×10^{-4}mol·L^{-1})作捕收剂，六偏磷酸钠用量对一水硬铝石浮选性能的影响

2. 水玻璃

水玻璃Na_2SiO_3对矿泥有分散作用，通过添加水玻璃减弱矿泥对浮选的有害影响，但用量不宜过大。非硫化矿浮选时，广泛使用水玻璃作抑制剂，同时也常用它作矿泥分散剂。其作用机理主要是水玻璃解离出的胶态硅酸、$HSiO_3^-$以及SiO_3^{2-}离子在矿泥表面吸附后，形成了一层强亲水性且带负电荷的“抗凝聚”覆盖物，它一方面增强了矿泥表面水化层的强度和亲水性；更重要一方面是大大提高矿泥表面负电位的绝对值，增强微细矿粒间同性电荷的静电排斥力，使它们难以相互接近。水玻璃也常与氢氧化钠联合使用，以达到对微细矿粒群的最佳分散状态。

3. 碳酸钠(或与水玻璃联合使用)

碳酸钠是非硫化矿浮选中广泛使用的pH调整剂，其调节的pH范围为8～10，同时它对细泥也有一定的分散作用。因此，当浮选过程要求的pH不高，且又要求分散细泥，这时采用Na_2CO_3作调整剂可兼具这两种作用。有时为了加强其分散作用，也常将少量的水玻璃和碳酸钠联合使用。

4. 单宁

单宁是一种有机高分子聚合物，是多酚化合物与糖类结合的产物。活性基主要是酚上的羟基，此外也有羧酸基及磺酸基。单宁是以它的吸附层产生的空间效应而起分散作用的。单宁的用量小，分散能力很强，能分散许多矿物微粒悬浮体。根据实验测定，单宁并不影响氧化物矿粒(例如 Fe_2O_3，SiO_2等)的动电位。单宁通过一部分羟基与矿粒结合，另一部分极性基伸向介质与水分子缔合，从而增强了矿粒的亲水性。因此，单宁的分散作用主要是通过它的吸附层增大颗粒表面水化膜的强度，以及明显的位阻排斥作用而实现。可见，单宁是以调节 U_{st}及 U_{sol}为主的分散剂。

5. 木质素类

木质素类分散剂是存在于木材、芦苇等天然植物中的高聚物，经过处理后可得磺化木质素、氯化木素等。它主要用于硅酸盐矿物、稀土矿物等的浮选中作分散剂。

6. 其他分散剂

(1)脂肪酸类、脂肪族酰胺类和酯类。

硬脂酰胺与高级醇并用，可改善润滑性和热稳定性，用量(质量分数，下同)0.3% ~ 0.8%，还可作聚烯烃的滑爽剂；已烯基双硬脂酰胺，也称乙撑基双硬脂酰胺(EBS)，是一种高熔点润滑剂，用量为0.5% ~2%；硬脂酸单甘油酯(GMS)，三硬脂酸甘油酯(HTG)；油酸酰用量0.2% ~0.5%；烃类石蜡固体，熔点为57 ~70℃，不溶于水，溶于有机溶剂，树脂中的分散性、相容性、热稳定性均差，用量一般在0.5%以下。

(2)石蜡类。

尽管石蜡属于外润滑剂，但为非极性直链烃，不能润湿金属表面，也就是说不能阻止聚氯乙烯等树脂粘连金属壁，只有和硬脂酸、硬脂酸钙等并用时，才能发挥协同效应。

液体石蜡：凝固点 -15 ~35℃，在挤出和注射成形加工时，与树脂的相容性较差，添加量一般为0.3% ~0.5%，过多时，反而使效果变坏。

微晶石蜡：由石油炼制过程中得到，其相对分子质量较大，且有许多异构体，熔点65 ~ 90℃，润滑性和热稳定性好，但分散性较差，用量一般为0.1% ~0.2%，最好与硬脂酸丁酯、高级脂肪酸并用。

(3)金属皂类。

高级脂肪酸的金属盐类，称为金属皂，如硬脂酸钡(BaSt)适用于多种塑料，用量为0.5%左右；硬脂酸锌(ZnSt)适于聚烯烃、ABS等，用量为0.3%；硬脂酸钙(CaSt)适于通用塑料，外润滑用，用量0.2% ~1.5%；其他硬脂酸皂如硬脂酸镉(CdSt)、硬脂酸镁(MgSt)、硬脂酸铜(CuSt)。

(4)低分子蜡类。

低分子蜡是以各种聚乙烯(均聚物或共聚物)、聚丙烯、聚苯乙烯或其他高分子改性物为原料，经裂解、氧化而成的一系列性能各异的低聚物。

其主要产品有：均聚物、氧化均聚物、乙烯 - 丙烯酸共聚物、乙烯 - 醋酸乙烯共聚物、低分子离聚物等五大类。其中以聚乙烯蜡最为常用。

常用的聚乙烯蜡平均相对分子质量为1500 ~4000，其软化点为102℃；其他规格的聚乙烯蜡平均相对分子质量为10000 ~20000，其软化点为106℃；氧化聚乙烯蜡的长链分子上带有一定量的酯基或皂基，因而对 PVC、PE、PP、ABS 的内外润滑作用比较平衡，效果较好，其透明性也好。

7.3 抑制剂

7.3.1 抑制剂的作用

抑制剂的主要作用是在几种矿物可浮性相似的情况下，能够选择性地破坏或者削弱某种矿物对捕收剂的吸附，选择性地增强某种矿物表面的亲水性，促使这类矿物受抑制，实现目的矿物与脉石矿物的分离。

7.3.2 抑制剂的种类及应用

1. 抑制剂的种类

根据药剂分子的结构、药剂来源及使用性能，可将抑制剂分为有机抑制剂与无机抑制剂两大类。

常用抑制剂分类见表 7－1。

表 7－1 常用抑制剂

种类		结构特点	实例
无机	氰化物	带—CN	氰化钠、氰化钾
	非氰化物	硫化钠	硫化钠
		二氧化硫、亚硫酸及其盐类	二氧化硫、亚硫酸、亚硫酸钠、硫代硫酸钠
		硫酸盐	硫酸锌
		重铬酸盐类	重铬酸钾、重铬酸钠
		水玻璃	硅酸钠的模数 2～3
有机	小分子量有机物	带—OH 基	苯二酚、苯三酚
		带—COOH 基	草酸等有机酸
		带—SH 或═S 基	羟基白药
		带—NH_2 基	苯二胺
		带—SO_3H 基	磺化菲、茜素
		多极性基螯合物	多氨羧酸
	大分子量有机物	单宁类	烤胶等含单宁产品
		淀粉类	天然淀粉及改性淀粉
		纤维素类	天然纤维素、羧甲基纤维素、羧乙基纤维素等
		木质素类	天然木质素、磺化木质素
		聚糖类	各种植物胶等
		聚丙烯酸、聚丙烯酰胺等人工合成抑制剂	聚丙烯酸、聚丙烯酰胺

常用的无机抑制剂主要包括氰化物、$KMnO_4$、Na_2S、二氧化硫、亚硫酸及其盐类、重铬酸盐、水玻璃、石灰等。氰化物具有很好的抑制效果，但随着环境要求的日趋严格，非氰化物抑制剂的开发和应用，将是未来抑制剂领域中的重要方向。石灰是硫化矿浮选中广泛应用的廉价抑制剂，既是矿浆 pH 调整剂，同时又是硫化铁矿物（如黄铁矿、磁黄铁矿）的抑制剂。硫酸锌和磷酸三钠是无机低碱工艺常用的抑制剂，通常与其他抑制剂如碳酸钠、硫化钠、亚硫酸及硫代硫酸盐等配合使用。有些无机抑制剂配合使用将比单独使用具有更好的效果。

有机抑制剂具有复杂的药剂结构，根据药剂的解离特性可将有机抑制剂分为阴离子型如阴离子淀粉、单宁、含硫有机物阴离子纤维素等，阳离子型如聚乙二胺、两性型及非离子型。无论哪种类型的有机抑制剂，均必须具备以下条件：①具有与矿物表面发生强烈吸附作用的极性功能团，从而固着于矿物表面；②必须能选择性地吸附于矿物表面；③ 必须具有使矿物表面亲水的亲水基团。因此，有机抑制剂具有一般结构：X—R—Y。其中 X 为能固着在受抑制矿物表面的极性功能团；R 为极短的烃键；K 为亲水基团。X，Y 一般是—OH，$—NH_2$，—NH—，—COOH，$—OSO_3H$ 等等。

2. 抑制剂的应用

1）无机抑制剂

（1）硫化钠及其可溶性硫化物。

硫化矿物浮选时加入硫化钠，硫化钠对硫化矿物的抑制作用决定于硫化钠本身的浓度和介质的 pH，即主要和溶液中的 HS^- 浓度有关，有人认为硫化钠的抑制作用在于 HS^- 离子在硫化矿和黄药阴离子间进行竞争，HS^- 浓度达到临界值时，矿物被抑制。

硫化钠作为硫化矿的抑制剂的作用机理，是由于硫化钠在矿浆中水解：

$$Na_2S + 2H_2O = 2Na^+ + 2OH^- + H_2S$$

$$H_2S = H^+ + HS^- \qquad K_1 = 3.0 \times 10^{-7}$$

$$HS^- = H^+ + S^{2-} \qquad K_2 = 2.0 \times 10^{-15}$$

Na_2S 在水中解离情况和 H^- 浓度有关。用硫化钠抑制方铅矿时，最适宜的 pH 是 7 ~ 11（9.5 左右最有效），此时 HS^- 浓度最大，HS^- 一方面排挤吸附在方铅矿表面的黄药，同时其本身又吸附在矿物表面，使矿物表面亲水。

硫化钠用量大时，绝大多数硫化矿都会受到抑制。为避免 pH 过高，可采用 NaHS 代替 Na_2S，或在硫化时适当添加 $FeSO_4$，H_2SO_4 或 $(NH_4)_2SO_4$。硫化时间长，矿物表面形成的硫化物薄膜厚，对浮选有利。但时间过长，Na_2S 会分解失效。强烈搅拌会造成硫化膜的脱落，因此应当尽量避免。硫化钠抑制硫化矿的递减顺序大致为：方铅矿、闪锌矿、黄铜矿、斑铜矿、铜蓝、黄铁矿、辉铜矿。

硫化钠作为抑制剂主要用于下述三种情况：多金属硫化矿混合精矿的脱药；铜 – 钼分离时用于抑制黄铜矿及其他硫化物，用煤油浮选辉钼矿；铜铅混合精矿的分离。例如，在用煤油浮选铜钼矿中的辉钼矿过程中，采用硫化钠作为黄铜矿、黄铁矿的抑制剂，可取得较好的结果。见表 7 – 2。

表7-2 硫化钠作抑制剂时，铜钼矿浮选指标

产品名称	产率/%	精矿品位/%		回收率/%	
		Cu	Mo	Cu	Mo
原矿	100	1.64	11.37	100	100
钼精矿	19.75	0.97	48.0	11.68	83.38

硫化钠在不同浮选条件下，既可起活化作用，也能起抑制作用。如白铅矿，经 Na_2S 硫化后，其表面生成硫化物薄膜。对于白铅矿，其硫化反应为：

$$PbCO_3]PbCO_3 + 2Na_2S \xlongequal{} PbCO_3]PbS + 2Na_2CO_3$$

此时，硫化钠是白铅矿的活化剂。硫化钠的作用和浓度、搅拌时间、矿浆 pH 及矿浆温度等因素有密切的关系。用量过小，不足以使矿物得到充分硫化；用量过大，引起抑制作用。

(2)氰化物。

氰化物是闪锌矿、黄铁矿和黄铜矿的有效抑制剂。过去广泛应用于铜铅、锌铅及铜铅锌多金属硫化矿石的浮选。近年来由于环保的原因，很多已经放弃使用，仅少数分离复杂的工艺尚在使用。

氰化物的抑制作用主要归纳为如下几个方面：

①消除矿浆中的活化离子，防止矿物被活化。最典型的例子是，氰化物可除去矿浆中对闪锌矿具有良好活化作用的铜离子，使之不被活化，难浮。CN^- 离子与矿浆中的 Cu^{2+} 离子发生如下反应：

$$Cu^{2+} + 2NaCN \xlongequal{} Cu(CN)_2\downarrow + 2Na^+$$

生成的二价铜氰化物不稳定，发生如下反应：

$$2Cu(CN)_2 \xlongequal{} Cu_2(CN)_2\downarrow + (CN)_2\uparrow$$

矿浆中若有过剩的 CN^- 离子，则会发生如下反应：

$$Cu(CN)_2 + 2NaCN \xlongequal{} 2Na[Cu(CN)_2]$$

$$Na[Cu(CN)_2] \longrightarrow Na^+ + Cu(CN)_2^-$$

矿浆中的 Cu^{2+} 离子经与氰化物的上述反应或以沉淀物出去，或以稳定络合物存在，可防止 Cu^{2+} 离子对闪锌矿的活化作用，使闪锌矿因不易与黄药作用而受到抑制。

②CN^- 吸附在矿物表面增强矿物的亲水性，并阻止矿物表面与捕收剂作用。

③溶解矿物表面的捕收剂薄膜。氰化物对矿物的抑制作用，主要是因为氰化物对硫化物表面已吸附的金属黄原酸盐有较强的溶解作用，且抑制的强弱与氰化物对各种相应金属黄原酸盐溶解能力的大小有关。也就是说，矿物表面已吸附的金属黄原酸盐越易被氰化物溶解，则氰化物对该矿物的抑制作用也越强烈，反之亦然。氰化物可和多种金属黄原酸盐作用，生成相应金属离子络合物(络离子)，置换出黄药阴离子。例如，氰化物与乙基黄原酸亚铜的反应为：

$$Cu(C_2H_5OCSS) + 2CN^- \xlongequal{} Cu(CN)_2^- + C_2H_5OCSS^-$$

(3)硫酸锌。

硫酸锌是白色晶体，易溶于水，是闪锌矿的抑制剂，只有在碱性矿浆中才有抑制作用，矿浆 pH 越高，其抑制作用也就越强，硫酸锌在碱性矿浆中生成氢氧化锌胶体，一般认为硫酸锌的抑制作用主要是由于生成的氢氧化锌的亲水胶体颗粒吸附在闪锌矿表面，阻止了矿物表面与捕收剂的作用。单独使用硫酸锌对闪锌矿的抑制作用比较弱，通常与其他抑制剂配合使

用。在碱性矿浆中，硫酸锌与OH^-离子作用生成亲水性的氢氧化锌[$Zn(OH)_2$]胶粒，反应式为：

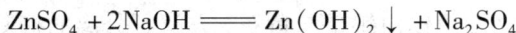

$$ZnSO_4 + 2NaOH \xlongequal{} Zn(OH)_2 \downarrow + Na_2SO_4$$

$Zn(OH)_2$胶粒溶解度小，吸附沉积在闪锌矿表面后即使亲水性增强又阻碍对捕收剂的吸附，导致了闪锌矿的可浮性变差。

(4)二氧化硫、亚硫酸及其盐类。

这类药剂包括二氧化硫气体、亚硫酸、亚硫酸钠和硫代硫酸钠，主要作为闪锌矿和硫化铁的抑制剂。亚硫酸根(SO_3^{2-})及硫代硫酸根($S_2O_3^{2-}$)与氰根(CN^-)相似，能与一些重金属离子形成比较稳定的络合物(络离子)，而起到抑制的作用。用这类药剂代替氰化物也是目前研究的重要课题。主要应用于以下几种情况：

① 铅锌分离：二氧化硫或者亚硫酸和石灰、硫酸锌配合，抑制闪锌矿浮选方铅矿。

② 锌硫分离：用亚硫酸盐抑制硫化铁，硫酸铜活化闪锌矿，进行锌硫分离。

③ 铜锌分离：用亚硫酸盐抑制闪锌矿、浮选铜矿物应用广泛。为提高对闪锌矿的抑制，通常配合少量氰化物或者硫酸锌。

(5)重铬酸盐。

重铬酸钾和重铬酸钠是方铅矿的有效抑制剂，对黄铁矿也有抑制作用。在多金属硫化矿浮选中，主要用于铜铅混合精矿分离时抑制铅浮铜。抑制方铅矿的反应式可表示如下：

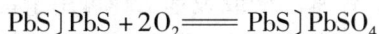

$$Cr_2O_7^{2-} + 2OH^- \xlongequal{} 2CrO_4^{2-} + H_2O$$

$$PbS]PbS + 2O_2 \xlongequal{} PbS]PbSO_4$$

$$PbS]PbSO_4 + CrO_4^{2-} \xlongequal{} PbS]PbCrO_4 + SO_4^{2-}$$

在弱碱性介质中(pH 7~8)，重铬酸盐首先转变为铬酸盐，其次铬酸根离子再与表面氧化的方铅矿发生化学反应生成难溶的亲水铬酸盐，然后铬酸根离子再与表面氧化的方铅矿发生化学反应生成难溶的亲水铬酸铅$PbCrO_4$薄膜，从而使方铅矿受到抑制。

(6)水玻璃。

水玻璃是非硫化矿浮选时最常用的一种调整剂，它既是硅酸盐脉石矿物的抑制剂又是矿泥的分散剂。水玻璃又称硅酸钠，化学组成$Na_2O \cdot mSiO_2$，m为模数，一般为2~4.5。模数过高不易溶解，模数过低则抑制，分散性不强，选矿上常用的水玻璃模数为2~3。

水玻璃是由强碱和弱酸构成的盐，在水中可以水解，矿浆呈碱性，形成大量的SiO_3^{2-}、$HSiO_3^-$、氢离子和氢氧根离子，各种离子的含量视溶液的浓度、pH高低及水玻璃的模数而定。

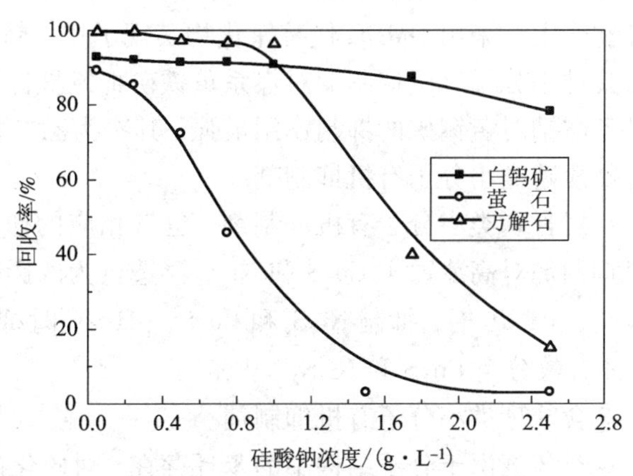

图7-4 捕收剂为油酸钠(浓度为5×10^{-4} mol·L^{-1})时，pH=10，硅酸钠对矿物浮选性能的影响

水玻璃的抑制作用主要是由水化性很强的$HSiO_3^-$离子和硅酸分子及胶体吸附在矿物表面，使矿物表面呈强亲水性。硅酸胶体颗粒在矿物表面的吸附一般认为是物理吸附。例如，用油酸钠作捕收剂浮选白钨矿、萤石、方解石三种矿物时，硅酸钠对三种矿物浮选性能的影响，结果见图7－4。当硅酸钠浓度达到2.5 $g \cdot L^{-1}$时，可有效抑制萤石和方解石，而对白钨矿的抑制作用较弱，故硅酸钠可用作白钨矿与萤石、方解石分离的抑制剂。

(7)石灰。

石灰既是pH调整剂，也是某些硫化矿物的抑制剂。石灰不仅影响矿浆的pH，而且还影响矿浆电位。目前，大多数硫化矿金属矿山都是以石灰形成高碱体系以抑制硫铁矿如黄铁矿、磁黄铁矿。石灰抑制机理主要有两方面：一是随pH的升高，溶液中的OH^-与捕收剂阴离子之间的竞争加剧，同时，加速黄铁矿、磁黄铁矿等硫化矿物的表面氧化，阻碍捕收剂离子的吸附，使其浮选受到抑制；二是在矿浆中加入石灰，通过在硫铁矿物的表面形成的$CaSO_4$、$Ca(OH)_2$、$Fe(OH)_3$组成的混合亲水薄膜，阻止黄药在其表面吸附，进而抑制黄铁矿。

石灰是最廉价、使用最广泛的一种抑制剂，但也存在一些缺点。例如实际生产中，石灰质量不稳定，用量大，对石灰抑制的硫化矿物活化浮选再回收比较困难等等。

2)有机抑制剂

(1)小分子有机抑制剂。

①含硫类的小分子有机抑制剂。

巯基乙酸($HSCH_2COOH$)和巯基乙醇($HSCH_2CH_2OH$)用在铜铅、铜钼混合精矿的浮选分离中，使用巯基乙酸及其钠盐或巯基乙醇抑制硫化铜、黄铁矿，与使用氰化物和硫化钠相比，分离效果相当，但可减少污染。巯基乙酸或巯基乙醇可用于代替氰化钠抑制硫化铜矿、黄铁矿的原因，主要是这些低分子有机物的分子中带有两个极性基团，其中巯基可选择性的吸附于矿物表面，羧基或羟基亲水而形成亲水膜，从而使矿物受到抑制。另外，其他研究表明巯基乙酸具有调整电位的能力，在pH为3～9时，E_h为－340～－390 mV，因而具有较强的还原性，在pH为8～9时，可有效地抑制黄铜矿，实现铜钼分离。

二甲基二硫代氨基甲酸酯(DMDC)对闪锌矿和黄铁矿具有较好的抑制性能，对方铅矿没有抑制作用。采用DMDC代替氰化物实现了铅－锌－银多金属矿石的浮选分离。

几种小分子有机抑制剂对煤系黄铁矿抑制性能的效果为，二硫代碳酸乙酸二钠、二硫代氨基乙酸钠对黄铜矿的抑制作用最强，其次为乙二氨四甲磷酸，最弱为丁四醇黄原酸盐。

②含磷类小分子有机抑制剂。

针对含磷类小分子有机抑制剂，也有相应的研究与应用。例如，α－氨基膦酸类小分子有机抑制剂对高冰镍中Cu_2S和Ni_3S_2浮选行为的影响以及在实际高冰镍矿石浮选分离中的结果表明，$pH<6$时，抑制Ni_3S_2和Cu_2S，$pH>6$时抑制Ni_3S_2而不抑制Cu_2S，在高pH(>11)下，能有效分离Cu_2S和Ni_3S_2。

③含苯环类小分子有机抑制剂。

这类药剂由于分子结构中的苯环存在，对硫化矿物具有一定的抑制作用。对焦性没食子酸、对苯二酚的抑制性能研究表明，除了对苯二酚对硫化矿物没有抑制性能外，其余两种药剂对硫化矿物都有抑制作用，焦性没食子酸对硫化矿物的抑制顺序为：方铅矿>黄铁矿>黄铜矿>闪锌矿>毒砂。

④含氮类小分子有机抑制剂。

乙二氨四乙酸((EDTA)，是该类抑制剂的典型代表，其结构式如下：

$$\begin{array}{l} ^{-}\ddot{O}OC—CH_2 \qquad\qquad\qquad\qquad CH_2—CO\ddot{O}^{-} \\ \qquad\qquad\quad \diagdown \qquad\qquad\qquad\qquad \diagup \\ \qquad\qquad\quad \ddot{N}—CH_2—CH_2—\ddot{N} \\ \qquad\qquad\quad \diagup \qquad\qquad\qquad\qquad \diagdown \\ ^{-}\ddot{O}OC—CH_2 \qquad\qquad\qquad\qquad CH_2—CO\ddot{O}^{-} \end{array}$$

由于该类氨基酸络合剂能与多种金属离子形成稳定络合物，可以控制矿浆离子组成，被用作浮选过程的抑制剂，用以提高硫化矿及非硫化矿浮选的选择性，也可消除矿浆中难免离子对浮选的干扰。

氨基磷酸也是含氮小分子有机抑制剂，如氨基三甲叉膦酸(NTP)、乙二氨四甲叉膦酸(EDTP)、乙二氨四甲叉膦酸(HDTP)。这是一类抑制能力极强的非硫化矿抑制剂，在较宽的pH范围内，能有效地抑制方解石、白云石、石英和萤石，同时，该类抑制剂对毒砂也有非常明显的抑制作用，几乎能完全抑制毒砂，在黄铁矿和毒砂的单矿物和人工混合矿的浮选中表现出较好的选择性能。

(2)大分子有机抑制剂

①多糖类。

多糖类抑制剂是使用最广的有机高分子抑制剂，有淀粉、纤维素、树胶等类型，它们都是由糖单元聚合而成的多糖，虽然它们的具体结构不同，但它们及其加工产品均可用作抑制剂，都是带—COOH、—OH和醚基的高分子化合物。多糖在矿物加工方面的应用已有一百多年的历史，据资料记载，最早的专利是在1928年使用淀粉与石灰的联合作用来澄清煤矿厂的尾水。1931年，Lange利用淀粉抑制磷酸盐，用阳离子捕收剂浮选石英，成功地实现了磷酸盐与石英的浮选分离。

淀粉和淀粉衍生物已被广泛地应用于矿物加工过程中的浮选抑制剂。它是一种由葡萄糖单元构成的高分子化合物，属非离子型有机化合物，直链淀粉分子式如下：

$$\left[—O—\langle \text{吡喃环}(CH_2OH,\ O) \rangle— \right]_n$$

淀粉和糊精在浮选中主要被用来抑制如下矿物：含有天然疏水性的矿物，如石墨、滑石、辉钼矿、煤等；部分可溶性的盐类矿物，如方解石、萤石、重晶石等；硫化矿。苛性化的淀粉可抑制硫化矿中的黄铁矿类脉石。例如，在阳离子反浮选铁矿浮选过程中，采用马铃薯淀粉、小麦淀粉、米淀粉、氧乙基纤维素等的作为抑制剂，均有较好的效果。结果见图7-5。

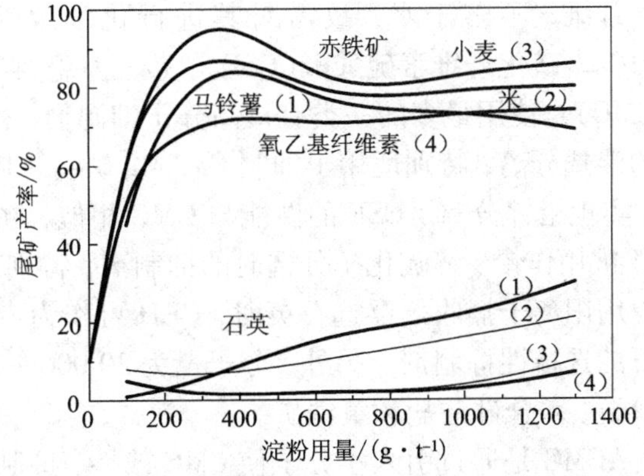

图7-5 各种淀粉对赤铁矿的抑制作用

(捕收剂 ИМ-11 105 $g \cdot t^{-1}$；捕收剂 ИМ-11 石英 60 $g \cdot t^{-1}$)

用淀粉作抑制剂浮选含Cu 0.9%，Ni 0.87%，Pt 1.15 $g \cdot t^{-1}$，Pd 0.82 $g \cdot t^{-1}$

的黄铁矿型铜镍矿，浮选分离后精矿中仅含黄铁矿 8.26%，其他金属的相对含量可提高近 10 倍，如果不加抑制剂，浮选分离后精矿中黄铁矿含量为 16.47%，其他金属的含量仅提高近 5 倍。淀粉中的直链淀粉和支链淀粉作为浮选抑制剂时存在差别，在木薯淀粉、直链淀粉和支链淀粉对方解石、磷灰石、石英、赤铁矿的抑制性能实验发现，不同淀粉对以上四种氧化矿的抑制能力有一定的变化规律，除赤铁矿外，淀粉对其他三种矿物的抑制能力为：木薯淀粉（含 17% 直链淀粉和 83% 支链淀粉）> 支链淀粉 > 直链淀粉，而对赤铁矿来说，支链淀粉的抑制能力要大于木薯淀粉和直链淀粉；当固定抑制剂的浓度为 10 $mg \cdot L^{-1}$时，抑制方解石时的捕收剂油酸钠与抑制剂的浓度比为 3∶1，而抑制石英时的捕收剂十二胺与抑制剂的浓度比则高达 1∶11。

当淀粉经过水解，得到分子量较小的糊精，因其相对分子质量比淀粉小，故抑制能力相对较弱，但选择性较好。例如在碱性介质中，用油酸作捕收剂，采用糊精为抑制剂时，白云石、方解石被抑制，而萤石则基本不受影响，如图 7－6 所示。

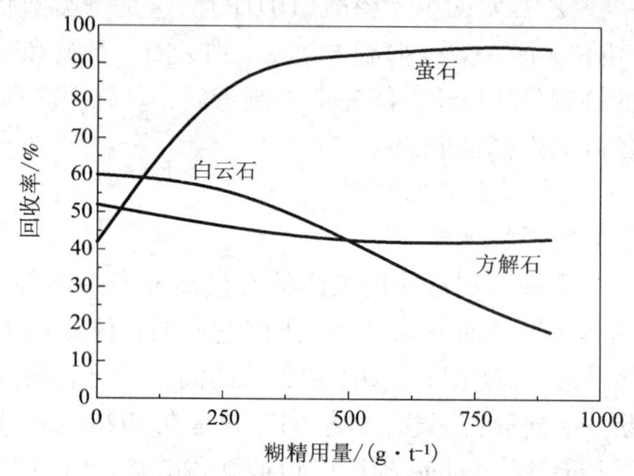

图 7－6　糊精对萤石、白云石、方解石矿物浮选的影响

纤维素是由葡萄糖单元通过 1，4－苷键相连而成的高分子化合物。结构式如图：

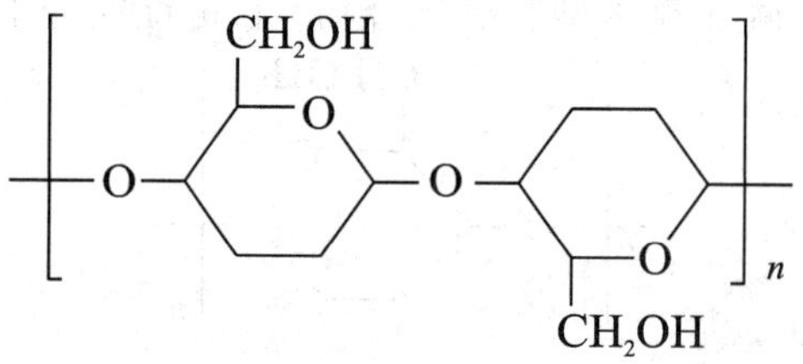

纤维素不溶于水，故需对其进行化学改性才能用作浮选抑制剂，如羧甲基纤维素（CMC）、磺化纤维素硫酸酯（CSE），羧乙基纤维素（CEH）等。羧甲基纤维素（CMC）及其钠盐（SCMC）是使用最多的一类有机高分子抑制剂，被广泛应用于各种硫化矿物和含镁硅酸盐矿物的浮选分离，特别适用于抑制 Ca、Mg 矿物。用 Cu^{2+} 活化闪锌矿时，CMC 可用来抑制方铅矿，实现铅锌分离。CSE 的性能与 CMC 相似，在碱性中作用较好，在酸性中一般作用较弱。CEH 被用作铅、锌硫化矿分选时的抑制剂，特别对 PbS 与 FeS_2 细粒嵌布矿石的分选，效果较好。用阳离子捕收剂浮选石英时，CEH 可作为赤铁矿的选择性絮凝剂，它也是含钙、镁碱性脉石的选择性抑制剂。另外，分子量为 20 000～1 000 000 的 2，3－二羟基丙基纤维素，可抑制滑石、水合硅酸盐和黄铁矿。

ACMC 是通过引入小分子使 CMC 改性，抑制含镁脉石矿物效果非常显著。试验证明，在研究金川低品位镍矿石的浮选工艺中，利用乙黄药和丁胺黑药组合捕收剂及 ACMC 改性抑制剂，浮选原矿品位为 Ni 0.66%、Cu 0.34%，MgO 28.55% 的金川低品位镍矿石，获得含镍 6.70%、铜 3.59% 的高品位精矿，回收率分别为 76.42% 和 77.51%，而精矿中 MgO 含量仅为5.24%。

②腐植酸类。

腐植酸是无定形的高分子化合物，用于浮选抑制剂的是褐煤用氢氧化钠处理得到的腐植酸钠溶液。腐植酸含有苯环、羟基、酯基、甲氧基等多种活性基团，具有弱酸性，能与氢氧化钠溶液作用而成可溶性腐植酸钠，因而被作为浮选抑制剂。在含褐铁矿、赤铁矿、碳酸铁的铁矿石反浮选时，用石灰、氢氧化钠和粗硫酸盐皂等药剂浮选石英，用腐植酸钠可抑制铁矿物。有人曾以德兴铜矿矿石为研究对象，采用以腐植酸钠为主的有机抑制剂CTP实现了铜硫浮选分离。试验结果表明，在pH为9~10，CTP用量为60 $g \cdot t^{-1}$时，精矿铜品位达到24%，作业回收率为97%。

③单宁类。

单宁是从植物中提取的无定形物质，相对分子质量较大，有时又称之为烤胶。单宁的基本结构单元都是由多个羟基直接与苯环相连的酚类，单宁酸结构式如下：

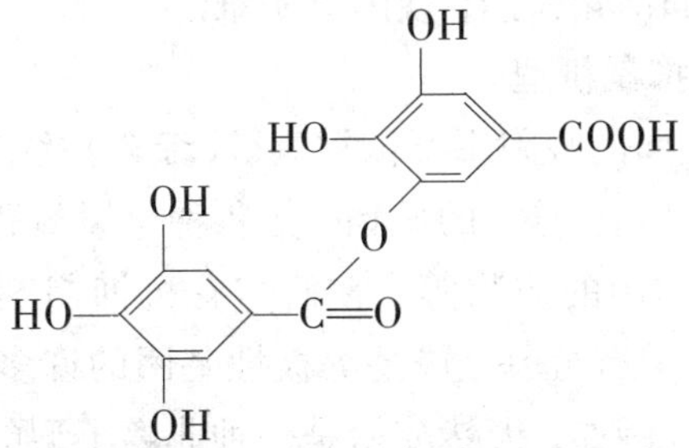

当用稀的强无机酸加热处理单宁质时，得到水溶性的水解型单宁和不溶于水的凝聚型单宁。单宁类化合物经过各种化学反应，向其引入不同的化学基团，形成新药剂。除天然单宁外，还有所谓人工合成的单宁，通常是用苯酚或多环的萘、菲等经过磺化、氯化等缩合而成。

单宁类抑制剂主要用于萤石、白钨矿、磷灰石浮选等过程中，以抑制方解石等脉石矿物，提高精矿品位，也可作为赤铁矿的抑制剂，应用于阴离子捕收剂(脂肪酸、塔尔油)活化石英反浮选过程中。

7.3.3 抑制剂作用原理

抑制剂的作用机理可从无机抑制剂和有机抑制剂分别进行阐述。

1. 无机抑制剂对矿物的抑制机理

无机抑制剂对矿物的抑制机理主要分为以下几类：

(1)在矿物表面形成亲水覆盖膜或亲水胶粒。

抑制剂通过在矿物表面形成亲水性化合物薄膜、离子吸附膜或亲水性胶粒等作用形式，可使矿物表面亲水化或削弱对捕收剂的吸附活性，或使捕收剂从矿物表面脱附或阻碍捕收剂的吸附，从而引起抑制作用。例如，重铬酸钾可在方铅矿表面形成亲水的$PbCrO_4$薄膜或亲水胶粒，使之亲水从而受到强烈抑制。硫化钠解离的过量HS^-及S^{2-}离子可在硫化矿物表面形成离子吸附膜引起抑制作用。水玻璃解离的亲水性$HSiO_3^-$离子吸附在石英等硅酸盐矿物表面，是造成这些矿物受到抑制的原因之一，所形成的亲水硅酸胶粒在矿物表面吸附亦是重要原因之一，甚至被认为是起抑制作用的主要成分。而硫酸锌形成的$Zn(OH)_2$亲水胶粒则可使闪锌矿表面亲水引起抑制。

(2)抑制剂溶去矿物表面由捕收剂所形成的疏水性覆盖膜。

例如氰化钾(或钠)可溶去闪锌矿或黄铁矿表面已吸附的黄药疏水覆盖膜，降低矿物的可浮性，从而起抑制作用。

(3)抑制剂溶去矿物表面易与捕收剂作用的活性质点或活化膜。

例如被Cu^{2+}离子活化的闪锌矿具有铜蓝类似的可浮性，易被低级黄药所捕收，而抑制剂氰化物则能溶去矿物表面的铜离子或硫化铜活化膜，使之恢复到难浮的本来性质。

(4)除去矿浆中的活化离子。

例如用脂肪酸浮选某些非硫化矿物，矿浆中的Ca^{2+}、Mg^{2+}离子可活化石英等硅酸盐矿物的浮选，而加入苏打或聚磷酸钠则能使这些离子生成难溶盐沉淀或形成稳定的络合物，使石英等硅酸盐矿物失去可浮性；又如，天然“纯”闪锌矿的可浮性比较差，而铜离子则可活化闪锌矿的浮选，加入氰化物所解离的CN^-离子易与Cu^{2+}离子反应生成稳定的络合物，从而使Cu^{2+}离子被络合失去对矿物的活化作用，使闪锌矿难浮。

2. 有机抑制剂对矿物的抑制机理

(1)有机抑制剂在矿物表面的吸附主要依靠氢键(缔合)及范德华力的作用。

某些含有高电负性元素(如氧、氟)的矿物，如各种金属氧化物、各种含氧酸盐、卤化物以及在水溶液中可发生水化作用的矿物等，它们与有机抑制剂之间均有可能形成氢键(缔合)。所以在分子组成结构中带有羟基、羧基等极性基团的许多有机抑制剂，常可通过氢键的方式在矿物表面发生吸附。例如，天然淀粉是一种非离子型的有机高聚物，在水溶液中与石英作用时，主要就是依靠淀粉分子羟基上的氢原子与石英晶格表面的氧原子形成氢键，使胶态淀粉在石英表面得以吸附形成亲水覆盖物，从而导致抑制作用。

(2)有机抑制剂依靠静电引力的作用在矿物表面发生吸附。

许多有机抑制剂是有机酸或有机碱或为有机盐类，它们属于解离型的有机化合物，在矿浆中可解离成离子，借助静电引力的作用吸附在电性相反的荷电矿物表面，使矿物受到抑制。例如阳离子型淀粉很容易吸附在荷负电的石英表面，而阴离子型淀粉则很容易吸附在荷正电的赤铁矿表面。

(3)有机抑制剂通过化学吸附及表面化学反应在矿物表面吸附。

许多有机抑制剂都带有能与矿物表面晶格阳离子发生化学反应的极性基因，它们能在具有较大亲和力的矿物表面发生化学吸附，且在某些情况下(如药剂浓度较高、作用时间较长、温度较高等)还可能进一步发生表面化学反应。例如，羟基白药、黄原酸纤维素等，都能通过分子中的巯基(或活性硫原子)与硫化矿表面的晶格金属离子发生化学键合。而含羧基和酚羟基或羟基的一些有机抑制剂如单宁、草酸、柠檬酸、乳酸等亦能与许多金属离子，尤其是与钙、镁离子发生化学键合，这时或以螯合物的形式从矿浆中除去某些对矿物具有良好活化作用的离子，或络合吸附于矿物表面引起抑制作用。

不论是无机抑制剂，还是有机抑制剂，抑制作用并不是孤立存在的，某些药剂往往同时通过几方面作用的配合才能有效地实现对矿物的抑制。

7.4 絮凝剂

7.4.1 絮凝剂的作用

絮凝剂是多功能团分子有机化合物，这种化合物在矿物颗粒 - 水界面发生多点吸附而起絮凝作用。对细粒矿物的矿浆采用选择性絮凝的措施，是改变目的矿物颗粒的表面性质，适当增大颗粒尺寸，进而絮凝沉淀与脉石分离。絮凝剂除用于处理细粒给矿外，也可用于精矿脱水，若将精矿泡沫絮凝，能加速沉降速度，减少浓缩池溢流的流失，提高浓缩池和过滤机的工作效率。大分子量有机絮凝剂，特别是近年来有选择性作用的有机絮凝剂的应用，使之由单纯加速矿粒沉降逐渐发展为各种特殊的选别工艺，如选择性絮凝和后续不同的分离过程等。在使用上，许多絮凝剂同时又是抑制剂，或者说许多大分子量有机抑制剂也具有絮凝作用，如淀粉、羧甲基纤维素等。

7.4.2 絮凝剂的种类及应用

1. 絮凝剂的种类

絮凝剂根据作用及结构特点可以分为无机、有机和微生物三大类。絮凝剂的分类见表 7 - 3。

表 7 - 3 絮凝剂分类

种类		主要作用	结构特点	实例
无机	可溶性无机物	电解质凝聚	无机盐	硫酸铝、硫酸铁、硫酸亚铁等
			无机酸	硫酸、盐酸等
			无机碱	氢氧化钠、氧化钙等
	无机胶粒	中和表面电荷共沉降	金属盐水解物	氢氧化铝、氢氧化铁等
			固体微粉	高岭土、酸性白土
			无机聚合物	活性硅胶
有机	表面活性剂	疏水联合	异极性分子	高级黄药、油酸(钠)等
	有机烃油	有机桥液	有机非极性分子	柴油、煤油等
	有机低聚合物	桥连及电解质(离子型)	阴离子型	羧甲基纤维素钠、腐植酸钠等
			阳离子型	水溶性苯胺树脂盐酸盐聚乙撑亚胺等
			两性型	动物胶类
			非离子型	淀粉、聚糖等
	有机高聚合物	桥连及电解质(离子型)	阴离子型	聚丙烯酸(钠)、丁烯二酸缩聚物
			阳离子型	聚乙烯吡啶盐酸盐及其缩聚物
			非离子型	聚丙烯酰胺、聚羟基乙烯等
微生物	微生物絮凝剂	化学作用	多聚糖类、蛋白质	红平红球菌

1)无机絮凝剂。

无机絮凝剂也称凝聚剂，常用的无机凝聚剂主要是铝盐系和铁盐系，铝盐以硫酸铝、氯化铝为主，铁盐以氯化铁、硫酸铁为主。

(1)铁系絮凝剂

铁系絮凝剂溶于水中，Fe 通过溶解和吸水可发生强烈水解，并在水解的同时发生各种聚合反应，生成具有较长线性结构的多核羟基配合物，如 $Fe_2(OH)_2^{4+}$、$Fe_3(OH)_4^{5+}$、$Fe_5(OH)_9^{6+}$、$Fe_5(OH)_8^{7+}$、$Fe_5(OH)_7^{8+}$、$Fe_6(OH)_{12}^{6+}$、$Fe_7(OH)_{12}^{9+}$、$Fe_7(OH)_{11}^{10+}$、$Fe_9(OH)_{20}^{7+}$、$Fe_{12}(OH)_{34}^{2+}$ 等。这些含铁的羟基配合物能有效降低或消除水体中胶体的电位，通过电中和、吸附架桥及絮体的卷曲作用使胶体凝聚，并形成聚合度很高的 $Fe(OH)_3$凝胶。

铁系絮凝剂具有使用方便、费用低、受温度影响小等优点，但在应用中发现存在一些不足之处：低分子铁盐的腐蚀性较强，大于铝盐絮凝剂；原液的储存和稀释稳定性差；无法从水体中完全澄清，水中残余 Fe^{2+} 和 Fe^{3+}。

(2)铝系絮凝剂。

当铝盐分散于水体中时，Al^{3+} 首先水解生成单核配合物 $Al(OH)_2^+$、$Al(OH)_{2+}$ 及 AlO^+ 等，单核配合物通过碰撞进一步缩合，进而形成一系列多核配合物 $Al_n(OH)_{m(3n-m)+}$ ($n>1$, $m\leqslant 3n$)，这些铝的多核配合物往往具有较高的正电荷和比表面积，能迅速吸附水体中带负电荷矿物颗粒，中和胶体电荷、压缩双电层及降低表面电位，促进微细粒快速凝聚和沉淀。实验和理论分析证明，铝系絮凝剂中起主要絮凝作用的组分是 $Al_{13}(OH)_{34}^{5+}$，而碱式氯化铝、聚合硫酸铝等溶液中就富含 $Al_{13}(OH)_{34}^{5+}$ 等成分，能与水体中的悬浮物和胶体等迅速发生吸附架桥、夹杂等作用，最终生成网状[$Al(OH)_3$] 沉淀。铝系絮凝剂理想 pH 范围为 5.8 ~6.9，最佳 pH 为 6.32。铝系净水剂是目前应用最广，工艺路线成熟的一类无机金属盐絮凝剂。

铝盐在使用中存在如下一些问题：毒性问题；铝的水解范围小，操作条件不易控制，因为 $Al(OH)_3$是典型的两性氢氧化物，处理水的 pH 太高($pH>9.0$)或太低($pH<5.5$)都将使其溶解，既增加了絮凝剂用量，又增加了出水中铝的含量；铝盐对水温变化比较敏感，常温下比铁盐水解速度低，絮体沉淀速度小；铝系絮凝剂易受盐类的影响。

2)有机高分子絮凝剂。

有机高分子絮凝剂相对分子质量大，官能团多，具有很强的吸附架桥能力。与无机絮凝剂相比，有机高分子絮凝剂具有用量少，絮凝效果好，种类繁多，且产生的絮体粗大，沉降速度快，处理过程时间短，产生的污泥容易处理等优点。有机高分子絮凝剂常见的主要有合成有机高分子絮凝剂、天然有机高分子改性絮凝剂。

(1)合成有机高分子絮凝剂。

合成有机高分子絮凝剂按官能团离解后所带电荷的性质不同分为阳离子型，阴离子型和非离子型三种。由于胶体和悬浮颗粒多带负电荷，常使用阳离子中和颗粒所带电荷，使胶体和悬浮物脱稳絮凝。所以，国内外在合成有机高分子絮凝剂方面的研究，已经由过去的阴离子型、非离子型逐步向阳离子型高分子絮凝剂转化。

阳离子型絮凝剂主要是季铵盐类，聚胺盐类以及阳离子型聚丙烯酰胺等。其中研究和应用最多的是季铵盐类。

近年来，科研工作者开发研制了很多新型的合成有机高分子絮凝剂。例如：DG—Ⅱ型絮凝剂，SW—101 絮凝剂，N，N—二甲基胺基丙烯酰胺共聚物，PAM—C 絮凝剂，WX 系列絮凝剂，ASD—Ⅱ絮凝剂，MG阳离子絮凝剂，FA—2#絮凝剂。以聚丙烯腈(PAN)和双氰胺(DCD)为原料，合成的有机高分子絮凝剂PAN—DCD；以两步法制备的聚二甲基二烯丙基氯化铵(PDMDACC)；以尿素甲醛为原料合成脲醛树脂，加入环氧氯丙烷改性，再加入三乙胺季铵化后可得到改性脲醛树脂季铵盐絮凝剂AUF；以二甲胺，氯丙烯等原料合成二甲基二烯丙基氯化铵(DM—DAAC)，再与丙烯酰胺(AM)共聚生成共聚物P(DMDAAC－AM)，与复配的聚合铝加聚丙烯酰胺(PAC＋PAM)效果相当；通过丙烯酰胺(AM)、丙烯酸(AA)和甲基丙烯酰氧乙基、二甲基辛基溴化铵(ADMOAB)共聚，合成疏水化水溶性共聚物(HAPAM)；以淀粉为基本原料，加入丙烯酰胺、三乙胺、甲醛和适量的盐酸进行接枝共聚反应，合成出的阳离子型高分子絮凝剂具有独特的分子结构和较高的相对分子质量分布，对高岭土悬浊液有良好的絮凝除浊效果。采用阴离子聚丙烯酰胺作为絮凝剂，对一水硬铝石和高岭石进行沉降分离，结果见图7－7。发现当阴离子聚丙烯酰胺用量为15 $g \cdot t^{-1}$时，一水硬铝石沉降效果非常明显，而对高岭石的沉降没有影响。

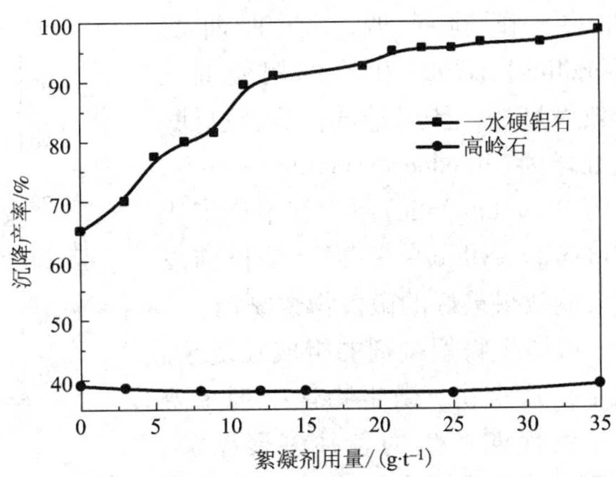

图7－7 阴离子聚丙烯酰胺对铝土矿沉降行为的影响

(2)天然有机高分子改性絮凝剂。

近20年来，人工合成有机高分子絮凝剂虽然发展很快，但还存在着生物降解难，残留单体有毒等问题，所以其应用受到了限制。经改性后的天然有机高分子絮凝剂与人工合成的有机高分子絮凝剂相比，具有无毒、易生物降解、原料来源广等优点。天然有机高分子改性絮凝剂根据其原料来源不同可分为淀粉类、纤维素类、植物胶类和聚多糖类。

在众多研究方向中，淀粉改性絮凝剂的研究最引人注目，如羟基淀粉接枝聚合物(ISC)、阳离子淀粉(CS－1)、CS－G－PMMA改性产物、XPT－C、羟甲基交联淀粉(CCMS)、交联淀粉黄原酸酯(ZSX)、阳离子淀粉CST等。除了淀粉天然高分子改性絮凝剂的研究外，纤维素、植物胶、聚多糖的研究在许多国家也变得十分活跃，并已取得了很大进展。例如：合成的木质素季铵盐絮凝剂，具有良好的絮凝能力，处理高浓度、高色度的稀酸染料废水具有良好的脱色效果。以香草醛(3－甲氧基－4－羟基苯甲醛)作为接枝单体，在水溶液中制得结构稳定的香草醛改性壳聚糖(VCG)，其絮凝性能比壳聚糖有明显提高。在铝土矿选择性絮凝过程中，采用天然高分子改性絮凝剂，能将一水硬铝石与高岭石、伊利石等脉石矿物有效分离，单矿物实验结果见图7－8，因此采用选择性絮凝为提高铝土矿的铝硅比提供了一种新的方法。

(3)微生物絮凝剂。

微生物絮凝剂是由微生物产生的生物大分子物质，有良好的絮凝沉淀性能、安全、无毒、可生物降解，对生态环境也不产生不利影响。微生物絮凝剂的种类多、生产快、具有广阔的发展前景。

能产生微生物絮凝剂的微生物种类很多。试验证明，酱油曲霉(Aspergillus) AJ7002 生产的絮凝剂的絮凝效果最好，且用量低，易于过滤。红平红球菌(Rhodococuserythor - polis，简写为 R. erythropolis)原称红平诺卡氏菌(Noeardiaerythro - polis)，是目前发现的絮凝效果最好的微生物絮凝剂。

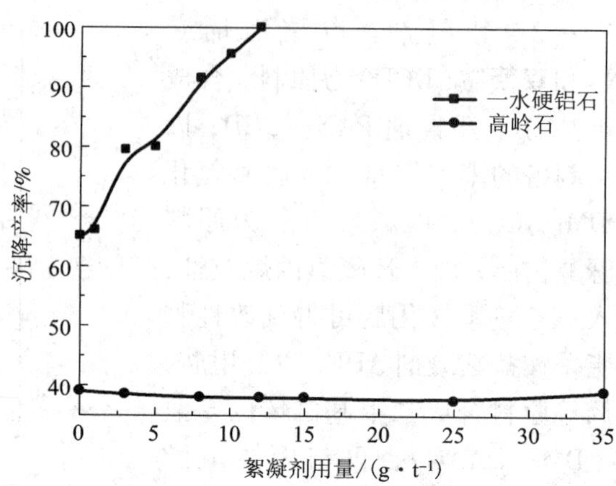

图 7-8 高分子改性絮凝剂对铝土矿选择性絮凝的影响

一般微生物絮凝剂的组成较复杂。从化学组成上讲，微生物絮凝剂主要是微生物代谢产生的各种多聚糖类、蛋白质，或者是蛋白质和糖类参与形成的高分子化合物。多聚糖中有的是单一糖单体聚合而成，而有的则是多种糖单体聚合而成的杂多糖类。此外，有的絮凝剂中还含有无机金属离子，如 Ca^{2+}、Mg^{2+}、Al^{3+}、Fe^{3+} 等。

2. 絮凝剂的应用

絮凝过程就是向待处理水体中加入一定的絮凝剂，使水体中胶体在所加絮凝剂作用下，相互接触、碰撞凝集成一定粒径的聚集体，借助重力作用而沉淀以达到固液分离的目的。絮凝技术主要应用于工业废水和污水的处理，在选矿、冶金和制药等领域也有广泛应用。

1)水处理

絮凝剂的使用，既可在很大程度上解决水污染问题，还能使处理过的水重复利用，提高水的利用率，缓解水资源不足给工业发展带来的困难。在冶金、印染、造纸、电镀等工业废水及城市生活污水的处理方面，聚合酸类无机絮凝剂(如聚硅酸铝絮凝剂、聚合铝铁絮凝剂、聚硅酸硫酸铝锌等)和聚丙烯酰胺(PAM)、壳聚糖等有机絮凝剂可以有效脱除 80% ~90% 的悬浮物质、65% ~95% 胶质物质和显著降低水中的 COD。

聚硅酸硫酸铝锌应用于造纸、电镀等工业废水处理，COD_{Cr} 去除率达 60% ~95%，浊度去除率大于 99%，且操作工艺简单，成本低。壳聚糖应用于城市生活污水的一级强化处理，与传统的化学絮凝剂相比，COD_{Cr} 去除率提高了 7% ~13%，SS(水中悬浮性固体量)的去除率提高了 3% ~10%，铝离子的质量分数下降了 61% ~85%，药剂用量减少了 76% ~82%；处理工业废水时与传统的絮凝剂相比，COD_{Cr}、SS 和重金属离子的去除率均可提高 10% ~20%，成本下降 40% ~60%。但是壳聚糖易溶于一些稀酸，不易溶于水。为了改善其水溶性，壳聚糖在使用前有必要进行改性处理。

在选矿废水处理过程中，絮凝沉淀法是一种基本的、廉价的废水净化处理方法。通过添加絮凝剂，破坏胶体的稳定性，使细小悬浮颗粒和胶体微粒聚集成较粗大的颗粒而沉降，得以与水分离，使废水得到净化。用作选矿废水处理的絮凝剂主要有明矾、氯化铝、聚合氯化铝(PAC)、聚合硫酸铁(PFS)、聚合氯化铁(PFC)等无机絮凝剂。其中，聚合硫酸铁具有适用范围广、易溶解、沉降快、脱色、除臭、去除水中 COD、BOD 及重金属离子效果显著等特点。聚合氯化铁具有水解速度快、受水温影响小、用药量少、处理效果好的特点。这些絮凝剂应用于废水处理时均有适宜的pH，例如聚铁作絮凝剂时，废水混凝的最佳pH为10.5，聚铝作絮凝剂时，废水絮凝的最佳pH为7.0。絮凝沉淀法具有广泛的工业应用，例如广西兴安钨矿选矿废水经三氯化铁絮凝沉淀后出水达到了国家标准，既防止了废水对环境的潜在污染，又解决了枯水期选矿用水不足的问题。

2)细粒矿物的选择性絮凝

美国Engelhard公司在工业生产中用选择性絮凝工艺，从黏土中除去TiO_2，分散矿浆与阴离子聚合物(如聚丙烯酸钠)预先调浆，随后再加入脂肪酸(油酸)和多价金属阳离子化合物（如氯化钙)。脂肪酸和多价金属阳离子选择性地覆盖在TiO_2颗粒上，之后再用高分子量的阴离子聚合物使这些颗粒絮凝。

采用十二烷基硫酸钠进行细粒赤铁矿絮凝和浮选，结果表明，细磨矿石的剪切絮凝作用可提高 -10 μm赤铁矿颗粒的浮选速率。而在絮凝系统中加入药剂处理过的粗粒赤铁矿作为剩余细粒的载体，可明显提高总的浮选回收率。

将絮凝技术用在铝土矿选矿尾矿处理过程中，需要结合铝土矿浮选尾矿的物化性质及磨浮工艺，充分考虑含有分散剂且固体颗粒极细的铝土矿尾矿浆的固液分离、回水利用及尾矿渣对环境的影响等问题。研究表明，新型高效的絮凝剂ZSH-J对铝土矿浮选尾矿浆具有良好的絮凝沉降效果，使尾矿压缩液固比由原来的13左右降为6.5左右，而且较好地解决了絮凝处理技术与铝土矿浮选脱硅工艺间的矛盾，分离尾矿所得回水可以返回选矿流程循环使用，精矿回水与尾矿回水比按2:1比例混合，不影响选别指标。

3)絮凝技术在其他领域的应用

在中药领域，人们对絮凝技术的应用进行了很多研究工作，取得了令人满意的成果。早在20世纪70年代，就把絮凝技术应用在明胶的生产工艺中，即提胶所得的尾胶、尾二胶(指提胶的最后二道胶)的生产处理中，取得了改善色泽、提高透明度的效果。具体使用方案有：选用氧化镁（MgO）作助凝剂，明矾[$Al_2(SO_4)_3 \cdot K_2SO_4 \cdot 24H_2O$]作絮凝剂；选用磷酸氢钙($CaHPO_4 \cdot 2H_2O$)作助凝剂，硫酸铝[$Al_2(SO_4)_3 \cdot 18H_2O$]作絮凝剂；选用聚合氯化铝(PAC)；聚丙烯酰胺(PAM)作絮凝剂。

在湿法浸出过程中，絮凝过程是浸出各工序不可缺少的一个步骤，它不仅能够提高上清液的质量，还可以增大浓密机的能力。近年来随着絮凝技术的发展，出现了一批由聚丙烯酰胺延伸出来的高分子絮凝剂，其中在湿法浸出中已经得到应用的是阴离子型聚丙烯酰胺。

在生物工业领域中，絮凝技术主要应用于生化产品的制备。酿造工业首先采用了絮凝技术，酿造酵母的选择在很大程度上取决于酵母的絮凝能力。因此，酿造行业采用絮凝和非絮凝酵母混合培养以优化啤酒的质量。用发酵法生产乙醇，发酵结束后，必须将酵母从发酵液中分离出来。传统采用的过滤或离心分离，不但费时而且成本高。将发酵液经絮凝处理后，采用沉降或浮选的方法将酵母分离出来，可以大大节省分离过程的能耗。

7.4.3 絮凝剂的作用原理

加入絮凝剂或混凝剂可以加速水中胶体颗粒凝聚成大颗粒，其作用主要为压缩双电层和吸附架桥。絮凝剂的作用机理分述如下：

(1)压缩双电层作用。

一般胶体颗粒(矿粒)在水溶液中都带电荷，在一定条件下，由于静电排斥作用，矿物颗粒处于均匀分散作用。加入一些电解质，使固体微粒表面形成的双电层有效厚度减小，使得范德华力占优势而彼此吸引，使固体微粒迅速凝聚。压缩双电层作用特别适用于解释无机盐类混凝剂絮凝的机理。

带电的固体微粒界面和紧密吸附层之间的电位差是所谓的分散粒子的Stern层的电位。无机絮凝剂使已分散的固体微粒发生迅速的凝聚，主要是中和或降低了分散粒子的Stern层的电位，使颗粒表面电荷部分中和。分散粒子表面扩散层被压缩，Stern层的电位降低，降低了粒子间紧密接近时的势垒，增加了颗粒之间的碰撞概率，从而促进了固体微粒间的凝聚。

(2)吸附架桥作用。

吸附架桥作用机理是基于高分子物质的吸附架桥作用，高分子絮凝剂以及硫酸铝、氯化铁等溶入水，经水解和缩聚反应所形成的高聚物，均有线性结构，这类具有线性结构的物质对胶体物质具有强烈的吸附作用。由于线性分子结构和吸附作用，它可以和相距较远的两胶粒之间进行吸附架桥，其一端吸附某一胶粒后，另一端伸入水中又吸附另一胶粒，微粒通过高分子吸附架桥而使颗粒逐渐变大，最终形成肉眼可见的粗大絮凝体(矾花)，其模式如图7-9所示。

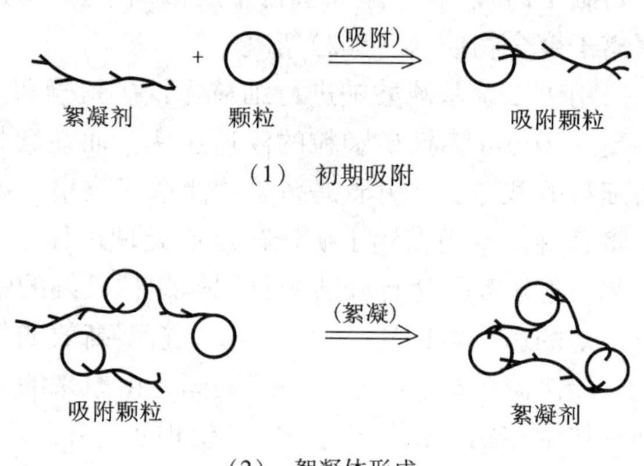

图7-9　絮凝剂的吸附架桥模式

絮凝剂在矿物表面的吸附主要为氢键吸附、静电吸附和化学吸附。吸附机理分述如下：

(1)氢键吸附。

当絮凝剂在矿物表面吸附是通过氢键力时，作用于药剂离子及矿物表面的电性关系不明显。非离子型絮凝剂主要作用方式是氢键力。例如非离子型的聚丙烯酰胺对石英、方解石、黄铁矿、方铅矿等都能有效作用，主要靠氢键力和范德华力吸附。絮凝剂分子中形成氢键基团的能力，不但影响其与矿物表面间的作用，而且分子内基团间氢键的作用也对其性质产生影响。由氢键力作用吸附时，与矿物表面形成氢键的能力有关。例如，当石英表面为刚刚裂开的新鲜面时，相对陈旧表面，表面产生氢键的能力更强。

(2)静电吸附。

离子型絮凝剂离子与矿物表面电荷符号相反时，易吸附发生桥连作用，并同时改变矿物表面电荷大小，发生絮凝作用。例如，聚乙二胺阳离子絮凝剂对带负电的石英有吸附作用，而阴离子絮凝剂羧甲基纤维素则不与石英发生作用。由于离子型絮凝剂在矿物表面双电层发生吸附，从而能改变ζ电位。因此，具有高电价的多离子基絮凝剂在带有异号电荷的矿物表面上作用更为强烈，表现出哈地-舒茨法则。

(3)化学吸附。

絮凝剂中带有化学活性高的基团时，可以在矿物表面发生化学吸附，此时矿物与药剂的作用主要以化学吸附力为主，不太受矿物表面电性的影响。为提高选择性絮凝效果，可向絮凝剂分子中引入高度化学活性和选择性作用的基团。例如，絮凝剂聚丙烯酰胺中引入羟肟基，可以改善对锡石的细粒絮凝的选择性。再如采用聚丙烯酰胺-乙二醛-双羟基缩苯胺，可以从方解石、石英、长石及白云石的混合物中选择性地絮凝各种铜矿物，如辉铜矿、黄铜矿、孔雀石等。絮凝剂的化学吸附过程受金属阳离子的影响，一些与絮凝剂极性基化学活性不高的矿物，经过金属离子的活化作用，可以改善药剂的作用。例如，用铜离子活化石英后，再与带—COOH 基的絮凝剂作用，反应式为：

$$—SiOH + —COOH + Cu^{2+} = —SiO^{-} \cdot Cu^{2+} \cdot COO^{-} + 2H^{+}$$

絮凝剂作用被活化的现象，除了金属阳离子作活化剂之外，还可以通过有机抑制剂及捕收剂预先改变矿物表面电性及化学活性，来活化絮凝剂的作用，或反过来用絮凝剂活化捕收剂的作用。

7.5 助滤剂

7.5.1 助滤剂的作用

加入一定量的助滤剂，在一定程度上可以改善常规过滤的性能，有效减少滤速突变引起的悬浮颗粒穿透。助滤剂通常是以非金属为基本原料加工制成的粉末状产品。在工业生产过程中，它是一种用来帮助被滤液体提高滤速、改善澄清度的助滤材料，具有广泛的应用。

7.5.2 助滤剂的种类及应用

助滤剂包括物理助滤剂和化学助滤剂。物理助滤剂为不同尺寸分布的固体添加物如硅藻土、珍珠岩、活性炭、滤棉、细粒硅胶等；化学助滤剂主要有各种高分子絮凝剂和表面活性剂。选矿产品中主要使用化学助滤剂。

助滤剂来源广泛，许多物质经加工后可以用作助滤剂，如硅藻土、珍珠岩、纤维素、石棉纤维、炭粉、活性炭、滤棉、细粒硅胶、细砂和粉状离子交换树脂等。其中，硅藻土和珍珠岩助滤剂的用途最为广泛，用量也最大，是常见的通用助滤剂；纤维素、石棉、活性炭等也有它们特殊性能，为常见的辅助用助滤剂。

文献报道的表面活性剂助滤剂主要有阴离子型表面活性剂、阳离子型表面活性剂、非离子型表面活性剂、两性表面活性剂和有机硅表面活性剂。但并不是所有的表面活性剂都能作为助滤剂使用。

高分子絮凝剂用作助滤剂的主要是人工合成的各种分子量的不同极性的聚丙烯酰胺。用得最多的还是非离子和阴离子的分子量在 $5 \times 10^{5} \sim 1 \times 10^{7}$ 之间的聚丙烯酰胺。絮凝剂在固液分离中的应用更多的是在浓缩作业，其作用是加速沉降、澄清溢流，防止细粒有用成分损失。有时其对过滤过程的影响难以避免，絮凝剂用作助滤剂，用得得当既可提高设备处理能力，又可降低滤饼水分。

助滤剂的应用范围广泛，如酿造、饮料行业，糖类、糖浆，医药制品，食用油，水处理，工业废液处理，油漆涂料，造纸工业，染料化工，无机化工产品，有机化工产品，石油化工制品，纤维素液体制品，水果蔬菜类液体，胶体，酶制剂，制油等。

随着选矿的物料粒度越来越细，选矿产品的过滤也日益困难，在开发压滤机的同时，我国矿山于 20 世纪 80 年代开始相当重视化学助滤剂的研究和使用。德兴铜矿于 1983 年做了日本的塞拉博索 — DH212 助滤剂试验；而后昆明冶金研究所又在几个选矿厂进行了试验，并在此基础上开发出 S－88、1－88、DB－1、SF－215 等助滤剂。北京矿冶研究总院开发了改性田菁胶(AF1、AF2、AF3)；核工业部五所开发了聚醚；东北大学开发了 SLS 和疏水性絮凝过滤。在洗煤方面，煤炭科学研究总院唐山分院研发了 1#、2#、3#助滤剂。以上各种助滤剂的平均效果大致是可使滤饼水分降低 2%，过滤机的处理能力提高 2% ~30% 不等。

硅藻土助滤剂在硫酸法钛白生产中主要应用在钛液的过滤工序。钛液过滤的主要目的是除去钛液中所含的少量极细的悬浮固体颗粒杂质和胶体颗粒杂质，以满足产品质量的要求。助滤剂有助于形成较为疏松的滤饼，可以增加孔隙率，减少压缩率，防止滤孔堵塞或者变窄，使滤液得以畅流 。

国外大多数工厂在氧化铝生产铝酸钠溶液精滤过程中使用助滤剂，我国在这方面起步较晚。20 世纪 90 年代，中铝股份山西分公司从法国道尔公司引进了 385 m^2凯利叶滤机。使用初期由于种种原因叶滤机产能低，不能满足生产要求。通过长时间的摸索，借鉴国外的先进经验，特别是应用助滤剂后，凯利叶滤机达到了设计产能。工业生产中，通常将石灰乳与铝酸钠溶液(一般是粗液或精液)以一定比例混合，反应生成的铝酸三钙即为助滤剂。生产实践表明，在铝酸钠溶液精滤过程中使用铝酸三钙助滤剂，可明显提高叶滤机的产能。随着对助滤剂的深入研究，复合助滤剂将应用到铝酸钠溶液的精制上，叶滤机产能将进一步提高，生产成本将进一步降低。

7.5.3 助滤剂的作用原理

助滤剂的作用机理可分为高分子絮凝剂的助滤作用机理和表面活性剂的助滤作用机理两部分：

(1)高分子絮凝剂助滤作用机理。

普遍认为，高分子聚合物既不能降低气液界面张力，也不能提高颗粒的疏水性，主要依靠高分子长链的吸附，桥连细粒矿物使之成絮团，改变物料粒度组成，防止微细粒子堵塞过滤介质，形成渗透性好，有利于快速脱水的滤饼，并提高滤饼产率。关于对絮凝剂提高过滤速率的进一步的解释，是把滤饼中曲折无规则的空隙简化成一束束毛细管，提出添加絮凝剂，使颗粒粒度变粗，从而使滤饼中毛细管径增大，由此导致毛细压力降低，过滤速度提高。

硅藻土助滤剂的机理有三个方面：筛分作用、深层效应、吸附作用。另外，固体颗粒之间的异电相吸、形成链团而吸附在过滤介质上。

(2)表面活性剂助滤剂作用机理。

该机理认为主要是通过在颗粒表面的吸附改变表面能，从而影响颗粒团聚，改变滤饼结构，可使得位于颗粒相互接触间的水分减少，达到助滤的目的。

7.6 助磨剂

7.6.1 助磨剂的作用

助磨剂是矿物在磨碎过程中，向磨机系统添加的化学药剂的总称。其主要作用是降低矿浆黏度，通过分散作用改变矿浆流变特征；通过吸附降低矿物表面的硬度，加快矿石颗粒的破碎速度，从而达到提高磨矿效率，降低能耗等目的；有的药剂还可以对介质和衬板起缓蚀作用。

添加助磨剂的目的是改善物料的易磨性，减轻颗粒之间的黏聚结团作用，消除微细颗粒糊球糊衬板现象，提高磨机内物料的流动性，从而实现球磨机节能高产的目标。因此，在磨矿过程中选用合适的助磨剂及用量，对降低能耗、介质损耗，提高生产效率和进行选择性磨碎都具有十分重要的意义。

7.6.2 助磨剂的种类及应用

1. 助磨剂的种类

助磨剂种类繁多，助磨效果差异很大，应用较多的就有百余种。助磨剂的分类方式很多，按其在使用时的存在状态一般可分为液体、气体和固体三种。

(1)液体助磨剂：有机硅、胺类、醇类、聚丙烯酸脂、聚羧酸盐、某些无机盐类及水等。

(2)气体助磨剂：蒸汽状的极性物质如丙酮、硝基甲烷、甲醇、水蒸气和非极性物质如四氯化碳等。

(3)固体助磨剂：胶体二氧化硅、胶体石墨、炭黑、硬脂酸盐类、无机盐氰亚铁酸钾、硬脂酸、石膏等。

根据助磨剂的作用机理的不同，可分为有机、无机助磨剂两大类。

(1)有机类助磨剂：胺类，醇类，醇胺类，木质素磺酸盐类，脂肪酸及其盐类，烷基磺酸盐类等。例如有三乙醇胺，二三乙醇胺，乙二醇，木质素磺酸盐，甲酸，硬脂酸，油酸，十二烷基苯磺酸钠等。

(2)无机助磨剂：有六偏磷酸钠、三聚磷酸钠、偏硅酸钠、无水碳酸钠、石墨、石膏等。在选矿当中，用途最广泛的主要是六偏磷酸钠和无水碳酸钠。

根据助磨剂的作用机理化学结构不同，可分为极性助磨剂和非极性助磨剂。

(1)极性助磨剂：即离子型助磨剂，如有机物助磨剂乙二醇、丙二醇、三乙醇胺、醋酸胺等。

(2)非极性助磨剂：即非离子型助磨剂，如无机助磨剂煤、石墨、松脂、石膏等。

2. 助磨剂的应用

(1)助磨剂在水泥工业生产的应用。

水泥助磨剂是一种改善水泥粉磨效果和性能的化学添加剂，可以显著提高水泥台时产量和各项技术指标。水泥助磨剂主要有以下几方面作用：

①能大幅度降低粉磨过程中形成的静电吸附包球现象，并可以降低粉磨过程中形成的超细颗粒的再次聚结趋势。

②能显著改善水泥流动性，提高磨机的研磨效果和选粉机的选粉效率，从而降低粉磨能耗。使用助磨剂生产的水泥具有较低的压实聚结趋势，从而有利于水泥的装卸，并可减少水泥库的挂壁现象。

③能改善水泥颗粒分布并激发水化动力，从而提高水泥早期强度和后期强度。

应用于水泥生产中的助磨剂种类多，主要有有机物如树脂、胺类、醇类、醇胺类、脂肪酸等，有机盐类有碱性聚合有机盐、木质素磺酸盐类、脂肪酸盐类、烷基磺酸盐类等，无机物有碱性聚合无机盐、碱水剂等，非金属固体有煤、焦炭等炭素物质。

从20世纪30年代起，在水泥工业生产中，国外就开始使用助磨剂。例如德国、日本在

70 年代后，采用碱性聚合有机盐和无机盐作为助磨剂应用于硅酸盐工业粉磨过程中，能够提高粉磨产量 2% ~40%。俄国利用碱水剂和改性木质素磺酸盐类作为水泥的助磨剂，能大大提高水泥的强度。目前，采用助磨剂生产的水泥越来越多，在美国、日本等发达国家，助磨剂的使用率已达 98%。国内水泥助磨剂产品种类多，常见的主要有胺类、醇类、醇胺类、木质素磺酸盐类、烷基磺酸盐类以及煤、焦炭等。除纯化合物外，还研究开发了多种复合效果良好的助磨剂。例如，AF 水泥复合助磨剂效果较好，使水泥粉磨产量提高 12% 以上，同时，提高水泥早期强度，改善水泥的后期强度。

(2) 助磨剂在磷肥和陶瓷工业中的应用。

在我国普通磷酸钙的工业生产中，主要有碱水剂、腐植酸钠、碱木质素、硝基腐植酸钠和萘磺酸盐等作为水磨磷矿的助磨剂。通过添加少量的助磨剂，能改善矿浆的流变学特性，提高磨矿效率。

陶瓷助磨剂可分为液体、固体、气体和混合物，而陶瓷工业中使用的绝大多数是固体和液体助磨剂。陶瓷助磨剂主要有无机电解质如聚磷酸钠、水玻璃等，离子型表面活性剂如木质素磺酸钠、十二烷基苯磺酸钠、柠檬酸钠等，非离子型表面活性剂如三乙醇胺等。在采用上述药剂作为助磨剂时，可混合使用，能改善助磨的效果，如三乙醇胺与柠檬酸钠混合，三乙醇胺分子减弱了带同种电荷的柠檬酸钠极性基间的排斥作用，使其助磨效果有较大改观。

(3) 助磨剂在选矿 - 磨矿中的应用。

选矿磨矿作业中，使用助磨剂主要是提高磨矿效率，降低磨矿能耗、钢耗，节省选矿成本。常用的选矿磨矿助磨剂主要有无机类：氯化钠、氯化铵、硅酸钠、无水碳酸钠、六偏磷酸钠等，有机类：油酸钠、三乙醇胺、十二胺、DA 和 DC 分散剂、柠檬酸、硬脂酸、酒精等。

我国选矿行业中，磨矿过程添加助磨剂的研究与工业应用越来越多。

在铝土矿的选择性磨矿过程中，助磨剂对铝土矿的磨矿效率和磨矿过程的选择性效果有着重要的影响。例如，采用无水碳酸钠作为铝土矿的助磨剂，其添加量与磨矿产品中 -0.075 mm粒级含量关系曲线，见图 7 - 10。

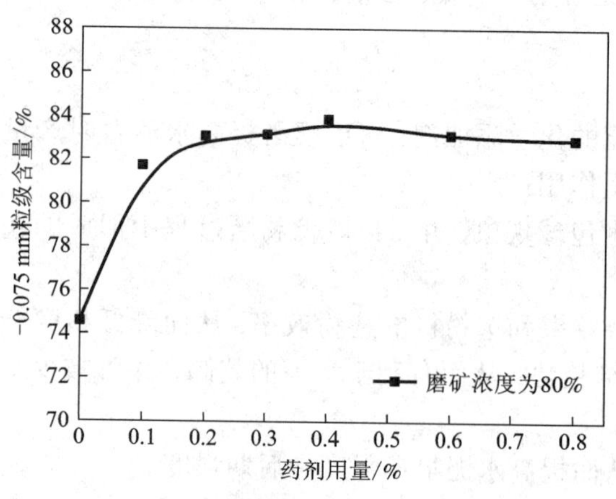

图 7 - 10　无水碳酸钠对铝土矿磨矿产品中 -0.075 mm 粒级含量的影响

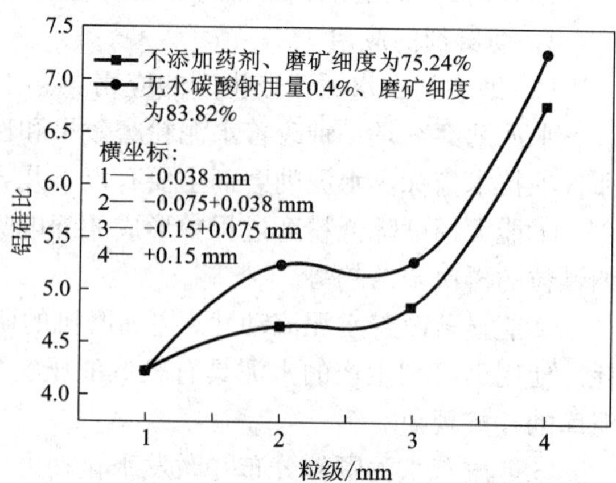

图 7 - 11　碳酸钠对铝土矿各粒级铝硅比的影响

结果表明，随着无水碳酸钠用量的增加磨矿产品细度显著增大，在用量为0.4%时达到了最高点(83.82%)，较无添加药剂时增大9.23%，继续增加用量，变化趋于平缓。考察碳酸钠对铝土矿各粒级铝硅比的影响，结果见图7－11。添加无水碳酸钠0.4%后，磨矿产品粗粒级铝硅比，比无添加药剂时大，磨矿产品中＋0.15 mm、－0.15＋0.075 mm、－0.075＋0.038 mm三个较粗粒级的铝硅比分别提高了0.47、0.41、0.58。可见，无水碳酸钠对铝土矿磨矿有一定的选择性，在磨矿过程中添加无水碳酸钠可适当提高磨矿产品粗粒级的铝硅比。

在滑石粉碎过程中，三乙醇胺、丙酮和乙醇可作为助磨剂使用，主要通过降低矿浆黏度、改变矿浆流变性及滑石的分散性，起助磨效果，从而提高磨矿效率。在白钨矿、硅酸锆等矿石的磨矿过程中，通过添加六偏磷酸钠、碳酸钠等助磨剂，效果明显，能使磨矿效率提高30%～40%。在铁矿石磨矿过程中，三聚磷酸钠、十二烷基硫酸钠对铁矿磨矿具有一定的助磨作用，并得到了工业应用。

7.6.3 助磨剂的作用原理

关于助磨剂的作用机理，国外曾做过长期的研究，并提出了不同的观点。主要有列宾捷尔(Rehbinder)的强度削弱理论和马杜里(Mardulier)的颗粒分散理论。前者认为，助磨剂随物料加入磨机后，首先吸附在被磨固体物料的表面，降低其表面能。助磨剂分子吸附在固体物料的裂纹内壁上，进一步进入到裂纹的表面，随着裂纹的形成和不断扩展，起到“楔子”作用，不仅阻止裂纹闭合，而且促使裂纹的扩大。后者认为，助磨剂在细颗粒表面上形成的单分子吸附薄膜，起着润滑剂的作用，降低了颗粒间的摩擦力，大大改善了颗粒的流动性。也就是说在磨矿过程中，通过调节料浆的流变学性质和物料颗粒的表面电性等，可促进颗粒的分散，从而提高料浆的流动性，阻止物料颗粒在研磨介质或衬板上的黏附及物料颗粒之间絮凝。

国内各研究单位对助磨剂的作用机理也进行了探索和分析，提出了如下看法：

(1)防止颗粒的并合聚结和削弱颗粒强度的机理。

防止颗粒的并合聚结和削弱颗粒强度的机理认为，粉碎过程是一种能量积聚过程，同时颗粒的粉碎意味着物质化学键的折断和重新组合。正因为粉碎本身就牵涉到物质能量状态的变换和化学键的折断组合，因此粉碎是一种由机械力诱发的物理化学现象，即所谓机械力化学现象。提高粉碎效率的有效措施是采取机械力化学方法，即在粉碎物料过程中加入少量的助磨剂就可起到显著的效果。

(2)减硬原理和反黏附效应。

助磨剂的减硬原理：在固体粉碎过程中，周围介质使固体硬度降低的作用称为减硬作用。在粉碎过程中，所发生的减硬作用与腐蚀溶解或化学作用无关，它们实质是润湿作用和吸附作用。

反黏附效应：根据表面化学的原理，表面力的存在会使两固体表面发生黏附效应。在粉碎过程中，粒径越小，则黏附的影响相对越大。

(3)薄膜假说。

用作助磨剂的表面活性分子，在被磨细的细颗粒表面形成了单分子吸附薄膜，因而减少了细颗粒间的聚结以及细颗粒与研磨体和衬板间的黏附，从而提高了磨矿效率。

习　题

7－1　常用氧化矿 pH 调整剂有哪几种?

7－2　Na_2CO_3可作什么类型的调整剂，各自起几种作用？举例说明。

7－3　铝土矿助磨剂有哪些?

7－4　抑制剂作用机理是什么?

7－5　举例说明硫化矿抑制剂的用途与机理。

7－6　举例说明絮凝剂的类型、用途与机理。

第8章 浮选工艺

8.1 浮选流程

浮选流程是浮选时浆体流经各作业的总称，是由不同浮选作业(有时包括磨碎作业)所构成的浮选生产工序。

矿浆经加药搅拌后进行浮选的第一个作业称为粗选，其目的是将给料中的某种或几种欲浮组分分选出来。对粗选的泡沫产品进行再浮选的作业称为精选，其目的是提高最终上浮的质量。对粗选槽中残留的固体进行再浮选的作业称为扫选，其目的是降低非上浮产物中欲浮组分的含量，以提高回收率。上述各作业组成的流程如图8-1所示。

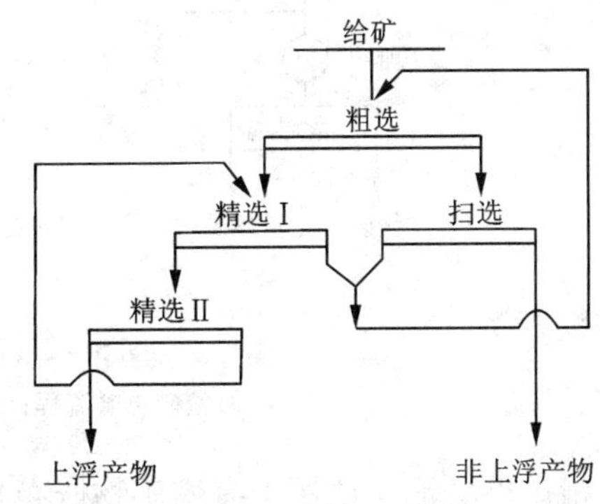

图8-1 粗、精、扫选流程示意图

浮选流程是最重要的工艺因素之一，它对选别指标有很大的影响，浮选流程必须与所处理物料的性质相适应，对于不同的物料应采用不同的流程。合理的工艺流程应保证能获得最佳的选别指标和最低的生产成本。

生产中所采用的各种浮选流程，实际上都是通过系统的可选性研究试验后确定的。在确定流程时，应主要考虑物料的性质，同时还应考虑对产物质量的要求以及选厂的规模等。当选厂投产后，因物料性质的变化，或因采用新工艺及先进的技术等，要不断地改进与完善原流程，以获得较高的技术经济指标。

8.1.1 浮选原则流程的选择

1. 浮选流程的段数

在确定浮选流程时，应首先确定原则流程(又称骨干流程)。原则流程只指出分选工艺的原则方案，其中包括选别段数、欲回收组分的选别顺序和选别循环数。

浮选流程的段数，就是处理的物料经磨碎-浮选，再磨碎-再浮选的次数，即磨碎作业与选别作业结合的次数。浮选流程的段数，主要是根据欲回收组分的嵌布粒度及物料在磨碎过程中泥化情况而选定的。生产实践中所用的浮选过程有一段、两段和三段之分，三段以上流程则很少见到。

磨一次(粒度变化一次)，接着进行浮选即称为一段。矿石中常不只是一种矿物，有时一次磨矿后要分出几种矿物，这还称一段，只是有几个循环而已。一段流程适于处理粒度嵌布较均匀、粒度相对较粗且不易泥化的矿石。

阶段浮选流程又称阶段磨－浮流程，是指两段及两段以上的浮选流程，也就是将第一段浮选的产物进行再磨－再浮选的流程。这种浮选流程的优点是可以避免物料过粉碎，其具体操作是在第一段粗磨的条件下，分出大部分欲抛弃的组分，对得到的疏水性产物或中间产物进行再磨－再选。用这种流程处理欲回收组分嵌布较复杂的物料时，不仅可以节省磨碎费用，而且可改善浮选指标，所以在国内外均广为应用。

阶段浮选流程种类较多，如何选择与应用主要由矿物的粒度嵌布和泥化特性决定。以两段流程为例，可能的方案有三种：精矿再磨、尾矿再磨和中矿再磨，如图 8－2 所示。

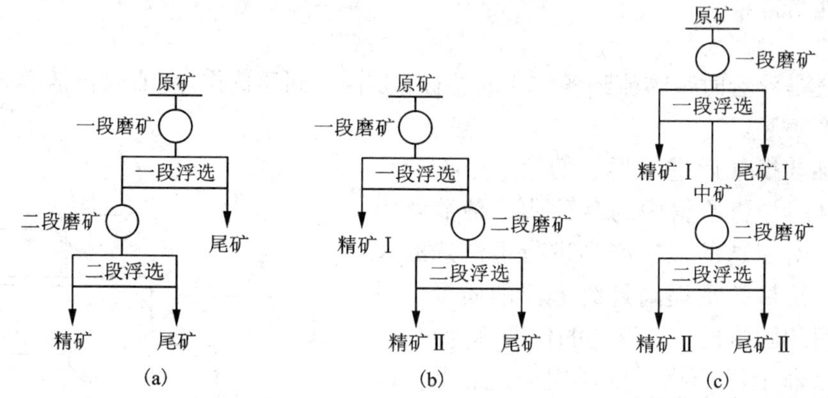

图 8－2　两段磨矿浮选流程的类型

(a)精矿再磨流程；(b)尾矿再磨流程；(c)中矿再磨流程

精矿再磨流程适用于有用矿物嵌布粒度较细而集合体又较粗的矿石，粗磨条件下集合体就能与脉石分离，并选出粗精矿和废弃尾矿，第二段对少量精矿再磨再选，这种流程在多金属矿浮选时较常见；尾矿再磨流程适用于有用矿物嵌布很不均匀，或容易氧化和泥化的矿石，一段在粗磨条件下分出一部分合格精矿，二段将含有细粒矿物的尾矿再磨再选；中矿再磨流程适用于矿物以细粒浸染为主，一段浮选能得到部分合格精矿和尾矿，但中矿含有大量连生体，故需对中矿进行再磨再选。

2．选别顺序及选别循环

在确定多金属矿石的浮选原则流程时，为了得出几种产品，除了确定选别段数外，还要根据有用矿物的可浮性及矿物间的共生关系确定各种有用矿物的选出顺序。选出顺序不同，所构成的原则流程也不同，生产中采用的流程大体可分为优先浮选流程、混合浮选流程、部分混合优先浮选流程和等可浮流程等四类，如图 8－3 所示。

优先浮选流程是指将物料中要回收的各种组分按序逐一浮出，每次都只选一种矿物，抑制其他矿物，分别得到各种富含一种欲回收组分的产物的工艺流程。如图 8－3(a)所示，先浮含铅矿物，再浮含锌矿物。

混合浮选流程是指先将物料中所有要回收的组分一起浮出得到混合精矿，然后再对其进行浮选分离，得出各种富含一种欲回收组分的产物的工艺流程。如图 8－3(b)所示，通过混合浮选先获得铜铅锌硫混合精矿，再进行浮选分离获得铜铅混合精矿和锌硫混合精矿，进一步进行铜铅浮选分离和锌硫浮选分离，获得铜精矿、铅精矿、锌精矿和硫精矿。该流程适用于有用矿物呈集合体嵌布、粒度较粗、不同的有用矿物可浮性又接近、在粗磨条件下就能抛

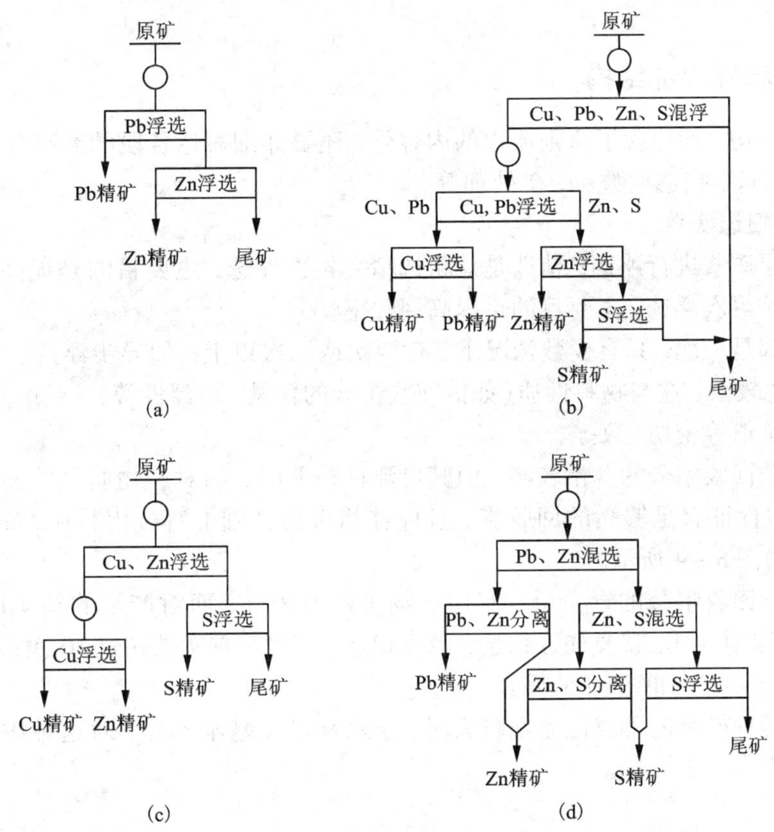

图 8-3 常见的浮选原则流程

(a)优先浮选流程；(b)混合浮选流程；(c)部分混合优先浮选流程；(d)等可浮流程

弃尾矿的矿石。

部分混合优先浮选流程是指先从物料中混合浮出部分要回收的组分，并抑制其余组分，然后再活化浮出其他要回收的组分，先浮出的混合精矿再经浮选分离后得出富含一种欲回收组分的产物的工艺流程。如图8-3(c)所示，先混合浮选得到铜锌混合精矿，混合精矿再浮选分离得到铜精矿和锌精矿，混合浮选的尾矿再经浮选获得硫精矿。含铜、锌的矿物相对于含硫矿物属于优先浮选，故称部分混合优先浮选流程。当矿石中有几种有用矿物可浮性接近，而有的矿物可浮性又不同时，可采用该流程。

等可浮流程是指将可浮性相近的要回收组分一同浮起，然后再进行分离的工艺流程，它适用于在同一种矿物中包括有易浮与难浮两部分的复杂多金属硫化矿。如图8-3(d)所示，在浮选硫化铅-锌矿石时，锌有易浮和难浮两部分矿物，则可考虑采用等可浮流程，在以浮铅为主时，将易浮的锌与铅一起浮出。其特点是可免除优先浮选对易浮锌的强行抑制，也可免去混合浮选对难浮锌的强行活化，这样便可降低药耗，消除残存药剂对分离的影响，有利于选别指标的提高。

选别循环(或称浮选回路)是指选得某一最终产品所包括的一组浮选作业，如粗选、扫选及精选等整个选别回路，并常以所选矿物中的金属(或矿物)来命名。如图8-3(a)为一段两循环流程，有铅循环(或铅回路)和锌循环(或锌回路)，图8-3(c)为两段三循环流程，有铜锌、铜和硫循环。

8.1.2 浮选流程内部结构

流程内部结构，除包含了原则流程的内容外，还要详细表达各段的磨碎分级次数和每个循环的粗选、精选、扫选次数、中矿处理等。

1. 精选和扫选次数

粗选是对原矿浆进行浮选；精选是对粗选精矿再次浮选，主要目的是提高精矿品位；扫选是对粗选尾矿再次浮选，主要目的是提高回收率。

粗选一般都是一次，只有少数情况下，有两次或两次以上，如异步浮选。精选和扫选的次数较多、变化较大，这与物料性质(如欲回收组分的含量、可浮性等)、对产品质量的要求、欲回收组分的价值等密切有关。

当原矿中欲回收组分的含量较高、但其可浮性较差时，如对产物质量的要求不很高，就应加强扫选，以保证有足够高的回收率，且应在粗选的基础上直接出精矿，精选作业应少，甚至不精选，如图 8－4 所示。

当原矿中欲回收组分的含量低、有用矿物可浮性较好、而对产物的精矿质量要求很高(如浮选回收辉钼矿)时，就要加强精选，减少扫选，有时精选次数超过 10 次，甚至在精选过程中还需要结合再磨，如图 8－5 所示。

当原矿中两种矿物的可浮性差别较大时，亲水性矿物基本不浮，对这种矿石的浮选，精选次数可以减少。

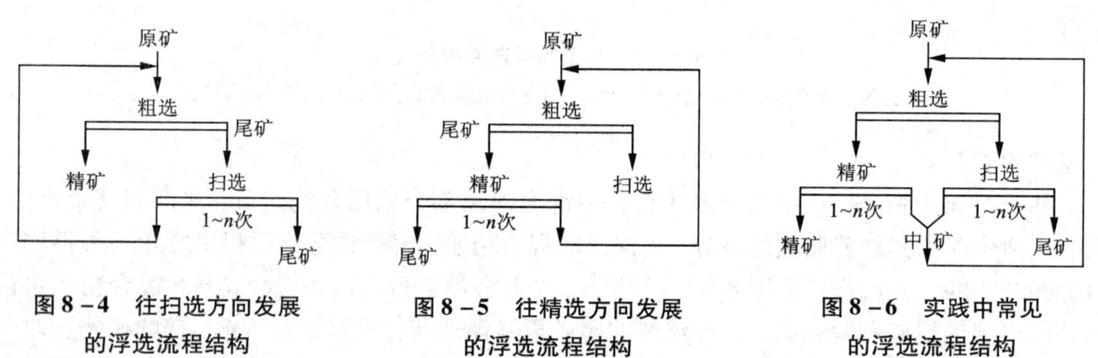

图 8－4 往扫选方向发展的浮选流程结构

图 8－5 往精选方向发展的浮选流程结构

图 8－6 实践中常见的浮选流程结构

在实际生产中多数既包括精选又包括扫选的流程，如图 8－6 所示。精、扫选次数由试验确定，并在生产实践中调整优化。

2. 中矿处理方式

流程中精选作业的槽中产物和扫选作业的上浮产物一般统称为中矿。对它们的处理方法要根据其中的连生体含量、有用矿物的可浮性、组成情况、药剂含量及对精矿质量的要求等来决定。中矿处理的原则是：中矿返回至品位、性质接近的作业。

中矿的处理方法通常有以下几种：①中矿依次返回到前一作业，或送到浮选过程的适当地点，如图 8－7 所示。有用矿物基本解离的中矿可采用这一方式，可简化中矿运输(多数情况下可实现自流)。②中矿合一返回粗选或磨矿作业。当有用矿物可浮性良好，对精矿质量要求高时中矿合一返回粗选；当含较多连生体颗粒时可合一返回磨矿，再磨也可以单独进行。③中矿单独处理。当中矿的性质比较特殊、不宜直接或再磨后返回前面的作业时，则需要对其进行单独浮选或返回主回路处理；在浮选困难时，可采用火法和化学方法进行单独处理，或不处理直接作低品位精矿销售。

总之，在浮选厂的生产实践中，中矿如何处理，是一个比较复杂的问题，由于中矿对选别指标影响较大，所以需要经常对它们的性质进行分析研究，以确定合适的处理方案。

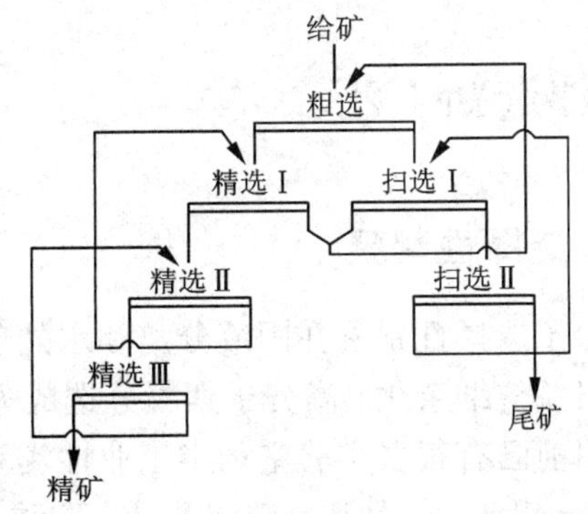

图8-7 常见中矿循序返回流程

8.1.3 浮选流程图

表示浮选流程的方法较多，各个国家采用的表示方法也不一样。在各种书籍资料中，最常见的有线流程图、设备联系图等。

线流程图是指用简单的线条图来表示物料浮选工艺过程的一种图示法，如图8-8(a)所示。这种表示方法比较简单，便于在流程上标注药剂用量及浮选指标等，所以比较常用。

设备联系图是指将浮选工艺过程的主要设备与辅助设备如磨机、分级机、搅拌槽、浮选机以及砂泵等，先绘成简单的形象图，然后用带箭头的线条将这些设备联系起来，并表示浆体的流向，如图8-8(b)所示。这种图的特点是形象化，常常能表示设备在现场配置的相对位置，其缺点是绘制比较麻烦。

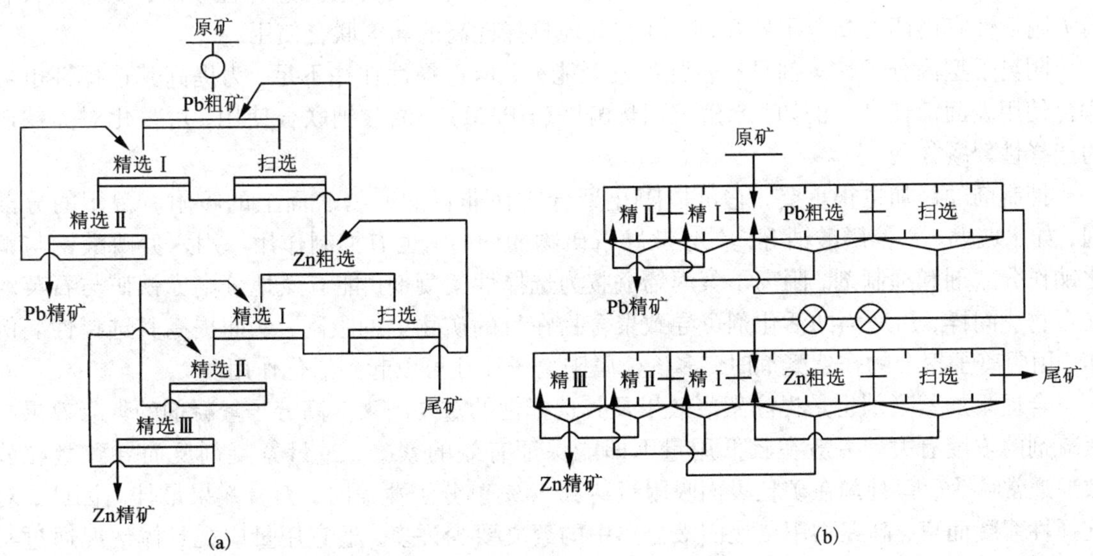

图8-8 浮选流程的表示方法

(a)线流程图；(b)设备联系图

8.2 浮选新工艺

8.2.1 选择性絮凝

高分子选择性絮凝在固液分离和水处理技术方面已有广泛的应用。在矿物分选中，随着资源的日益贫细杂化，高分子絮凝分选成为处理微细粒矿的重要手段之一。高分子选择性絮凝分选目前已有很多实验室和半工业性实验成果，也有工业应用，其应用范围包括铁矿、铜矿、钾盐、锡矿、钾盐矿、硅铝酸盐、磷酸盐、锰矿、黏土矿、铝土矿和煤等。

选择性高分子絮凝分选是从稳定分散的悬浮液中选择性絮凝其中某一组分，使之与其他仍处于分散状态的组分分离，从而达到分选的目的。选择性高分子絮凝分选成功的关键在于选择合适的絮凝剂和调节矿浆的物理化学性质，以使药剂与矿物表面的作用具有一定的专属性。选择性絮凝过程可分为几个阶段，首先使悬浮液中的固体颗粒充分而稳定地分散，加入絮凝剂后，絮凝剂选择性吸附在一部分颗粒表面，使其形成絮团，最终与另一部分仍处于稳定分散的颗粒分离。

常用的高分子絮凝剂有天然高分子聚合物（如淀粉、单宁、糊精、明胶、羧甲基纤维素、腐殖酸钠等）和合成高分子聚合物（如聚丙烯酰胺、聚氧化乙烯、聚乙烯醇、聚乙烯亚胺、二甲胺乙酯等）两大类。天然高分子聚合物作絮凝剂已获实际应用（如淀粉等）。以来源广的石油化工产品为原料，通过人工合成的方法，使分子链上接枝一个官能团，该官能团能与目的矿物发生吸附，这是高分子选择性絮凝分选的发展方向。

选择性絮凝的关键是吸附过程的选择性，为此可采用以下措施：①调整悬浮介质的 pH 及离子组成，调节矿粒界面性质（如表面电性等），以利于絮凝剂的选择性吸附；②选用具有高吸附活性官能团的高分子絮凝剂；③与其他选择性高的药剂联合使用。

阴离子型高分子絮凝剂具有较强的絮凝能力，但选择性往往不足，为提高其选择性也可联合使用表面活性剂。例如，水解聚丙烯酰胺（HPAM）与油酸钠联合使用，可强化对赤铁矿的选择性絮凝作用。

抑制剂的添加也很重要，它可以阻止聚合物在非目的矿物表面上的吸附。常用的分散剂，如水玻璃、六偏磷酸钠等，在分散脉石矿物的同时，也有抑制作用。用六偏磷酸钠与氟化钠作分散剂和抑制剂，阴离子聚丙烯酰胺为选择性絮凝剂，能有效地分离赤铁矿与石英的混合物。同样，用适当的活化剂可导致聚合物在目的矿物上的吸附，从而提高其选择性。例如，用阴离子聚合物作絮凝剂时，多价金属阳离子往往可以起到活化作用。

合理添加絮凝剂也是提高絮凝效果及其选择性的重要因素。高分子絮凝剂的絮凝效果与絮凝剂的浓度有关。一般在较低用量下即能保证有效的絮凝，过量絮凝剂反而导致微粒分散。通常认为，絮凝剂在矿粒表面吸附量达到50%单分子覆盖时，絮凝效果最佳。因此，对选择性絮凝而言，高聚物用量比固液分离中的絮凝要少许多，适宜用量应视具体情况通过实验确定。

添加高分子絮凝剂时必须控制搅拌强度，因为絮凝剂分子链较长，经受强烈的剪切作用时易造成分子断链，引起絮凝剂的降解，使悬浮液重新分散。为解决夹杂问题，一般应保持适度的搅拌和较低的矿浆浓度。选择性分选的矿浆浓度一般在10%左右，过高的固体含量可能导致严重的机械夹带。

絮团与悬浮液的分离可用典型的物理方法，如沉降脱泥，磁选，甚至筛分法，有时也可用絮团分选法。沉降脱泥常用浓缩机或其他浓缩设备，把絮团从悬浮液中分离出来。该方法在铁矿物的选择性絮凝方面已有工业应用。除浓缩机外尚可采用洗涤柱、淘洗溜槽等分离设备。

自20世纪中叶以来便已开展包括黑色、有色和非金属多种矿石的选择性絮凝分选研究，其中比较成熟的有铁矿、铜矿、锡矿、钾盐矿、磷酸盐矿、黏土矿、铝土矿和煤等。表8-1列举各种矿物混合物的实验室或半工业性试验规模的选择性絮凝分离方案。

表8-1 各种矿物混合物的选择性絮凝分离

矿物混合物		絮凝剂	辅助剂	分离方法
被絮凝	被分散			
赤铁矿	石英	淀粉,石青粉,腐殖酸钠	NaOH,Na_2SiO_3	(1)
赤铁矿	硅酸盐,铝酸盐	强水解聚丙烯酰胺	NaF 或 NaCl,$(NaPO_3)_6$	(1)
硅酸盐	赤铁矿	弱水解聚丙烯酰胺	NaF 或 NaCl,$(NaPO_3)_6$	(1)
TiO_2 杂质	高岭土	聚丙烯酰胺	Na_2SiO_3,NaCl$(NaPO_3)_6$	(1)
磷酸盐矿物	石英,黏土	阴离子淀粉	NaOH	(1)
黄铁矿	石英	聚丙烯酰胺(聚丙烯腈)		(1)
闪锌矿	石英	聚丙烯酰胺(聚丙烯腈)		(1)
菱锌矿	石英	聚丙烯酰胺(聚丙烯腈)		(1)
氧化镁,碳酸盐	脉石	聚丙烯酰胺(聚丙烯腈)	硫酸铝	(1)
滑石,褐铁矿	细粒黄铁矿	聚乙烯氧化物	起泡剂	(2)
脉石	铬铁矿	羧甲基纤维素	NaOH,Na_2SiO_3	(3)
方铅矿	石英	水解聚丙烯酰胺		(4)
方铅矿	方解石	弱水解聚丙烯酰胺	Na_2S,Na_2SiO_3	(4)
方解石	石英	水解聚丙烯酰胺		(4)
方解石	金红石	强水解聚丙烯酰胺	$(NaPO_3)_6$	(4)
铝土矿	石英	强水解聚丙烯酰胺	$(NaPO_3)_6$	(4)
煤	页岩	聚丙烯酰胺	$(NaPO_3)_6+Ca^{2+}$	(4)
重晶石	萤石,石英	玉米淀粉	Na_2SiO_3	(4)
硅孔雀石	石英	纤维素黄药	NaOH,Na_2S,NaCl	(4)
硅孔雀石	石英	非离子型聚丙烯酰胺	$(NaPO_3)_6$,NaCl	(4)
氧化铜	白云石	聚丙烯酰胺—双乙羟基乙二醛	$(NaPO_3)_6$	(4)
钛铁矿	长石	水解聚丙烯酰胺	NaF	(4)
褐铁矿	石英,黏土	水解聚丙烯酰胺	NaOH,$(NaPO_3)_6$	(4)
锡石	石英	水解聚丙烯酰胺	$CuSO_4$,$Pb(NO_3)_2$	(4)

注：(1)絮凝脱泥浮选：如用NaOH、Na_2SiO_3分散，赤铁矿絮凝下沉，脱出脉石，阳离子捕收剂浮选夹杂脉石。

(2)选择性絮凝后，用浮选法除去被絮凝的脉石矿物，然后用浮选法分离呈分散状态的有用矿物，如絮凝黏土，用浮选法将黏土絮团浮去，然后进行钾盐浮选。

(3)絮凝脉石，然后浮选有用矿物，如铬铁矿在pH=11.5，用羧甲基纤维素絮凝脉石，油酸浮选铬铁矿。

(4)在浮选前进行粗细分级，粗粒浮选，细粒选择性絮凝。

美国矿山局和克利夫兰克利夫斯(Clevel and Cliffs Inc.)钢铁公司合作，早在20世纪60年代就开始了马凯特细粒非磁性氧化铁燧岩的研究工作。经过十多年的努力，终于在1974年建成世界上第一个应用选择性絮凝—脱泥—浮选工艺的蒂尔登(Tilden)选矿厂。该厂处理难选细粒嵌布的非磁性铁隧岩，其主要铁矿物为赤铁矿和假象赤铁矿，脉石矿物主要是石英、燧石和其他硅酸盐矿物。铁矿物平均嵌布粒度为10～25 μm，原矿磨至-25 μm(500目)85%，才能达到充分解离。原矿铁平均品位36.6%，SiO_2 46.6%，可获铁品位为65%～66%、铁回收率70%～75%的铁精矿。图8-9为蒂尔登选矿厂的流程图。

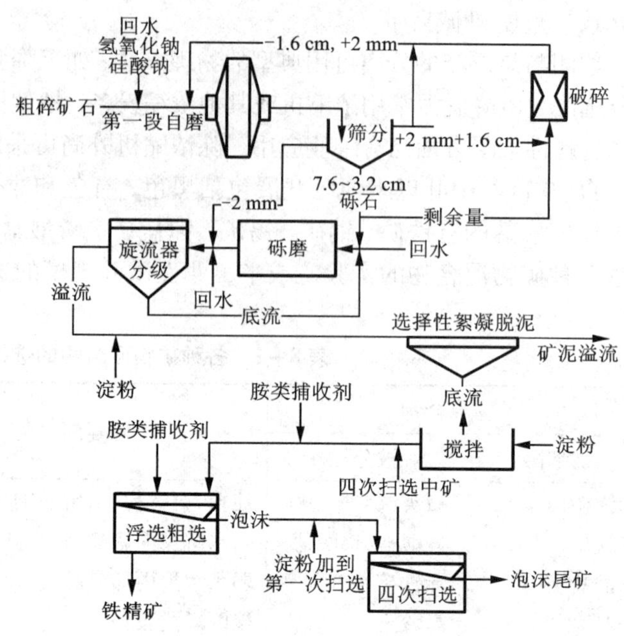

图8-9 蒂尔登选矿厂流程图

该工艺过程选用玉米淀粉为絮凝剂，用氢氧化钠、聚磷酸钠作为调整分散剂，加在磨矿机中，矿浆pH为11。苛性淀粉能有效地同时对氧化铁起选择性絮凝作用及抑制作用。

8.2.2 分支浮选工艺

分支浮选，又称分支串流流程，源于苏联，是一种新的浮选工艺。所谓“分支浮选”，是基于提高入选矿石品位，即将入选矿浆流分支，并将其中一支的富集产物给入另一支的浮选作业，借以提高后一支的入选品位，从而达到改善选别过程及提高选矿指标之目的。

由于分支浮选工艺用于选矿，生产稳定，操作方便，对原有流程的改造工程量小，投资少，无须复杂的技术条件，改建停车时间短，并可利用检修或无矿停车的间隙进行。因而，我国许多选矿厂都采用了这种新工艺。该工艺尤其适用于因原矿品位降低或因采用预选或中间选别作业而导致浮选入选品位降低的脉金选矿厂。

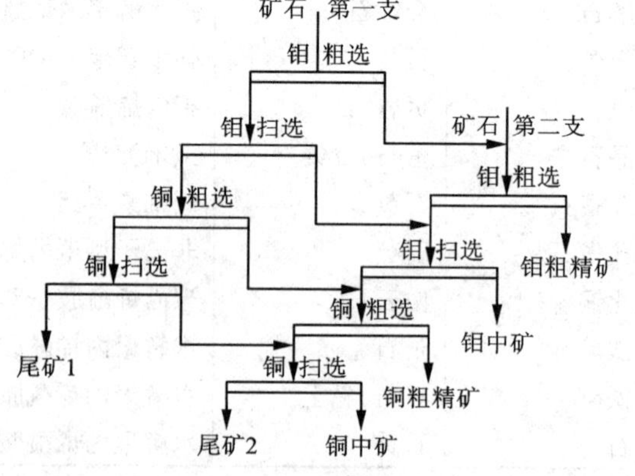

图8-10 铜-钼矿石分支浮选流程

苏联在处理铜-钼贫矿石、贫非金属矿石以及铅-锌多金属矿石时，采用了分支浮选法，其浮选流程见图8-10，所得到的选别指标与常规优先浮选的指标对比列于表8-2。

表8－2 优先浮选与分支浮选选别结果的对比

产品	优先浮选				分支浮选			
	品位/%		回收率/%		品位/%		回收率/%	
	铜	钼	铜	钼	铜	钼	铜	钼
原矿	0.33	0.02	100	100	0.33	0.02	100	100
钼粗精矿	0.56	0.27	11.6	84.8	0.57	0.59	5.7	86.8
铜粗精矿	3.34	0.083	86.1	3.4	7.18	0.007	91.7	1.2
铜扫选尾矿	0.01	0.003	2.3	11.8	0.009	0.003	2.6	12.0

分选结果表明：泡沫产品（精矿）的重复浮选并未引起尾矿中金属损失的增加，铜、钼分支浮选与原先直接优先浮选流程的结果相比，铜、钼粗精矿的回收率分别由86.1%、84.80%增加至91.7%、86.8%，而且精矿质量大大提高。采用分支浮选工艺后，铜、钼粗精矿的品位比原来提高了一倍多，将此分支浮选流程用于铅－锌多金属硫化矿石的浮选，同样也证明该流程可以提高精矿质量。

宝山铜矿为热液交代矽卡岩类型，含钼、铋、铜、铅、锌复杂多金属矿床。主要金属矿物有黄铜矿、辉铜矿、辉钼矿、方铅矿、闪锌矿、黄铁矿等，主要非金属矿物有石榴石、方解石、石英、绢云母、磷灰石等。原矿中铜、钼的品位分别为0.224%、0.121%，改用分支串联工艺时，原矿中铜和钼的含量相应地下降为0.148%、0.117%。矿石性质，尤其是铜的含量变化很大。宝山铜矿采用粗选分支串流浮选流程，如图8－11所示。即将第一支粗选的泡沫泵入第二支原矿搅拌桶，经过一段时间的试运转后发现，由于第一支泡沫的加入，导致第二支浮选处理量增多，浮选时间相应缩短，第二支的尾矿中，金属的损失量大大高于第一支，而且第一支的泡沫产品无严格要求，因此，可以得到较高的回收率，尾矿的金属损失小。为了平衡尾矿，降低第二支的处理量，将第二支第一段扫选泡沫引入第一支的同名作业，得到了质量基本一致的尾矿。

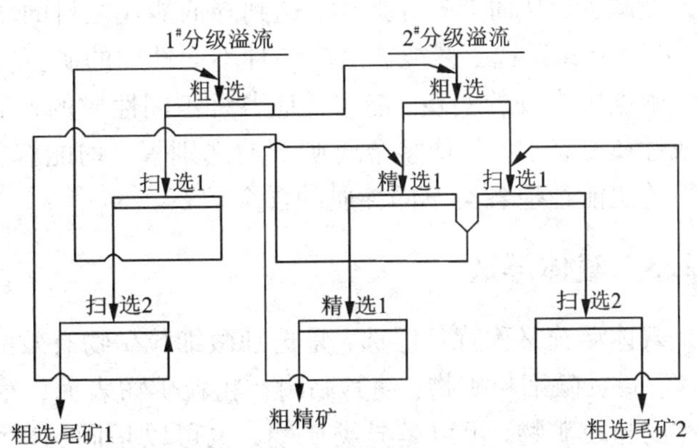

图8－11 粗选分支串流浮选流程图

试验表明，分支串流浮选使用的药剂种类与原流程相同，加药方式、加药地点也无改变，但药剂用量却比原来的要大幅度降低。在原矿中铜、钼品位下降较多的情况下，分支串流浮选所获得的技术经济指标均优于原浮选流程。

沈阳有色金属研究院根据辽宁地区有色金属矿山选矿处理矿石的特征，采用分支浮选流程从选厂废弃尾矿中回收铅、锌；从铜、锌、硫混合矿石中浮选铜矿物以及浮选低品位铝矿物，试验表明：分支浮选流程可以提高粗精矿品位，简化浮选流程，减少精选作业次数。分支浮选流程消耗的捕收剂和起泡剂比传统的浮选流程要少20%以上；分支浮选流程可适用于低品位单一金属矿石的选别，低品位多金属矿石的选别，对综合回收低品位金、银和从废弃尾矿中回收有用矿物更为有效。

分支浮选工艺主要有以下特点：

(1)采用分支浮选工艺有利于提高选别指标。

①由于分支浮选工艺是将前一支的粗精矿并入后一支的原矿，因而，人为地提高了入选矿石的品位。②各支浮选的粗精矿基本上由可浮性好的矿物组成，由此，当前一支的粗精矿并入后一支时，可以加快矿物的浮游速度，富化泡沫层，有利于提高粗精矿品位和作业回收率，并为用较少的精选作业获得合格精矿，实现早收、多收创造了条件。③由于前一支的泡沫对后一支被浮矿物有一定的“负载”作用，而更有利于矿物的浮选，因而可以改善分选过程，提高选矿回收率。④前一支泡沫的加入，后一支的被浮矿物量增加，矿浆离子组成发生变化，变得更有利于矿物的浮选。同时，由于前一支泡沫的加入，二次富集作用加强，难选矿物的离子、矿泥覆盖等有害影响相对减弱，从而提高分选指标。

(2)可降低药剂用量和能耗。

在分支浮选工艺中，前一支泡沫产品所带的过剩药剂进入后一支浮选可继续发挥作用，从而降低第二支的加药量；此外，由于分支浮选工艺流程结构合理，使精选次数和中矿循环量大大减少，从而节省浮选槽，达到降低能耗之目的。

(3)分支浮选工艺能够适应各种不同性质的矿石。

根据国内外的实践，能够适应各种不同性质的矿石，如可用于低品位或高品位、可浮性差或性质复杂、单一或多金属矿石的选别等，均能获得较好的经济技术指标和效益。因而，该工艺也能适应各类不同性质的含金矿石。

8.2.3 载体浮选

载体浮选又称背负浮选，是选别微细粒矿物有效的方法之一。其基本原理是以粗矿粒为载体，背负微细粒矿物，使其黏附在粗粒矿物表面，然后用常规泡沫浮选法进行分离。作为载体的粗粒矿物，可以是异类矿物，也可以是同类矿物。例如，载体浮选用于黏土中除杂，在这个过程中采用粗粒方解石作为载体，加入到矿浆中作为微细粒锐钛矿的载体，从而达到除杂的目的。

载体浮选的物理化学基础是利用疏水化载体矿物和微细粒矿物之间的疏水吸引作用，并在高能搅拌作用下产生的强湍流条件下，增强粗粒与微细粒的相互碰撞，促进粗粒与微细粒的疏水聚团的形成，提高与气泡的黏着概率。

载体的大小和数目都会影响浮选结果，研究结果表明：载体的粒度要有一个适宜的范围，载体的添加量与微细粒矿物量之间有一定比例。载体也要和所背负的细粒矿一样，由于加入药剂而形成疏水的表面。为使载体与微粒碰撞黏附，所要求的搅拌速度比常规浮选要高。

采用方解石背负赤铁矿细泥的载体浮选研究中，搅拌强度、捕收剂浓度、介质 pH、载体粒度、载体用量等因素的变化，均能对载体浮选体系产生一定的影响。载体的加入和载体的疏水化，增加了细粒矿物在疏水性载体矿物表面黏附的机会，这是载体能提高微细粒矿物分选效果的实质性因素。

如果被载的微粒矿物是有价回收矿物，这种用异类矿物作为载体的浮选就存在着被载矿物与载体矿物分离以及载体矿物回收再利用的问题，这样就增加了该工艺的难度，这是影响其实现工业应用的重要原因。

若采用同类矿物的粗粒负载同类矿物的微细粒，即所谓的自身载体浮选，可避免二者的分离工序，有利于在工业实践中应用。邱冠周用大于10 μm的不同粒级黑钨矿对 -5 μm粒级的黑钨矿进行载体浮选，并与同条件下的常规浮选结果作了比较。结果表明，载体的粒度对载体浮选结果影响很大，最适宜的载体粒度为25~38 μm，在此粒度范围内 -5 μm的黑钨矿细泥与粗粒载体具有最大的碰撞黏着效应。

粗细粒相互作用，除载体效应外，还有载体的裂解－中介作用和粗粒的助凝作用。试验发现，加入粗粒后矿浆中生成大量介于细粒与粗粒之间的团粒。原因之一是细粒先黏附在粗粒上，形成黏附体，随后这些黏附体再受湍流剪应力的裂解作用，脱落形成中间颗粒，此即粗粒的“中间介质作用”，亦即“中介”作用。可见，正因为粗粒载体的存在，才导致中间团粒的形成；原因之二是在强搅拌作用下，在粗颗粒与流体之间存在一个大边界层，这一边界层随表征流体和颗粒运动特征的颗粒雷诺数 R_{ep} 而变化。当 $R_{ep} \geqslant 10$ 时，边界层发生分离，颗粒流线卷曲，直到形成涡环。这种在粗粒尾迹中产生的小尺度漩涡，对促进微细粒的聚团有利，此即为粗粒的助凝作用。

载体浮选的物理化学基础是表面活性物同时选择疏水化的载体矿物和微细粒矿物，在高能搅拌作用下互相接近、碰撞、黏附，最后形成粗粒与微细粒的团聚体，从而提高了微细粒与气泡黏着的可能性。因此，在强湍流条件下，粗粒与微细粒的相互碰撞以及它们之间的疏水聚团作用，在载体浮选中具有决定性作用。

载体浮选的影响因素较多，包括载体颗粒粒度、载体比、搅拌器结构形式等几何因素；搅拌速度、搅拌时间和矿浆浓度等物理因素；药剂种类、药剂浓度、调浆温度和介质pH等化学因素。这一切都要通过试验来确定最佳条件。

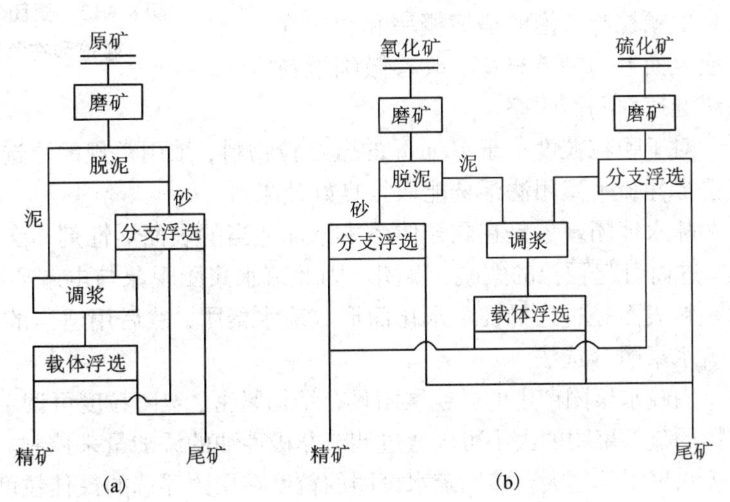

图8－12　分支载体浮选的原则流程

(a)单一矿石；(b)共生矿石

胡为柏教授等人经过多年研究提出分支载体浮选新工艺，其特点在于将分支浮选与粗粒效应巧妙结合。即将较粗粒级且易浮的一支流程中的精矿，返回到难浮的细泥流程中去，以提供产生载体－助凝作用的粗粒，达到强化细粒浮选之目的。矿石分支载体浮选工艺流程如图8－12所示。分支载体工艺中的载体矿物可以是同种矿物，也可以是具有同种成分的异类矿物，如粗粒黑钨矿负载黑钨矿细泥，粗粒磁铁矿负载细粒赤铁矿，粗粒硫化铜矿负载细粒氧化铜矿等。曾用该工艺对铜绿山氧化铜矿、东鞍山赤铁矿、大厂锡矿、凡口铅锌矿分别做过试验研究，研究结果如表8－3所示。

表 8-3 载体-分支浮选与常规浮选的比较

矿石类型	常规浮选最佳指标		载体—分支浮选指标		结果比较	
	品位/%	回收率/%	品位/%	回收率/%	品位/%	回收率/%
东鞍山红铁矿	61.23	82.30	65.60	87.93	+4.37	+5.63
铜绿山氧化铜矿	20.198	82.76	20.76	91.43	+0.562	+8.67
大厂锡矿	0.59	63.96	2.76	57.45	+2.17	-6.51
凡口铜锌矿	Pb 5.20 Zn 10.10	85.40 96.71	10.30 20.95	94.20 98.15	+5.13 +10.85	+8.00 +1.44

8.2.4 聚团浮选

1. 聚团浮选的基本原理

聚团浮选，是指悬浮体中的微细颗粒通过疏水团聚方法聚集成粒度合适的聚团，然后用浮选法将这些聚团回收的微细粒分选技术。在聚团浮选中，不是单个微细颗粒而是微细颗粒的疏水聚团与气泡发生碰撞，然后黏着在气泡的表面，如图 8-13 所示。因此，聚团浮选提高了颗粒与气泡的碰撞概率和颗粒在气泡表面上的黏着概率，改善微细颗粒的浮选速率和回收率。

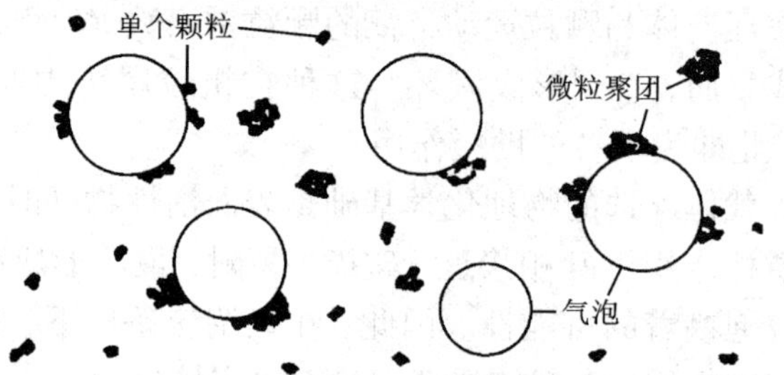

图 8-13 聚团浮选中微粒聚团与气泡的碰撞和在气泡表面黏着的示意图

对于颗粒粒度小于 10 μm 的微细粒物料，采用常规的浮选方法进行分离的效果不佳，采用选择性疏水聚团法浮选能取得良好效果。

疏水聚团现象是在颗粒体系中添加适当的表面活性剂，首先使矿物颗粒表面选择性疏水化，进而引起颗粒的絮凝、聚团。因此疏水聚团现象与电解质凝聚有着本质的区别。凡是矿物颗粒表面经过选择性疏水化而形成疏水聚团，然后用适当的物理方法分离的工艺，均可称为疏水聚团分选法。

由疏水聚团产生的微粒聚团具有结构紧密、聚团粒度可调、不规则球形形状等特点。微粒矿物的疏水聚团的大小可以通过调节非极性油的添加量来控制。非极性油的加入量越大，所产生疏水聚团就越大。控制疏水聚团的粒度在聚团浮选的最佳粒度范围，就能使聚团的浮选速率和浮选回收率达到最大值。另外，通过增强机械搅拌强度和时间也可增大疏水聚团的粒度。

疏水聚团过程不遵循 DLVO 理论。颗粒聚团的形成主要依赖于疏水微粒直接接触时产生的“疏水缔合能”。卢寿慈于 1983 年研究了石英-十二胺、菱锰矿-油酸钠、赤铁矿-油酸钠体系的疏水性变化与絮凝的关系，并运用近代水结构理论及胶团形成原理，提出疏水作用能的定量化理论。认为矿物微粒间疏水作用能有两个组成部分，即基于界面水结构变化的疏水作用和基于烃链间穿插缔合作用的疏水缔合能。

2. 聚团浮选工艺的特点与应用

选择性疏水聚团分选法包括以下基本工序：调制适宜浓度的矿浆，添加药剂，强烈搅拌，目的矿物颗粒形成疏水聚团，聚团与分散矿粒的分离。

由于疏水聚团的选择性可通过添加抑制剂和活化剂达到很高的程度，因此疏水聚团分选工艺可应用于各种矿石的微细粒选矿中，如黑色金属矿石、有色金属矿石、稀贵金属矿石、非金属矿石和煤炭等。在环境保护及水处理工程中，水中有机分子和固体微粒的脱除、微细固体颗粒的过滤、有机化合物的分离等领域，选择性疏水聚团分选法都有广泛的应用。

大量的实验与研究表明，疏水作用受温度变化的影响明显，随着温度的提高，疏水作用能将增大，疏水聚团亦随之增强。搅拌强度与搅拌时间同样是疏水聚团过程中的重要因素。疏水聚团工艺的选择性不仅要求一定的搅拌作用，而且需要足够长的搅拌时间。

影响疏水聚团过程有诸多因素，但最重要的是微粒表面疏水化、非极性油的强化、高剪切力场或高机械能量的输入三大因素。

疏水聚团浮选工艺的特点如下：

(1)在多种矿物颗粒组成的悬浮体中，通过添加表面活性剂、调整剂、抑制剂，只有表面疏水化的颗粒才能产生疏水聚团，因而工艺具有良好的选择性。

(2)可通过添加中性油来强化疏水聚团的团粒强度。

(3)进行中等或强力搅拌调浆，搅拌时间一般大于10 min，以保证疏水颗粒形成具有一定强度的致密的聚团，而其他矿粒则保持分散状态。

(4)用适当的物理方法分离疏水聚团和分散的矿粒，分离方法可以是浮选、磁选、脱泥、筛分、相分离等。

8.2.5 硫化矿电化学浮选工艺

硫化矿浮选电化学研究的一个最重要的贡献是，发现矿浆电位的调控在浮选中具有十分重要的意义。矿浆电位可以调节和控制导致硫化矿表面疏水和亲水的电化学反应，因而决定了硫化矿的浮选和抑制；同时矿浆电位还对捕收剂、抑制剂等药剂在矿物表面的作用发生重要的影响和调控，从而调节矿物的浮选行为。对浮选行为与电位关系的研究和发展提出了一些新的技术，如电位调控浮选(electropotential control flotation)、无捕收剂浮选(collectorless flotation)等。

1. 硫化矿电化学浮选中电位的测定

硫化矿电化学浮选中电位的测定通常包括以下几种：

铂电极电位测定，指通常电化学研究采用的铂电极测出的电位。

矿物电极电位测定，在一定的溶液中测得的电位又称静电位(rest potential)，是溶液成分在矿物电极上发生电化学反应的响应，属于混合电位。

选择性电极电位测定，用选择性电极(最常见实例是测pH用的氢离子选择性电极电位测定)测得的电位，是溶液中某一特定成分电极反应的响应，实际上反映溶液中该成分的浓度大小，若电极是对某种浮选药剂的选择性电极，则测得的电位反映水溶液中该药剂的浓度。

用选择性电极测定浮选矿浆中某成分的浓度(通常是浮选捕收剂的浓度)，再经数学处理以达到优化浮选过程，已经发展成为工业应用的商用技术，在文献上也称为电位调控浮选。但其实质乃是捕收剂浓度调控。

电位调控浮选是调整矿浆溶液电化学条件，改变和调控矿物自身可浮性及调控药剂与矿物作用从而影响矿物的可浮性的过程，按过程的本质说来，这是直接改变矿物可浮性的电位调控浮选。

2. 硫化矿物电位调控浮选的实现途径

目前有三种调节和控制矿浆电位的方法，一是采用添加氧化－还原药剂调控矿浆电位；二是外加电极调控矿浆电位；三是既不采用外加电极，也不使用氧化－还原药剂，而是利用硫化矿磨矿－浮选矿浆中固有的氧化－还原反应，通过调节传统浮选操作参数来调控矿浆电位的原生电位浮选。

(1)氧化－还原药剂调控矿浆电位。

控制矿浆中氧化还原剂的浓度可以改变矿物表面的电极电位和矿浆电位，同时也改变了溶剂中氧化还原组分的能级。两种化学方法控制矿浆电位。一是通过添加适宜的氧化剂(使得电位更正)和还原剂(使得电位更负)；另一种是通过改变矿浆中氧气的活性，矿浆中氧气的活性随着浮选气体的氧含量变化而变化，氮富集则降低活性，氧富集则提高活性。

例如，通过添加双氧水将矿浆电位(E)提高到约0.3 V，可提高含有黄铁矿的细粒复杂矿石中方铅矿和黄铜矿的优先浮选指标。研究表明，方铅矿和黄铜矿的可浮性分别在0.32 V和0.27 V左右达到最大。

对安庆铜矿进行电化学调控浮选研究表明，黄铜矿和黄铁矿的矿物润湿角达到最大值，矿浆的电势为130 mV左右。在这个条件下，能获得与常规浮选相同的试验结果，且捕收剂黄药的用量可节省80%，同时可以省去价格较高的酯－105；每年可为企业节约药剂费用50多万元。

(2)外加电极调控矿浆电位。

该技术主要是利用外加电场对矿浆进行极化，使矿粒达到浮选电位要求，从而实现硫化矿的浮选分离。采用外加电极调控电位的方法无论是在实验室还是在工业实践中均取得了一定成功，由于该法排除了化学因素对硫化矿物浮选的影响，可以得出硫化矿物浮选行为与电位的单一依赖关系，故在浮选电化学理论研究过程中发挥了重要作用。

澳大利亚马他比公司通过调控矿浆电位、pH实现了铜铅锌硫化矿浮选分离。该技术具有节省药耗、成本低的优点，缺点在于矿粒极化很不均匀，浮选指标不稳定。

芬兰Outkumpu公司将一种OK－PCF电位调控系统应用于四个选矿厂：Hitura镍矿、Uammala镍矿、Vihanti铜铅锌矿和Pyhasalmi铜铅锌矿；在Vihanti铜铅锌矿，使用电位调控后效益增加10%～20%，且石灰和捕收剂用量都只有以前的1/30。

(3)原生电位调控浮选。

1994—1998年，中南大学和广东工业大学合作，共同提出既不采用外加电极，也不使用氧化－还原药剂，而是利用硫化矿磨矿－浮选体系，矿浆中固有的氧化－还原反应调控电位的原生电位浮选(originpotential flotation，OPF)的硫化矿电位调控新技术。目前，这种技术已在中国十几家企业开始应用，并取得了极大的经济效益。

硫化矿原生电位浮选工艺是指利用硫化矿磨矿－浮选矿浆中本身固有的电化学行为(氧化－还原反应)引起的电位变化，通过调节传统浮选操作因素达到电位调控并改善浮选过程的工艺。该工艺有两个要点：一是主要调节和控制包括矿浆pH、捕收剂种类、用量及用法、浮选时间以及浮选流程结构等在内的传统浮选操作参数；二是不采用外加电极、不使用氧化－还原药剂调控电位。这两点为该工艺在现有浮选体系中实际应用及推广创造了条件。OPF的主要科学内涵和技术关键在于：将传统浮选过程控制参数与矿浆原生电位(E_{op})结合起来，从浮选电化学的角度分析、研究矿浆原生电位对浮选过程的影响并从中寻找各因素之间的最佳匹配方案，从而确立最佳浮选条件，包括经济合理的药剂制度、矿物最佳疏水浮选条件及分离选择性以保证良好的精矿质量和高的回收率。

8.2.6 微泡浮选

在一定条件下，减小气泡粒径，不仅可以增加气—液界面，同时可增加微粒的碰撞概率和黏附概率，有利于微粒矿物的浮选。主要的工艺有：

1. 加压浮选

加压浮选工艺因具有发泡量容易调节控制，流程灵活可变等优点，得到广泛应用。

加压浮选装置主要由压力泵、空气压缩机、溶气罐、减压阀、浮选槽等组成。其工作程序为：压力泵将原水或部分处理水连同0.196～0.49 MPa（2～5 kg/cm^2）压力的压缩空气导入密闭的溶气罐，水在溶气罐停留1～5 min后再经减压阀连同未加压的废水导入开放于常压的浮选槽，空气在浮选槽析出，与目的物形成泡沫或浮渣，由刮板刮出；水在浮选槽内停留10～30 min，处理水由浮选槽底部或槽的另一端排出。

加压浮选流程包括：

（1）全部原水加压流程：适用于原水中悬浮物含量高，需发泡量大且絮凝体的破坏对浮选无影响的浮选过程。

（2）部分原水加压流程：部分原水加压溶气后再与未加压的原水混合进入浮选槽。该过程动力消耗减少，适于絮凝体加压破坏后，一旦与未加压原水混合可再次絮凝的水质。多以水的澄清净化为目的。

（3）处理水循环加压流程：根据原水所需的发泡量、将处理水的10%～30%加压溶气，再与原水混合进入浮选槽。该流程不破坏絮凝体，可根据原水性质灵活调节发泡量。但相应浮选槽容积较大，动力费稍高。适用于污泥浓缩。

溶气罐的压力和气体的溶解度是加压浮选的重要影响因素。实践证明空气在溶气罐内的溶解效率与压力、水和压缩空气进入溶气罐的方式、送气速度、滞留时间、流动搅拌条件等因素有关。

2. 真空浮选

又称减压浮选，采用降压装置，利用减压方法使溶于水中的气体从水中析出，从溶液中析出微泡的方法，气泡粒径一般为0.1～0.5 mm。研究证明，从水中析出微泡浮选细粒的重晶石、萤石、石英等是有效的。

减压浮选适于有臭气、有害气体挥发的浮选过程。缺点是发泡量受到限制，需间断操作。

3. 电解浮选

利用电解水的方法获得微泡，气泡的产生是靠电解时在阴极和阳极分别折出 H_2和 O_2形成的。一般气泡粒径为0.02～0.06 mm，用于浮选某细粒锡石时，单用电解氢气泡浮选，粗选回收率比常规浮选显著提高，由35.5%提高到79.5%，同时品位提高0.8%。电解浮选是新近发展起来的微细颗粒乃至胶粒的浮选工艺，不仅用于一般固体物料的分选，还用于工业废水处理、轻工及食品工业产品的净化等。

8.3 浮选工艺物理影响因素的调控

8.3.1 粒度

为了保证浮选获得较高的指标，研究入选物料粒度对浮选的影响，以便根据物料性质确定最合适的入选粒度（磨碎细度）和其他工艺条件，具有重要的意义。

1. 粒度对浮选的影响

浮选时不但要求物料单体解离，而且要求适宜的入选粒度。颗粒太粗，即使已单体解离，因超过气泡的承载能力，往往浮不起来。浮选粒度上限因物料的密度不同而异，如硫化物矿物一般为0.2～0.25 mm，非硫化物矿物为0.25～0.3 mm，煤为0.5 mm。

物料粒度对浮选回收率的影响如图8－14所示。由图可知，小于5 μm或大于100 μm的颗粒的可浮性明显下降，只有中等粒度的颗粒具有最好的可浮性，所以5～10 μm以下的矿粒常称为矿泥。

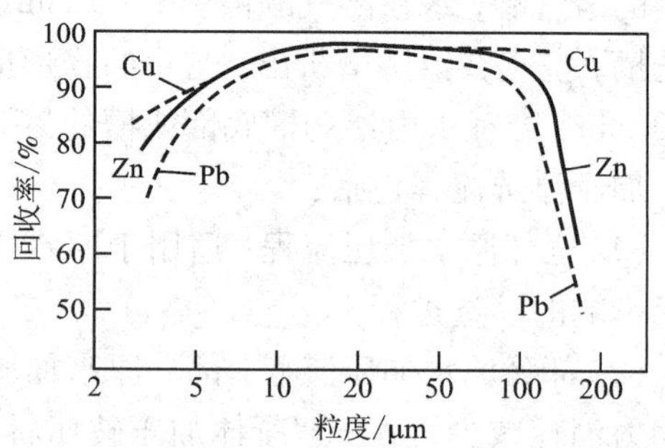

图8－14　浮选回收率与粒度的关系

Cu—铜回收率；Zn—锌回收率；Pb—铅回收率

物料粒度对浮选产物质量也有一定的影响。一般情况下，随着粒度的变化疏水性产物的品位有一最大值，当粒度进一步减小时，品位随之下降，这是由于微细的亲水性颗粒机械夹杂所致；粒度增大时，又会因大量的连生体颗粒进入疏水性产物而使其品位降低。

2. 粗粒浮选

在矿粒单体解离的前提下，粗磨浮选可以节省磨矿费用，降低选矿成本。在处理不均匀嵌布矿石和大型斑岩铜矿时，在保证粗选回收率前提下，有粗磨后进行浮选的趋势。

但是，由于较粗的矿粒比较重，在浮选机中不易悬浮，与气泡碰撞的概率减小，附着气泡后因脱落力大，易于脱落，这是粗粒比较难浮的主要原因。所以对于在较粗粒度下即可单体解离的物料，往往采用重力分选方法处理，必须用浮选处理粗磨的物料时，通常采用如下一些措施：

（1）采用捕收能力较强的捕收剂，并适当增大捕收剂用量，以增强颗粒与气泡的固着强度，有时配合使用非极性油等辅助捕收剂。

（2）适当增大充气量，以提供较多的适宜的气泡，为粗颗粒的浮选创造条件。

（3）选择适用于粗粒浮选的浮选机，为防止粗粒在浮选机中产生沉淀，应使用有较大浮升力和较大内循环的浅槽浮选机。

（4）采用较高的浆体浓度，既增加药剂浓度，又可以使颗粒受到较大的浮升力，但应注意，浆体的浓度过高时会恶化浮选过程，使选择性降低。

3. 微细颗粒浮选

粒度小于5～10 μm的微细颗粒，其可浮性明显下降，所以避免物料泥化是非常必要的。浮选过程中的微细颗粒来自两个方面，一是在矿床内部由地质作用产生的微细颗粒，主要是矿床中的各种泥质矿物，如高岭土、绢云母、绿泥石等，称为“原生矿泥”；二是在破碎、磨碎、搅拌、运输等过程中形成的微细颗粒，称为“次生矿泥”。

微细颗粒难以浮选的原因主要有以下几个方面：

(1)由于微细颗粒的表面能比较大，在一定条件下，不同成分的微细颗粒形成无选择性凝结，发生互凝现象。或者微细颗粒在粗颗粒表面上的黏附，形成微细颗粒覆盖。

(2)由于微细颗粒具有较大的比表面积和表面能，因此具有较高的药剂吸附能力，吸附的选择性差；表面溶解度增大，使矿浆中难免离子增加；微细颗粒质量小，易被水流机械夹带和被泡沫机械夹带。

(3)微细颗粒与气泡间的接触率及黏着效率降低，使气泡对颗粒的捕获率下降，同时微细颗粒还会大量地附着在气泡表面，形成所谓的气泡“装甲”现象，影响气泡的运载量。

生产中强化微细颗粒浮选的主要措施有：

(1)添加分散剂，防止微细颗粒互凝，保证充分分散。常用的分散剂有水玻璃、聚磷酸钠、氢氧化钠(或苏打)加水玻璃，等等。

(2)采用适于选别微细颗粒的浮选药剂，使欲浮的颗粒表面选择性疏水化。例如采用化学吸附或螯合作用的捕收剂，以提高浮选过程的选择性。

(3)使微细粒选择性聚团，增大粒度，以利于浮选，为此常采用的微细颗粒浮选途径有疏水絮凝、载体浮选和选择絮凝浮选等。

(4)减小气泡尺寸，实现微泡浮选。生产中采用的产生大量微泡的方法有真空法和电解法两种，分别称为真空浮选和电解浮选。

(5)进行脱泥，浮选前将微细颗粒脱除。

(6)采用物料分选的方法对不同粒级的物料分别采用不同的药剂制度进行处理。

8.3.2 矿浆浓度(质量分数 w_B)

矿浆浓度是矿浆中固体颗粒的含量，常用以下三种方法表示：

(1)液固比：表示矿浆中液体与固体质量(或体积)之比。

(2)固体含量百分数：表示矿浆中固体质量(或体积)所占的百分数。

(3)固体含量：表示每升矿浆中所含固体的克数。

通常矿浆浓度用固体含量百分数来表示。

浮选前矿浆的调节，是浮选过程中的一个重要作业，包括矿浆浓度的确定和调浆方式的选择等工艺因素。浮选厂中常用的浮选浓度列于表8-4中。

表8-4 浮选厂常用的矿浆浓度

物料种类	浮选循环	浆体浓度/%			
		粗选		精选	
		范围	平均	范围	平均
硫化铜矿石	铜及硫化铁	22~60	41	10~30	20
硫化铅锌矿石	铅	30~48	39	10~30	20
	锌	20~30	25	10~25	18
硫化钼矿石	辉钼矿	40~48	44	16~20	18
铁矿石	赤铁矿	22~38	30	10~22	16

浆体浓度是影响浮选过程的重要因素之一，它的变化将影响浆体的充气程度、浆体在浮选槽中的停留时间、药剂的体积浓度以及气泡与颗粒的黏着过程等(如图8－15所示)。

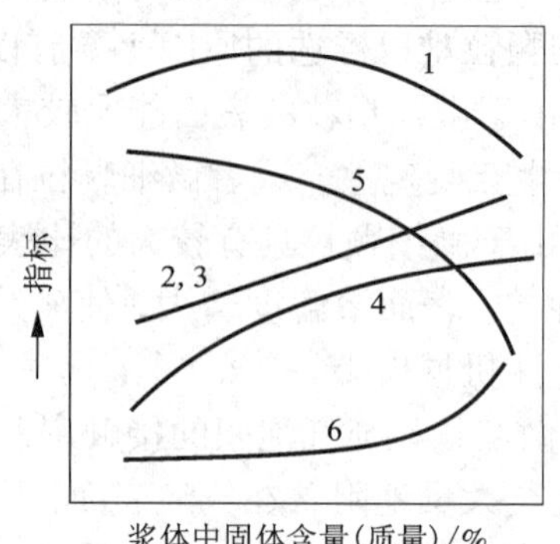

图8－15 矿浆浓度与其他浮选因素的关系

1—浆体的充气性；2—药剂的体积浓度；3—浆体在浮选机内的停留时间；4—细颗粒的可浮性；5—粗颗粒的可浮性；6—颗粒表面的磨损程度

图8－15中的曲线1表明，浮选机的充气性能随浆体浓度的变化而变化。过浓和过稀均使充气情况变坏，影响浮选回收率和浮选时间。

图8－15中的曲线3表明，随着浓度增大，浆体在浮选机内的停留时间延长，有利于提高回收率。同理，如果浮选时间不变，则随着浓度的增加，浮选机的生产率随之增加，因而可以减少槽数。

图8－15中的曲线2表明，在相同药剂用量($g \cdot t^{-1}$)条件下，浆体浓度增大，药剂的浓度亦随之增大，有利于降低药剂用量。

图8－15中的曲线4和曲线5表明，在一定范围，随浆体浓度增加，浮力上升，有利于粗粒的浮选；但过浓会恶化充气条件，反而不利。细粒浮选时，随着浓度提高，浆体的黏度增大，当细粒是疏水性颗粒时增大浓度有利提高细粒的回收率，而当细粒呈亲水性时则会影响疏水性产物的质量。

总之，浆体较浓时，浮选进行较快，且较完全。适当增加浓度对浮选有利，处理每吨物料所消耗的水、电也较少。浮选时最适宜的浆体浓度，还须考虑物料性质和具体浮选条件。一般原则是：浮选高密度粗粒物料时采用高浓度；反之采用低浓度；粗选时采用高浓度可保证获得高回收率和节省药剂，精选用低浓度，有利于提高最终疏水性产物的质量。扫选浓度由粗选决定，一般不另行控制。

浮选前在搅拌槽(或称调浆槽)内对浆体进行搅拌称为“调浆”，可分为不充气调浆、充气调浆和分级调浆等，它也是影响浮选过程的重要工艺因素之一。

不充气调浆是指在搅拌槽中不充气的条件下，对浆体进行搅拌，目的是促进药剂与颗粒互相作用。调浆所需搅拌强度和时间长短，视药剂在浆体中的分散、溶解程度以及药剂与颗粒的作用速度而定。

充气调浆是指在未加药剂之前预先对浆体进行充气搅拌，常用于硫化物矿石的浮选。各种硫化物矿物颗粒表面的氧化速度不同，通过充气搅拌即可扩大矿物颗粒之间的可浮性差别，有利于进一步分选，改善浮选效果。但过分充气也将是不利的。例如，对含铜硫化矿的矿浆充气调浆证明，加药以前充气调浆30 min，矿石中磁黄铁矿和黄铁矿受到氧化，而黄铜矿仍保持其原有的可浮性。但充气调浆时间过长，黄铜矿也会受到氧化，在其表面形成氢氧化铁薄膜而降低可浮性；毒砂与黄铁矿的分离也常采用充气调浆，使易氧化的毒砂表面氧化来达到分离浮选的目的。

所谓“分级调浆”是根据物料不同粒度所要求的不同调浆条件等，分别进行调浆，以达到改善浮选效果的目的。矿浆按粗细分级成两支或三支进行调浆。分级的粒度界限可以通过试验来确定。图8－16是两支调浆的方案。

分两支的调浆方案，药剂只加到粗砂部分，粗砂调浆以后，细泥部分冲入粗砂并与其一起浮选。这一方案适用于细粒级浮选活度比粗粒高，而粗粒需要提高药量或补加其他强力捕收剂的情况，这样处理使粗、细粒的可浮性由差别较大而趋于均一化。另外，粗粒要求较高的药剂浓度也会因分级调浆而得到满足。例如，铅锌矿分级调浆的经验证明，粗粒部分的黄药浓度比常规调浆的平均值高7～10倍，优点是既保证粗粒有效的浮选，又改善了选择性。

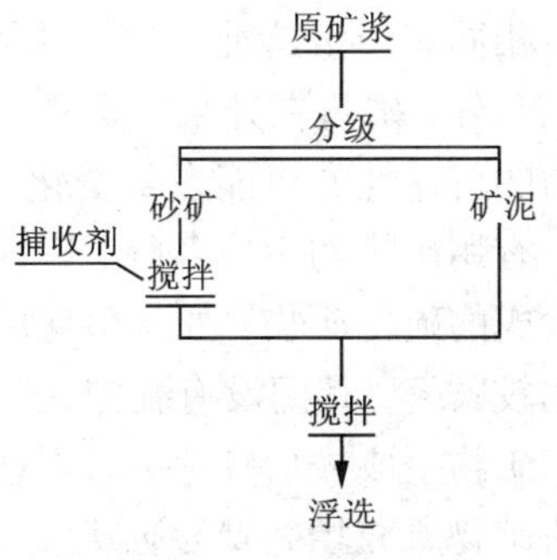

图8－16 分级调浆方案

8.3.3 搅拌强度

浮选过程中对矿浆的搅拌，可根据其作用分为两个阶段：一是矿浆进入浮选机之前的搅拌；一是矿浆进入浮选机之后的搅拌。

矿浆进入浮选机之前的搅拌，通常是在调整槽中进行，其目的是为了加速矿粒与药剂的相互作用。在调整槽中搅拌时间的长短，应由药剂在水中分散的难易程度和它们与矿粒作用的快慢来确定，如松醇油等起泡剂只需要搅拌1～2 min，一般药剂要搅拌5～15 min，当用混合甲苯胂酸浮选锡石和重铬酸钾抑制方铅矿时，则常常需要30～50 min以上的搅拌时间。有时用重铬酸钾所需的搅拌时间可以长达4～6h。当采用剪切絮凝浮选工艺时，浮选前需要比较强烈地搅拌。

矿浆进入浮选之后的搅拌，通常是为了：①促进矿粒的悬浮及在槽内均匀分散；②促进空气很好地弥散并在槽内均匀分布，对机械搅拌式浮选槽而言，同时起到充气作用；③促进空气在槽内高压区加强溶解，而在低压区加强析出，以造成大量的活性气泡。

综上所述，加强浮选机中矿浆的充气和搅拌，对浮选是有利的，但是不能过分，因为过分会产生气泡兼并、精矿质量下降、槽内矿浆容积减小、电能消耗增加、机械磨损加快等缺点。在选煤时，搅拌过强还会造成煤的过粉碎和泥化增加。因此，浮选中最适宜的充气和搅拌强度，应根据浮选机的类型和结构特点通过试验确定。

8.4 浮选工艺化学影响因素的调控

影响浮选工艺的化学影响因素包括不可调因素和可调因素。不可调因素主要指矿石性质，可调因素包括矿浆酸碱度、浮选药剂制度、浮选温度、水质和浮选泡沫等。以下主要介绍这些因素对浮选的影响及调控方法。

8.4.1 矿石性质及浮选工艺的选择

矿石性质，主要是指矿石中的矿物组成，各种矿物的含量及比例，有用矿物的嵌布特性及矿物间的共生特性，矿石中的类质同象杂质，矿物的存在形态（如属原生矿或次生矿、硫化矿或氧化矿等），以及可溶性盐的含量及成分等，这些均影响矿物的浮选过程。

不同产地的同一种矿物以及组成相近的矿物往往具有不同的可浮性。例如，从不同产地采集的方铅矿或闪锌矿，它们的可浮性差别很大，尤其是不同颜色的闪锌矿（与所含杂质如铁、镉的多少有关)更为突出，不同产地产出的磷灰石、方解石或重晶石等，它们的可浮性亦很不相同。产生这种现象的原因，主要与矿物的产生条件及杂质以类质同象进入矿物密切相关。此外，矿石在开采、运输与贮存过程中，可能由于矿物表面的氧化作用以及杂质的污染，矿物的可浮性亦可能发生变化。

有用矿物的生成条件，影响矿物的结构，对矿物的可浮性有强烈影响。在高压高温条件下生成的硫化矿物，如从熔融的岩浆中分离出来的或从热液中沉淀出来的硫化矿物，结构通常比较紧密，其间没有孔隙，矿物晶体的几何尺寸相对也比较大。

矿物生成先后顺序，对浮选可产生重要影响。较早生成的矿物存在裂隙时，常被较晚生成的矿物所充填，成为脉状或网状构造。在破碎磨矿过程中，矿石常沿着细网脉出现新断裂面，次生矿物较易产生泥化现象。

在成矿过程中，有时还会发生次生富集作用，即原生的某些硫化矿物与其他金属盐类溶液相互作用后，在氧化矿与原生硫化矿接触处沉淀形成富矿带。由于次生富集作用，常在原生硫化矿物表面生成成分相异的薄膜。典型实例是在黄铁矿表面上覆盖有辉铜矿或铜蓝薄膜；黄铜矿表面被铜蓝、闪锌矿表面被辉银矿薄膜覆盖也是常见的现象。显然，在破碎磨矿过程中，欲使矿物表面的覆盖薄膜与矿物彻底分开是很困难的，这就导致矿物具有覆盖薄膜类似的可浮性。

应指出的是，下列两种变化对矿物的浮选性质有特别大的影响：一是硅化作用；二是高岭石化、绿泥石化以及绢云母化的作用。

在第一种情况下，矿物被二氧化硅所胶合；而在第二种情况下，则生成许多极不相同的微晶质矿物，它们在磨矿过程中会产生大量细泥。

共生矿物种类的不同，浮选分离的难易程度亦大不相同，因为在浮选分离时不仅要看某种或某几种矿物易浮入泡沫产物中，而且还要看其他不应浮出矿物控制的难易程度。例如，从石英中用脂肪酸类捕收剂浮出白钨矿没有任何困难，但如果脉石是方解石、萤石或白云石，浮选分离就很复杂；从非硫化矿物中用硫代化合物类捕收剂浮出硫化矿物也比较简单，但几种硫化矿物的彼此分离或部分氧化的硫化矿物彼此分离就显得困难得多。

矿石性质是难以改变的客观存在因素，所以在浮选生产实践中必须采取相应的工艺措施，以适应矿石性质及其变化规律。而为了要建立相对稳定的工艺操作制度和获得比较稳定的浮选指标，则应力求使进入选厂的矿石在性质上相对稳定，以利管理，这往往需要通过采矿与选矿工作者的通力合作才能实现。例如，有的矿山在爆破前，首先在各坑口中、各掌子面对矿石进行取样、分析，大致摸清从各掌子面爆破下来的矿石品位及组成等，然后再根据各掌子面的出矿数量比例进行适当配矿，有的矿山设置有专门的配矿场地，以保持选矿处理矿石性质的相对稳定；有的选厂还在破碎过程中通过给矿与卸料进行配矿；还有的选厂将磨矿产物通过一个公用的大浓密机混匀全厂各系列磨矿产物，并脱除部分多余水分或细泥，使浮选作业的给矿浓度亦保持相对稳定。

选择何种浮选工艺流程取决于矿石中有用矿物的嵌布粒度和泥化特性。嵌布粒度有粗粒嵌布、细粒均匀嵌布、粗细不均匀嵌布、复杂不均匀嵌布和集合体嵌布等五种。对于粗粒嵌布矿石，因嵌布粒度粗，易使有用矿物与脉石分离，宜用一段一循环流程；细粒均匀嵌布矿石，因嵌布粒度细而均匀，一段只能分出部分解离体，大部分呈连生体存在，宜用中矿再磨两段浮选原则流程；粗、细不均匀嵌布矿石，因嵌布粒度既有粗粒，又有细粒，一段可以得出部分粗粒合格精矿，细粒连生体再磨再选，宜用尾矿再磨两段浮选原则流程或三段浮选原则流程；复杂不均匀嵌布矿石，因嵌布粒度极不均匀，而且解离范围很宽，宜用三段浮选原则流程；集合体嵌布矿石，因有用矿物都包含在较大的集合体内，粗磨时容易使集合体与脉石分开，宜用粗精矿(即集合体)再磨两段浮选原则流程或中矿再磨两段浮选原则流程。

多金属矿浮选工艺流程选择时，除了要考虑嵌布粒度特性对流程的影响外，还要注意各种矿物的可浮性及其他因素对流程选择的影响。对于原矿品位高、脉石含量少、粗粒嵌布，或矿石性质简单、有用矿物的可浮性差异大、易于分离，或含有大量致密的多金属硫化矿等三类矿石，宜用直接优先浮选原则流程；对于原矿品位中等，或贫而粗的集合嵌布，或含有少量多金属硫化矿的矿石，宜用全混合浮选原则流程；对于具有“等可浮”的复杂多金属矿石，宜用部分混合浮选原则流程。

8.4.2 矿浆酸碱度、水质、温度

1. 水质及浆体的液相组成

水的质量及浆体的液相组成对浮选过程有很大影响，浮选用水必须保持洁净，如果使用受污染的水或循环水时，必须进行必要的净化。

天然水中溶解有许多化合物，并有软水和硬水之分，各国计算硬度的标准和方法也不相同，我国一般是按水中Ca^{2+}、Mg^{2+}含量标定水的总硬度，其计算公式为：

$$水的总硬度 = [Ca^{2+}]/20.04 + [Mg^{2+}]/12.15$$

式中：$[Ca^{2+}]$、$[Mg^{2+}]$分别为Ca^{2+}、Mg^{2+}在水中的浓度，$mg \cdot L^{-1}$。

$0.5\ mmol \cdot L^{-1}$称为1度。硬度小于4者称为软水，4~8者称为中硬水，8~10者称为极硬水。

物料在磨碎和浮选过程中，由于氧化、溶解，常使水中含有该物料溶解的阳离子和阴离子，这些难免离子及硬水中的钙、镁离子等对浮选过程常产生多方面的影响。

用脂肪酸及其皂浮选非硫化矿时，硬水中的Ca^{2+}、Mg^{2+}会与脂肪酸捕收剂反应生成难溶的沉淀，消耗大量的脂肪酸。重金属离子如Cu^{2+}、Fe^{3+}等与黄药类捕收剂也能生成重金属黄原酸盐沉淀，消耗大量的黄药类捕收剂。难免离子还会吸附在某些固体表面，改变其可浮性，破坏浮选过程的选择性。

消除和控制难免离子对浮选的不良影响，通常采用适当的药剂来解决。比如，加碳酸钠使钙、铁等离子生成难溶的沉淀使之除去，加氰化钾消除活化闪锌矿的铜离子，控制pH，使浆体中难免离子尽量沉淀除去。

2. 温度

浆体温度也是影响浮选工艺的重要因素之一。加温可以加速分子热运动，因此有利于药剂的分散、溶解、水解、分解以及提高药剂与颗粒表面作用的速度；同时也促进药剂的解吸；促使颗粒表面氧化等等。加温对浮选过程可产生多方面的影响。

用油酸浮选白钨矿时，浆体温度保持在20℃以上即可得到较好的效果，而使用氧化石蜡皂浮选时，则需要35℃才能获得较好的指标。

在使用胺类捕收剂浮选时，为了加速药剂的溶解，配制胺类溶液时，也需加温处理。

近年来，对硫化矿进行加温浮选得到日益广泛的应用。加温可以改善细粒物料的可浮性，减少脱泥的必要性，缩短搅拌和浮选时间，降低药剂用量，降低能耗，减少过量药剂造成

的环境污染。

常用的硫化矿加温浮选工艺有以下三种：

(1)加温使药剂解吸，即将浆体加温搅拌，同时加入石灰，可以将硫化物矿物颗粒表面的黄药薄膜脱除。实践表明，加5～10 $kg \cdot t^{-1}$石灰，加热至沸腾，可以将硫化物矿物颗粒表面的捕收剂薄膜脱除干净，再加抑制剂可以实现多种金属矿物之间的有效分离。

(2)加温使固体的氧化加快，即氧化性加温。氧化后的物料变得容易被抑制。比如对于铜－钼混合浮选的疏水性产物，加入石灰造成高碱度，加温充气搅拌，使硫化铜和硫化铁矿物氧化，而辉钼矿不被氧化，再使用硫化钠法浮钼抑铜和铁的硫化物矿物，结果使铜－钼分离的效果得到明显改善。

(3)加温强化药剂的还原作用，即还原性加温，使用SO_2等还原性药剂，通过加温强化药剂的还原作用，加强对颗粒的抑制作用。例如，铜铅混合精矿，经蒸汽加温至70℃左右，通入SO_2，pH降低至5.5左右，方铅矿失去了可浮性，而黄铜矿仍有很好的可浮性，从而在不使用氰化物、重铬酸钾等毒性药剂的条件下，实现铜－铅有效分离。

常用的加温方法有蒸汽直接喷射、使用蒸汽蛇形管、电阻直接加热、直接使用工业热回水等，工业上使用蒸汽直接加热较为普遍。

加温浮选虽有很多优点，但实践中还存在很多问题，比如，因浆体加温至70℃，厂房内温度高，使劳动条件恶化。由于加温强化了对物料的抑制作用，常导致中间产物的循环量很大。此外，由于加温使浮选机受热，需要注意设备的润滑和防腐。

8.4.3 药剂制度的调节

药剂制度(或称药方)主要是指浮选所用药剂种类及其药量；其次是指药剂添加的顺序、地点和方式(一次加入还是分批加入)、药剂的配制方法以及药剂的作用时间等。实践证明，药剂制度对浮选指标有重大影响，是泡沫浮选过程最重要的影响因素之一。

1. 药剂的种类、混合用药及药剂用量

药剂的种类选择，主要是根据所处理物料的性质，可能的流程方案，并参考国内外的实践经验，通过试验加以确定的。

根据固体表面不均匀性和药剂间的协同效应，各种药剂混合使用在应用中取得了良好效果，并得到了广泛应用。混合用药的使用主要包括以下两个方面：

(1)不同捕收剂的混合使用，即同系列药剂混合，如低级与高级黄药混合使用、各种硫化矿捕收剂混合使用(如黄药与黑药混合使用或与溶剂、乳化剂、润湿剂混合使用)、氧化矿的捕收剂与硫化矿的捕收剂共用、阳离子捕收剂与阴离子捕收剂共用、大分子药剂与小分子药剂共用或混用等。

(2)调整剂联合使用，即为了加强抑制作用，将几种抑制剂联合使用，如氰化物与硫酸锌混用、亚硫酸盐与硫酸锌混用等等。

浮选实践表明，无论是捕收剂和起泡剂，还是抑制剂和活化剂，以及介质pH调整剂等的用量都必须适当，才能获得较好的浮选效果，提高浮选速度，用量过高或过低均对浮选不利。

2. 药剂的配制及提高药效的措施

同一种药剂的配制方法不同，其适宜用量和效果都不同。配制方法的选择主要根据药剂的性质、添加方法和功能。

大多数可溶于水的药剂均配制成水溶液，例如水溶性药剂黄药、硫酸铜、硫酸锌、氰化钾、重铬酸钾等，通常均配成5%～10%的水溶液使用。

对于一些难溶性药剂，则需要采用特殊方法进行配制。例如将石灰磨到10～100 μm后在室温条件下与水混合搅拌配成石灰乳；将脂肪酸类捕收剂进行皂化处理后使用；将脂肪酸类、胺类捕收剂及白药等溶在某些特定的溶剂中制成药液使用；对于油酸、煤油、松醇油、柴油等，借助强烈的机械搅拌或超声波处理进行乳化，或加入乳化剂进行乳化后使用；利用一种特殊的喷雾装置，使药剂在空气中进行雾化后使用（即气溶胶法）等。

另外，还可以对药剂进行电化学处理，亦即在溶液中通入直流电，改变药剂本身的状态、溶液的pH和氧化还原电位等，从而提高药剂的活性组分或提高难溶药剂的分散程度等等。例如，采用对黄药进行催化氧化处理后，不仅在黄药中形成一定比例的双黄药，而且形成的双黄药能分散成28～30 μm的微细液滴，使黄药效能得到充分发挥。

3. 药剂的添加

浮选过程常需加入几种药剂，它们与浆体中各组分往往存在着复杂的交互作用，所以药剂的合理添加也是优化浮选药剂制度的重要因素。

（1）加药顺序及加药地点。

通常浮选的加药顺序为：介质pH调整剂→抑制剂→捕收剂→起泡剂；浮选被抑制过的物料的加药顺序为：活化剂→捕收剂→起泡剂。在加入捕收剂前，添加抑制剂或活化剂是为了使固体表面优先受到抑制或活化，提高分选过程的选择性，减少药剂消耗。

药剂的添加地点主要取决于药剂与物料作用所需时间、药剂的功能及性质。生产中通常将pH调整剂和抑制剂加于球磨机中，使其充分发挥作用；将活化剂、起泡剂和易溶的捕收剂加于浮选前的搅拌槽中；将难溶的药剂加在球磨机中。

（2）加药方式。

浮选药剂可以一次添加，也可以分批添加。一次添加是指将某种药剂在浮选前一次将全部药剂用量加入，这样可提高浮选过程初期的浮选速度，因操作管理比较方便，生产中常被采用。实践表明，易溶、且不易失效的药剂（如石灰、碳酸钠、黄药等）均适宜采用一次加药方式。分批添加是指将某种药剂在浮选过程中分几批加入，这样可以维持浮选过程中的药剂浓度，有利于提高产品质量。对于难溶于水的药剂、易被泡沫带走的药剂（如油酸、脂肪胺类捕收剂等）、在浆体中易起反应的药剂（如二氧化碳、二氧化硫等）等，若只在一点上加药，则会很快失效，所以通常采用分批添加的方式。对于要求严格控制用量的药剂（如硫化钠）也必须采用分批添加方式。

（3）药剂最佳用量的控制与调节。

药剂制度的优化和控制，对浮选过程的稳定和最大限地度降低药剂消耗是非常重要的，因而常常需要通过实验室试验和工业试验了解浆体中各种药剂与物料之间的相互作用，了解各种药剂浓度的互相关系，建立在不同条件下的函数式（或称数学模型），求出各种物料在不同条件下的特征数据（参数）。

8.4.4 调泡

泡沫浮选是在液－气界面进行分选的过程，因此泡沫起着重要的作用。浮选泡沫的气泡大小、泡沫的稳定性、泡沫的结构及泡沫层的厚度等均能影响浮选指标。

1. 浮选泡沫及对泡沫的要求

在浮选过程中，疏水性颗粒附着在气泡上，大量附着颗粒的气泡聚集于浆体表面，形成泡沫层。这种泡沫称为三相泡沫。

为了加速浮选，就必须创造大量能附着疏水颗粒的气—液界面，界面的增加决定于：

(1)起泡剂：它的作用就在于帮助获得大量的气－液界面。

(2)充气量：使足够量的空气进入浆体中。

(3)空气在浆体中的弥散程度：空气弥散度增加，界面随之增大。

进入的空气量一定时，形成的气泡愈小，界面的总面积愈大。要求气泡携带颗粒要有适当的上升速度，气泡过小难以保证充分的上浮力。气泡过大，会降低界面面积，同样降低了浮选速度，因此浮选的气泡大小必须适合。

为了提高浮选过程的稳定性，浮选过程要求泡沫具有一定的强度。保证泡沫能顺利地从分选设备中排出所要求的泡沫的稳定时间，因不同的浮选作业而异，通常精选应长一些，而扫选应短一些，一般介于10～60 s。

2. 泡沫稳定性的影响因素

浮选过程中存在的都是含有颗粒的三相泡沫，在有起泡剂的条件下生成的三相泡沫，一般比两相泡沫更加稳定。其原因是：

(1)颗粒覆盖在气泡表面，成为防止气泡兼并的障碍物。

(2)被浮选颗粒的接触角一般均小于90°，颗粒突出于气泡壁之外，相互交错，使气泡间的水层如同毛细管一样，增大了水层流动的阻力。

(3)固着捕收剂的颗粒因表面捕收剂分子相互作用，增强了气泡的机械强度。颗粒疏水性愈强，形成的三相泡沫也愈稳定。

浮选过程中使用的各种药剂，凡能改变颗粒表面疏水性的，均影响泡沫的稳定性。捕收剂可增强泡沫的稳定性，而抑制剂则相反；易浮的扁平颗粒及细粒药剂使泡沫增强，粗粒及球形颗粒药剂形成的泡沫较脆。

3. "二次富集作用"及调节

在三相泡沫中，常夹带有部分连生体及亲水性颗粒，这些颗粒之所以进入了泡沫，一部分是由于表面固着了捕收剂，形成了较弱的疏水性，附着于气泡被带入泡沫，但大部分是由于机械夹杂进来的。由于泡沫层中水层向下流动，可以冲洗大部分夹杂的颗粒，使之落回浆体中。此外，当气泡在泡沫层中兼并时，气－液界面的面积减小，气泡上原来负荷的颗粒重新排列，发生"二次富集作用"，使疏水性强的仍附着于气泡上，弱者被水带到下层或落入浆体中。因而，浮选泡沫中上部的疏水性产物的质量高于下层的。

为了有效利用"二次富集作用"提高疏水性产物的质量，可以适当调整泡沫层的厚度和在槽内的停留时间。泡沫层愈厚，刮泡速度愈慢，疏水性产物的质量愈高。泡沫层厚度和停留时间的调节是浮选工艺操作的重要因素之一。若泡沫过黏，气泡间水层难以流动，二次富集作用效果显著降低。为此可在精选槽中采用淋洗法，增大泡沫中流动的水量，从而增强分选作用，提高疏水性产物的质量。在淋洗过程中必须注意喷水的速度、水量，并适当增加起泡剂用量，以防止回收率降低。

习 题

8－1 简述浮选流程段数的选择方法和适用的矿石性质。

8－2 常见的浮选原则流程有哪几种？请举例说明。

8－3 如何确定浮选的精、扫选次数？

8－4 中矿处理的原则是什么？有哪几种中矿处理方法？

8－5 试述选择性絮凝浮选的原理。

8－6 举例说明分支浮选工艺的特点。

8－7 试述载体浮选的原理和影响因素。

8－8 试述聚团浮选的原理和工艺特点。

8－9 试述硫化矿物电位调控浮选的主要方法。

8－10 简述微泡浮选的主要工艺和特点。

8－11 微细粒矿粒难浮的原因是什么？对浮选有何影响？如何减轻或消除微细粒矿泥对浮选的影响？

8－12 强化粗粒浮选的措施有哪些？

8－13 浮选过程中如何选择适宜的浮选作业矿浆浓度？

8－14 影响浮选工艺的因素有哪些？如何进行有效调控？

第9章 浮选机与辅助设备

浮选机是实现浮选的主要设备，调浆设备和浮选药剂的添加设备及乳化装置则属于浮选的辅助设备。

矿浆与给药机添加的药剂，先在调浆设备中利用机械搅拌进行一定时间的调浆，使浮选药剂在矿浆中均匀分散与溶解，同时与矿粒充分接触和混合，促进两者之间的相互作用，为矿物浮选创造良好的条件。

经调浆后的矿浆送入浮选机，在其中进行搅拌和充气，使目的矿物选择性黏附在气泡表面，气泡发生选择性矿化。矿化气泡升浮至矿浆表面，聚集成矿化泡沫层，经刮板刮出或以自溢方式溢出，得到泡沫产品；亲水性矿物则自槽底排出，实现矿物的浮选分离过程。浮选经济指标的好坏与浮选机的性能密切相关。

9.1 浮选机性能的基本要求

根据浮选生产实践经验、气泡矿化理论以及对浮选机流体动力学特性的研究，对浮选机有如下几项基本要求：

1. 具有良好的充气性能

在泡沫浮选过程中，气泡既是各种矿物选择性黏附的分选界面，又是疏水性目的矿物的载体和运载工具，所以浮选机必须要能吸入(或压入)足量的空气，并能在矿浆中充分弥散成众多大小适中和分布均匀的气泡，以便提供足够的液－气分选界面并使气泡具有适宜的升浮速度。

就充气性能来说，浮选机的充气量越大，空气弥散越好，气泡在槽体内分布越均匀，则矿粒与气泡碰撞、接触和黏附的机会越多，这种浮选机的工艺性能也就越好。

2. 具有足够的搅拌强度

对矿浆进行搅拌可起到如下作用：

(1)促使矿粒在浮选槽内悬浮和均匀分布，特别是克服和消除较粗矿粒的分层和沉淀，使矿粒与气泡有充分的接触机会。

(2)促使吸入(或压入)浮选机内的空气流分割成单个的细小气泡，并使之在浮选槽内均匀分布。

(3)促使某些难溶性药剂溶解和分散。

矿浆的搅拌强度应该适当。若搅拌强度太弱，矿粒不能有效地悬浮，粗粒矿物易沉淀或分层，降低粗粒向气泡黏附的概率，影响浮选指标；反之，搅拌太强烈，在矿液面不易形成比较平稳的泡沫层，或增加脆性矿物的泥化，或使矿粒从气泡上脱落等，从而不利于矿物的分离。

3. 使气泡有适当长的矿化路程并能形成比较平稳的泡沫区

为使气泡得到比较充分的矿化，气泡在矿浆中的运动应有适当长的矿化路程或停留时间，以增加矿粒与气泡选择性黏附的机会，提高气泡的有效利用率。为使疏水性目的矿物能比较顺利地浮出，在矿浆液面应能形成比较平稳的泡沫区，且在泡沫层中矿化气泡能保持住已浮起的疏水性目的矿物，同时又要使机械夹带的脉石矿粒从泡沫层中脱落返回矿浆，以利于进行“二次富集作用”。

特别是对槽体较浅的浮选机而言，如何才能使气泡在矿浆内的运动具有适当长的矿化路程，并保证在矿浆液面形成比较平稳的泡沫区，这是设计中必须妥善解决的突出问题。否则，就会降低气泡的利用率或引起矿浆液面“翻花”，破坏泡沫层。

4. 能连续工作并便于调节

工业生产用的浮选机必须保证能连续给矿和排矿，使生产过程保持连续性，以适应在矿物浮选生产过程中矿浆连续流动的特点。为此，浮选机应有连续接受矿浆和及时而平稳地排出泡沫产品与槽内产物的机构。为了调节生产过程及控制浮选指标，浮选机还应有相应的调节机构，以便调节矿浆液面的高低、泡沫层的厚度以及矿浆的流动速度等。

现代浮选机的发展还有如下一些新的要求：

(1)能较好地适应选厂自动化的要求。选厂的自动化，要求浮选机工作可靠，零部件使用寿命长；便于操作、调节和自动控制，其操纵装置应能程序模拟和远距离控制。

(2)能较好地适应矿产资源中日益趋向“贫、细、杂”的入选原矿。入选原矿品位低、处理量大、选厂规模日益扩大，要求高效的大型化的浮选机与之相适应；有用矿物嵌布粒度细、共生关系复杂，需要细磨才能单体解离，要求浮选机能适应微细矿粒的浮选。

(3)能适应粗粒矿物的浮选。近代许多选矿厂在磨矿分级作业中广泛采用水力旋流器代替机械分级机。浮选矿浆常因水力旋流器的“喘气”而带进一些粗粒矿物，因而要求浮选机能适应粗粒矿物的浮选。

此外，还要求浮选机单位容积的处理能力大，动力消耗低，运转可靠，零部件耐磨性好，操作维修容易，结构简单，容易制造，价格低廉等。

9.2 浮选矿浆的充气搅拌

对矿浆进行充气搅拌是浮选机的主要作用，也是浮选机工作的基础，其过程是很复杂的。下面从气泡的形成及矿化作用、气泡的相互兼并、气泡的升浮运动和矿浆的充气程度四个方面介绍浮选矿浆充气搅拌的原理。

9.2.1 矿浆中气泡的形成及矿化作用

吸入或由风机压入浮选机内的空气流或溶于矿浆中的空气，可通过不同方式使之形成单个的小气泡。常见的主要有机械搅拌使空气流分割成气泡；使空气流通过多孔介质形成气泡；从溶液中析出气泡以及采用电解水产生大量微泡的“电解起泡法”等。

1. 机械搅拌使空气流分割成气泡

利用安装在浮选机内机械搅拌器的搅拌作用，以分散和分割吸入或由风机压入浮选机内的空气流是形成气泡的重要方法。

对于机械搅拌式和充气搅拌式浮选机而言，通过高速旋转叶轮（或棒形轮、星形轮）等机械搅拌器的强烈搅拌作用，可使矿浆产生强烈的漩涡运动。这种漩涡作用，或矿浆与气流垂直交叉运动的剪切作用，以及分布于旋转叶轮周围导向叶片或定子的冲击作用等可使吸入或压入的空气流分割成单个的细小气泡。这时如果矿浆与空气流的相对速度差越大，矿浆流越紊乱，液－气界面张力越低，则气流被分割成单个气泡也越快，形成的气泡也越小。

空气流往往是先被分割成较大的气泡。但在矿浆涡流作用下，漩涡会从大气泡表面带走少量空气，并使大气泡反复经受分割而成众多的细小气泡。添加可以降低液－气界面张力的表面活性剂（起泡剂），可获得大量的细小气泡。

一般而言，气泡越小越不易变形，也越不易被再分割。在泡沫浮选过程中气泡是矿物选择性黏附的分选界面，因此希望能得到较多的液－气界面。显然，当充气量一定时，气泡越小，所得液－气分选界面越多，有利于泡沫浮选。但气泡又是疏水性矿物的载体和运载工具，气泡也不宜过小，否则将不能携带所负载的矿粒升浮，所以在常规泡沫浮选过程中所形成的气泡大小应该适中。

对矿浆进行激烈机械搅拌可提高矿粒与气泡的碰撞接触概率，这时疏水性矿物便有可能发生选择性黏附，实现气泡的选择性矿化，矿化气泡再升浮至矿液面聚集成矿化泡沫层即可完成分选过程。

2．空气流通过多孔介质形成气泡

在某些结构形式的浮选机如浮选柱内，压入的空气流通过多孔介质（习惯称为“充气器”或“气泡发生器”），如多孔陶瓷、微孔塑料、穿孔的橡皮、帆布甚至卵石层等即可在矿浆中形成气泡。如图9－1所示。

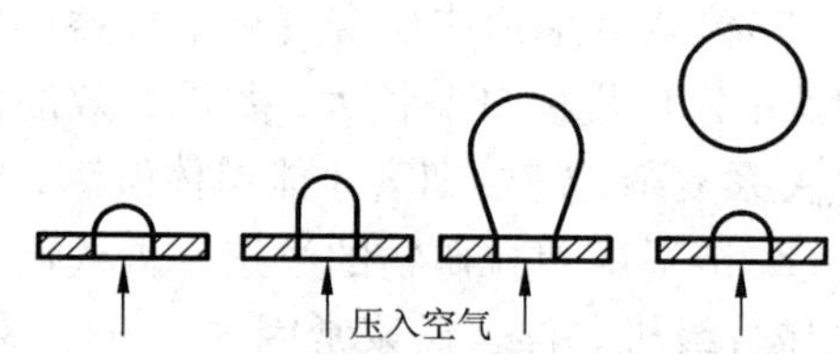

图9－1　空气通过细孔形成气泡示意图

实践证明，利用这种方法形成气泡，空气的压力必须适当。当充气器一定时，如果压力过小，因不能克服充气器的介质阻力，空气不能透过；反之，压力过大，则易形成喷射气流而不成气泡，并会造成矿浆液面不平稳。一般说来，通过充气器所需空气压力的大小，原则上应根据所选用充气器的特性而定。

此外，充气器孔眼大小及其间隔也要适当。如果间隔太小，从相邻孔眼排出的气泡容易兼并。添加起泡剂，可以降低液－气界面张力，有利于气泡从孔眼通过，防止气泡兼并。

利用多孔介质作为充气器的设备（如浮选柱）中气泡的矿化作用主要是靠气泡向上升浮运动与矿粒向下运动的逆流原理，使矿粒与气泡发生碰撞和接触，这时疏水性矿物便有可能实现选择性黏附而使气泡矿化。

3．从矿浆中析出气泡

根据亨利定律：在一定温度下气体在溶液中的溶解度和该气体的平衡分压成正比。研究表明，在标准状态下，空气在水中的溶解度为2%左右，当降低压力或提高温度，因气体膨胀，溶解的气体将呈过饱和状态并从溶液中析出形成气泡。

（1）从矿浆中析出的气泡的特点。

①析出的气泡直径小，分散度高，具有很大的液－气表面积。

②气泡能选择性地优先在疏水性矿物表面析出，是一种活性微泡。

矿浆中析出的气泡最初都很微小，但随着气体分子的不断扩散和继续析出将逐渐变大直至达到平衡。溶解气体的析出动力学过程见图9－2曲线所示。图中Ⅰ段表示在很短的一瞬间内由于突然降低压力，矿浆中溶解的气体因处于过饱和状态气体分子开始聚集，Ⅱ段表示气体分子在很短时间内已聚集到一定程度发生分子合并形成所谓“气泡胚”析出，Ⅲ段表示气体分子继续不断地向气泡胚扩散，使气泡逐渐变大直至平衡。

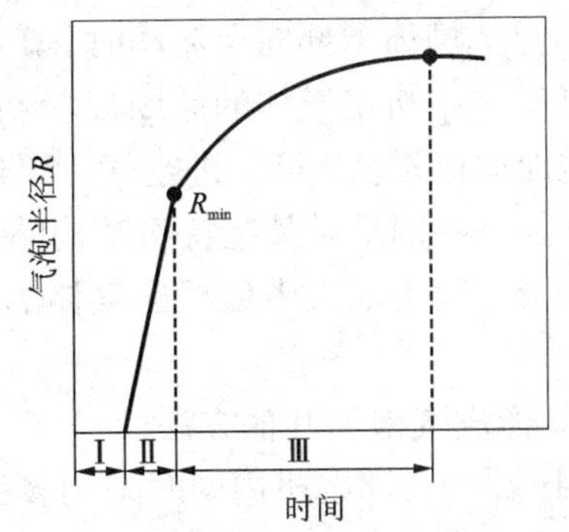

图9－2 溶液中气泡析出的动力学过程

试验观察表明，从矿浆中析出的微泡，常在疏水性矿物表面或浮选机的槽壁以及其他与矿浆接触的零部件表面优先析出。因为从矿浆中析出微泡，实质是在溶液中形成一种新相，当有析出核心存在时新相易形成。可见，矿浆中疏水性表面越多，越有利于从矿浆中析出微泡。

微泡所以容易在疏水性矿物表面优先析出，不仅是由于疏水性矿物疏水亲气，且由于在疏水性矿物表面存在被气体分子充填的微孔、裂纹和缺口，存在有“气体幼芽”，所以疏水性矿物表面这些物理缺陷有利于矿浆中溶解气体的析出。可见，疏水性矿物颗粒的存在可改善气体从矿浆中析出的条件，而微泡在疏水性矿物颗粒表面的析出，反过来又可强化气泡的矿化过程。

气泡矿化理论研究认为，表面带有微泡的较粗矿粒可借助微泡为媒介再黏附在较大的气泡上，且这种黏附由于微泡的存在而大大加快，或形成由大小气泡组成的“浮团”，有利于粗粒矿物的浮选，对于极微细粒疏水性矿物的浮选而言，由于表面析出有微泡，不要求与气泡发生碰撞便可实现矿化过程，因而可改善微细粒矿物的浮选，故习惯上常将这种析出的气泡称为“活性微泡”。近年来，利用这种活性微泡来强化矿物浮选过程日益受到重视。

(2)影响从矿浆析出微泡的因素。

由亨利定律可知，气体在溶液中的溶解度与压力成正比。换言之，矿浆所受压力越大，空气在矿浆中的溶解度也越大；矿浆所受压力降低得越多，这时空气过饱和程度也越高，大量过饱和空气从矿浆中以微泡形式析出也越强烈。所以影响从矿浆中析出微泡的因素主要是：①矿浆在开始时被空气饱和的程度；②而后矿浆的降压程度；③是否存在有析出微泡的“核心”。

在浮选生产过程中当矿石送入磨矿机内进行湿式磨矿或经砂泵转运和在搅拌槽内调浆都会促使空气在矿浆中的溶解；在浮选机内由于机械搅拌作用所产生的大量微细气泡有一部分也会溶解在矿浆中，在浮选机旋转叶轮片前方的高压区也会促使空气溶解。

为了能最大限度地从矿浆中析出微泡，提高空气在矿浆中的溶解度（即提高矿浆被空气的饱和程度），对矿浆进行加压将是一项极为重要的措施，这正是近些年来出现的新型无机械搅拌器浮选机采用压力矿浆的主要依据。

矿浆压力降低的原因，主要是某些特殊结构的浮选机，如“喷射式”和“旋流式”等无机械搅拌器浮选机，当受压矿浆喷入到标准大气压的浮选槽内时即可使矿浆所受压力大大降低，析出大量微泡；又如真空式浮选机，由于在浮选槽内矿浆面的上部空间进行抽气造成负压，亦可大量析出微泡。此外，在有机械搅拌器的浮选机内，由于矿浆的漩涡运动，在无数漩涡的中心压力大大降低，在叶轮叶片的后侧压力下降以及叶轮甩出矿浆引起压力的波动等。当矿浆由浮选槽体下部向上流动时，矿浆所受压力亦逐渐降低。

从矿浆中析出气体的原因以及析出的程度，视浮选机的类型及结构特点而异。一般说来，增加搅拌强度，可促进空气在浮选槽内高压区域的溶解和在低压区域的析出，有利于气泡的析出；特别是对某些特殊结构的无机械搅拌器的浮选机而言，增大气体析出前后矿浆所受压力差，则是最大限度析出气体的有效途径。此外，加入起泡剂气体的析出亦可大大得到改善。

4. 形成气泡的其他方法

(1)在一台浮选机内同时采用多种方法形成气泡。

近些年来研制的一些新型无机械搅拌器浮选机，如喷射式和喷射旋流式浮选机等，其气泡的形成主要是靠通过诸如旋流充气器之类的装置以及利用从矿浆中析出大量微泡等联合方式实现的。

矿浆经由砂泵在约152～203 kPa下沿切线方向压入旋流充气器内，并使压力矿浆沿旋流充气器的筒体内壁形成高速的离心旋转运动；而空气流则经中心进气导管由压风机压入(或从大气吸入)筒体内，并形成一股中心气柱。在旋转矿浆的作用下，中心气柱与矿浆同心同向旋转，于是在两种流体的接触界面发生矿浆对气柱的剪切和裹卷作用，使空气流分散成为气泡。这种作用的效率，主要取决于两种流体运动时的相对速度以及旋流充气器的结构参数。

当压力矿浆从旋流充气器喷嘴喷入处于标准大气压的槽体内时，由于压力剧降，于是又析出大量微泡，故在喷嘴出口处可形成大量的细小气泡。

(2)利用水的电解产生大量微泡(或称电解起泡法)。

电解起泡法又称电解浮选法和电浮选(electroflotation)，它是利用两个电极使直流电通过矿浆，促使水电解(所用电极电压必须保持在不低于电解水的电压)产生大量氢气和氧气微泡，通过水的电解产生气泡的装置被称为电解浮选充气器。电解浮选可在一种简单的电解浮选槽中进行，在电解浮选槽内与直流电源负极相连接的电极称为阴极，与电源正极相连接的电极称为阳极。当通入直流电时，在阴极上析出氢气微泡，而在阳极上则析出氧气微泡。

电解起泡法不仅可作为工业污水净化，以及回收污水中所含金属氧化物(如铜、钴、镍、铁氧化物)的有效方法之一，而且也可作为微细粒有用矿物的一种泡沫浮选法。

9.2.2 矿浆中气泡的相互兼并作用

在充气过程中，进入浮选机内的空气流一方面被分散成单个的细小气泡，与此同时，所形成的小气泡又会相互兼并成大气泡，这是两个相反的过程。

气泡相互兼并是表面自由能降低的自发过程，其兼并程度与单位体积矿浆内所含气泡的数量密切相关。一般认为，随着充气量的增大，特别是当矿浆中气泡所占体积(或称气泡的体积浓度)增加到大于30%～35%时兼并现象比较明显，气泡的几何尺寸也将显著增大。

小气泡兼并成大气泡虽可增大气泡的升浮力使升浮速度加快，但若过分兼并则会大大减少气泡的表面积，同时大气泡不稳定，容易破灭，所以气泡的过分兼并对矿化过程是不利的。为此，常需采取防止或减轻气泡兼并的措施。

减轻气泡相互兼并的基本途径有：

(1)添加起泡剂。

起泡剂分子在气-液界面吸附后可显著减小气泡直径，防止相互兼并作用，并影响气泡的升浮速度，所以添加适量起泡剂是减少和防止气泡相互兼并的主要措施。

(2)提高气泡的矿化程度。

对于充分矿化的气泡而言，除气泡顶部外，气泡其他表面均被矿化，由于这时气泡表面有较多的矿粒覆盖，且排列密集，即形成所谓矿粒"装甲外壳"，气泡的兼并需使黏附的矿粒脱落而要消耗额外的能量。所以提高气泡的矿化程度，可使兼并作用减弱。

(3)提高机械搅拌程度。

加强机械搅拌可以提高气泡的弥散度和几何尺寸的均匀性。气泡相互碰撞和兼并的机会虽有增加，但在程度上却比分散度的提高要小得多。

在充气过程中空气流被分散成小气泡，而小气泡又兼并成大气泡，这种相反过程在一定条件下会达到动力学上的平衡，矿浆内能保持住大致相对稳定的气泡粒度特性。例如在机械搅拌式浮选机内，当有起泡剂存在时，气泡的几何尺寸一般介于0.05~1.5 mm，主要的气泡群则界于0.5~1.2 mm。实践中观察到的在泡沫层顶部常是些比较大的气泡(如直径为1~3 cm或更大)，这主要是由于气泡升浮到表面层后相互兼并的结果。

9.2.3 气泡在矿浆中的升浮运动

1. 气泡在矿浆中的升浮速度及影响因素

气泡群在矿浆中的平均升浮速度，通过对矿浆深度及矿浆充气量的测定，可按下式进行计算：

$$V_{平均} = \frac{H}{T} = H\frac{q}{Q_0 M} \tag{9-1}$$

式中：$V_{平均}$为气泡群在矿浆中的平均升浮速度，$cm \cdot s^{-1}$；H为浮选槽中矿浆的深度(高度)，cm；T为气泡在矿浆中的停留时间，s；q为进入矿浆中的空气量(即单位时间内充入的空气量)，$L \cdot s^{-1}$；Q_0为被充气矿浆的体积(即浮选槽有效容积)，L；M为矿浆中空气的含量(按体积计，或称矿浆中气泡的体积浓度)，%。

气泡群在矿浆中的升浮速度受到下列因素的影响：

(1)矿浆涡流特性的影响。

气泡的升浮速度主要取决于气泡的几何尺寸，但亦与矿浆的运动状态有关。例如，在机械搅拌式浮选机内，由于搅拌等原因矿浆在浮选槽体内的运动具有极不规则的涡流特性，不同点的矿浆流速和方向都在变化，且常与气泡的升浮方向不一致，因而影响与延长气泡的运动路程，显著地降低气泡的升浮速度。观测表明，气泡在矿浆内的运动呈曲折轨迹升浮，且不规则。可见，气泡在矿浆中的升浮运动，深受浮选机的类型、槽体几何形状、矿浆循环方式以及矿浆流运动特性的影响。

(2)矿浆浓度的影响。

利用公式(9-1)测得在带有辐射叶轮的机械搅拌式浮选机内，在不同矿浆浓度下气泡群的平均升浮速度约等于3~4 $cm \cdot s^{-1}$，结果如表9-1所示。而单个气泡在静止清水中的升浮速度则可达20~30 $cm \cdot s^{-1}$。

由表9-1可知，在一定浓度范围内，随着矿浆浓度的增大，气泡升浮受阻，平均速度变慢，但如矿浆过浓，因空气弥散不好，常呈大气泡存在，这时气泡的升浮速度又会变快。

表9-1　气泡群在矿浆中的平均升浮速度

矿浆浓度/%	气泡群的平均升浮速度/cm·s^{-1}	矿浆浓度/%	气泡群的平均升浮速度/cm·s^{-1}
0	4.05	35	2.88
15	3.39	50	3.70

(3)矿物负载的影响。

矿化气泡的升浮速度还受气泡荷载矿粒数量及其比重的影响，只有当矿化气泡的升浮力大于气泡所负载矿粒的重力和矿浆对它的阻力，矿化气泡才有可能升浮。

当气泡负载的矿粒较多，由于浮力与重力的差值较小，矿化气泡的升浮速度变慢；特别是当小气泡负载矿粒过多，由于浮力略高于或等于、甚至或小于重力，这时气泡升浮速度极慢或悬浮在某一水平面上、或不能浮起，并随矿浆流再度被吸入到叶轮搅拌区使矿化气泡遭到破坏丢失矿粒负载，或随同矿浆流进入后一浮选槽。可见，当矿粒很粗而气泡又很小时，浮选过程常不能顺利进行。对于粗粒物料的浮选而言，由多个小气泡与粗粒物料形成“聚合体”，这时的升浮速度将取决于聚合体在矿浆中的比重。

此外，气泡表面吸附有表面活性物质(如起泡剂)时，升浮速度亦会显著降低。

2. 气泡在机械搅拌式浮选机内的升浮运动

在带辐射叶轮机械搅拌式浮选机内，气泡在方形槽体内的升浮运动按槽深大体可分为三个不同区段，如图9-3所示。

第1区段为充气搅拌区(或称混合区)。此区的主要作用是使矿浆与空气充分混合，通过激烈搅拌粉碎、切割吸入(或压入)的气流并使气泡在槽内均匀分散，避免粗矿粒沉淀或分层，使矿粒有效悬浮和均匀分布，增加矿粒与气泡接触和碰撞的概率。

在充气搅拌区内气泡易随叶轮甩出的矿浆流作激烈的漩涡运动，同时因槽体深，矿浆静压力大，气泡直径小，所以气泡升浮速度极慢。

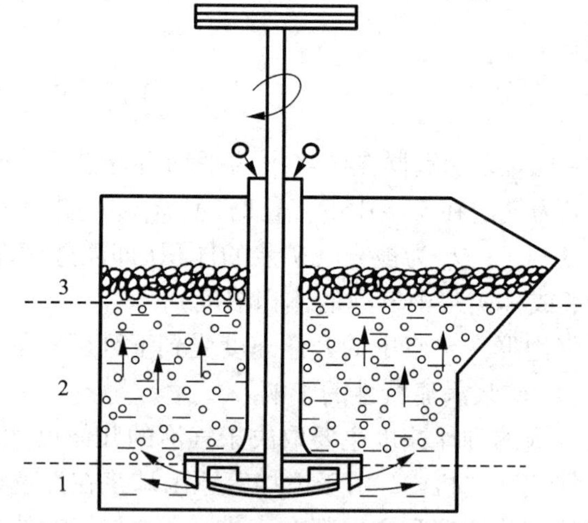

图9-3　气泡在一般机械搅拌式浮选机内运动示意图

1—搅拌区；2—分离区；3—泡沫区

第2区段为分离区(或称浮选区)。气泡在此区段内随矿浆流向上运动，且发生矿粒向气泡黏附成为矿化气泡升浮。

在分离区内，随着槽深的减小，静水压力降低，气泡逐渐变大，同时矿浆的漩涡运动也不断减弱，矿化气泡的升浮速度亦随之增大。

第3区段为泡沫区。在矿液面已形成有一定厚度的矿化泡沫层。

在矿化泡沫区内，因聚集有大量的矿化气泡，下层的气泡继续升浮至顶部将受到阻碍，所以升浮速度变慢，且浮在上层的气泡还会不断自发兼并产生“二次富集作用”使机械夹带的脉石矿物散落重新返回矿浆。

9.2.4　矿浆的充气程度

矿浆的充气程度(或称充气性)，是指在充气过程中单位体积矿浆内所含空气的数量(体积含量)，空气在矿浆中的弥散程度以及气泡在矿浆中分布的均匀程度。

矿浆的充气程度直接影响气泡的矿化过程、浮选速度、浮选药剂的用量和工艺指标等。强化矿浆充气程度可加快浮选速度，缩短浮选时间，提高浮选机的生产能力，同时可降低药剂特别是起泡剂的用量。所以在浮选实践中人们常用充气性来评定浮选机的工作效率，或作为评定浮选机性能好坏的重要标志。

研究表明，矿浆的充气程度与许多因素有关，其中主要包括浮选机的类型、充气器的结构、分散和分割气流的方法、机械搅拌强度、浮选机槽体的几何形状及尺寸、矿浆的浓度、起泡剂的种类及其用量等，且它们之间大部分还是相互联系和相互制约的。

1. 充气量

为了提高浮选速度和强化浮选过程，浮选机应能吸入(或压入)或从溶液中析出适宜的空气量。

就机械搅拌式、充气搅拌式、充气式三类浮选机而言，矿物浮选所需要的空气量以机械搅拌式最少，充气搅拌式次之，而充气式浮选机则最多。

在充气搅拌式和充气式浮选机内，矿浆的充气主要是靠外部设置的风机压入空气，充气量比较容易调节和控制。

对于机械搅拌式浮选机而言，矿浆的充气量则是依靠机械搅拌器的作用自吸空气，因而影响因素较多且复杂，如叶轮的转速、槽体的深度、机械搅拌器的结构以及矿浆的浓度等。现分述如下：

(1)叶轮转速和槽体深度的影响。

叶轮高速旋转时，在叶轮中心附近所造成的真空度，与甩出矿浆形成的工作压头及浮选机槽体内矿浆的静压头有关，其关系式为：

$$h_0 = \frac{3v^2}{2g} - H \tag{9-2}$$

式中：h_0 为叶轮高速旋转所造成的真空度，Pa；v 为叶轮高速旋转的圆周线速度，$m \cdot s^{-1}$；g 为重力加速度，$m \cdot s^{-2}$；H 为矿浆静压头，m；$\frac{3v^2}{2g}$为叶轮高速旋转所形成的工作压头，m。

由式(9－2)可知，$\frac{3v^2}{2g} - H$ 是机械搅拌式浮选机自吸空气的必要条件，且差值越大，在叶轮中心附近造成的真空度(h_0)越高，浮选机自吸空气量也越大。现就式(9－2)中的两个变量即叶轮的转速(v)和槽体的深度(H)对浮选机自吸空气量的影响进行分析讨论如下：

①叶轮的转速。

提高叶轮转速，叶轮旋转的圆周线速度(v)增大，叶轮所形成的工作压头(动能)亦随之增大，且与线速度的二次方成正比。可见，当 H 值一定时，随着叶轮转速的加快，$\frac{3v^2}{2g} - H$ 的值增大较快，矿浆从叶轮出口处甩出的速度随之明显增大，因而可有效地提高叶轮中心附近的负压(h_0)，使浮选机自吸空气量显著增大。

然而，叶轮是靠动力驱动旋转的，随着转速的加快，将导致功率消耗增大，并加剧机械搅拌器及其他零部件的磨损。

研究表明，叶轮旋转消耗的功率，其中仅少部分用于吸浆、吸气，而大部分则是用于克服矿浆的阻力。叶轮转速与矿浆阻力之间的关系为：

$$P_{阻} = \varphi\lambda f v^2 \tag{9-3}$$

式中：$P_{阻}$ 为叶轮旋转时叶片所受到的阻力；φ 为正阻力系数；f 为叶轮接触矿浆的面积，m^2；λ 为矿浆浓度，$t \cdot m^{-3}$；v 为叶轮旋转时的圆周线速度，$m \cdot s^{-1}$。

由式(9－3)可见，叶轮在矿浆中旋转时所受到的阻力与叶轮旋转周速的平方成正比。这就是说，随着叶轮转速的加快，叶轮叶片所受到的阻力急剧增大，这样不仅会增大动力消耗，同时还会加剧机械搅拌器及其他零部件的磨损，并降低浮选指标，故机械搅拌式浮选机叶轮旋转的周速应该控制适当。在生产实践中一般以不超过 10 $m \cdot s^{-1}$ 为宜。近代由于叶轮结构的改进，周速已在不断降低，但对于大型化的浮选机槽体而言，为了保证矿粒的有效悬浮，叶轮的周速亦可适当增大，或通过改善矿浆的槽内循环来解决。

②槽体深度。

当叶轮转速(v)一定，$\frac{3v^2}{2g}$为定值，这时减小 H 值，即降低浮选机的槽体高度或减小叶轮的浸没深度，亦可提高 h_0 值，使机械搅拌式浮选机自吸的空气量增大。

因为叶轮是浸没在矿浆中工作的，要使叶轮起到应有的吸浆、吸气作用，叶轮旋转所造成的工作压头($\frac{3v^2}{2g}$)，必须要能足以克服矿浆从叶轮出口处甩出时所受到的槽内矿浆的静压头(H)。而降低槽深或减小叶轮的浸没深度，即可降低矿浆的静压力。所以当$\frac{3v^2}{2g}$值一定时，随着浮选机槽体高度的降低，或减小叶轮的浸没深度，矿浆自叶轮出口处甩出的速度亦随之增大，因而可提高叶轮中心附近的真空度，使浮选机自吸空气量增大，同时还可降低动力消耗。

由上述分析可知，降低槽体高度或减小叶轮浸没深度是很有意义的，所以在保证浮选机正常工作的前提下，应尽可能地降低浮选机的槽体高度，这也正是近代浮选机向浅槽方向发展的重要原因之一。

近代国内外研制的许多浮选机在向大型化方向发展的过程中，槽体高度或槽深度虽略有增加，但主要是靠加大槽体横断面来实现的。例如美国生产的维姆科型浮选机，由 N0.84(容积 4.25 m^3、槽体的深/宽比为 0.64)增大到 N0.120 型(容积 8.5 m^3、槽体的深/宽比为 0.44)时，槽深保持不变，均为 1346 mm；而由 N0.120 增大到 N0.144 型(容积 14.2 m^3，槽体的深/宽比为 0.44)时，槽深虽增到 1600 mm，但槽宽却由 2114 mm 增大到 3668 mm，且槽体的深/宽比随浮选机规格的增大而趋于减小，这反映近代浮选机大型化的趋势。

(2)充气搅拌器结构参数的影响。

充气搅拌器包括转子(如叶轮)和定子(如盖板、导向叶片、稳流板或导流板等)，它们是机械搅拌式浮选机的关键部件。充气搅拌器结构参数，是指诸如叶轮直径的大小及叶轮的形状、叶片的数目和高度，叶轮在矿浆中的浸没深度及距槽底的距离、定子的形状、定子叶片的倾角以及定子叶片与叶轮间的间隙等，这些参数无疑对浮选机的充气量均有很大影响，且会影响动力消耗。

(3)矿浆浓度的影响。

在其他条件相同的情况下，矿浆浓度在一定范围内增大，充气量和空气在矿浆中的弥散程度亦随之增大。因为随着矿浆浓度的增大，气泡升浮受阻，在矿浆内停留时间增长，于是可提高空气的分散程度和矿浆中气泡的体积浓度。但矿浆浓度亦不宜过大，否则会使充气情况变坏。因为浓度过大，空气分散不好，常呈大气泡存在，气泡分布也很不均匀。大气泡容易升浮逸出，致使矿浆中气泡体积浓度降低。

机械搅拌式浮选机在正常工作条件下，矿浆中的气泡体积浓度一般平均以20% ~30%为宜。空气量若过大将会产生下列不良影响：①过分充气会使泡沫精矿机械夹带大量矿泥，增加精选困难，降低精矿质量。②充气量过大，气泡相互兼并现象显著增加，对浮选不利。③造成矿液面不平稳并增加动力消耗和机械磨损。因为结构一定的机械搅拌式浮选机，欲增大充气量，就必须提高叶轮转速，而增大转速，将导致功耗增大和零部件磨损加剧、增大某些脆性矿物的泥化或增大欲浮粗粒疏水性矿物从气泡上脱落的概率，有时还会造成矿液面不平稳引起翻花现象，致使不易形成稳定的泡沫层，影响分选技术指标。④浮选槽的容积被较多的空气所占据，能容纳的矿浆量相应减少。

2. 空气在矿浆中的弥散程度

矿浆中气泡群的粒度组成及其几何尺寸大小反映空气的弥散程度，它决定气泡所能提供的液 - 气总表面积以及气泡在矿浆中的升浮速度。

在充气量一定的条件下，空气在矿浆中的弥散程度越差，则所能提供的液 - 气分选界面总面积越小，气泡的几何尺寸越大，升浮速度越快，这些都不利于气泡的矿化过程，反之，空气在矿浆中的弥散程度越高，且分布越均匀，则所能提供的液气分选界面总面积越大，气泡与矿粒碰撞、接触和黏附的概率也越大，这些均有利于气泡的矿化过程。但气泡也不宜过小，否则将不能携带矿粒升浮或升浮速度极慢。可见，空气在矿浆中的弥散程度对浮选过程有着重要的影响。

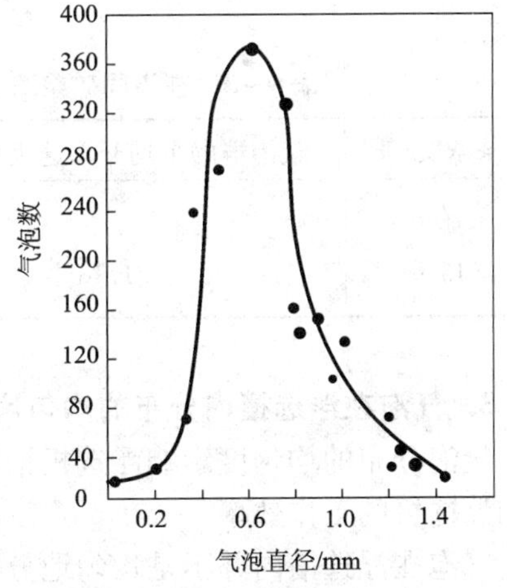

图9-4 机械搅拌式浮选机内气泡大小的分布情况

影响空气在矿浆中弥散程度的因素主要有三种：

①浮选机结构类型的影响。试验研究表明，在起泡剂正常用量的情况下，机械搅拌式浮选机所产生的气泡直径大小多数在0.05 ~1.5 mm之间，其中约占气 - 液总界面积80%的气泡，其几何尺寸在0.4 ~1.0 mm范围之内，详见图9 -4。充气式浮选机由于气泡发生器结构特性的差异以及充气方式的不同，它们所生产的气泡大小亦不尽相同。测定表明，气泡上限可达

2.5~4 mm，平均直径约为2 mm左右；某些具有旋流或喷射充气器的浮选机以及真空式浮选机，矿浆中气泡的弥散程度都很高，可获得从0.5 mm到乳滴状的小气泡，例如真空式浮选机新产生的气泡直径平均约在0.1~0.5 mm范围之内，电解起泡法产生的气泡则更小，平均直径约在0.02~0.06 mm之间。各类浮选机产生气泡的大致平均直径或主要气泡群的粒径范围综合于表9-2所示。

②起泡剂的影响。添加起泡剂可显著改善气泡的弥散度。例如，在纯水中充气产生的气泡直径上限可达5 mm，而加入20 mg·L^{-1}松油后则减小至约0.4 mm。可见，起泡剂的主要作用之一是显著减小矿浆中产生气泡的直径，且在机内气泡大小的分布情况在一定浓度范围内随着起泡剂浓度的增大，气泡直径急剧减小。

表9-2 各类浮选机产生气泡的大致平均直径或主体气泡群的粒径范围

浮选机类型	充气式浮选机	机械搅拌式浮选机	真空式浮选机	电解浮选槽
气泡平均直径或主体气泡群粒径范围/mm	2	0.4~1.0	0.1~0.5	0.02~0.06

③搅拌强度和矿浆浓度的影响。一般说来，加强机械搅拌作用不仅可促使矿粒的有效悬浮和在槽内的均匀分布，同时可提高浮选机的充气量，且可提高空气在矿浆中的弥散程度和在浮选槽内分布的均匀性。

试验表明，矿浆浓度对空气弥散程度也有一定影响，结果如表9-3所示。由表9-3可见，矿浆浓度过大或过小，空气的弥散程度均较差。

表9-3 在不同矿浆浓度条件下机械搅拌式浮选机内气泡的平均直径

矿浆浓度/%	气泡群的平均升浮速度/cm·s^{-1}	矿浆浓度/%	气泡群的平均升浮速度/cm·s^{-1}
0	1.3	35	1.04
15	1.14	50	1.35

3. 气泡在浮选槽内分布的均匀度

气泡分布的均匀度影响浮选机槽体的充气容积，并因而直接影响浮选机容积有效利用系数和浮选机的工作效率。

气泡在浮选槽内并不是均匀地分布在整个矿浆中，只是在有气泡存在的那部分矿浆里矿粒与气泡才有碰撞接触和黏附的机会，所以有气泡存在的那部分槽体容积被称为充气容积。只有矿浆而没有气泡存在的那部分槽体容积，由于不能直接实现矿粒与气泡的碰撞、接触和黏附，所以成了无用空间。显然，这种无用空间越多，槽体容积有效利用系数越低，按单位槽体容积计算的生产能力也就越小。

浮选机槽体容积有效利用系数可定义如下：

$$\text{槽体容积有效利用系数}=\frac{\text{充气容积}}{\text{槽体总容积}}$$

浮选机的生产能力与槽体容积有效利用系数的关系试验结果如表9－4所示。

表9－4 浮选机生产能力与槽体容积有效利用系数的关系

指 标	浮选机		
	A	B	C
充气容积/m^3	13.6	9.05	7.92
槽体总容积/m^3	18.4	19.1	13.6
容积有效利用系数/%	74	47	58
生产能力/($t \cdot d^{-1}$)	850	600	500
单位生产能力/($t \cdot h^{-1} \cdot m^{-3}$)			
按槽体总容积计	1.92	1.31	1.53
按充气容积计	2.6	2.77	2.63

由表9－4可见，被比较的三种浮选机，按单位充气容积计算的生产能力基本是相同的（2.6～2.77 $t \cdot h^{-1} \cdot m^{-3}$）；而按单位槽体总容积计算的生产能力却有很大的差别，最大的为1.92 $t \cdot h^{-1} \cdot m^{-3}$，最小的仅为1.31 $t \cdot h^{-1} \cdot m^{-3}$，且容积有效利用系数越大者，按单位槽体总容积计算的浮选机生产能力也越大。

气泡在浮选槽内分布的均匀度，主要受浮选机的结构类型、搅拌强度、矿浆浓度、气泡的弥散程度等因素的影响，现简述如下：

(1)浮选机的结构。试验表明，气泡在矿浆中分布的不均匀性随着浮选机结构的不同往往有很大的差别。即使在同一浮选机内，在槽体不同断面上的不同点，矿浆中气泡的体积浓度也有较大差别。

(2)搅拌强度。对于机械搅拌式和充气搅拌式浮选机而言，随着机械搅拌强度的提高，气泡在矿浆中分布的均匀性与弥散度均可得到显著的改善。

(3)矿浆浓度。试验表明，机械搅拌式浮选机，当矿浆浓度在20%～35%范围内时，气泡的弥散度和分布的均匀性最佳，浮选效率最高。所以在多数情况下，浮选常在这一浓度范围内进行。

9.3 浮选机的分类

9.3.1 浮选机的分类

目前国内外使用的浮选机种类繁多，其差别主要在于如下几个方面：①充气方式不同；②搅拌方式不同；③转子和定子结构不同；④槽体形状和深度不同；⑤矿浆在槽体内的运动方式、循环方式以及由前一个浮选槽进入到后一个浮选槽的方式不同；⑥泡沫产品的排出方式不同。因此，对浮选机的分类方式有多种。但实际生产中使用的浮选机通常按充气和搅拌方式不同进行分类，大致可分为四种基本类型，如表9－5所示。

(1)机械搅拌式浮选机。这类浮选机是靠机械搅拌器(转子和定子组)来实现对矿浆的充气和搅拌，属于外气自吸式浮选机，一般是下部气体吸入式，即在浮选槽下部的机械搅拌装置附近吸入空气。

表 9-5 浮选机的分类

<table>
<tr><th>搅拌方式</th><th colspan="3">充气方式</th><th>浮选机名称</th><th>特点</th></tr>
<tr><td rowspan="2">机械搅拌式</td><td colspan="3">自吸式</td><td>国内:XJ 型(A)、JJF 型、XJQ 型、SF 型、棒型及环射浮选机等;
国外:FW 型(法连瓦尔德)、WEMCO 型(维姆科)、ΦMP 型(米哈诺布)、WN 型(瓦尔曼)、丹佛-M 型等</td><td>优点:自吸空气和矿浆,不需外加空气装置;中矿返回时易实现自流,易配置和操作等。
缺点:充气量小、能耗高、磨损较大等</td></tr>
<tr><td colspan="3">压气式</td><td>国内:CHF-X14m^3 型、XJC 型、XJCQ 型、LCH-X 型、KYF 型、JX 型等;
国外:AG 型(阿基泰尔)、MX 型(马克思韦尔)、丹佛 D-R 型、BFP(萨拉)等</td><td>优点:充气量大,气量可调节,磨损小,电耗低。
缺点:无吸气和吸浆能力,配置不方便,需增加压风机和矿浆返回泵</td></tr>
<tr><td rowspan="5">无机械搅拌式</td><td rowspan="2">充气式</td><td colspan="2">单纯压入式</td><td>浮选柱;
国外:CALLOW 型(卡洛)、MACLNTOSH 型(马格伦托什)等</td><td rowspan="2">优点:结构简单,易制作、能耗低、单位容积处理量大。
缺点:充气易结垢,不利于空气弥散;设有搅拌器,浮选指标受到一定影响</td></tr>
<tr><td colspan="2">气升式</td><td>国外:SW 型(浅槽气升)、EKOF 型(埃可夫)等</td></tr>
<tr><td rowspan="3">气体析出式</td><td colspan="2">真空式</td><td>国外:ELMORE 型(埃尔摩)、COPPE 型(卡皮)等</td><td rowspan="3">充气量大,浮选速度快,处理量大,能耗低,占地面积小</td></tr>
<tr><td rowspan="2">矿浆加压式</td><td>吸气式</td><td>XPM 喷射旋流式;国外:喷射吸气式、漩涡式等</td></tr>
<tr><td>压气式</td><td>WEDAG 气升旋流式(维达格)、HUMBOLT 旋流式(洪堡尔特)等</td></tr>
</table>

(2)充气机械式浮选机。这类浮选机的机械搅拌装置一般只起到搅拌矿浆和分散气流的作用，空气主要靠外部风机压入。矿浆充气和搅拌是分开的。

(3)充气式浮选机。这类浮选机的特点是既没有机械搅拌器也没有传动机构，它是靠外部风源送入压缩空气对矿浆进行充气和搅拌。可细分为单纯充气式和气升式两类。浮选柱即属于这种类型的浮选机。

(4)气体析出式(变压式)浮选机。这类浮选机是通过改变矿浆内气体压力的方法，使气体从矿浆内析出大量微泡，并使矿浆搅拌。可细分为抽气降压式和加压式两类。

另外对于浮选机的类型，按其槽体结构，可分深槽和浅槽式浮选机；按泡沫产品的排出方式又可分为刮板式和自溢式浮选机。

9.3.2 基本选型原则

(1)根据可选性、入选粒度、密度、品位、矿浆 pH 等矿石的性质，选用适当形式的浮选机。例如，在矿石较易选、要求充气量不大的情况下，可选用机械搅拌式浮选机；反之，可考虑选用充气机械搅拌式浮选机；入选矿石粒度较粗时，可选用适合较粗粒的 KYF 型、BS-K 型等粗粒浮选机；在矿石较易选、入选粒度细、品位较高、pH 较低时，可选用富集比高的浮选柱。

(2)根据选厂的规模选用相应规格的浮选机。一般说来，大型选厂应选用大规格浮选机，中小型选厂应选用中等和小规格的浮选机，可通过技术经济比较来确定浮选机的规格和数量。

(3)精选作业主要是提高精矿品位，浮选泡沫层应薄一些，以便分离出脉石，不宜采用充气量大的浮选机，故精选作业用浮选机应与粗、扫选作业用浮选机有所区别。

9.4 机械搅拌式浮选机

9.4.1 自吸气机械搅拌浮选机

自吸气机械搅拌式浮选机，发展最早，应用最广，研究也比较深入。其规格齐全，在国内外的浮选生产实践中大量使用。这类浮选机的共同点是矿浆的充气和搅拌都是靠机械搅拌器(转子和定子组，即所谓充气搅拌结构)来实现的。由于机械搅拌器结构不同，如离心式叶轮、棒形轮、笼形转子、星形轮等等，故这类浮选机的型号也比较多。这类浮选机主要有：

1. XJK 型浮选机

XJK 型(又称 A 型、XJ 型)浮选机，又名矿用机械搅拌式浮选机。它属于一种带辐射叶轮的空气自吸式机械搅拌浮选机。该机型是1950 年从苏联引进的，形式较老，虽经改进，但基本结构没变，近年已被一些新型浮选机取代。由于历史原因，其应用较早，目前国内仍在广泛应用，并早已形成系列产品。

(1)结构与工作原理。

图 9－5 是 XJK 型浮选机的结构示意图。该浮选机每两槽构成一个机组。第一槽带有进浆管以抽吸矿浆，亦称抽吸槽或吸入槽；第二槽为自流槽或直流槽。在第一槽与第二槽之间设有中间室，下面是连通的，矿浆由第一槽进入第二槽。叶轮安装在主轴下端，主轴上端有皮带轮，用电机带动旋转。空气由进气管吸入，每组浮选槽的矿浆水平面由闸门调节。叶轮上方装有盖板和空气筒(又称竖管)。空气筒上开有孔，用来安装进浆管，中矿返回管或用作矿浆循环，孔的大小可通过拉杆调节。

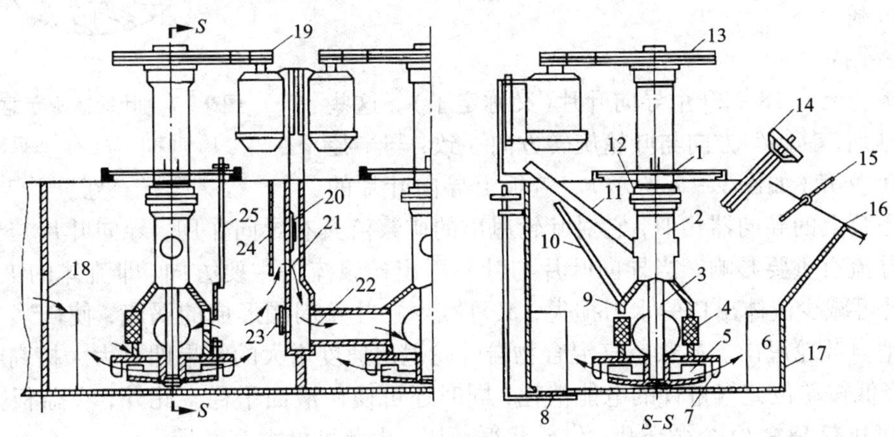

图 9－5 XJK 浮选机结构示意图

1—座板；2—空气筒；3—主轴；4—矿浆循环孔塞；5—叶轮；6—稳流板；7—盖板(导向叶片)；8—事故放矿闸；9—连接管；10—砂孔闸门调节杆；11—吸气管；12—轴承套；13—主轴皮带轮；14—尾矿闸门丝杆及手轮；15—刮板；16—泡沫溢流唇；17—槽体；18—直流槽进浆口(空窗)；19—电动机皮带轮；20—尾矿溢流闸门；21—尾矿溢流堰；22—给矿管(吸浆管)；23—砂孔闸门；24—中间室隔板；25—内部矿浆循环孔闸门调节杆

工作时电机通过电动机皮带轮和主轴皮带轮带动主轴旋转，叶轮随主轴一起旋转，于是在盖板和叶轮之间形成局部真空区(负压区)，空气由吸气管经空气筒吸入，同时矿浆经吸浆管被吸入。二者混合后借叶轮旋转产生的离心力经盖板边缘的导向叶片被甩至槽中。叶轮的强烈搅拌使矿浆中的空气弥散成气泡并均匀分布于矿浆中，当悬浮的矿粒与气泡碰撞接触时，可浮矿粒就附着在气泡上并被气泡带至液面形成矿化泡沫层，然后由刮板刮出作为精矿，未附着在气泡上的矿粒作为尾矿排入下一槽。

叶轮和盖板是这种浮选机的关键部件，决定矿浆充气程度。叶轮(图9-6)的底板是一个圆盘，它上面有六块沿径向伸展的矩形叶片，中心有可套于传动轴上的轮毂，中心衬有巴氏合金。叶轮有铸铁的，也有铁芯外面衬橡胶或聚氨酯等。叶轮用螺帽紧固在主轴下端，它的作用是：①与盖板组成类似于泵的真空室造成负压区，使矿浆自流、空气自吸并使槽内矿浆循环运动；②靠叶轮的旋转将吸入的空气碎散成气泡并使其均匀地分散于矿浆中，也使矿粒悬浮并充分和气泡接触；③造成矿粒悬浮；④使药剂充分溶解和分散。

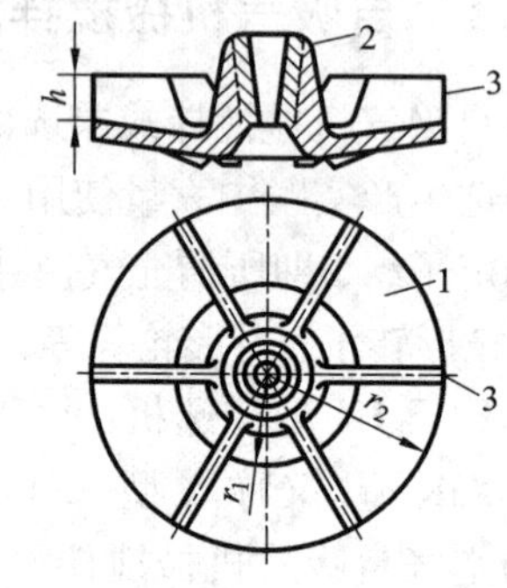

图9-6　叶轮结构

1—叶轮锥形底盘；2—轮壳；3—辐射叶片

盖板(图9-7)是一个铸铁或衬胶的中空圆盘，上面开有18~20个矿浆循环孔。底部边缘有18~20个与半径呈60°交角、斜向排列的导向叶片，其倾斜方向与叶轮旋转方向一致。盖板的作用是：①与叶轮组成泵，产生充气作用，即当矿浆被叶轮甩出时，在盖板下形成负压吸气；②导向叶片对甩出的矿浆起导流作用，减少涡流，减少水力损失，起到一些稳流作用；③调节进入叶轮的矿浆量，增加矿浆内部循环；④保证停车时叶轮不被矿砂埋住，从而防止开车时电机过载。

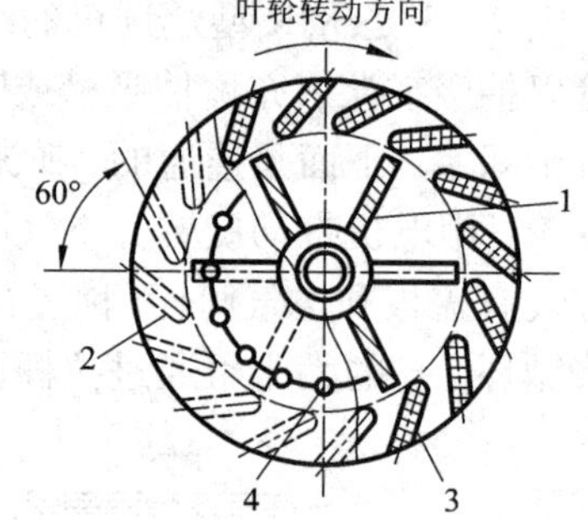

图9-7　叶轮盖板示意图

1—叶轮叶片；2—盖板；3—导向叶片；4—循环孔

(2)主要特点。

①盖板上装有18~20个导向叶片(又称定子)。这些叶片倾斜排列，其倾斜方向与叶轮旋转方向一致，与半径呈55°~60°交角(如图9-7所示)。盖板上导向叶片的作用与离心泵上的导向器相似，它对叶轮甩出的矿浆流具有导向作用，导向叶片与半径夹角的大小对导流有重要影响。当导向叶片与叶轮甩出矿浆流的主要方向(即流体的矢量方向)一致时，既可减少流体出口的水力损失，又可减少在叶轮周围形成的涡流，使矿浆空气混合物能顺利地自叶轮甩出。矿浆空气混合物自叶轮甩出速度增大的结果即可大大提高叶轮的吸气能力，降低按单位充气量计的电能消耗，同时还可使矿液面平稳。此外，在盖板上的两导向叶片之间开有18~20个循环孔，供矿浆循环用，由此可增大充气量。

②叶轮与盖板导向叶片之间空隙的大小，对浮选机吸气量和电能消耗有很大影响。试验表明，当叶轮与盖板之间的空隙超过8 mm时，充气量将显著降低，按单位充气量计的电能消耗就随之增大，其间的关系如表9-6所示。

表9－6 叶轮与盖板导向叶片之间的间隙对充气量及电能消耗的影响

间隙大小/mm	充气量/($m^3 \cdot min^{-1}$)	所需电机功率/kW	单位充气量的电能消耗/($kW \cdot m^{-3}$)
8	0.95	3.20	3.37
12	0.7	2.6	3.71
16	0.7	2.9	4.14
22	0.45	2.5	5.55
盖板上无导向叶片	0.42	2.41	5.74

由表9－6可看出，叶轮与盖板导向叶片之间的距离必须保持在很小的范围之内才能获得较大的充气量，一般要求在5～8 mm之间。为此，在结构上将叶轮、盖板、主轴、进气管、空气筒等充气搅拌零件组装成一个整体部件。整体装配件的优点是可使叶轮和盖板同心装配，保证叶轮与盖板导向叶片之间的间隙符合设计要求，同时检修更换方便。

③在空气筒下部，有一个调节矿浆循环量的循环孔，并用闸板控制循环量。因此，通过叶轮中心的矿浆量可随外界给矿量的大小进行调节。在直流槽内，矿浆通过循环孔进行内部循环，亦可满足造成最大充气量所需要的叶轮中心给矿量。如果进入到叶轮的矿浆量太少，则矿浆中所含的气体量相对很高，于是降低了矿浆空气混合物的比重，由于离心力与比重成正比，故浆气混合物从叶轮甩出时的离心力亦较小。浮选时叶轮是浸没在矿浆中工作的，浆气混合物从叶轮甩出的离心力必须要能足以克服槽内矿浆的静水压力，浆气混合物才能得以顺利甩出，所以当浆气混合物的比重很小时，浮选机运转就不可能产生较大的充气量。反之，如果给入的矿浆量过多，使空气筒内矿浆水平面上升，直至使空气筒内充满矿浆，这时吸入的空气量也变得很少，甚至停止供气。这种浮选机在实际操作中可以通过调节进入叶轮中心的给矿量来改善充气条件。

(3)优点。

①浮选机在生产操作时可调节进入叶轮的循环矿浆量，因而不论给入槽内矿浆量的波动变化如何均可达到调节操作条件的目的。

②有许多便于调节、检修的措施，如整体充气器，矿浆水平面及叶轮中心矿浆循环量的调节等。

(4)存在问题。

①空气弥散不佳，泡沫不够，易产生“翻花”现象，不利于实现液面自动控制。

②浮选槽为间隔式，矿浆流速受闸门控制，使矿浆流速降低，浮选速度慢，粗而重的矿粒易于沉槽。

③充气量不易调节，难以适应矿石性质的变化，分选指标不稳定。

④构造复杂，功耗大；叶轮盖板装配要求严格，叶轮盖板磨损后充气量较小。

XJK型浮选机的技术规格列于表9－7。

表9-7 XJK型浮选机的技术规格

设备参数名称	单位	XJK-0.13	XJK-0.23	XJK-0.35	XJK-0.62	XJK-1.1	XJK-2.8	XJK-5.8
槽体长度	mm	500	600	700	900	1000	1750	2200
槽体宽度	mm	500	600	700	900	1000	1600	2000
槽体高度	mm	550	650	700	850	1000	1100	1200
槽体有效容积	m^3	0.13	0.23	0.35	0.62	1.1	2.8	5.8
生产能力（按矿浆计）	$m^3 \cdot min^{-1}$	0.05~0.16	0.12~0.28	0.18~0.40	0.3~0.9	0.6~1.6	1.5~3.5	3.0~7.0
叶轮直径	mm	200	250	300	350	500	600	750
叶轮转速	$r \cdot min^{-1}$	593	504	483	400	330	280	240
叶轮周速	$m \cdot s^{-1}$	6.3	6.5	7.6	7.3	8.6	8.8	9.4
主轴电机功率	kW	0.6	0.6	0.6	1.1	1.1	1.1	1.5
刮板电机功率	kW	0.6	0.6	0.6	1.1	1.1	1.1	1.5
刮板转速	$r \cdot min^{-1}$	17.5	17.5	20	16	16	16	17

2. 维姆科浮选机

维姆科型浮选机是由美国Wemco公司制造的，广泛应用于选别金属和非金属矿石以及煤炭等。目前最大型维姆科浮选机单槽容积达127.5 m^3。此类浮选机在国外多用于粗选和扫选作业。

(1)结构和工作原理。

维姆科型浮选机的结构如图9-8所示，外形见图9-9。它由带放射状叶片的星形转子、周边有许多椭圆形孔的圆筒(扩散器)，内部有突出肋条和上部还有一个锥形罩的定子以及比一般浮选机还多一个供矿浆环用的假底等组成。

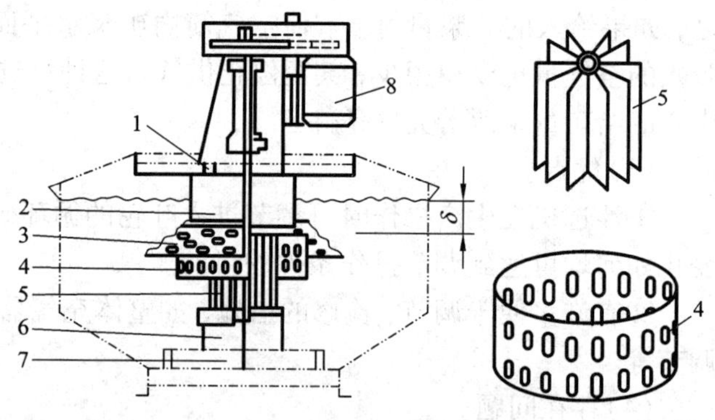

图9-8 维姆科型浮选机

1—进气口；2—竖管；3—锥形罩；4—定子(扩散器)；5—转子；6—导管；7—假底；8—电动机；δ—浸没深度

该机工作时，星形转子将内部的矿浆甩出，矿浆经扩散器和锥形罩(部分矿浆)的孔隙水平地射向四周，液面比较平稳。转子内部产生真空，从下部经导管吸入矿浆，从上部经竖管吸入空气。矿浆在转子内壁上至竖管、下至导管的范围产生激烈的漩涡和紊流，把空气碎散成气泡，并使其本身与空气均匀混合而上浮，自流溢出即为泡沫产品。这种浮选机槽体较浅，电耗低，常用于大型铜矿浮选厂。

(2)主要特点。

①采用了新型充气搅拌器及圆锥形泡沫罩。定子具有较好的变向和扩散作用，使浆气混合流不是以切线，而是呈径向运动向槽子周边扩散，形成较为稳定的矿化气泡。而圆锥形泡沫罩则将转子产生的涡流与泡沫层隔离开来，从而保持液面平稳。

②设有假底、套筒，增强了搅拌力并形成矿浆的大循环。叶轮的安装浸入矿浆中深度较浅，可使充气量增大，避免粗粒“沉槽”，减少动力消耗。

③矿浆按一定径向流到外部，形成以竖轴为中心的旋流，使矿浆的充气量加大，提高了充气效率，故转子转速可以降低，转子与定子间隙较大(约200 mm)，磨损减少，维修方便。

④由于不能自吸矿浆，安装时需设置液面差为200～300 mm。

几种维姆科型浮选机的规格与主要性能指标见表9－8。

图9－9　42.5 m^3维姆科浮选机

表9－8　几种维姆科型浮选机的规格与主要性能指标

项　　目	机　　号		
	No. 84	No. 120	No. 144
容积/m^3	4.25	8.5	14.2
(长/m)×(宽/m)×(高/m)	2.13×1.6×1.35	3.05×2.29×1.35	3.66×2.74×1.60
叶轮直径/mm	406	572	660
叶轮转速/($r\cdot min^{-1}$)	310	220	182
电机功率/kW	11.19	22.37	29.83
实耗功率/kW	8.95	17.15	23.12
处理能力/($t\cdot d^{-1}\cdot$槽$^{-1}$)	250	500	830

我国生产的JJF型浮选机是参考维姆科型浮选机研制的，其结构相似。

3. SF型浮选机

SF型浮选机是由北京矿冶总院研制成功的一种自吸式机械搅拌浮选机。带后倾式双面叶片，槽内矿浆形成双循环。目前，SF型浮选机已系列化生产，并投入使用。SF型浮选机可以与JJF型组成联合机组，前者作为首槽，可自吸矿浆，后者作为直流槽，发挥各自优点。SF型浮选机也可以单独使用，效果也比较好。

(1)结构与工作原理。

图9－10为SF型浮选机结构示意图。SF型浮选机主要由槽体、装有叶轮的主轴部件、电动机、刮板及传动装置等组成，容积大于10 m^3的设有导流管和假底。

SF型浮选机在工作时，电动机通过V带驱动主轴，使其下部的叶轮旋转。此浮选机的主要特点表现在叶轮上。叶轮带有后倾式双面叶片，可实现槽内矿浆双循环。叶轮旋转时，上、下叶轮腔内的矿浆在上、下叶轮(即主、辅叶片)的作用下产生离心力而被甩向四周，使上、下叶轮腔内形成负压区。同时，盖板上部的矿浆经盖板上的循环孔被吸入到上叶轮腔内，形成矿浆上循环。而下叶片甩出的三相混合物产生了附加的推动力，使其离心力增大，从而提高了上叶轮腔内的真空度，起到辅助吸气作用。下叶片向四周甩出矿浆时，其下部矿浆向中心补充，这样就形成矿浆下循环。

空气经吸气管、中心筒被吸入到上叶轮腔，与被吸入的矿浆混合，形成大量细小气泡，通过盖板稳流后，均匀地弥散在槽内，形成矿化气泡。矿化气泡上浮至泡沫层，由刮板刮出即为泡沫产品。

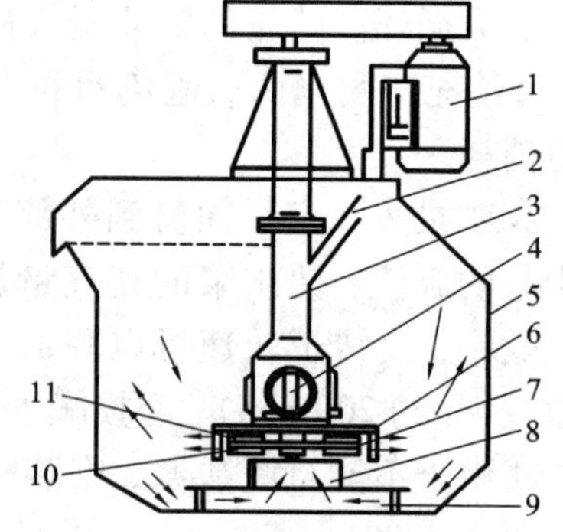

图 9－10　SF 型浮选机结构简图

1—电机；2—吸气管；3—中心筒；4—主轴；5—槽体；6—盖板；7—叶轮；8—导流管；9—假底；10—下叶片；11—上叶片

(2) 主要特点。

①吸气量大，能耗少。SF 型浮选机单位容积功耗低了 10% ~15%，吸气量提高 40% ~60%。

②有自吸空气、自吸矿浆能力，水平配置，不需要泡沫泵。

③叶轮圆周速度低 10% ~20%，易磨损件使用周期寿命延长了 30% ~50%。叶轮与盖板之间的间隙较大，叶轮与盖板因磨损而增大间隙对吸气量影响较小。

④槽内矿浆按固定的流动方式进行上、下双循环，改善了浮选的工艺条件，有利于粗粒矿物的悬浮。

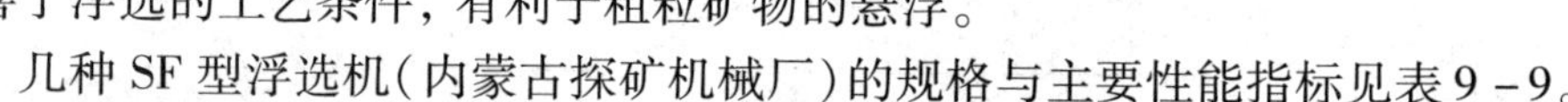

几种 SF 型浮选机(内蒙古探矿机械厂)的规格与主要性能指标见表 9－9。

(3) 应用情况。

SF 型浮选机在国内铜矿、铅锌矿、镍矿、稀土矿、铁矿等选矿厂得到了广泛应用。

包头钢铁稀土公司选矿厂自 1986 年以来，先后三次选用 12 台 SF－20 和 16 台 SF－10 浮选机与 JJF 型浮选机组成联合机组，取代两个系列的 7A 浮选机，采用 16 台 SF－4 型机组及 46 台 SF－2.8 型浮选机选别稀土。与 7A 浮选机相比，在回收率低 0.86% 的条件下，铁精矿品位提高了 2.46%，稀土精矿品位提高 1%，每小时节电 319 kW，较大幅度地提高了经济效益。

表 9－9　几种 SF 型浮选机的规格与主要性能指标

设备参数名称	单位	SF－0.15	SF－0.37	SF－1.2	SF－4	SF－8	SF－10	SF－20
槽体长度	mm	500	700	1100	1850	2200	2200	2850
槽体宽度	mm	500	700	1100	2050	2900	2900	3800
槽体高度	mm	600	750	1100	1200	1400	1700	2000
槽体有效容积	m^3	0.15	0.37	1.2	4	8	10	20
生产能力(按矿浆计)	$m^3 \cdot min^{-1}$	0.06 ~0.18	0.2 ~0.4	0.6 ~1.2	2 ~4	4 ~8	5 ~10	5 ~10
叶轮直径	mm	200	296	—	650	760	760	760
叶轮转速	$r \cdot min^{-1}$	563	386	—	220	191	191	191
叶轮周速	$m \cdot s^{-1}$	5.6	6	—	7.3	7.5	7.5	7.5
主轴电机功率	kW	1.5	1.5	5.5	15	30	30	30 ×2
刮板电机功率	kW	0.55	0.55	1.1	1.5	1.5	1.5	1.5
刮板转速	$r \cdot min^{-1}$	16	16	16	16	16	16	16

近年来，国内也出现了一些新型自吸气机械搅拌浮选机。中南大学专为解决粗粒、高密

度矿石浮选设计了环射式浮选机，特点是采用特殊旋转叶轮，甩出的环状矿浆流从叶轮下部中心吸入空气，因而具有二次吸气作用，增加了矿浆循环量及混气面积。该机设备结构简单，搅拌力强，浮选速度快，单位容积处理量大，最大槽容达 4 m^3。北京矿冶总院研制生产了 YX 型闪速浮选机，用于磨矿分级回路中处理分级设备的返砂，提前拿出部分已单体解离的粗粒有价矿物或含有价矿物较大的连生体，直接获得最终精矿产品或粗选精矿进入下段再选。YX 型闪速浮选机特点是槽体浅。

9.4.2 充气式机械搅拌浮选机

充气式搅拌浮选机是机械搅拌和从外部压入空气并用的一种形式。特点是叶轮用作搅拌矿浆和分散气泡，所需空气由外部鼓风机来提供。其结构有很多优点，已在众多选厂应用。国内目前使用的主要有 CHF－X14 m^3 浮选机、XJC 型、BS－X 浮选机等，它们的结构和工作原理基本相同，均类似美国丹佛 D－R 型浮选机。国外使用的有丹佛 D－R、萨拉(BFP)、阿基泰尔(AG)、波立顿(BOLIDEN)、马克思韦尔(MX)型等。下面择要介绍国产的 CHF－X14 m^3 充气式搅拌浮选机以及国外的阿基泰尔、萨拉(BFP)和波立顿(BOLIDEN)浮选机。

1. CHF－X14 m^3 充气式搅拌浮选机

CHF－X14 m^3 充气式搅拌浮选机是国内 20 世纪 70 年代后期研制成功的。它是由两槽组成一个机组，每槽容积 7 m^3，两槽体背靠背连接，故称为 14 m^3 充气式机械搅拌(双机构)浮选机。

(1)结构和工作原理。

CHF－X14 m^3 充气式搅拌浮选机的结构如图 9－11 所示。主要由槽体、叶轮、盖板、钟形物、循环筒、主轴、中心筒及总气筒等组成。整个竖轴部件吊装在总风筒(兼作横梁)上。

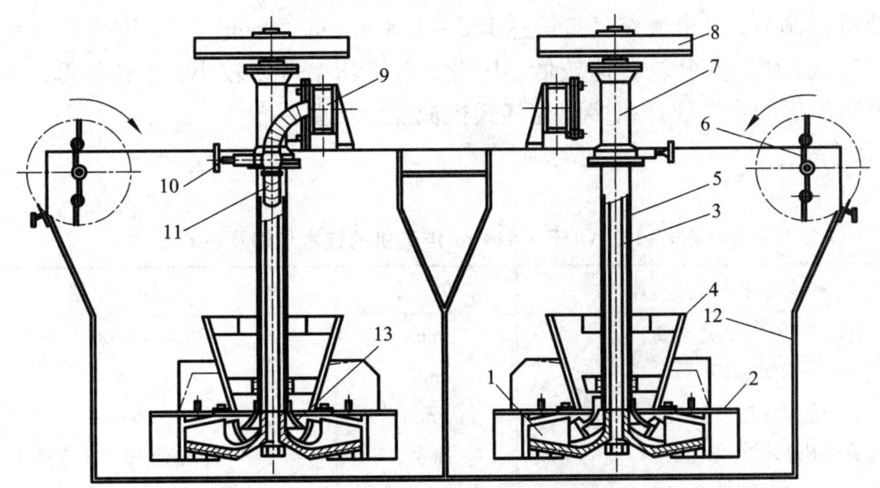

图 9－11 CHF－X14 m^3 充气式搅拌浮选机

1—叶轮；2—盖板；3—主轴；4—循环筒；5—中心筒；6—刮泡装置；7—轴承座；8—皮带轮；9—总气筒；10—调节阀；11—充气管；12—槽体；13—钟形物

叶轮上有 8 个辐射状叶片。盖板由 4 块拼成，下有 24 个导向叶片。叶片轮与盖板的轴向间隙为 15～20 mm，径向间隙为 20～40 mm。

中心筒上部的充气管与总风管相连，中心筒下部与循环筒相连。钟形物安装在中心筒下端。盖板与循环筒相连，循环筒与钟形物之间的环形空间供循环矿浆用，钟形物具有导流作用。

这种浮选机的工作原理主要是：应用矿浆垂直循环和充入足够的低压空气来提高选别效率。浮选槽内矿浆的垂直循环产生上升流，消除了矿浆在浮选机内出现的分层和沉砂现象，增加了粗粒、重矿物选别的可能性，同时增加了矿粒与气泡的互相碰撞的机会。浮选槽内矿浆的运动方式如图9－12所示，当叶轮旋转时，叶轮腔中的矿浆与空气混合后被甩出，使叶轮叶片背面变成负压区，循环矿浆经循环筒与钟形物之间的环形孔进入负压区。低压空气经中心筒与钟形物进入被循环矿浆封住的叶轮腔，促进空气与矿浆在叶轮腔内充分混合。混合物由于旋转叶轮产生离心力的作用，被甩撞在盖板叶片上并进一步使空气泡细分而分散于矿浆中；在垂直循环上升流的作用下，由整个槽底底部向上扩散，使泡沫在槽子上部的平静区与脉石矿物分离，有用矿物被选入泡沫产品。

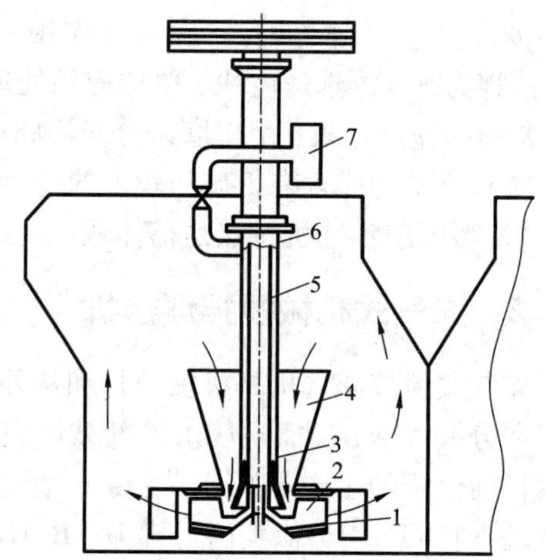

图9－12　浮选槽内矿浆运动方式示意图

1—叶轮；2—盖板；3—钟形物；4—循环筒；5—主轴部件；6—中心筒；7—风筒

这种浮选机的充气作用不是靠旋转叶轮产生的负压区向槽中吸气的，而是用鼓风机经中心筒向叶轮腔供气。其充气效率主要与充气量及通过叶轮循环矿浆量有关。充气量的大小可以根据需要进行调节，其最大充气量可达1.5～1.8 $m^3 \cdot m^{-2} \cdot min^{-1}$。正因为这种浮选机不需要产生负压吸气，所以其叶轮转速较低。因此，电机功率可以较小，电耗降低，机械磨损减少。国内外所发展的大型浮选机多属充气式机械搅拌类型。

（2）主要特点。

表9－10　CHF－X14 m^3浮选机的技术规格及性能

参数名称	单　位	规　　格
槽体尺寸(长×宽×高)	mm	2000×4000×1800
几何容积	m^3	14.4
生产能力(按矿浆计)	$m^3 \cdot min^{-1}$	6～28
主轴电机每轴(安装功率)	kW	吸入槽30，直流槽17
主轴转速	$r \cdot min^{-1}$	吸入槽220，直流槽150
叶轮直径	mm	900
叶轮圆周速度	$m \cdot s^{-1}$	吸入槽10.4，直流槽7
最大充气量	$m^3 \cdot m^{-2} \cdot min^{-1}$	吸入槽0.4～0.5，直流槽1.5～1.8
气泡分散度 $=\dfrac{\text{平均充气量}}{\text{最大点充气量}-\text{最小点充气量}}$		9.0(直流槽，充气量为1 $m^3 \cdot m^{-2} \cdot min^{-1}$)
充气压力	kPa	17.652

该浮选机是运用矿浆通过循环筒从中间向槽底做大循环，并压入足够的低压空气来提高效率。它的主要特点是：

①设计为直流槽形式，矿浆通过能力大，浮选速度快。

②采用离心式鼓风机(压力为0.245 kg/cm^2)供气，充气量大小根据工艺要求在一定范围内调节。

③占地面积小，单位体积重量轻。

④矿粒在槽内悬浮，减少了槽内粗颗粒的沉积和分层作用，可提高可浮粒级上限。

⑤叶轮只用于循环矿浆和弥散空气，深槽浮选机的叶轮仍可在低转速下工作，故备件磨损及消耗少，能耗低，矿液面亦比较平稳。有利于设备的大型化和提高生产能力。

⑥叶轮与盖板间的轴向和径向间隙都比A型浮选机大，易于安装和调整。

⑦药剂和能耗明显降低，选别指标有所提高。

CHF－X14m^3型浮选机的不足之处，主要是需要配备离心式鼓风机(压力为24026.3 Pa)和中矿返回的泡沫泵等辅助设备，作业机组要求阶梯配置，以使矿浆借助重力自流流通(作业间的高差一般为300 mm)。若中矿返回不使用砂泵，也可将各个作业的第一浮选槽改成吸入槽，但吸入槽内叶轮转速需要加快，因而功率消耗也随之增加，且充气量下降。该机适用于大、中型浮选厂的粗、扫选作业。

CHF－X14 m^3浮选机的主要技术特性列于表9－10中，其叶轮与盖板安装的轴向间隙为10～15 mm，径向间隙为20～40 mm。

2. 阿基泰尔型浮选机

(1)结构和工作原理。

阿基泰尔(Agitair)型浮选机与其他机械搅拌式浮选机相似，也是由叶轮、稳流板、中空轴和槽体几个基本部件组成，其结构如图9－13所示，但在结构和工作上有其独特之处。

工作原理：利用棒式梳子叶轮搅拌矿浆，并使气流分散成均匀细小的气泡，空气由低压风源压入，矿浆与气泡流由叶轮抛甩至稳流板(定子)上经充分混匀后进入分离区，泡沫产品自溢流堰溢出，矿浆自流至下一槽中。

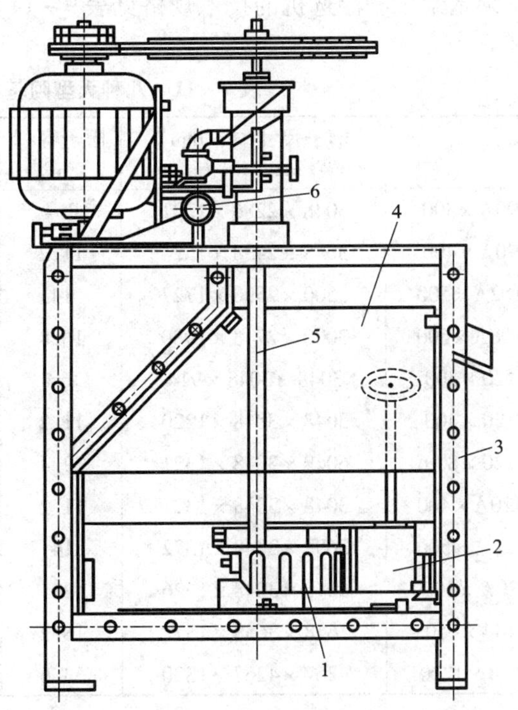

图9－13 阿基泰尔型浮选机结构示意图

1—叶轮；2—径向板；3—槽体；
4—可取下的槽间隔板；5—空心轴；6—空气管

(2)主要特点。

阿基泰尔型浮选机属于压气机械搅拌式浮选机，由美国加利格(Galigher)公司1932年研制成功，国外应用较广。近年来已日趋大型化，目前最大的单槽容积达33.6 m^3。它的主要特点：

①叶轮是一个圆盘形或圆锥形的钢板，在圆周上均匀、垂直安装棒条，棒条

的形状和数量依据规格及负荷不同而不同，称为棒式梳子叶轮，如图 9－14 所示。叶轮可在较低的转速下工作，足以保持较好的矿浆循环和空气分散。工作时可以正反旋转，其叶轮使用耐磨材料，寿命长。叶轮对矿浆粒度和浓度的变化均有较强的适应性，可用于不同的矿物和不同的选别作业。

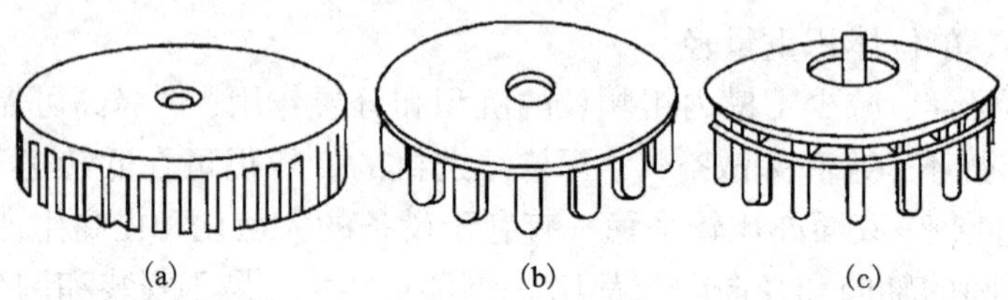

图 9－14　阿基泰尔型浮选机的叶轮

(a)标准型　(b)奇尔－X 型　(c)皮普萨型

②叶轮与稳流板共同作用，可造成矿浆在槽内的大循环，消除槽内矿粒的分层和沉积现象，同时也强化气泡的分散作用。

③稳流板可翻转使用，故设备磨损小，使用寿命长。

④采用直流方形槽，一般由六槽、四槽或二槽组成机组，采用阶梯直流配置。中矿返回需用泵扬送。

阿基泰尔型浮选机的技术规格见表 9－11。

表 9－11　几种大型阿基泰尔型浮选机规格及性能

型　号	槽子尺寸(长/mm)×(宽/mm)×(高/mm)	槽子容积 /m^3	叶轮个数×(直径/mm)	叶轮周速 /($m \cdot s^{-1}$)	功率 /kW	空气 /($m^3 \cdot min^{-1}$)
90A×300	3048×2286×1321	8.4	1×1016	6.1～7.37	25	7
90A×400	3048×2438×1524	11.2	1		25	8.4
102A×500	3500×2590×1727	14	1		30	11.2
108A×600	3000×2743×1980	16.8	1		30	14
120×300	3048×3048×914	8.4	4×686	5.94	2×20	11.3～17.0
120×400	3048×3048×1220	11.2	4×686	5.94	2×20	11.3～17.0
120×800	6069×3048×1321	22.4	2×1016	6.1～7.37	2×25	11.3～17.0
120A×400	3048×3048×1321	11.2	1×1016	6.1～7.37	25	8.5
120A×500	3658×3048×1372	14	1×1016	6.1～7.37		8.5
120A×1000	6096×3048×1626	28	2			8.5
144×650	3658×3658×1372	18.2	4×686～762	5.94～6.45	2×25	19.8
168×1200	4267×4267×1830	33.6	4		2×30	23

3. BFP 型浮选机

气搅式(BFP)浮选机是同时利用机械和压缩空气两种作用进行工作的浮选机。它由瑞典萨拉(SALA)公司制造，故也称萨拉(BFP)型浮选机。其结构如图 9－15 所示。它由槽体、定子、叶轮、刮板装置、主轴和进气筒等几个部件组成。

工作时，低压的压缩空气通过轴外的导管给入叶轮中心。叶轮的作用只限于分散压缩空气和防止矿粒沉积。由于不需要造成真空来吸入空气，可采用较低的转速，这样不仅可以减少叶轮磨损，而且由于减弱了搅拌作用，有利于提高产品质量。

盖板(图9－16)上有与径向呈10°角的辐射状叶片，其倾斜方向与叶轮旋转方向相反。它能使运动着的矿浆改变方向，由旋转变为垂直上升，以达到稳流的目的。叶轮和盖板都是铁芯衬胶的。

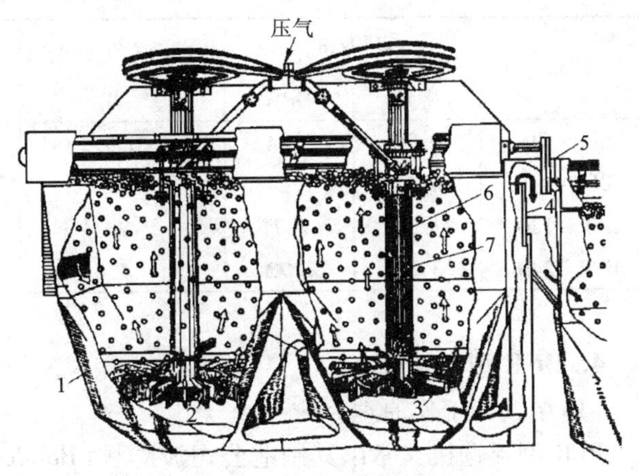

图9－15 BFP型浮选机

1—槽体；2—定子；3—叶轮；4—尾矿闸门；5—刮板装置；6—主轴；7—进气筒

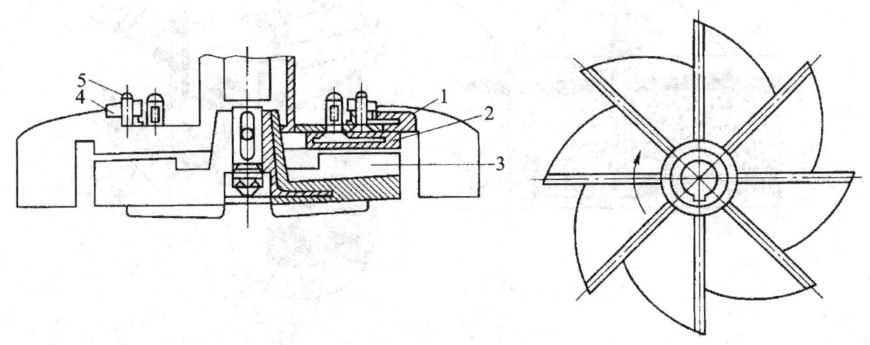

图9－16 BFP型浮选机叶轮盖板构造示意图

1—盖板；2—护板；3—叶轮；4—楔板；5—销钉

截头圆锥形的槽底(图9－15)可消除“死区”，防止矿砂在槽底沉积。矿浆给在距叶轮较远的槽子中部，在本槽中受到选别后，由叶轮下部的排矿口经连通管排至下一槽中。这种浮选机两槽制成一组，可串联亦可并联。由于转速低没有抽吸力，矿浆自流是靠两组槽子的高差实现的。由于槽体中部给入的矿浆向下流动并与叶轮边缘升浮的气泡互相对流，两者能充分接触有利于气泡的矿化。叶轮边缘的三角形缺口能加速矿浆往低压区流动。

这种浮选机的优点是转速低、耗电少、矿浆面稳定、充气量大、机件磨损小。其缺点是输送泡沫中矿必须用专门的泡沫泵；为保证自流连接需要阶梯式配置，使操作和改变流程均不方便(操作台可以做成一个斜面)。

BFP型浮选机的主要技术规格及特性见表9－12。

表 9－12　BFP 型浮选机的主要技术特征

型号	容积/m^3		双槽空气耗量/($m^3 \cdot min^{-1}$)	正常风压/Pa	双槽功率消耗/kW	双槽电机/kW
	单槽	双槽				
BFP－30	0.22	0.44	0.5	6864.7	0.37～1.49	1.49
BFP－60	0.62	1.24	1	9806.7	0.75～2.54	2.61
BFP－120	1.35	2.7	2	13729.3	4.1～5.97	7.46
BFP－240	3.86	7.72	4	19613.3	8.58～14.17	2×7.46

4. BFR 型浮选机

(1)结构和工作原理。

BFR 型浮选机又常以其制造公司波立顿(Boliden)命名称为波立顿浮选机。该机在欧洲应用较普遍，其结构如图 9－17 所示。主要部件为叶轮、稳流器、带有喷嘴的橡胶环圈和空气导管等。

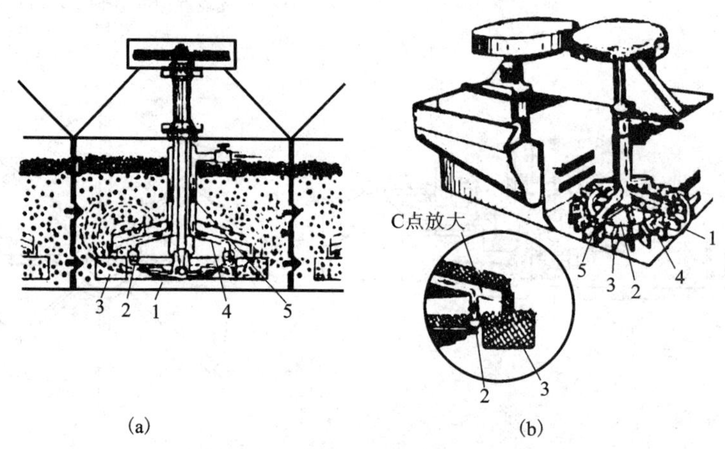

图 9－17　BFR 型浮选机结构图

(a)纵断面图；(b)充气器图

1—叶轮；2—具有喷嘴的橡胶环圈；3—稳流器；4—环形空间；5—空气导管

①叶轮，它是一个带有径向叶片的平面圆盘，安装在主轴下端。叶轮直径约为槽子边长的 0.45 倍，叶轮周速为 7 $m \cdot s^{-1}$。叶轮下面有肋条，旋转时能有效地防止矿砂在槽底的沉积。

②稳流器，由若干块径向叶片构成，与一般机械搅拌式浮选机一样围绕叶轮四周均匀排列，但固定在喷嘴环圈上。为了提高零部件的使用寿命，叶轮、稳流板均衬上耐磨橡胶。

③喷嘴环圈，由厚约 5～8 mm 具有弹性的橡胶制成。环圈的周边有 3～5 行切缝，形成引入空气的喷嘴，喷嘴长 2～5 mm。在 BFR No.300 型浮选机中(容积 3.2 m^3)一个环圈上有 1000 个这样的喷嘴，每秒能喷出 20～35 cm^3 空气。喷嘴环圈支撑在空气导管上，并相互连通。

这种浮选机的工作原理，主要是由外部专门设置的风机将空气鼓入橡胶充气环，当气压达到一定值时，环上众多的切缝张开，使空气由喷嘴喷出，并与由叶轮旋转时甩出的水平矿浆流呈垂直交叉运动，抛甩出的矿浆剪切喷出的空气，使之变成均匀细小的气泡。在稳流器的空隙中气泡可受到进一步的弥散，矿浆涡流也被削弱。由喷嘴喷出的气流速度为5～10 m/s，这样的速度可使空气和矿浆得到较好的混合，从而可提高浮选的工作效率。停止供气时，橡胶环圈上的喷嘴可自行关闭。由于叶轮上方没有盖板，易造成矿浆大循环，也有利于浆气的充分混合并可避免分层和沉淀现象。

泡沫产品的排出，采用自流溢出或用刮板刮出。浮选机的直流组合方式与BFP型浮选机的2B或2L型双槽组合方式类似。

(2)基本特点。

BFR型浮选机的主要特点是采用了橡胶制品的气泡发生器，能形成直径大约1 mm或更小一些的气泡，使浮选槽内空气弥散较好，泡沫层稳定。另一个特点是当空气压力降低或停止供气时，橡胶环圈上的喷嘴能借助弹性自行收缩，使孔眼不易堵塞，这种气泡发生器工作可靠，使用寿命长。此外，整体设备结构也大为简化。

BFR型浮选机的技术特性列于表9－13。

表9－13 BFR型浮选机的主要技术指标

型号		容积/m^3	每槽平均空气量/($m^3 \cdot min^{-1}$)	双槽电机功率/kW
2L型	2B型			
75	—	0.6	0.8	5.5
150	150	1.4	1.3	11
225	225	2.3	1.8	18.4
300	300	3.2	2	2×11.0

5. KYF型和BS－K型充气式机械搅拌浮选机

这两种充气式机械搅拌浮选机分别是由北京矿冶院和中国有色院于20世纪80年代中期研制成功，均与芬兰奥托昆普OK型浮选机类似，同时吸收了美国道尔－奥利弗型浮选机的优点。以KYF型浮选机为例介绍如下。KYF型浮选机是与XCF型浮选机配套使用的，二者的结构特点相似，外形尺寸相同。

(1)结构与工作原理。

KYF浮选机结构示意图见图9－18。该浮选机采用U形槽体、空心轴充气和悬挂定子。KYF型浮选机采用了一种新式锥形叶轮，叶轮叶片后倾一个角度，类似于高比转速的离心轮，扬送矿浆量大、压头小、功耗低且结构简单。在叶轮腔中还装置了多孔圆筒形空气分配器，使空气能预先均匀地分散在叶轮叶片的大部分区域，提供了较大的矿浆－空气接触界面。BS－K型浮选机结构示意图见图9－19。

在浮选机工作时，随着叶轮的旋转，槽内矿浆从四周经槽底由叶轮下端吸到叶轮片之间，同时，由鼓风机给入的低压空气经过空心轴和叶轮的空气分配器，也进入其中。矿浆与空气在叶片之间充分混合后，从叶片上半部周边斜向上推出，由定子稳流和定向后进入整个槽子中。气泡上升到泡沫稳定区，经过富集过程，泡沫从溢流堰溢出，进入泡沫槽。还有一部分矿浆向叶轮下部流去，再经叶轮搅拌，重新混合形成矿化气泡，剩余的矿浆流向下一槽，直到最终成为尾矿。

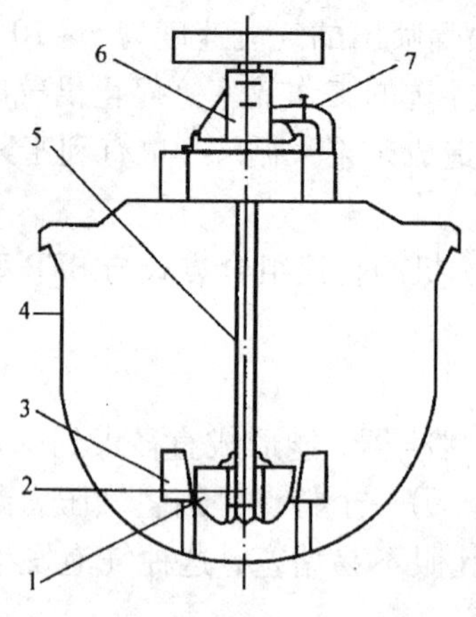

图 9－18　KYF－16 型浮选机结构简图

1—叶轮；2—空气分配器；3—定子；4—槽体；5—主轴；6—轴承体；7—空气调节阀

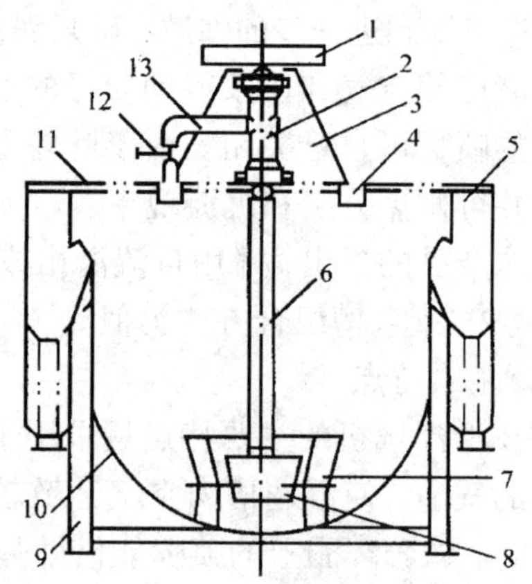

图 9－19　BS－K 型浮选机结构简图

1—带轮；2—轴承体；3—支座；4—风管；5—泡沫槽；6—空心轴；7—定子；8—叶轮；9—槽体支架；10—槽体；11—操作台；12—风阀；13—进风管

(2)主要优点。

①具有独特的叶轮－定子结构，采用高比转数后倾式叶片叶轮，槽体底部矿浆循环好，阻力小，无粗砂停留，槽内矿粒悬浮状态好。

②独创性的空气分配器，可以使气泡均匀分布于槽内矿浆中，最大充气量可达 $2\ m^3 \cdot m^{-2} \cdot min^{-1}$。

③液面平稳，为选别创造了良好条件，有利于提高粗粒和细粒矿物的选择性。

④定子悬空区域大，降低了运动功耗，节省功耗 25% 以上，易损件特别是叶轮、定子的寿命长。

⑤配备有先进的液面控制系统及气量控制系统，能够实现自动控制，便于生产管理。

(3)国内应用情况。

KYF 型浮选机作为一种超大型浮选设备，目前最大单槽容积已可以达到 160 m^3。单槽容积 30 m^3、40 m^3、50 m^3 的浮选机已经用于多家选矿厂，运行平稳，能耗省。在金川有色金属公司铜镍选矿厂的工业试验中使用两台 KYF－50 浮选机代替原来 5 台 BS－K－16 浮选机及一台 20 m^3 搅拌槽，镍精矿品位提高了 2.30%，铜提高 1.40%，氧化镁降低 4.10%；作业回收率镍提高 0.10%，铜提高 2.30%。

定子采用折角叶片，该形式叶片可将轴流式叶轮上下翼片所形成的部分切向流转换为径向流，从而避免槽内矿浆旋转。

9.5　浮选柱

浮选柱构造十分简单，如图 9－20 所示。上部为一圆柱筒体，也有方形，底部为圆锥形。锥体与柱体衔接处安设一层充气器。工作时，经药剂处理好的矿浆由柱体上部给矿器均匀给入，矿粒在重力作用下缓缓沉降；空气由空气压缩机经柱体下部的充气器不断压入，由充气器出来的小气泡沿柱体整个断面均匀扩散，并穿过向下流动的矿浆徐徐向上升浮。在这种对流运动中，矿粒与气泡相互发生碰撞和接触，并实现气泡的选择性矿化。矿化气泡升浮至矿液面后聚集成泡沫层，溢出或由刮板刮出得泡沫产品，非泡沫产品则由柱体底部排出，整个浮选柱保持在“正偏流”条件下进行操作。

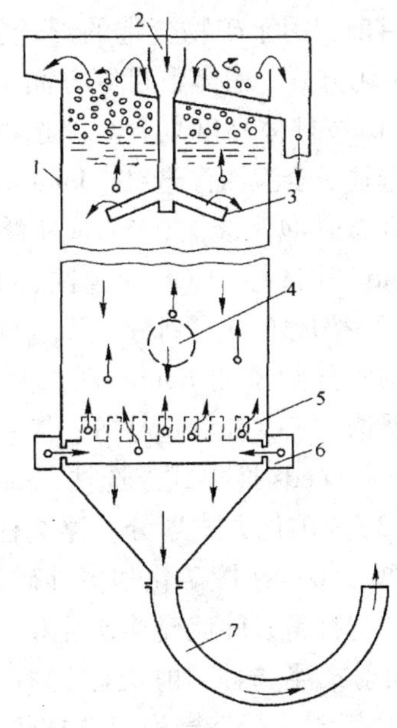

图9-20 浮选柱结构示意图

1—柱体；2—给矿槽；3—矿浆分配器；4—入孔；5—充气器；6—环形供气管道；7—尾矿管

矿化气泡中机械夹带的一些脉石，由于矿化气泡的升浮，新给入的矿浆及被抑制的矿物向下沉降，在这种逆流运动条件下可产生一定程度的“对流冲刷作用”，兼之矿化气泡在升浮中的相互兼并作用等，可使矿化气泡中机械夹带的部分脉石颗粒受到冲刷重新落入矿浆中，所以对流也起着二次富集作用，这对提高分选效率及泡沫精矿质量都是有益的。

浮选柱的主要特点：

(1)结构简单，制造与维护方便，投资小，运行费用低。

(2)创造适宜的气泡和颗粒动态碰撞以及气泡、颗粒结合体静态分离环境，有利于微细粒级选别。

(3)可引入其他力场，强化分选，泡沫厚度、气泡大小和数量调节方便。

(4)浮选速度快，流程简化(一次作业相当于浮选机几次作业效果)。

(5)富集比大，回收率高，处理量大，特别适合于处理微细粒级及易于自控和大型化。

浮选柱的缺点是颗粒难以悬浮、气泡与颗粒接触概率小，为达到提高品位的目的，往往损失回收率，一般用于粗选、扫选作业，自流配置复杂。而工业生产中应用好坏主要取决于其关键部件气泡发生器是否成功。气泡发生器有外置和内置方式，在高碱度矿浆中气泡发生器易结垢堵塞且不便更换。浮选柱与常规浮选机在结构原理、工艺操作上的比较见表9-14。

表9-14 浮选柱与常规浮选机在结构原理及工艺操作上的比较

设备类型	结　构	原　理	工艺及操作	等效段数
常规浮选机	1. 有机械搅拌 2. 结构较复杂 3. 单机占地面积大	1. 顺流 2. 机械搅动脱落 3. 矿浆三维运动 4. 气泡流不均匀 5. 单元槽一次分选	1. 矿浆不平稳 2. 泡沫薄，混杂及夹杂严重 3. 细粒回收差 4. 矿粒比重影响小 5. 生产能力按比例放大有限 6. 能耗大、成本高、投资高 7. 自动控制复杂	3~5
浮选柱	1. 无机械搅拌 2. 结构较简单 3. 单机占地面积小	1. 逆流 2. 矿浆搅动脱落 3. 矿浆一维轴向阻塞流 4. 气泡流均匀，可以整体考虑 5. 单元柱起多次精选作用	1. 矿浆平稳，搅动相对小 2. 泡沫层厚，夹杂及混杂小 3. 细粒回收更有效 4. 矿粒比重影响选择性 5. 生产能力按比例放大“无限” 6. 节能、成本低、投资低 7. 自动控制方便	1

目前，用于矿物分选的浮选柱种类繁多，结构多样，差别主要表现在柱体高度、充气方式、矿化方式、槽体数目等方面。

(1)按柱体高度划分。浮选柱可分为矮柱型、中高柱型和高柱型三种。矮柱型如旋流充气浮选柱、全泡沫浮选柱、Jameson 浮选柱、Wemco－Leeds 浮选柱等；中高柱型如 FCSMC 旋流－静态微泡浮选柱、Microcel 浮选柱、FXZ 静态浮选柱、KYZ 顺流喷射式浮选柱等；高柱型如 Boutin 浮选柱、CCF 浮选柱、MTU 充填介质浮选柱和 Leeds 浮选柱等。

(2)按成泡方式划分。浮选柱分选设备可分为空气分割型、空气射流型、气－液混合型等。空气分割型如 Boutin 浮选柱、MTU 充填介质浮选柱、旋流充气浮选柱；空气射流型如 CPT 浮选柱、CCF 浮选柱等；气－液混合型如射流浮选柱、FCSMC 旋流－静态微泡浮选柱、Wemco－Leeds 搅拌式浮选柱、Jameson 浮选柱、Microcel 浮选柱、Flotaire 浮选柱等。

(3)按矿化方式划分。浮选柱可分为逆流(180°)碰撞矿化型、旋流(90°)碰撞矿化型、管流或离心(0°)碰撞矿化和多种矿化组合型。逆流碰撞矿化型如全泡沫浮选柱、CPT 浮选柱、CCF 浮选柱等；旋流碰撞矿化型如旋流充气浮选柱；管流或离心碰撞矿化型如 Jameson 浮选柱、喷射式浮选柱、射流浮选柱等；多种矿化组合型如 FCSMC 旋流－静态微泡浮选柱。FCSMC 旋流－静态微泡浮选柱将柱浮选、旋流分离、高度紊流矿化有机地结合起来，形成了完善的矿化反应机制和梯级优化分选过程，越来越受到选矿界的重视。

(4)按槽体划分。浮选柱可分为单槽柱和多槽柱。单槽柱应用得比较广泛；多槽柱如俄罗斯 IOTT 设计的多槽浮选柱，这种浮选柱可以在降低柱体高度的前提下延长颗粒在柱体内的停留时间，从而提高精矿的产率。

此外根据气泡发生器位置的不同，浮选柱还可分为内部充气型和外部充气型两种。①内部发泡器，主要形式有主管发泡器、过滤盘式发泡器、砾石床层发泡器、电解微泡发生器等；②外部发泡器，主要形式有旋流形发泡器、气/水型发泡器、美国矿业局型发泡器。但近期研究的浮选柱充气类型都从内部充气改为外部充气。

针对以上分类方法，本书将主要对充填介质浮选柱、逆流浮选柱、喷射型浮选柱和微泡型浮选柱等 4 类浮选柱分别进行介绍。

9.5.1 充填介质浮选柱

充填式浮选柱是 1988 年由杨锦隆教授(美国)结合传统式浮选柱和化工精馏过程研制成功的，现已广泛应用于各类矿物浮选及废水处理等领域中。充填式浮选柱因为在柱内装有特定填料，而使柱内多相流流态得到了良好的控制。其中的充填板是层层排列的，并形成 90°角，以提供细小曲折的孔道，使矿粒和气泡紧密接触，强化分选作用。同时同一层中相邻两块板的波纹又是交叉的，这样可使浆气混合物均匀地分布在整个断面上，延长了矿粒和气泡的停留时间。上升的气泡被强制地与矿粒接触，增加了矿化概率。入料从柱体中部给入，底部通入压缩空气，精矿从顶部溢流，尾矿从底部排出，顶部设喷水装置。

充填式浮选柱中充填层有非常重要的作用：

(1)粉碎气泡和防止气泡增大的作用。在充填式浮选柱中，由于每两层波纹板组成的隔板互成 90°布置，因此流体(上升的气泡流和下降的矿浆流)均在此交界处受到隔板阻尼而改变流向，引起混合。在这个狭窄的湍流区，变大的气泡受到液流剪切粉碎作用，重新变小。所以在充填式浮选柱内，气泡的粒度组成能基本维持不变，保证了有效的、数量较大的、能附着矿粒的表面面积。

(2)延长了浮选柱内捕集区的长度。如下式所示，气泡和矿粒在浮选柱内的运行路线延长了。

$$L = H_0/\sin\beta \tag{9-4}$$

式中：H_0 为捕集区的高度，m；β 为波纹板的倾角，°；L 为捕集区的实际长度，m。

(3)实现了较理想的层流环境下的对流碰撞过程。

(4)具有支撑厚实的三相矿化泡沫层作用。

充填式浮选柱内气泡分散愈均匀，其传质性能愈好；矿物颗粒与气泡接触、碰撞的概率愈大，其分选效果也就愈好。而影响气泡分散状态最为强烈的三个因素是波纹填料的规格尺寸、起泡剂浓度和充气速率。因此，确定充填式浮选柱气泡大小及分布与填料波纹高度、起泡剂浓度及充气速率之间的关系是必要的。通过对充填式浮选柱充气性能的研究表明，要使矿物颗粒与气泡充分接触、碰撞，即要使柱体内气泡分散均匀，在低充气速率条件下，选用波纹小的填料，同时加入适量的起泡剂。但小波高填料，小充气量使浮选柱的阻力增大，能耗增大，不易控制，难以维护等，因此，实际工作中，应综合考虑。

与其他浮选设备相比，具有许多独特的特点：

①不需要气泡发生器，从而不存在气泡发生器堵塞问题；②柱内有显著的“柱壁效应”，可减缓气泡的兼并；③能形成比较平稳的泡沫区，有效克服了其他类型浮选柱内常见的“沟流”、“翻花”等不利现象；④由负压进气(被动)改为正压进气(主动)，可节省能耗，且便于气量调节；⑤柱内存在矿浆与空气、矿化气泡与淋洗水两个逆流，使气泡矿化更充分，矿化泡沫中的夹杂洗涤得更加充分，从而获得较高的精矿品位和回收率；⑥能支撑很厚的泡沫层，实现多次再精选；⑦设备生产灵活；⑧放大效应小。

虽然充填式浮选柱具有很多特点，但是从一些工业应用的实际操作效果来看，填料充填浮选柱同时存在以下问题：

(1)由于充填介质充满整个柱体，减少了柱体的有效容积，影响浮选柱的处理能力。

(2)填料介质床层的通道小，且通道曲折，在处理有固体悬浮颗粒的物料时存在堵塞的潜在危险。

(3)更换和维修的难度加大，耗费更多，增加了成本。

下面具体介绍SFT型充填式静态浮选柱。

(1)基本结构。

SFT型充填式静态浮选柱基本结构是在常规的浮选柱体内，装有不同形式的特定充填介质。从柱体中部给矿，底部通入压缩空气，精矿从顶部溢流而出，附设有液面调节和喷淋装置以及测量仪表等，其结构见图9-21。

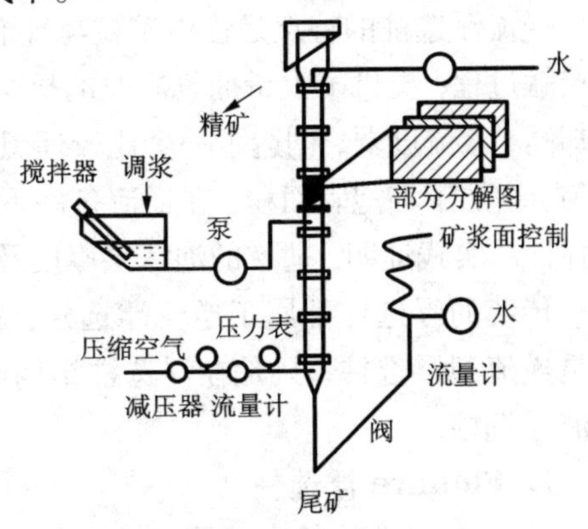

图9-21 SFT型充填式静态浮选柱结构示意图

(2)与常规浮选柱相比，其优点有：

①普通浮选柱形成的是以大气泡为主的密集气泡团块，处于柱体中央摆动上升，这种气泡兼并、摆动中伴以产生回旋、涡流并随柱体高度的增加而加剧。而SFT型充填式静态浮选柱由于柱体

内部装有特定的充填介质，气泡经充填介质分割形成的微泡大小均匀，随着充填介质的交叉孔道平稳地迂回推进，其流态形式不随充填介质的高度而变化。因此，SFT 型充填式静态浮选柱与普通浮选柱相比，更有利于浮选过程，而且 SFT 型充填式静态浮选柱不需要发泡器，压缩空气直接转入柱体底部而产生浮选所需的气泡，因而不存在结垢堵塞问题。

②选别指标高，流程简化。SFT 型充填式静态浮选柱由于存在特殊充填介质，增加了矿化气泡在柱内的碰撞概率和强度，有利于减少机械杂质，有利于提高精矿品位。另外，充填介质的阻塞作用，增加了有用矿物与气泡碰撞的机会，减少了尾矿中有用矿物的流失，回收率得到提高。与常规浮选柱相比，由于 SFT 型充填式静态浮选柱随着柱高的增加，能实现反复地再精选，从而将常规浮选的粗选、精选、扫选作业合并于同一设备中，一段静态浮选可以取代常规机械搅拌式浮选机的多段选别作业，大大简化了选别流程，降低了基建费用和生产成本，提高了经济效益。

③相对处理能力大。SFT 型充填式静态浮选柱由于存在充填介质，增加了浮选时间，其单位容积处理量是常规浮选机的 2 ~3 倍。

④操作简单、能耗低。SFT 型充填式静态浮选无运转部件，不存在磨损、维修等问题；其不使用发泡器，用水量大为减少，因此能耗低，经济效益明显。如国内某硫化铜尾矿选硫，年处理能力 1 万吨，采用 SF 型 16 m^3 的浮选机，其备品配件消耗高达 45 万元/年，电费达 85.5 万元/年，而采用 SFT 型充填式静态浮选柱在备品配件上基本无此项开销，在电费上可以节省一半左右。

(3)应用。

SFT 型静态浮选柱与常规浮选设备相比，具有能耗低，维修少，效率高，占地面积少，能连续工作等显著优点，可广泛应用于精选铜、铁、金、钼、石墨、萤石等金属或非金属矿物，以及粉煤除灰脱硫，污水处理及其他物料分离的工业行业。

9.5.2 逆流浮选柱

逆流浮选柱的特点是柱中矿粒与气泡逆流接触的流动方式，在整个捕收区内都发生这种逆流接触过程，提供了大量捕收矿粒的机会。矿粒与气泡逆向运动，其绝对速度虽低，但相对速度却高，紊流度弱，创造了一个比较理想的流体力学条件。浮选柱产生的气泡比浮选机细小而均匀，增加了气泡表面积，在逆流条件下与细粒矿物的碰撞机会更多，有利于提高浮选速度和选择性。实践证明，适宜的泡沫层厚度及冲洗水的逆流清洗作用对精矿品位起决定作用。

传统的浮选柱都属于逆流浮选柱，新开发的浮选柱除了顺流型和旋流型浮选柱，基本上都是逆流型浮选柱，只是在浮选柱结构和气泡发生器上有所不同而已。下面介绍三种新型的逆流浮选柱。

1. Flotaire 浮选柱

Flotaire 浮选柱是由美国 Deister 选矿有限公司于 20 世纪 70 年代生产的一种逆流型浮选柱，其直径为0.2 ~3.7 m，高度3.5 ~15 m。矿物从柱体上方给入，洗水内置，于泡沫层中清洗精矿泡沫，为了避免浮选柱下部堵塞，有压水混合物从多孔底板通入浮选柱的下部，并在底板上方形成三相流化床以改变粗颗粒的分选，目前已有近 200 台该类型的浮选柱在世界各地运行。其结构如图9－22所示。

2. FXZ静态浮选柱

FXZ静态浮选柱由中国矿业大学研制，包括静态浮选柱和与其配套的跌落箱，其结构如图9－23所示。FXZ浮选柱沿高度从下至上分为尾矿带、充气带、分选带、入料带和精选带。浮选柱中没有旋流，矿浆由上向下流动，气泡由下向上浮起，目的矿粒与气泡碰撞后，吸附在气泡上，精矿泡沫上浮到顶部溢流排出，尾矿随着水流到底部排出。跌落箱中没有运动部件，通过高压风将浮选药剂以乳滴状喷入跌落箱，与浮选入料混合，由于重力的作用使矿浆由上向下流动，在流动过程中药剂和矿粒充分接触，提高了目的矿物的可浮性，进入浮选柱后，可以提高浮选速度和浮选柱的处理量。

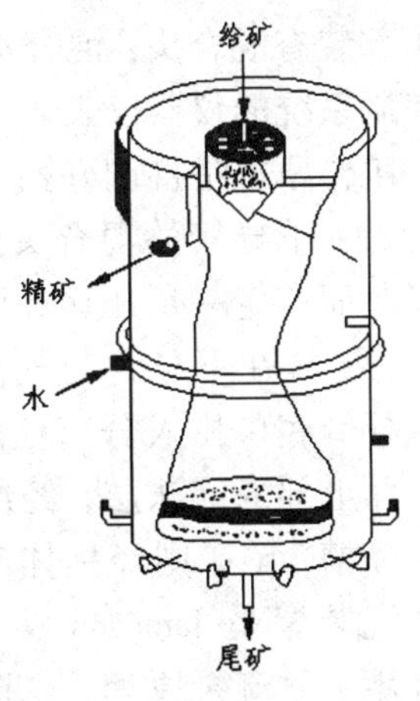

图9－22 Flotaire浮选柱

这种浮选设备有利于细粒的浮选，提高了细泥的选择性，对于煤泥具有较好的分选效果。其在山东新汶矿业集团孙村煤矿选煤厂的应用可有效降低精煤的灰分，稳定产品的质量。

3. 全泡沫浮选柱

浮选柱特点是空气、水、起泡剂一起给入柱体充气区中，整个柱体全被气泡充满，入料从柱中上部给入到泡沫中，完全利用泡沫富集作用进行分选，可获得很高的精矿品位；柱体高度仅1 m左右。缺点是矿浆停留时间短，气泡矿化不充分。其结构如图9－24所示。

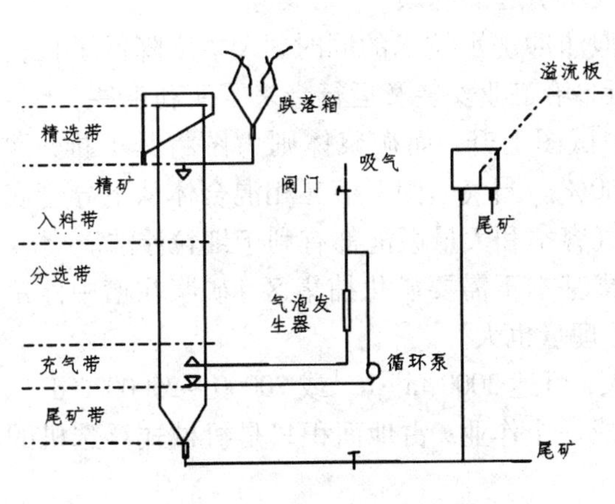

图9－23 FXZ静态浮选柱

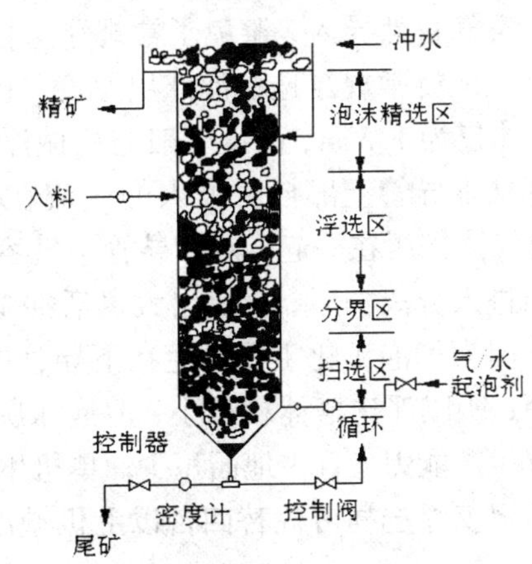

图9－24 全泡沫浮选柱

9.5.3 喷射型浮选柱

喷射型浮选柱的独特之处是其气泡发生器。该类浮选柱气泡发生器产生气泡方法是利用射流原理，将药剂处理后的矿浆加压通过喷嘴形成喷射流而产生一负压区，从而吸入空气产生大量活性气泡。其气泡粉碎度高，气泡与矿粒的接触机会多，从而强化气泡的矿化过程。下面将主要介绍两种新型喷射型浮选柱，Jameson浮选柱和KYZ型顺流喷射浮选柱。

1. Jameson浮选柱

(1)结构与工作原理。

Jameson浮选柱是由澳大利亚研制。主体主要由柱体和下导管两部分组成。其中下导管的顶部装有混合头，混合头内设有入料口、喷嘴组件及空气吸入口。辅助设备有一台给料泵及控制系统的仪器仪表。

工作原理是将调好药剂的矿浆用泵经入料管打入下导管的混合头内，通过喷嘴形成喷射流而产生一负压区，从而吸入空气产生气泡，矿粒在下导管与气泡碰撞矿化，下行流从导管底口排入分离柱内，矿化气泡上升到柱体上部的泡沫层，经冲洗水精选后流入精矿溜槽，尾矿则经柱体底部锥口排出。充气搅混装置是 Jameson 浮选柱的关键部件，它采用了射流泵原理，在把矿浆压能由喷嘴转换成动能的同时，在密封套管内形成负压，并由空气导管吸入空气。经密封套管，射流卷裹气体进入混合套管，在高度紊动流体作用下，气体被分割成气泡并不断与矿粒碰撞黏附，得到矿化。分散器相当于静态叶轮，将垂直向下的矿浆沿径向均匀分散，其结构如图 9－25 所示。

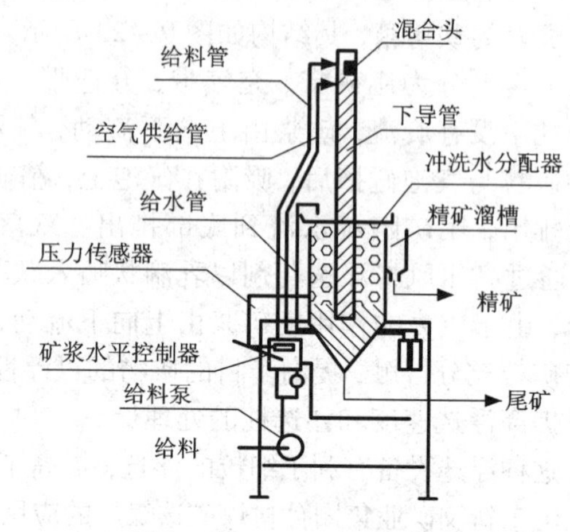

图 9－25　Jameson 浮选柱

(2) Jameson 浮选柱的主要优点：

①空气自然导入，避免了常规浮选柱压入空气所引起的麻烦。

②在保持常规浮选柱泡沫层厚度、且可使用泡沫冲洗水技术的同时，大幅度降低了长径比，柱体仅为 1.5 m，高度一般与机械浮选机相近，给工业安装及运行带来了便利条件。

③从下导管上部自由吸入的气流在下导管中试图上升，而矿浆体则力图将其下推，因此，液气体挤压在一起，使下导管中气容率高达 60%。当气－固－液三相混合体从下导管底部排出进入分离槽后，会析出大量活性微泡。高气容率和大量微泡都有利于细粒浮选。

④因为气泡矿化主要发生在下导管中，浮选槽基本不需要矿化捕集区，矿浆在槽中停留时间短，所以浮选槽体积虽小，但泡沫层仍厚，处理量也大。

⑤生产能力大且占地面积少。单机生产能力大，可达 3000 $m^3 \cdot h^{-1}$ 或 20000～25000 $t \cdot d^{-1}$。一台詹姆森浮选柱可代替四台以上机械浮选机完成一个作业，占地面积只是机械式浮选机的 40%～60%。

(3) Jameson 浮选柱的主要缺点：

Jameson 浮选柱虽然有独特的优点，但也存在缺点而使其使用范围大受限制，其缺点主要表现在三个方面。

①它只对给料充气，没有中矿循环，影响了浮选精矿的回收，尾矿也必须经过多级反复再选才能保证得到合理的指标。

②由于既没有搅拌作用和离心力所引起的矿浆紊动，也没有传统浮选柱所具有的矿浆与气流逆向运动所引起的搅动，浮选过程完全处于“静态”分选状态，所以不能保证从下导管中排出的矿浆和气泡在浮选槽中充分均匀分散，不能保证浮选槽内矿粒充分悬浮，这对浮选分离是不利的；同时完全“静态”的分选条件无法克服细粒矿物之间的非选择性团聚以及细粒脉石在气泡团中的夹杂。

③下导管在分离槽内插入深度较大，易造成矿化气泡短路，使有用矿粒丢失于尾矿中。

(4)应用情况。

Jameson浮选柱因其尺寸小、结构简单，因而作业成本低，主要应用在澳大利亚的微粉煤处理上，现在澳大利亚一半以上的微粉煤处理厂使用这种浮选柱。Jameson浮选柱也广泛应用于国内铅锌浮选、煤浮选、铜浮选等领域，至2003年已工业应用225台。

2. KYZ型顺流喷射浮选柱

(1)结构与工作原理。

利用射流原理引入空气，其圆锥形收缩管和喇叭管在空室中间相连，当高速水流由圆锥形收缩管流向喇叭管时，因水流断面逐渐缩小，在圆锥收缩管出口处形成较大流速，致使该处压强降低至大气压以下，在空室中形成负压，使空气从外部进入到空室中。在分选槽底部安装有一个反射假底，其作用是将高速水流所携带的空气粉碎成气泡，进而弥散到整个分选槽。结构如图9－26所示。在选别过程中，浮选柱内矿浆和气泡同向流动，迫使气泡克服浮力向下运动，为气泡和矿浆接触创造理想的条件。

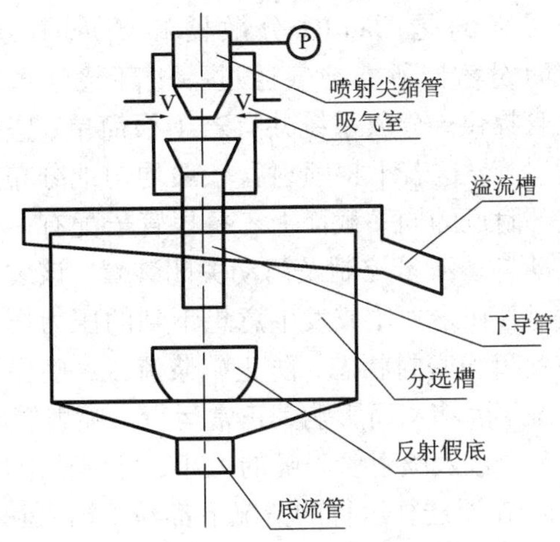

图9－26 KYZ型顺流喷射浮选柱

(2)主要特点。

①KYZ型顺流喷射浮选柱下导管直径与分选槽直径之比较小，与普通自吸气式浮选机相比较，其充气量相对较小。

②KYZ型顺流喷射浮选柱形成的气泡直径小，气泡在水中上升速度小，从而使得分选槽内的空气保有量较高，一般可达40%左右。

③KYZ型顺流喷射浮选柱的空气分散比较均匀。

(3)应用。

通过实践，该型浮选柱对较大颗粒的矿物有较好的浮选效果，已推广应用于3～0.8 mm粒级钾盐和2～0.5 mm粒级金刚石的浮选，并取得了单位效率比其他型号浮选机都高出数倍的较好技术指标。

9.5.4 微泡浮选柱

微泡浮选柱是利用压差从矿浆中析出大量而细碎的气泡群，同时利用独特的微孔管产生大量细碎和均匀的微泡来进行浮选的一种新型浮选设备。图9－27是微泡浮选柱结构图，其特点是采用新型的微泡发生器，突出了微泡分选效应。微泡对矿物分选效果是明显的。主要体现在：①同等充气量条件下，气泡尺寸越小，数量就愈多，气泡总表面积就越大，因而直接增加了气泡与矿物的附着机会，提高了浮选回收能力。②由于浮选的粒度下限与气泡的直径大小成正比，因此气泡尺寸的减小就相当于降低了浮选的粒度下限，因而微泡的形成是微细物料回收率提高的先决条件。③由于射流产生的微泡直径小，微泡周围多呈层流状态，使得微细物料容易吸附且不易脱落。正是由于微泡分选效果明显，越来越多的人致力于研究能产生微泡的气体发生器来改善浮选柱的浮选效果。

下面分别介绍三种新型微泡浮选柱，CPT浮选柱、CCF浮选柱和FCSMC旋流－静态微泡浮选柱。

1. CPT浮选柱

CPT浮选柱是由加拿大工艺技术公司(CPT)研制，其核心是它的空气分散系统，共有四种类型，其中最新的是SlamJet分散器和SparJet分散器。SlamJet分散器所需空气通过一组环绕浮选柱槽体的支管提供，分散系统共有若干根简单、坚固的气体喷射管，这若干根喷射管一般均匀地分布在浮选柱底部附近的同一截面上。每根管子配有一个独立的气动自动流量控制及门动关闭装置，该装置可保证喷射管在未加压或发生意想不到的压力损失时能保持关闭和密封状态，防止矿浆流入，确保气体分散系统不因堵塞而影响其正常运行。喷射管喷嘴有多种不同的型号可供使用，通过调整喷射管开启个数及喷射管喷嘴的大小，可调整浮选柱的供气压力、流量，确保柱内空气充分弥散。SlamJet在浮选柱运行的情况下都易于插入和抽出，检查、维修方便。

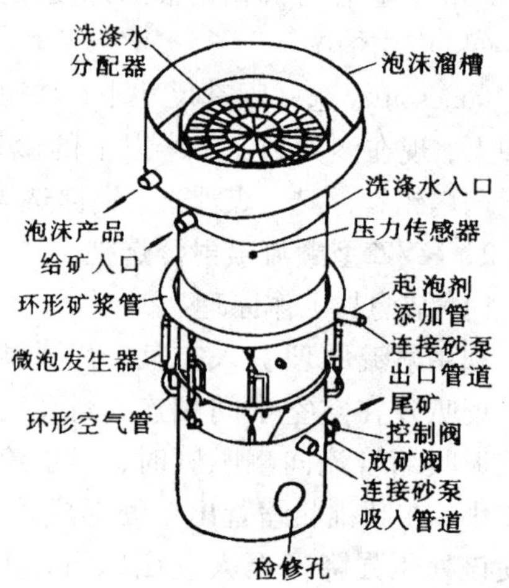

图9－27　微泡浮选柱

CPT浮选柱分选原理：经浮选药剂处理后的矿浆，从距柱顶部以下1～2 m处给入，在柱底部附近安装有可从柱体外部拆装检修的气体分散器。气体分散器产生的微泡，在浮力作用下自由上升，而矿浆中的矿物颗粒在重力作用下自由下降，上升的气泡与下降的矿粒在捕收区接触碰撞，疏水性矿粒被捕获，附着在气泡上，从而使气泡矿化。负载有用矿物颗粒的矿化气泡继续浮升而进入精选区，并在柱体顶部聚集形成厚度可达1 m的矿化泡沫层，泡沫层被冲洗水流清洗，使被夹带而进入泡沫层的脉石颗粒从泡沫层中脱落，从而获得更高品位的精矿。尾矿矿浆从柱底部排出，整个浮选柱保持在“正偏流”条件下工作。其结构如图9－28所示。

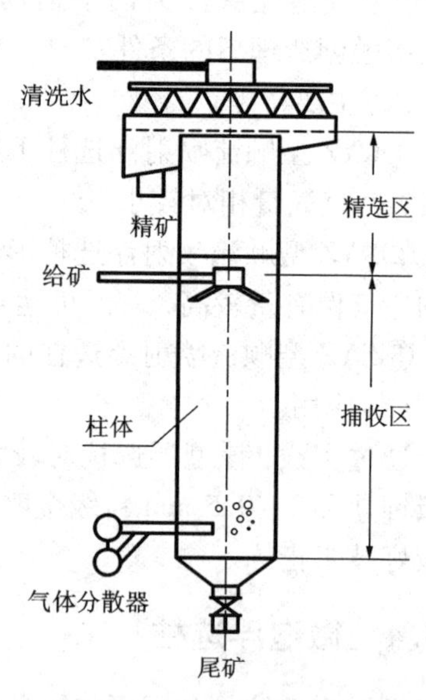

图9－28　CPT浮选柱

CPT浮选柱已应用于有色金属的浮选作业。例如江西铜业公司德兴铜矿大山选矿厂已成功应用CPT浮选柱对铜矿的浮选，浮选柱铜精矿品位比与之对比的机械浮选槽铜精矿品位平均提高了4.62%；铜和金的作业回收率分别提高了3.89%和4.06%；银和钼的作业回收率分别下降了0.81%和12.26%。

2. CCF浮选柱

CCF浮选柱是由长沙有色冶金研究设计院设计生产的一种充气型的浮选柱，其结构如图9－29所示。经浮选药剂处理后的矿浆，从柱顶下方的给矿口给入浮选柱体内。在浮选柱底部设有一个喷枪装置，它的主要作用是使气体分散呈微泡。微泡在浮力作用下自由上升，而矿浆中的矿物颗粒在重力作用下自由下降，上升的气泡与下降的矿粒在选别区接触碰撞，从而实现矿化过程。负载有用矿物颗粒的矿化气泡继续升浮而进入精选区形成稳定的泡沫层，并通过冲洗水的作用得到高品位的精矿，脉石尾矿则从柱底部排出。

这种浮选柱与其他浮选设备相比主要有以下几个特点：

(1)比常规机械搅拌式浮选机和短体喷射式浮选柱有更大的矿化区。前者的矿化区仅在转子周围的高剪切区，后者也仅在射流所及的范围内，而逆流式浮选柱从给料口到气泡入口的整个捕集区都是矿化带，所以容积利用率高，单位容积的处理能力也大。

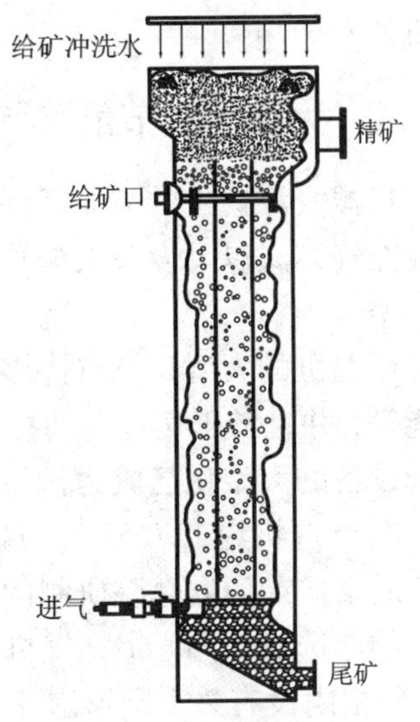

图9-29 CCF浮选柱

(2)矿物颗粒与气泡的碰撞及黏附概率大。机械搅拌式和喷射式浮选机的矿物颗粒和气泡高速甩出时运动方向基本一致，依靠紊流中两者间的速度差碰撞并实现黏附。但紊流不仅可使两者黏附，也可使两者脱离。且为了产生紊流要消耗很多能量，逆流浮选柱内颗粒和气泡的运动总体上是相向的，虽然运动的绝对速度较小，但相对速度却不小。由于紊流程度低、能耗低，颗粒和气泡的脱离概率也低。

(3)浮选柱产生的气泡分散度高、微细气泡多，因而同样的充气量可产生更大的气－液界面，与矿物颗粒有更多的碰撞机会，而且可产生多个气泡黏附于一个颗粒的气固絮团，减少了气泡和颗粒的脱落概率。此外大量微细气泡上升速度较慢，基本处于层流状态，造成与颗粒碰撞的有利条件，也提高了浮选速率和回收率。

(4)减少了杂质的含量。机械搅拌式浮选机的泡沫中常夹带较多的杂质，而逆流式浮选柱的湍流程度低，顶部又有淋洗水，迫使泡沫间夹带的各种脉石杂质排出，有利于生产最终精矿品位的提升。

CCF浮选柱已在金川铜镍硫化物选矿中进行了应用研究工作。通过试验发现，可有效提高精矿品位和回收率，镍精矿品位从4.18%到5.26%，提高了1.08%；镍回收率从27.30%到31.63%，提高了4.33%；富集比从2.65到2.75，提高了0.10；铜精矿品位从2.23%到2.56%，提高了0.33%；铜回收率从18.86%到25.39%，提高了6.53%；富集比从2.17到2.21，提高了0.04。同时降低精矿中杂质MgO的含量，从8.09%降到7.64%，下降了0.45%，较计划值下降了0.36%。同时对细粒级(－0.056＋0.008 mm)和微细粒级(－0.008 mm)进行研究发现，浮选柱对减少精矿中MgO的含量都有明显效果，尤其是细粒级和微细粒级中MgO的含量下降明显，分别下降了0.55%和0.054%。说明这种浮选柱在细粒级和微细粒级中可有效抑制杂质MgO的上浮。

9.6 浮选机的发展趋势

浮选机的发展主要侧重于两个方面：一是解决适于粗粒物料浮选的浮选机；另一是浮选机的大型化。此外，适于细泥浮选的浮选机也逐渐引起了重视。近些年来，随着世界范围内资源的枯竭和原生矿石不断的贫、细、杂化，对浮选机的研制提出了新的要求，也是今后浮选机的发展趋势。

9.6.1 大型化和节能降耗

机械式浮选机的节能降耗仍将是今后一段时间内研究的热点，通过改进叶轮结构设计、完善充气方式以及设备大型化，提高浮选效率，降低浮选机的单位能耗，减轻浮选设备零部件的磨损。

浮选机的大型化具有许多优点如：空气分散性好、基建费用低、磨损小和维护费用少、节能等，并且易于实现自动控制和管理，对于处理大量低品位原矿是非常有效的一种设备。浮选设备的大型化已成为国际潮流。芬兰 OK 型浮选机的最大单槽容积为 200 m^3，美国的 Wemco 浮选机为 127.5 m^3，瑞典的 Svedala 浮选机为 200 m^3。

北京矿冶研究总院研制的 KYF－160 型浮选机，单槽最大容积达到 160 m^3，是目前我国最大的浮选机。160 m^3 充气机械搅拌式浮选机槽体为圆筒形，槽体截面为圆形，矿浆分散均匀，每槽内设有 2 个圆形泡沫槽和 1 个泡沫锥，内泡沫槽兼有推泡作用，浮选泡沫溢流入泡沫溜槽内。KYF－160 型浮选机在金川集团有限公司进行了长时间的工业试验，工业试验系统指标与原流程生产的系统指标相比，在给矿镍品位低 0.07%、铜品位高 0.04% 的情况下，精矿镍品位高 0.24%、铜品位高 0.70%、氧化镁低 0.18%，尾矿镍品位低 0.014%、铜品位低 0.014%，镍回收率低 0.06%，铜回收率高 1.98%。KYF－160 型浮选机设备运行平稳，搅拌力强，槽内各区域矿粒分布均匀，无紊流现象，泡沫层稳定且厚度可达 60～160 mm，液位自动控制系统工作正常，控制精度满足工艺要求。

从现有技术和国内外市场需要来看，我国应在浮选机大型化方面加大研究开发力度，以适应国内大型选厂对浮选设备大型化的需要和提高国产浮选机在国际市场上的竞争力。另外研制大型浮选机的关键是解决矿粒及气泡在槽内保持良好悬浮、高度分散及合适的碰撞与附着，但又要避免矿浆液面过分扰动。为此，各种大型浮选机采用了不同的方式。

(1)采用某种矿浆循环方式。

如维姆科型采用星形转子配假底，促使矿浆在槽内下部循环；CHF－X14 型及丹佛 DR 型采用喇叭形或垂直循环筒，以促使矿浆在大容积浮选槽内垂直大循环，克服了矿浆分层和沉淀。

(2)采用串联式双机构。

如大型布思及丹佛－M 型在竖轴上距槽底不同深度设两个不同转子，上部大转子主要用于充气，下部小转子主要用于搅拌。

(3)采用并列的"双机构"或"多机构"。

如 CHF－14 型充气搅拌式浮选机的两槽背靠背联结并安装两个相同转子；阿基泰尔 No.120型在一个槽内并列安装了四个搅拌器。研究认为，多个并列小转子比一个大转子效果好，空气弥散、气泡分布及搅拌程度均能得到改善。

9.6.2 浮选柱矮型化

浮选柱的高度不仅决定浮选柱的造价、安装和运行费用，而且对分选效果，特别是精矿回收率有直接影响。早期浮选柱高度一般为 10～13 m，个别高达 17 m，由于发泡装置的改进和矿浆流动方式的改变，矿粒与气泡的碰撞、接触得到强化，浮选柱所需的高度大为降低。

矿物颗粒、气泡的大小与分布、充气速率、待浮矿物颗粒表面的疏水性、矿浆与气泡流动及混合方式对浮选柱的高度都有重要影响。单纯增加柱高，可以增加颗粒停留时间，但并不能有效增加回收率。同时，有资料表明浮选柱超过一定高度后，回收率会下降。近年来，加拿大已经在工业上成功应用了3～6 m高的浮选柱，挪威已设计、安装出柱高为5 m的"矮"系列浮选柱产品。

9.6.3 矿浆直流化给料

矿浆在浮选机内从一个浮选槽流向下一个浮选槽的方式分为两种：一种是两槽之间用中间室和调节液面装置隔开，矿浆经中间室溢流堰经管路流向后一槽底部，再由叶轮吸入，称为吸入(槽)式。另一种在浮选槽之间仅开一矩形孔，矿浆从前一槽可自由畅通流往后一槽，习惯上称为自流式或直流式结构。吸入槽式可调性好，便于根据矿石性质的变化进行调节，工艺灵活，适合于精选作业或多矿物混合的优先浮选作业。但当槽数多时，调节、操作、维修麻烦，不便于实现自动化。直流式结构由于有足够的开口断面让矿浆迅速通过，可适应矿浆流量大及快速浮选的要求，如粗选、扫选、混合浮选等。同时直流式便于操作、管理和控制，又节省吸浆动力，所以随选矿厂规模的不断扩大，浮选槽日趋大型化的同时，浮选机也趋于采用直流式结构。但同时正致力解决的问题是浮选机液面的水力坡度和矿浆串料，现多采用以下方法：

(1)在一系列浮选槽中若干个直流槽配一个吸入槽的槽体组合形式。

(2)浮选机按台阶安装，前几槽和后几槽保持固定落差。

(3)浮选机带有可调的活动溢流堰，根据矿浆量使浮选槽溢流堰高度从头部箱体到尾部箱体保持一定高差。

9.6.4 浮选柱发泡器外置化

浮选柱的气泡大小及结构由发泡器、充气速率以及起泡剂的性质和添加量等因素决定。发泡器是浮选柱最为关键的部件，其结构特点和性能直接影响浮选柱的浮选效率。

浮选柱的发泡方式主要有：①剪切接触发泡。高速流动的矿浆和气体以适当方式接触，如通过金属网充填介质产生气泡。②气体通过多孔介质，如微孔塑料、橡皮、帆布、尼龙、陶瓷管甚至卵石层发泡。③降压或升温发泡。空气在水中溶解度大约为2%，当降低压力(如真空浮选)或提高温度，溶解的气体析出产生气泡。④射流发泡。受压矿浆喷入，压力降到标准气压时，气流喷入矿浆或矿浆喷入气流均可产生适合浮选的气泡。⑤电解水产生气泡。⑥超声波发泡。

早期浮选柱多采用内部发泡器，如竖管形、炉条形、过滤盘式和砾石发泡器，在矿浆中尤其是高碱度矿浆中存在结垢堵塞且不便更换的弊端。后来人们致力于研究外部发泡器。例如多孔文氏管，其原理是当水高速通过小管时，管内压力低于大气压，空气自发进入并与水混合，在多孔介质的高速剪切作用下产生气泡。Minnovex可调间隙发泡器，通过控制气隙和气压腔的环状喷嘴射流形成气泡，具有耐磨、易于更换、在线调节喷嘴大小的优点，但其加工精度要求较高。

9.6.5 增大槽内矿浆通过叶轮的循环量

这有利于提高充气量，促进矿粒悬浮和浮选速度的提高。这也是一个值得注意的发展方向。如采用有定子循环孔、套筒循环孔和在定子盖板上设置的定子循环筒等。通过矿浆内部循环，槽内产生矿浆上升流，克服了分层与沉淀，粗粒浮选得到改善。

9.6.6 普遍采用浅槽

即深宽比小于1，且容积越大，深宽比越小。浅槽形充气量大，功耗低，矿浆不易产生分层，有利于提高浮选粒度上限，故目前趋向于采用浅槽。浅槽的关键是保证液面稳定。目前常采用下列方法：一是将搅拌区和浮选区分开，使激烈的搅拌只限于搅拌区；二是在槽内采用特殊形状的叶轮，以产生特殊的矿浆流动形式，如用伞形叶轮产生W形矿浆流；三是槽内采用多种稳流、导向叶片，阻止矿浆在槽内旋转。

9.6.7 无机械搅拌式迅速发展

尤其是20世纪60年代后，中国、苏联、加拿大、澳大利亚、美国、波兰等国先后出现各种浮选柱和气体析出式浮选机，它们都具有构造简单、处理量大、电耗低等一系列优点。近几年，浮选柱成为研究的热点。此方面的研究热点主要有以下几个方面：

(1)新型可靠的气泡发生器，充气材料的研制，使充气方式多样化。

(2)柱体矮型化，构思新的矿化碰撞模式，取代常规高柱中的捕集区，实现理想的紊流矿化，静态分离浮选条件。

(3)结合电、磁、真空等技术，开发新型的浮选柱，使其在浮选柱中加以综合采用，提高选别效果。

(4)研究各类碰撞矿化机理，建立数学模型，用于合理化设计和按比例放大，缩短新型浮选柱从实验室走向工业应用的时间。

(5)浮选柱的应用范围越来越广，不仅用于矿物的分离、提纯，还用于污水处理，纸浆脱墨等新领域，处理粒度范围也从中、细粒拓展到粗粒。

(6)浮选柱工业应用向大型化发展，节能降耗仍是今后相当长时期的研究热点。

9.6.8 自动化

加强浮选过程自动控制的研究，研制先进实用的检测仪表，实现对液面等控制过程参数的自动控制，逐步实现全流程的计算机自动控制。这就要求浮选机工作可靠、零部件使用寿命长，并且浮选机要便于操作、控制，其操作装置必须具有程序模拟和远程控制能力。可以预测：过程检测技术、数学模型和仿真、控制理论、方法以及计算机技术的发展，必将直接推动选矿自动化的进步，最终使整个选厂的各个生产环节的控制系统通过信息网络，直接和高层信息管理系统相连，从而根据综合经济效益不断优化生产过程的操控，增强浮选效果和提高经济效益。

9.6.9 特种化

由于矿石日趋贫、细、杂，并且矿石性质越来越复杂多样化，这就要求浮选机也要具有相应的特种形式。适用于不同粒度矿物的浮选设备将成为一个研究热点。浮选机的特种化发展方向应从以下方面加大研究发展力度：

(1)矿物粒度方面：加强粗、细粒浮选机的进一步研制，加强针对适应具体矿石某一特定粒级浮选的浮选机的研制。细粒浮选机主要研究难点集中在增强浮选机对不同粒级矿物浮选的适应性、复杂力场的引入方式、提高细粒和微细粒矿物的分选效率等方面。粗粒浮选机研究则主要集中在为粗粒矿物提供理想的悬浮条件上。

(2)不同矿物选别方面：针对适应具体某一矿物研制特定的浮选机，如磷浮选机、煤浮选机等。

(3)矿用浮选机改进后在其他领域的应用：积极研制改进矿用浮选机以适应在废水处理、脱墨等环境保护领域的应用。

9.7　浮选工艺过程的辅助设备

浮选工艺过程的辅助设备主要包括调浆设备和浮选药剂的添加及乳化装置。

9.7.1　调浆设备

浮选入料必须有合适、稳定的浓度，且有些药剂与矿浆必须有一定的接触时间，因此浮选前应设置调浆设备。调浆设备主要包括搅拌桶和矿浆准备器。

1. 搅拌桶

(1)结构及工作原理。

矿浆预先准备通常是在搅拌桶(槽)中进行。搅拌桶是用钢板制作的圆筒形槽，圆桶上部安装传动机构，圆桶中央的垂直轴下端有搅拌叶轮(片)。在垂直轴的外围有接受矿浆的套管，套管上设有分管，矿浆在搅拌作用下，经过这些分管循环，搅拌后的矿浆由溢流口溢出至浮选机进行浮选。搅拌桶结构如图9－30所示，搅拌工作原理如图9－31所示。

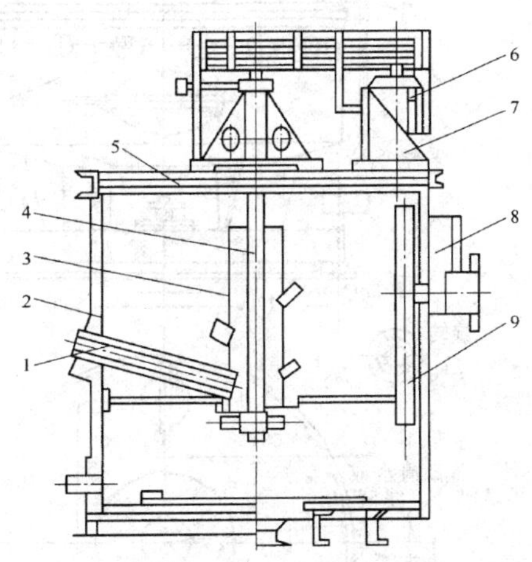

图9－30　XB型搅拌桶(槽)

1—给矿管；2—桶(槽)体；3—循环筒；4—传动轴；5—横梁；6—电动机；7—电动机支架；8—溢流口；9—粗砂管

搅拌桶主要作用是保证矿浆与药剂有足够的接触与作用时间，同时还起到缓冲、分配、搅拌或提升矿浆的作用。它的生产能力由桶体容积、矿浆浓度以及矿粒与药剂所需接触搅拌时间所决定。

(2)分类。

搅拌槽是浮选生产工艺中不可缺少的设备，根据用途不同可分为矿浆搅拌槽、搅拌贮槽、提升搅拌槽和药剂搅拌槽等四种。

矿浆搅拌槽用于浮选作业前的矿浆搅拌，使矿粒悬浮并与药剂充分接触、混匀，为选别作业创造条件。矿浆搅拌槽在浮选厂使用最多且广泛。根据搅拌矿浆性质及要求悬浮程度不同，其结构上略有差异。如一般强度的搅拌常采用单叶轮无循环筒结构，叶轮转速较低；需高强度搅拌的矿浆则采用循环筒结构或多叶轮结构，叶轮转速高；高浓度矿浆的搅拌则采用大直径或大循环筒式搅拌槽。

搅拌贮槽用于矿浆搅拌和贮存，不仅在选厂应用，其他行业也使用。在黑色、有色金属精矿及煤浆采用管道输送时，也需采用大型搅拌贮槽。

提升搅拌槽既有搅拌又有提升作用，提升高度可达1.2 m。用于配置矿浆自流高差不足，或者矿浆量少不适宜泵送时搅拌和提升矿浆。

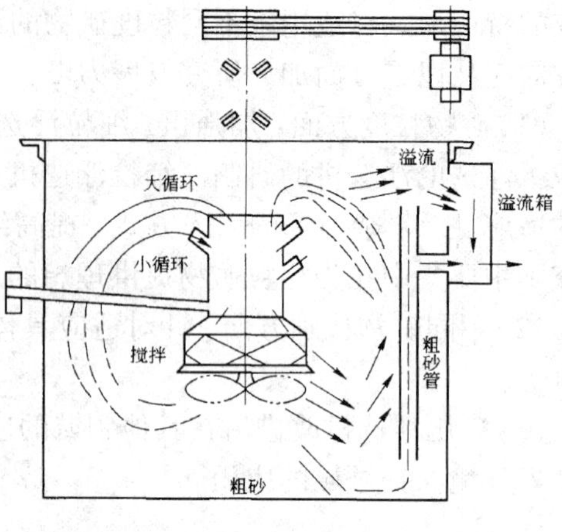

图9－31　XB型搅拌桶的工作原理

药剂搅拌槽用于浮选厂配制各种药剂。

2．矿浆准备器

矿浆准备器的作用与搅拌桶相同，但结构已改变，如图9－32，故效果也更好些。工作时

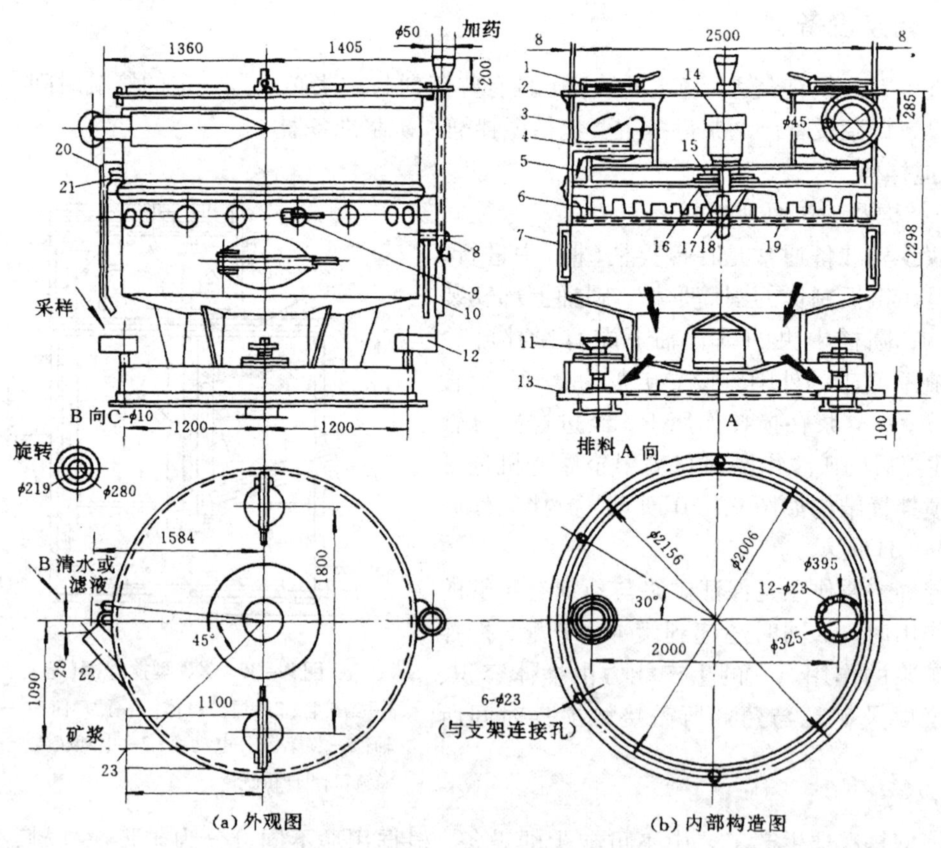

(a) 外观图　　(b) 内部构造图

图9－32　2.5 m直径矿浆准备器

1—观察孔；2—顶盖；3—上桶体；4—上环形槽；5—下环形槽；6—矿浆分散槽；7—人孔；8—给药管；9—清理孔；10—回药管；11—阀门；12—接料漏斗；13—下桶体；14—电动机；15—上盘；16—下盘；17—药剂出口；18—起雾盘；19—矿浆分布盘；20—取样管；21—排污管；22—清水或滤液管；23—进浆管

矿浆沿筒体侧壁切线方向给入(浓度大时加入部分清水或滤液)，在上环形槽内流动并混合，上环形槽的矿浆溢流进入下环形槽，进一步分散后进入扇形分散槽，在分散区分成若干股矿浆流后流入浮选机。药剂经由给药漏斗和油管喷嘴给入药剂雾化装置的起雾盘底面中央，圆盘高速旋转时产生负压，将药剂吸附在圆盘的底面上，在离心力的作用下，向外扩展，形成薄膜，被圆盘边缘的锯齿切割成液滴，沿切线方向分散在桶体内形成微小油珠，与分散槽分散的多股矿浆均匀混合后再经底部排料管流去浮选。未雾化的药剂经回药管回收后循环使用。矿浆准备器直径有 2 m、2.5 m、3 m 等几种规格，其处理能力比搅拌桶可提高 50%，节电和节药达 2/3 和 1/3。但药剂乳化器在桶内检修不便，扇形分散槽排料端狭窄，易堵塞。

9.7.2 药剂的添加及乳化装置

1. 药剂添加装置

药剂添加装置主要是给药机，给药机是为浮选加药用的，一般干粉药剂用带式或盘式给药机。液体或需溶解于水的药剂的给药机有各种不同的构造，而其中最常用的有以下几种。

(1)轮式给药机。

常用于油类或油状药剂，给药轮在装满药剂的容器内慢慢旋转，药剂成薄层黏附在金属轮表面上，然后被刮板刮下。调节给料轮的转速和刮板宽度可调整给药量。

(2)杯式给药机。

常用于计量要求不高的药剂添加时用。杯式给药机结构见图 9－33。这种给药机是在一个装满药剂溶液的容器(箱子)里旋转的圆盘上安装给药杯，圆盘旋转时带动给药杯装药(上部)和排药(下部)，给药量靠调节药杯的倾斜或大小来确定。杯式给药机适用于较黏的药剂原液，如 25 号黑药、松醇油等的给药。

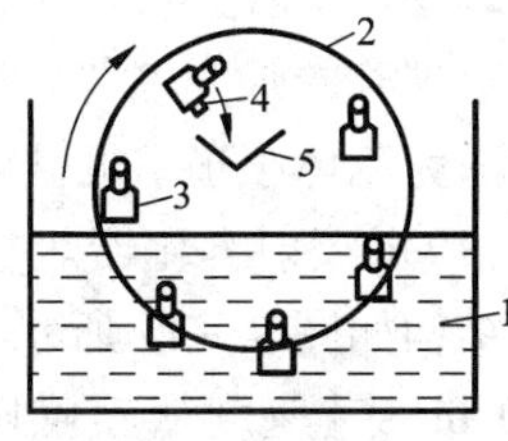

图 9－33 杯式给药机

1—药箱；2—转盘；3—小杯；4—横杆；5—流槽

(3)箕斗式给药机。

类似于小型斗式提升给料机，斗子在浸入液体药剂时装满药剂，上升至一定位置倾斜排药。

(4)虹吸式给药机。

用于添加液体药剂，它是在保持定量药剂的盛药容器中插入虹吸管，利用虹吸原理，吸出药剂，可以在保持给药液位恒定的同时，通过人工调节虹吸管的夹紧程度，进而测定调节和保持药液流量，其结构简单，常自行制作。目前，小型选厂常使用的普通虹吸式给药机见图 9－34。

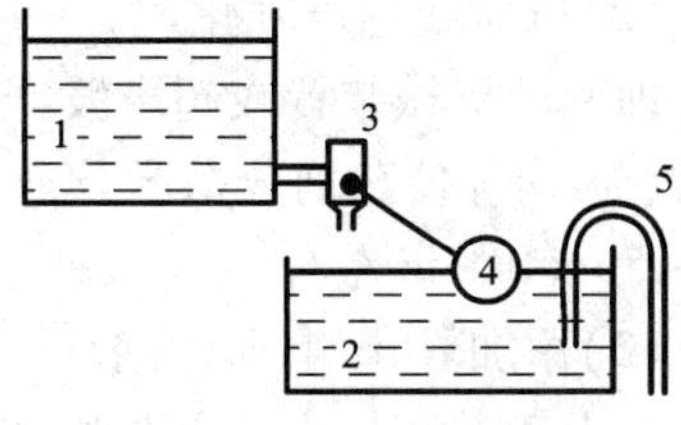

图 9－34 虹吸式给药机

1—药剂池；2—给药箱；3—浮球阀；4—浮球；5—虹吸管

(5)电子自动给药机。

电子自动给药机结构示意图，见图 9－35。它采用浮球法控制给药液面恒定，然后控制药管出口处电磁阀的开启时间，药量的大小与活动球阀的开启时间成正比。只要控制系统控制调节电磁球阀在固定的加药周期中的开启时间，就能调节加药量的大小。

电磁活动球阀结构主体是一个尼龙制的阀体，阀门由钢柱体和一个有磁性的不锈钢组成。线圈通电时阀开启，断电时钢球下落堵住阀口，使其关闭。采用一台电子计算机可同时控制多个电磁阀。电子自动给药机优点是使用方便，给药准确，可详细记录各种药剂的用量，有利于提高浮选技术指标和生产管理水平，适用于大中型选矿厂。

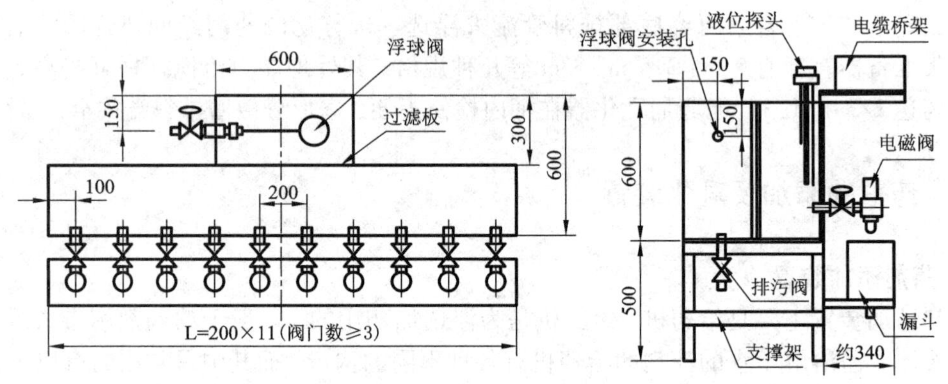

图 9-35　PLC 程控电子自动给药机(尺寸单位：mm)

其他给药装置：选厂在实际生产中，自制或改进了很多给药装置以满足生产需要。

2．药剂乳化装置

对难溶的烃类油等，为提高药效和降低用量，可先乳化，再与矿物表面作用。常用的乳化方法为流体喷射、机械或超声乳化及添加乳化剂等。

(1)水喷射乳化器。

结构如图 9-36 所示，压力为 10^5 Pa 左右的清水以 20 $m \cdot s^{-1}$ 速度从喷嘴喷出时在乳化器内腔形成负压，药剂吸入乳化室后由高速水流冲击和切割分散成直径 5～20 μm 的小油滴，在混合室内形成乳浊液。在浮选指标相同时乳化可降低药耗 25% 左右。为保证乳化效果，乳化器内真空度应在 8×10^4 Pa 左右。

(2)机械或超声乳化。

即利用机械装置或超声波产生的强烈搅拌、切割、冲击、振动等使药剂分散乳化。超声波频率可在 $20 \times 10^6 \sim 50 \times 10^6$ Hz 左右。

(3)添加乳化剂、增溶剂。

与上述方法相比，该法更为简单、有效，实际上可作为上述方法的辅助措施来提高乳化液的稳定性。添加的乳化剂一般为表面活性物质，如烷基磺酸钠，添加后可使油水表面张力降到原来的几十分之一，使油类以微细粒稳定分散在水介质中，形成水包油型乳状液。乳化剂可使乳化油滴直径比未乳化的小 90% 左

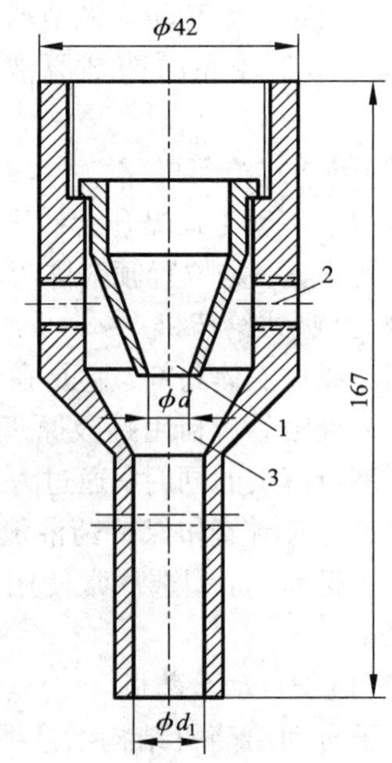

图 9-36　水喷射乳化器

1—喷嘴；2—药剂入口；3—混合室

右，并保持稳定地分散。增溶剂则可使难溶药剂提高溶解效果，如用煤油溶解油酸，松油溶解脂肪胺。

(4)气溶胶加药。

气溶胶是药剂乳化在气体中的一种胶体体系。油滴粒度在10～50 μm之间，其实质和乳浊液相同，差别是分散介质不同。气溶胶一般是通过机械法或高压法实现的。机械法是将药剂直接加入高速旋转的转子中，高压法是将药剂通过10^8 Pa左右高压空气直接压入矿浆，使药剂立即分散成直径1 μm左右的雾珠与矿物作用，但油珠也不宜太小。

9.8 浮选机的操作

9.8.1 浮选机操作的调节

浮选机工作时应根据原料性质、处理量、产品要求、设备磨损情况等作适当调节，主要包括矿浆液面高低、充气量、矿浆循环量及搅拌机构间隙等的调节。叶轮转速虽影响很大，但一般不进行调节。

(1)矿浆液面高低。

通常由尾矿堰闸口高低控制，有中矿箱时其闸口大小控制各槽液位。在保证精、尾矿质量前提下应适当加大闸门，使处理量提高。但闸口过大时液面低，泡沫层厚，刮泡深度控制不好时已矿化的气泡不能及时刮出会造成精矿损失。反之液面太高时泡沫层薄，二次富集差，部分未矿化的脉石颗粒易进入精矿。

(2)充气量。

充气量太大时液面翻花，没有平稳的泡沫层，会恶化浮选效果；但充气量不足时，部分有用矿物不能及时附着于气泡浮出，影响处理量，造成精矿损失。压入式浮选机充气量可通过调节空气压入量进行调节，自吸式浮选机空气一般通过套筒或套筒与空心轴同时进入，此时进气量将影响进浆量，应注意调整进气量和进浆量，通常套筒和空心轴的进气量是通过其端部的盖板或端板来调节的。套筒进气量对吸浆量影响较小，空心轴进气量对吸浆量影响较大，应在保证充气量的前提下，同时考虑吸浆量。

(3)循环孔面积。

循环孔面积会影响矿浆循环量和吸气量。增大循环孔面积可增加矿浆再次矿化机会，但也增加电耗、磨损及矿粒的粉碎，应根据产品质量和浮选机处理量，调整循环孔面积，使之有合适(较小)的循环量。可将部分循环孔堵住，或将每个循环孔堵住一部分，同时也应注意定期清除非人为堵在循环孔上的杂物。

(4)搅拌机构间隙。

叶轮长时间工作会使搅拌机构磨损，使叶轮和定子间间隙加大，会同时减少吸气量和吸浆量。一般通过轴承座和套筒间的调节垫片来调整叶轮和定子之间的轴向间隙。径向间隙较难调整，间隙过大无法调整时应更换叶轮或定子。

9.8.2 浮选机性能的测定

浮选机的测定主要是检查浮选机的实际工作性能，通常包括充气性能、加料性能、动力性能和其他指标的测定。

(1)充气性能。

包括充气量、充气均匀度、充气容积利用系数和气泡弥散度(气泡直径测定)，这在前面已经介绍。这些都是在清水中测定的，故称为浮选机的清水性能。

(2)加料性能。

如矿浆通过量、干矿处理量、精矿、尾矿的数量、质量指标等，用于检查浮选机的实际生产能力和分选效果。矿浆通过量可用流量计或简易法测定(可参考水力学中的堰流量计、弯头流量计等)，而干矿处理量是由矿浆通过量及矿浆浓度计算求得的。精矿、尾矿的数量、质量指标通过实际测定精、尾矿数量、质量求得。

(3)动力性能。

即动力指数，指浮选机每消耗 1 kW · h 能量所获得的空气输入量。可根据浮选机消耗的功率 N(kW)、浮选机的充气面积 S(m^2)和浮选机充气量 q($m^3 \cdot m^{-2} \cdot min^{-1}$)，按下式计算：

$$\text{动力指数} = \frac{qS}{N}$$

国内所用的浮选机动力指数在0.08～0.4之间。

(4)其他指标。

包括药剂消耗量等，但这些不作为主要的评价指标。

习　题

9－1　简述对浮选机有何要求。

9－2　简述浮选机的充气过程和气泡生成方式。

9－3　何为矿浆充气程度？其影响因素是什么？如何评价？

9－4　简述浮选机的分类，各种浮选机的主要区别和特点。

9－5　简述机械搅拌式浮选机的结构特点。

9－6　简述浮选柱与常规浮选机的区别。

9－7　简述充填介质浮选柱的结构工作原理、主要特点及影响其工作性能的因素。

9－8　简述詹姆森浮选柱的结构工作原理、主要特点及影响其工作性能的因素。

9－9　简述喷射型浮选柱的充气原理及特点。

9－10　简述微泡浮选柱的结构工作原理、主要特点及影响其工作性能的因素。

9－11　简述国内外浮选机的发展趋势。

9－12　浮选工艺过程中调浆设备的主要作用是什么？

9－13　浮选机操作调节时主要包括哪几个方面？

第10章　硫化矿浮选实践

10.1　硫化铜矿浮选

10.1.1　硫化铜矿床特征及矿物可浮性

铜矿资源主要赋存于斑岩铜矿、含铜砂岩铜矿、含铜黄铁矿铜矿和硫化铜镍矿四种矿床中，其中斑岩铜矿床居首位，占总储量的60%以上。许多万吨级的大型选矿厂大都是处理斑岩铜矿，美国和秘鲁90%的铜都来自斑岩铜矿。

20世纪以来，美国、加拿大、智利等产铜大国新建和扩建了一批现代化大型铜选厂，如美国新建成的1.21×10^5 t·d^{-1}可伯顿(Copperton)选矿厂、加拿大高地谷(Hoghland Vally) 1.33×10^5 t·d^{-1}选矿厂和智利埃斯坎迪达(Escondida)3.5×10^4 t·d^{-1}选矿厂。我国也在江西德兴建成6.0×10^4 t·d^{-1}选矿厂，给世界铜工业带来了勃勃生机，使铜选矿技术得到进一步发展。

铜矿石的工业类型，有不同的分类方法：

(1)按矿石中氧化铜矿物相对含量可分为氧化铜矿石(氧化率>30%)，混合硫化－氧化铜矿石(氧化率10%～30%)，和硫化铜矿石(氧化率<10%)。

(2)按矿石的构造可分为块状(致密状)铜矿石和浸染状铜矿石。

(3)按矿石中的有价组分可分为单一铜矿石和复合铜矿石(如铜硫矿石、铜镍矿石等)。

以矿石中的有价组分为基础，结合选矿工艺，可将硫化铜矿石分为三类，即单一硫化铜矿石、铜硫矿石和铜铁矿石(见表10－1)。

表10－1　硫化铜矿石的类型

矿石类型	回收的有价成分	矿　石　特　点	可选性	矿床类型
单一硫化铜矿石	铜	含黄铁矿少，铜矿物较单一，嵌布粒度有粗有细，较简单，氧化率不等	易	斑岩铜矿床；含铜砂岩矿床；脉状铜矿床；层状铜矿床
铜硫矿石	铜、硫	含黄铁矿较多(15%～90%)，铜矿物复杂，嵌布粒度细，含有铅锌等杂质	难	含铜黄铁矿床；矽卡岩铜矿床
铜铁矿石	铜、铁(硫)	含氧化铁较多(15%～70%)，黄铁矿较少。铜矿物较复杂，且嵌布粒度细，有的含矿泥较多	易	矽卡岩铜矿床

关于铜锌矿石、铜铅锌矿石、铜镍矿石、铜钴矿石、铜钼矿石等因它们的选矿工艺差别较大，将分别在其他各节中叙述。

硫化铜矿石一般都比较好选。但由于在同一种矿石中常常含有几种铜矿物，这些铜矿物在含铜量、过粉碎现象、与氧化矿捕收剂和调整剂的相互作用以及浮选最佳 pH 的要求等方面都存在着一定的差异，所以，矿石中铜矿物种类对选矿指标有一定的影响，有时甚至影响很大。例如，矿石中含辉铜矿和自然铜多时，精矿品位就容易提高，有的甚至高达 70%以上。

在硫化铜矿石中，或多或少地含有一些硫化铁矿物。其含量的大小、可浮性及其与硫化铜矿物的共生关系等都直接影响铜的浮选指标，这是浮选硫化铜矿石常遇到的问题。

硫化铜矿石也常常含有一定数量的金和银，有的还含有钼、钴、铼、铟、铋、硒、碲等元素，量虽不多，但有较高的经济价值，在选冶过程中应该综合回收。对于矿石中所含的砷、锑、磷、锰等有害杂质，则应在选冶过程中除去。

硫化铜矿石中常见的脉石矿物主要为石英，其次为方解石、重晶石、白云石、绢云母、长石、绿泥石等。铜铁矿石中则以石榴子石、透辉石和阳起石等矽卡岩脉石为主。含镁矿物和有绿泥石化、绢云母化的原生矿泥因其对浮选指标的影响较大，所以在制定浮选流程和选择药剂时应详加考虑。

金属硫化矿物在水溶液中磨碎后，由于氧的作用，硫化矿物最外层的硫离子被氧化形成 S_xO_y 离子，同时使表面上的金属原子或阳离子暴露出来，它们吸附矿浆中游离的硫代化合物类捕收剂，增强矿物表面的疏水性，从而能够浮选。硫化铜矿物最容易从矿浆中吸附硫化矿物捕收剂，使表面具有较强的疏水性。所以，硫化铜矿物一般易浮选。

一般认为，铜离子是直接影响矿物表面对捕收剂吸附的主要因素。铜矿物含铜越富，铜矿物表面的铜离子密度越大，对捕收剂的吸附活性就越高，矿物的可浮性越好。据此可知主要硫化铜矿物的浮选难易顺序可排列为：辉铜矿 > 铜蓝 > 斑铜矿 > 黄铜矿 > 砷黝铜矿。

主要的硫化铜、铁矿物及其可浮性如下：

黄铜矿 $CuFeS_2$，含 Cu 34.57%，是主要的铜矿物。黄铜矿在中性及弱碱性介质中，能较长时间保持其天然可浮性，但在强碱性（$pH>10$）介质中，由于表面结构受 OH^- 侵蚀，形成氢氧化铁薄膜，其天然可浮性下降。在矿床表面的黄铜矿，因长期受氧化，硬度变小，易过粉碎，所以其可浮性变差。

浮选黄铜矿最常用的捕收剂是黄药、黑药、硫氮类及硫胺脂类。在国外，有人用异硫脲盐、丁黄烯酯等取代黄药浮黄铜矿。

黄铜矿在碱性介质中，易受氰化物及氧化剂的作用而受到抑制。例如，在铜铅分离时，常用氰化物抑制黄铜矿；铜钼分离时，使用氧化剂使黄铜矿受抑制的方法，也已得到应用。

辉铜矿 Cu_2S，含 Cu79.6%，是最常见的次生硫化铜矿物，性脆，容易过粉碎泥化。

辉铜矿在酸性和碱性介质中，都有较好的可浮性，硫化矿物捕收剂都可作为其浮选捕收剂，黄药是其主要捕收剂。由于辉铜矿中铜硫结晶的晶格能较小，铜离子半径小，硫离子半径大，易于暴露受到氧化，所以辉铜矿比黄铜矿易氧化。氧化以后，有较多的铜离子进入矿浆。这些铜离子的存在，会活化其他矿物，或者消耗药剂，造成分选的困难。

辉铜矿的抑制剂是 Na_2SO_3、$Na_2S_2O_3$、$K_3Fe(CN)_6$ 和 $K_4Fe(CN)_6$。大量的 Na_2S 对辉铜矿也有抑制作用。氰化物对辉铜矿的抑制作用较弱，这是因为辉铜矿表面铜离子不断溶解且与氰化物作用，因而使氰化物失效。只有不断加入氰化物，才能达到抑制的目的。

斑铜矿 Cu_3FeS_4，化学成分不固定，按分子式计算含 Cu 63.3%，有原生和次生两种。

斑铜矿的表面性质及可浮性介于辉铜矿和黄铜矿之间。用黄药做捕收剂时，在酸性及弱碱性介质中均可浮，当 $pH > 10$ 以后，其可浮性下降。在强酸性介质中，其可浮性也显著变坏，容易受氰化物抑制。

铜蓝 CuS，分子式合理的写法是 $Cu_2S \cdot CuS_2$。在铜蓝中铜和硫均有两种不同的离子，它们分别为 Cu^{2+}、Cu^{+} 和 S^{-}、S^{2-}。铜蓝的可浮性与辉铜矿相似。

砷黝铜矿 $3Cu_2S \cdot As_2S_3$，属原生铜矿。它是等轴晶系结晶，实际上不解离。有很多同分异构体。硬度小，脆性高，容易过磨泥化。砷黝铜矿中，含有与 $[SO_3]^{2-}$ 络阴离子相似的 $[AsS_3]^{3-}$，容易氧化。

用丁基黄药浮选砷黝铜矿时，最适宜的 pH 是 11～12。介质调整剂用碳酸钠比用石灰好，因为当游离 CaO 高于 400 g/m^3 时，对砷黝铜矿有抑制作用。在硫化钠用量较低（30 $mg \cdot L^{-1}$）时，硫离子可以硫化被氧化了的表面，则可以改善其可浮性，但提高用量，可以完全抑制砷黝铜矿的浮选。

对硫化铜矿物的可浮性，可以归纳出以下几条规律：

（1）凡是不含铁的硫化铜矿物，如辉铜矿、铜蓝，可浮性相似，氰化物、石灰对它们的抑制作用较弱。

（2）凡是含铁的硫化铜矿物，如黄铜矿、斑铜矿等，在碱性介质中，易受氰化物和石灰的抑制。

（3）黄药类捕收剂阴离子，主要与矿物表面的阳离子 Cu^{2+} 起化学吸附，所以表面含 Cu^{2+} 多的矿物，与黄药作用强。

（4）硫化铜矿物的可浮性，还受到结晶粒度、嵌布粒度和原生、次生等因素的影响。结晶及嵌布过细的，比较难浮。次生硫化铜矿容易氧化，比原生铜矿难浮。

黄铁矿 FeS_2，含 S 53.4%，在硫化矿中分布很广，因而经常遇到黄铁矿与其他硫化矿的分离问题。

黄铁矿晶格中，两个硫离子成对地组成阴离子团 $[S_2]^{2-}$。黄铁矿破碎时，常呈现完整的结晶，其新鲜解离面亲油疏水。在含氧的水中 S^{2-} 氧化成 SO_3^{2-}。在碱性介质中，Fe^{2+} 会很快氧化成 Fe^{3+}，而一部分 SO_3^{2-} 氧化成 SO_4^{2-}，但溶液中也有 FeS_2 存在。黄铁矿表面的轻微氧化，其可浮性提高，而过度氧化，则可浮性下降。

黄铁矿的表面状态，与矿浆 pH 有关，在强酸性（如 $pH = 2$）介质中，它的表面可能产生 $FeS_2 \longrightarrow FeS + S^0$ 的反应，元素硫可提高其表面疏水性。在石灰造成的强碱性介质中，黄铁矿表面罩盖有 FeO(OH)，可浮性受抑制。

黄铁矿的捕收药剂主要是黄药，在 pH 小于 6 的介质中易浮。用黑药作捕收剂时，对于清洗过的黄铁矿，在 pH 小于 3.5 时，才能在其表面形成疏水的罩盖。对于没有清洗过的黄铁矿（矿浆中有铜、铁离子），在广泛的 pH 范围内，都可吸附黑药。对黄铁矿的捕收力，黑药比黄药弱。黄铁矿的抑制剂是氰化物和石灰。黄铜矿、闪锌矿与黄铁矿的分离，主要是用石灰做黄铁矿的抑制剂。

黄铁矿的矿床成因、化学组成和结晶构造，对其可浮性有很大影响。例如，S/Fe 接近 2，结晶完整的，往往在酸性介质中易浮，在强碱性介质中受石灰抑制；S/Fe 偏离 2 时，则可浮性降低；有些结构不完整的，在酸性介质中，可浮性变坏，在碱性介质中不受石灰抑制。

被抑制的黄铁矿，可用硫酸降低 pH 进行活化，也可以用碳酸铵、硫酸铵、碳酸钠或者二氧化碳活化。活化时常加硫酸铜。

磁黄铁矿 $Fe_{1-x}S$($x=0.1\sim0.2$ 之间)，容易氧化和泥化，是比较难浮的硫化铁矿物。在碱性和弱酸性矿浆中浮选磁黄铁矿，要先用 Cu^{2+} 离子活化，或者用少量硫化钠活化，再用高级黄药捕收。

磁黄铁矿的抑制剂有石灰、氰化物和碳酸钠等。在特殊情况下，可用高锰酸钾，如毒砂或者镍黄铁矿与磁黄铁矿分离时，可用高锰酸钾抑制磁黄铁矿，而用硫酸铜或者硫化钠活化毒砂、镍黄铁矿。

磁黄铁矿在矿浆中氧化时，会消耗矿浆中的氧。而矿浆中的氧对硫化矿的浮选是很重要的。矿石中有磁黄铁矿时，用黄药浮其他硫化矿，在氧与磁黄铁矿反应之前，其他硫化矿不浮，而且只有矿浆中剩余有氧，使其他硫化矿表面部分氧化，才能使它们浮游。因此，矿石中有磁黄铁矿的硫化矿浮选时，矿浆搅拌充气调节显得十分重要。磁黄铁矿的活化剂，还有硫酸铜、氟硅酸钠和草酸等。

白铁矿 FeS_2，化学成分与黄铁矿相同，但结晶不同。黄铁矿为等轴晶系，白铁矿是斜方晶系。白铁矿可浮性与黄铁矿相似，但比黄铁矿好。几种硫化铁矿用黄药捕收的可浮性顺序是：白铁矿 > 黄铁矿 > 磁黄铁矿。

10.1.2 单一硫化铜矿的选矿

1. 矿石特性

单一硫化铜矿是指可供选矿回收的目的矿物主要是硫化铜矿物的矿石。通过选矿只得到铜精矿一个产品。单一硫化铜矿石的矿物组成简单。铜矿物主要有黄铜矿、辉铜矿、斑铜矿、铜蓝及少量的氧化铜矿物。脉石矿物随矿床类型而异，主要有石英、方解石、长石、白云石、绢云母、绿泥石等。硫化铜矿物和脉石矿物的可浮性差异较大，所以单一硫化铜矿比较好选。但浮选指标受下列因素制约：

(1)矿石的氧化率。

硫化铜矿石中或多或少含有一定数量的氧化铜矿物。由于氧化铜矿物的可浮性差，要求的选矿工艺条件与硫化铜矿物不同，其含量的多少直接影响最终浮选结果。云南某铜矿选矿厂，当原矿的氧化率约为70%时，回收率只有70% ~75%，精矿品位15%；但当氧化率降到25%左右时，回收率可达到88%，精矿品位17% ~18%。另外随矿石氧化率增加，往往含泥量增加，也影响浮选指标。

(2)矿石的结构与构造。

单一硫化铜矿因产状不同，其结构构造变化较大，致使铜矿物与脉石的单体分离有难易之分，磨矿浮选流程有简单与复杂之分，从而影响浮选结果。一般说，石英脉铜矿床的矿石，嵌布粒度较粗，粗磨即可获得良好的浮选指标；呈网脉状、细粒不均匀浸染的铜矿石，需要细磨才能得到较好的浮选指标。这类型矿石，磨矿细度是影响浮选指标的关键。

2. 浮选流程

单一硫化铜矿石的浮选流程简单，主要有三种。

(1)一段磨矿浮选流程。

该流程适于处理铜矿物嵌布粒度较粗且均匀，铜矿物与脉石结合较疏松，接触边缘呈光滑、平坦状的矿石。通常磨矿细度达到 -0.075 mm 50% ~60%，铜矿物就基本单体解离，经过粗选、扫选、一至三次精选就可获得较好的浮选指标。这种流程简单，选矿成本低，在中小型铜选矿厂用得较多。

(2)一段磨矿—浮选—粗精矿再磨流程。

这是世界上处理斑岩铜矿的单一硫化铜矿石或铜钼矿石常用的流程。根据铜矿物的嵌布特性，原矿经一段磨矿至 -0.075 mm 40% ~70%，通过粗选、扫选，可丢弃大量尾矿。粗精矿经再磨后，进行二至三次精选得到最终铜精矿。此流程的特点是当原矿品位低，处理量大时，选矿厂可获得较好的经济效益。我国德兴铜矿选矿厂等证实了这一流程的合理性。

(3)两段磨矿—两段(或一段)浮选流程。

对于粗细不均匀嵌布的铜矿石，需要将矿石磨至 -0.075 mm 80%以上才能使铜矿物大部分单体解离。这时，两段磨矿不论在磨矿效率或防止铜矿物的过粉碎方面都比一段磨矿直接磨细好。当原矿中粗粒铜矿物较多时，用两段磨矿—两段浮选，矿石经一段粗磨后即可浮选出粗粒的铜矿物，避免过粉碎；矿石中粗粒铜矿物较少，可采用两段磨矿一次浮选流程。

3. 浮选药剂

单一硫化铜矿的浮选通常在中性或弱碱性介质中进行。主要用石灰作调整剂，浮选矿浆 pH 随矿石中黄铁矿的含量和黄铁矿的活性而变化。常用的捕收剂是黄药、黑药、硫氨脂类，生产中将黑药和黄药、低级黄药和高级黄药、黄药和硫氨脂类药剂混合使用，能获得较好的浮选效果。常用的起泡剂是松醇油及其他一些混合醇类。

4. 浮选指标

单一硫化铜矿石的浮选指标较高，但波动范围较大。一般来说，粗粒嵌布的石英脉铜矿石最好选，回收率可达95%。含铜砂岩矿床中的硫化铜石也好选，回收率在90%以上。斑岩铜矿床和层状铜矿床矿石，其回收率较低，为80% ~90%。单一硫化铜矿石的浮选精矿品位较高，一般要求在25%左右，具体铜精矿品位与矿山的生产经营情况有关。

5. 单一硫化铜矿选矿厂实例

(1)某石英脉状铜矿床矿石。

该铜矿属于石英脉状铜矿床，母岩为闪长岩和角页岩，占矿石组分的90%以上，黄铜矿除分布在矿脉中外，大部分呈浸染状分布于母岩中，结晶致密，不易单体解离。

金属矿物主要有黄铜矿、黄铁矿、磁黄铁矿、毒砂及少量的方铅矿、闪锌矿。脉石矿物主要有长石、角闪石、斜长石、石英、方解石及少量云母。

矿石的化学分析如表 10 -2 所示。

表 10 -2 原矿化学分析结果

成分	Cu	SiO_2	Al_2O_3	CaO	MgO	Fe_2O_3	FeS_2	MnO_2	S	Zn	Pb	As
含量/%	0.52	54.11	16.46	3.3	1.32	8.45	4.43	0.29	2.86	0.08	0.1	0.4

该厂采用两段磨矿一次浮选流程，如图 10 -1。原矿破碎后进入一段磨矿，细度为60%

-0.075 mm 的螺旋分级机溢流进入水力旋流器，旋流器沉砂进入二段球磨，旋流器溢流细度为70% -0.075 mm，经一次粗选三次扫选丢弃尾矿，粗选精矿经二次精选得到最终铜精矿，一次精选尾矿和一次扫选精矿返回粗选作业，产率较大的二次扫选精矿则返回第二段球磨循环。

浮选时用石灰($1.5\ kg\cdot t^{-1}$，加入球磨机)作调整剂，矿浆 pH=9.5，在分级机溢流中加入 $2\ g\cdot t^{-1}$的氰化钾以加强对黄铁矿的抑制，同时加入 $60\sim65\ g\cdot t^{-1}$的硫氮腈脂作捕收剂。浮选指标为原矿品位0.55% Cu，精矿品位25%~26% Cu，回收率96%。

(2)某砂岩铜矿床矿石。

该矿属于中生代河湖沉积的含铜砂岩铜矿床。矿体多赋存于浅色砂岩与紫红色砂岩接触处的浅色长石石英砂岩中。矿石上部为易选氧化矿，下部为硫化矿。铜矿物嵌布在矿石中的颗粒大小及形状随石英、方解石砂粒之间的空隙不同而异，绝大多数呈不规则粒状、散点状嵌布。铜矿物的嵌布粒度极细，一般为 0.009 ~ 0.045 mm。脉石矿物的产出粒度为0.019~0.35 mm。

矿石含铜较富，铜矿物主要是辉铜矿，脉石矿物主要是石英和方解石，矿物的相对含量如表10-3所示。矿石含泥少，致密、坚硬、难磨，密度 $2.33\sim2.66\ g\cdot cm^{-3}$。除铜矿物外，矿石含银较高。原矿化学分析结果见表10-4。

表10-3 矿物相对含量

矿物名称	石英、长石	方解石	氢氧化铁、锰	蛇纹石、绿泥石	电气石	辉铜矿	斑铜矿	自然铜	铜蓝	黄铜矿	孔雀石
含量/%	75.1	16.3	3.42	2.47	0.037	2.36	0.07	0.14	0.078	0.033	极少

表10-4 原矿化学分析结果

成分	Cu	Pb	Zn	SiO_2	CaO	MgO	Fe	Al_2O_3
含量/%	1.39	0.018	0.023	72.48	7.35	0.48	2.8	3.82
成分	Mn	TiO2	Al_2O_3	Ga	Mo	Ge	$Ag/(g\cdot t^{-1})$	$Au/(g\cdot t^{-1})$
含量/%	0.18	0.30	16.46	0.00016	1.32	0.0005	10.55	0.03

根据矿石中铜矿物嵌布粒度细和辉铜矿容易过粉碎的特点，选矿厂采用二段磨矿二段浮选流程(图10-2)，最终磨矿细度为80% -0.075 mm。

浮选在自然 pH 条件下进行。捕收剂为丁黄药($260\ g\cdot t^{-1}$)，起泡剂为松醇油($32\ g\cdot t^{-1}$)。同时必须加少量硫化钠($95\ g\cdot t^{-1}$)，才能使浮选泡沫稳定，有利于提高指标。

该厂生产中的主要问题是磨矿。一方面要使细粒嵌布的铜矿物单体解离，另一方面又要减少-0.01 mm粒级的产率，因为-0.01 mm粒级回收率只有62.7%。

生产指标：原矿铜品位1.02%，精矿铜品位22.12%，回收率96.46%，铜精矿中含银 $200\sim320\ g\cdot t^{-1}$。银在铜精矿中的回收率为78% ~95%。

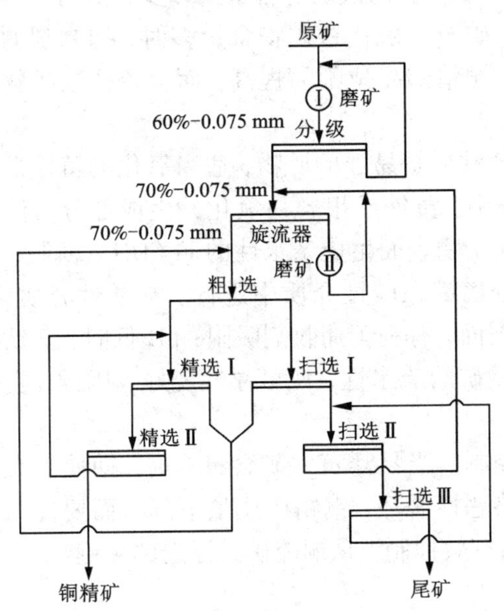

图10-1　单一硫化铜矿浮选流程（Ⅰ）

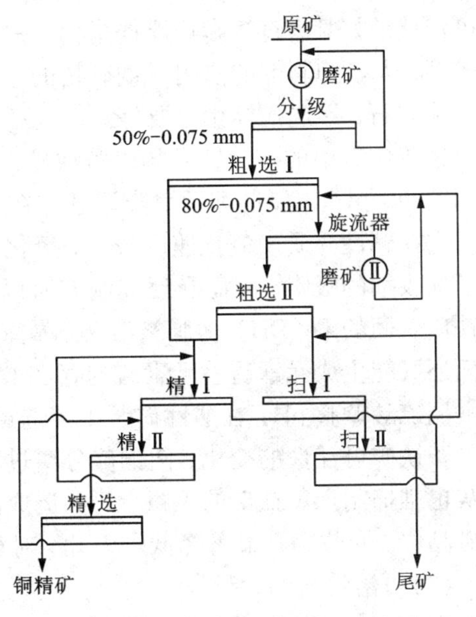

图10-2　单一硫化铜矿浮选流程（Ⅱ）

10.1.3　铜硫矿石的选矿

1. 矿石特性

铜硫矿石是指选矿回收的目的矿物有硫化铜矿物和硫化铁矿物的矿石。通过选矿，得到铜精矿和硫精矿两个产品。

铜硫矿石主要产于含铜黄铁矿床，少数在矽卡岩型铜矿床中。

铜硫矿石的矿物组成较单一的硫化铜矿物复杂。矿石中主要金属矿物有黄铁矿、磁黄铁矿、白铁矿、黄铜矿、铜蓝、辉铜矿等，其次为闪锌矿、胆矾、铅矾及孔雀石。脉石矿物主要有石英、绢云母，其次为绿泥石、石膏、碳酸盐类矿物。矿石产于矽卡岩石矿床时，脉石矿物则以石榴子石、透辉石等造岩矿物为主。

矿石中的含铜量及铜矿物组成与矿床的氧化程度关系密切。氧化带含铜较低，铜矿物以孔雀石、胆矾为主，其次为黄铜矿、铜蓝和辉铜矿；次生带含铜较高，铜矿物主要为铜蓝和辉铜矿；原生带为黄铜矿，含铜也较高。矿石中可溶性盐的含量随着氧化带向原生带的过渡而逐渐减少。

按矿石构造，铜硫矿石分为块状含铜矿石和浸染状铜硫矿石两大类。

块状含铜黄铁矿的有用矿物含量很高，是一种经济价值较高的矿石。其特点是铜矿物和黄铁矿的集合体呈无空洞的致密状，矿物无方向的紧密排列，有用矿物集合体含量达到70%以上。

浸染状铜硫矿石含黄铁矿较少，一般为10%～40%，铜矿物和黄铁矿粗细不均匀地浸染在脉石中，部分铜矿物与黄铁矿紧密共生，并呈粒度较大的集合体产出。

2. 铜硫矿石浮选的主要问题

（1）硫化铁矿物及其可浮性。铜硫矿石浮选的关键是铜矿物与硫化铁矿物的分离。生产实践中，均采用抑制硫化铁矿物浮选出铜矿物的方案。硫化铁矿物含量的多少，矿物种类及其可浮性的好坏，直接影响浮选指标。一般说来，矿石中硫化铁矿物含量多时，抑制剂的用量较多，大量抑制剂的使用对铜矿物的浮选不利，铜精矿品位不易提高，而含硫化铁矿物较少的硫矿石，浮选指标相对要好。

铜硫矿石中的硫化铁矿物以黄铁矿为最多。黄铁矿是易浮的矿物，适当氧化的黄铁矿容易用黄药、黑药、脂肪酸及皂类浮选。在磨矿过程中，黄铁矿很容易氧化并生成部分可溶性盐。它在碱性介质中氧化速度较快，氧化结果是在矿物表面生成亲水性的$Fe(OH)_3$薄膜，妨碍了捕收剂的吸附，因而受到抑制。所以，铜硫分离都在碱性介质中进行。在酸性介质中，黄铁矿表面的$Fe(OH)_3$薄膜被溶解，暴露出新鲜表面，有利于捕收剂吸附；pH 低时，黄铁矿表面还可能生成元素硫。元素硫的存在增强了黄铁矿的疏水性，使可浮性变好。因此，实践中常用硫酸调整 pH，在酸性矿浆中浮选黄铁矿。

黄铁矿可浮性的变化，使铜硫分离过程难以控制。当易浮黄铁矿含量多时，即使加大量石灰也难抑制。黄铁矿的大量上浮，造成浮选回路恶性循环，铜精矿质量下降。而要提高铜精矿品位，回收率则显著降低。因此，对黄铁矿的有效抑制，是铜硫矿石浮选的关键。

(2)可溶性盐的含量。

铜硫矿石的氧化带和次生带，由于铜矿物及大量硫化铁矿物的氧化，矿石酸性强，其自然 pH 有时低到 4，磨矿时进入矿浆的可溶性盐含量较多。不加调整剂磨矿时，溶盐离子主要有 Fe^{2+}、Fe^{3+}、Cu^{2+}、Zn^{2+}、Ca^{2+}、SO_4^{2-}等。铁离子对铜矿物浮选有抑制作用，铜离子对黄铁矿浮选有活化作用，这与铜硫分离的目的恰恰相反。所以，溶盐含量越多，对浮选指标影响越大。此外，生产实践中，为了沉淀溶盐离子和提高矿浆 pH 抑制黄铁矿，往往需要加入大量石灰。对氧化严重的矿石，用量有时高达 $30\sim50\ kg\cdot t^{-1}$。大量的石灰无疑对铜浮选是有害的。

(3)铅、锌、自然硫的含量。

含铜黄铁矿中，常含有数量不等的闪锌矿、方铅矿、铅矾及自然硫。当含量超过某一范围时，对铜浮选指标影响很大。和次生铜矿物伴生的闪锌矿，由于受到铜离子的活化作用，可浮性与铜矿物相似，浮选时进入铜精矿，降低精矿质量。自然硫的可浮性很好，只要加入起泡剂就能很快浮游。当矿石中含自然硫时，它首先附着在气泡上，在浮选一开始就进入精矿中，结果既降低了铜矿物的浮选速度，又降低了铜精矿品位。铅矾含量超过一定量时，在高碱度矿浆中会生成大量发黏的泡沫，破坏浮选过程。因此，在浮选含铜黄铁矿时，了解这些杂质的赋存状态，采取具体对策，对获得良好的选铜指标是十分重要的。

3. 浮选流程

浮选铜硫矿石常用的原则流程有五种(如图 10－3 所示)：

(1)直接分离浮选流程[如图 10－3(a)所示]。适于原矿含硫高的块状含铜黄铁矿。矿石经细磨后，抑制黄铁矿浮出铜矿物，尾矿即为硫精矿。

(2)优先浮选流程[如图 10－3(b)所示]。当块状含铜黄铁矿中含硫较低，用直接分离浮选流程不能得出合格的硫精矿时，可用此流程。先浮出铜精矿，浮选铜的尾矿再浮选硫得硫精矿。浸染状铜硫矿石亦可采用此流程。根据矿石的粒度特性，还可采用粗精矿再磨再选或中矿再磨再选工艺以提高铜的浮选指标。

(3)混合－优先浮选流程[如图 10－3(c)所示]。适于浸染状铜硫矿石。在磨矿粒度较粗、矿浆碱度较低(pH 7～9)的条件下，先浮选出铜－硫混合精矿，然后加入石灰等抑制剂进

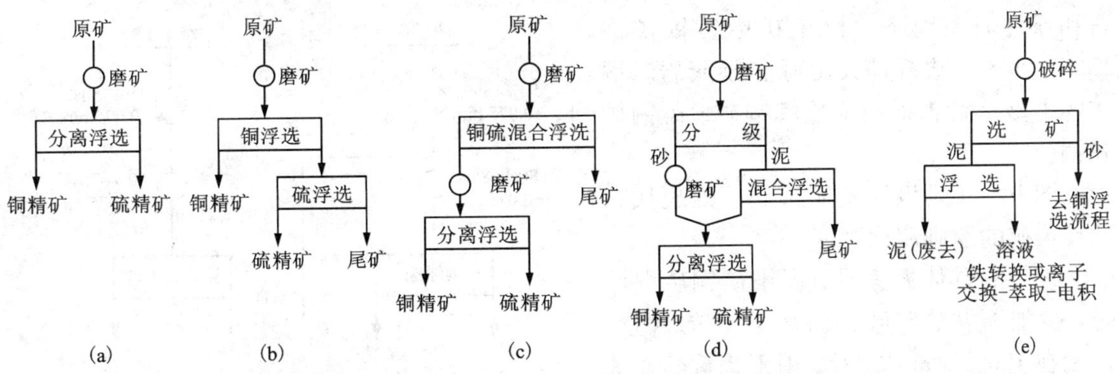

图 10－3　铜硫矿石浮选原则流程

行混合精矿再磨，在高碱度矿浆中(pH＞12)抑制黄铁矿浮出铜精矿。

(4)泥砂分选流程[如图10－3(d)所示]。铜硫矿石经过粗磨后，如果矿砂部分含硫足够高，且大部分脉石富集在细泥中时，采用这一流程可减少矿泥对铜浮选的影响，同时也有利于提高硫精矿质量。

(5)选冶联合流程[如图10－3(e)所示]。适于矿石氧化严重，含硫酸铜较多的铜硫矿石，将矿石破碎到一定粒度后进行洗矿脱泥，矿泥经固液分离后，用海绵铁置换液相中的铜离子，或用离子交换—萃取—电积方法等回收液相中的铜离子。洗矿后的矿砂则用浮选方法处理(一般经再磨矿)。这一流程对提高铜回收率很有效。

4. 浮选药剂

所用的捕收剂和起泡剂基本上与单一硫化铜矿石相同。黄铁矿的主要抑制剂也是石灰。石灰除产生氢氧根离子抑制黄铁矿浮选外，钙离子还在黄铁矿表面大量吸附并生成某些含钙化合物，降低黄铁矿对黄药的吸附，因而石灰对黄铁矿的抑制比其他的碱要强。铜硫分离时，矿浆中游离CaO的含量一般控制在800 $g \cdot m^{-3}$左右(pH＞12)，石灰用量为5～15 $kg \cdot t^{-1}$。

氰化物是黄铁矿最强的抑制剂，有剧毒且会溶解矿石中的金和银，因而实践中少用，只有在需要加强对黄铁矿的抑制时才适量添加。

浮选黄铁矿时一般用硫酸调整矿浆pH(5～6)，也有的选矿厂使用诸如石灰窑的废气二氧化碳调浆。当石灰用量不大时，还可以把选铜尾矿浓缩脱水，排除矿浆中的碱，浓缩产品加新鲜水稀释后，直接加入适量黄药浮选黄铁矿。硫酸铜是硫化铁矿物的活化剂，常用于磁黄铁矿和砷黄铁矿的浮选。

5. 浮选指标

铜硫矿石的铜浮选指标随着矿床的垂直高度而变化，氧化带和次生富集带的矿石性质复杂，浮选指标波动较大。铜回收率高者可达90%，低者不到80%，原生带的浮选指标较稳定，铜回收率为90%～95%，精矿品位含Cu 20%～25%。浸染状铜硫矿石不论回收率或精矿品位通常都比块状含铜黄铁矿要高。

6. 铜硫矿石选矿实例

西北某铜选矿厂处理的为一典型铜硫矿石，属受构造控制的后生中温热液矿床，矿床由多个矿体组成。该矿同时处理两种类型矿石：块状含铜黄铁矿和浸染状铜硫矿。块矿中黄铁矿占89%～91%，只有少量的石英、阳起石和绿柱石等脉石；浸染矿中黄铁矿占22%～29%，脉石是火山砾和凝灰岩。铜矿物主要是黄铜矿，少量辉铜矿、斑铜矿和铜蓝。

图10－4是该铜硫矿选矿厂处理块状和浸染矿的原则流程。

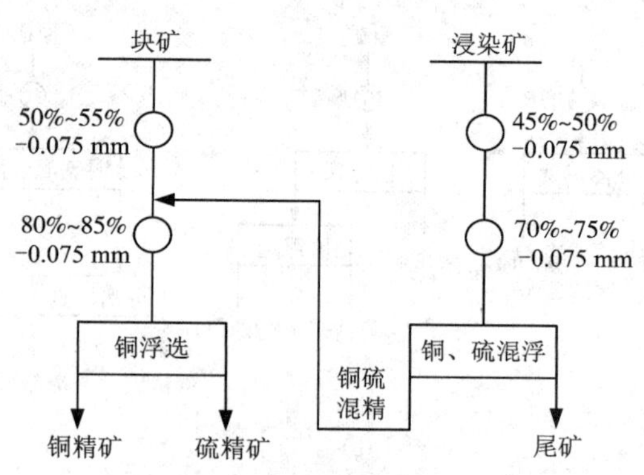

图10－4 某铜硫矿浮选原则流程

现场的具体方案是，浸染矿铜硫混浮时，少加石灰、矿浆中游离CaO的含量，控制在100 $g \cdot m^{-3}$左右，用丁基黄药作捕收剂，松醇油作起泡剂，得到的铜硫混合精矿，进入块矿二段磨矿前的预先分级。块矿浮铜时，加大量的石灰，用量10～15 $kg \cdot t^{-1}$，矿浆中的游离CaO在800 $g \cdot m^{-3}$左右。

生产实践证明，采用这种方案处理浸染矿和块矿，显示出如下优点：浸染矿由优先浮铜改为铜硫混浮，节省了石灰，回收了黄铁矿；浸染矿的铜硫混合精矿，进入块矿浮选系统，节省了块矿浮选的药剂；铜的总回收率略有提高。

该厂处理块矿的药方是：丁黄药100～200 $g \cdot t^{-1}$，松醇油60～70 $g \cdot t^{-1}$，石灰10～15 $g \cdot t^{-1}$。所得指标如表10－5所示。

表10－5 某铜硫矿选矿厂生产指标

	原矿品位/%	精矿品位/%	回收率/%
铜	1.35～2	18～21	90
硫	40～41.5	42	90～91

10.1.4 铜铁硫矿石浮选

1. 矿石特征

铜铁硫矿石主要产于矽卡岩型铜矿床，也可产于火山岩石和变质岩石矿床。在我国辽宁、河北、安徽和湖北等省均有。这类矿石的特点是：一般储量较小，品位不高，铜矿物主要以黄铜矿为主，含有磁铁矿、黄铁矿和磁黄铁矿。生产中根据矿石中有用矿物含量的多少，有的选矿厂以铜为主，有的以铁为主，硫化铁矿一般作为次要产品。

铜铁硫矿石中的金属矿物有黄铜矿、辉铜矿、磁铁矿、磁黄铁矿、黄铁矿及少量的方铅矿、辉钼矿、白钨矿、锡石等。脉石矿物以石榴子石、透辉石为主，其次为透闪石、绿泥石、硅灰石、石英、方解石、蛇纹石、滑石、绢云母等。除铜硫铁有用元素外，其他伴生元素可供在选冶过程中综合回收。

2. 铜硫铁矿石浮选的主要问题

(1)铜矿物的种类及嵌布特性。

矿石中有用矿物浸染粒度细，有的次生铜矿物常在硫化铁矿物的表面形成包裹层，甚至呈固溶体存在，很难单体解离。因此磨矿细度往往是影响铜浮选的主要原因。此外，矿石中铜矿物较复杂，原生铜矿物、次生铜矿物和氧化铜矿物经常共生在一起，这些铜矿物不仅浮选性差异大，还会影响硫化铁矿物的可浮性，造成浮选控制困难，选矿指标波动大。

(2) 硫化铁矿物的种类和含量。

矿石中主要硫化铁矿物为黄铁矿和磁黄铁矿，含量变化很大，从1%～20%不等。硫化铁矿物少时，铜浮选干扰因素少，指标好。铁精矿质量也好；硫化铁矿物特别是磁黄铁矿含量多时，就会出现铜硫分离及硫化铁矿物回收问题，浮选效率低，选矿指标差，为了保证铁精矿质量，采用的工艺流程就复杂。

(3) 含泥量。

泥矿消耗浮选药剂，恶化浮选过程，甚至影响选矿流程的畅通。泥矿的处理往往是选矿厂的难题。当矿泥含量少时，可加入分散剂改善浮选条件。当矿泥含量多时，可进行预先脱泥，泥砂分选效果较好，但仍要解决泥矿的浮选问题。

3. 选矿流程

我国铜铁矿石的选矿一般都按先浮选铜硫后磁选铁的顺序进行。因为虽然先磁后浮的流程可以先把大部分铁选出来，减少浮选铜硫的设备和药剂用量，但铜在铁精矿中的损失较大，铁精矿的质量也较差。特别是矿石中含磁黄铁矿较多时，磁黄铁矿会大量进入铁精矿中，而铁精矿脱硫因磁黄铁矿的可浮性差难以保证铁精矿的质量。实践证明，先浮选后磁选的顺序工艺控制方便，铁精矿的质量容易保证，是比较合理的工艺。

当矿石中含硫量低时，铜浮选流程和单一硫化铜矿石相同；当矿石中含硫高时，则和浸染状铜硫矿石相同；但在浮选过程中应尽量选出硫化矿物，以降低铁精矿的硫含量。如果矿石中磁黄铁矿较多，则铁精矿仍可能需要进行脱硫。另外，当矿石中含钴较高时，钴一般富集在硫精矿中，可按钴精矿出售。矿石中含钼较高时，钼多富集在铜精矿中，可进一步进行铜钼分离。

铜硫铁矿石选矿的原则流程如图10－5所示，一般有三种流程。

如果矿石含泥多时，一般在粗碎后进行洗矿，泥矿单独处理对保证生产流程畅通，正常生产和改善浮选指标都有好处。

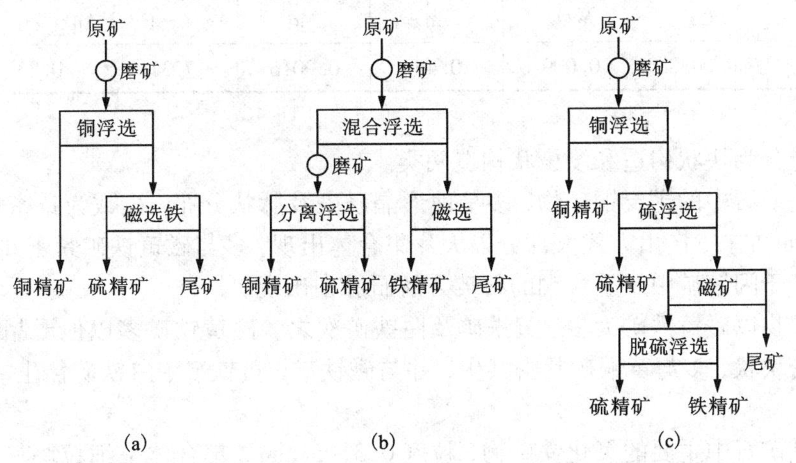

图10－5 铜硫铁矿石选矿原则流程

4．浮选药剂

浮选药剂基本上与单一硫化铜矿石和浸染状铜硫矿石相同；铁精矿需要脱硫时，除常规用药外，可以采用硫化钠与硫酸铜、氟硅酸钠与硫酸铜、草酸与硫酸铜等配方作磁黄铁矿的活化剂，可取得好的效果。

5．选矿指标

铜硫铁矿石的选矿指标因矿石性质和矿产品需求情况的不同差异较大。一般可分为三种情况：

（1）铜高硫低的矿石，生产中只产出铜精矿和铁精矿两种产品，铜精矿品位和回收率分别为20% ~25%和90% ~95%，铁精矿品位和回收率分别为60% ~65%和20% ~50%。

（2）含硫高的矿石，生产中将产出铜精矿、硫精矿和铁精矿三个产品，铜精矿品位和回收率分别为15% ~25%和85% ~95%，硫精矿品位和回收率分别为30%左右和30% ~60%，铁精矿的选矿指标与前一种矿石相似。

（3）含铜低的矿石，一般产出的铜精矿品位和回收率较前两种类型矿石低，但铁精矿的质量和回收率较高。

6．选矿厂实例

安徽铜官山铜硫铁矿选矿厂处理矿石产于接触变质带，高中温热液交代的矽卡岩矿床。入选矿石包括不同矿区的六类矿石：含铜矽卡岩类、含铜磁铁矿类、含铜磁铁矿与黄铁矿类、含铜滑石与蛇纹石类、含铜角页岩类（石英辉铜矿）、氧化矿石。

矿石中主要金属矿物有磁黄铁矿、黄铁矿、黄铜矿、少量辉铜矿和斑铜矿等。脉石矿物为石榴子石、透辉石、蛇纹石、透闪石、滑石、石英等，矿石伴生金银。原矿化学分析结果如表10－6所示。

表10－6　原矿化学分析结果

成分	Cu	Fe	S	SiO_2	CaO	MgO	Al_2O_3
含量/%	0.174	33.14	6.70	31.5	7.17	3.68	1.87
成分	Co	WO_3	Zn	Mo	Ag/($g \cdot t^{-1}$)	Au/($g \cdot t^{-1}$)	
含量/%	0.0038	0.009	0.45	0.0016	7.31	0.83	

矿石构造分为块状构造和浸染状构造两类。

黄铜矿是矿石中的主要铜矿物，多呈他形晶浸染及脉状分布，少数为致密块状。嵌布粒度多为0.1 mm左右，产出方式大部分以大片集合体出现，多与磁黄铁矿紧密共生，小部分呈细小乳滴状产于闪锌矿中及呈含铜的石英方解石脉中出现。

硫化铁矿物以磁黄铁矿为主，黄铁矿及白铁矿次之。磁黄铁矿多以他形晶集合体，呈稠密浸染至致密块状，多与黄铜矿紧密共生，并与磁铁矿、黄铁矿、白铁矿伴生。粒度为0.05 ~1 mm。

磁铁矿是矿石中主要的氧化铁矿物，粒度0.3 ~5 mm。集合体呈细粒块状，或沿矽卡岩裂缝分布，呈脉状、稠密浸染状至致密块状。

选矿厂按先浮铜、后浮选硫、再磁选铁及铁精矿脱硫的选别顺序生产，分别产出铜精矿、硫精矿和铁精矿。其生产的原则流程如图10－5（c）所示。药剂方案如表10－7。

表10－7　某铜硫铁矿选矿药剂方案

药名	用量/($g \cdot t^{-1}$)		
	铜浮选	硫浮选	脱硫浮选
石灰	pH 11.5～12.3	pH 11～12	
丁黄药	80～100	100	100
松醇油	10～60	70～100	250
氰化物	0～30		
硫酸铜		100	100
柴油		250	500
CO_2 烟气		pH 7.5	

原矿进入选矿厂后先经洗矿脱泥，块矿进破碎系统，矿泥直接进入单独的矿泥浮选系统。块矿部分的铜浮选采用一段磨矿、两次粗选、两次精选、两次扫选流程。硫浮选用一次粗选二次扫选流程。硫浮选尾矿经磁选后丢弃尾矿，磁选精矿脱硫后得到铁精矿和硫精矿。

洗矿洗出的矿泥经浓缩机浓缩后，进行一段磨矿、二次粗选、二次扫选和一次精选得到铜精矿和尾矿。

10.2　硫化铅锌矿浮选

10.2.1　概述

铅锌矿石可分为硫化矿石和氧化矿石两大类。硫化铅锌矿石的储量和分布广度都远大于氧化铅锌矿石。

硫化铅矿石属原生矿石，主要组成矿物为方铅矿。硫化锌矿石中的锌呈闪锌矿或铁闪锌矿存在。自然界中单一的铅或锌矿石少见，铅锌矿物多共生，并与其他金属矿物共生形成多金属矿石。

按矿石有用组分可分为：铅锌黄铁矿型矿石，如凡口铅锌矿、黄沙坪铅锌矿等；铜铅锌黄铁矿型；银铅锌型；铅锌萤石或重晶石型；锡石铅锌矿型。

硫化铅锌矿的浮选主要应解决硫化铅矿物和硫化锌矿物的浮选回收与分离，有时还有硫化铁矿物及其他硫化矿物之间的浮选与分离问题。硫化物与脉石矿物之间的分离一般比较容易。

1．硫化铅、锌矿物的可浮性

(1)方铅矿。

方铅矿 PbS，含 Pb 86.6%，立方晶体，一般晶体比较完整。在方铅矿中，常含有银、铜、铁、锑、铋、砷、钼等杂质。

硫化矿物中，方铅矿的可浮性仅次于硫化铜矿物，属易浮矿物。一般的硫化矿物捕收剂都对方铅矿有捕收作用，但硫氨脂类捕收剂对方铅矿的捕收能力弱，可用于铜铅分离。

黄药和黑药都能捕收方铅矿。用“示踪”的黄药和黑药研究证明，它们在方铅矿表面的吸附，与介质 pH 有关。对于乙黄药，pH＞9.5 以后，吸附量明显下降，而戊黄药在 pH＞10.5 以后，黑药在 pH＞9.5 以后，吸附量显著下降。因此，用黄药捕收时，在弱碱性介质中，可用低级黄药；而在强碱性和石灰介质中，要用高级黄药。白药和乙硫氮捕收剂，对方铅矿有选择捕收作用。

方铅矿的抑制剂，主要有硫化钠、重铬酸盐和铬酸盐等。重铬酸盐是方铅矿的有效抑制剂，但对被 Cu^{2+} 活化的方铅矿，其抑制效果下降。被重铬酸盐抑制过的方铅矿很难活化，要用盐酸或在酸性介质中，用氯化钠处理后，才能活化。氰化物对方铅矿几乎没有抑制作用，只有某些受铁污染或变质的方铅矿才会受氰化物的影响。

(2)闪锌矿。

闪锌矿 ZnS，含 Zn 67.1%，根据其含杂质不同，闪锌矿有许多变种。外观颜色差别也很大，一般为褐色，也有黑色的(铁闪锌矿)，甚至有无色的。闪锌矿在酸性介质中很容易浮；在碱性介质中要 Cu^{2+} 活化，可用低级黄药捕收，用高级黄药可不用活化。除黄药外，黑药也是闪锌矿的捕收剂。

硫酸铜活化闪锌矿，与矿浆 pH 有很大的关系，pH = 6 时，闪锌矿对两价铜离子的吸附量最大，在酸性和碱性矿浆中，吸附量均下降，但在 pH = 11 时，又有一个吸附量升高的峰值。pH = 9 时，吸附量最小。

闪锌矿往往自发活化，其原因是含有铜杂质，或在磨矿过程中，被矿浆中的 Cu^{2+} 活化。这是造成闪锌矿与其他矿物分离困难的原因之一。

闪锌矿的抑制剂有硫酸锌，它是比较弱的抑制剂。对于浮选活度大，或经过活化的闪锌矿，用氰化物与硫酸锌混合作抑制剂。此外，还有硫化钠、亚硫酸盐和硫代硫酸盐等。

(3)铁闪锌矿(Fe, Zn)S。

铁闪锌矿是闪锌矿家族中的重要成员。它具有闪锌矿的一般共性，又具有鲜明的个性，属于难选矿物。我国一些含铅、锌、硫、铁或者锌、铜、锡、铁、硫的铅锌矿山和锌锡矿山等都不同程度地含有铁闪锌矿，例如广西的大厂、河池铅锌矿、湖南的黄沙坪、潘家冲、野鸡尾铅锌矿、贵州的赫章铅锌矿、青海的锡铁山铅锌矿、黑龙江的西林铅锌矿、吉林的放牛沟铅锌矿、广东的厚婆坳铅锌矿、云南的都龙锌锡矿和澜沧铅锌矿等。这些矿山的铁闪锌矿含铁一般为 8% ~12%，有的高达 26%。

铁闪锌矿因含铁高，导致其物理性质与闪锌矿有很大的不同，主要表现在可浮性上较闪锌矿要差得多。这是因为闪锌矿晶格上的锌原子被 Fe^{3+} 取代，使其化合价和电荷状态失去平衡，并导致 2 个 Zn^{2+} 变为 Zn^{+}，降低了空穴浓度，增加了电子密度，使闪锌矿成为 N 型半导体矿物铁闪锌矿，从而影响其可浮性、吸附性、氧化还原状态和界面电化学反应。由于电子密度增加，铁闪锌矿形成了对黄原酸阴离子较强的排斥作用，不利于捕收剂的吸附。因此，铁闪锌矿的可浮性比闪锌矿的可浮性低。含铁量越高，晶格参数增加和晶体表面能降低得就越多，晶格中的离子键、半导性等发生的变化就越大，因而可浮性就越差。

铁闪锌矿的活化决定于以下因素：①铁闪锌矿的缺陷；②活化剂的作用时间；③石灰和 pH 对铁闪锌矿浮选的影响；④捕收剂对铁闪锌矿浮选的影响；⑤磁黄铁矿或黄铁矿的抑制。

2. 铅锌分离

用硫代化合物类捕收剂浮选铅锌矿时，铅锌分离几乎都是采用抑锌浮铅的方案。分离方法有两大类：氰化物法和非氰化物法。

(1)氰化物法。

单用氰化物的情况很少，通常总是配合其他抑制剂，这样既加强抑制作用，又可节省氰化物用量。

由于氰化物法用药量较省，过程比较稳定，容易操作控制，得到的工艺指标较好，所以还有不少厂使用。但因氰化物有毒且溶解金、银，许多矿山都致力于改用非氰化物法。

(2)非氰化物法。

非氰化物法使用的主要药剂有H_2SO_3、Na_2SO_3、$Na_2S_2O_3$、$ZnSO_4$和SO_2气体等。这类药剂无毒，被抑制的闪锌矿容易被活化。

使用$ZnSO_4+Na_2CO_3$抑制闪锌矿，在矿浆中会产生下列反应：

$$ZnSO_4+2OH^- \longrightarrow Zn(OH)_2+SO_4^{2-}$$

$$ZnCO_3 \longrightarrow Zn^{2+}+CO_3^{2-}$$

$$Zn(OH)_2 \longleftrightarrow Zn^{2+}+2OH^-$$

起抑制作用的主要是$Zn(OH)_2$，或者可能生成氢氧化锌的络离子。

在国外多用SO_2气体抑制锌，如日本丰羽铅锌硫矿，铅硫混合浮选时，磨到45% -0.075 mm，用SO_2气体抑锌，尾矿再磨以后，再浮锌。铅硫混合精矿再磨后，进行铅硫分离，并用氰化物抑硫浮铅。

正确选择与使用捕收剂是强化铅锌多金属硫化物浮选分离的重要措施。我国用于铅锌矿浮选的捕收剂从黄药到黑药开始一直发展到丁基铵黑药、乙硫氮、苯胺黑药等新的捕收剂，并且发展了不同品种的同性药剂混合应用，改善了分选效果。而分段、分批“饥饿式加药”方式则提高了铅锌多金属矿物分选的选择性。

3. 锌硫分离

锌硫分离有两种方案：抑硫浮锌和抑锌浮硫。

(1)石灰法。

这是最常用的抑硫浮锌法。处理原矿和分离锌硫混合精矿都可采用此法。使用此法简单，所用药剂石灰便宜易得，这是优点，其缺点是浮选设备特别是管道容易结垢，硫精矿不易过滤，造成精矿水分高。

(2)加温法。

对一些浮游活性大的黄铁矿，用石灰法抑制，往往不能奏效。加温法分离锌硫的基础是：矿浆加温时，闪锌矿和黄铁矿表面氧化程度不同。试验证明，在一定温度条件下，锌硫混合精矿加温充气搅拌以后，黄铁矿的可浮性下降，而闪锌矿仍保持其可浮性。

试验研究表明，锌硫混合精矿分离用蒸汽加温，粗选温度42~43℃，精选不加温，不加任何药剂，可以分离锌硫。

蒸汽加温时，补加一定数量的石灰，就更为有效。某铅锌选矿厂，黄铁矿浮选活性高，锌硫混合精矿分离时，蒸汽加温的同时补加石灰。通过试验证明，浮选机中充气搅拌，比在搅拌槽中充气搅拌好。如同样搅拌10 min，前者比后者锌回收率高10%~20%。蒸汽加温时，温度以不超过65℃为宜，在此以前锌的回收率，随温度上升而增加，超过该温度后，锌的回收率下降。

(3)二氧化硫+蒸汽加温法。

这是抑锌浮硫的方法，已在加拿大布伦斯维克选矿厂得到应用。该厂得到的锌精矿含有较多的黄铁矿，为了提高质量，用二氧化硫气体处理矿浆，然后用蒸汽加温，进行抑锌浮硫。

具体的做法是，第一搅拌槽从底部通入二氧化硫气体，控制pH=4.5~4.8，第二、三搅拌槽通入蒸汽，加温到77~82℃。黄铁矿粗选时，pH=5.0~5.3，捕收剂用黄药。浮选尾矿为最终锌精矿，泡沫产品除黄铁矿外还含有锌，经精选后作为中矿，并返回流程前部的中矿再磨。准确控制pH和温度，是本过程的关键。经处理后，锌精矿的产品由含锌50%~51%，提高到57%~58%。

10.2.2 硫化铅锌浮选工艺

铅锌和铜铅锌多金属矿石分选的浮选流程有直接优先浮选流程、部分混合浮选流程、全混合浮选流程及等可浮浮选流程等。铜、铅、锌、硫的浮选顺序，除常规的次序外，为取得最佳的分选效果，发展了因矿制宜、灵活变化的矿物浮选次序。针对矿石中各种矿物嵌布粒度的不均一性，发展了阶段磨矿阶段选别的流程。为使已单体解离的粗粒方铅矿及时分出，减少过磨，以提高选别指标，可在磨矿分级回路中设置预先选别作业（快速浮选）。

我国铅锌多金属矿石类型多，分选困难。为了合理地利用宝贵的矿产资源，提高浮选指标，独创出了一批中国特色的铅锌选别工艺流程。

1. 等可浮浮选工艺

对于闪锌矿具有不同浮游活性的铅锌矿石，首先使易浮的闪锌矿与浮选速度相同的方铅矿一起浮出，然后分离铅锌混合精矿，浮选尾矿经硫酸铜活化后再浮出浮游性较差的闪锌矿，如图10-6所示。如果要从铅锌硫类型矿石中回收黄铁矿，有两种方案：一是从锌浮选尾矿中回收黄铁矿；二是采用锌硫等可浮然后进行锌硫分离，如图10-7所示。

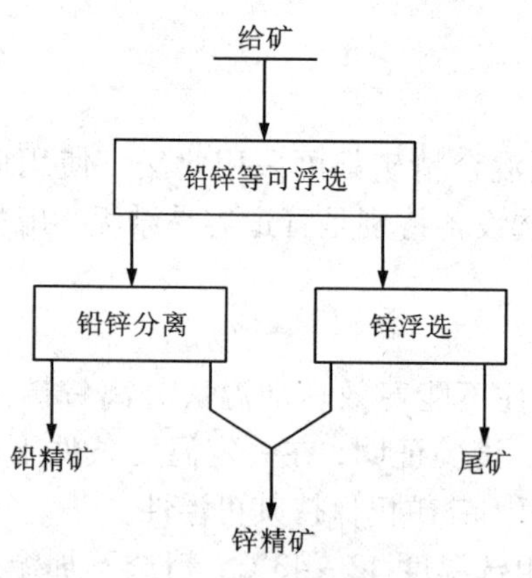

图10-6 铅锌等可浮原则流程

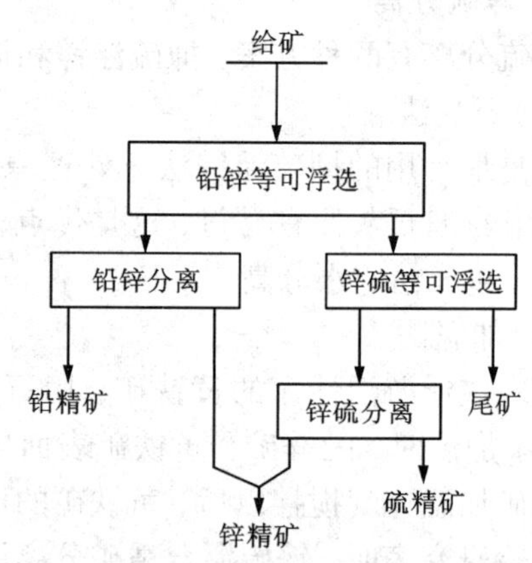

图10-7 铅锌硫等可浮原则流程

等可浮流程充分利用了矿物间可浮性差异，避免了优先浮选的强行抑制和混合浮选的强化活化。对于那些可浮性较差的矿物不必强行抑制，可浮性好的矿物也不要强行再活化，因此这一流程很能适应矿石性质的变化。如黄沙坪铅锌矿。

2. 分支串联浮选工艺

包括分支粗选与分速精选两部分，分支粗选即把原矿磨矿后的分级溢流分成几支进行粗选，第一支粗选的粗精矿与第二支给料一起粗选，其粗精矿又与第三支给料一起粗选。根据矿石性质可以采用二支或多支。它与常规的不分支粗选流程相比，用药量较低，粗精矿品位高，分选效率也较高；分速精选是粗选时分批刮泡，按等品位、等浮选速度分类精选，让浮选速度快的尽快浮出，避免集中精选由于混杂降低精矿品位。如银山铅锌矿，选矿厂自建厂以来一直采用先选铅矿物后选锌矿物和硫矿物的优先浮选流程。随着难选矿石量的增加，选矿指标随之下降。采用分支串联浮选流程，在不增加设备和厂房的条件下，处理量增加了15%，铅回收率提高了1.0%～1.5%，锌回收率提高2.0%。铅精矿中银的含量由138.3 g・t^{-1}提高到299.3 g・t^{-1}，银回收率有明显提高，而且回收了黄铁矿。

3. 电化学调控浮选

通过离子选择电极在线检测，使浮选过程的矿浆电位(E_h)、pH以及浮选药剂浓度(C)，即Opt = f(C、pH、E_h)通过数学模型、计算机优化等实现浮选过程的动态最佳化自动寻优控制。该项技术于西林铅锌矿工业应用获得成功，取得了明显的经济效益，如表10－8所示。

表10－8 电化学控制浮选前后生产指标对比

对比项	原矿品位/%			铅精矿品位/%			锌精矿/%			回收率/%			
	Pb	Zn	Ag	Pb	Zn	Ag	Pb	Zn	Ag	Pb	Zn	Ag 铅精矿	Ag 锌精矿
试验前生产指标	3.03	5.05	81.0	51.02	6.56	1070	1.66	48.20	76.0	87.87	85.74	68.64	8.44
电化学控制浮选	3.23	4.37	71.0	61.82	5.18	1060	1.39	50.13	62.3	90.81	88.11	71.81	6.90

注：Ag品位为g・t^{-1}。

4. 原生电位浮选工艺

外加电场的工艺需解决电控浮选设备问题，而添加氧化－还原药剂则必须带来高成本和副作用两大不利因素，导致电位调控浮选一直难以应用于工业生产实践。1994—1998年，中南工业大学和广东工业大学合作，提出利用硫化矿磨矿－浮选矿浆中固有的氧化－还原反应调控电位的原生电位浮选(origin potential flotation, OPF)技术，强调硫化矿磨矿－浮选体系本身就包含有众多具有氧化－还原性的物质(如氧、磨矿介质、硫化矿物等)，即使不外加电极、不外加氧化－还原药剂，浮选矿浆也具有氧化－还原性，有一个固有的矿浆电位值——原生电位，来源于体系内部的各种氧化－还原反应，受矿浆化学环境的制约，矿浆化学环境又受传统浮选操作因素的影响。因此，调节传统浮选操作参数，仍然可以达到电位调控浮选的目的。该技术在国内广东、广西、江苏等省多家矿山获得工业应用，已经显示出电位调控浮选的巨大价值。

10.2.3 铅锌矿浮选实践

1. 广东凡口铅锌矿选矿厂

该矿属中低温热液裂隙充填交代矿床。主要金属矿物为黄铁矿、闪锌矿、方铅矿，并含极少量毒砂、黄铜矿、黝铜矿、磁黄铁矿、车轮矿、辉锑矿、硫锑铅矿、白铁矿、白铅矿、菱锌矿、红银矿、辉银矿等。矿体围岩为灰岩。脉石矿物主要为方解石、石英、还有少量白云石、绢云母等。

有用矿物嵌布特点：在黄铁矿成矿阶段，由于热液中硫与铁的浓度大，空间充足，温度高，所以黄铁矿首先呈自形、半自形粒状集合体沉淀，粒度较大，一般在0.1 mm以上，这部分黄铁矿与方铅矿、闪锌矿关系不密切。在铅与锌矿化阶段，生成的黄铁矿粒度较细，在0.02 ~0.1mm之间，且与方铅矿和闪锌矿的关系极为密切。黄铁矿呈自形生成较早，方铅矿则沿着它的颗粒间隙充填交代，使方铅矿呈它形网状嵌布，与黄铁矿极难解离，这是影响铅精矿质量的主要原因。

在块状铅锌黄铁矿矿石中的部分闪锌矿呈它形粒状、脉状充填在黄铁矿的间隙和裂隙中，粒度较细为0.02 ~0.1 mm。由于方铅矿比黄铁矿与闪锌矿生成晚，受到空间的限制，所以方铅矿呈它形晶粒状或细脉状嵌布在黄铁矿与闪锌矿的间隙和裂隙中，并溶蚀交代它们，造成矿物之间的接触界线极为复杂，这造成锌精矿含铅高的主要原因。

凡口铅锌矿是我国目前最大的地下开采铅锌矿山之一，自1968年一期工程投产，1990年二期扩建工程投产，现已形成年产铅锌金属15万t(矿量130万t)的采选生产能力。目前选厂规模为5500 t/d。选矿生产工艺流程经过了多次的技术改造，目前所用的生产流程为高碱电化学调控铅锌快速浮选工艺流程，见图10－8。矿石经两段细磨至细度为－0.075 mm 88%，药剂品种及用量($g \cdot t^{-1}$)为铅循环：石灰8000、丁黄药180和乙硫氮60(三者均加入磨机)、松醇油22、DS85；锌循环：石灰1000、硫酸铜529、丁黄药100、松醇油10；硫循环：硫酸、乙黄药、松醇油。

凡口铅锌生产工艺流程采用“高碱电化学调控铅锌快速浮选工艺流程”有两个要点：第一，调节和控制矿浆pH、捕收剂种类、用量及用法、浮选时间与浮选流程结构等在内的传统浮选操作参数。第二，电化学调控不采用外加电极，不使用特殊氧化－还原药剂调控电位，通过控制电位，使铅锌金属在最佳范围内达到浮选分离与富集。凡口铅锌矿石的电化学调控铅锌浮选，主要依据下列三个方面的研究：

(1)根据铅、锌、铁硫化矿被氧化的电位差别，控制铅锌铁的有序分离。

凡口矿石中的方铅矿、闪锌矿、黄铁矿三种硫化矿物的热力学稳定区域与电位对应的pH分析表明，随着pH的升高，黄铁矿发生氧化所需要的电位越来越小，闪锌矿次之，而方铅矿发生氧化的电位比它们高得多，在碱性介质中选择适当的矿浆电位可使闪锌矿、黄铁矿被氧化受抑制，而方铅矿不受氧化，保持良好的可浮性，从而达到方铅矿与黄铁矿、闪锌矿分离的目的，对于凡口矿矿石性质最适宜的矿浆pH为12.5，其对应矿浆电位为175 mV左右，在此电位下，黄铁矿、闪锌矿易被氧化而方铅矿的氧化电位较高不被氧化。

(2)调整控制矿浆pH与矿浆电位范围，促使铅锌有效分离。

凡口铅锌矿矿浆pH与矿浆电位Ept之间有如下关系：随着pH的升高，矿浆的电位逐渐降低，要使矿浆电位降低到175 mV左右，矿浆pH必须达到12.5左右。为了保证选铅过程中矿浆电位保持在175 mV左右，必须加入大量石灰才能保证浮选过程中稳定的pH，根据小型试验，对于凡口矿矿石，入选前石灰添加量必须在$14\ kg \cdot t^{-1}$以上。

(3)充分利用组合药剂的作用机理，使铅、锌与铁能有效分离与铅锌精矿的富集。

在碱性条件下，乙硫氮、丁黄药在碱性条件下对方铅矿的作用有如下反应：

$$2PbS + 4D^- + 3H_2O \longrightarrow 2PbD_2 + S_2O_3^{2-} + 6H^+ + 8e$$

$$E_1 = 0.052 - 0.0295\ \lg[D^-] - 0.044pH$$

$$2PbS + 4X^- + 3H_2O \longrightarrow 2PbX_2 + S_2O_3^{2-} + 6H^+ + 8e$$

$$E_2 = 0.131 - 0.0295\ \lg[X^-] - 0.044pH$$

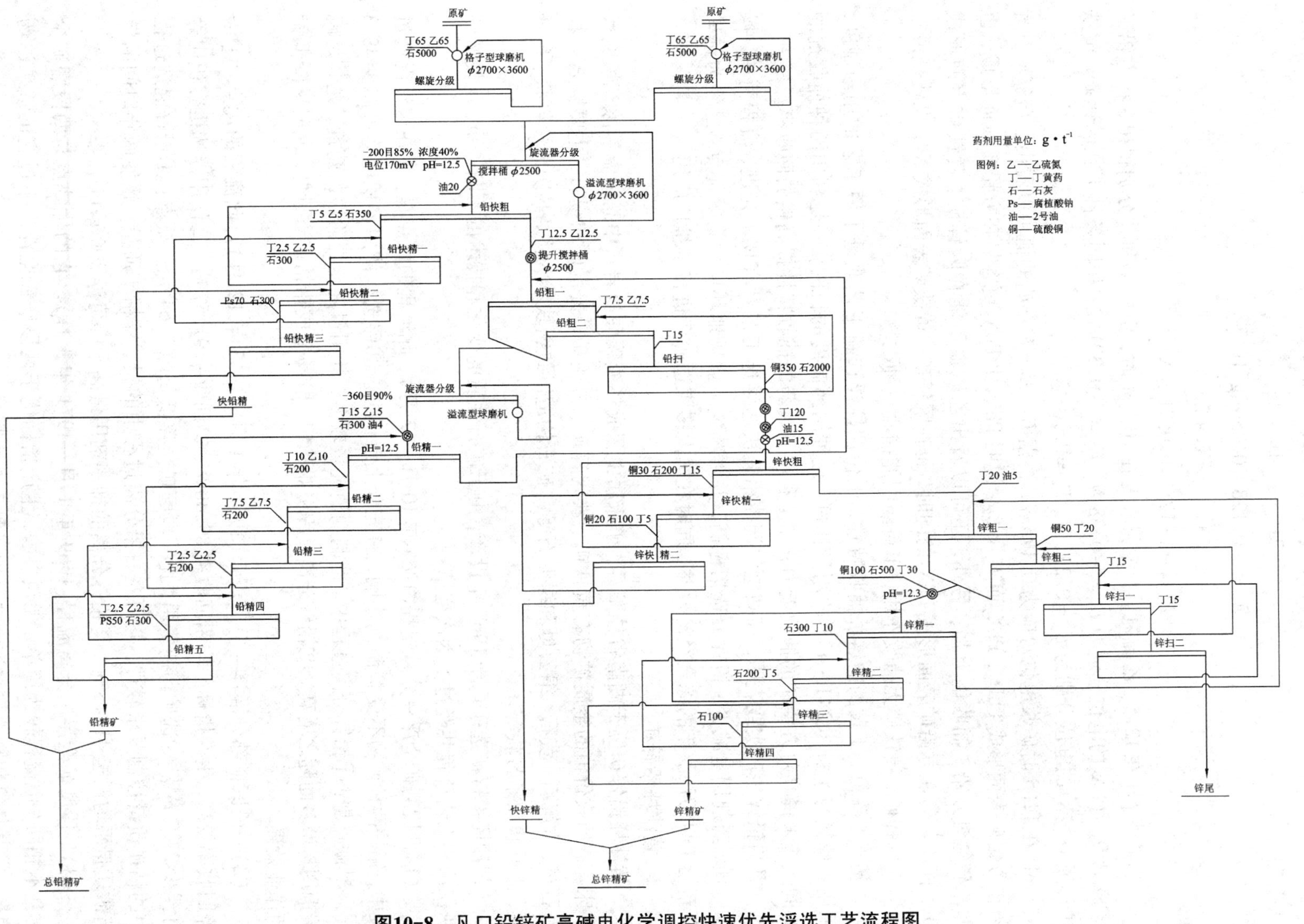

图10-8 凡口铅锌矿高碱电化学调控快速优先浮选工艺流程图

乙硫氮、丁黄药在闪锌矿、黄铁矿表面则形成 D_2 和 X_2：

$$2D^- \longrightarrow D_2 + 2e$$

$$E_3 = -0.128 - 0.059\ \lg[D^-]$$

$$2X^- \longrightarrow X_2 + 2e$$

$$E_4 = -0.128 - 0.059 \text{Lg}[X^-]$$

当矿浆 pH 在 12.5，乙硫氮、丁黄药浓度在 10^{-4}M 时，由式①和②分别得出，在方铅矿形成 PbD_2、PbX_2 的电位分别为 $E_1 = -0.38$ V、$E_2 = -0.301$ V，相同条件下在闪锌矿、黄铁矿形成 D_2、X_2 的电位分别为 $E_3 = 0.221$ V、$E_4 = 0.108$ V。

pH 在 12.5 时矿浆电位对应为 0.175 V，根据 E_1、E_2、E_3、E_4 的值可以看出乙硫氮、丁黄药在方铅矿表面形成 PbD_2、PbX_2 而 $E_1 < E_2$，说明 PbD_2 比 PbX_2 更容易在方铅矿表面形成，也即乙硫氮对方铅矿捕收能力强；另外，还可以看出乙硫氮不能在闪锌矿、黄铁矿表面形成 D_2，而丁黄药在方铅矿表面形成 PbX_2 的同时，也在闪锌矿、黄铁矿表面形成 X_2，也就是说乙硫氮对闪锌矿、黄铁矿无捕收作用，丁黄药则能捕收三种矿物。

基于乙硫氮、丁黄药的这种捕收特性，电位调控浮选新工艺改进了原工艺的用药制度，采用乙硫氮与丁黄药 2∶1 ~4∶1 的用量比例，这种用药制度的目的，一是利用两种捕收剂的协同效应来提高对方铅矿的捕收能力；二是利用丁黄药的捕收特性提高铅的回收率。

凡口铅锌生产实践表明，高碱电位调控铅锌快速浮选工艺具有技术先进、流程简单、操作方便、药剂用量减少、铅锌分选指标高，并可减少工业场地环境污染等优点，已经为选矿厂新增 1300 万元/年的综合经济效益，同时在国内多家选矿厂进行了推广应用。

2. 黄沙坪铅锌矿

黄沙坪铅锌矿位于湖南省桂阳县，矿床属中深成热液碳酸盐岩石中高中温裂隙充填交代矿床。有回收价值的金属矿物有黄铁矿、铁闪锌矿、方铅矿、黄铜矿和锡石，主要脉石矿物为石英、方解石、萤石、绢云母和绿泥石等。矿石构造以致密块状为主，其次为浸染状、角砾状、细脉状和条带状等。

黄沙坪铅锌矿选矿厂于 1967 年投产，由于矿石性质的变化和技术的不断进步，从投产到现在选矿工艺流程共经过了六次变革：

（1）两段磨矿全浮 - 分离流程（1966 年 10 月—12 月）；此流程的优点是：①在全浮混选过程中，铅锌两种矿物不受抑制剂影响，有充分上浮机会。②浮选机使用容积比等可浮少 48.3 m^3。其缺点是：①铅锌分离过程中，抑制剂消耗量较多，其用量随全浮阶段的药剂，尤其是硫酸铜用量增多而随之增高。②铅锌分离过程极难稳定，既易造成铅精矿质量低，同时又降低铅的作业效果。

（2）一段磨矿部分混浮 - 分离流程（1967 年 1 月—1968 年 12 月）。此流程的优点：①铅锌回收率较高，生产指标平均铅回收率 89.40%，锌回收率 91.57%。②使用浮选机容积比等可浮少 27.7 m^3。③选矿药剂费用，比一段磨矿全浮低每吨 3.64 元。缺点：①铅锌混选过程中的精矿质量控制要求较严，它可左右铅分离过程中的铅、锌精矿质量，致使两年时间的锌精矿质量平均低至 41.46%。②铅锌分离的抑制剂用量高于等可浮 300 $g \cdot t^{-1}$。

（3）一段磨矿全浮 - 分离流程（1969 年 1 月—1971 年 3 月）。它的优缺点与两段磨矿全浮基本相同，但流程较为简单，无须再磨，生产指标优于两段磨矿全浮。不过它的选矿油药消耗，尤其是氧化物消耗远远超过其他三种工艺流程。

(4)一段磨矿等可浮流程(1971年4月—1998年12月)。它把全浮选回路分为两段，第一段以选铅矿物为主，对锌矿物、硫矿物既不活化也不抑制，使部分易浮的锌矿物、硫矿物与铅矿物一起上浮；第二段则以浮选难选的锌矿物、硫矿物为主。第一段所得混合精矿优先浮选铅，其尾矿与第二段所得的混合精矿合并进行锌-硫浮选分离，克服了全浮选工艺与部分混合浮选工艺重拉重压的药剂作用相互抵消的缺点。该工艺与药剂组合和改进磨矿制度等技术相配合，改善了技术经济指标。与原流程比较，不但铅精矿、锌精矿品位高，回收率均在90%以上，选矿药剂费用也大幅降低。

此流程的优点：①实现无氰浮选，减少环境污染；②使用乙硫氮作为捕收剂，改善了捕收剂的选择性，提高了铅精矿质量；③用石灰代替碳酸钠，降低了成本；④增加铅精选次数，提高了铅精矿质量；⑤药剂成本低于前三种流程；⑥将铅精选浮选机6A改为5A，加强二次富集，提高铅精矿质量。缺点：①浮选机容积高于前三种流程；②铅的损失存在于铅混选尾矿和铅分离尾矿等两道缺口，操作较难控制。

(5)一段磨矿等可浮尾矿锌优选流程(1999年1月—2000年9月)。此流程的优点：①铅保留等可浮优点；②装机容量减少180 kW；③锌精矿质量提高1%。缺点：需大量抑制剂及活化剂。

(6)全优先浮选流程(2000年10月—现在)。此流程的优点：①大量减少了装机容量；②简化了操作；③流程简单；④药剂用量适当减少。缺点：需大量抑制剂。

3. 银山铅锌银矿

(1)矿石性质。

该矿属中温热液裂隙充填交代的多金属硫化矿床。矿体围岩主要是绢云母千枚岩，其次为火山碎屑岩。主要金属矿物为方铅矿、闪锌矿、黄铁矿、黄铜矿、辉银矿及其他含银矿物，其次为黝铜矿、磁铁矿、菱铁矿等，并伴生有镓、铟、镉、金等有用组分，具有综合利用的价值。脉石矿物有石英、绢云母、方解石、白云石、绿泥石、高岭土、长石等。

选矿厂入选矿石来源于银山区、九区和北山三个矿区。银山矿区矿石特性为含铅高、含锌低，铅品位为1.8%～2%，锌品位为1.0%～1.2%，同时含银高，含黄铁矿少，铅矿物以粗粒嵌布为主，最粗粒径为7.9 mm，一般为0.74～0.04 mm，可浮性较好。锌矿物嵌布粒度比较细，一般为0.03～0.06 mm。

九区和北山矿石含铅低、含锌高，铅品位为1%左右，锌品位为1.8%左右，且含银较低，含黄铁矿和毒砂较多，有用矿物以细粒浸染为主，方铅矿最大粒径为0.7 mm，小者为0.001 mm，闪锌矿粒度一般为0.05～0.1 mm。方铅矿与闪锌矿、黄铁矿、脉石矿物紧密共生，并有少部分呈乳浊状结构，九区矿石易泥化和氧化，氧化铅矿物占18%～20%，铅矿物的可浮性差。

(2)选矿工艺。

银山铅锌矿选矿厂原有三个系列。自建厂以来一直采用先选铅矿物后选锌矿物和硫矿物的优先浮选流程。随着难选矿石量增加，选矿指标随之下降。1982年，该厂采用分支粗选-分速精选的优先浮选流程，在不增加设备和厂房的条件下，处理量增加了15%，铅回收率提高了1.0%～1.5%，锌回收率提高2.0%。铅精矿中银的含量由138.3 $g \cdot t^{-1}$提高到299.3 $g \cdot t^{-1}$，银回收率有明显提高，而且回收了黄铁矿。实践证明该工艺对银山铅锌矿石的特性是适应的。其工艺具体做法是：把第二与第三系列的浮选系统合并，组成一个1380 $t \cdot d^{-1}$的铅锌硫系列。新系列采用分支浮选流程进行优先浮选铅，把原矿按球磨机的配置分为两支，第一支

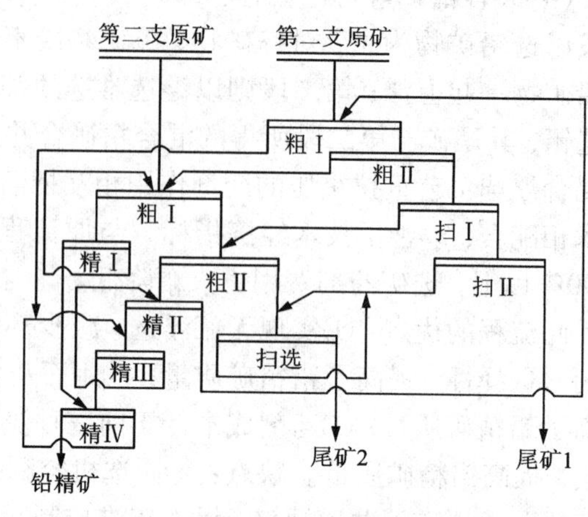

图 10－9　分支分速浮选工艺流程

用 ϕ1.5 m×2.95 m 和 ϕ2.7 m×2.1 m 的球磨机，处理量为 32 t·h^{-1}，第二支用 ϕ2.7 m×2.1 m 球磨机，处理量为 25 t·h^{-1}，分支－分速浮选工艺流程如图 10－9。第一支粗选分为两区(即两次粗选)，粗选Ⅰ的泡沫产品直接进入精选Ⅱ，粗选Ⅱ的泡沫产品与第二支原矿一起进行粗选，第一支浮选的泡沫产品分别进入第二支浮选系统的相应作业中，这样就提高了二支浮选系统各入选物料的品位，而第一支浮选系统的粗选和扫选作业是开路的，分速精选是按粗选各区泡沫品位的不同，分别进入不同的精选作业。

(3)分支分速浮选的特点。

①提高选矿指标，操作稳定，精矿质量易于控制。当处理九区难选矿石为主的入选矿石时，克服了原流程因原矿含铅低，锌、硫难以抑制及含泥量高破坏了正常浮选过程而产生循环量大的操作。

第一支浮选的粗精矿进入第二支浮选原矿，使第二支浮选的原矿含铅提高 1.2 倍，并有一部分粗粒的方铅矿成为细粒同名矿物的载体，使第二支浮选原矿中的细粒铅矿物得到较好的回收，铅浮选尾矿中小于 0.001 mm 铅的损失减少了 4%，改善了二支原矿的浮选可选性，使铅回收率得到提高。

②可以根据现场生产规律和设备配置考虑采用不同的分支方案。

③可以提高精矿的精选效率。按粗精矿品位不同，分别进入不同的精选作业，使浮选速度快的高品位精矿能尽早成为合格精矿，提高了精选效率，并节约了浮选槽。

选矿厂应用分支－分速浮选流程，在不增加浮选设备和少量资金的条件下，综合回收了铅锌矿石中的黄铁矿，日处理矿石量由原来的 1200 t 提高到 1380 t。

分支浮选流程的指标与原流程相比，铅回收率提高了 1.0% ~1.5%，锌回收率提高了 2%。锌回收率提高的原因是锌硫混合浮选流程中，中矿集中返回，增加了难选中矿的浮选时间，使一部分锌矿与黄铁矿及脉石的连生体得到上浮的机会。加强了银的综合回收。采用分支浮选流程后，铅精矿含银量有了明显提高。

浮选药剂用量更合理。应用分支浮选流程得到了三种精矿产品，而药剂用量除增加选硫的药剂外，其他选铅锌的药剂比原工艺还略有降低。

10.3　硫化钼矿和硫化铜钼矿的浮选

10.3.1　概述

钼矿床可分为斑岩型钼矿床、矽卡岩型钼矿床、斑岩型铜钼矿床和其他钼矿床四类。斑岩型钼矿床储量最大，矿石平均含钼 0.12%，个别达 0.3%。斑岩型铜钼矿床次之，矿石平均含钼 0.01%，其他矿床钼储量很少。

根据选矿工艺特征，硫化钼矿石可分为三种类型。

(1)硫化钼矿石。

这类矿石中除含辉钼矿外，还含有少量无回收价值的其他硫化矿物。由于钼精矿中其他硫化矿物的存在是无益或有害的，所以选别这类矿石时，关键是抑制其他硫化矿物，获得高回收率和高品位的钼精矿。如果矿石中含其他硫化矿物具有回收价值时，则必须把它们选成单独的精矿。

(2)硫化铜钼矿石。

即除了辉钼矿外，还含有硫化铜矿物(常为黄铜矿，较少为辉铜矿、斑铜矿、砷黝铜矿)。选别这类矿石时，必须得到高品位的钼精矿和合格的铜精矿。

(3)钨钼矿石。

选别这类矿石时，不仅要把辉钼矿和钨矿物从脉石矿物和铜、铁的硫化物中分离出来，而且要得到单独的钨、钼精矿。

虽然钼矿石中钼的含量一般较低，但辉钼矿的可浮性好，因此不论是脉状矿床的钼矿石还是大的浸染矿床的钼矿石以及铜钼类型矿石均用浮选回收。

1. 硫化钼矿物的可浮性

辉钼矿 MoS_2，含 Mo 60%，具有较好的天然可浮性，一般加非极性油，甚至只加起泡剂就能浮，但也有较难浮的辉钼矿。因此，辉钼矿的捕收剂一般为中性烃类油、蒸汽油、煤油、变压器油以及类似的药剂。起泡剂可用松油、MIBC 等，起泡剂的选择主要取决于脉石的性质以及考虑与其他硫化矿物浮选分离的需要；辉钼矿也能用浮选其他硫化矿物的离子型捕收剂浮选，并可提高难浮辉钼矿的上浮率。但在实践中，为保证辉钼矿与其他硫化矿物分离，一般都采用非极性的烃类油作为捕收剂，同时为了提高烃类油捕收剂的作用，可将其乳化。

辉钼矿常用的抑制剂是糊精或淀粉。有些辉钼矿在石灰浓度大时也能抑制，但有的矿床产出的矿石，辉钼矿不能被石灰抑制。

辉钼矿氧化程度要比其他硫化矿物小，其氧化性取决于温度、pH(pH = 10 时氧化作用最大)、矿浆浓度、水中含氧量以及是否有催化剂存在等。辉钼矿表面生成的氧化物与钼酸盐会降低它的可浮性。辉钼矿在低温氧化时，形成可溶于水的表面氧化物，对辉钼矿的浮选影响较小；高温氧化时，形成不溶于水的表面氧化物 MoO_3，它降低了辉钼矿的可浮性。用氢氧化钾溶液洗涤，可以去掉这类氧化物对可浮性的影响。

2. 铜钼矿浮选的特点

硫化铜钼矿主要产于斑岩铜矿和矽卡岩铜矿床中，是获得钼精矿的主要来源之一。斑岩铜矿因其储量大，是目前提取铜的主要资源，同时也是钼的重要来源。对国外50个斑岩铜矿统计表明，有28个回收钼。此外，斑岩铜矿也是铼、金、银的重要资源。

斑岩铜矿的特点是：原矿品位较低，大多数斑岩铜矿含 Cu 0.5% ~1%，平均 0.8% 左右，含钼 0.01% ~0.03%；储量大，可以建立大规模的选厂，日处理量几万吨的厂已经很多，近年投产的规模越来越大，规模大，设备可以大型化，节省投资，降低生产成本。

斑岩铜矿中的铜矿物，多半为黄铜矿，也有以辉铜矿为主的，或者二者兼有的，其他铜矿物较少。钼矿物一般为辉钼矿。

斑岩铜矿的浮选，通常是铜钼混浮，原则是浮尽铜，尽量多回收钼。为了抑制黄铁矿，一般在碱性介质中进行，pH = 8.5 ~ 12，视黄铁矿的多少及其可浮性而定。对于辉钼矿的浮选，pH 太高其可浮性受影响，最好的 pH 是 8.5。一般用石灰作调整剂，大约有 95% 的选厂用石灰。矿泥较多的矿石，因为石灰对矿泥有团絮作用，对辉钼矿的浮选有影响，用氢氧化钠或者碳酸钠代替石灰较好，但成本增高。有个别厂在酸性介质中进行粗选，如智利埃尔·登泥恩特，因矿石受到一定程度的氧化，在 pH =4.2 左右的介质中浮选，与碱性的介质中浮选相比，可以提高铜的回收率，但钼的回收率下降 2% ~3%。

铜钼混合浮选的捕收剂，基本上与硫化铜矿物的浮选捕收剂相同，最常用的是黄药、黑药和硫胺脂。戊黄烯酯在中性介质中使用，可以减少石灰的用量，对黄铁矿的捕收力比黄药差，有利于下一步铜钼分离。为了捕收辉钼矿，可辅加烃油，以中沸点分馏的煤油性能最好。使用烃油时，应该注意与起泡剂的比例，以确保最佳的泡沫状态。

起泡剂，国外使用 MIBC 较多。原因是它用量少，平均 30 $g \cdot t^{-1}$ 左右。另外，烃油对 MIBC 等醇类起泡剂的起泡性能影响不大。

铜钼混合浮选粗选，往往是在比较粗磨(50% ~65% -0.075 mm)的条件下进行。因此，铜钼混合精矿的进一步精选，一般要再磨。再磨应仔细控制，以保持辉钼矿的可浮性。因为辉钼矿较软，容易泥化。过磨会使辉钼矿棱边表面增加，由于“棱边效应”会影响薄片表面的疏水性，使其亲水，变得不易浮。

3. 铜钼分离

从铜钼矿石中得到钼精矿，铜钼分离是关键，铜钼矿石中的铜钼分选，可采用的方法有两种：①先浮钼后浮铜。矿石中钼品位很高时，可采用此法。②从铜钼混合精矿中分出钼，此法应用最广。另外，历史上曾有用先浮铜后浮钼或从铜钼粗精矿中分出钼的方法，由于工艺技术上的原因已不再使用。

铜钼混合精矿分离方法较多，择要列于表 10 -9。

从表 10 -9 列举的方法可以看出，抑铜浮钼的方法是主要的，这与铜钼矿物的可浮性有关。从矿物组成来看，所列方法的适应性是：铜矿物以黄铜矿、斑铜矿为主时，采用 Na_2S 法、石灰蒸汽加温法和 NaClO 法比较合适；铜矿物以辉铜矿、铜蓝为主时，用 $K_4Fe(CN)_6+H_2SO_4$ 法和 $P_2S_5(As_2O_3)+NaOH$ 法较为合适。实际应用中，还有其他因素的影响，要通过技术经济对比试验，才能选择合理的方法。

表 10 -9　铜钼分离的主要方法

浮 钼 抑 铜							
方 法	典型选厂	方 法	典型选厂	方 法	典型选厂	方 法	典型选厂
Na_2S	临江，闲林埠	石灰 + 蒸汽加温	苏 - 阿尔勉宁	KCN 加温	加 - 加斯佩	As_2O_3+NaOH 加温	保 - 美齐特
$NaHS+(NH_4)_2S$	美 - 皮马	$K_4Fe(CN)_6+KCN$	美 - 西尔弗尔	NaClO	美 - 曼努尔	P_2S_5+NaOH	智 - 依尔
Na_2S + 蒸汽加温	苏 - 巴尔哈什	$K_4Fe(CN)_6+H_2SO$	美 - 莫伦西	As_2O_3+NaOH	智 - 丘奇卡马	P_2S_5+NaOH 加温	美 - 迈阿密
浮 铜 抑 钼							
方 法	典型选厂	方 法	典型选厂	方 法	典型选厂		
糊 精	美 - 友他马格	焙 烧	美 - 银铃	木质素 + 石灰	美国比尤特		

下面简述几种方法的使用情况。

(1)硫化钠法。它是以 Na_2S 抑制硫化铜矿物，而不抑制辉钼矿为依据的方法，如我国某铜硫铁矿，是矽卡岩型矿床，该矿的主要金属矿物有黄铜矿、辉钼矿、磁铁矿、磁黄铁矿和黄铁矿等。选厂回收铜、钼、铁、硫四种产品。

原矿磨到72% ~74% -0.075 mm 目，开始进行铜钼浮选，尾矿再浮硫，浮硫尾矿磁选磁铁矿。铜钼混合浮选时，用丁胺黑药和煤油作捕收剂，石灰调整 pH，因要抑制硫化铁矿物，要求 pH 大于10。铜钼混合精矿经精选以后，再进行铜钼分离。

铜钼分离时，Na_2S 溶液添加在搅拌槽，还有一部分 Na_2S 以固体形式放在粗选和精选的泡沫槽中，一方面作为补加 Na_2S；另一方面 Na_2S 溶解时发出热量，使矿浆温度升高，有利于分选。

(2) Na_2S + 蒸汽加温法。使用硫化钠的同时，沿浮选作业用蒸汽直接加温矿浆，不但大大降低了硫化钠的用量，而且改善了分离指标。某铜矿原用硫化钠 28 $kg \cdot t^{-1}$，采用蒸汽加温以后，其用量下降到 1.7 $kg \cdot t^{-1}$。研究表明，加温的主要作用如下：

①降低了硫化钠的氧化速度，保证了矿浆中必需的 HS^- 离子的浓度。有硫化钠存在时加温矿浆，从混合精矿的表面解吸下来大量黄药，在加温条件下促使黄药分解。

黄药分解释放出大量 HS^-，这些由捕收剂分解出来的 HS^-，保证了必需的 HS^- 浓度。用不同浓度的丁黄药对硫化钠分解速度影响的对比试验表明，不加温时影响不大，加温则使硫化钠的损失减少；用蒸汽加温矿浆，显著减少了 O_2、CO_2 等气体在矿浆中的溶解，这也会减缓硫化钠的氧化。

②矿浆加温加速了黄药从矿物表面解吸。温度从 20℃ 增加到 80℃ 时，黄药在液相中的浓度，从 0.8 ~1.0 $mg \cdot L^{-1}$ 增加到 4.3 ~4.7 $mg \cdot L^{-1}$，增加了大约 5 倍。当有硫化钠存在时，还可增加 15 ~20 倍。矿浆加温时，矿浆中硫化钠的剩余浓度达到 3 ~10 $mg \cdot L^{-1}$ 时，便能完全抑制硫化矿物。

使用硫化钠 + 蒸汽加温法时，添加 Na_2CO_3 或 $NaHCO_3$ 有助于分离过程。这与析出微泡和清除钼矿物表面氧化膜有关。据计算加温到 85℃，200 $g \cdot t^{-1}$ 的 $NaHCO_3$ 完全分解时，可以产生 97 升的 CO_2 气体。它们会以微泡的形式吸附在辉钼矿表面。Na_2CO_3 对辉钼矿有活化作用：

$$MoO_3 + Na_2CO_3 \xrightarrow{\text{加温}} Na_2MoO_4 + CO_2$$

辉钼矿表面的氧化膜，在 Na_2CO_3 的作用下，转变成 Na_2MoO_4，并从表面溶解转入溶液，因而清除了氧化膜，净化了的表面同时又析出 CO_2 气体的微泡。此外，Na_2CO_3 是 Na_2S 分解产物 H_2S 氧化的阻滞剂。

当用硫化钠再加蒸汽加温时，浮选机的充气量可减小，硫化钠的用量亦可节省。苏联阿尔玛雷克矿减少浮选机充气量的结果，节省了硫化钠 30%。

使用硫化钠 + 蒸汽加温法时，温度一般是 60 ~75℃。加温方式经过对比，最好是将蒸汽直接加到浮选槽中，并沿整个浮选作业线逐槽通入蒸汽。

关于铜钼分离，大致可归纳为以下几个步骤：

①混合精矿分离之前，进行浓缩脱药，一般浓缩到 45% ~60% 固体。

②加药或者加药的同时加温处理混合精矿，使混合精矿表面的捕收剂解吸，或破坏捕收剂膜，或使铜矿物表面氧化。必要时还要再一次脱除过剩的药剂。

③浮钼。一般补加烃油类作捕收剂，有时也加其他调整剂如水玻璃，或补加起泡剂。

④钼精矿如不合要求，要再磨再精选。

⑤有时还要从钼精矿中除去一些易浮的杂质如滑石等。

10.3.2 硫化钼矿石的浮选工艺

1. 硫化钼矿石浮选工艺

硫化钼矿石中，辉钼矿浮选时，一般应尽可能地粗磨到一定粒度就进行浮选，得出废弃尾矿与粗精矿，然后再进行一系列的再磨与精选得到最终精矿。在选别辉钼矿－石英类型矿石时，由于辉钼矿的可浮性很好，石英与小的辉钼矿包裹体组成的连生体在粗选中也可以有良好的回收，通常磨得很粗就进行浮选，得到粗精矿和废弃尾矿。对于不均匀嵌布的辉钼矿，如果在粗磨时不能产出废弃尾矿，则可采用阶段浮选。

辉钼矿浮选时，用烃类油与硫化椰子油为捕收剂，用松油、二甲酚、高级脂族醇作起泡剂。用重烃类油，在较多情况下比煤油浮选指标好。烃类油的浮选效果视矿浆温度而定，在冷矿浆中，不太黏的油效果好，在热矿浆中较黏的油效果好。烃类油不溶于水，其对矿粒表面的作用需要油滴与矿粒相互碰撞才会发生，如果矿粒表面是天然疏水的或经捕收剂作用而疏水时，则油滴可在矿物表面铺展并保持，这样矿粒的可浮性提高。因此，用烃油浮选时，如果能造成矿粒与油滴最大的碰撞次数，浮选效果可得改善，为此，常进行强烈搅拌。如果烃类油以乳浊液的状态加在搅拌槽中，则可大大缩短搅拌时间。

用烃类油浮选时，预先向矿浆中加入胶溶剂如水玻璃、硫酸盐纸浆与六偏磷酸钠等则可大大地提高回收率。这些药剂可防止油滴被矿泥罩盖，使烃类油容易与矿物表面作用。因此，含大量矿泥的矿石，加入少量水玻璃不仅可提高精矿质量，而且可以提高钼的浮选回收率。

粗选的精矿通常进行1～2次精选，粗精矿经再磨使连生体解离，然后进行再精选，总的精选次数可达6次以上。如果矿石中除辉钼矿外，还含有其他硫化矿物，则需要采用抑制剂进行抑制。

当矿石中铁和铜的硫化物含量少时，辉钼矿与其他硫化矿物的分离不困难，浮选可得到合格的钼精矿。作为其他硫化物的抑制剂可采用碱、水玻璃、氰化物、诺克斯，也可采用硫化钠。此外也可根据其他硫化矿物与辉钼矿不同的氧化性质来分选，辉钼矿特别是当它的表面有烃油膜时，不像重金属硫化物那样易在空气中氧化。

当矿石中其他硫化物含量多时，则粗精矿中会含有大量其他硫化物。因此，在粗精矿再磨前将大部分硫化物浮选出是合理的，这时辉钼矿容易与其他硫化物分离。在粗精矿再磨前，一般应进行1～2次精选，加抑制剂从精矿中排除大部分硫化物，精选时被抑制的其他硫化物不能返回粗选回路中，因这样会引起大的中矿循环，且难以得到合格的钼精矿。

浮选含有许多细鳞状绢云母的矿石时，在精选作业中加氧化剂特别是重铬酸钾是合适的，同时重铬酸钾还能用来精选含铅的钼精矿。在浮选含0.1% Mo与1%绢云母的钼矿石时，为降低绢云母的可浮性，粗选回路中不能加苏打，而应用少量水玻璃。如苏打的加入量从250 $g \cdot t^{-1}$降到不用时，钼精矿品位可从35.8%提高到51%。

辉钼矿的价值较高，常要求处理复杂的贫钼矿石，这类矿石难选的主要原因为：①易于泥化，即使采用粗磨粗选，然后进行多次再磨再选的流程，精矿再磨时，仍难免发生泥化。②含有部分氧化的钼矿物很难回收，要得到合格的钼精矿也难。为了提高难处理钼矿的回收率，可以采用粗精矿精选后再磨，而精选尾矿作为中间产品送水冶处理。这一流程在精选回路中，辉钼矿的部分泥化不会引起钼的损失，能大大提高钼的回收率。

2. 硫化铜钼矿浮选工艺

硫化铜钼矿石中，辉钼矿的赋存特点是高度分散和细粒浸染，一般磨到 -400 ~ -600 目后，才能使辉钼矿充分解离出来。

不同的铜钼矿石，铜矿物与钼矿物的共生情况，结构与浸染特性，氧化程度，结晶程度以及它们与其他矿物的共生关系，脉石矿物的浮游特性等都对铜钼矿物的浮选有很大的影响。

铜钼矿石的浮选，通常有三种方案：①混合浮选，得到铜钼混合精矿，然后分离得到铜精矿和钼精矿；②先浮钼后浮铜的优先浮选工艺；③先浮铜后浮选钼的优先浮选工艺。

低品位斑岩铜矿石通常采用铜钼混合浮选，其过程包括：①破碎磨矿，使有用矿物与脉石矿物得到适当解离；②混合浮选，将硫化矿物从大量的脉石矿物中分离出来；③从铜钼混合精矿中实现铜钼分离。斑岩铜矿浮选的典型流程如图 10 - 10 所示。粗精矿经再磨精选后，得到的最终精矿，或为铜精矿或为铜钼混合精矿。精矿中含 Cu 25% ~30%，这与铜矿物的种类有关；含 Mo 0.5% ~2%。铜钼混合精矿要进一步进行铜钼分离。

对钼精矿的质量要求很高，要求精矿中 Mo 45% ~47%，虽然辉钼矿可浮性好，但原矿品位很低，一般在 0.01% ~0.06%，富矿比常达几千倍，因此要多次精选，一般是 6 ~14 次。

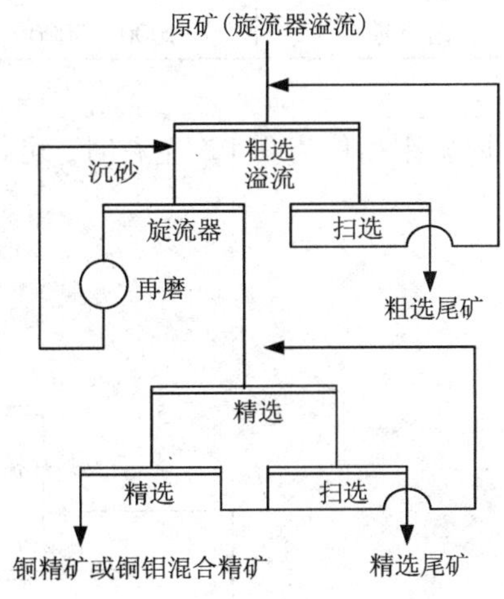

图 10 - 10　斑岩铜矿浮选流程

10.3.3　硫化钼矿浮选实践

1. 单一钼矿——陕西某钼选矿厂

(1)原矿性质。

该矿为中温 - 高中温热液细脉浸染型钼矿床。矿体赋存于花岗斑岩及其接触的安山玢岩中，矿体与围岩石无明显界线，二者呈渐变关系。平均品位为 0.1% Mo，0.02% Cu，2.8% S。矿石类型主要为安山玢岩石矿石，其次为花岗岩矿石，再次为石英岩石及凝灰质板岩矿石。主要为硫化矿，氧化矿仅占总储量的 1.5%。金属矿物主要为辉钼矿、黄铁矿，其次为磁铁矿、黄铜矿，再次为辉铋矿、方铅矿、闪锌矿、锡石。非金属矿物主要为石英、长石，其次为萤石、白云母、黑云母、绢云母、绿柱石、铁锂云母、方解石。

辉钼矿为似石墨的片状及鳞片状集合体，呈细脉状，薄膜状及散点状浸染于脉石中或近脉围岩中，大多集中于石英脉中。粒度一般为 0.027 ~0.05 mm。黄铁矿呈自形粒状，较均匀地分布于脉石中，粒径一般为 0.045 mm，最小为 0.03 mm，最大为 2 mm。黄铜矿一般呈致密状，块状或小晶体状分布于矿石中，部分存在于磁铁矿内，局部可见被黄铁矿交代熔蚀现象。粒度为 0.01 ~0.1 mm。

(2)选矿工艺。

磨浮流程如图 10 - 11 所示，原矿磨到 -0.075 mm 占 65% 进行钼浮选，经一次粗选，二次扫选及三次精选与二次精扫选得到钼粗精矿和尾矿Ⅰ；粗精矿经浓缩，旋流器分级再磨到 -0.075 mm占 85% 经两次再精选及一次扫选得到钼精矿与尾矿Ⅱ；钼精矿再经旋流器分级

并磨到 -0.038 mm85%，然后经 8 次再精选得到最终钼精矿。

药剂用量及添加点如表 10-10 所示。

表 10-10　药剂药剂用量及添加点

药剂	用量/($g \cdot t^{-1}$)	添加点
煤油	180～300	粗选、扫选Ⅰ、精选Ⅱ、Ⅳ
松醇油	100～150	粗选、扫选Ⅰ、精选Ⅳ的扫选
水玻璃	1000～1500	精选Ⅳ、Ⅵ、Ⅶ、Ⅹ
诺克斯	1000～3000	精选Ⅳ、Ⅵ、Ⅶ、Ⅹ

原矿钼品位为 0.1% 左右时，可得到钼品位 47% 左右，回收率 85% 的钼精矿。

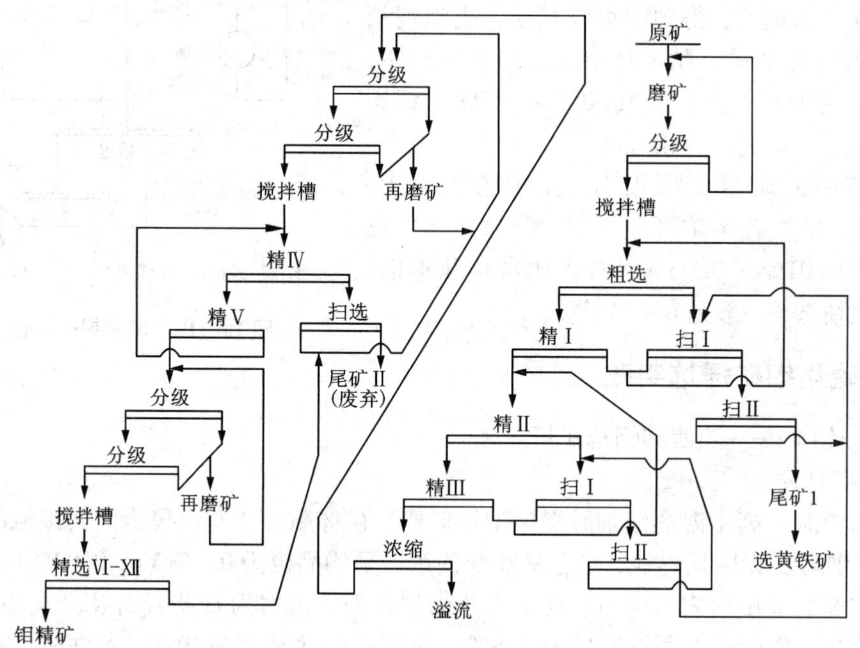

图 10-11　陕西某钼选矿厂选矿工艺流程

2. 铜钼矿床——江西德兴铜矿选矿厂

(1)原矿性质。

江西德兴铜矿是我国大型斑岩铜矿的典型代表，矿床金属矿物主要为黄铜矿、黄铁矿、辉钼矿，矿体范围内铜品位为 0.2%～0.6%，平均 0.5%，钼 0.008% 左右。

该铜矿属中温热液细脉浸染斑岩铜矿。矿体主要赋存于蚀变花岗闪长斑岩和绢云母化千枚岩的内外接触带中。主要金属矿物为黄铜矿与黄铁矿，其次为砷黝铜矿、辉钼矿以及铜的次生硫化物与氧化物，它们之间共生关系密切。特别是黄铜矿与黄铁矿以极细粒状态互相嵌布，黄铜矿的粒度一般为 0.05～0.1 mm，而黄铁矿一般为 0.05～0.4 mm，以粗粒较多。黄铁矿常被细脉状黄铜矿交代呈残留体，辉钼矿与黄铜矿共生密切，其粒度一般为 0.025～0.2

mm，此外还伴生有微量金、银矿物。脉石矿物主要为石英，“热液绢云母类矿物”和绿泥石及碳酸盐类矿物。

该矿矿石类型有三种：浸染型铜矿石、细脉型铜矿石和细脉浸染型铜矿石，以细脉浸染型铜矿石为主。

(2)生产工艺与药剂。

生产流程如图 10－12、图 10－13 所示。

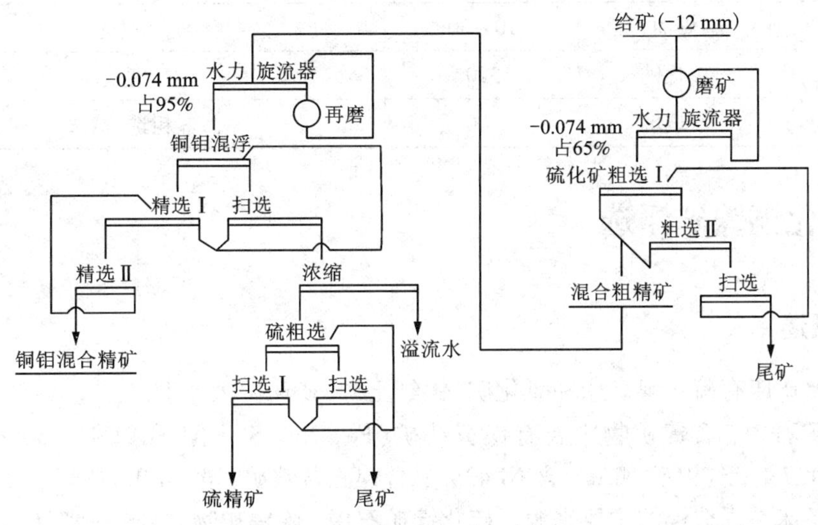

图 10－12　德兴铜矿大山选厂原则流程图

德兴铜矿 6 万 $t \cdot d^{-1}$ 大山选厂采用了一段粗磨后铜硫混合浮选、粗精矿再磨分离的流程。铜硫混合浮选药剂为黄药、松醇油；粗精矿再磨铜硫分离药剂为石灰、CTP。这是大型斑岩铜矿的典型流程，能缩短浮选流程，节省浮选设备和磨矿电耗。铜钼混合粗选时，用石灰调整 pH＝8.5～9，石灰加到球磨机。粗精矿经再磨精选后，再进行铜钼分离。铜钼分离采用硫化钠法，分离之前混合精矿经浓缩脱药，分离作业添加硫化钠。铜钼混合精矿经分离得到的铜精矿和钼精矿，所得的铜钼混合精矿送精尾厂铜钼分离车间，选用硫化钠做抑制剂，少量煤油做捕收剂进行浮钼抑铜分离，经八次精选获得钼精矿，浮选槽底流为铜精矿。铜精矿含铜 Cu 25% 左右，回收率 90%～95%。钼精矿含 Mo 45% 左右，回收率 55%～60%（对原矿）。浮选药剂添加点及用量如表 10－11 所示。

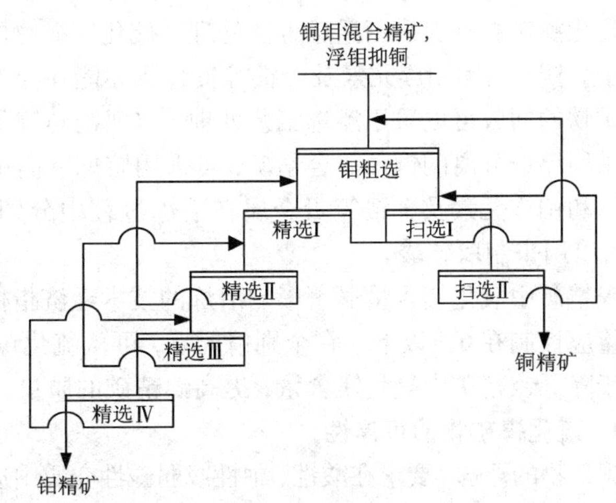

图 10－13　德兴铜矿铜钼混合精矿浮选分离工艺原则流程图

表 10-11　浮选药剂添加点及用量

浮选阶段	药剂名称	用量/$(g \cdot t^{-1})$	添加点
铜钼混浮	石灰	2000~2500	粗选前球磨，pH 8.5~9；精矿再磨，pH 10.5~11
	丁基黄药	80~100	粗扫选
	MIBC	15~25	
	硫氨脂	10~15	
铜钼分离	煤油	10~30	粗选
	硫化钠	320	精选
	水玻璃	400	粗选、精选

10.4　硫化铜镍矿浮选

10.4.1　概述

镍的主要矿床有硫化镍矿床和氧化矿（镍红土矿）矿床两大类型。

硫化镍矿石中，含镍矿物主要有镍黄铁矿$(Fe, Ni)_9S_8$，含 Ni 21%～30%；针硫镍矿 NiS，含 Ni 64.7%；红镍矿 NiAs，含 Ni 43%；含镍磁黄铁矿，含 Ni 0.7%。

硫化镍矿床是提取镍的主要来源。硫化镍矿石中，除镍矿物之外，一般还与铜、钴共生，并伴生有铂族元素和金银等贵金属。其中铜基本上以铜的硫化矿物存在，而钴在大多数情况下存在于含钴的硫化镍矿物中，独立的钴矿物为数极少。

硫化镍矿石一般采用浮选方法处理。硫化镍矿物的可浮性较好，可以有效地富集在浮选精矿中。铜、钴和铂族元素及金银等贵金属亦能在浮选精矿中富集。根据矿石性质，铜、镍硫化矿物的回收可以采用浮选工艺处理，实现铜与镍的分离，分别产出镍精矿和铜精矿；不适宜采用浮选分离的铜镍混合精矿，可采用熔炼-高锍磨矿浮选工艺处理，实现铜与镍的分离。钴和铂族元素及金银等贵金属在冶炼过程中分别回收。冶炼过程中产生的烟气二氧化硫，可以用来制取硫酸。

镍精矿中氧化镁含量显著影响冶炼的技术经济指标。采用反射炉或闪速炉熔炼时，氧化镁含量应控制在6%以下。在个别情况下，可从硫化镍矿石中优先浮选含镁矿物（滑石），既有利于降低镍精矿中氧化镁含量，提高镍精矿的质量，又可综合利用滑石。

1. 硫化镍矿物的可浮性

镍矿物的浮选，要求在酸性、中性或弱碱性介质中进行；捕收剂用高级黄药，如丁黄药或戊黄药。含镍磁黄铁矿比其他镍矿物难浮，最好的浮选介质是弱酸性或酸性，而且浮选速度很慢。在石灰造成的碱性介质中，以上镍矿物都能受到抑制，但被抑制的程度不同，最容易被抑制的是含镍磁黄铁矿，如 pH=8.2~8.5 时，针硫镍矿仍能浮，而含镍磁黄铁矿则受到抑制。

2. 铜镍矿的浮选特点

铜镍矿浮选方案的选择，主要应考虑的因素有矿物的可浮性；矿物的共生关系；镍矿物的氧化和泥化；脉石矿物的种类等。

(1)铜、镍矿物的浮选性质。铜矿物和镍矿物的浮选速度相差较大，铜矿物的浮选速度较快，而镍矿物较慢。生产实践证明，铜镍矿浮选时，头5 min可浮出90%左右的黄铜矿。镍矿物的上浮速度慢，特别是含镍磁黄铁矿，往往要20~30 min才能浮完。

铜镍矿物浮选速度的差别，曾用于铜镍优先浮选的实践。优先浮铜时，进行铜的“快速”浮选。工艺特点是：提高矿浆通过浮选机的速度，捕收剂用低级黄药，并采用“饥饿”方式给药。铜浮选的尾矿加硫酸铜活化镍矿物，然后再用高级黄药，如丁基黄药和戊基黄药浮镍矿物。

(2)镍矿物在矿石中的存在形态。镍矿物很少形成单独的集合体，多半分散在其他硫化矿，主要是磁黄铁矿和黄铜矿中。镍也常常以类质同象杂质的形式存在于其他硫化矿中，特别是磁黄铁矿中。

镍矿物与硫化铜、铁矿物共生密切，因此带来两个问题：一个是镍精矿镍的含量较低，一般含Ni 3%~5%，最低界限为2%~2.5%，因此，当原矿中含Ni>2%时就可直接冶炼。二是影响铜镍分离。铜镍矿物共生密切，甚至磨到很细都不能单体解离，只得到铜镍混合精矿，经冶炼以后，再进行铜镍分离。如果含镍矿物只与磁黄铁矿共生密切，与黄铜矿的关系比较简单，则有可能得到铜精矿，并得到含镍较低的所谓铁镍精矿。

(3)含镍矿物的氧化和泥化。镍黄铁矿和含镍磁黄铁矿等含镍矿物，不但容易氧化，而且容易泥化。因此，当矿石中硫化矿物嵌布不均匀时，阶段磨浮流程就显得特别重要。一般是在粗磨的条件下，进行铜镍混合浮选，废弃尾矿。混合精矿再分级磨矿，然后进行精选或铜镍分离。再磨作业前后强化分级很重要。

为了消除含镍磁黄铁矿的干扰，加拿大林湖选矿厂利用含镍磁黄铁矿的磁性，粗磨(65% -0.075 mm)后，用磁选机选出15%的磁性产品，经精选后作为镍精矿。非磁性部分再磨后，进行铜镍混合浮选。

该厂为了提高难浮硫化镍矿的可浮性，在非磁性部分铜镍混合浮选时，使用了SO_2气体。原矿自然pH=8.8，经SO_2气体处理后，pH下降到5.6。经SO_2气体处理后，改善了硫化镍矿物的可浮性。

(4)脉石矿物的影响。铜镍矿中常含有一些易浮的脉石，如绿泥石、绢云母、蛇纹石和滑石等。它们易泥化，矿泥易浮。含镁矿泥进入精矿，不但降低品位，而且影响冶炼。一般要求镍精矿含氧化镁不超过5%~9%。

消除易浮脉石矿泥的方法有二：一是添加少量起泡剂预先浮除，此法并非经常有效，特别是利用回水的情况下，因为回水含有捕收剂，会增加铜镍在矿泥中的损失；第二种方法是使用抑制剂，如水玻璃、糊精和羧甲基纤维素钠等。

3. 铜镍分离

铜镍分离的方案有两大类，一是优先浮选，在矿石中铜含量比较高，矿物共生关系简单时采用。其优点是可以直接得到铜精矿和镍精矿，缺点是浮铜时被抑制过的镍矿物很难活化，镍的回收率较低；二是先进行铜镍混合浮选，然后根据铜镍硫化矿物的共生关系，采用不同的方案实现铜镍分离。其方案一是铜镍混合精矿的分离，都采用抑镍浮铜，主要分离方法有：石灰+糊精法；石灰+氰化物法和石灰+蒸汽加温法。由于铜镍硫化矿石中矿物组成比较复杂，铜镍混合精矿直接采用浮选分离方法一般比较困难，通常只有在铜、镍矿物共生关系相对简单，在一定的磨矿细度下容易实现铜镍矿物单体解离的情况下适用。其方案二是铜镍硫浮选分离。对于富的铜镍矿或用浮选法难以分离的铜镍混合精矿，可先熔炼成铜镍锍，然后再进行铜镍分离。

10.4.2 硫化铜镍矿石浮选工艺

由于镍矿床一般为铜、镍共生矿产，所以在镍的选矿和冶炼过程中，必须进行铜镍分离。铜镍分离有两种方法，即采用选矿方法直接分离和混合精矿冶炼产出的镍高锍再用选矿方法分离。这两种方法的选用，主要取决于矿石的性质、铜镍比值、冶炼方法对产品的质量要求以及在铜镍分离过程中铂族金属的走向等因素。选矿直接分离的优点是能简化冶炼工艺流程，并可以保证较高的回收率。但该法受矿石本身结构的限制，对一些复杂的难选矿石（如蛇纹石类型矿石）不能达到预期的分离效果。镍高锍铜镍选矿分离技术，具有不受矿石性质限制的优点，适应性强。此外，在镍高锍中分离铜镍，还可以通过熔炼把铂族元素富集于合金相中，用磁选法回收合金；并可把镍铁合金再次硫化、缓冷而得到二次高冰镍，然后通过与一次高冰镍分离相似的选矿方法得到贵金属含量较高的二次合金，有利于铂族金属的回收。

确定铜镍矿石浮选流程还应遵循一条基本原则：宁可使铜进入镍精矿，而尽可能避免镍进入铜精矿。

(1)硫化铜镍矿的混合浮选流程。铜镍混合浮选流程广泛应用于选别原矿中镍高铜低的矿石。当矿石性质较为复杂，铜镍矿物粒度细且彼此嵌布十分致密，难以从混合精矿中分离出含低镍的铜精矿时，所得铜镍混合精矿直接冶炼成镍高锍（高冰镍），然后采用高锍磨浮技术加以分离。

(2)硫化铜镍矿的混合－分离浮选流程。从矿石中混合浮选铜镍，再从混合精矿中分选出含镍低的铜精矿和含铜的镍精矿。目前，该工艺最常用的分离方法为石灰－氰化物法和石灰－硫化钠法，有时采用矿浆加温措施会改善分离效果。此外，还有亚硫酸氢盐法等。该工艺所得含铜的镍精矿经冶炼后，获得镍高锍，然后对高锍再进行选矿分离。

(3)硫化铜镍矿的直接优先浮选或部分优先浮选流程。当矿石含铜比含镍量高得多，且铜镍矿物彼此嵌布关系较为简单时，可采用优先浮选铜矿物的工艺条件，直接获得含镍低的铜精矿，然后浮选镍矿物获得镍精矿。

(4)浮选－磁选联合流程。硫化镍矿物与硫化铁矿物之间的关系十分复杂，常见少量的镍呈类质同象，以固熔体的形式存在于磁黄铁矿中，或有些镍黄铁矿与磁黄铁矿紧密共生。因此，为了提高精矿质量，可采用磁选法预先分出低镍磁黄铁矿，或在浮选精矿中磁选分出磁黄铁矿；另一方面，为提高镍回收率，也可以从浮选尾矿中用磁选回收低镍磁黄铁矿精矿。

对低镍磁黄铁矿中有价成分的综合回收，可将该产品用作冶炼过程中贫化电炉的硫化剂，综合回收其中的镍、铜、钴、金、银和铂族元素。加拿大国际镍公司采用焙烧－氨浸法成功地从低镍磁黄铁矿精矿中回收硫、氧化镍、钴、铜，并生产出含铁67%的氧化铁球团，用于直接炼钢。

(5)高冰镍的磁选－浮选分离工艺。铜镍混合精矿熔炼获得高冰镍，高冰镍属于人造富矿，其主要成分为硫化铜(Cu_2S)和硫化镍(Ni_3S_2)，其次是富含钴和贵金属的铜镍合金。高冰镍经缓冷结晶后，破碎、磨矿使金属硫化物及合金单体解离，用磁选法分出合金产品，再采用浮选法分出铜精矿和镍精矿。富的铜镍矿，或用浮选法难以分离的铜镍混合精矿，可先熔炼成铜镍锍，然后再进行铜镍分离。

铜镍锍中的铜、镍硫化物，只要冶炼过程控制得好，组成、性质都比较稳定，所以比较好选。铜镍锍浮选时，照例是抑镍浮铜，其特点如下：

①磨矿分级回路中分出合金。铜镍锍中的铜镍合金，具有延展性，会使磨机的循环负荷率增高。由于铜镍合金有磁性，又富含贵金属，所以一般在分级机返砂处用磁选机选出，然后再用冶炼方法单独处理。

②要保证粗、扫选的矿浆浓度。铜粗选的浓度，与铜镍锍中的含铁量有关，如含 Fe 2% ~3%，粗选浓度要求达到49%固体；含 Fe 3% ~3.5%，要求43% ~55%固体。浓度低会降低镍粗精矿的质量。其原因是与铁结合的硫化铜矿的可浮性下降。粗选以后的尾矿，浓度较稀，铜细泥不易上浮，因而污染镍精矿。为了提高浓度，扫选前加浓缩作业，如将矿浆浓度从15% ~20%固体，提到高30% ~35%固体。

③矿浆 pH 要求在12以上。一般用氢氧化钠调节，也有用石灰的。对于低铁的铜镍锍，pH 在12.3 ~12.5之间；高铁铜镍锍 pH =12 ~12.2。

④药剂用量较高。如捕收剂丁黄药的用量，一般为1000 $g \cdot t^{-1}$左右。若铜镍锍中含铁高，用量还要高，有时达2000 $g \cdot t^{-1}$。用量高的主要原因是因为铜镍锍中铜的含量高。调整剂氢氧化钠的用量，常达1 ~3 $kg \cdot t^{-1}$。

10.4.3　硫化镍矿的浮选实践

1. 金川镍矿

金川镍矿是超基性岩铜镍硫化矿床，共有四个矿区。矿石的主要金属矿物是磁黄铁矿、黄铁矿、镍黄铁矿、紫硫镍矿、黄铜矿、墨铜矿、四方硫铁矿、铬铁矿、钛铁矿、赤铁矿、白铁矿、砷铂矿等。主要脉石矿物为蛇纹石、橄榄石、辉石，其次为闪石、碳酸盐类、滑石、绿泥石、绢云母等。有价元素除镍、铜外，尚伴生钴、铂族金属、金、银和硫等。矿石硫化镍占总镍的90%以上，金属矿物呈不均匀嵌布，铜镍矿物相互嵌布致密，铜镍矿物选矿分离困难。

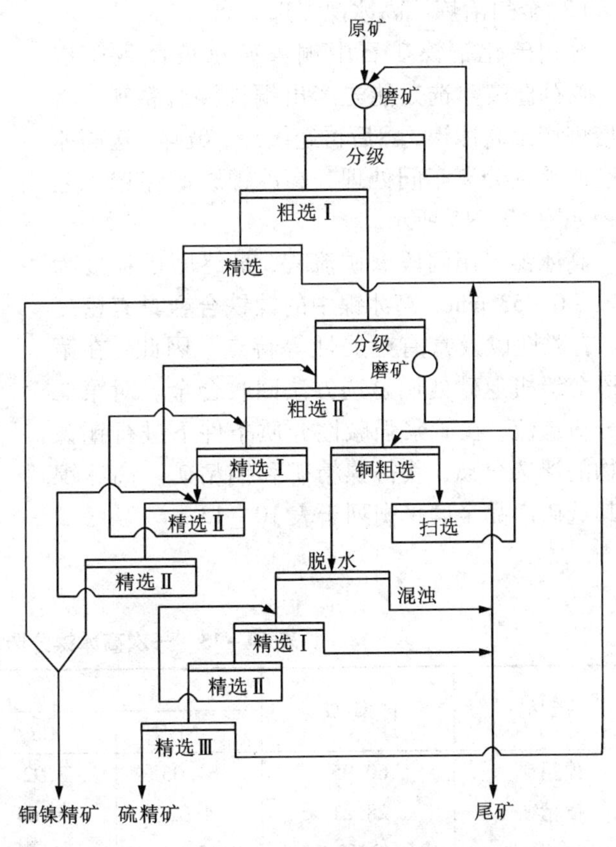

图10－14　金川矿区富矿系统选矿工艺流程

由于该矿区矿石类型多，不同矿区金属矿物含量、脉石矿物组成存在差异，因此该矿对不同矿区类型矿石进行分采分选，各选矿厂或生产系列工艺流程及技术条件存在一定的差异，但总的特点是：不同类型矿石按比例入选，并注意分采分选；采用阶段磨矿－阶段浮选；选矿产品主要为铜镍混合精矿；采用高冰镍浮选分离铜镍技术，并用磁选法回收贵金属。

(1)混合浮选。

对于该矿区第二选矿厂富矿系统，选矿工艺流程如图10－14。

中性介质选矿工艺流程：三段磨矿、两段浮选工艺流程。第一段浮选给矿粒度为70% -0.074 mm，二段为80% -0.074 mm；在矿浆自然pH条件下，以六偏磷酸钠为矿泥分散剂和含镁脉石矿物的抑制剂，加入常规浮选药剂，优先浮选铜镍矿物并得精矿，其尾矿加硫酸铜活化浮选磁黄铁矿，经浓密脱水加入少量硫酸精选，获得合格的硫精矿。选矿技术指标如表10-12所示。

表10-12　富矿系统生产技术指标

产品名称	产率/%	品位/%				回收率/%	
		Ni	Cu	S	MgO	Ni	Cu
铜镍精矿	27.95	6.75	3.25	25.05	10	90.03	85.31
硫精矿	1.24	1.44	0.7	30.12		0.85	0.85
尾矿	70.81	0.269	0.19	2.92		9.12	12.84
原矿	100	1.75	0.89	7.93		100	100

(2)金川冶炼厂高冰镍浮选分离

金川硫化铜镍矿石中铜镍矿物彼此致密嵌布，矿石直接浮选只能先产出铜镍混合精矿，将其熔炼产出高冰镍，然后再经缓冷、破碎、送高冰镍磨矿浮选分离车间处理。高冰镍磨矿浮选工艺流程如图10-15所示。

高冰镍采用两段磨矿流程，最终磨矿粒度为94% -0.053 mm。高冰镍中的镍铁合金具有密度大、有磁性以及富有延展性等特点。因此，在第二段分级机返砂处用磁选方法回收合金。对第二段分级溢流，在矿浆强碱性介质条件下进行铜镍矿物的浮选分离，获得镍精矿和铜精矿。高冰镍及其选矿产品金属平衡列于表10-13。

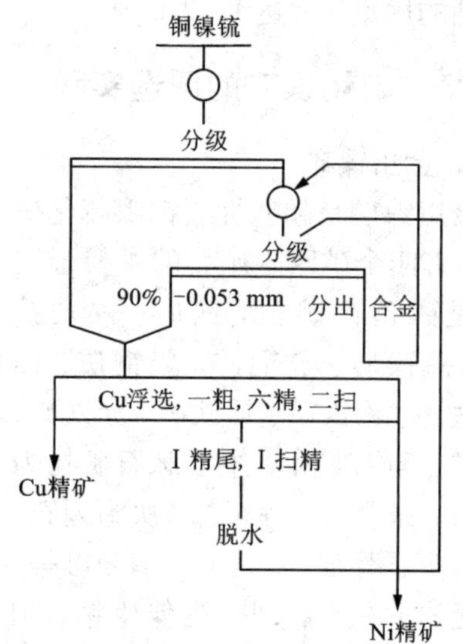

图10-15　高冰镍磨矿浮选工艺流程

表10-13　一次高冰镍分选及金属平衡

产品	产率/%	品位/%				
		Ni	Cu	Co	Fe	S
镍精矿	60.95	64.05	3.92	0.7	4.05	23.67
铜精矿	28.21	4.02	69.64	0.12	4.28	21.69
合金	9.59	62.23	20.47	0.95	7.06	8.86
中矿	0.53	30.45	30.03	0.78	4.12	21.89
损失	0.72	30.45	30.03	0.78	4.12	21.89
高冰镍	100	46.5	24.37	0.56	44	21.67

2. 中国盘石镍矿选矿厂

该矿主要金属硫化矿为镍黄铁矿、磁黄铁矿和黄铁矿等，硫化矿物含量占矿石总量的20%左右，磁黄铁矿与镍黄铁矿含量之比为3～4，还伴生有钴；主要脉石矿物为斜方辉石、纤闪石、滑石、闪透石、橄榄石、蛇纹石、绿泥石和黑云母等。铜矿物和镍矿物呈粗细粒不均匀浸染，选矿工艺流程为阶段磨矿阶段选别、铜镍混合浮选然后浮选分离，产出镍精矿和铜精矿。铜镍混合浮选流程如图10－16所示。铜镍混合精矿分离浮选工艺流程如图10－17所示。选矿生产指标列于表10－14。

表10－14 盘石镍矿选矿厂生产指标

产品名称	品位/%		回收率/%	
	Ni	Cu	Ni	Cu
镍精矿	6.524	0.55	85	28.8
铜精矿	1.236	22.22	0.8	59.9
原　矿	1.593	0.396	100	100

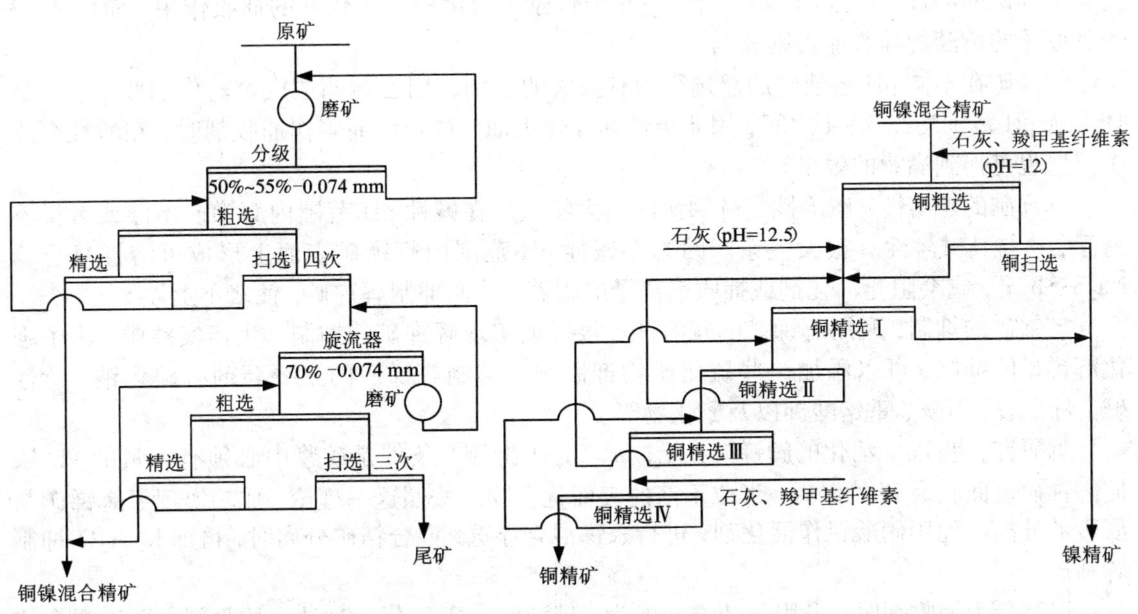

图10－16 盘石镍矿铜镍混合浮选流程

图10－17 盘石镍矿铜镍浮选分离流程

10.5 硫化锑矿浮选

10.5.1 概述

锑属于亲铜族元素，具有明显的亲硫性质，主要形成硫化矿物。主要的硫化锑矿物是辉锑矿 Sb_2S_3，含Sb 71.4%，次要的硫化锑矿主要有脆硫锑铅矿 $2PbS \cdot Sb_2S_3$、硫锑银矿 $3Ag_2S \cdot Sb_2S_3$、车轮矿 $2PbS \cdot Cu_2S \cdot Sb_2S_3$、圆柱锡矿 6PbS $6SnS_2 \cdot Sb_2S_3$ 和硫汞锑矿 $HgS \cdot 2Sb_2S_3$ 等。

硫化锑矿按选矿工艺可分为三种类型：单一硫化锑矿石；混合硫化－氧化锑矿石；含锑复杂多金属硫化矿石，这类矿石又可分为铅锑矿、金锑矿、锑钨矿和金锑钨矿四种矿石。

辉锑矿的选矿方法，常用的有手选、重选和浮选。选矿方法的选择视矿石类型、矿物组成、矿物构造和嵌布特性及有价组分含量与适应锑冶炼技术的要求、经济效益等因素决定。

锑矿石浮选始于1912年。当时美国采用"焦油－浮选"处理美国阿拉斯加州手工选矿废弃的高品位锑粉矿。1925年加拿大使用煤焦油和硫酸进行了锑矿浮选工业试验，证明对高品位锑矿除砷有一定的效果。1925年发明黄药及其广泛应用以来，锑矿石浮选(也包括锑－金矿石)得到迅速发展。

辉锑矿的结晶构造为链状，链体内为离子键的过渡性键连接，而相邻侧面链体与链体之间则为分子键连接，因此，辉锑矿破裂的解理面有弱键、强键之分，故而辉锑矿具有易浮和难浮两类不同的可浮性。对难浮的需要预先活化，方能获得较高的回收率。

用黄药捕收辉锑矿时，常用重金属离子如 Pb^{2+}、Cu^{2+} 预先活化。硫酸铜活化辉锑矿的pH范围是4～7.4。没有活化的辉锑矿，可用中性油作捕收剂，其中页岩焦油和泥煤加工产物比较有效。

用黄药作捕收剂浮选辉锑矿时，黄药用量较高，一般在400 $g \cdot t^{-1}$以上。捕收剂的碳链长度对辉锑矿的浮选有明显的影响。含4～6个碳原子的黄药具有较好的捕收作用，而含2～3个碳原子的黄药的捕收能力则较弱。

辉锑矿在不同pH溶液中的浮选行为有很大的差别。用乙黄药或戊黄药作捕收剂，其最佳浮选pH范围均在3～4之间；用非极性油如烃类油、页岩焦油等作捕收剂时，在酸性介质中浮选也可得到满意的效果。

辉锑矿的碱溶性：碱溶性是辉锑矿的一大特点。在碱性pH范围内辉锑矿不浮或者说不易浮，这与其碱溶性有很大关系。因为在碱性pH范围内辉锑矿表面上形成可溶性复合物 $Na_2S \cdot Sb_2S_3$，它会阻止活化剂或捕收剂离子的附着，从而抑制辉锑矿，使之不上浮。

辉锑矿的抑制，利用辉锑矿的碱溶性可很好地实现辉锑矿的抑制。生产实践中，为了强化辉锑矿的抑制，可以添加一些硫化矿物抑制剂。抑制辉锑矿的主要药剂有硫化钠、苛性碱、丹宁酸、石灰、重铬酸钾以及氰化物等。

据研究，被 Pb^{2+} 活化的辉锑矿，能被 $K_2Cr_2O_7$ 抑制，条件是矿浆中必须有大量的 Pb^{2+}，使辉锑矿表面吸附 Pb^{2+} 以后，形成不溶的表面化合物。按照这一理论，成功实现了辉锑矿与辰砂的分离。先用硝酸铅作活化剂，进行汞锑混合浮选，混合精矿分离时，再加 $K_2Cr_2O_7$ 抑制辉锑矿。

以黄药为捕收剂时，采用的药方一般为：硝酸铅－丁黄药－2#油。捕收剂也可以混合使用，如丁黄药与乙黄药、丁黄药与黑药、丁黄药与丁铵黑药、丁黄药与Z－200、丁黄药与乙硫氮等。

对于单一硫化锑矿石的浮选，以乙硫氮与页岩油混合使用或乙硫氮与丁黄药、页岩油混合使用效果好。乙硫氮对辉锑矿具有较好的选择性，对提高锑精矿品位有利。但用乙硫氮浮选辉锑矿时，浮选泡沫较脆，必须与页岩油配合使用。

辉锑矿浮选的起泡剂，国内以松醇油为主，国外则使用甲酚酸或MIBC较多。

10.5.2 硫化锑矿石选矿工艺

不同的硫化锑矿石类型，采用的选矿工艺存在较大的差别。

我国单一硫化锑矿石的选矿工艺与流程以手选－浮选联合流程居多。锡矿山南选厂采用手选－重介质－浮选联合工艺流程，比较完美。国外处理单一硫化锑矿石基本上是采用单一浮选工艺流程，有的因为矿石性质的原因，增加洗矿脱水作业。对于这类矿石的浮选，一般尽可能在粗磨条件下进行，并在磨矿－分级回路中安装单槽浮选机及时浮出较粗粒的可浮性好的辉锑矿。因细磨后浮选，锑精矿品位不及粗磨条件下高，而且精矿过滤效率低。

对于混合硫化－氧化锑矿石，一般采用重选（手选、跳汰、摇床）－浮选联合工艺，也可采用手选－浮选－重选联合工艺，单一浮选工艺对氧化锑矿的浮选效果差。

对于含锑复杂多金属硫化矿石，有用矿物除辉锑矿外，还含有许多其他的有价金属矿物。这类矿石中硫化锑矿物的浮选行为，需要根据选矿回收的主要金属成分来综合考虑，浮选主要考虑硫化矿物之间的分离。一般分离这类矿石的方法有以下几种：

（1）优先浮选工艺：优先浮选工艺包括优先浮砷金，或优先浮锑两种方案。优先浮砷金时，将氢氧化钠加在磨机中，在强碱性介质中磨矿，抑制辉锑矿，加硫酸铜活化黄铁矿和毒砂，控制 pH 为 8 ~9，加捕收剂与起泡剂浮选黄铁矿和毒砂，浮选尾矿加硝酸铅或硫酸铜活化辉锑矿，然后再加捕收剂浮选出辉锑矿。优先浮锑时，用铅盐作辉锑矿的活化剂，硫酸为 pH 调整剂，丁铵黑药作捕收剂，松醇油为起泡剂，在自然 pH 或弱酸性条件下浮选辉锑矿，锑浮选尾矿中加硫酸铜活化，加丁黄药和起泡剂浮选含金毒砂和黄铁矿。

（2）混合浮选再分离浮选工艺，混合浮选时，在磨矿过程中加氢氧化钠或苏打，然后加醋酸铅、硫酸铜、丁黄药及硫酸进行混合浮选，得到混合精矿；混合精矿分离时既可采用抑锑浮砷金工艺，也可采用抑砷金浮锑工艺。抑锑浮砷金时，在磨矿中加氢氧化钠、丁黄药，硫酸铜并充气几分钟，然后进行浮选分离，槽内产物为锑精矿。湖南某锑金砷矿采用混合－优先浮选流程，在 pH 为 6.5 时，用硫酸铜、硝酸铅作活化剂，黑药和黄药作捕收剂，进行锑砷金混合浮选，混合锑砷金精矿在碱性介质中，用碳酸钠、硫化钠调整 pH 至 11，抑锑浮砷，得到了很好的浮选效果。抑砷金浮锑时，一般用氧化剂抑制毒砂及黄铁矿浮选辉锑矿，混合精矿浮选分离前，加入氧化剂漂白粉或高锰酸钾，矿浆液固比为 3，搅拌时间 1 min，然后加入醋酸铅 100 $g \cdot t^{-1}$，用黄药为捕收剂浮选辉锑矿，氧化剂的用量和矿浆搅拌时间对混合精矿分离的影响很大，是主要的控制因素。

混合浮选得到的锑金精矿，目前一般采用火法冶金分离和回收锑、金；当锑金混合浮选得到的锑金混合精矿中含有较多的自然金时，也可采用混汞法或氰化法等分离锑金。

10.5.3 硫化锑矿石浮选实例

1. 单一硫化锑矿石

锡矿山南选厂 主要矿物为辉锑矿（5.10%），其次有少量的锑的氧化物（0.19%），如黄锑华、锑华以及黄铁矿（0.1%）、褐铁矿等；脉石矿物以石英（37.1%）为主，其次方解石、重晶石、石膏等；围岩为硅化灰岩（57.45%）。辉锑矿呈粗粒嵌布，1 mm 以上者占 95.8%。

该厂于 1968 年建成，设计生产能力为 1000 $t \cdot d^{-1}$。采用手选—重介质选—浮选联合流程，三个作业量分别占矿石总量的 33.3%、6.6%、60.1%。选矿原则流程如图 10－18 所示，生产指标如表 10－15 所示。

浮选药剂：生产初期曾采用丁基黄药、硝酸铅和松醇油。20 世纪 60 年代以页岩油作辅助捕收剂，使上述三种常规药剂耗量大幅度下降，并且提高了锑回收率。70 年代应用乙硫氮和页岩油的组合药方，使药剂成本下降，而且提高了锑精矿质量。生产上使用的主要药剂为丁基黄药80 g·t^{-1}，乙硫氮90 g·t^{-1}，硝酸铅160 g·t^{-1}，页岩油300～350 g·t^{-1}，松醇油120 g·t^{-1}，煤油60 g·t^{-1}。

表10－15　锡矿山南选厂生产指标

选别作业	作业量/%	品位(锑)/%			回收率/%
		原矿	精矿	尾矿	
手选	33.3	2.25	7.8	0.12	95.95
重介质选矿	6.6	1.58	2.65	0.18	95.11
浮选	60.1	3.19	47.58	0.21	93.97
全厂	100	2.68	19.44	0.18	94.11

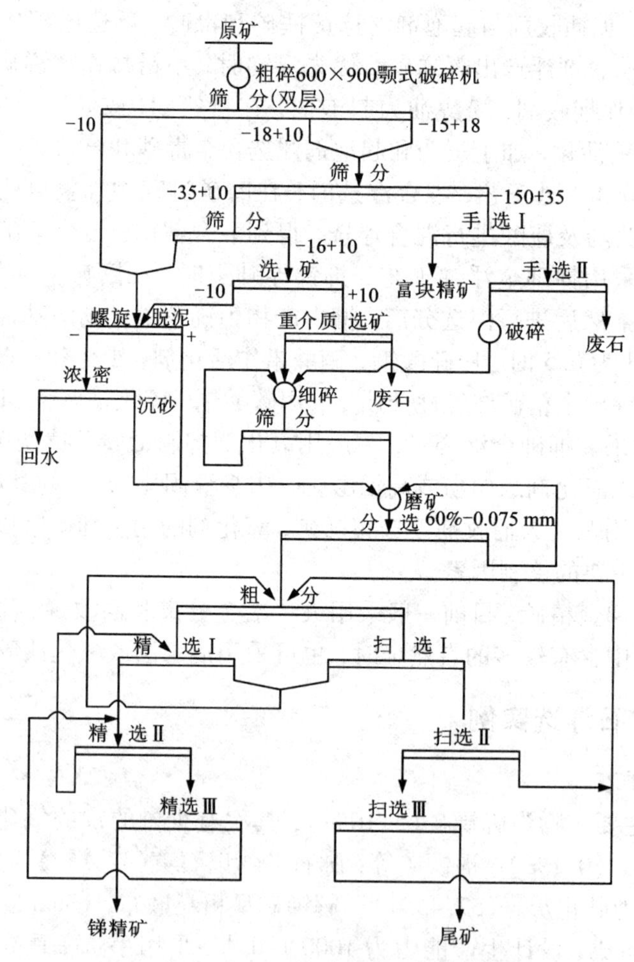

图10－18　锡矿山南选厂选矿原则流程图

2. 混合硫化－氧化锑矿石

该矿属热液充填交代矿床。主要矿物为辉锑矿、黄锑华，其次为水锑钙矿和少量锑华、硫氧锑矿。辉锑矿呈块状构造，具自形晶、半自形晶、放射状结构，氧化锑呈土状、多孔状、皮壳状等。辉锑矿与氧化锑矿物的混合矿具有块状残余结构。脉石矿物以石英为主，其次为方解石、重晶石、石膏等。

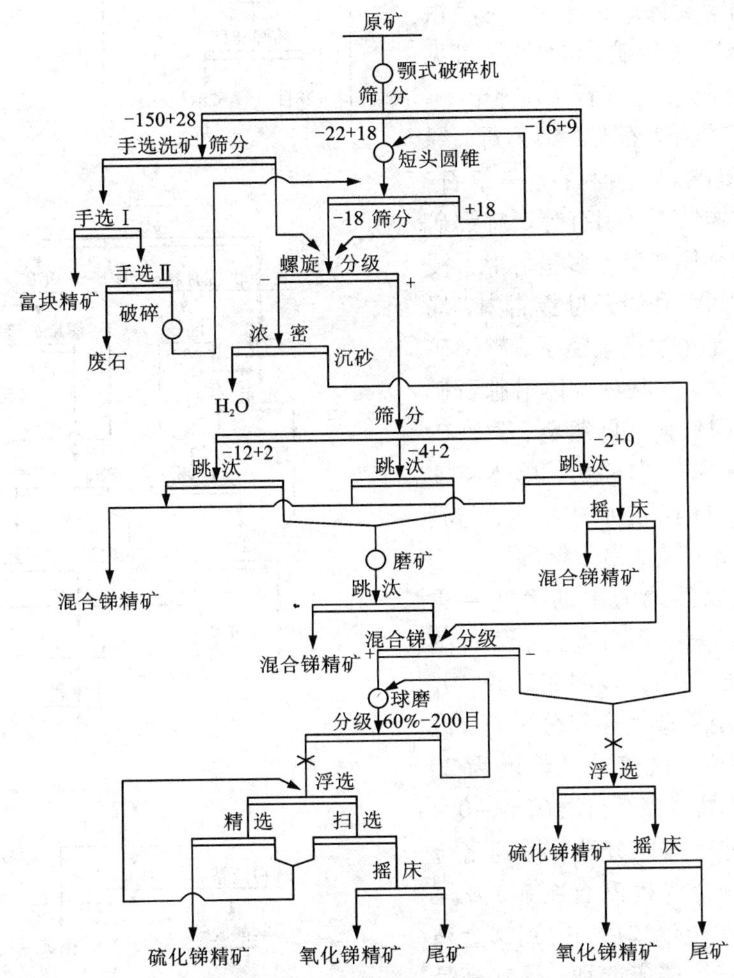

图 10－19　混合硫化—氧化锑矿石手选—浮选—重选流程

选矿厂工艺流程如图 10－19 所示。手选和重选－浮选处理矿石量比例分别为 55.9% 和 44.1%。矿石氧化率为 50% ~60%。

该矿石选矿工艺的特点包括四个部分：一是碎矿和手选，根据矿石中有用矿物的嵌布特征，在矿石破碎阶段用手选选出大块的富矿石，避免了富块矿在粉碎过程中的损失，同时手选丢弃部分废石，提高了选矿系统的处理能力。二是重选与磨矿，手选后的矿石，采用重选（摇床＋跳汰）进行两段选别，得到混合锑精矿。三是浮选，经闭路磨矿后的跳汰尾矿，采用一次粗选，一次精选，一次扫选的浮选流程，得到硫化锑精矿，浮选药剂为丁基黄药（$350\ g\cdot t^{-1}$）、硝酸铅（$210\ g\cdot t^{-1}$）、松醇油（$150\ g\cdot t^{-1}$）。四是摇床重选，回收浮选尾矿中的氧化锑矿物。选矿厂的原生矿泥和次生矿泥单独采用浮选－重选联合流程处理。

3. 含锑复杂多金属矿

湖南某钨锑金矿选矿厂，该矿区矿石为中低温热液充填层间脉状矿床。矿石的主要金属矿物为辉锑矿、黄铁矿、菱铁矿、毒砂、白钨矿、黑钨矿、自然金，可见少量钛铁矿、闪锌矿、金红石、方锑金矿。矿石的主要脉石矿物为石英、绢云母、绿泥石、叶蜡石、高岭石、伊利石、方解石，可见少量碎屑矿物锆石、榍石等。辉锑矿为区内最常见的金属矿物，多呈脉状、浸染状分布在石英间隙和绢云母板岩内，局部富集成块状。在光学显微镜下，辉锑矿成不规则它形粒状、片状集合体沿脉石矿物间隙充填，与闪锌矿、自然金、菱铁矿等共生，交代黄铁矿、白钨矿，单体粒度0.05～0.1 mm。其内部杂质矿物少，与其他矿物的接触边界平直，易于解离。

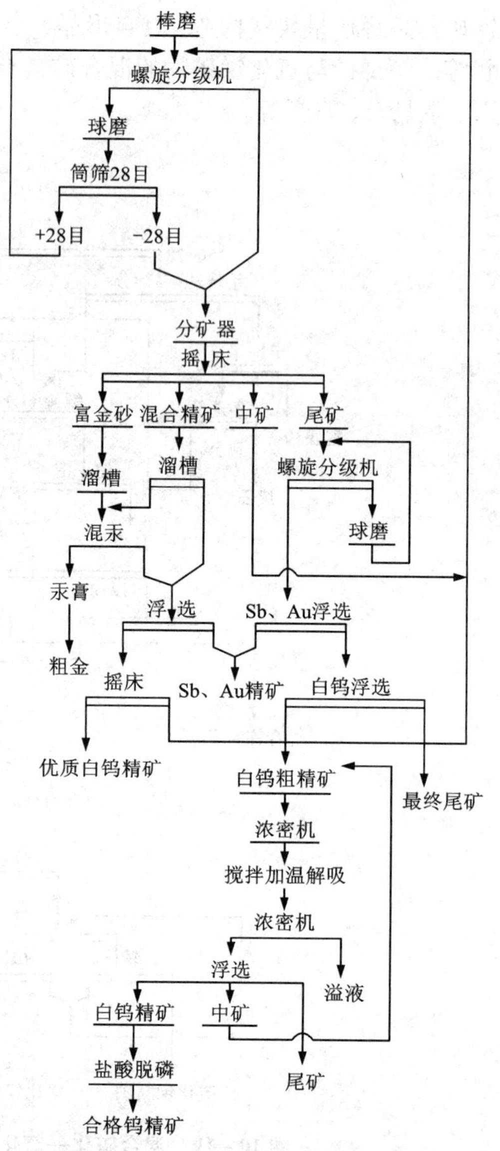

图10－20　钨锑金矿石选矿原则流程

选矿厂采用以浮选为主的手选－重选－浮选联合流程，其工艺流程如图10－20所示。原矿采用三段闭路破碎，并在第二段破碎后用手选丢弃部分废石，以提高入选矿石品位。破碎产品粒度为20 mm左右，破碎产品经棒磨机磨矿至－0.4 mm 90%左右，进行摇床分选，得到富金精矿、混合精矿（金锑钨混合精矿）及尾矿。混合精矿经锑金浮选后，得到锑金精矿，槽内产物再进行摇床选别，得到高品位钨精矿；重选尾矿给入球磨机进行闭路磨矿，溢流细度为－0.075 mm 75%～80%，浮选矿浆浓度为25%，先在中性或弱碱性矿浆中浮选锑金矿物，然后进行钨矿物的浮选。锑金矿物浮选技术条件如表10－16所示。

表10－16　锑金矿物浮选技术条件

pH	矿浆温度/℃	矿浆浓度/%	硝酸铅/$(g\cdot t^{-1})$	硫酸铜/$(g\cdot t^{-1})$	捕收剂/$(g\cdot t^{-1})$	2#油/$(g\cdot t^{-1})$
7～7.5	常温	25～27	40～50	45～50	480～500	100～120

10.6 含贵金属硫化矿的浮选

贵金属是指金、银和铂族元素，其化学性质稳定，不易氧化，其化学惰性决定了贵金属的用途，尤其是铂族元素作为国防、化工等领域的重要原料。

在原生矿床和砂矿床中，贵金属多呈自然金属、碲化物（含金、银）与硫化物（含银、铂族元素）形态，在硫化物中还形成极细粒的包裹体，有时贵金属硫化物存在于其他硫化物中，例如镍黄铁矿[（Ni、Fe）S]中存在硫化钯。赋存于铜、铅、锌、锑、铋等主金属矿物中的贵金属多在主金属的冶炼过程附带回收，而以贵金属为主的矿石则需选冶联合流程处理。

10.6.1 含金、银贵金属硫化物的浮选

1. 概述

金矿有砂金和脉金两类矿床。砂金矿用重选法回收。脉金矿的种类较多，一般分为石英脉金矿、黄铁矿含金矿、含金多金属矿、特殊矿物含金矿（例如金铀矿、钨锑金矿等）。由于金有亲硫性，常与硫化物例如毒砂、黄铜矿、黄铁矿、方铅矿、辉锑矿等共生。银属于铜型离子金属，亲硫，极化能力强，在自然界中常以自然银、硫化物形式存在，重要的含银矿物为含银方铅矿与其他含银硫化物（银常伴生于闪锌矿和黄铁矿中）。脉石矿物主要有石英、方解石、重晶石、萤石和燧石等。金、银的主要工业矿物及其性质见表10－17。

表10－17 金、银的主要工业矿物及其性质

金、银的工业矿物种类	矿物分子式	金属含量/%	密度/（$g\cdot cm^{-3}$）
自然金	Au	85%～95% Au	16～19
碲金矿	$AuTe_2$	44.03% Au、55.97% Te	9～9.35
针碲金银矿	$(Au、Ag)Te_2$	24.5% Au、13.4% Ag、62.1% Te	7.9～8.3
自然银	Ag	72%～100% Ag	10～11
辉银矿	Ag_2S	87.1% Ag	7.2～7.3
锑银矿	Ag_9SbS_6	75.6% Ag	6～6.2

2. 金、银矿物的可浮性

金银矿物具有表面润湿性小、易浮等特点，浮选方法被广泛应用。捕收剂以黄药应用较广，起泡剂可用松醇油等；石灰、氰化物、硫化钠等都是金、银的抑制剂。新鲜金粒表面不直接与黄药作用，但与水或者空气短时间接触后即可迅速作用，吸附层密度急剧增加，可浮性提高；继续氧化时，吸附量减少，疏水性降低。

氧在黄药与金粒间起重要作用，吸附于金粒表面的氧引起表面层金原子的电离，并吸收其电子，使金原子呈正电性。其反应可表示如下：

$$2Au + 2ROSS^- + H_2O + \frac{1}{2}O_2 = 2AuROSS + 2OH^-$$

在捕收能力较弱的乙黄药中，金也被氧化，并在表面形成黄原酸金薄膜；随着丁基、戊基或异戊基黄药等捕收能力的增强，氧化能力及其在金表面吸附固着强度也随之增大。

金、银浮选的调整剂一般用Na_2CO_3，最佳pH为7~9。采用活化剂并强烈搅拌，保持较高的浮选槽矿浆液面，快速刮出泡沫等，有利于金、银的回收。

3．金、银浮选常用药剂

捕收剂：常用于浮选金银矿石的捕收剂有黄药、丁铵黑药、二硫代氨基甲酸盐、芳基三硫代碳酸盐、BK301、巯基苯并噻唑、酯－105、硫醇、噻唑、苯胺黑药、35号捕收剂等，辅助捕收剂可用煤油、变压器油等。油酸可作为金－铜氧化矿石的捕收剂。金银与黄药生成难溶的黄原酸盐，其溶度积大小位于汞之后，铋、锑等金属之前。金银能与其他矿物分选就是根据这一原理进行的。黄药浮选含金银硫化矿的用量一般为50~150 $g \cdot t^{-1}$。河北金厂峪金矿采用非极性基较长、疏水效果好的异戊基黄药替代丁黄药，金的回收率提高1%左右；丁铵黑药对于含金银石英脉矿石选别效果好，而且还具有捕收和起泡的双重效果。使用混合捕收剂一般较单一捕收剂好。辽宁五龙金矿将单一用药改为异戊基黄药与丁黄药按1:3的混合用药制度，精矿金品位和回收率分别提高18.2 $g \cdot t^{-1}$和1%；沂南金矿采用丁黄药和35号捕收剂替代单一的丁黄药，石灰用量明显减少，矿浆pH由10－11下降到8－9，捕收剂和起泡剂总用量大幅度降低，金回收率提高3%。

起泡剂：金银浮选起泡剂主要以2号油为主，还有MIBC、Aerofroth、松油、醚醇(多丙二醇烷基醚)、11号油(主要成分为2－乙基己醇，其余为C_8以上的高沸物)、樟油、重吡啶和甲酚等，其用量一般为20~100 $g \cdot t^{-1}$。对低硫矿石，浮选泡沫不稳定，恶化粗粒金的浮选，起泡剂就显得比较重要。樟油的选择性好，多用于获取高质量的精矿和优先作业中。山东夏甸金矿采用醚醇起泡剂替代2号油，醚醇用量仅为2号油的1/4－1/6。

活化剂：一般采用硫酸铜和硫酸铵改善黄铁矿、闪锌矿等表面被氧化的金银载体硫化矿物的浮选。金厂峪金矿的浮选经验表明：硫酸铜可以强化粗粒连生体载体矿物的浮选，提高回收率，但用量不宜过多，一般为40~50 $g \cdot t^{-1}$比较合适，否则，泡沫易脆，指标下降。黑龙江乌拉嘎金矿处理低硫化物石英脉金矿石，在磨矿作业加入900 $g \cdot t^{-1}$硫酸铵，泡沫黏度增加，粗粒连生体和细粒矿物的浮选得到改善，回收率得到明显提高。

调整剂：石灰是常用的调整剂，可以调节矿浆pH、硫代化合物类捕收剂和某些抑制剂(例如氰化物)的作用活性，也是矿泥的凝聚剂，沉淀矿浆中对浮选有害的重金属离子，有效的抑制黄铁矿等硫化铁矿物；与苏打特别是苛性钠相比，对金的抑制作用最强，吸附在金上的黄药量以及金的可浮性随pH升高而下降。氰化物有剧毒，是有色金属硫化矿浮选的抑制剂，而且能强烈抑制并溶解金、银等贵金属，所以一般不用或少用。硫化钠能够活化金、银的氧化矿，但对自然金有抑制作用，需要严格控制其用量，一般为20~200 $g \cdot t^{-1}$。

4．金、银硫化矿的浮选＋冶金提取方案

浮选＋氰化：处理含有粗粒金、银的石英质矿石，或含金、银石英脉硫化矿时，可采用此方案。浮选所得到的精矿再进行氰化提取处理。

浮选＋焙烧＋氰化：浮选得到的金银精矿含铜、锑、砷较高，不能直接氰化时，常采用此方案。

浮选＋微生物氧化＋氰化：浮选精矿采用细菌氧化，然后采用常规氰化流程处理，例如山东烟台黄金冶炼厂、莱州黄金冶炼厂等。

浮选＋加压氧化＋氰化：浮选精矿采用加压氧化(例如山东招金集团金翅岭金矿等)，然后采用氰化提金流程，尾矿采用浮选法综合利用有价金属。

浮选+火法冶金：绝大多数含金银多金属硫化矿，用此方案处理。浮选这类矿石时，金银进入与其致密共生的矿物的精矿中，例如铜金矿、含金银的铅锌矿等，浮选得到的含金铜精矿、含金银铅精矿，送冶炼厂熔炼，在冶炼过程回收金、银。

浮选+浮选尾矿和中矿氰化+浮选精矿焙烧氰化：此法用来处理含有碲化金、磁黄铁矿、黄铜矿及其硫化矿物的石英硫化矿石，或含金黄铁矿和磁黄铁矿。将矿石中的难溶金进行浮选富集，浮选精矿焙烧，暴露或解离含金银的硫化物和碲化物，以便于进行氰化。

原矿氰化+氰化尾矿浮选：氰化法不能回收与硫化物共生的金银时，氰化以后浮选，可以提高金银的回收率。

金的油团聚浮选：当金的嵌布粒度太细时，采用重选、浮选或者混汞等方法，存在回收率低、污染环境等缺陷。而以煤作为助团聚剂，浮选回收煤-金-油团聚体，具有对粗粒和细粒金适应性好、选择性强、回收率高、流程简单等特点。原矿品位、金粒度、油的种类、煤与油的比例、团聚油的黏度等影响浮选指标。

5. 金、银浮选的影响因素

影响含金、银矿石的浮选因素很多，例如自然金不是化学纯的，常含有许多杂质如银、铜等，它们影响金的可浮性；金、银矿粒的粒度与形状、矿浆浓度与氧气含量、原生矿泥、矿物组成等也影响金、银的浮选。

粒度与形状：金、银矿粒的粒度极不均匀，不同的粒度具有不同的可浮性。被浮粒子的极限尺寸与金粒的形状和表面状态亦有密切关系。扁平状的金粒(片状的与结核状的)易浮，球形的则可浮性较差。

原生矿泥：原生矿泥含量较多时，常使浮选发生困难；矿石如果含有易于浮游的滑石、云母、含碳物质和其他鳞片状矿物，精矿品位一般不高。如果使用过量的石灰，则会抑制金、银及其载体矿物黄铁矿，不利于金银的浮选回收。

不同的矿物组成：矿物组成影响很大，几乎处理所有类型的矿石都采用分段浮选，最常用的是两段浮选，以减少含贵金属硫化物的过粉碎，提高精矿的回收率。当有游离金、银时，通常用强力捕收剂，并适当地增加起泡剂用量，当浮选终了时尤其需要加强起泡作用。

氧气浓度：一般来说，金只有预先与水或空气短时接触之后，捕收剂才能固定在金表面，捕收剂吸附层的密度和强度随氧气浓度的增加而增加。但是，过量的氧气含量将降低金表面的疏水性和黄药在金表面的吸附强度。

矿浆浓度：矿石中游离金、银的数量通常比较少，且比重较大，比硫化物难浮，采用浓浆[液:固比(2~2.5):1]一般对提高粗粒金的回收率有利，但如果只含片状的细粒金，则液固比可以很大，可以稀释至10:1。

6. 金、银浮选的生产实例

某金矿浮选贫硫高砷含金银矿，矿石中有价元素为金和银，金属矿物以毒砂和黄铁矿为主，有害元素为砷、碳和少量硫化物，脉石矿物以石英为主，次为方解石、白云石和少量的绢云母和长石。该矿石属贫硫微细粒浸染型金矿石。金银的选别流程见图10-21，磨矿细度为-0.074 mm 80%后，采用一粗一精两扫的工艺流程。药剂用量：丁基黑药30 $g \cdot t^{-1}$，丁黄药90 $g \cdot t^{-1}$，2号油70 $g \cdot t^{-1}$，石灰1250 $g \cdot t^{-1}$。所得的浮选指标：原矿金、银品位分别为3.82 $g \cdot t^{-1}$和20.9 $g \cdot t^{-1}$，精矿中金、银品位分别达到31.42 $g \cdot t^{-1}$和152.12 $g \cdot t^{-1}$，回收率分别为95.30%和85.43%。

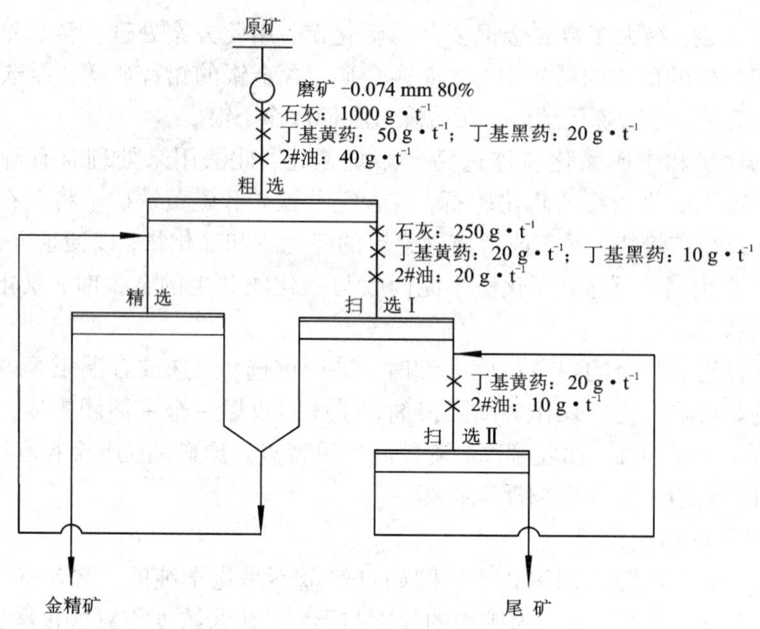

图 10－21　某贫硫高砷金银矿的浮选流程

10.6.2　含铂族元素矿石的浮选

1. 含铂族元素矿石的概述及可浮性

铂族元素包括钌(Ru)、铑(Rh)、钯(Pd)、锇(Os)、铱(Ir)和铂(Pt)，前三者属于轻铂族，后三者属于重铂族。

铂系金属的矿床分为两大基本类型：①与超基性岩(主要是纯橄榄石)关系密切，广泛分布在乌拉尔、南非、哥伦比亚、美国等；②与汇集铜、镍、铁硫化物的碱性岩石(黄铁矿、辉长苏长岩)关系紧密，主要分布在加拿大萨德伯里和诺里尔斯克。

铂钯可形成独立矿物，其余均以极微量组分赋存于基性或超基性火成岩中。铂矿物有自然铂(Pt)，含 Pt 84% ~98%；铁铂矿($PtFe_2$)，含 Pt 62% ~83%，其伴生元素有 Ir、Rh、Pd、Cu、Ni；粗铂矿($Pt_{2\sim4}Fe$)含 Pt 74% ~92%，其伴生元素与铁铂矿相似；铱铂矿(Pt、Ir、Fe)和钯铂矿(Pt、Pd)的伴生元素为 Au、Fe，此外还有砷铂矿($PtAs_2$)等。铂族元素在矿石中呈自然合金以及与硫或砷成化合物的形式存在。硫化钯有时在硫化镍中形成固溶体。自然铂中有含少量铁的矿物辉石(含 Fe7%)和铁铂矿(含 Fe14% ~20%)。自然铂合金是较少见的。

浮选主要适合选别硫化铂矿石，最难回收的是含铁、铜(铁铂矿与铜铂矿)的自然矿物。在铜－镍浮选的粗选尾矿中，有时可发现硫镍钯铂矿、锑钯矿、砷铂矿及其他矿物。为了回收这些含铂矿物，对该尾矿进行补充浮选，补加药剂及提高矿浆温度，使铂矿物进入泡沫产物。浮选尾矿中的铂矿物还可以用重选法(溜槽、跳汰机等)补充回收。

由于铂族金属矿石的品位比较低，因此，对脉石矿物的抑制非常重要。抑制天然可浮性好的脉石矿物一般采用凝胶渗透色层法测量的分子量为 150000 ~600000 的多糖，如古尔胶、羧甲基纤维素 CMC、淀粉及其改性产品等，其聚合物链长越小，抑制效果越差。多糖使用时需要具有很好的溶解和水合特点，所以，一般将其配制成 1% ~1.5% 的溶液。最近制造了抑制效果好、分子量低于 20000 的淀粉，可以配制成浓度为 20% ~30% 的溶液，而其黏度比浓度为1.0% ~1.5%的其他聚合物溶液的黏度还低，且溶解和水合快。

铂族金属矿物浮选的捕收剂一般采用黄药（如丁黄药、异丁基钠黄药 SIBX 等）、黑药、丁基二硫代磷酸盐等，活化剂一般使用硫酸铜。

2. 含铂族元素矿石的浮选实例

俄罗斯科拉半岛费多罗沃图恩德罗矿体的低硫化物铂族金属矿石，主要贵金属矿物是铂和钯的铋—碲化物和硫化物：碲铂矿 $Pt(Te, Bi)_2$、黄秘碲钯矿 Pd(Te, Bi)、碲钯矿 $Pd(Te, Bi)_2$、硫镍钯铂矿(Pt, Pd, Ni)S、硫钯矿(Pd, Ni)S、硫铂矿(Pt, Pd, Ni)S，以及铂的砷化物——砷铂矿 $PtAs_2$，它们的粒度从小于1 μm到100 ~150 μm，属微米粒级和纳米粒级，以类质同象分散状主要嵌布于镍黄铁矿等硫化物以及磁铁矿和硅酸盐矿物中，此外还有独立的矿物相。主要金属矿物是占硫化矿物总量50% ~60%的磁黄铁矿，以及含量大致相同的黄铜矿和镍黄铁矿等；磁铁矿、钛铁矿、钛磁铁矿、黄铁矿、淡红辉镍铁矿和闪锌矿是分布最广的杂质矿物；脉石矿物是斜长石、斜方辉石、单斜辉石、闪石、石英等。原矿中有用成分的含量及其变化范围如下：Ni 0.10%(0.10% ~0.11%)、Cu 0.12%(0.11% ~0.13%)、Pt 0.25 $g\cdot t^{-1}$ (0.22 ~0.30 $g\cdot t^{-1}$)、Pd 1.21 $g\cdot t^{-1}$(1.12 ~1.27 $g\cdot t^{-1}$)、Au 0.09 $g\cdot t^{-1}$(0.08 ~0.10 $g\cdot t^{-1}$)和(Pt, Pd, Au)1.55 $g\cdot t^{-1}$(1.43 ~1.67 $g\cdot t^{-1}$)；MgO含量为13.0%。在磨矿细度为 -0.071 mm占90%的条件下，采用丁基钾黄药、丁基钠黑药、硫酸铜、CMC以及对硅酸盐矿物没有捕收能力的高效起泡调节剂等，降低精矿中MgO含量，通过一粗、两扫、四精流程，获得了含Ni 5.86%、Cu 13.1%和129.3 $g\cdot t^{-1}$(Pt 25.1 $g\cdot t^{-1}$ + Pd 99.5 $g\cdot t^{-1}$ + Au 4.7 $g\cdot t^{-1}$)的贵金属硫化物精矿，回收率分别为45.2%、84.9%和79.6%(80.4%、80.3%和65.7%)；精矿中MgO含量仅为7.73%，尾矿中MgO含量为13.1%。

云南某低品位铂钯矿石，含铂钯2 $g\cdot t^{-1}$，含硫仅0.61%，金属氧化物占6%，脉石矿物占92.7%；硅酸盐脉石矿物以蛇纹石为主，磨矿时容易泥化；矿石中硅酸镍的比例达26.4%，呈硫化物存在的镍占68.5%；除镍黄铁矿、辉钴镍矿、辉钴矿等硫化矿物外，紫硫镍铁矿的比例较高，镍的回收困难；硫化铁(主要呈黄铁矿)仅占5.4%，浮选时硫化铁的载体作用小；铜的硫化物占90.3%，主要呈黄铜矿，较易回收。铂族元素矿物颗粒普遍细微，其中44%呈游离状态，17.5%与硫化物连生，36%被脉石矿物夹裹，较难回收；硫化物的嵌布粒度普遍较细，-0.02 mm部分占50%以上，磨矿时解离困难。矿石一段棒磨至 -0.04 mm占96%，在酸性介质条件下，采用一段粗选、两段精选工艺。混合浮选时用亚硫酸铵(6.28 $kg\cdot t^{-1}$)做介质调整剂，液体水玻璃(4 $kg\cdot t^{-1}$)做抑制剂，羧甲基纤维素(500 $g\cdot t^{-1}$)做分散剂，硫酸铜(500 $g\cdot t^{-1}$)做活化剂，丁黄药(250 $g\cdot t^{-1}$)做捕收剂，2号油(60 $g\cdot t^{-1}$)做起泡剂。获得的混合精矿产率约2.5%，精矿中Cu + Ni > 7%，Pt + Pd 55 ~63 $g\cdot t^{-1}$。实验室闭路试验结果列于表10 -18。

表10 -18 实验室闭路试验指标

产品	产率/%	主要成分					分配率/%			
		%			g/t	%				
		Cu	Ni	Co	Pt + Pd	MgO	Cu	Ni	Co	Pt + Pd
精矿	2.56	3.98	3.75	0.319	52.94	10.87	88.19	49.9	48.17	71.48
尾矿	97.44	0.014	0.099	0.009	0.555	—	11.81	50.1	21.83	28.5
原矿	100	0.116	0.193	0.017	1.897	—	100	100	100	100

10.7 复杂多金属硫化矿的浮选

10.7.1 多金属硫化矿分离的主要方法和药剂

复杂多金属硫化矿一般是指含铜、铅、锌、铁等的硫化矿，矿石中有两种或三种以上矿物致密共生、或者部分受到氧化变质；其比较难选的主要原因有以下三点：①矿物嵌布粒度细且致密共生，不易单体解离，因此，一般需要采用细磨作业，但容易导致过磨、矿泥多、矿浆中有害金属离子增多等不利影响。②矿物组成复杂，影响分离效果，例如比较复杂的铜矿石，除黄铜矿外，常还伴有斑铜矿、砷黝铜矿、辉铜矿、铜蓝等其他铜矿物，这些矿物的可浮性不同，造成分离过程复杂。③矿石氧化变质，形成各种金属可溶性盐，表面氧化的硫化矿物与原生矿物可浮性产生差异，影响矿物的可浮性和有效分离。

复杂多金属硫化矿可分为含铜多金属硫化矿、铅锌多金属硫化矿、含锑多金属硫化矿等。

1. 多金属硫化矿分离的主要方法

多金属硫化矿石中，不同的硫化矿物表面具有不同的疏水性，通常采用浮选分离，还可以根据矿物磁性和比重的差异，采用浮选－磁选、重选－浮选以及浮－磁－重等联合流程进行分离。矿物的性质、含量、经济价值等因素决定了多金属硫化矿浮选分离的“三项”基本原则：①浮选可浮性较好的矿物，抑制可浮性较差的矿物；②浮选矿石中含量较少的矿物，抑制含量较多的矿物；③浮选经济价值较好的矿物，抑制经济价值较低的矿物。

2. 浮选分离的工艺流程

根据矿物的浮选特性，可以采用四种类型的原则流程：①优先浮选：该方案适用于比较简单易选的矿石，例如铜锌硫矿石，可按铜、锌、硫的次序，分别选出三种精矿，其优点是不需要脱药，工艺流程简单，操作方便。②混合－优先浮选：该方案适于矿物嵌布粒度较细并呈连生体存在的矿石，还有粗磨即能得到混合精矿和尾矿的矿石，其最大优点是能减少设备投资和生产费用，缺点是混合精矿有时需要脱药。③部分混合浮选：如果有用矿物在矿石中呈粗、中、细不均匀粒度嵌布，有两种硫化矿物的可浮性相近，可采用部分混合浮选，之后对混合精矿再磨再选。这种流程兼有优先和混合－优先浮选流程的优点，应用广泛，主要缺点是仍需要脱药处理。④等可浮：若目的矿物在矿石中嵌布粒度较细，部分硫化矿物的可浮性较好，可采用等可浮流程。该流程应用较为普遍，选矿指标较好，可以减少药剂费用，但作业线长，设备较多。

10.7.2 多金属硫化矿分离的实例

1. 铜－锌分离

(1)铜－锌难以分离的原因：选别复杂硫化矿时，铜锌浮选分离很困难，主要原因在于铜锌矿物致密共生，如浸染状的黄铜矿颗粒常在 −5 μm，矿石难以磨到单体解离，即使单体解离也难以分选；闪锌矿和铁闪锌矿因吸附矿浆中的 Cu^{2+}、Hg^{+}、Ag^{+} 和 Pb^{2+} 等而活化，被活化的锌矿物与铜矿物的可浮性相近。

(2)铜－锌分离方法：主要是浮铜抑锌、浮锌抑铜两类，具体的分离方法有如下五种：

①硫酸锌+硫化钠法：$ZnSO_4 + Na_2S$ 反应生成细粒分散胶体硫化锌，可大量吸收矿浆中的铜离子，胶体也会吸附在闪锌矿或铁闪锌矿表面并抑制锌矿物；次生硫化铜较多的矿石可采用此法。

②亚硫酸盐法：该法一般使用 Na_2SO_3、$Na_2S_2O_3$、$NaHSO_3$、$Na_2S_2O_5$和 SO_2气体等药剂，或与 $ZnSO_4$混合使用，其特点是对铜矿物的抑制作用不大，对硫化矿物的抑制顺序是：未活化的闪锌矿 > 黄铁矿 > 方铅矿 > 黄铜矿。

③硫酸锌+氰化物法：该方法对复杂硫化矿的铜－锌分离是非常有效的，能从闪锌矿或铁闪锌矿表面除去铜的活化膜，有效地抑制锌矿物。由于黄铜矿也受氰化物抑制，所以需要严格控制氰化物用量。

④加温浮选法：其实质是在石灰造成的高 pH 矿浆中，加温氧化黄铜矿，然后加硫酸铜活化闪锌矿抑铜浮锌。

⑤赤血盐法：$K_3Fe(CN)_6$早已用于铜钼分离抑铜浮钼；当铜矿物受氧化时，可在石灰介质中用 $K_3Fe(CN)_6$抑制黄铜矿。

2. 铜－铅分离

方铅矿与黄铜矿等铜矿物的可浮性相近，处理硫化铜铅锌矿时，一般将铜铅选为混合精矿，其中的组分是选择性分离的基础，据此可将铜铅分离分为两类：一是黄铜矿为主的铜矿物与方铅矿的分离；二是斑铜矿、辉铜矿为主的铜矿物与方铅矿的分离（见表 10－19 和表 10－20）。

表 10－19 方铅矿与黄铜矿的分离方法

分离方法	分离方法举例	药剂与用量/($g \cdot t^{-1}$精矿)
氧化剂法抑制方铅矿	重铬酸盐法 双氧水法 高锰酸钾法	$Na_2Cr_2O_7$:200～5000 H_2O_2:500～2500 $KMnO_4$:2000～4000
氧硫法抑制方铅矿	亚硫酸＋淀粉法 亚硫酸钠＋铁盐法 硫代硫酸钠＋铁盐法	H_2SO_3:4000～6000;淀粉:100～200 Na_2SO_3:1200～2000;$FeSO_4$:1500～2000 $Na_2S_2O_3$:300～700;$FeSO_4$:300
磷酸盐法抑制黄铜矿	磷酸盐法	H_3PO_4,NaH_2PO_4,$Ca(H_2PO_4)_2$:1500～7000
氰化物法抑制黄铜矿	氰化物＋硫酸锌法 氰化物＋硫化钠法	NaCN:500～5000;$ZnSO_4$:2000～3000 NaCN:500～7000;Na_2S:1000～5000
加温法抑制方铅矿	蒸汽加温法	通蒸汽 10 分钟,温度 60～70℃,pH＝5～5.5
联合法	氰化物＋重铬酸盐法 重铬酸盐＋氰化物法	NaCN:100～2500;$Na_2Cr_2O_7$:100～2500 $Na_2Cr_2O_7$:100～2500;NaCN:100～2500
高分子有机物抑制方铅矿	Kr_6D	Kr_6D:5 ppm

表 10－20 方铅矿与斑铜矿、辉铜矿的分离方法

分离方法	分离方法举例	药剂与用量/($kg \cdot t^{-1}$精矿)
氰化物法抑制铜矿物	氰化物法 锌氰化物法 铁氰化物法	Na_2CO_3:1000～2000 $Na_2Zn(CN)_4$ 或 $NaZn(CN)_3$:3000～6000 $K_3Fe(CN)_6$:3000～7000
高分子有机物抑制方铅矿 无机法	淀粉或糊精法 硫化钠法	淀粉:250～500 Na_2S:1000～5000

为了分离混合精矿中铜和铅，一般用活性炭、硫化钠和清洗作业等解吸矿物表面的药剂，以便有效地分离铜－铅。

3. 锑－汞分离

辰砂的可浮性比辉锑矿好，锑汞多金属硫化矿中汞的品位较低，一般为0.1%～0.5%，通常采用抑锑浮汞。锑－汞分离工艺中辉锑矿的抑制剂主要有硫化钠、丹宁酸、石灰、重铬酸盐和氰化物等，常用硫化钠和重铬酸盐抑制辉锑矿、浮选辰砂。

多金属硫化矿锑－汞分离主要有优先浮选、混合浮选＋优先浮选、选冶联合等流程。

(1)优先浮选：常用硫化钠将pH调整为碱性以抑制辉锑矿，而辰砂仍保持原有的可浮性，用选择性较好的捕收剂优先浮选辰砂，再用硝酸铅或硫酸铜活化尾矿，浮选辉锑矿。

(2)混合浮选＋优先浮选：用硝酸铅或硫酸铜做活化剂，加入捕收剂和起泡剂，混合浮选锑汞硫化矿物，然后浮选分离锑汞。辉锑矿经铅或铜盐活化后，可浮性增强了，用硫化钠抑制效果不佳，常用重铬酸盐法抑制辉锑矿，浮选辰砂矿，选矿指标较好。

(3)选冶联合工艺：若锑汞硫化矿物嵌布粒度较细，共生关系比较复杂，难以浮选分离，则先浮选得到锑汞混合精矿，再进入蒸馏炉，用真空法提取金属汞，而锑残留在炉渣中，再用反射炉提取金属锑，使锑汞分离。

习　题

10－1　主要硫化铜矿物有哪些？简述它们的浮选特点。

10－2　单一硫化铜矿浮选流程有几种？简述它们的应用条件。

10－3　铜硫矿石浮选存在的主要问题是什么？有何解决方法？

10－4　根据硫化铅、锌矿物的可浮选及与浮选药剂的作用特点，简述硫化铅锌矿物浮选分离的方案及应用条件。

10－5　硫化钼浮选工艺中，一般都要经多次磨矿、多次精选作业才能得到最终精矿，有没有更简单的方案？为什么？

10－6　从矿石性质角度分析硫化铜镍矿产出铜精矿、镍精矿或产出铜镍混合精矿的条件。

10－7　如何制定复杂多金属硫化矿物浮选工艺流程？

第11章 金属氧化矿浮选实践

11.1 铁矿浮选

11.1.1 铁矿物的可浮性

铁是世界上发现最早、利用最广、用量最多的一种金属，占金属总消耗量的95%左右。铁矿石主要用于钢铁工业，冶炼含碳量不同的生铁（含碳量一般为2%以上）和钢（含碳量一般为2%以下）。用浮选法回收的铁矿物主要有赤铁矿、假象赤铁矿、菱铁矿和褐铁矿。

（1）赤铁矿和假象赤铁矿 Fe_2O_3。赤铁矿和假象赤铁矿一般含 Fe 70%，易为脂肪酸类捕收剂所浮选，其纯矿物在中性和弱碱性介质（pH = 7 ~ 7.5）中可浮性最好。浮选时常用的捕收剂为油酸及其衍生物，也用棕榈酸、环烷酸、硫酸化皂及氧化石油产品。在饱和脂肪酸中以十二烷基酸、不饱和脂肪酸中以亚油酸浮选效果最好。此外，羟肟酸也可作赤铁矿和假象赤铁矿的捕收剂。

赤铁矿的抑制剂可用淀粉、糊精、单宁酸、酸法造纸废液、纤维素、阿拉伯树胶和水玻璃等，用脂肪酸作捕收剂时，多价金属的阳离子如 Ca^{2+}、Al^{3+} 和 Mn^{2+} 等也有抑制作用，其原因主要是它们与捕收剂结合生成难溶盐，消耗了大量的捕收剂。偏磷酸对赤铁矿有活化作用，而正磷酸对赤铁矿却有抑制作用。偏磷酸对赤铁矿的活化作用是由于偏磷酸能与矿浆中阳离子结合，消除其对捕收剂的沉淀作用。

（2）菱铁矿 $FeCO_3$ 含 Fe 48.3%，在强碱性介质中可用阳离子捕收剂浮选。

（3）褐铁矿 $Fe_2O_3 \cdot H_2O$ 含 Fe 60%，可用脂肪酸类捕收剂进行浮选。褐铁矿容易泥化，泥化后较难浮选，所以要注意避免过粉碎。

11.1.2 铁矿石的浮选方法

1. 阴离子捕收剂正浮选

常用脂肪酸或烃基硫酸酯作捕收剂，用量为 0.2 ~ 1 $kg \cdot t^{-1}$。目前普遍采用妥尔油和磺化石油作捕收剂，可以单独使用或者混合使用，一般混合使用效果较好。用碳酸钠和硫酸调整pH，分散矿泥，沉淀多价有害金属离子。一般在弱酸性和弱碱性介质中进行浮选，用油酸浮选赤铁矿的 pH 范围与矿石的粒度有关：细粒（ -37 μm）赤铁矿在 pH 为 7.4 时对油酸的吸附量最大；一般的浮选粒度（ -150 +37 μm）则在 pH 为 3 ~ 9 时可浮性最好，当 pH > 9 时，可浮性显著下降。在强酸（pH < 3）介质中赤铁矿的浮出量不超过30%。

用脂肪酸及其衍生物直接浮选铁矿时，一般都要预先脱泥，以防止矿泥的不良影响。浮选前的调浆是很重要的工艺因素之一，采用高浓度（60% ~ 70% 固体）、长时间（有时长达25 min）、强搅拌，对浮选有利。浮选机的选型也很重要，要选用充气量大、搅拌力强、浮选速度快的浮选机。如可选用法各古伦、阿基泰尔和维姆科等浮选机，以适应铁矿的浮选特点。

用羟肟酸作捕收剂浮选赤铁矿的研究结果表明，它比脂肪酸作捕收剂的效果好，指标高，浮选速度快，可以不脱泥浮选，也不要求高浓度调浆。加拿大汉南采矿公司用羟肟酸浮选处理重选尾矿（含 Fe 15.5%）能得到 62.2% 的铁精矿，回收率提高 8%。但此药剂费用高，环境保护问题尚待解决。

正浮选法的优点是药方简单，成本较低；其缺点是只适合于处理脉石较简单的矿石，有时这种浮选方法需要进行多次精选才能得到合格精矿，泡沫发黏，不易浓缩过滤，以致精矿含水分较高。

我国某铁矿浮选厂处理的是石英岩贫赤铁矿，金属矿物以赤铁矿为主，并含有少量褐铁矿，磁铁矿及镜铁矿，脉石以石英为主，并含有少量硅酸盐。其选别流程见图 11－1。矿石磨至 80% －0.075 mm 目，浮选时用妥尔油和氧化石蜡皂作赤铁矿的捕收剂，用量是氧化石蜡皂为 600 $g \cdot t^{-1}$，妥尔油 200 $g \cdot t^{-1}$，并以(3～4):1 的比例混合加入搅拌槽中。用碳酸钠（200 $g \cdot t^{-1}$）控制 pH 在 9 左右。矿浆温度用高炉冷却水保持在 36～40℃之间，以使氧化石蜡皂很好溶解和分散。当原矿品位为 33% 左右时，经二次粗选和三次精选之后，得到的精矿品位为 60% 左右，回收率为 82% 左右。

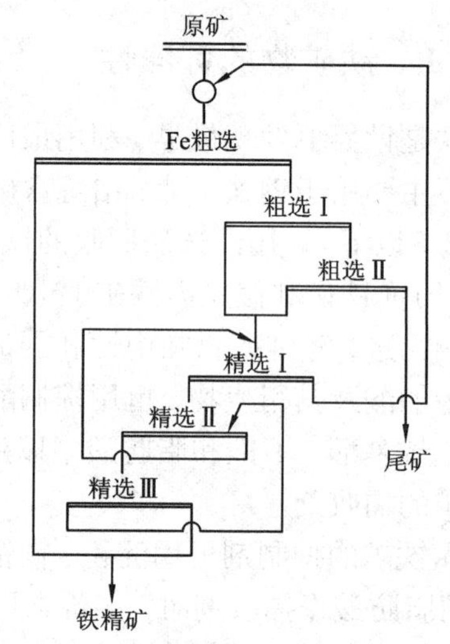

图 11－1　某石英岩贫赤铁矿的浮选流程

用脂肪酸类作捕收剂的浮选受温度的影响。为了提高浮选指标，美国克里夫兰－克利夫斯铁矿公司利用蒸汽处理赤铁精矿。当粗选精矿（含 61.7% Fe）在矿浆浓度为 70% 时，通蒸汽加热至沸腾，然后在 60～70℃时进行浮选，可获得高品位最终精矿（66.9% Fe，回收率 97.8%），这一工艺被称为“热浮选工艺”。加温浮选的好处是：选择性大为提高，精选时不需要再加脂肪酸，再磨后不需要脱泥。美国共和选厂使用热浮选工艺的效果充分证明了这一点。

美国共和选矿厂处理的原矿中主要矿物为镜铁矿，其次有少量的磁铁矿和假象赤铁矿，脉石矿物为绢云母，绿泥石以及方解石为主的碳酸盐。磨矿细度为 65% －0.075 mm。采用两段脱泥，高浓度搅拌（70% 固体），稀释后加妥尔油（用量为 500 $g \cdot t^{-1}$）进行浮选，得含 Fe 62% 的铁精矿，回收率为 85%。浮选流程见图 11－2。

该厂的粗精矿用热浮选工艺处理，粗精矿再磨的排矿先送至喷蒸汽的加热池中，蒸汽通过钢管直接喷入矿浆中，边加热边搅拌，在蒸汽压力为 12 $kg \cdot cm^{-2}$，温度 190℃的条件下，矿浆温度由 35～41℃升高到 98℃，甚至在沸腾状态下进行浮选。在浮选过程中不再加药，因粗精矿再磨和加热以前吸附在矿粒的新鲜表面上，足以使铁矿物再浮选。影响精矿品位和回收率的重要因素是矿浆浓度，因此精选的矿浆浓度必须保持在 32%～34%。加热浮选采用的流程如图 11－3所示，所得精矿品位含铁由 62% 提高到 66%～67%，作业回收率为 97%～98%。

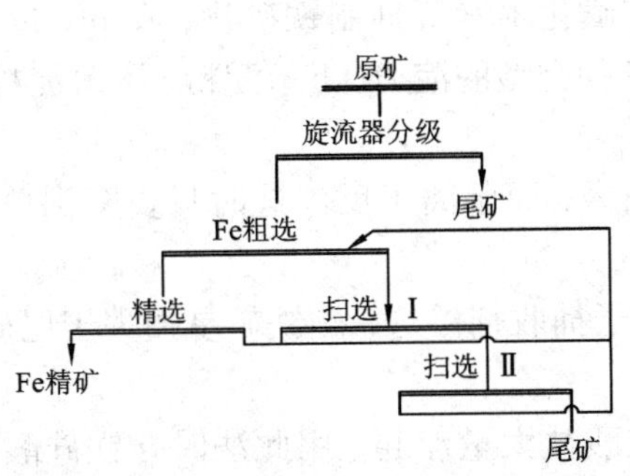

图11-2 美国共和选厂赤铁矿浮选流程

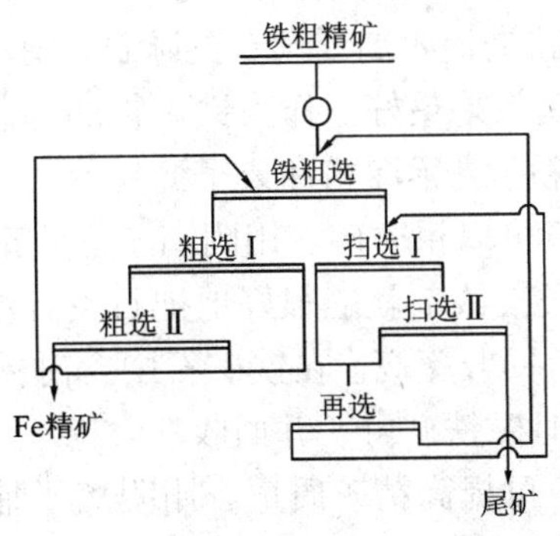

图11-3 铁精矿加热浮选流程

2. 阴离子捕收剂反浮选

用钙离子活化后，脂肪酸类捕收剂浮选石英类脉石矿物，槽中产物是铁精矿。用淀粉（木薯淀粉、橡子淀粉和栗子淀粉等）、磺化木素和糊精等抑制铁矿物。单用氢氧化钠或与碳酸钠混用，调整pH到11以上。石英因表面电性的关系，只有用多价金属阳离子活化后，才能用脂肪酸类捕收浮选。尽管镁离子活化能力比钙离子强，但常用钙盐活化，用得最多的是氯化钙，其次是氢氧化钙。

钙离子活化石英的原理，说法不一，有的认为，在石英表面上形成了一种 SiO_3HCa^{2+} 络离子，再与油酸作用，生成油酸络离子。也有的认为，因在碱性溶液中石英表面呈现Si—O^-，此时钙离子以 $CaOH^+$ 形式从溶液中往石英表面吸附，最后形成复杂的表面化合物，其表面化学反应如下：

$$\begin{matrix} & O^- \\ \diagup\!\!\!\!\diagdown & \\ Si & \\ & O^- \end{matrix} + 2CaOH^+ \rightleftharpoons \begin{matrix} & OCaOH \\ Si & \\ & OCaOH \end{matrix}$$

$$\begin{matrix} & OCaOH \\ Si & \\ & OCaOH \end{matrix} + 2RCOO^- \rightleftharpoons \begin{matrix} & OCaOOCR \\ Si & \\ & OCaOOCR \end{matrix} + 2OH^-$$

此法适用于品位较高，脉石较易浮起的铁矿石的浮选。用此法时要注意处理或循环利用尾矿水，pH高达11的尾矿水直接放入公共水系会造成公害。

美国卡尼司巧浮选厂，将重选尾矿进行反浮选。流程见图11-4。用妥尔油作捕收剂（325 $g \cdot t^{-1}$），用石灰（1.52～1.67 $kg \cdot t^{-1}$）调节pH为11.7，赤铁矿的抑制剂用淀粉（1.15 $kg \cdot t^{-1}$）。经过浮选后得到品位为56%的铁精矿。

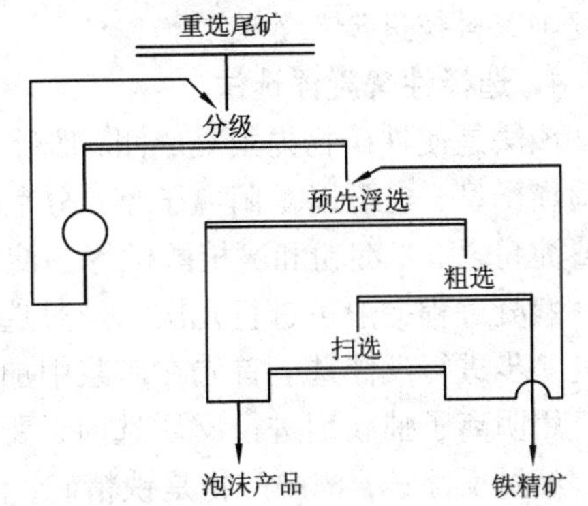

图11-4 美国卡尼司巧选矿厂浮选流程

3. 阳离子捕收剂反浮选

用胺类捕收剂浮选石英脉石，用水玻璃、单宁和磺化木素等抑制铁矿物，在 pH 为 8～9 时，抑制效果最好。作为铁矿物的抑制剂还可以用各种类型的淀粉(玉米淀粉、木薯淀粉、马铃薯淀粉、高粱淀粉和栗子淀粉等)。此法的优点是：

(1)可以粗磨矿。用阴离子捕收剂浮铁时需要细磨，而阳离子反浮选时只要磨到单体解离，胺类捕收剂就能很好地把石英等浮起。

(2)回收率高。在铁矿石中含磁铁矿时，用阴离子捕收剂浮选，磁铁矿易损失于尾矿中，用此法时磁铁矿可一并回收。

(3)可提高精矿质量。用阴离子捕收剂，含铁硅酸盐大量浮起，用此法时含铁硅酸盐与石英一并进入尾矿，故精矿品位较高。

(4)用此法可免去脱泥作业，减少铁矿物的损失。

此法适用于高品位，成分较复杂的含铁矿石的浮选。浮选时胺类捕收剂的用量为 0.3～0.5 $kg \cdot t^{-1}$，淀粉的用量为 0.5～0.7 $kg \cdot t^{-1}$。

加拿大赛普特艾斯选矿厂处理的矿石主要是赤铁矿，其次是针铁矿及褐铁矿，脉石为石英。建厂前进行了两种反浮选法的半工业试验：阴离子反浮选，用氢氧化钙作活化剂，玉米淀粉为抑制剂，妥尔油为捕收剂；阳离子反浮选，用玉米淀粉作抑制剂，醚胺(Mg －83)作捕收剂。磨矿细度均为 70%～80% －0.075 mm。试验证明此两种反浮选方法的指标基本相近(当原矿品位为 55.8% 和 53.4% 时，精矿品位为 62.8% 和 62.9%，回收率为 95.2% 和 93.2%)，但阳离子反浮选速度快，药剂类型少，胺能捕收粗颗粒石英，所以选用了阳离子反浮选的方法。

现国外大力推广将重选、磁选等所得的铁矿粗精矿进行阳离子反浮选，其目的为：

(1)得到超纯精矿(铁精矿品位 >65%，SiO_2 <2%，回收率 >95%)。

(2)将粗精矿进行分级，分出一部分未解离的中矿送去再磁选、再磨、再反浮选，以提高分选效率。

2000 年以来，我国鞍山弓长岭和齐大山铁矿选厂、太钢尖山选厂、酒钢选厂、莱钢等也都推广应用了阴离子或阳离子反浮选"提铁降硅"，效果明显。

长沙矿冶研究院、中国矿业大学、武汉理工大学与鞍钢弓长岭铁矿合作，将微泡型浮选柱成功运用于铁矿石阳离子反浮选作业。采用新型阳离子捕收剂"G－609"，捕收性能强、泡沫流动性好、耐低温、选择性高，选矿厂铁精矿品位由 64% 提高到 68%。该项目成果获 2004 年度国家科技进步二等奖。

4. 选择性絮凝浮选法

该法是使铁矿物先絮凝成团，脱除分散悬浮的脉石矿泥，然后进行反浮选。捕收剂可以是阴离子型，也可以是阳离子型；分散剂用氢氧化钠、水玻璃和六偏磷酸钠等；絮凝剂常用木薯淀粉、玉米淀粉和腐植酸钠等。淀粉不仅是絮凝剂，同时也是赤铁矿的有效抑制剂。

絮凝过程一般可进行几次。经过选择性絮凝以后，铁粗精矿往往达不到质量要求，这就要进一步进行反浮选。首先在矿浆中加入铁矿物的抑制剂，再加阳离子捕收剂或阴离子捕收剂。用阴离子捕收剂进行反浮选时，要加石英的活化剂，并须用氢氧化钠调整 pH 到 11 左右。经过反浮选，槽中产物是铁精矿，泡沫产品是尾矿，一般需要多次扫选。该方法在美国蒂尔登铁矿应用获得成功。

美国蒂尔登选矿厂处理的矿石中，主要的含铁矿物是假象赤铁矿和赤铁矿。铁矿物嵌布粒度平均为10～25 μm。脉石矿物除石英外，还有少量的钙、镁、铝矿物。原矿含铁约35%，含硅约45%。

该厂采用两段磨矿加中间破碎的破碎磨矿流程。第一段自磨加水玻璃和氢氧化钠，第二段磨机的排矿用旋流器分级，分级溢流的pH为10～11，将其导入搅拌槽，并在其中加入玉米淀粉，搅拌后的矿浆进入浓密机进行选择性絮凝脱泥。在浓密机中石英矿泥呈溢流排出，浓密机的沉砂是絮凝精矿。当浓密机的给料含铁35%～38%时，排出的溢流含铁12%～14%，沉砂含铁44%，浓度为45%～60%，经矿浆分配器进入搅拌槽，在此加入抑制剂玉米淀粉，并进行搅拌，然后用胺类捕收剂浮选脉石矿物。浮选流程见图11－5，所用药剂制度如表11－1所示。此流程采用一次粗选、四次扫选。粗选排出的槽中产物浓度为17%，最终精矿含铁65%，含石英5%，铁回收率为70%。

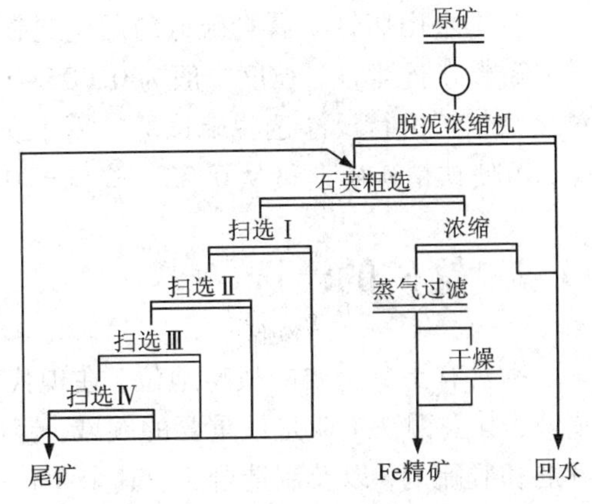

图11－5 蒂尔登选矿厂选择性絮凝流程

表11－1 蒂尔登选矿厂浮选赤铁矿药剂用量及加入地点

药名	总用量/($g \cdot t^{-1}$)	加药地点
氢氧化钠	455	第一段自磨机
水玻璃	223	第一段自磨机
玉米淀粉	801	脱泥前及浮选搅拌槽，扫选给矿
胺	142	粗选第1,6槽
聚丙烯酰胺	111	精矿浓密机溢流，浮选泡沫尾矿
石灰	899	脱泥浓密机，浮选泡沫给矿
液态二氧化碳	289	过滤机给矿
表面活性剂	142	过滤机给矿

蒂尔登选矿厂采用选择性絮凝反浮选处理细粒贫赤铁矿效果较好，主要特点概括如下：

(1)细磨。采用"自磨－细碎－砾磨"两段闭路的磨矿流程，选用大型湿式自磨机(φ8.2 m×4.4 m)和大型砾磨机(φ4.7 m×9.1 m)配套，按1∶2平衡两段负荷，加上旋流器分级的应用，使工业生产达到细磨(80% －25 μm)的要求，给选择性絮凝浮选创造了条件。

(2)絮凝脱泥。分散剂加入磨机中，节省了辅助设备，强化了分散作业但并未影响磨矿分级，这已得到工业生产证实。

(3)反浮选。用胺作捕收剂，高浓度调浆后，只粗选一次得精矿。采用搅拌强充气量大的维姆科型浮选机，减少了浮选槽的数量并提高了回收率。泡沫中夹杂的铁矿物，用加强扫选来回收。

(4)回水利用。工业上成功应用絮凝剂及石灰分别处理回水，简单易行。回水利用率达95%，降低药耗和成本，减少了环境污染。

(5)精矿三段脱水。精矿粒度细脱水不易，采用了浓缩—过滤—干燥—三段脱水。过滤时还加了药剂和蒸汽罩。

5. 铁矿石浮选脱硫法

我国金山店铁矿属高硫低磷原生磁铁矿。磁选铁精矿中因存在少量的单体黄铁矿和黄铁矿－磁铁矿连生体，粒度一般为0.005～0.1 mm之间，是导致铁精矿含硫较高的原因。通过对该铁精矿进行反浮选脱硫试验，用丁黄药与2#油组合的简单药剂制度，经一次反浮选脱硫，可使铁精矿硫含量从0.22%降低至0.04%，铁精矿脱硫效果十分明显。

11.2 锰矿的浮选

锰具有十分重要的战略地位，在现代工业中，锰金属及其化合物应用于国民经济的各个领域，其中钢铁工业是最重要的领域，锰用量占90%～95%，主要作为炼铁和炼钢过程的脱氧剂和脱硫剂，以及制造合金；其余5%～10%的锰用于其他工业领域，例如化工(制造各种含锰盐类)、轻工(用于电池、火柴、印漆、制皂等)、建材(玻璃和陶瓷的着色剂和褪色剂)、国防、电子、环保和农牧业等。

11.2.1 锰矿石的类型和矿物种类

1. 锰矿石的类型

具有工业价值的锰矿石主要有风化型和沉积型。风化型锰矿石结构疏松，常呈土状、蜂窝状，储量在我国占第二位，一般由含锰岩层或锰矿床经风化破碎后，在靠近地表处堆积而成；矿物以软锰矿为主，伴有一些硬锰矿及其他氢氧化锰矿物。沉积型锰矿石多形成于浅海近岸附近，矿体多呈层状、透镜状产于硅质和粉砂质黏土岩层中间，也有产于碳酸盐岩层中，矿石多具鲕状构造；原生沉积氧化物矿石主要由软锰矿、水锰矿、菱锰矿组成，品位高，硫和磷的含量低。

2. 锰矿物的种类

自然界中含锰矿物约有150多种，例如氧化物类、碳酸盐类、硅酸盐类、硫化物类、硼酸盐类、钨酸盐类、磷酸盐类等。常见的重要锰矿物主要有以下八种：

(1)软锰矿：它是常见的、重要的锰矿物，属于四方晶系，晶体呈细柱状或针状；矿石通常呈块状、粉末状集合体，颜色和条痕均为黑色；光泽和硬度视其结晶粗细和形态而异，结晶好则呈半金属光泽，硬度较高；而隐晶质块状和粉末状者，光泽暗淡，硬度低，密度大约为5 $g \cdot cm^{-3}$。软锰矿主要由沉积作用形成。在锰矿床的氧化带部分，所有原生低价锰矿物也可氧化成软锰矿。

(2)硬锰矿：单斜晶系，晶体少见，常呈钟乳状、肾状和葡萄状集合体，亦有致密块状和树枝状，主要是外生成因，见于锰矿床的氧化带和沉积锰矿床中。颜色和条痕均为黑色，半金属光泽，硬度4～6，密度4.4～4.7 $g \cdot cm^{-3}$。

(3)水锰矿：单斜晶系，晶体呈柱状，既可见于内生成因的某些热液矿床，也见于外生成因的沉积锰矿床。在某些含锰热液矿脉的晶洞中常呈晶簇产出，在沉积锰矿床中多呈隐晶块体，或呈鲕状、钟乳状集合体。颜色为黑色，条痕呈褐色，半金属光泽，硬度3～4，密度4.2～4.3 $g \cdot cm^{-3}$。

(4)黑锰矿：四方晶系，晶体呈四方双锥，常为粒状集合体，由内生作用或变质作用而形成，见于某些接触交代矿床、热液矿床和沉积变质锰矿床中，与褐锰矿等共生。矿物颜色为黑色，条痕呈棕橙或红褐色，半金属光泽，硬度5.5，密度4.84 $g \cdot cm^{-3}$。

(5)褐锰矿：四方晶系，晶体呈双锥状，也呈粒状和块状集合体。矿物呈黑色，条痕为褐黑色，半金属光泽，硬度6，密度4.7～5.0 $g \cdot cm^{-3}$。其他特征与黑锰矿相同。

(6)菱锰矿：三方晶系，晶体呈菱面体，呈玫瑰色，通常为粒状、块状或结核状。矿物容易氧化成褐黑色。玻璃光泽，硬度3.5～4.5，密度3.6～3.7 $g \cdot cm^{-3}$。内生和外生作用形成的菱锰矿分别多见于某些热液矿床和接触交代矿床，以及沉积锰矿床中。

(7)硫锰矿：等轴晶系，常见单形有立方体、八面体、菱形十二面体等，集合体为粒状或块状，大量出现在沉积变质锰矿床中。颜色钢灰至铁黑色，风化后变为褐色。条痕呈暗绿色，半金属光泽，硬度3.5～4，密度3.9～4.1 $g \cdot cm^{-3}$。

(8)锰结核：是一种含水铁锰氧化物，主要集中在海底，又称多金属结核，其生长速度非常缓慢，每百万年仅为几毫米，主要分布于3000～6000 m水深的海底沉积物中，沉积物类型主要有硅质软泥、钙质软泥、黏土等。锰结核主要富集在沉积物表层，但表层下的沉积物中同样有锰结核存在(埋藏型锰结核)。锰结核在下列条件的海区最为富集：①沉积速度较低；②有形成结核的核心存在；③水深在3000～6000 m之间；④有底栖生物的活动，以保证锰结核免受埋藏；⑤有强的底层流；⑥在沉积环境中存在较高的氧化电位。锰结核呈褐色到黑色，铁含量高的结核呈褐色，而锰含量高的结核则呈黑色。锰结核的大小相差悬殊，从小于1 mm的微结核到数十厘米的大型结核均有，通常直径为2～5 cm。锰结核具有各种各样的形状，有球形、椭圆形、土豆状、菜花状、圆饼状、柱状、杨梅状以及各种形态的连生体。锰结核含水量高、品位低，物理方法很难富集，一般采用化学法处理。

根据锰矿石的性质和品位以及开采条件的差异，可采用物理选矿、化学选矿和冶金等工艺分离与富集。

11.2.2 锰矿物的可浮性与浮选药剂

1. 锰矿物的可浮性

大部分锰矿物表面易被水润湿，可浮性较差。当用脂肪酸作捕收剂时，菱锰矿、褐锰矿和水锰矿较易浮选，软锰矿和硬锰矿次之，锰土矿物可浮性最差。菱锰矿($MnCO_3$)含Mn 47.8%，是锰矿中较易浮的一种矿物，浮选最适宜的pH为8～9。软锰矿(MnO_2)含Mn 63.2%，比菱锰矿难浮。

2. 锰矿物浮选的药剂

(1)捕收剂：有脂肪酸及其盐、石油磺酸盐、磷酸酯、碱渣、酸渣等。碱渣具有较强的捕收性，但选择性较差。氧化石蜡皂捕收能力强，分散性能好，但选择性较差，最适宜的浮选矿浆温度是30～50℃。锰矿泥的浮选国外研究较多，捕收剂多采用碳氢化合物、硫酸化皂、粗塔尔油及其乳液、含40%～50%脂肪酸皂、烷基磷酸盐、含C_7～C_{12}伯脂肪酸钠盐等。

(2)辅助捕收剂：燃料油或煤油常作为油酸、塔尔油之类的脂肪酸类捕收剂的辅助药剂，以加强捕收剂在矿物表面的疏水作用，提高选别指标，节省捕收剂用量。塔尔油作捕收剂时，根据不同的矿石性质，需要调整塔尔油与燃料油或煤油的比例，以确定最适宜的配比。石油磺酸盐捕收能力不强，但选择性好，常作为油酸、塔尔油等捕收剂的辅助捕收剂。

(3)调整剂：水玻璃、碳酸钠是锰矿浮选常用的硅质脉石抑制剂，用量随其作为矿浆分散剂和脉石抑制剂的双重作用而变化。锰矿浮选给料中的石英易被矿浆中的锰离子活化，从而具有较强的浮选活性。水玻璃作抑制剂的主要缺点是对方解石和白云石的抑制作用差，特别是对矿石组分复杂、可浮性相近的菱锰矿和碳酸盐的浮选分离，单独使用这种抑制剂，浮选指标不好。随着药剂工业的发展，复合抑制剂的开发和利用日益受到重视，依靠药剂间的协同效应，使抑制作用大为增强。

11.2.3 锰矿的主要浮选方法

1. 乳化浮选法

捕收剂油酸、塔尔油和氧化石蜡皂与烃油(如重油、煤油)等混合乳化，浮选锰矿，烃油类用量很大，每吨矿石达几千克到十几千克，且需要长时间的强烈搅拌，先使药剂发生乳化，极性捕收剂在矿物表面固着，然后被一层油膜覆盖，絮凝成集合体，并与大量微气泡一起上浮，形成“乳化浮选”。例如，pH 为4～5 时，用妥尔油和燃料油作捕收剂，加乳化剂乳化，浮选含锰为16.2%的重选尾矿，可以得到品位和回收率分别为36.6%和90.1%的锰精矿。

2. 联合浮选法

锰矿物由于组成复杂，常与含铁、磷的矿物紧密共生，与脉石结合紧密，加之质软易碎，常产生大量的矿泥，-20 μm 含量有时高达30%～40%，此外，大部分锰矿石是碳酸盐和氧化矿物，表面易被水润湿，可浮性差，故较难分选，需要多种方法联合处理。

菱锰矿属弱磁性矿物，可以采用强磁选富集，但由于矿石嵌布粒度细，共生组合关系复杂，因此，国内外多采用洗矿-重选-浮选，或者洗矿-磁选-浮选等联合流程。菱锰矿浮选一般在弱酸性至弱碱性介质中进行，用脂肪酸皂类(油酸、塔尔油、氧化石蜡皂等)做捕收剂或配以一定量的烃基硫酸盐和中性油。

如果菱锰矿与硫化矿物和硅酸盐矿物共生，可用下列三种方法进行分选：①先浮选硫化物，然后用脂肪酸浮选菱锰矿；②如果硫化物含量低，可用硫化钠或者其他抑制剂抑制硫化矿物，用脂肪酸浮选菱锰矿；③用胺类捕收剂浮选硫化矿物和硅酸盐矿物，菱锰矿残留在非泡沫产品中。其中第一种方法是最常见的。

菱锰矿与氧化锰(包括氢氧化锰)矿物共生时，可用脂肪酸与碳酸钠等进行混合浮选，获得混合锰精矿；也可用优先浮选，即先浮选菱锰矿，再浮选其他氧化锰矿物，分别获得菱锰矿精矿和氧化锰精矿。

3. 疏水絮凝浮选法

疏水絮凝浮选与常规浮选的区别在于：前者需要较大的搅拌能量，绝大多数场合需要添加中性油，絮团与分散矿粒的分离方法多种多样，其优点有：①易于清除絮团的机械夹杂物；②絮团结构致密，强度较大，不易遭受机械破坏；③适合较高矿浆浓度操作。因此，这种方法易于实现工业化，是微细粒锰矿物的一种颇具活力的分选方法。

4. 锰矿浮选实例

我国某锰矿中有菱锰矿、钙菱锰矿、锰方解石和黄铁矿，脉石矿物有石英、石髓和碳质黏土。菱锰矿呈细粒集合体和致密块状，钙菱锰矿呈层状结构，锰方解石呈集合体或细脉状。

该锰矿磨到85% -0.075 mm后，用旋流器脱泥，加200 g·t^{-1}松醇油浮出碳质脉石，加400 g·t^{-1}丁黄药浮选黄铁矿，经一次扫选和一次精选，获得硫精矿。选硫尾矿和碳粗选精矿合并，添加250 g·t^{-1}丁黄药，进行碳质脉石的精选，浮出碳，其尾矿用碳酸钠调整pH至8.5左右，并加300 g·t^{-1}水玻璃、150 g·t^{-1}氧化石蜡皂，进行锰的扫选，得到一部分Ⅲ级锰精矿。硫扫选尾矿，加250 g·t^{-1}碳酸钠调整pH至8.2，加800 g·t^{-1}水玻璃和300 g·t^{-1}氧化石蜡皂，进行粗选，粗选精矿进行二次精选（如图11-6所示），得到Ⅰ、Ⅱ、Ⅲ级锰精矿。原矿含锰21.52%，尾矿含锰9.4%，浮选结果见表11-2。

表11-2 某碳酸锰矿的浮选结果

锰精矿级别	精矿品位/%	回收率/%
Ⅰ级	35.02	46.61
Ⅱ级	29.34	2.71
Ⅲ级	26.11	23.05

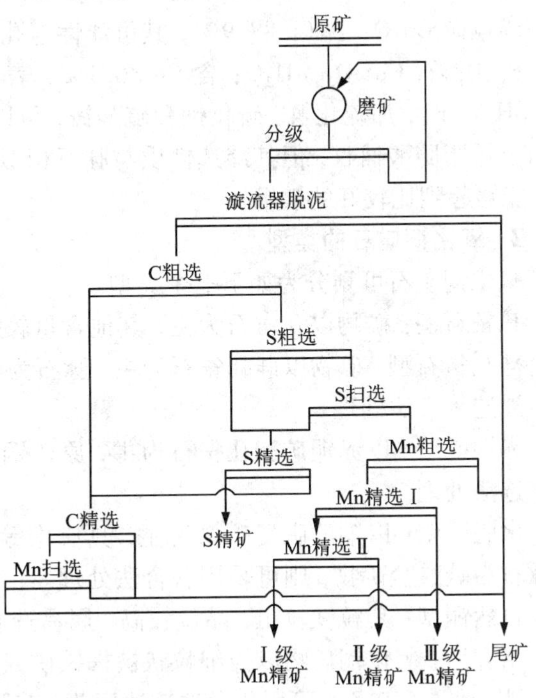

图11-6 某碳酸锰矿的浮选流程

11.2.4 锰矿浮选的影响因素

1. pH

pH是锰矿浮选最主要的影响因素之一，尤其是采用离子型脂肪酸、胺类捕收剂时更是如此。当捕收剂为脂肪酸时，调整剂碳酸钠调节锰矿浮选的pH为7~9；但脉石矿物主要为石英时，高pH所获得的浮选结果比低pH时要好。

2. 矿浆温度

浮选的技术经济指标与矿浆温度是密切相关的。加温使脂肪酸类捕收剂在矿浆中得到良好分散，从而改善浮选效果。

3. 药剂乳化

脂肪酸类捕收剂一般水溶性不好，要得到较好分散需要一定的温度。为改善常温下的分散效果，有效的方法是浮选前添加乳化剂乳化。采用脂肪酸及其皂类捕收剂浮选锰矿泥时，容易形成黏性泡沫，乳化剂的加入可以减轻泡沫黏性，提高分选指标。

11.3 氧化铜矿的浮选

自然界中已发现的含铜矿物约有170多种，其中氧化铜矿物有100多种。在具有工业价值的铜矿中，氧化铜矿和混合铜矿占世界铜矿的10%~15%，约占铜金属量的25%。我国铜资源中，氧化铜矿约占25%。除大多数硫化铜矿床上部有氧化带外，还有储藏量巨大的独立氧化铜矿床。因此，开发利用氧化铜矿石是选矿的重要研究课题。

11.3.1 氧化铜矿的可浮性

1. 氧化铜矿物的可浮性

常见的氧化铜矿物有孔雀石、蓝铜矿、赤铜矿、硅孔雀石等。

孔雀石 $CuCO_3 \cdot Cu(OH)_2$：含 Cu 57.7%，其可浮性较好，可用脂肪酸或羟肟酸钠直接浮选，也可以用硫化钠硫化后用高级黄药浮选。加硫酸铵有促进硫化的作用。

蓝铜矿 $2CuCO_3 \cdot Cu(OH)_2$：含 Cu 55.5%，其可浮性与孔雀石相近，只是硫化时间较长。

赤铜矿 Cu_2O：含 Cu 88.9%，其可浮性与孔雀石相近。

硅孔雀石 $CuSiO_3 \cdot nH_2O$：含 Cu 36.1%，表面亲水性较强，不容易被硫化钠等硫化剂硫化；pH =4 时，加硫化氢、硫化钠和硫酸铵，可以将其部分硫化，然后用高级黄药浮选。硅孔雀石能用脂肪酸捕收，但其浮选性质与脉石相似，难以分选；而用羟肟酸和一些特殊的捕收剂，能够起到比较好的效果。

2. 氧化铜矿石的类型

氧化铜矿石可划分为如下七个类型。

孔雀石型：矿物以孔雀石为主，其他含量较少，属易选矿石，可用硫化浮选法分选。

硅孔雀石型：矿物以硅孔雀石为主，脉石为硅酸盐类，属难选型矿石，可用化学选矿、离析－浮选等方法处理。

赤铜矿型：以赤铜矿和孔雀石为主，原矿铜品位高，不论脉石为何种类型，此类矿石可用浮选法处理。

水胆矾型：以铜的矾类矿物为主，具有中等可选性，可用浮选或化学选矿法直接回收；若脉石为碳酸盐矿物，则可采用联合法处理。

自然铜型：其粒度较粗，品位较高，属易选矿石，可用浮选法分离。

结合型：氧化铜矿物以极细粒状被褐铁矿或泥状物包裹，铜品位较低；若脉石为硅酸盐类，则属难选型矿石，可用化学选矿法回收；若脉石为碳酸盐类，则属复杂型，可用化学选矿或离析－浮选法回收。

混合型：矿石中有氧化物，也有硫化物，成分复杂，粒度稍粗；若脉石为硅酸盐类，可采用浮选－化学选矿法处理。

3. 氧化铜矿石的共性

氧化铜矿石的物质组成、矿石结构构造之间差异较大，但也存在一定的共性。首先，含有多种有用元素，最常见的是镍、钴、金、银、铁、硫、铂、钯和一些稀散元素等，仅含一种氧化铜矿物的矿石是十分少见的。其次，铜矿物种类多，绝大多数情况下含有五种以上的氧化铜矿物，如孔雀石、硅孔雀石、蓝铜矿、赤铜矿、矾类矿物等；此外，一般还含有原生硫化铜矿物和次生硫化铜矿物。第三，同一种氧化铜矿石可出现多种类型的结构构造，即使是一种氧化铜矿物，也会同时以多种结构形态产出，如薄膜状、浸染状、细网脉状、胶状、放射状、微细粒分散状、色染体、包裹体等，从而增加选矿工艺的难度。第四，氧化铜矿石一般含有一部分铜的氧化物并以某种形态与脉石相结合，或以机械方式成为脉石中极细分散的铜矿物包裹体，或以化学方式成为类质同相或呈吸附的杂质，形成可选性极差的“结合铜”，也称为“结合氧化铜”；结合铜的占有率通常与氧化铜在铜矿物中铜的分布率成正比。第五，氧化铜矿物一般具有较强的亲水性，其中硅孔雀石最强，孔雀石次之。最后，一般伴有大量矿泥，如围岩和脉石蚀变形成的原生矿泥，因过粉碎产生的次生矿泥，它们对氧化铜矿的浮选都产生不良的影响。

11.3.2　氧化铜矿浮选药剂

1. 捕收剂

常规捕收剂有丁黄药、异丁基黄药、丁铵黑药、丁钠黑药、苯并三唑（BTA）、N－取代亚氮二乙酸、季铵盐、硫醇、多硫化合物、BK－321、羟肟酸及其钠盐、咪唑、烷基硫酸盐、烷基磺酸盐，以及异丙基硫氨基甲酸乙酯（Z－200）和二乙基氨基二硫代腈乙酯（酯－105）等含硫非离子型极性捕收剂。

正丁基黄药能适应大多数氧化铜矿石的浮选，但对某些特殊的矿石，环己基、仲丁基、仲辛基、异丁基等黄药和杂黄药，往往能够获得更好的效果。例如异丁基黄药的性能与正丁基黄药相似，但前者更稳定、选择性更好，国内多家选厂用于浮选氧化铜矿，均取得了满意的结果，如柏坊铜选厂改用异丁基黄药后，铜精矿品位提高3.25%、回收率增加0.30%；红透山铜选厂的试验表明，在回收率相近的情况下，其用量比正丁基黄药少20 $g\cdot t^{-1}$，2号油用量减少5.5 $g\cdot t^{-1}$，铜精矿品位提高1.20%。

胺类捕收剂适于处理孔雀石、蓝铜矿、氯铜矿等矿石，含泥多时应加脉石抑制剂；若一般抑制剂无效，可采用海藻粉、木素磺酸盐或纤维素木素磺酸盐、聚丙烯酸等抑制脉石。

合成的C_{5-9}和C_{7-9}脂肪酸可用于硅孔雀石等氧化铜矿物的浮选。十二烷基硫酸钠、十二烷基磺酸钠对孔雀石具有较强的捕收作用和较宽的浮选pH范围，具有与油酸钠相似的捕收性能，但对钙质矿物的捕收力较弱，因此，其选择性更好，在硬水中使用，优越性更加明显。

螯合剂在氧化铜矿浮选方面也进行了很多研究，取得了很好的进展。某氧化铜矿用100～300 $g\cdot t^{-1}$羟肟酸作捕收剂，在精矿铜品位相近的条件下，与用黄药作捕收剂相比，回收率提高3%～9%；若与黄药混用，铜回收率可比单用羟肟酸提高3%～8%。一般捕收剂浮选硅孔雀石效果差，可选用特殊捕收剂，如辛基取代的碱性染料孔雀绿、辛基氧肪酸钾、苯并三唑和中性油乳化剂、N－取代亚胺二乙酸盐、多元胺和有机卤化物的缩合物，以及季铵盐和季磷盐等。

捕收剂可以单独使用，也可以组合使用，组合药剂可以获得较好的浮选指标。例如，云南汤丹氧化铜矿利用咪唑和黄药混合使用的协同效应，改善了氧化铜矿物的可浮性，全铜回收率提高2.61%，氧化铜回收率提高4.63%。

2. 活化剂

氧化铜矿的浮选除捕收剂外，活化剂的作用同样重要。活化剂有硫化钠、硫化钙、硫酸铵、硫氢化钠、硫化氢等无机活化剂，以及磷酸乙二胺、苯并三唑（BTA）和二硫酚二硫代二唑（D_2）等有机活化剂。

硫化钠是氧化铜矿物最常用的活化剂，能与矿物表面作用生成硫化铜薄膜，稳定矿物表面，增加矿物表面的疏水性，提高捕收剂的吸附率，促进吸附层中双黄原酸的形成。硫化钙可替代部分硫化钠，落雪选厂用硫化钙替代70%的硫化钠进行活化，精矿铜的回收率和品位分别提高1.0%和4%～5%，浮选泡沫的状况也有所改善，用硫氢化钠做活化剂，在一定的

pH 和电化学电位下，铜的回收率可达 60%；用硫化氢气体替代硫氢化钠，回收率高 3%。

BTA 是氧化铜的有效活化剂，铜录山氧化铜矿采用 BTA－中性油与硫化－黄药法相比，浮选速度快、富集比和精选作业效率高、节省大量硫化钠，可获得品位 19.11%、回收率 86% 的铜精矿；而硫化－黄药法获得的精矿铜品位为 13.4%、回收率为 81.4%。

硫酸铵作为氧化铜矿浮选的调整剂，首先在苏联得到应用。20 世纪 80 年代，东川矿务局各选厂在硫化－黄药浮选时，添加适量硫酸铵，铜回收率提高了 3.06%～3.46%，精矿品位提高 1.42%～2.80%。

乙二胺磷酸盐是东川矿务局研制的难选氧化铜矿活化剂，可以不同程度地提高铜的回收率；氧化率越高的矿石，回收率提高的幅度也越大。例如浪田坝矿石氧化率最高（77%～80%），铜回收率可提高 9.24%，且大幅度降低了硫化钠和丁黄药用量。

昆明冶金研究院研发的有机活化剂 2，5－二硫酚－1，3－硫代二唑（缩写 DMTDA，其工业产品名称为 D_2），在铜录山氧化铜矿的使用表明，与常规硫化－黄药法相比，精矿品位和回收率分别提高 1.72% 和 5.62%。云南小街氧化铜矿硫化－黄药浮选时，添加 950 $g \cdot t^{-1}$ D_2、230 $g \cdot t^{-1}$ 柴油，铜回收率由 40% 提高到 50%。云南丽江某氧化铜矿为砂土状氧化矿，原矿铜品位2.02%，氧化率为 79.24%；与传统药剂硫化钠相比，D_2 可获得铜品位22.63%、回收率 81.67% 的精矿，铜精矿含银 32063.3 $g \cdot t^{-1}$、银回收率 83.1%；在精矿品位相当的情况下，铜、银回收率分别提高了 2%～3%。

3．抑制剂

高效抑制剂的研发，是氧化铜矿浮选的一个重要研究方向。比较有效的脉石抑制剂有羧甲基纤维素、腐植酸钠、六偏磷酸钠和水玻璃等。20 世纪 60—70 年代，滥泥坪选厂添加羧甲基纤维素，可使铜精矿品位由 12% 提高到 15% 以上；添加腐殖酸钠可有效抑制硅、铝等脉石成分，在原矿品位相同时，铜精矿品位提高 2.02%。东川科研所在国外 Daxad23 号脉石分散剂的基础上，通过改变分子结构，合成一种水溶性酸性缩合物 SO－18；落雪选厂二次精选添加 SO－18，全铜回收率提高 1.27%，精矿品位提高 2.58%；滥泥坪选厂精选时加入 140 $g \cdot t^{-1}$ SO－18，在相同回收率下，精矿品位提高约 3%，此外，在精选作业添加 150 $g \cdot t^{-1}$ 腐植酸钠，精矿铜品位和回收率可分别提高 2.0% 和 2.59%。

4．起泡剂

除了 2 号油外，许多新型起泡剂在氧化铜矿的浮选中得到了推广应用，如由 C_5－C_7 直链烯烃与硫酸反应生成的 C_5－C_7 醇混合物的 145 起泡剂，一般为 8 个碳原子醇的 BK201，主要成分为混合高级醇和混合酯类的 YC－111，主要成分为 2，3，4－三甲基 3－环已烯－1－甲醇的 730，邻苯二甲酸二乙酯（简称 B633）和丁基醚醇等起泡剂。

11.3.3　氧化铜矿的浮选方法

浮选是处理氧化铜的主要方法，可分为硫化浮选和直接浮选。直接浮选是矿物不经过预先硫化，用脂肪酸及其皂类、高级黄药与其他捕收剂直接浮选，包括脂肪酸、胺、乳浊液和螯合剂等浮选法。氧化铜的浮选主要有以下五种方法：

1. 硫化-黄药法

这是最常见的一种方法，是先用硫化钠或其他硫化剂硫化氧化矿物，然后用高级黄药捕收。硫化时，矿浆的pH愈低，硫化进行得越快。硫化钠等易被氧化，作用时间短，需要分次添加。硫酸铵和硫酸铝有助于矿物的硫化，可以显著改善浮选效果。此法适于处理孔雀石、蓝铜矿等铜的碳酸盐矿物，也可以用于浮选赤铜矿，而硅孔雀石需要预先特殊处理，否则效果较差。

例如，某氧化铜矿属易浮氧化铜矿，采用硫化浮选法回收；金属矿物有孔雀石、黄铜矿，次为蓝铜矿、辉铜矿、斑铜矿、赤铜矿和硅孔雀石等；脉石矿物以白云石为主，次为石英、方解石和长石等。该矿石的平均氧化率为30% ~40%，原矿含Cu 0.7% ~1.0%。选厂采用阶段磨矿阶段浮选流程（如图11-7所示），最终铜精矿含铜16.53% ~17.29%，回收率为88.74% ~89.25%。使用的药剂用量及其添加地点见表11-3。

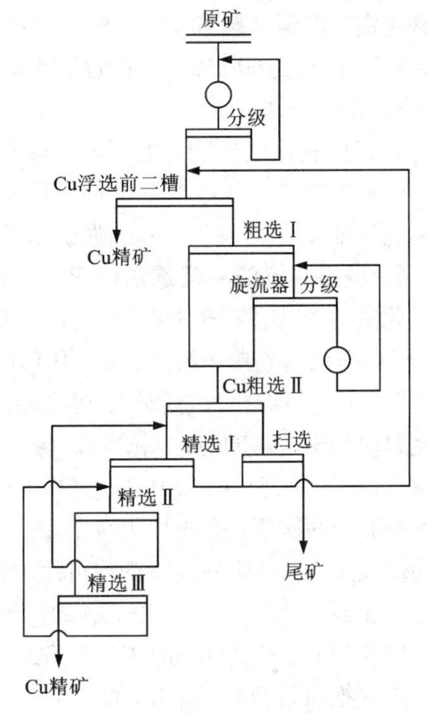

图11-7 某氧化铜矿阶段磨矿浮选流程

表11-3 某氧化铜矿浮选药剂用量及其添加地点

药　名	药剂用量/($g \cdot t^{-1}$)	添加地点
石　灰	1500	Ⅰ段球磨
硫化钠	340;150;30;20;10	Ⅰ段粗选;Ⅱ段粗选;精选Ⅰ;扫选;精选Ⅱ
丁黄药	55;55;20;20	Ⅰ段粗选;Ⅱ段粗选;精选Ⅰ;扫选
松醇油	50;45	Ⅰ段粗选;Ⅱ段粗选

东川氧化铜矿采用水热硫化-温水浮选法处理不同类型的难选氧化铜矿石，将磨细的原矿粉和-100目硫磺粉混合后，加到高压釜中，加热加压硫化。硫磺用量为理论量的1.5倍左右，温度为180℃ ~200℃，时间为2 ~4 h，然后在50℃左右矿浆下用黄药浮选，与常规浮选相比，铜回收率和品位得到了明显的提高。

2. 脂肪酸（盐）法

脂肪酸及其皂类能很好地捕收孔雀石和蓝铜矿，只要其烃链足够长，对孔雀石的捕收能力就会相当强；在一定长度的烃链范围内，其捕收能力越强，用量也越少；实践中通常采用C_{10} ~C_{20}的混合的、饱和或不饱和羧酸。该法一般添加碳酸钠、水玻璃和磷酸盐做脉石的抑制剂和矿浆的调整剂，且只适于脉石不是碳酸盐的硅质氧化铜矿；当矿石中含有大量铁、锰矿物时，其分选指标会变坏。

赞比亚思昌加选矿厂处理含碳酸盐脉石的硫化-氧化混合铜矿，铜矿物主要为辉铜矿、孔雀石、蓝铜和赤铜矿，还有少量的黄铜矿和斑铜矿，原矿含铜4.7%。采用硫化法和脂肪酸法，被硫化的部分氧化铜矿物和硫化铜矿物用黄药浮选，尾矿用脂肪酸（棕榈酸）捕收残留的氧化铜，得到含铜50% ~55%的精矿。其药方是：石灰500 $g \cdot t^{-1}$(控制 pH 为9 ~9.5)，甲酚10 $g \cdot t^{-1}$，乙黄药60 $g \cdot t^{-1}$，戊黄药35 $g \cdot t^{-1}$，硫化钠1 $kg \cdot t^{-1}$，棕榈酸40 $g \cdot t^{-1}$，燃料油75 $g \cdot t^{-1}$。

3. 乳浊液法

先硫化氧化铜矿物，用丙烯酸聚合物和硅酸钠抑制脉石，然后加苯并三唑、甲苯酰三唑、巯基苯并唑、二苯胍等铜络合剂，形成稳定的亲油性矿物表面，再用煤油、柴油、汽油等非极性油乳浊液罩盖其表面，形成强疏水的可浮状态，并牢固地吸附在气泡表面上浮。

4. 浸出 – 沉淀 – 浮选法(LPF 法)

此法适于处理硅孔雀石等难浮或选别指标很差的氧化铜矿。由于氧化铜矿物比较容易溶解，将矿石细磨到单体解离，如 –0.075 mm 40% ~80%，用浓度为0.5% ~3%的稀硫酸浸出，用铁粉置换，沉淀析出金属铜，再在酸性介质(pH =3.7 ~4.5)中，用甲酚黑药或双黄药捕收沉淀金属铜和未溶解的硫化铜矿物。硫酸用量随矿石性质的不同而变化，低用量一般为2.3 ~11 $kg \cdot t^{-1}$，高的为35 ~45 $kg \cdot t^{-1}$。置换1 kg 铜理论上仅需0.88 kg 铁，但实践中约需1.5 ~2.5 kg。铁粉一般分两次添加，先加75%，后加25%。溶液中必须经常保持过量的残余铁，避免已还原的铜被氧化，未反应的残留铁粉可用磁选法回收。浸出置换反应如下：

孔雀石：$CuCO_3 \cdot Cu(OH)_2 + 2H_2SO_4 \longrightarrow 2CuSO_4 + CO_2 + 3H_2O$

硅孔雀石：$CuSiO_3 \cdot nH_2O + H_2SO_4 \longrightarrow CuSO_4 + H_2SiO_3 + nH_2O$

铁置换沉淀反应为：$CuSO_4 + Fe \longrightarrow FeSO_4 + Cu \downarrow$

此外，还可采用氨浸 – 硫化沉淀 – 浮选法，将矿石细磨后，加入硫磺粉，然后进行氨浸，氧化铜矿物中的铜离子与 NH_3、CO_2作用的同时，即被硫离子沉淀，成为新的硫化铜颗粒，然后将氨蒸发，再用硫化铜矿浮选的一般方法回收。最佳浮选 pH 为6.5 ~7.5。此法适于处理脉石是碳酸盐的难选氧化铜矿。

5. 离析 – 浮选法

将氧化铜矿进行氯化还原焙烧，使矿物或矿物表面还原成易浮的金属铜或铜的硫化物，然后用黄药浮选。常用的离析 – 浮选法，是在粉碎的氧化铜矿中加入1% ~2%的食盐和2% ~3%的煤粉，充分混匀后加入回转窑或沸腾炉中，在700℃ ~800℃的温度下焙烧，铜以氯化物状态挥发出来。在炉内弱还原性气氛中，铜的氯化物被还原成金属铜，并吸附在炭粒上。焙烧的矿石细磨后，用黄药浮选。此法适于处理难选的氧化铜矿和结合氧化铜矿，特别是含泥较多、结合铜占总铜30%以上以及含大量硅孔雀石和赤铜矿的矿石。当综合回收金、银和其他稀有金属时，离析法比浸出 – 浮选法优越，缺点是热能消耗大，投资多，成本较高。

某氧化铜矿石呈泥土状，氧化程度较深，含铜1% ~3%，其中结合氧化铜含量为0.49% ~0.59%。铜矿物以孔雀石为主，有少量的蓝铜矿和硅孔雀石，与褐铁矿和磁铁矿等铁矿物致密共生。脉石矿物以石英为主，次为云母和石榴子石等。原矿破碎后，配以3.5% ~4%的煤粉、1.8% ~2%的食盐，送入离析回转窑，通入蒸汽、空气和重油，燃烧火焰温度为1150℃ ~1250℃，窑头温度为880℃ ~950℃，窑中温度为700℃ ~750℃，窑尾温度为100℃ ~200℃。离析产品磨矿分级后，用浮选柱粗选，粗选精矿用机械搅拌式浮选机精选三次，得到品位40%以上、回收率77%的铜精矿。药剂制度是：丁黄药1.2 $kg \cdot t^{-1}$，25#黑药0.15 $kg \cdot t^{-1}$，松醇油0.5 $kg \cdot t^{-1}$，水玻璃0.1 $kg \cdot t^{-1}$。

湖北铜绿山难选氧化铜矿含铜1.53%，其中结合铜占81%，游离氧化铜占9.85%。该企业采用新型离析焙烧回转窑，可克服反应炉温度不高和一段法炉内气氛难以控制的缺点。

在规模为10 $t \cdot d^{-1}$的中间试验厂，配以1.85%的煤粉、0.65%的食盐、物料温度为1020℃时，得到品位39.95%、回收率82.36%的铜精矿，尾矿含铜0.28%。

6. 浮选-水冶法

许多氧化铜矿和混合矿中，一部分是难选的，一部分是易选的，可先用浮选法回收易浮铜矿物，然后水冶尾矿或中矿。浮选时，硫化矿直接用黄药捕收，而碳酸盐铜矿物用硫化钠等硫化剂硫化后浮选。水冶可以是酸法或碱法，酸法较经济便宜，适于脉石主要是硅酸盐的矿石；碱法适于脉石主要是碳酸盐的矿物。

对于一些难选的氧化铜矿，可以不经过选矿，直接进行化学处理，其方法有：①直接水冶法；②硫酸化焙烧-水冶法；③高温氯化焙烧，使氯化物挥发，然后从收尘中回收；④浸出-萃取-电积法；⑤离析法；⑥细菌浸出法等。

从利用氧化铜矿的发展趋势看，针对氧化铜矿贫、细、难选的特点，湿法冶金和选冶联合流程将成为主流，它们具有工艺简单、合理，适用性强，成本低，指标好等优点。

11.4 氧化铅锌矿的浮选

11.4.1 氧化铅锌矿的种类与可浮性

氧化铅锌矿物种类较多，大约有200种，其中可供目前工业利用的仅有10余种。

常见的氧化铅矿为白铅矿 $PbCO_3$、铅矾 $PbSO_4$和彩钼铅矿 $PbMoO_4$。白铅矿含铅77.5%，是最主要的氧化铅矿物，易被硫化钠硫化，硫化最佳pH为9.2~9.8，硫化后用黄药捕收，其可浮性良好。铅矾含铅68.3%，其可浮性与白铅矿相似，但硫化时间比白铅矿长，硫化钠用量比白铅矿的多；铅矾硫化的最佳pH为7~9；其表面的溶解度大，硫化膜易脱落，捕收剂不易固着，但pH为9.5~11.0，加大捕收剂用量并加少量酸性焦磷酸钠时，铅矾可以部分上浮。锌浸出渣中的铅矾先用水清洗与脱泥（以提高精矿铅品位），硫化时硫化钠用量是纯铅矾的3倍。彩钼铅矿含铅56.4%，其可浮性与白铅矿相似，但硫化后随温度升高，与黄药的作用降低。

常见的氧化锌矿主要为菱锌矿 $ZnCO_3$，其次为异极矿 $2ZnO \cdot SiO_2 \cdot H_2O$、硅锌矿 Zn_2SiO_4、锌尖晶石 $ZnO \cdot Al_2O_3$、水锌矿 $3Zn(OH) \cdot 2ZnCO_3$等。菱锌矿含锌52.1%，经预先硫化，可以用脂肪胺浮选。异极矿含锌54.0%，属难浮的矿物，硫化后可用黄药或胺盐浮选，加硫酸铜有活化效果，硫化的适宜pH为6.9~9.2，加温对硫化有促进作用。

氧化铅锌矿浮选比较困难的原因大致可归纳为以下五个方面：

（1）氧化铅锌矿石中含有铁和碱土金属的硫酸盐等可溶性盐，将使浮选产生较大困难。碱土金属化合物对氧化铅矿物有抑制作用，会生成难溶的碳酸盐覆盖铅矿物表面，需要添加铵盐以提高碳酸钙的溶解度；铁的硫酸盐对浮选也有很大影响，如果脉石为石灰石和方解石，充气搅拌时，会产生下列反应：

$$4FeSO_4 + 4CaCO_3 + 6H_2O + O_2 \longrightarrow 4Fe(OH)_3 + 4CaSO_4 + 4CO_2$$

矿浆中有硫酸存在，亦可产生类似反应，生成的硫酸钙会在氧化铅矿物表面转化成碳酸钙沉淀，阻碍硫化和捕收，使矿泥凝聚。使用NaHS做硫化剂或加入少量硫酸降低介质pH，可生成可溶的碳酸氢钙而防止生成不溶的碳酸钙沉淀。

(2)氧化铅锌矿性质易脆，铅锌矿物紧密共生，并通常与其他氧化矿物(例如氢氧化铁等)和脉石矿物呈极细粒嵌布，不易磨碎至完全的单体解离状态，如若细磨将产生过粉碎或者泥化现象，消耗大量的浮选药剂，导致微细粒级矿物难以回收。

(3)氧化铅矿物种类很多，同一矿床内常常含有两种以上的氧化铅矿，且不同氧化矿物的浮游性能和硫化性能不同，要求的适宜浮选条件也不同，使浮选过程复杂化，难以调整和控制。例如，铅铁矾、菱铅矾等难选氧化铅矿物，它们的浮选到目前为止还不成熟。

(4)氧化锌矿物的表面经常被氧化铁污染，失去其原有的浮选性能。硫酸锌和硫酸铁的溶液与碱土金属碳酸盐相互作用，产生铁菱锌矿[$(ZnFe)CO_3$]，它与水中某些离子接触时，分解成菱锌矿和氢氧化铁，前者被后者覆盖，污染锌矿物表面。

(5)混合矿中，被次生硫化铜薄膜覆盖的原有硫化矿物受到强烈的活化，采用现有的选矿方法，通常不能达到混合精矿的有效分离。

11.4.2 氧化铅锌矿浮选的药剂

(1)捕收剂：氧化铅矿物的捕收剂一般有丁基黄药、戊基黄药、仲辛基黄药、异丙基黄药、戊基黄药磷酸钠、黑药和乙硫氮等。氧化锌矿物的捕收剂一般有长碳链黄药和胺、螯合剂以及组合或改性捕收剂，如基于胺改性的磺酸盐捕收剂，用燃料油和起泡剂乳化脂肪胺捕收剂，MaA－BK 组合捕收剂等。

螯合捕收剂具有高选择性而受到人们的重视，其中咪唑类捕收剂用来浮选氧化铅矿，2－羟亚胺基羧酸、己基羟肪酸钾、5－烷基醛肟等对氧化锌矿的捕收能力较强，二硫腙和氨基硫酚对氧化锌矿也有较强的捕收能力。巯基羧酸酯，特别是四甲基二戊基三巯基丙酸酯对菱锌矿、异极矿等氧化矿物具有良好的捕收性能。用氧化乙烯缩合烷基苯酚类、高级脂肪醇类以及脂肪酸类而制备的非离子型活性剂，可以不脱泥而直接浮选氧化锌矿石。

(2)硫化剂：常用的硫化剂有 Na_2S 和 NaHS，其作用能力的顺序为：$K_2S > Na_2S > NaHS > BaS > CaS$。$Na_2S$ 可使氧化铅锌矿物表面转变为 PbS 和 ZnS。Na_2S 与 K_2S 混用效果较好。NaHS 受钙盐的影响较小。

(3)活化剂：主要有甲基、乙基、丁基的二硫代碳酸盐、乙二胺、羟肟酸、二甲酚橙等。乙二胺对菱锌矿具有强活化作用；甲基、乙基、丁基二硫代碳酸盐对异极矿胺法浮选有显著的活化作用。二甲酚橙、羟肟酸活化异极矿的浮选，效果较为理想。

(4)抑制剂：主要有碳酸钠、(改性)水玻璃、羧基甲基纤维素、淀粉、腐植酸钠、三聚磷酸盐、聚羟基酸、聚丙烯酸、木素磺酸钙、甲碳酸酯瓜胶、乙羟基淀粉、用乙烯基磺酸改性的低分子量丙烯酸等。木素磺酸钙是常见的脉石矿物方解石、石英选择性较强的抑制剂，聚丙烯酸作调整剂能减少矿浆中钙、镁离子的不良影响。

(5)絮凝剂：主要有聚丙烯酰胺、苛性淀粉等。在研究不同离子型的聚丙烯酰胺选择性絮凝兰坪水锌矿时，发现阴离子絮凝剂 2PAM3O 是水锌矿－石英的最佳絮凝剂，混用六偏磷酸钠和 EDTA 可较好地分离两种矿物。

(6)分散剂：主要有水玻璃、偏磷酸盐、碳酸钠、单宁、腐植酸钠、烤胶等。在 pH＝7 时，用腐植酸钠和烤胶作分散剂，选择性絮凝剂 2PAM30(水解聚丙烯酰胺)通过螯合作用吸附在菱锌矿表面，絮凝菱锌矿而不絮凝石英，可得到较好的分离效果。

11.4.3 氧化铅矿的浮选方法

氧化铅矿物的比重大、嵌布粒度粗，又存在泥质脉石，一般采用浮选-重选联合流程较为合理。对黄钾铁矾[$KFe_3(OH)_6(SO_4)_2$]含量较高，有铁赭石、白云石、锰土存在，且成分复杂的难选氧化铅矿石，宜采用冶金方法处理。

洗矿或脱泥可以除去可溶盐。如果洗矿有困难，可在酸性矿浆中用黑药或双黄药捕收，或在弱酸性和中性矿浆中用黄药浮选。氧化铅矿的浮选方法有两类：

(1)硫化浮选法：矿石经硫化后用硫代化合物捕收剂浮选，较易硫化的白铅矿、铅矾等矿物绝大部分可以进入泡沫产品；有时浮选前需脱泥除去氢氧化铁和黏土等，添加分散剂水玻璃或六偏磷酸钠可以消除矿泥的部分影响。Na_2S、NaHS、CaS 均可用作硫化剂，但常用的是硫化钠。捕收剂除黄药外，还可加入少量的页岩焦油以增强矿物的疏水性。

硫化钠应该分段加入，集中添加会造成矿浆 pH 过高或矿浆中 HS^- 离子过多，使白铅矿和铅矾受到抑制。如用硫氢化钠代替硫化钠，可添加硫酸铜、硫酸铁、硫酸以消除过量硫化剂的不良影响。

(2)脂肪酸及其皂和中性油直接浮选法：当矿石中石灰石和白云石的含量很低或基本不含这些脉石，难浮氧化铅矿物含量较高，硫化浮选指标较低，可考虑采用油酸及其皂、石油和煤油的氧化产品、环烷酸及其皂和塔尔油等脂肪酸类药剂作为捕收剂。

脂肪酸直接浮选法的选择性一般比较差，因为石英、碱土金属碳酸盐、氧化铁等脉石矿物易进入泡沫产品，贫化和污染精矿。水玻璃抑制脉石矿物并非十分有效，用量过高会抑制氧化铅矿物。

11.4.4 氧化锌矿的浮选方法

硫化后使用黄药或脂肪胺浮选是回收氧化锌矿的主要方法。

(1)加温硫化-黄药法：矿石脱泥后将矿浆加温到50℃~60℃，用 Na_2S 进行硫化并加硫酸铜活化，最后加黄药及黑药浮选。温度对硫化效果影响大，室温硫化，硫化膜在矿物表面固着不牢，浮选效果差；低温硫化，容易形成胶体沉淀物；高温硫化，硫化速度快，矿物表面形成的硫化膜牢固，矿浆中形成的胶体沉淀物少。硫化过程中，增大硫化钠用量会改善锌精矿质量，但过量 Na_2S 使锌回收率下降，这是由于过量的硫离子及其与后续加入的铜离子反应生成的胶体硫化铜沉淀，都会妨碍黄药在矿物表面的吸附；同时因矿浆 pH 的提高，也降低锌的回收率。生产中可采用分批分次添加硫化钠的方式消除影响。添加酸可改善浮选指标。矿浆中的矿泥、氧化铁、氧化锰等有不良影响，应事先脱除。

(2)硫化-脂肪胺法：此法的特点是在强碱性介质中（pH=10.5~11），脂肪胺对锌的碳酸盐、硅酸盐(菱锌矿、水锌矿、异极矿、硅锌矿等)和闪锌矿的捕收作用良好，对石英和碱土金属碳酸盐却没有显著的捕收作用。硫化钠用量大不仅不起抑制作用，对氧化锌矿物还有活化作用。12~18 碳原子的脂肪族伯胺对氧化锌矿物的捕收作用很强，仲胺、叔胺的捕收能力却比较弱。此法可采用硅酸钠和六偏磷酸钠分散矿泥、淀粉和羧基甲基纤维等团聚矿泥或者脱泥。药剂用量根据矿石类型而定，硫化钠用量一般为 6~12 $kg \cdot t^{-1}$(氧化矿石)或 1~2 $kg \cdot t^{-1}$(混合矿石)；伯胺用量为 100~600 $g \cdot t^{-1}$(氧化矿石)或 50~100 $g \cdot t^{-1}$(混合矿石)。若不能得到合格精矿，可在确保高回收率的前提下，选出锌品位为25%~30%的产品，后者再用回转窑或其他还原挥发法处理。含有大量碳酸锌的精矿，可用煅烧法改善精矿质量。某些情况下，精矿不预先焙烧，可用浸出－电解法回收锌。含有锌铁尖晶石的矿石，还可用磁选回收。

（3）硫化焙烧－磁选－浮选法：对难选氧化铅锌矿石，也可先用元素硫或黄铁矿进行硫化焙烧，使氧化矿物硫化，获得疏水的硫化铅锌矿物，然后用磁选和浮选法分选。云南兰坪铅锌矿曾采用该法处理难选氧化铅锌矿，取得了一定的效果。

11.4.5 氧化铅锌矿的浮选实例

兰坪氧化铅锌矿中异极矿、水锌矿等氧化锌矿物是主要的有用矿物，采用18～20℃低温浮选的高效组合捕收剂（TA＋BK），取得了优于十八胺（28～30℃）的选锌指标，锌精矿品位和回收率分别达到31.77%和73.41%。

宏源氧化铅锌矿铅锌氧化率都达到95%以上，采用硫化－黄药法浮铅、硫化胺法选锌、锌精矿反浮选工艺，获得了铅品位71.20%、锌品位4.65%、铅回收率81.50%的铅精矿，以及锌品位45.40%、铅品位0.98%、锌回收率75.20%的锌精矿。

某铅锌选矿厂处理含泥量13%～18%铅锌混合矿，铅锌的氧化率分别为25%和20%，矿石有呈致密状的原生矿，也有呈细粒浸染的氧化矿，主要有价金属矿物为闪锌矿、方铅矿、黄铁矿、白铅矿、菱锌矿、异极矿和铅矾等，脉石矿物为白云石、方解石及少量的石英和长石等。金属矿物嵌布粒度较粗。采用重介质预选，丢弃占矿石重量约36%的尾矿，所得粗精矿磨至65% －0.074 mm，采用硫化铅、氧化铅、硫化锌、氧化锌依次优先浮选的流程（如图11－8所示）。药剂用量：黄药250 $g \cdot t^{-1}$，黑药50 $g \cdot t^{-1}$，松醇油240 $g \cdot t^{-1}$，硫酸铜440 $g \cdot t^{-1}$，脂肪酸80 $g \cdot t^{-1}$，盐酸80 $g \cdot t^{-1}$，石灰1500 $g \cdot t^{-1}$。所得浮选指标：原矿含铅5.16%，含锌13.85%；铅精矿含铅59.73%，回收率87.2%；锌精矿含锌51.45%，回收率80.94%。

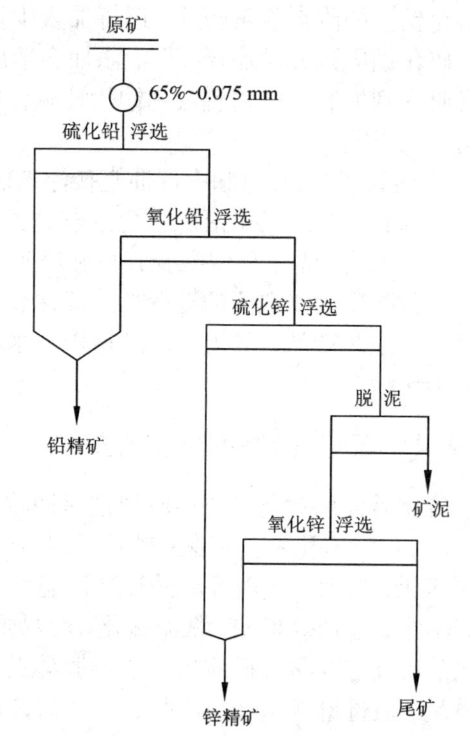

图11－8 某硫化－氧化混合铅锌矿浮选流程

11.5 锡矿的浮选

目前已发现的含锡矿物有20多种，主要分为氧化物、硫化物、含硫锡酸盐、硅酸盐、硼酸盐、钽酸盐、钙铌钽矿和天然合金八大类。锡石 SnO_2（含Sn 78.6%）是主要的含锡矿物，其次为很少形成单独工业矿床的黝锡矿 Cu_2FeSnS_4（含Sn 27.5%），并经常与锡石伴生，且含锡低，可浮性与一些硫化矿物相近，选冶加工都比较困难。其他含锡矿物少见。由于锡石相对密度大（6.8～7.1），一般采用重选回收，但对微细粒锡和矿泥回收率不高，故采用浮选回收。重选的中矿和尾矿含锡较高，一般也采用浮选回收。

11.5.1 锡石的可浮性

在蒸馏水中，对比重晶石、方解石、石英、白钨矿等矿物与气泡的接触时间，锡石与气泡接触的时间最短(23.3 s)，重晶石和方解石分别为50 s和180 s，白钨矿和石英与气泡不接触。纯净锡石表面电性与石英相似，用脂肪酸类捕收剂是不可浮的，而晶格中存在铁和锰等杂质、表面受到氧化铁薄膜污染的锡石是可浮的。显微镜下观察广西珊瑚锡矿的锡石，是白色透明的纯锡石，用油酸作捕收剂是不浮的；云南个旧一些选厂的锡石呈淡黄色到棕红色，其晶格结点上的锡已不同程度地被铁、锰等杂质取代，因而可浮性好。

锡石晶格中的杂质对零电点有影响，其表面的某些部位在矿浆中会因水化作用形成氢氧化物。表面纯净锡石的零电点为3，晶格中含铁锡石的零电点则会增加。天然锡石均含铁等杂质，因此，多数实测的锡石零电点为4~5，如含$Fe_2O_3$1.78%的锡石零电点为4.7。锡石的表面结构与电性是它与药剂相互作用并可浮的内在因素之一。

从界面电性考虑，矿物表面带正电，有利于阴离子捕收剂的吸附，且正电位越高越有利。因此，用脂肪酸和胂酸类阴离子捕收剂浮选锡石，一般在pH低于锡石等电点的弱酸性矿浆中进行。

11.5.2 锡石浮选的药剂

1. 捕收剂

主要有芳香族和脂肪族胂酸、芳香族膦酸、脂肪族双磷酸、烷基磺化琥珀酰胺酸钠、羧酸、烷基氧肟酸、烷基硫酸钠、胺等，它们有以下四个特点：

(1)芳香族膦酸和胂酸对锡石捕收能力强、选择性好，胂酸优于膦酸，弱酸性矿浆浮选，对Fe^{3+}和Ca^{2+}不敏感，精矿泡沫不黏、易于分散，但胂酸价格较贵、有毒。

(2)脂肪族膦酸(C_6~C_8)捕收性能强、选择性能弱，用量少，精矿泡沫不黏、易于分散，对Ca^{2+}敏感，对Fe^{3+}特别敏感，可在中性和弱酸性矿浆中浮选。

(3)烷基膦酸酯的毒性小，捕收性和选择性一般，对Fe^{3+}和Ca^{2+}不敏感，精矿泡沫易分散，可在中性和弱酸性矿浆中浮选；

(4)油酸捕收能力强、选择性差，用量小、无毒、在中性和碱性矿浆中浮选，对Fe^{3+}和Ca^{2+}敏感，对铁矿物、萤石、方解石的捕收能力强；精矿泡沫黏度大，难以过滤。

2. 抑制剂

(1)无机抑制剂：主要有氟硅酸钠、水玻璃、氟硅酸、氟化钠等。锡石浮选常用水玻璃抑制硅酸盐矿物，它对锡石、方解石、萤石、重晶石、锆英石、白钨矿、钨钼钙矿、石膏、硼酸盐、黄绿石、钛铁矿和榍石等均有不同程度的抑制作用，只是起抑制作用的临界用量不同；小用量的氧化铁、硫酸铜、氯化铝、氧化钙等金属盐会活化锡石，但用量稍大也会抑制锡石的浮选。

(2)有机抑制剂：主要有羧甲基纤维素钠、丹宁、淀粉、糊精、氨萘酚磺酸、高分子鞣料、草酸、柠檬酸、乳酸等。羧甲基纤维素是方解石的有效抑制剂，分子中的羧酸基与方解石表面的钙离子形成化学吸附，而葡萄糖环上的两羧基则亲水，形成包裹其表面的亲水性薄膜，阻碍捕收剂在方解石表面的吸附；该药剂可与油酸、混合甲苯胂酸、Aerosol－22配合使用，对方解石、片岩等脉石矿物均有明显的抑制作用。羧甲基纤维素钠与油酸配合使用，pH为

8.1 时，对方解石的抑制作用最强。

11.5.3 锡矿石的浮选方法

锡矿石的浮选按所采用的捕收剂类型，可分为以下 5 种。

1. 脂肪酸法

油酸和油酸钠（我国也用野生植物油或其他脂肪酸）的选择性较差，但能较好地从锡矿石中直接浮选出锡石，适于处理脱泥后的 74 ~ 10 μm 粒级的物料。

锡矿石中一般含有大量的氢氧化铁、方解石、石英以及铅、铝矿物等。黏土及因风化形成的松散氧化铁矿物，在矿浆中不断泥化；与锡石可浮性相近的铁铝硅酸盐类矿物种类较多，含量变化较大。因此，必须进行锡－铁、锡－钙、锡－铁－铝等矿物的分离。

锡－铁分离的关键在于严格控制 pH，油酸浮选适宜的 pH 为 9 ~ 9.5，这时锡石的可浮性最好，与氧化铁的可浮性相差较大，但被重金属和碱土金属阳离子活化的石英和硅酸盐矿物也被浮出。因此，锡石浮选时，需要浓缩矿浆，以除去矿浆中的胶体粒子，并消除可溶性盐的影响。此外，矿浆中加入形成络合物或沉淀的药剂，例如茜素、木质磺酸钠、六偏磷酸钠、草酸、氰化物、硫化物、氟化物、碱金属的硅酸盐等能消除矿浆中多价金属阳离子的不利影响。

油酸浮选时，钙、镁碳酸盐矿物的可浮性好于锡石，因此，对含钙少的矿泥，均可采用抑锡浮钙方案，即抑锡浮钙－脱药－浮锡或者锡钙混合浮选－抑锡浮钙，锡石用水玻璃抑制，矿浆 pH 均控制在 6 ~ 10。六偏磷酸钠（有时与磷酸三钠混用）可抑制含钙矿物，对含钙高的锡矿泥以及含钙、含铁的锡矿泥，在中性矿浆中，可采用抑钙－浮锡流程，这时含钙和含铁矿物都受到抑制。

某选厂处理的原料中原生矿泥和次生矿泥性质复杂，锡铁结合致密，重矿物含量多，比重差小；伴生矿物以褐铁矿为主，铁矿物占 50% ~ 65%，锰结核占 10% ~ 15%，其次是锡石、砷酸铅、白铅矿、铅铁矾、金红石、锐钛矿、锆英石；脉石矿物为方解石、白云母、长石、云母、透辉石、黏土及硅酸盐风化物。浮选给料为矿泥中的 －37 ~ ＋19 μm 部分，经离心机粗选得到含锡 1.13%、含铁 33.79% 的粗精矿，用 NaOH 调整 pH 至 9 ~ 9.5，并加入 $(NaPO_3)_6$ 抑制铁、钙、硅等脉石矿物，油酸浮选锡石，得到锡品位 8.55%、回收率86.40% 的锡精矿，该精矿用皮带溜槽精选，得到合格的最终精矿。

2. 胂酸法

胂酸类捕收剂分烷基苯胂酸和烷基胂酸两类，有五种烷基苯胂酸可捕收锡石，只有对位甲苯胂酸的效果好。烷基胂酸与 Sn^{2+}、Sn^{4+}、Fe^{3+} 等金属离子反应可生成难溶的化合物，对 Ca^{2+}、Mg^{2+} 离子也不敏感。胂酸类对锡石的捕收能力与油酸相似，但选择性更好。苯胂酸类对锡石的捕收性能有如下规律：混合甲苯胂酸 > 对位甲苯胂酸 > 邻位甲苯胂酸 > 苯胂酸 > 对硝基苯胂酸。

对位与邻位甲苯胂酸的混合使用对锡石的浮选效果比单一对位甲苯胂酸的好。在弱酸性和中性矿浆中，混合甲苯胂酸浮选锡石效果最好，用硫酸调节介质 pH，锡石最好的可浮性 pH 为 4 ~ 6，而锡石与石英、方解石的最大可浮性差异是在 pH 为 6 ~ 7 时出现。常用水玻璃抑制脉石，有时加氟硅酸钠；方解石含量较高时，用羧甲基纤维素可取得较好的抑制效果。矿物与药剂的接触时间需 50 min 以上，并强烈搅拌，矿浆温度保持在 30℃左右。

混合甲苯胂酸浮选含金属硫化矿物的锡矿泥时，为了避免矿泥的不良影响，需要预先脱泥；为了消除硫化物对锡精矿质量的影响，需要预先脱硫。此时选矿流程依次为分级脱泥、浓缩脱水、浮选脱硫和锡石浮选。

某选厂处理锡石多金属硫化矿，金属矿物有锡石、脆硫铅锑矿、铁闪锌矿、黄铁矿、磁黄铁矿，脉石矿物有石英、方解石；围岩主要为灰岩、硅化灰岩，其次为含炭黑色硅质页岩。入选给料是大约含1% Sn、30% CaO的重选作业矿泥。用混合甲苯胂酸和苄基胂酸捕收锡石、羧甲基纤维素（CMC）抑制脉石，得到含锡25% ~30%，回收率80% ~90%的锡精矿。在生产中，对含钙（方解石）较高的给料，配成1%水溶液使用的CMC在粗选时需在混合甲苯胂酸加入之前添加，否则会影响抑制效果和精矿品位；对含钙较低的锡矿泥，可在精选作业添加。CMC还可抑制电气石和辉石等硅酸盐矿物，也取得了较好的抑制效果。

3. 膦酸法

烷基膦酸和苯乙烯膦酸对锡石的捕收效果较好。少量对甲基苯膦酸和对乙基苯膦酸可以得到较好的捕收效果。高级烷基苯膦酸则因选择性差，不适于作锡石的捕收剂。烷基膦酸对锡石有捕收性，但选择性差。丁基膦酸能得到高品位的锡精矿，但回收率低。在弱酸性和中性矿浆中，价格较便宜的苯乙烯膦酸是一种较好的锡石捕收剂。

4. 烷基磺化琥珀酸盐法

国外一些选锡厂如玻利维亚卡塔维选厂和英国惠尔简锡石浮选厂，在pH为2 ~3时，采用捕收能力强、用量少、与矿物作用时间短、只需短时间搅拌的烷基磺化琥珀酰胺四钠盐，对粗粒锡石（0.21 ~0.15 mm）捕收效果好，对 -43 μm的细粒锡石捕收效果稍差，对石英、长石和云母都没有捕收作用。

5. 羟肟酸法

羟肟酸类捕收剂捕收能力较强。俄罗斯合尔洛庆高尔斯克选厂采用羟肟酸作捕收剂浮选含锡0.1%的原矿，得到含锡品位6%，回收率55%的精矿。

11.5.4 锡石浮选的生产实例

广西某选厂锡石浮选车间处理重选车间 -37 μm次生泥，矿泥中有用矿物为锡石、铁闪锌矿、黄铁矿、脆硫锑铅矿、毒砂、磁黄铁矿、黝锡矿，脉石有石英和方解石。锡石与硫化物致密共生，嵌布粒度较细，锡石、黝锡矿和胶态锡分别占总锡的97%、2.4%和0.5%。生产流程包括为旋流器脱泥和残余硫化物浮选的准备作业，以及一次粗选、三次扫选和三次精选的锡石浮选两部分。

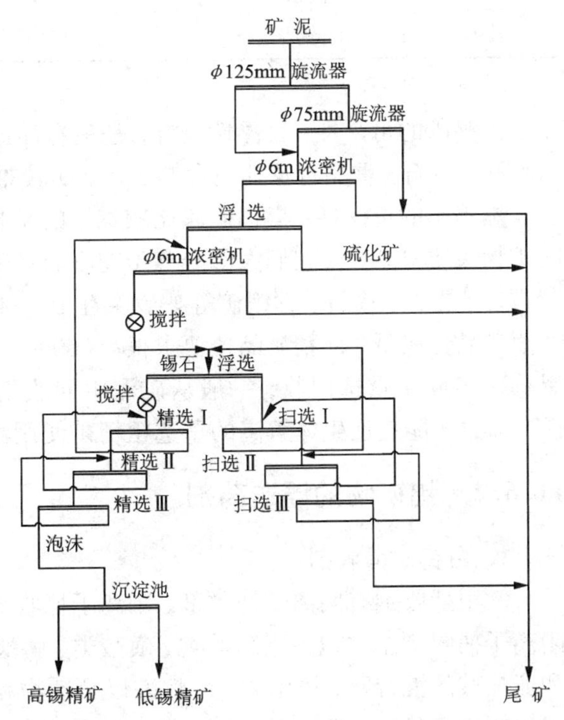

图11-9 某选厂锡石浮选生产流程

浮选车间的矿量占重选车间产量的17%，回收率占25%，含Sn0.46%。脱泥浮选硫化物的产率为42%，进入浮锡作业产率为58%（占重选车间产率的10%，回收率

18%)，含 Sn 0.60%。锡石浮选可以得到含 Sn 28%、回收率 62%(对重选车间回收率 15%)的精矿。锡精矿所含元素(%)：铅 0.25、锌 0.20、锑 0.71、硫 4.56、砷 5.49、$SiO_2$15 和 CaO 5.49，其杂质主要为石英、黄铁矿、磁黄铁矿、方解石等。泡沫精矿经过沉淀得到高锡精矿和低锡精矿，用旋流器分级也可以得到高锡精矿和低锡精矿(如图 11－9 所示)。浮选药剂用量：苄基胂酸 100 $g \cdot t^{-1}$，羧甲基纤维素钠 30 $g \cdot t^{-1}$，松油 100 $g \cdot t^{-1}$。

11.6 钨矿的浮选

11.6.1 钨矿物及其可浮性

有工业价值的钨矿物主要有白钨矿和黑钨矿(见表 11－4)。钨矿石的选矿方法主要有重选、磁选、电选和浮选等，浮选常用于细粒白钨矿、黑钨矿泥及共生硫化矿的回收。

表 11－4 钨的工业矿物及性质

矿物种类	钨矿物	矿物分子式	金属含量/%	相对密度
白钨矿	钨酸钙	$CaWO_4$	80.6% WO_3	5.9～6.2
黑钨矿	钨锰铁矿	$(Mn、Fe)WO_4$	76.5% WO_3	7.1～7.5
	钨锰矿	$MnWO_4$	76.6% WO_3	7.2
	钨铁矿	$FeWO_4$	76.3% WO_3	7.5
其他	钨华	WO_3	79.3% W	5.5

白钨矿的可浮性：可浮性较好，是最易浮选的钨矿物。含白钨矿的矽卡岩矿床一般含有方解石、萤石、重晶石及其他含钙矿物，属较难选的矿石，浮选过程比较复杂。

黑钨矿的可浮性：黑钨矿属比较难浮的矿物，其原因主要有：①黑钨矿本身及与之共生的矿物性质复杂，且它们大部分产于花岗岩地带的石英热液矿脉中，与云母、黄玉、蓝晶石、萤石、绿柱石、锡石、辉钼矿等矿物共生在一起。②黑钨矿与共生的铁化合物可浮性相似。③原矿品位极低，而精矿品位要求很高(60%～65% WO_3)。④矿物性脆，易于泥化。因此，黑钨矿主要用重选回收，一般从矿泥中回收细粒钨矿物；重选不能回收的细粒嵌布的黑钨矿，细磨才能使连生体解离的重选粗精矿使用浮选处理。

11.6.2 钨矿物的浮选药剂

1. 白钨矿捕收剂

常用捕收剂有阴离子捕收剂、阳离子捕收剂、两性捕收剂、非极性捕收剂和螯合捕收剂。阴离子捕收剂主要包括脂肪酸类、磺酸类、膦酸类和螯合类捕收剂，其中油酸、油酸钠、油酸和亚油酸的混合物、塔尔油、环烷酸以及动物和天然植物脂肪酸等脂肪酸应用最广，磺酸类捕收剂主要是配合脂肪酸使用。脂肪酸类捕收剂混合使用，可以提高捕收能力和选择性。阳离子捕收剂主要有丁烷二胺、十二烷基氯化铵、醋酸十二胺等胺类药剂。两性捕收剂是指氨基酸类药剂。非极性捕收剂主要用来配合其他捕收剂而辅助使用的，以调整泡沫结构，强化疏水作用，促进疏水团聚，进而提高回收率和品位。螯合捕收剂主要有苯甲羟肟酸(HB)和亚硝基苯胲胺盐(CF)等，一般与脂肪酸及其皂类混合使用。

白钨矿表面捕收剂吸附的机理有很多研究，主要是静电吸引、离子交换、氢键作用、螯合作用、化学吸附以及表面沉淀吸附等多种作用。例如，氨基酸类捕收剂作用基团为 $-NH_3^+$，主要依靠静电力与矿物表面发生作用，对矿浆 pH 适应性更强。苯甲羟肟酸与白钨矿表面的 Ca^{2+} 发生螯合作用并生成五元环螯合物，其非极性部分以氢键的形式吸附在原先的单分子吸附层上，大大增强对白钨矿表面的吸附力；当 pH <8.1 时，苯甲羟肟酸以分子(HB)组分为主；当 pH >8.1 时，离子(B^-)组分占优势；当 pH =8.1 时，HB 和 B^- 的浓度相当，产生离子和分子的共吸附作用。苯甲羟肟酸最佳浮选的 pH 范围是 6 ~ 10，此时离子和分子的共吸附效应使白钨矿表面吸附量增加；当 pH =4.7 ~ 13.7，白钨矿表面的定位离子为 Ca^{2+}，有利于静电吸附，并且通过化学键合达到最佳浮选效果。

2. 黑钨矿捕收剂

黑钨矿浮选主要指黑钨矿细泥的浮选，捕收剂有胂酸类(甲苯胂酸、混合甲苯胂酸和苄基胂酸等)、膦酸类(苯乙烯膦酸、烃基双膦酸等)、螯合类(8 - 羟基喹啉、环烷基羟肟酸和 α - 亚硝基 - β - 苯酚等)、两性捕收剂以及少数脂肪酸类捕收剂。

胂酸是黑钨矿的有效捕收剂，其作用机理是黑钨矿表面羟基化的 Fe^{2+}、Mn^{2+} 离子与胂酸反应析出水分子后，生成胂酸盐固着在黑钨矿表面；混合使用丁黄药与苄基胂酸或甲苄基胂酸浮选黑钨矿，可以降低胂酸用量。膦酸类也是黑钨矿的良好捕收剂，苯乙烯磷酸易制造，价格低廉，毒性小。α - 亚硝基 - β - 苯酚对黑钨矿捕收能力最强，远超过油酸钠，不捕收萤石和石英。脂肪酸浮选黑钨矿时，选择性差，与脉石矿物分离困难，萤石、方解石及其他含钙矿物和氧化铁一起进入精矿，但回收率可达 90%。

3. 活化剂

Pb^{2+}、Fe^{3+}、Fe^{2+}、Mn^{2+}、Cu^{2+} 等多价金属阳离子可活化钨矿物，在水中水解生成氢氧络离子，例如 $Pb(OH)^+$、$Cu(OH)^+$、$Mn(OH)^+$、$Fe(OH)_2^+$、$Fe(OH)^{2+}$、$Fe(OH)^+$ 等，并通过与矿物表面作用分离出水分子而吸附于矿物表面，使表面负电降低或荷正电，增强对阴离子捕收剂的静电引力，提高钨矿物的可浮性。例如 Pb^{2+}、Fe^{2+} 对黑钨矿的活化作用是 $Pb(OH)^+$、$Fe(OH)^+$ 络离子吸附在黑钨矿表面并析出水分子，使胂酸与铅、铁离子作用生成难溶的铅或铁的胂酸盐。也有研究认为，活化剂硝酸铅是白钨矿螯合捕收剂浮选成功的关键，不添加硝酸铅，CF 在白钨矿表面仅为不牢固的物理吸附，CF 捕收能力差；添加硝酸铅，Pb^{2+} 可以在白钨矿表面的空位、晶格缺陷或取代表面的 Ca^{2+} 而化学吸附在表面；CF 通过表面吸附的 Pb^{2+} 形成螯合物，改善白钨矿的可浮性。苯甲羟肟酸混合浮选黑、白钨矿同样体现了 Pb^{2+} 的活化作用。

4. pH 调整剂

钨矿浮选一般采用高碱介质，通常用碳酸钠、氢氧化钠调整矿浆 pH。经验表明：对于可溶性或微溶性矿物较多的矿石，用碳酸钠为佳，反之可用氢氧化钠。

5. 抑制剂

可分为无机和有机抑制剂两大类。无机抑制剂有水玻璃、氟硅酸钠、焦磷酸盐、六偏磷酸钠、亚磷酸等，用于抑制石英、方解石、萤石、石榴子石，其中水玻璃的最佳模数为 2.4 ~ 2.9，并大多与金属离子、铵盐、硫酸铝、六偏磷酸钠、氟硅酸钠、羧甲基纤维素等混合添加，与金属离子混合使用效果最好且最经济。水玻璃既是矿泥的有效分散剂，也是白钨矿浮选广泛采用的抑制剂，其用量和pH是获得高质量白钨精矿的重要因素；水玻璃用量增加，精矿中WO_3含量增高；水玻璃对钨铁矿也有抑制作用，用量大也能抑制萤石，用量小能改善萤石的浮选，这可能与水玻璃的碱性造成矿浆分散性和起泡性得到改善有关；水玻璃对非硫化矿物抑制强弱的顺序为：石英 > 硅酸盐 > 方解石 > 磷灰石 > 钼酸盐 > 重晶石 > 萤石 > 白钨矿；温度升高到70℃ ~80℃时，水玻璃的抑制作用加强，这时，捕收剂加入之前，矿浆与水玻璃的搅拌时间十分关键；水玻璃比捕收剂早加入，则抑制作用较强。

有机抑制剂可分为大分子和小分子抑制剂。前者包括单宁、淀粉、焦性没食子酸、CMC、腐植酸钠、白雀树皮汁，可抑制石英、方解石、萤石、石榴子石；后者包括草酸、柠檬酸、酒石酸、苹果酸、乳酸、琥珀酸等，可用于抑制方解石和萤石。

11.6.3 钨矿的浮选工艺

1. 白钨矿的浮选工艺

白钨矿浮选一般需要细磨，使矿物充分单体解离；矿石中如果含有硫化物，可用黄药预先浮出；如果硫化物含量较少，可用油酸将白钨矿和硫化物一同浮出，然后在弱酸性介质中分选混合精矿。钨矿物有效的捕收剂同样也是脉石矿物(如方解石等)的捕收剂，因而需要准确控制药剂用量；过量的捕收剂会生成黏而稳定的泡沫，影响精选作业。

白钨矿浮选一般采用软水，浮选的选择性较好，药剂用量也较低。介质调整剂一般为Na_2CO_3，pH调至9 ~10.5；当pH必须保持在11或更高时，需混用氢氧化钠和碳酸钠，防止油酸与钙、镁生成沉淀。浮选前矿浆的搅拌很重要，白钨矿浮选前不预先浮选硫化物时，有的选厂将碳酸钠、水玻璃及其他脉石抑制剂均加在球磨机中，有的采用两个搅拌槽并仅加部分捕收剂，还有的将所有的药剂加在一个搅拌槽里。

白钨矿石经重选或浮选所得的粗精矿必须进行精选，使其与硫化物和碱土金属矿物分离。

(1)白钨矿 - 金属硫化物的分离：浮选白钨矿前先用硫代化合物类捕收剂浮出硫化物；浮选白钨矿时需加少量氰化物抑制剩余的硫化物，也可用枱浮摇床从粗粒物料中选出硫化物，得到精矿、中矿、尾矿与硫化物四种产品。当钨精矿含有大量脉石时，为了从中比较好地回收硫化物，并节省药剂，应在摇床上精选，将所得精矿再用枱浮摇床富集。

(2)白钨矿 - 方解石、萤石等的分离：矽卡岩类型的白钨矿含有方解石、萤石、辉石、石榴子石以及其他含钙矿物，它们易被油酸及其皂类捕收，需要用水玻璃抑制，按过程不同可分为以下两种方法：

常温搅拌法：将含有方解石和萤石的白钨粗精矿浓缩，加入大量的水玻璃(10 ~20 $kg \cdot t^{-1}$)，在室温下长时间(14 ~16 h)搅拌，矿浆稀释后，浮选白钨矿，槽中产物即为萤石和方解石。此法的优点是浮选过程在常温下进行，缺点是过程需要的时间太长，一般少用。

浓浆高温法(又称彼得罗夫法)：将含有方解石和萤石的白钨粗精矿浓缩至60% ~70%固体，然后加入水玻璃，将矿浆加温至80℃，搅拌30 ~60 min，再用水稀释，在室温下浮选白钨矿，槽中产物即为萤石和方解石。该法水玻璃用量大，需要设置脱药作业，能耗高，流程复杂。由于以水玻璃为主要成分的高效组合抑制剂可以强化对含钙脉石矿物的选择性抑制，已经开始完全或部分取代常规的浓浆高温法。

(3)白钨矿－石英硅酸盐类的分离：用油酸作捕收剂，水玻璃能有效地抑制石英等硅酸盐类脉石，其抑制顺序是：石英＞硅酸盐＞方解石＞磷灰石＞钼酸盐＞重晶石＞白钨矿。

(4)白钨矿－重晶石的分离：水玻璃对重晶石和白钨矿的抑制作用相近，使重晶石与白钨矿的分离比较困难，此时可采用下述方法处理。

用浓浆加温搅拌法除去部分重晶石，得到白钨矿－重晶石混合精矿，在强酸性介质中，用长碳链的烃基硫酸盐捕收重晶石，槽内产物即为白钨矿。有时用重铬酸盐抑制重晶石，浮出白钨矿。

用盐酸浸出方解石后，在pH为1.5时，用烃基硫酸盐浮出重晶石，槽内产物为白钨矿。烃基硫酸盐浮选重晶石必须预先除去残留在矿粒表面的油酸薄膜，因它妨碍重晶石对烃基硫酸盐的特性吸附。一般可用盐酸处理矿浆，排除矿粒表面的油酸，使混合粗精矿的酸化进行到泡沫完全消失为止，再用烃基硫酸盐(400～600 $g \cdot t^{-1}$)精选(酸浓度为6%～10%)，可得含硫小于0.5%的一级品白钨精矿，同时得到部分白钨半成品，后者可用化学方法处理。

浓浆加温搅拌法得到的精矿在300℃下焙烧，或用盐酸处理液固比为1∶1的矿浆分解方解石，然后加水调浆，在盐酸介质(pH 5～6)中用200 $g \cdot t^{-1}$环烷(C_nH_{2n})磺酸盐与100～300 $g \cdot t^{-1}$氯化钡活化剂混合浮出重晶石。

(5)含钼白钨粗精矿的分离：当白钨矿石中含有足量的辉钼矿时，可用煤油和起泡剂在单独的回路中浮出辉钼矿，再用油酸浮出白钨矿；如果辉钼矿的含量很低，则用油酸与煤油先浮钨钼混合粗精矿，然后采用如下两种方法从中分出辉钼矿：

方法一：对含少量碳酸盐的矿浆加盐酸酸化至pH为1.5～2，由于盐酸可从辉钼矿表面排除油酸，除去辉钼矿表面的氧化膜并恢复其天然可浮性，使油酸以分子状态进入溶液，矿浆中煤油的存在也促使辉钼矿的浮游，这时辉钼矿与部分油酸黏附在由方解石分解的CO_2气泡上浮出，而白钨矿和其他非硫化矿物则不浮游。

方法二：往矿浆中加水玻璃和煤油并吹入蒸汽，过滤、洗涤后浮选。当水玻璃的浓度增加到一定程度时，非硫化矿物(包括白钨矿)可以被完全抑制，而辉钼矿(特别是在通蒸汽的同时加煤油)仍保持着较好的可浮性，因而可以成功地浮出。

(6)白钨矿－锡石混合精矿的分离：用重选回收的钨锡混合精矿常含有大量重金属硫化物。粗粒物料可用电选分离，细粒物料可用浮选分离。浮选时，先用黄药和松油选出硫化物(如果有辉钼矿可先用煤油和松油浮出)，浮选尾矿用油酸浮出白钨矿，尾矿即是锡石。

(7)白钨矿－萤石粗精矿的分离：利用白钨矿和萤石表面电性的差别，可在酸性介质中用烃基硫酸盐浮出萤石。

(8)白钨精矿的酸浸脱磷：白钨精矿经精选后若仍含一定数量的磷灰石与方解石，可先加盐酸溶液(20%)，在机械搅拌器中浸出被浓缩的白钨精矿中的方解石，这时由于放出CO_2，矿浆产生强烈的"沸腾"现象，然后澄清并倒出清液。少量的磷在浸出阶段也被溶解。如果槽中矿物仍含硫化物，则在酸性介质(残余的酸)中加醇类起泡剂与丹宁萃取液浮出硫化物。

2. 黑钨矿的浮选工艺

我国对黑钨矿细泥的选矿处理主要有强磁－浮选、离心机－浮选、摇床重选等流程。

(1)强磁－浮选流程：黑钨矿具有弱磁性，先用湿式强磁选机预先富集，磁选精矿用黄药类捕收剂浮选出硫化矿物，再用水玻璃和氟硅酸钠抑制脉石、苄基胂酸捕收黑钨矿。该工艺流程简单，设备投资省，成本低，经济效益显著。

(2)离心机－浮选流程：利用离心机进行钨细泥粗选，比浮选粗选成本低，给料一般不需分级入选，处理量大，10 μm 的物料也能回收，且能丢弃大部分脉石。粗精矿再用浮选精选，精矿品位和回收率均有较大幅度的提高。

某钨矿的组成比较简单，主要有用矿物为黑钨矿，脉石以石英为主。对含 $WO_3$0.38% 的黑钨细泥采用磁－浮选矿工艺，用 SQC－4－1800 型湿式强磁选机进行预富集，磁选精矿用苄基胂酸捕收黑钨矿，获得黑钨精矿含 WO_3 47.8%，WO_3作业回收率达 72.8%。

11.7　一水硬铝石型铝土矿的浮选

我国铝土矿资源的特点是高铝、高硅、低铁，一水硬铝石是铝土矿主要有用矿物之一，主要杂质矿物则为铝硅酸盐矿物(高岭石、伊利石、叶蜡石、绿泥石及石英等)、铁矿物(针铁矿、水针铁矿和赤铁矿)、钛矿物(锐钛矿和金红石)及少量硫化物(黄铁矿等)等。原矿中的铝硅酸盐脉石矿物与一水硬铝石的嵌布关系复杂。在含硅脉石矿物的基质中常包裹有一水硬铝石、锐钛矿、金红石和锆石等矿物。矿物之间的这些复杂嵌布关系给一水硬铝石型铝土矿的选矿脱硅带来了较大难度。

11.7.1　一水硬铝石型铝土矿矿物的可浮性

1. 一水硬铝石的可浮性

一水硬铝石的零电点(PZC)一般在 5～7 之间。当采用脂肪酸类阴离子捕收剂浮选时，在 pH 为 4～11 的范围内均具有较好的可浮性，尤其是在 pH 为 5～10 的范围内，一水硬铝石的上浮率可达到 90%。当 pH 大于 11 时，一水硬铝石的上浮率略有降低。当 pH 为 3～4 时，一水硬铝石的可浮性较差，上浮率为 20%～40%。

采用脂肪胺类阳离子捕收剂浮选时，一水硬铝石在 pH 为 5～10 的范围内表现出较好的可浮性，一水硬铝石的上浮率可达 80%。pH 大于 10 和小于 5 的范围内，一水硬铝石可浮性相对较差。

2. 高岭石的可浮性

不同产地的高岭石有不同的零电点，一般在 2.5～4 之间。当采用脂肪酸类阴离子捕收剂浮选时，在整个 pH 范围内表现出较差的可浮性，其上浮量仅在 30% 左右。当采用十二烷基硫酸盐或十二烷基磺酸盐作捕收剂时，高岭石的可浮性有所提高，pH 为 2～7 的范围内，高岭石上浮量可达 50% 左右。随着 pH 增加，其可浮性同样逐渐下降。

采用脂肪胺类阳离子捕收剂浮选高岭石，在 pH 为 2～4 的范围内表现出较好的可浮性，其上浮率可达 80% 左右，随 pH 的升高，其可浮性降低。pH 大于 10 的范围内，高岭石的上浮量降低至 20% 左右，这可能与脂肪胺类药剂的性质有关。十六烷基三甲基溴化铵等季铵盐类阳离子捕收剂在高用量时，对高岭石的捕收能力和选择性均较十二胺好，且浮选的 pH 范围较十二胺时宽。

3. 伊利石的可浮性

铝土矿矿石中，伊利石是所有硅酸盐矿物中可浮最差的矿物。当采用脂肪酸类阴离子捕收剂浮选时，在整个 pH 范围内的可浮性均较差，其上浮量仅在 10% 左右。当采用脂肪胺类阳离子捕收剂浮选时，在强酸性范围内表现出相对较好的可浮性，其上浮率可达30%左右，随pH的升高，其可浮性显著降低，直至不浮。

4. 叶蜡石的可浮性

叶蜡石是铝土矿矿石中所有硅酸盐矿物中可浮性相对最好的矿物。当采用脂肪酸类阴离子捕收剂浮选时，在整个pH范围内，其可浮性均较其他硅酸盐矿物好，其上浮率可达60%左右。采用脂肪胺类捕收剂浮选时，其浮选pH范围较其他硅酸盐宽，在pH为3~9的范围内表现出相对较好的可浮性，其上浮率可达80%左右，随pH的升高，其可浮性略有降低。

采用合成的新型阳离子胺类捕收剂，叶蜡石、伊利石、高岭石的可浮性都有所改善，特别是用多胺、季胺、酰胺基胺类捕收剂，三种矿物的可浮性非常好。而且，几种无机和有机调整剂能调整一水硬铝石与这些硅酸盐矿物中可浮性的差异，为一水硬铝石与硅酸盐矿物的分离奠定了基础。

11.7.2 铝土矿浮选脱硅工艺影响因素

影响浮选过程的各种工艺因素均影响铝土矿浮选脱硅过程。根据铝土矿浮选脱硅的特点，重要的影响因素包括以下内容。

1. 矿石性质

主要指铝土矿原矿的铝硅比、矿物组成和嵌布关系等。此外，不同产地的铝土矿，由于成矿条件的不同，可浮性也存在显著差异。一般而言，原矿铝硅比越高，矿石的可选性就越好，见表11-5和表11-6。当原矿铝硅比降低至4以下时，其分选脱硅的难度明显增加。

铝土矿中矿物组成的变化对浮选脱硅的影响较大，具体表现在：

(1)铝土矿中叶蜡石含量偏高时，由于其可浮性较好，易进入泡沫产品，对正浮选脱硅过程不利，相反则对反浮选过程有利。

(2)铝土矿中高岭石含量偏高时，由于其可浮性较差，对正浮选脱硅过程有利，而对反浮选脱硅过程不利。

表11-5 山西及河南矿区铝土矿正浮选指标

	精矿品位		回收率	原矿	精矿
	Al_2O_3/%	SiO_2/%	Al_2O_3/%	A/S	A/S
山西矿区	67.64	6.14	85.35	4.4	11.02
河南矿区	66.82	6.04	84.92	4.29	11.06
	70.87	6.22	86.45	5.90	11.39

表11-6 山西及河南矿区铝土矿反浮选指标

	精矿品位		回收率	原矿	精矿
	Al_2O_3/%	SiO_2/%	Al_2O_3/%	A/S	A/S
山西矿区	65.91	8.12	81.07	4.71	8.12
河南矿区	69.43	6.60	85.04	5.67	10.52
	68.90	6.86	85.76	5.72	10.04

(3)铝土矿中伊利石含量偏高时，由于其为相对最难浮的矿物，因此对正浮选脱硅过程极为有利，相反对反浮选脱硅过程极为不利。

2. 粒度

铝土矿石中不同矿物之间的可磨度差别较大，磨矿过程中极易发生过粉碎现象，产生大量次生矿泥，从而影响浮选脱硅过程。试验研究表明，随磨矿细度的增加，虽对提高精矿铝硅比有利，但由于泥化现象而会影响浮选过程。因此，要达到一水硬铝石较好解离而又减少过粉碎，实现选择性磨矿是极为关键的。

在达到矿物有效解离的前提下，对正浮选而言，磨矿产品粒度相对细时为好，而反浮选的磨矿细度相对可适当放粗。但由于矿石粒度组成不均匀，且不同矿物间的可磨度差别较大。磨矿试验的指导思想是：通过调整磨矿工艺参数，尽量减少 +0.15 mm 和 -0.043 mm 两个粒级的含量，增加中间易浮粒级的含量，从而实现选择性磨矿。

3. 矿泥

目前在铝土矿浮选过程中对处理矿泥所采取的措施主要有：

(1)添加矿泥分散剂，如碳酸钠、六偏磷酸钠、水玻璃及新型分散剂 SFL 等。

(2)分段、分批加药。反浮选过程中，由于阳离子捕收剂对矿泥特别敏感，应采用分段加药。

(3)研究表明，采用选择性脱泥是消除矿泥影响最有效的方法。不论是正浮选还是反浮选，脱除矿泥都是非常重要的。通常在磨矿过程中添加高效分散剂，然后采用浓泥斗等脱泥设备实现选择性脱泥。试验结果表明，可脱除的矿泥产率为10%，铝硅比小于1.6。

4. 矿浆浓度

矿浆浓度对铝土矿浮选脱硅过程的影响显著。矿浆过浓时，矿浆黏度增加，机械夹杂严重。矿浆浓度过稀，浮选时间相应缩短，药剂消耗增加。对正浮选过程，浮选可相应采用较高浆浓度。对反浮选脱硅过程则相应采用较低的矿浆浓度，试验适宜的反浮选矿浆浓度为15% ~20%之间。

5. 药剂制度

药剂制度是影响浮选过程的重要因素。对铝土矿浮选脱硅而言，合理添加浮选药剂，不仅能保证矿浆中药剂的有效浓度，而且能大幅度提高浮选指标。药剂的添加方式与矿石性质、药剂性质、采用的浮选工艺及要求有关。对铝土矿浮选脱硅工艺而言，捕收剂则最好采用分段添加方式。

6. 其他因素

(1)矿浆酸碱度。

铝土矿浮选脱硅过程中，矿浆酸碱度主要影响矿物表面电性及浮选药剂的作用。采用脂肪酸类捕收剂浮选时，正浮选工艺适宜的矿浆 pH 宜控制在 8 ~10 的范围内。采用季铵盐类阳离子捕收剂浮选时，反浮选工艺的矿浆 pH 则应控制在 5 ~7 的范围内为好。

(2)水质。

浮选水质对铝土矿浮选过程有较大影响。正浮选工艺由于采用脂肪酸类捕收剂，对浮选用水中的钙、镁离子极为敏感。对钙、镁含量高的硬水，可加大碳酸钠的用量以减轻它们对浮选过程的影响。反浮选工艺由于采用阳离子捕收剂时，选矿水质对工艺过程的影响则相对较小。

(3)矿浆温度。

由于铝土矿正浮选采用脂肪酸类捕收剂，对矿浆温度有一定要求，矿浆温度一般应控制在15℃以上。温度过低时，捕收剂的溶解度下降，捕收性能随之降低。反浮选工艺若采用脂肪胺类阳离子捕收剂，如十二胺时，浮选矿浆温度也应保持在25℃以上。对中南大学开发的新型阳离子捕收剂DTAL而言，由于其具有良好的水溶性能，可在5℃以上的低温矿浆中使用。

(4)浮选机转速。

浮选机转速影响矿浆中颗粒的悬浮、矿浆流体的运动状态及颗粒与药剂间的接触等。对正浮选工艺，为避免粗颗粒脱落，浮选机转速比常规浮选机转速低约20%～30%，为150～270 $r \cdot min^{-1}$。反浮选试验结果表明，浮选机转速较低时，矿浆的紊流作用差，颗粒悬浮效果差，表现出精矿回收率较高，而精矿质量相对较差。转速升高有利于颗粒与药剂接触，细粒含硅矿物浮选速度率增大，精矿质量提高，较适宜的浮选机转速度约为300～350 $r \cdot min^{-1}$。

(5)浮选机充气量。

泡沫结构是影响浮选过程的关键因素，但影响泡沫结构的因素众多，主要包括起泡剂种类及用量、浮选矿浆浓度、浮选机转速、浮选机转子与定子结构及充气量等。对正浮选工艺，其浮选机充气量应调整为常规浮选设备的20%左右，才能保证粗颗粒一水硬铝石的有效上浮，一般应控制在0.15～0.30 $m^3 \cdot m^{-2} \cdot min^{-1}$。反浮选试验结果表明：随充气量的增加，气泡量增多，泡沫流量增大，含硅矿物浮选速率增大，反浮选精矿的质量提高，但回收率相对下降。适宜的充气量范围与常规有色金属矿浮选相近，一般为1.0 $m^3 \cdot m^{-2} \cdot min^{-1}$左右。

11.7.3　铝土矿正浮选脱硅工艺

正浮选工艺采用浮多抑少的原则，泡沫产品为一水硬铝石，其产率约为80%，槽内产品为含硅脉石矿物，产率约为20%。中南大学和北京矿冶研究总院经过“九五”攻关系统的研究，完成了铝土矿正浮选脱硅工艺50 $t \cdot d^{-1}$规模的工业试验。2003年在河南中州铝厂实现了工业应用，建成了世界上第一座铝土矿选矿厂。工业试验样品取自河南洛阳、渑池、沁阳、济源和巩义等矿区。工艺矿物学研究表明，原矿中一水硬铝石为主要有用矿物，含量大约为66.72%。脉石矿物主要为伊利石、高岭石、叶蜡石及绿泥石。铁矿物有锐钛矿、针铁矿、赤铁矿及板钛矿等。其中，伊利石含量约为15.43%，高岭石含量约为6.45%，叶蜡石含量约为1.96%，含钛矿物含量约为2.92%，其他矿物含量约为6.52%。

正浮选工艺工业试验中，在磨机中添加碳酸钠分散矿浆，磨矿细度为75%　-0.076 mm。添加阴离子捕收剂HZB浮选一水硬铝石，以六偏磷酸钠为主的组合药剂作矿浆分散剂和硅酸盐矿物抑制剂。浮选工艺流程见图11－10，试验指标见表11－7。

表11－7　“九五”攻关工业试验指标

产品名称	产率/%	品位/%		回收率/%		A/S
		Al_2O_3	SiO_2	Al_2O_3	SiO_2	
精矿	79.52	70.87	6.22	86.45	44.76	11.39
尾矿	20.48	43.13	29.81	13.55	55.24	1.45
原矿	100.0	65.19	11.05	100.0	100.0	5.90

铝土矿正浮选工业试验结果表明，在原矿铝硅比为5.90时，可获得精矿铝硅比为11.39，Al_2O_3回收率为86.45%的优良指标。

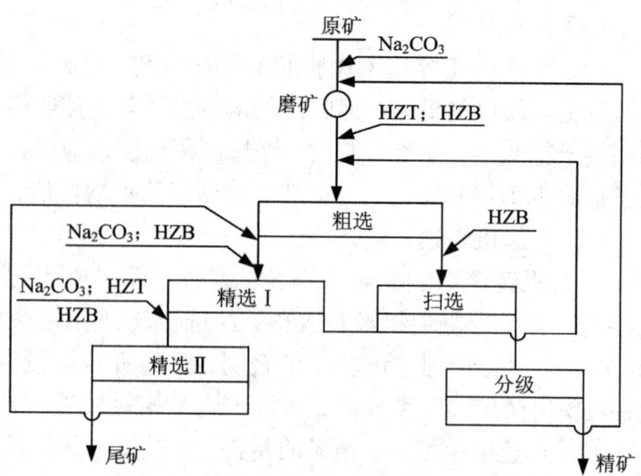

图11－10　正浮选工业试验原则工艺流程

尽管铝土矿正浮选脱硅工艺在工业生产中得到了应用，但尚存在许多不足之处，正浮选工艺表现出以下基本特点：

(1)适应于处理伊利石和高岭石含量高的铝土矿。

(2)由于采用了脂肪酸类药剂，精矿疏水性强，脱水困难，精矿水分高。

(3)使用脂肪酸类药剂，矿浆需保持较高的温度。

(4)精矿含大量有机物，对后续拜耳溶出过程存在一定影响。

11.7.4　铝土矿反浮选脱硅工艺

反浮选工艺采用浮少抑多的原则，泡沫产物为含硅矿物(产率约为20%)，槽内产物为一水硬铝石(产率约为80%)。一水硬铝石型铝土矿中，硅酸盐矿物种类较多，可浮性差别较大，反浮选脱硅的工艺技术难度明显较正浮选工艺大。在大量实验室研究的基础上，针对采自河南省洛阳铝矿贾沟矿区、渑池铝矿转沟矿区、沁阳民采矿点、巩义涉村矿区及济源民采矿的铝土矿矿样，在河南小关铝矿进行了规模为50 $t \cdot d^{-1}$的铝土矿反浮选工业试验。原矿化学组成分析结果见表11－8。

表11－8　原矿化学成分分析结果

成　分	Al_2O_3	SiO_2	Fe_2O_3	TiO_2	CaO	MgO	K_2O	Na_2O	S	A/S
含量/%	64.10	11.12	5.18	3.10	0.67	0.42	1.28	0.095	0.16	5.76

工艺矿物学研究结果表明，试验矿样中主要矿物为一水硬铝石、伊利石、高岭石和叶蜡石，其次为锐钛矿、石英，以及少量的针铁矿和微量的方解石等，见表11－9。

表11－9　铝土矿矿样的矿物组成(%)

一水硬铝石	高岭石	伊利石	蒙脱－伊利石	叶蜡石	锐钛矿	石英	赤铁矿
67.5	7.9	8.4	5.0	5.5	1.9	2.0	1.8

根据图11－11的工艺流程，工业试验经过32个生产班的稳定运转，得到的加权综合指标为：处理干矿量162.20 t，原矿Al_2O_3 64.07%，SiO_2 10.89%，铝硅比为5.88，精矿Al_2O_3 68.67%，SiO_2 6.80%，铝硅比为10.10，精矿Al_2O_3回收率82.41%，SiO_2 48.01%。

通过工业试验表明铝土矿反浮选脱硅工艺具有以下基本特点：

(1)与正浮选工艺相比，反浮选工艺采用浮少抑多的原则，原理上更加合理。

(2)得到的一水硬铝石精矿脱水性能好，陶瓷过滤机产能提高约400 $kg \cdot m^{-2} \cdot h^{-1}$水分低，有机物含量低，有利于拜耳过程，在经济上较正浮选也具有较大的优势。

(3)新型阳离子捕收剂具有良好的水溶性和耐低温性(小于5℃)，药剂性能不会受到任何影响，非常适合于北方地区使用。

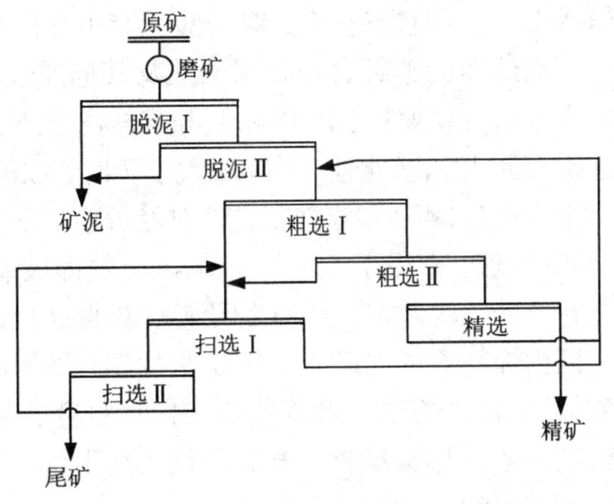

图11-11 反浮选工业试验工艺流程

11.8 锂矿的浮选

11.8.1 锂矿物及其性质

锂矿物主要有锂辉石、锂云母、透锂长石、铁锂云母、锂磷铝石等，其中锂辉石最具有工业价值。

锂辉石($Al_2O_3 \cdot Li_2O \cdot 4SiO_2$，含$Li_2O$ 8.04%)：属单斜晶系，常呈断柱状、板状产出。通常呈灰白色、淡黄色或淡绿色，玻璃光泽，半透明到不透明，硬度6.5~7，密度3.2 $g \cdot cm^{-3}$左右，无磁性，常与石英、长石、云母等共生。

锂云母[$Al_2O_3 \cdot 3SiO_2 \cdot R_2O(F, OH)$，含$Li_2O$ 1.2%~5.9%，R代表Li、Rb、Cs、K]：通常呈粉红色或淡紫色，玻璃光泽，解离面呈珍珠光泽，硬度2.3左右，密度2.8~2.9 $g \cdot cm^{-3}$，无磁性，主要与石英和长石伴生。

透锂长石($Al_2O_3 \cdot Li_2O \cdot 8SiO_2$，含$Li_2O$ 4.9%)：通常呈灰色、红白色、黄白色、白色或无色，硬度6~6.5，密度2.39~2.46 $g \cdot cm^{-3}$，一般产于花岗伟晶岩中，与锂云母、锂辉石、电气石及石英等矿物共生。外观与石英相似，700℃时转变为高温型锂辉石。

11.8.2 主要锂矿物的浮选

1. 锂辉石的浮选

锂辉石浮选的基本原理是用碱液(Na_2CO_3、NaOH)处理高浓度的原矿浆，经洗矿、脱泥处理，用脂肪酸或其皂类直接浮选锂辉石；也可在高碱条件下，用氧化石蜡皂、油酸浮选锂辉石。如果表面风化污染，或被矿泥污染，锂辉石的可浮性会变差。

阳离子捕收剂(月桂胺、硬脂酸胺等)和阴离子捕收剂(油酸、氧化石蜡皂、环烷酸皂)都能浮选活化后的锂辉石。油酸是弱酸性捕收剂，在矿浆pH<5时，油酸解离困难，而在中性或碱性介质中则解离较好，易发挥其作用。中性和酸性介质中十八碳胺才能浮选锂辉石，由于其溶解、解离和水解的结果，胺在溶液中呈离子$[RNH_3]^+$、溶解分子$[RNH_2]$和未溶解分

子$[RNH_2]_n$三种状态存在，对硅酸盐有很强的捕收能力。

表面纯净的锂辉石容易用油酸及其皂浮选。用碳酸钠调整矿浆、水玻璃抑制脉石、油酸捕收锂辉石。矿浆中铜、铁和铝等溶盐离子不仅能活化锂辉石，也能活化脉石矿物，所以浮选前需要脱泥和碱处理。当pH大于7时，油酸钠浮选锂辉石条件稳定。葡萄牙某锂辉石矿，采用重介质(HMS)和浮选工艺，对经分级、含量为2.5% Li_2O的给矿样品(2～4.75 mm)进行HMS处理，获得了5% Li_2O的沉淀物即玻璃级锂辉石产品；对75～300 μm粒级的脱泥给矿进行浮选，从含2% Li_2O的给矿，获得品位7.75% Li_2O的精矿。

国内锂辉石的选矿常采用矿浆加温，添加两碱(Na_2CO_3、NaOH)、两皂(氧化石蜡皂、环烷酸皂)的浮选方法。调浆作业的搅拌强度、温度和调整剂的配比对锂辉石的浮选都有影响。调整剂一般采用碳酸钠、氢氧化钠，其用量、加药地点以及所用水中钙离子的含量，都对浮选指标有影响。

2. 锂云母的浮选

锂云母属易浮矿物，阳离子捕收剂是锂云母浮选最好的捕收剂。在矿浆pH为2～10的范围，采用ИМ－ц(500～1000 $g \cdot t^{-1}$)或十八碳胺都能很好地浮选锂云母。

锂云母浮选过程中，目前越来越多地使用新型药剂，例如BK307、HT等。BK307是一种比混合胺选择性好的优良捕收剂，不仅能够提高锂云母精矿的品位和回收率，而且也较大幅度地减少选矿药剂的用量，节省药剂费用。HT作捕收剂、椰油胺作起泡剂时，HT捕收能力强、选择性好、对矿石适应性强，浮选指标明显优于常规浮选药剂，较大幅度地提高了锂云母精矿品位和回收率，有利于矿山的环境保护。

我国锂云母矿石较多，如果将新型组合药剂应用于锂云母矿山的浮选，将会给矿山带来巨大的经济效益，因此，需要进一步探索新型药剂在工业生产上的应用。

3. 透锂长石的浮选

用阴离子捕收剂如油酸、油酸钠、异辛基磷酸钠和起泡剂松油，在任何矿浆pH下，透锂长石均不浮游。但用阳离子捕收剂十八碳胺和ИМ－ц，其可浮性较好；矿浆pH为5.5～6时，十八碳胺捕收透锂长石，其可浮性很好，回收率可达75%上；在碱性介质中，用烷基胺盐浮选，回收率可达90%。

在碱性介质(pH为7.5～9.5)中，采用捕收剂ИМ－ц，回收率可提高到90%～92%。在采用ИМ－ц为捕收剂时，透锂长石的抑制剂有氯化铁、硫化钠、硅酸钠、淀粉、丹宁酸、碳酸钠、氟硅酸钠、磷酸氢钠。ИМ－ц为捕收剂时，氯化铁(300～500 $g \cdot t^{-1}$)能强烈地抑制透锂长石，在酸性和碱性介质中，其抑制作用进一步加强；而氯化钙则能活化透锂长石，在中性和碱性介质中，能显著提高其回收率。

11.8.3 锂矿的浮选方法及实例

工业上浮选锂辉石有正浮选和反浮选两种工艺，两者差别很大。正浮选是在酸性介质中用油酸及其皂类为捕收剂，将锂辉石浮到泡沫产品中予以回收；反浮选法是在碱性介质中，用阳离子捕收剂浮选出脉石矿物，将锂辉石和含铁矿物抑制到浮选的尾矿中，浮选出脉石矿物，尾矿就是锂辉石精矿。

正浮选时，向矿浆中加入氢氧化钠进行搅拌、擦洗以除去表面的污染物，脱泥和洗矿后，按下面三种方法处理：

(1)先浮云母，后浮锂辉石，最后浮长石。其步骤是：先用阳离子捕收剂浮选云母；再浓缩浮选尾矿至50%浓度，用油酸类捕收剂和醇类起泡剂调和后浮选锂辉石；尾矿再用氟氢酸处理，用阳离子捕收剂浮选长石。

(2)先浮锂辉石，后浮云母，再浮长石。其步骤是：将矿浆浓缩至64%浓度，加油酸、硫酸和起泡剂搅拌后，稀释至21%浓度，先浮锂辉石，再用阳离子捕收剂浮选尾矿中的云母，最后加氟氢酸活化长石，用阳离子捕收剂浮选。

(3)锂辉石和云母混合浮选，最后浮长石。其步骤是：在浓浆中加硫酸调和，用阴离子捕收剂浮选云母和锂辉石；混合精矿在酸性介质中搅拌，将云母和含铁矿物浮出，槽中产物便是锂辉石；混合浮选后的尾矿，加氟氢酸处理，用阳离子捕收剂浮选长石。

锂辉石的正浮选可以美国布列克－西尔斯选矿厂为例。该厂采用油酸作捕收剂，直接浮选锂辉石(如图11－12所示)。

锂辉石的反浮选在碱性矿浆中进行，以糊精、淀粉等作为锂辉石的抑制剂，松醇油作起泡剂，用胺类阳离子捕收剂浮选石英、长石和云母等脉石矿物，槽类产品去铁之后，就是锂辉石。反浮选以美国金兹山选矿厂为例(如图11－13所示)。

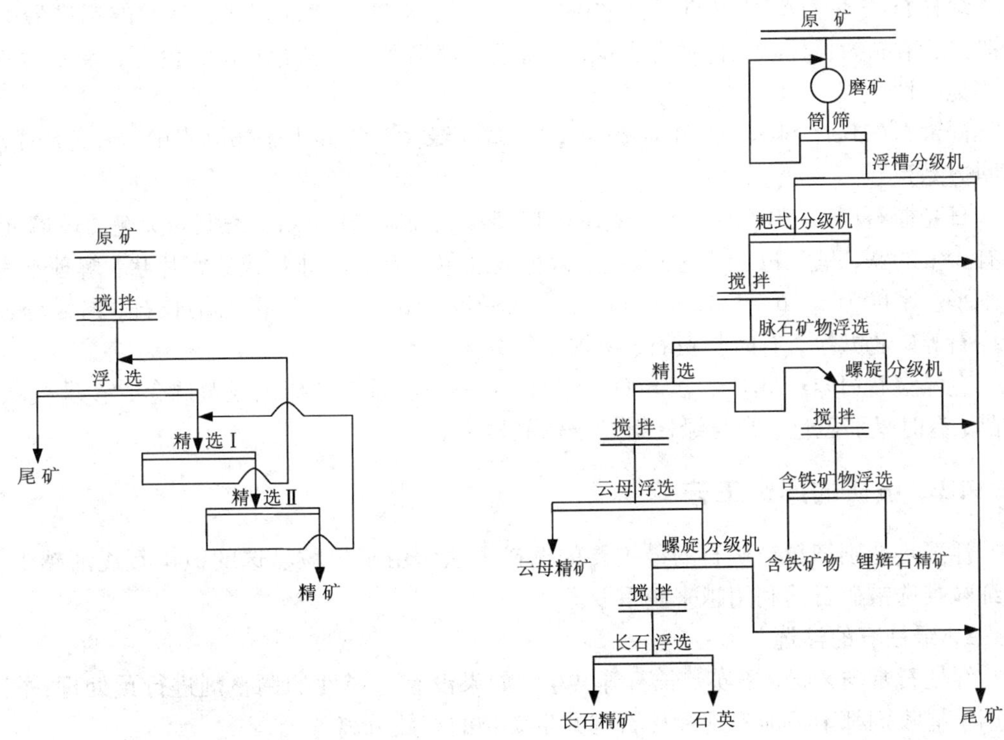

图11－12 美国布可列－西尔斯选矿厂锂辉石正浮选工艺流程

图11－13 美国金兹山选矿厂锂辉石反浮选流程

锂辉石的浮选可采用组合捕收剂或新型药剂，以降低能耗和生产成本。组合捕收剂可将传统的加温浮选改为不加温浮选，在pH＝8.5～9.5时，组合捕收剂油酸＋环烷酸＋燃料油比单一的捕收剂效果好，可以提高浮选选择性，品位和回收率都可达到最佳值。而一些新型捕收剂如两性捕收剂YOA－15，对锂辉石和绿柱石的捕收能力比油酸钠、羟肟酸和十二烷基磺酸钠的捕收能力强。

此外，锂辉石与绿柱石常伴生在一起，因此，通常优先浮选部分锂辉石，然后锂铍混合浮选再分离。铁和钙离子对锂辉石和绿柱石都有较强的活化作用，铁离子活化作用的最佳pH为中性，而钙离子的最佳pH为强碱性。少量铁离子可使两种矿物得到很好的活化，而钙离子则需较大用量才能使锂辉石和绿柱石充分活化。再用NaF、Na_2CO_3作调整剂，脂肪酸皂做捕收剂混合浮选锂辉石－绿柱石得到锂铍混合精矿，再用Na_2CO_3、NaOH、酸性和碱性水玻璃加温处理浮出绿柱石，槽内产物即为锂辉石。

11.9 铍矿的浮选

11.9.1 铍矿物及其性质

铍矿物主要有绿柱石、硅铍石、日光榴石、金绿宝石、羟硅铍石等，其中以绿柱石最具工业价值。

绿柱石（$3BeO \cdot Al_2O_3 \cdot 6SiO_2$，含BeO13.7%）：常产于伟晶岩中，是铍的铝硅酸盐，为六方晶系，结晶为长柱状，有时为块状，呈绿色、淡黄色、淡蓝色、粉红色等，条痕为白色，一般均无磁性。

硅铍石（$2BeO \cdot SiO_2$，含BeO 29.4%）：常与绿柱石等共生于伟晶岩中，为无色或淡黄色，属斜方晶系。

日光榴石[$Mn_4(BeSiO_4)_3S$，含BeO 13.5%]：属等轴晶系，条痕为无色，玻璃光泽。常含有少量的铁，呈黄色、绿色、灰色、褐色或红色。有的呈球状或致密片状，解理不完全，断口不平。密度为3.16～3.42 $g \cdot cm^{-3}$，莫氏硬度为6.0～6.5。多与钠长石、白云母、石英和绿柱石等矿物共生，有时与萤石、磁铁矿等共生。

金绿宝石（$BeO \cdot Al_2O_3$，含BeO 19.7%）：斜方晶系，呈绿色或黄绿色，多呈板状或块状结晶，有时呈弱磁性，常与绿柱石产于伟晶岩中。

11.9.2 铍矿的浮选工艺

浮选是选别细粒铍矿石的最主要的选矿方法。由于粗粒易选的铍矿石逐渐越少，因此，对细粒难选铍矿石的利用越来越重要。

1. 绿柱石的浮选

绿柱石常与云母、石英、长石等共生，如果没有选择性的调整剂进行预处理，阴离子或阳离子捕收剂都不可能实现绿柱石与共生矿物的有效分离。

绿柱石的预处理分为碱法和酸法两种。碱法采用氢氧化钠、碳酸钠、硫化钠等；酸法采用硫酸、盐酸、氟氢酸等，其中氟氢酸的选择性最好。预处理的作用主要是：①清洗矿物表面，使附着在矿物表面的重金属盐溶解。②选择性地溶解绿柱石表面的SiO_2，使表面的Al、Be离子突出在表面，以提高绿柱石的可浮性，降低脉石矿物的可浮性。

用油酸浮选绿柱石时，回收率一般很低，仅为50%；而预先用氢氧化钠或氢氟酸处理，回收率可增至80%。阳离子捕收剂胺盐浮选的最佳pH范围为9～10.5，以十八胺醋酸盐捕收能力最强。

(1)绿柱石的酸法浮选。

当用硫酸预处理时，绿柱石的可浮性随硫酸用量增加而增大；硫酸用量为0.98 $g \cdot t^{-1}$时，其可浮性最好；当超过此用量，则被抑制。用油酸浮选时，氢氟酸对绿柱石有活化作用，当用量为200 $g \cdot t^{-1}$，活化作用最好；但用量超过500 $g \cdot t^{-1}$，则会抑制绿柱石。硫化钠是石英和长石的抑制剂，同时也是绿柱石的活化剂；用硫化钠进行预处理，油酸作捕收剂，可得BeO含量5.9%的绿柱石精矿。

酸法浮选分为混合浮选和优先浮选。混合浮选是矿石粗磨后黄药浮选硫化矿，尾矿在酸性介质中，用烷基胺盐浮出云母；再加氢氟酸活化绿柱石和长石并浮选，使之进入泡沫产品，该粗精矿经三次稀释、浓缩、脱药后，加入碳酸钠，用烷基胺盐浮选绿柱石，多次精选可得绿柱石精矿。优先浮选是矿石细磨后，先浮云母再浮绿柱石，在硫酸介质中，用阳离子捕收剂浮出云母，尾矿浓缩后用氟氢酸处理，用烷基胺盐粗选绿柱石，粗选精矿中加入氟氢酸和阳离子捕收剂，经多次精选，可得绿柱石精矿。

国外某选厂原矿含绿柱石1.3%(含BeO 0.14%)、云母21%、长石47%、石英27%，其他矿物3.7%。绿柱石单体解离需细磨到-0.83 mm，脱泥后加氟氢酸预处理，然后浮选云母，尾矿浮选绿柱石，再浮长石，最终尾矿即石英精矿。绿柱石浮选精矿中，因含有石榴子石、电气石和少量的云母，所以需用磁选分离，所得非磁性产品即为绿柱石精矿(如图11-14所示)。

(2)绿柱石的碱法浮选

碱法浮选是将磨后矿石脱泥，用氢氧化钠或碳酸钠处理，加油酸、乳化剂和起泡剂浮选，粗选精矿经多次精选，得到绿柱石精矿，品位显著提高。此法适于共生矿物比较简单的矿石，也是绿柱石和长石有效分离的方法之一。

美国菲克斯-科沃里绿柱石浮选厂原矿含有绿柱石、长石、云母和石英等，采用原矿细磨后脱泥，加氢氧化钠(25 $kg \cdot t^{-1}$)预处理后洗矿，当pH为8时，用油酸(0.4 $kg \cdot t^{-1}$)浮选绿柱石，粗选精矿经二次精选，得到BeO品位和回收率分别为12.2%和74.7%的绿柱石精矿(如图11-15所示)。

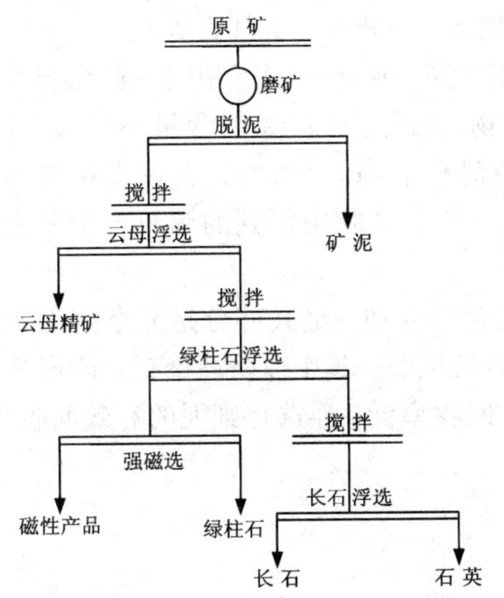

图11-14 绿柱石的酸法浮选流程

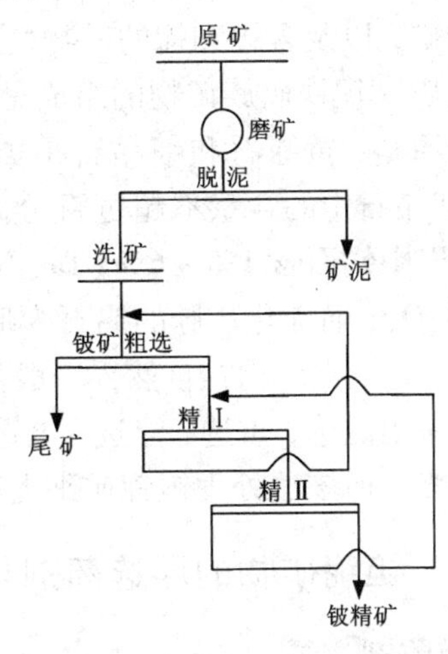

图11-15 美国菲克斯-科沃里选矿厂绿柱石碱法浮选流程

2. 硅铍石的浮选

十二胺(配成0.1%的盐酸溶液)和AHΠ-14(配成0.1%的水溶液)对硅铍石、萤石、白云母的捕收能力不同。当两种捕收剂用量较小(10~12 mg·L^{-1})时，可从萤石和白云母中优先浮出硅铍石；当用量较高(70~80 mg·L^{-1})时，两种捕收剂对硅铍石的回收率很接近。

油酸浮选细粒硅铍石的效果比粗粒差，粗粒回收率高达90%~95%，而细粒只有75%~80%。粗粒硅铍石的油酸用量为200 g·t^{-1}，而细粒的则需要提高3~4倍，-44 μm部分的最适宜用量为360 g·t^{-1}；随着矿泥含量的增加，油酸用量也相应增加。

3. 影响铍矿石浮选的因素

影响铍矿石浮选的因素很多，除磨矿细度、药剂种类和用量外，还有浮选机的转速等因素。在低转速条件下，浮选机充气量不足，铍矿物上浮不充分，浮选回收率低；转速逐渐增大时，铍精矿品位急剧下降，而回收率逐渐提高。当转速增大到1500 r·min^{-1}时，回收率趋向平缓；转速大于2000 r·min^{-1}时，回收率开始下降。

11.10 钽铌矿的浮选

11.10.1 钽铌矿的特点

钽、铌在地壳中的丰度比较大，但很分散，富矿很少，都不溶于普通酸中。钽和铌的化学性质相近、离子半径相同(0.69Å)，这决定了它们的地球化学性质有共性，能共同参与地质作用，共存于某些矿物之中。钽、铌在元素周期表中的位置决定了它们与铁、钛、钍和稀土元素的地球化学性质具有相似之处，容易发生等价和异价类质同象作用，因此，自然界中钽铌矿物和含钽、铌的矿物多达130余种，而且成分复杂。

工业价值大的钽铌矿物主要有钽铌铁矿(含钽多的叫钽铁矿，Ta_2O_5理论含量达86.1%；含铌多的叫铌铁矿，Nb_2O_5的理论含量达82.7%)、烧绿石、黄绿石、细晶石、钛铁金红石、钛铌钙铈矿，以及含钽和铌的矿物(主要有钛铁矿、锡石、黑钨矿、金红石等)。

钽铁矿-铌铁矿族矿物的组成是不确定的，即使在同一矿床中也不相同。黄绿石是铌的重要工业原料，黄绿石和细晶石是类质同象系的矿物，黄绿石中Ta_2O_5含量不超过5.86%，Nb_2O_5在细晶石中的含量不超过百分之几。不同类型锡石中$(Ta, Nb)_2O_5$含量也是各不相同的：伟晶岩中锡石含1%~6%$(Ta, Nb)_2O_5$，从石英-长石矿脉中得到的锡石含千分之几的$(Ta、Nb)_2O_5$，而硫化矿脉的锡石为痕迹至0.65%。

总之，钽、铌矿物在自然界一般呈类质同象的混合物存在，绝大部分是复杂的无水氧化物，可以采用磁选、重选、浮选、电选、化学处理等方法回收，其中以阶段磨矿、阶段选别的重选法居多，但该法处理钽铌矿细泥时指标不理想、回收率低，浮选是细泥的有效回收方法。

11.10.2 钽铌矿物的浮选药剂与工艺

1. 捕收剂

主要有脂肪酸类、胂酸类、膦酸类、羟肟酸类和阳离子型捕收剂。

(1)脂肪酸类捕收剂：主要有油酸、油酸钠、米糠油酸、烷基硫酸钠、硫酸烷脂钠、烃基硫酸酯钠等。对脂肪酸进行改性，在分子中引入新的有效活性基团，如磺酸基、多羧基、硫酸基、卤素、胺(氨)基、胺基酰基和酰胺基等，能提高捕收的选择性。

采用捕收剂油酸、油酸钠、硫酸烷脂钠和异辛基磷酸钠浮选铌铁矿时，饱和烃基的脂肪酸捕收剂的捕收能力比不饱和的差。当 pH 为 6～8 时，用油酸钠浮选铌铁矿－钽铁矿极为有效，但在强酸和强碱介质中均受抑制。某选矿厂主要矿物由钽铌矿、烧绿石、方解石和磷灰石等组成，在碱性介质中，用水玻璃和硫酸铵作抑制剂，用油酸先浮出脉石矿物，然后在酸性介质(或用油酸在中性介质)，用烃基硫酸酯钠捕收钽铌矿和烧绿石，取得了较好的指标。对于主要矿物由钽铌矿、云母、锂辉石和其他矿物所组成的矿石，脱泥后用阳离子捕收剂浮选云母，尾矿碱处理后混合浮选，得到含钽铌矿和锂辉石的混合精矿；该精矿酸处理后，用烃基硫酸酯钠浮选钽铌，经多次精选和扫选，得到钽铌精矿，槽内产物即为锂辉石和其他矿物。

(2)羟肟酸类捕收剂：羟肟酸及其盐早期用于浮选孔雀石和赤铁矿，后来用于捕收各种稀有金属矿物。C_{7-9}羟肟酸的捕收性和选择性比苯甲羟肟酸差。羟肟酸通过螯合基团与钽铌矿物表面金属离子如 Fe^{2+}、Fe^{3+}、Mn^{2+}、Nb^{5+} 等键合，形成 O—O 五元环而吸附。异羟肟酸分子中氮和氧能与钽铌金属离子形成螯合物，产生异羟肟酸离子和分子的共吸附。我国某钽铌细泥矿给矿 Nb_2O_5品位为0.094%，用工业异羟肟酸配以变压器油粗选，可获得 Nb_2O_5品位 0.9%～1.0%、回收率90%左右的粗精矿。用 C_{7-9}羟肟酸浮选某黄绿石矿，可获得Nb_2O_5品位和回收率分别为6%～20%和65%～66%的精矿。

(3)膦酸类捕收剂：膦酸在水溶液中的溶解度随 pH 的不同而改变，在碱性介质中溶解度大，原因是生成了碱金属盐。膦酸与金属离子 Ca^{2+}、Fe^{2+}、Fe^{3+}、Sn^{2+} 等可生成难溶盐，故能捕收钽铌矿物。当脉石为含钙、铁矿物或溶液中存在这些难溶离子，将消耗大量捕收剂，降低精矿品位。该类捕收剂的捕收能力随烃链的加长而增强，但选择性降低，因此，一般使用低级芳香族膦酸。双膦酸捕收铌铁金红石主要以化学吸附形式，矿浆 pH 为 2～4 时，其回收率可以达到 90.87%～91.70%。

(4)胂酸类捕收剂：胂酸是钽铌矿物的有效捕收剂，与钽、铌等稀有金属矿物作用可形成牢固的表面化合物，其烃基向外，使矿物疏水，但与脉石矿物不存在这种化学吸附，因此，捕收能力强、选择性好；同时，对 Ca^{2+}、Mg^{2+} 离子不敏感，对方解石含量高的矿石适应性强。胂酸与黄药混用，可提高钽铌矿物的回收率。但胂酸有毒，容易造成环境污染。

(5)阳离子型捕收剂：该类型捕收剂在水溶液中发生水解反应，在强碱介质中，OH^- 浓度大，不利于水解反应的进行，捕收剂阳离子浓度降低，对浮选不利；在强酸介质中，钽铌矿物表面大多带正电，不利于捕收和浮选；只有在中性介质中，捕收剂如十二烷基醋酸胺等才是钽铌矿物的有效捕收剂。长烃链的伯胺(第一胺)是捕收能力最强的阳离子捕收剂，而选择性最佳的是仲胺(第二胺)，它适用于精选。用阳离子捕收剂时，Na_2S 最初活化钽铌等矿物，但随着用量的增加，则不利于钽铌矿物的浮选，钽铌回收率下降。

(6)其他捕收剂：N2 是一种有机双膦酸化合物，无毒、无刺激性气味，合成简单，与重金属离子和钙等络合可以生成四元环或六元环的络合物。高碳链的 N2 是钽铌矿物的有效捕收剂，在钽铌矿物表面的吸附是化学吸附。用 N－亚硝基苯胲胺浮选白云鄂博铌矿取得了较好的指标。烃基硫酸酯也可用于伟晶岩矿床铌铁矿－钽铁矿的浮选。

2. 钽铌矿浮选的调整剂

(1)抑制剂：钽铌矿的主要脉石矿物是硅酸盐、萤石和碳酸盐等，这些矿物的典型抑制剂有水玻璃、羧基甲基纤维素(CMC)、六偏磷酸钠、淀粉、焦磷酸、磷酸氢钠、木素磺酸钠、丹宁、乳酸、柠檬酸、草酸、酒石酸、EDTA 等。

用捕收剂烷基胺二甲基磷酸(TF112)，六偏磷酸钠可抑制磷灰石和石英，浮选金红石。如脉石为钠长石、微斜长石等，六偏磷酸钠可降低脉石的可浮性和粗精矿产率，提高钽铌粗精矿品位，但用量大时，钽铌矿物也被抑制。CMC 对铌矿物有抑制作用，但对硅酸盐脉石矿物的抑制作用更强，扩大了铌矿物与脉石矿物的可浮性差异，使浮选具有较好的选择性。CMC 对含 Fe^{2+}、Fe^{3+}、Ca^{2+}、Mg^{2+} 金属离子的脉石矿物有抑制作用，其机理主要是分子中的羧基与矿物表面的上述离子发生化学键合而吸附。

(2)活化剂：主要有硫酸、盐酸、氢氟酸、氟化钠等。

在较低 pH 下，巴西 Araxa 选厂用氟化钠作活化剂、MC553 作抑制剂，胺捕收烧绿石，获得了较好的浮选指标。用10%的酸(硫酸、盐酸等)预处理钽铌矿，随着酸用量增大，钽铌矿的可浮性增大；硫酸比盐酸效果好；用1%的氢氟酸预处理，活化效果与硫酸相似。酸处理会活化一些矿物、抑制另外一些矿物，其作用机理是：①清除矿物表面的铁、钙和镁氧化物等类质同象杂质和杂质的薄膜；②酸离子与矿物表面产生化学作用，形成对捕收剂新的活性或者有害化合物；③矿物表面的双电层中吸附有能使表面水化的氢离子；④添加捕收剂以后的酸处理，可以选择性地分解捕收剂和表面相互作用所生成的薄膜。

11.10.3 影响钽铌矿浮选的主要因素

(1)温度：钽铌矿的捕收剂一般是有机表面活性剂，凝固点较低，例如油酸凝固点为 14 ~16℃。当矿浆接近此温度时，浮选过程被破坏，而在更低的温度下，浮选将停止。提高矿浆温度，可以改善矿物的分选。对铌铁矿－钽铁矿、电气石、石榴子石的浮选，油酸钠浮选的适宜温度为 20 ~30℃，AHⅡ－14 阳离子捕收剂的适宜温度为 30 ~40℃。

(2)pH：pH 对钽铌矿物浮选过程有较大的影响，常用的 pH 调整剂有硫酸、盐酸、氢氧化钠、苏打等。采用油酸或油酸钠浮选铌铁矿—钽铁矿的最佳 pH 为6.0 ~8.0(有的为6.0 ~9.0)，浮选细晶石的最佳 pH 为6.5 ~9.0，浮选烧绿石和铌铁金红石的最佳 pH 为7.0 ~8.8。而在强酸性或强碱性介质中，这些矿物都被抑制。

螯合剂浮选的有效 pH 与其第一、第二极性基以及矿物表面结构均有关系，应根据螯合剂解离度、金属离子、螯合剂和羟基离子络合的程度而定。实际矿石浮选时，应结合其对脉石矿物的浮选情况综合考虑。苯甲羟肟酸浮选钽铌矿的最佳 pH 范围是6.0 ~10.0，C_{7-9}羟肟酸的最佳 pH 范围是 7.0 ~10.0。

11.10.4 细粒钽铌矿的浮选

回收钽铌细泥的方法有重选法和浮选法，过去的选矿厂普遍采用重选法，但重选指标不理想，相当一部分有用矿物损失在细泥中，浮选法是回收钽铌细泥的有效途径。

磁选－浮选也是回收细粒嵌布钽铌矿的有效工艺，用湿式高梯度磁选机预先丢弃70%以上的低品位尾矿，再用高选择性、捕收力强的苯甲羟肟酸与辅助捕收剂 WT_2 组合浮选细粒钽铌矿，当浮选给料 Ta_2O_5 品位为0.029%，可获得 Ta_2O_5 品位0.882%、回收率88.45%的粗精矿，再用弱磁—浮硫—重选流程，进一步获得 Ta_2O_5 品位13.5%、作业回收率89.25%、对浮选给矿回收率78.94%的钽铌精矿，基本解决了细粒钽铌矿回收的技术难题。

对白云鄂博的微细粒铌钙矿及其主要脉石矿物，研究表明淀粉对铌钙矿的抑制强于褐铁矿，可从粗选精矿中反浮选去除褐铁矿；羧基甲基纤维素、六偏磷酸钠和草酸都可选择性抑制白云石，其效果顺序为六偏磷酸钠 > 羧基甲基纤维素 > 草酸。对白云鄂博弱磁－强磁－浮选流程的强磁中矿浮选稀土尾矿，采用浮选为主的浮－磁流程，不仅能回收铌，而且使中贫氧化矿铁回收率提高2%～3%；稀尾中残余稀土浮选进入易浮泡沫产品，REO品位达到15%左右，再经一次摇床富集到REO大于30%，进一步浮选得到REO大于50%的稀土精矿。

第12章　非金属矿浮选实践

12.1　磷矿浮选

在磷矿中，具有工业价值的磷矿物主要有磷灰石和碳氟磷灰石（从微碳氟磷灰石到高碳氟磷灰石系列产物，即俗称胶磷矿）两种，两者产量的80%用于制取磷肥，因此，磷酸盐矿石产量随着磷肥工业的发展而迅速增长。

目前世界上有30多个国家是磷酸盐矿石的主要生产国，总产量的75%集中在美国、苏联和摩洛哥。所生产的磷酸盐矿石，约有80%是通过各种选矿方法富集的。我国有许多企业目前正在开采磷酸盐矿石，如锦屏磷矿、荆襄磷矿、昆阳磷矿及开阳磷矿等。

12.1.1　磷的矿物、矿石及矿床

1. 磷矿石

自然界中发现的含磷矿物虽有100多种，但目前能作为磷矿资源利用的主要是钙的磷酸盐类。根据矿物中CO_2含量的差异，钙的磷酸盐可分为五种类型：磷灰石、微碳氟磷灰石、低碳氟磷灰石、碳氟磷灰石和高碳氟磷灰石。几种主要磷矿物的物理－化学特性如下：

（1）氟磷灰石。化学式为$Ca_{10}P_6O_{24}F_2$，其中含P_2O_5 42.23%、CaO 50.03%、F 3.8%，不含CO_2，密度3.199 $g \cdot cm^{-3}$。晶体呈六方柱或六方锥，也有呈板状、长柱状或针状。颜色呈无色透明或乳白色等，硬度不大。它主要分布在岩浆型和变质型的磷矿石中。与氟磷灰石的结晶状态、特点相似的含磷矿物还有氯磷灰石，化学式为$Ca_{10}(PO_4)_6Cl_2$，密度3.20 $g \cdot cm^{-3}$，亦产于岩浆型或变质型的磷矿石中，但量少。

（2）碳氟磷灰石。化学式为$Ca_{10}(P、C)_6(O、F)_{26}$，其中含$F>1\%$，$CO_2>1\%$，密度一般为3.15～3.91 $g \cdot cm^{-3}$，呈六角板状自形晶或呈六角板状、柱状等半自形晶。它是沉积磷块岩的主要含磷矿物，有两种形态，一为微细晶粒的集合体，或泉华状、皮壳状等；二为胶状的非晶质集合体，俗称胶磷矿，这是磷块岩中最主要的一种产状。

（3）碳羟磷灰石。化学式为$Ca_{10}(P、C)_6(O、OH)_{26}$，其中含$F<1\%$，$CO_2>1\%$，密度2.96～3.10 $g \cdot cm^{-3}$。它是一种分布广泛的钙磷酸盐矿物，但一般工业价值不大。

（4）羟磷灰石。化学式为$Ca_{10}(PO_4)_6(OH)_2$，密度3.156 $g \cdot cm^{-3}$，主要产于变质岩中。

此外，还有两种比较重要的含磷矿物：一是产于各种不同沉积物中的含水磷酸盐蓝铁矿[$Fe_3(PO_4)_2 \cdot 8H_2O$]，另一是产于泥盆纪磷块岩矿床中的磷锶铝石[$SrAl(PO_4)_2 \cdot (OH)_5 \cdot H_2O$]。前者在我国东北，规模较小，后者在我国四川，储量较大。

2. 矿石及矿床

磷矿石按其成因可分为三种，即磷灰石矿石、磷块岩矿石和磷灰岩矿石，后两种为胶磷矿。

磷矿床主要有三种类型，即岩浆岩型磷灰石矿床、沉积型磷块岩矿床和变质岩型磷灰岩矿床，它们遍布世界绝大多数国家和地区。在世界各国磷矿床中，多以沉积型磷块岩矿床为主。

12.1.2 磷酸盐矿石的可浮性

磷酸盐矿石由于成因类型、矿物化学组分、晶体颗粒大小以及结构构造等的不同，其可浮性不尽一致，如按成因类型和脉石矿物（指硅质物和碳酸盐矿物）不同，可浮性一般呈如下顺序递减：岩浆型磷灰石矿 > 变质型磷灰岩矿 > 沉积型磷块岩矿；硅质型磷矿石 > 钙质型磷矿石 > 硅钙质型磷矿石。但是，它们也有许多共同特点。例如，精矿均属低值矿产和主要用于农业，所以要求使用的药剂必须便宜和无毒，使用的捕收剂均为脂肪酸或其盐类，需保持一定的矿浆温度，要求泡沫不易破裂，其浮选流程不宜复杂。因此，对磷矿的浮选研究，主要集中于浮选药剂和工艺流程。

用作磷酸盐矿石浮选的 pH 调整剂有 NaOH、Na_2CO_3、氨和 CaO，它们对磷矿物浮选作用不尽相同，如用 NaOH 和 Na_2CO_3 调整矿浆 pH 到同一数值（9.0 ~ 10.5），则用 Na_2CO_3 所得的浮选结果较好（如图12 - 1所示）。这是 Na_2CO_3 对磷灰石浮选有活化作用。

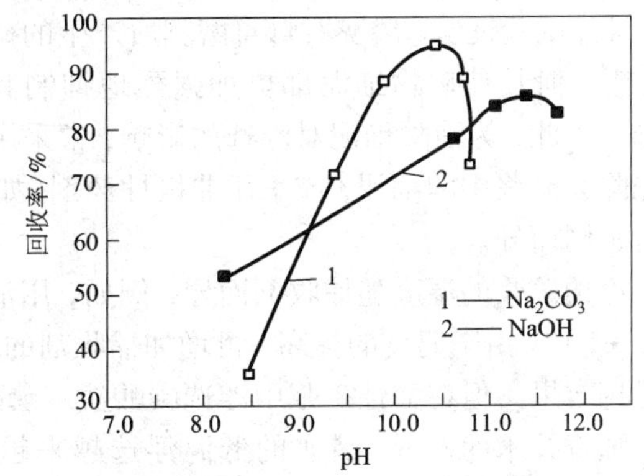

图 12 - 1 NaOH 和 Na_2CO_3 对磷灰石浮选的影响

抑制剂可依正浮选与反浮选的不同而采用水玻璃、淀粉、S_{808} 类等（用于正浮选）和 H_3PO_4、H_2SO_4、H_2SiF_6 等（用于反浮选）药剂，但通常使用的是水玻璃、S_{808}、H_3PO_4 和 H_2SiF_6。水玻璃用量少时可活化磷灰石，反之则起抑制作用，且与液相有关，见图 12 - 2。H_3PO_4 对磷灰石、方解石、白云石的选择抑制作用与 pH 的关系如图 12 - 3 所示。六偏磷酸钠、三聚磷酸钠等也有类似效果，都对磷灰石有强烈的抑制作用，但它们对方解石和白云石的抑制作用却相对弱得多。

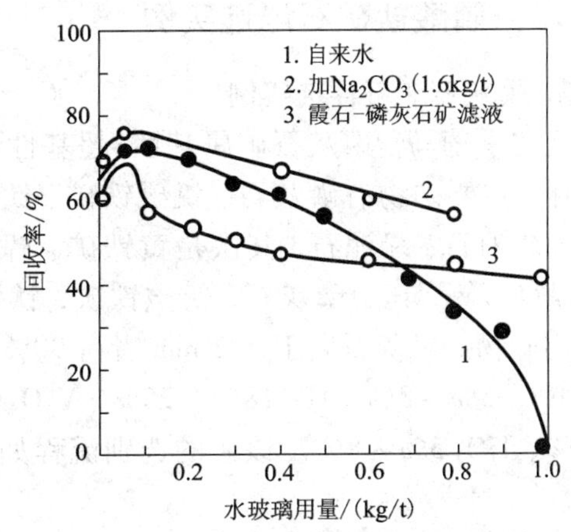

图 12 - 2 水玻璃对磷灰石浮选的影响

浮选磷矿物有效的捕收剂为脂肪酸及其盐类，如油酸、大豆油脂肪酸、塔尔油、氧化石蜡皂等。当用反浮选法选别硅质物（如 SiO_2）和碳酸盐脉石矿物（如方解石、白云石）时，则用脂肪胺盐和烷基硝酸盐。为增强捕收效果，往往添加辅助捕收剂，如煤油或燃料油。而相对脂肪胺盐反浮选，醚胺反浮选的效果较好，在美国西部磷矿使用中取得较好的效果。在近年来出现的众多浮选剂中，最有意义的是两性捕收剂，如 CP - 1 在 pH 7 ~ 10 条件下，可作为方解石和白云石的阴离子捕收剂，而在 pH 为 4.0 ~ 6.5 时，则可作氧化硅和硅酸盐的阳离子捕收剂。此外，苏联以二异辛基磷酸酯从碳酸盐中浮选磷灰石，法国用烷基磷酸酯和脂肪胺醋酸盐对硅钙质磷灰石进行双反浮选、正反浮选，或以聚氧乙烯基磷酸酯正反浮选，都得到较好的指标。

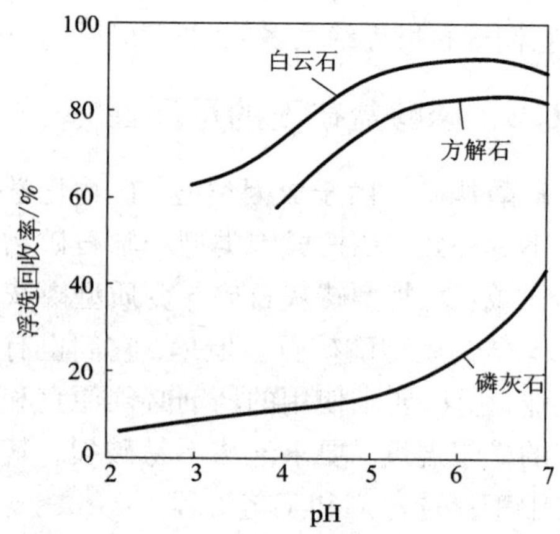

图 12-3　矿浆 pH(H_3PO_4调整)对矿物浮选的影响(油酸钠用量 30 $mg \cdot L^{-1}$)

除了上述捕收剂之外，聚复型捕收剂和混合用药也引起了人们的广为关注。混合捕收剂 721-2#是煤油和柴油的混合物，经氧化沉降，分离出羧基酸皂制得，用于荆襄磷矿王集三层矿和江西朝阳磷矿的试验，均取得了较好的浮选指标。

细泥(<1～2 μm)在某种程度上使浮选恶化，且经试验证实，磷灰石自身磨剥所产生的矿泥，比任何其他矿物细泥都更加强烈地抑制其浮选。因此，为消除细泥对浮选的影响，常采用预先除去矿浆中的细泥，或采用非极性药剂(如煤油等)和胶溶剂(如水玻璃等)，但其效果因矿石不同而异。

浮选矿浆的温度随捕收剂而异，例如，用油酸时一般应预热至 18℃以上，氧化石蜡皂为 35℃ ±5℃，由于温度的提高，可增加捕收剂的分散性，降低浮选剂用量和缩短浮选时间，提高分选效果。但在酸性矿浆中浮选碳酸盐-磷酸盐矿石时，矿浆加温却会恶化分选效果。

随着技术的发展，磷矿的低温浮选越来越受到人们的关注，因为在一些天气寒冷的地区，要保持矿浆的温度就必须加温，这就增加了选矿的成本，而磷矿的低温浮选就能解决这一问题。要实现低温浮选，需要开发具有捕收能力强、抗低温、分选效果好的新型捕收剂。

12.1.3　磷酸盐矿石浮选实例

1. 磷灰石矿石浮选实例

河北承德马营磷灰石矿属基性·超基性岩型磷灰石矿床，主要矿物有磷灰石、钒磁铁矿、钛铁矿、斜长石、纤闪石、绿泥石，其次是黄铁矿、辉石、黝帘石、绿帘石等，其中磷灰石，钒磁铁矿，钛铁矿为主要有用矿物。磷灰石大于 0.2 mm 者占 90% 以上，原矿含 P_2O_5 6% ～8%、TFe 18% ～25%、V_2O_5 0.15% ～0.25%、TiO_2 5% ～8%。该矿的选别流程如图 12-4 所示。

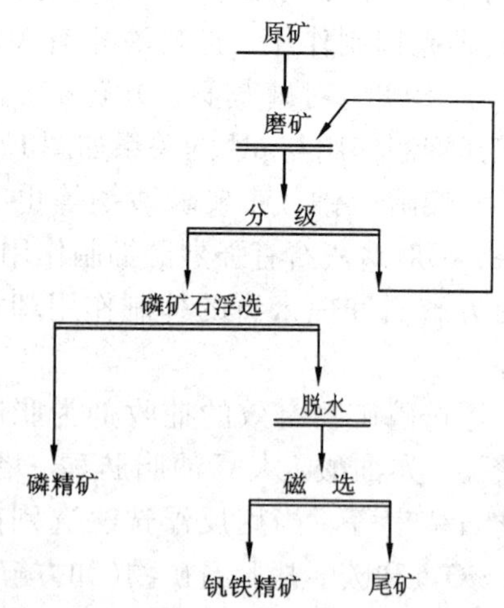

图 12-4　河北承德马营磷矿选别流程

原矿经一段磨矿到 -0.074 mm 70% 后，在碳酸钠、水玻璃，氧化石蜡皂分别为 2.63 $kg \cdot t^{-1}$，0.91 $kg \cdot t^{-1}$和 0.81 $kg \cdot t^{-1}$选矿条件下，经一次粗选、一次扫选、两次精选，获得含 P_2O_5 30.18%、Fe 4% ～6% 和 P_2O_5 回收率为 85.36% 的磷精矿，浮选尾矿经脱水，磁选(共二次)，获得含 64.5% 钒铁和回收率为 47.8% 的钒铁精矿。

2. 胶磷矿浮选实例

(1)江苏连云港锦屏磷矿为沉积变质硅－钙质磷灰岩矿床，矿物组成以磷灰石、方解石、白云石、软锰矿、石英为主，白云母、褐铁矿、黄铁矿等次之。磷灰石多似圆状，颗粒粗大，且规则。原矿含 P_2O_5 8%～9%、MgO 11%～12%、$SiO_2$15%～16%，其浮选流程如图12－5所示。

原矿磨矿细度为－0.074 mm 45%，当药剂用量为 $Na_2CO_3$3.8 $kg \cdot t^{-1}$、水玻璃1.1 $kg \cdot t^{-1}$、粗硫酸盐皂1.6 $kg \cdot t^{-1}$时，经一次粗选、一次扫选、四次精选后，由含 $P_2O_5$9%的原矿，获得含P_2O_5为30.00%、P_2O_5回收率为88%的磷精矿。

(2)湖北宜昌丁东磷矿属沉积型、低品位磷块岩矿床，其矿物成分主要是泥晶磷灰石、微晶白云石、少量的黏土矿物、石英粉砂、不定量的碳质物、铁质氧化物等。原矿含 P_2O_5 16.83%、MgO 1.54%、SiO_2 38.37%，其浮选流程采用正－反浮选流程。

经一粗、一精、一扫正浮选与一粗、一扫反浮选联合流程，在磨矿细度－0.074 mm 63.28%，碳酸钠6.0 $kg \cdot t^{-1}$、水玻璃4.0 $kg \cdot t^{-1}$、OT 8 2.0 $kg \cdot t^{-1}$、硫酸6.0 $kg \cdot t^{-1}$，不加温条件下，闭路试验可获得 P_2O_5 31. 49%，回收率83.75%的优良指标。

(3)湖北宜昌某镁硅含量较高的海相沉积磷块岩，主要脉石矿物有石英、长石、白云石、方解石等，原矿 P_2O_5 25%左右，MgO 3.0%左右，SiO_2 12%以上，采用阴离子捕收剂反浮镁、阳离子捕收剂 GE－609 反浮硅的双反浮选工艺，工艺流程见图12－6，取得了磷精矿 P_2O_5 32.51%、回收率91.23%、MgO 0.87%的良好指标，实现了胶磷矿与白云石、长石等杂质矿物的有效分离。硫酸和磷酸的混合酸，作为调整剂，抑制脉石矿物。

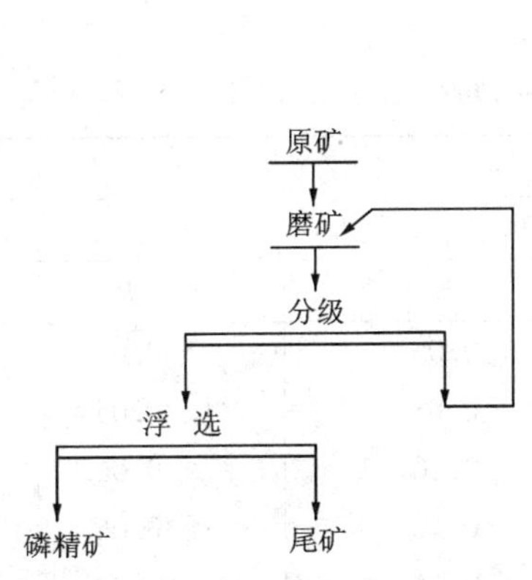

图12－5 江苏锦屏磷矿浮选流程

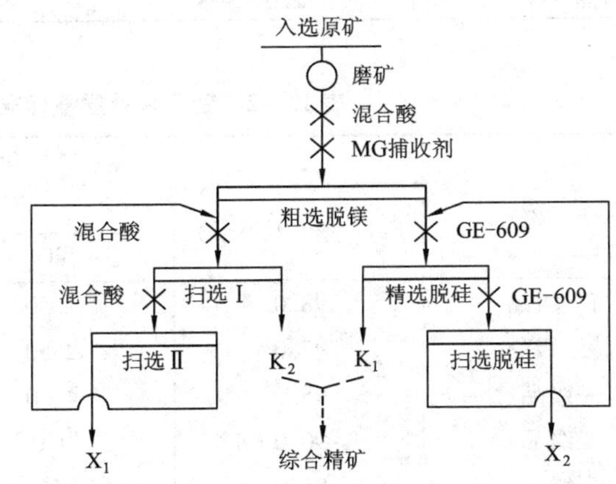

图12－6 湖北宜昌某胶磷矿双反浮选工艺原则流程

12.2 萤石浮选

12.2.1 萤石的性质、矿物结构、矿床及应用

萤石 CaF_2(Ca 51.2%、F 48.8%，密度3.0～3.2 $g \cdot cm^{-3}$，硬度5)又称氟石，与石英、方解石、重晶石及金属硫化物共生；等轴晶系，晶体常呈立方体、八面体，较少呈菱形十二面体，也常呈粒状或块状集合体。通常呈黄、绿、蓝、紫等色，无色者较少。萤石晶体具有良好的八面体解理，破碎时即沿此解理面形成易被水润湿的表面，在水中负离子比正离子优先转

入溶液，于是表面Ca^{2+}过剩而荷正电。萤石的熔点较低，为1360℃。

萤石的矿石类型依矿物成分的不同，可分为石英－萤石型、方解石－萤石型、碳酸盐－萤石型、硫化物－萤石型、重晶石－萤石型、硅质岩萤石型等。

工业萤石矿床有多种分类方法，按萤石矿床成因类型和矿石特征，我国具有工业价值的萤石矿床主要有硅酸盐类、碳酸盐类单一萤石矿床和多金属共生萤石矿床。

萤石主要用于冶金、化学、玻璃制造、陶瓷、光学等工业，目前多采用浮选法处理得粉状萤石精矿。我国萤石现行产品标准有两个：一个为经选别加工的粉状萤石精矿的质量标准，主要用于冶金、化工、玻璃、陶瓷等行业；另一个为冶金工业中作为炼钢熔剂用萤石块状质量标准，详见表12－1(GB 5690—1985)和表12－2(GB 8216—1987)。

表12－1　萤石粉状质量标准(GB 5690—1985)

品　级	CaF_2/%(不小于)	化学成分/%				备　注
		杂质/%(不大于)				
		SiO_2	$CaCO_3$	S	P	
特级品	98	0.6	0.7	0.03	0.02	粒度小于0.154 mm的含有率不小于87%，干粉水分不大于0.5%，湿粉水分不大于10%
一级品	98	0.8	1.0			
二级品	97	1.0	1.2			
三级品	95	1.4	1.5			
四级品	93	2.0				

表12－2　萤石块状质量标准(GB 8216—1987)

品　级	化学成分/%			
	CaF_2/%(不小于)	杂质/%(不大于)		
		SiO_2	S	P
特一级品	98.0	1.50	0.05	0.03
特二级品	97.0	2.50	0.08	0.05
一级品	95.0	4.50	0.10	0.06
二级品	90.0	9.0	0.10	0.06
三级品	85.0	14.0	0.15	0.06
四级品	80.0	18.0	0.20	0.08
五级品	75.0	23.0	0.20	0.08
六级品	70.0	28.0	0.25	0.08
七级品	65.0	32.0	0.30	0.08

12.2.2　萤石的可浮性

萤石浮选所用的捕收剂主要为脂肪酸，最常用的是油酸。萤石用油酸浮选时有很好的可浮性，但矿浆pH有很大的影响。当pH小于5时，萤石不浮，随着pH增大，可浮性亦随之提高，适宜的pH为7～10。矿浆温度亦有很大影响，提高温度，浮选指标可显著改善。水质也有影响，硬水需预先软化。不同粒级的萤石浮选行为亦不尽相同，因而不同粒级的萤石精矿其品位和回收率均有差异，粗粒级选择性好，品位高，但回收率低，中等粒级的品位和回收率均高，细粒级的品位和回收率都低。

除油酸外，萤石的捕收剂还有烃基硫酸酯、烃基磺酸盐以及癸酯、烃基膦酸等，它们均具有良好的抗低温性能。脉石抑制剂可用水玻璃、糊精、偏磷酸钠、木质素磺酸盐以及烤胶等。

12.2.3 萤石矿的浮选工艺

1. 含硫化矿物萤石矿的浮选

如果矿石中含硫化矿物较多，可用硫代化合物类捕收剂先浮选得到硫化矿精矿，然后用脂肪酸浮选得到萤石精矿。为提高质量，在萤石浮选作业中有时添加硫化钠或少量氰化物抑制残余的硫化矿物。如果矿石中硫化矿物的含量低，则用硫化钠、硫氢化钠或氰化物抑制硫化矿物并用脂肪酸浮出萤石。

2. 萤石与石英的分离

用浮选法处理脉石矿物主要为石英的萤石比较容易，工艺流程及药剂制度简单。用油酸作捕收剂，水玻璃作石英的抑制剂，用碳酸钠调整矿浆 pH 为 8～9，可得满意的结果。水玻璃的用量要注意严格控制，用量少对萤石有活化作用，用量过大则会抑制萤石。为此，往往添加多价重金属阳离子、明矾及硫酸铝等，这样既可减少水玻璃的用量，又可增强对石英类脉石的抑制作用。加入 Cr^{3+} 与 Zn^{2+} 等离子也能有效地抑制石英并能抑制方解石。

为了获得优质低硅的萤石精矿，还必须严格控制磨矿细度以及浮选矿浆浓度(精选作业的矿浆浓度应低)，温度、药剂组合与用量。浮选作业的中间产品单独处理或集中返回粗选较为有利，这样可以避免中矿顺序返回造成的硅石(SiO_2)或含钙、钡矿物的恶性积聚，影响产出优质精矿。浙江某萤石矿系含石英的萤石矿，矿石磨到 -0.074 mm 60%进行浮选得萤石粗精矿，然后再磨到 -0.074 mm 80%，经六次精选获得含 CaF_2 97%～98%及 SiO_2小于1%，$CaCO_3$小于1%的优质低硅萤石精矿，回收率为75%～76%。

3. 萤石与方解石的分离

方解石常作为脉石矿物存在，对油酸等脂肪酸类捕收剂敏感，使浮选分离发生困难。添加少量的铝盐，如硝酸铝可活化萤石并抑制方解石，丹宁及类似丹宁的化合物可作为方解石的有效抑制剂。

在萤石与方解石的分离浮选过程中，可用油酸作捕收剂，苏打作介质调整剂，水玻璃和可溶性铝盐混合使用或加糊精抑制方解石和重晶石等脉石矿物。单独用水玻璃不能得到满意的结果，与可溶性铝盐混合使用，选择性显著增强，改善了萤石与方解石的分选条件。铝的硫酸盐、氟化物和硝酸盐具有同等作用，因为这时只与 Al^{3+} 有关，而与盐的阴离子成分无关。

对于萤石与方解石浮选分离抑制剂研究发现酸化水玻璃、CMC、腐植酸钠、邻苯酚、AP 和 EP(AP 和 EP 是具有相似结构和化学组成的、且均为钙的络合剂)，均对方解石纯矿物具有一定的抑制作用，其中腐植酸钠、邻苯酚、AP 和 EP 的选择性较好，混合体系中矿物的浮选行为不完全与纯矿物相同；AP 和 EP 是方解石的选择性抑制剂，成功分离了萤石与方解石人工混合矿。

4. 萤石与重晶石的分离

重晶石与萤石可浮性近似，都存在一个可浮的 pH 范围，其可浮 pH 范围在中性 pH 左右，这个范围随油酸用量增大而增大，常使浮选分离发生困难。$FeCl_3$与 $AlCl_3$对重晶石有抑制作用，而钡或铅盐则可活化重晶石的浮选。

萤石和重晶石的分选通常先用油酸作捕收剂，水玻璃作抑制剂，混合浮选得萤石和重晶石混合精矿，然后再进行分离。混合精矿的分离可采用如下两种方案：一是抑制萤石浮选重晶石，二是抑制重晶石浮选萤石。

(1)抑制萤石浮选重晶石。这时可用柠檬酸和 $BaCl_2$ 作调整剂，用烃基硫酸酯作捕收剂浮出重晶石，粗精矿经几次精选，并用喷水洗去泡沫上沾污的细泥得重晶石精矿。

重晶石浮选的尾矿经浓缩到40%固体后，加水玻璃等抑制脉石矿物，用脂肪酸作捕收剂浮选萤石，粗精矿经多次精选得最终萤石精矿。

此外，还可以用石油磺酸盐作捕收剂，用水玻璃和 $BaCl_2$ 作矿浆调整剂浮选重晶石，再从重晶石浮选尾矿中用木质素磺酸盐－NaF 法浮选萤石。萤石精选与粗选的尾矿可以废弃。

(2)抑制重晶石浮选萤石。通常可用糊精或丹宁与 $FeCl_3$ 或用木质素磺酸盐－NaF 法或用水玻璃与 $FeSO_4$(按 1∶1～4∶1)抑制重晶石，用油酸浮选萤石。

试验证明，用木质素磺酸盐－NaF 法可从含萤石、重晶石、方解石和石英的复杂矿石中浮选萤石。这些组合药剂的作用是碱或碱土金属木质素磺酸盐与 NaF 可选择性地抑制重晶石、方解石和硅酸盐矿物，使用脂肪酸或其皂作萤石的捕收剂。

木质素磺酸盐的作用是选择性地覆盖在重晶石等脉石矿物表面使之亲水，也可能是覆盖量的差异，萤石表面吸附量少，而重晶石等脉石矿物表面吸附量多。NaF 有两种作用：一是使矿浆中的有害离子生成络合物或难溶化合物沉淀；二是有助于木质素磺酸盐在矿浆中有效地分散矿泥。

5. 萤石—重晶石—方解石矿石的浮选

对于这类矿石，一般用油酸作捕收剂，少量铅盐作活化剂，加糊精抑制重晶石和方解石浮选出萤石，经多次精选得萤石最终精矿。对含有较多方解石、石灰石、白云石等组成较复杂的萤石矿石，采用烤胶、木质素磺酸盐与 NaF 作脉石矿物的抑制剂效果较好。

12.2.4 萤石浮选实例

(1)浙江某萤石矿，矿石的矿物组成很简单，主要为萤石和石英，该萤石呈团粒状及细微脉状与石英共生，原矿 CaF_2 45.5%，SiO_2 50.9%。浮选流程经一段磨矿至－0.074 mm 85%，一次粗选七次精选的浮选工艺流程(如图 12－7 所示)，Na_2CO_3、Na_2SiO_3 为粗选调整剂、油酸为捕收剂、SH 为精选抑制剂。流程中采用粗选和精选 1 直接排尾，主要是为了脱去矿泥和部分连生体。闭路试验为将中矿 1 返回至一段精选，中矿 2 返回至二段

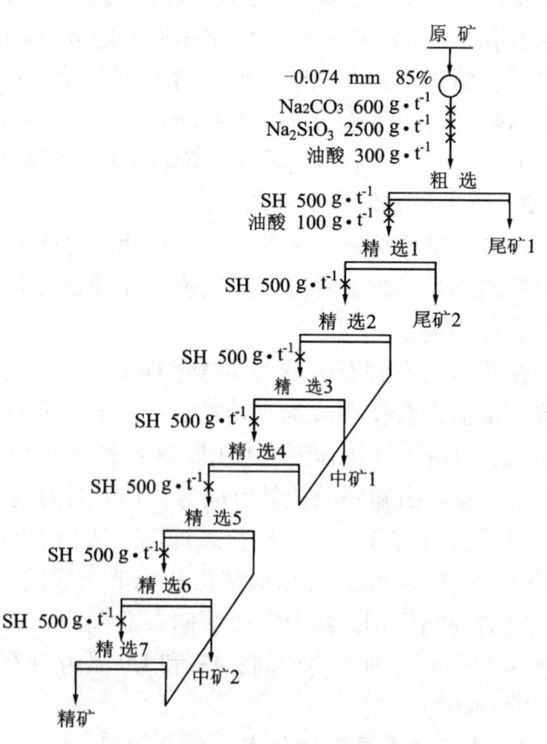

图 12－7 浙江某萤石矿萤石浮选工艺流程

精选。经闭路试验，可获得含 CaF_2 98.80%、SiO_2 0.95%、回收率为78.02%的萤石精矿。

(2)湖南某萤石矿选矿，矿石中主要矿物有萤石、方解石、绢云母、白云母、水黑云母、玉髓、石英、重晶石、褐铁矿等，而且萤石与含碳方解石和鳞片状绢云母紧密嵌布，萤石中有微细粒的方解石包裹体，提高萤石精矿品位的难度较大。原矿萤石品位为43.95%，另含 $CaCO_3$ 14.03%和 SiO_2 13.51%。广州有色金属研究院针对该矿进行试验研究，选用油酸T为捕收剂，组合药剂 NC + TT、组合药剂 NA + TH 和 TD 药剂为调整剂抑制脉石矿物，试验流程经一段磨矿至 -0.074 mm 97.48%，一次粗选九次精选，可获得萤石精矿品位为97.50%(其中含 $CaCO_3$ 0.93%和 SiO_2 0.89%)，回收率80.97%的较好选别指标，试验流程见图12-8。在精选1~4段，使用调整剂NA和TH，用量分别为600 $g \cdot t^{-1}$和1800 $g \cdot t^{-1}$时，可抑制约50%的方解石；在精选5~9段，当调整剂TD用量为1800 $g \cdot t^{-1}$时，在抑制绢云母的同时，进一步除去残留的方解石及其连生体。

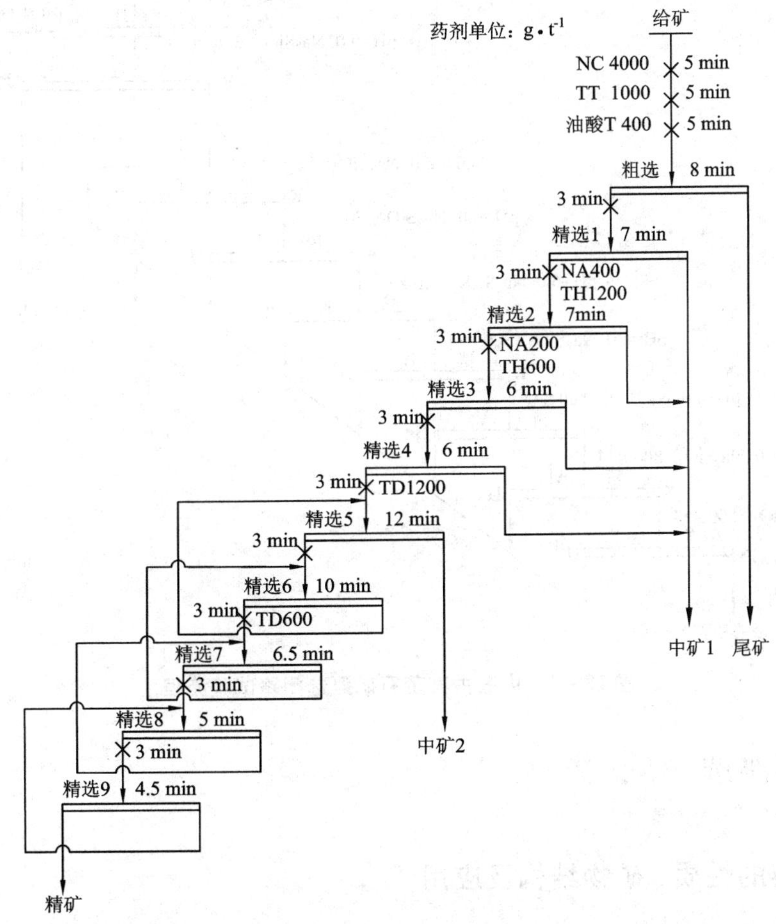

图12-8　湖南某萤石矿萤石与方解石和云母浮选分离试验流程图

(3)内蒙古某萤石矿选矿，矿石为浸染状、条带状构造，矿石中的主要矿物是萤石、石英、云母、方解石，还有少量的黄铁矿、褐铁矿等。武汉理工大学针对该矿进行试验研究，原矿萤石品位为63.93%，采用改性脂肪酸盐 YSB-2 作捕收剂，Z-1 作增效剂(增加捕收剂溶解度)，Na_2CO_3、Na_2SiO_3作调整剂。试验流程经两段磨矿至 -0.074 mm 占 98%，一次粗选(pH =9.0)七次精选(pH =6.0)，中矿集中返回精Ⅰ浮选，可以获得萤石精矿品位 98.7%，回收率89.20%，产率57.77%，SiO_2含量0.93%，$CaCO_3$含量小于0.37%的高品级萤石精矿。试验闭路流程如图 12 -9 所示。

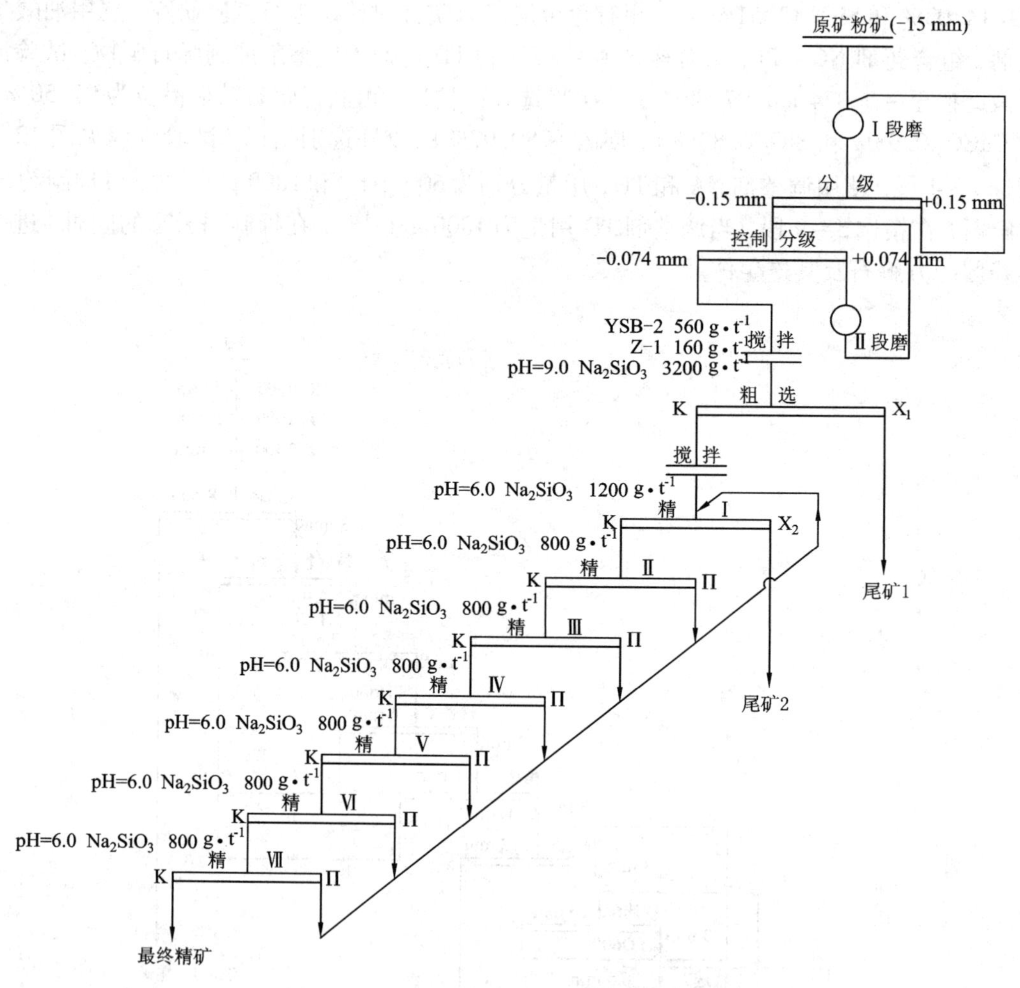

图 12 -9 内蒙古某萤石矿浮选闭路试验流程

12.3 石英浮选

12.3.1 石英的性质、矿物结构及应用

石英是石英石与石英砂的主要矿物组分，化学成分 SiO_2(46.7% Si、53.3% O)，密度 2.65 $g \cdot cm^{-3}$，硬度7，有两种变体，即 α - 石英与 β - 石英。后者系在高温下生成的，前者最常见，系在低温下生成的石英(α - 石英)，加热到 573℃时可转变为 β - 石英。

石英砂中矿物含量变化较大，以石英为主，其次为长石、云母、岩屑、重矿物、黏土矿物等。

石英砂岩是固结的碎屑岩石，石英碎屑含量达95%以上，来源于各种岩浆岩、沉积岩和变质岩，伴生矿物为长石、云母和黏土矿物，胶结物主要为硅质胶结。石英岩分沉积成因和变质成因两种。前者胶结物为变质石英，碎屑颗粒与胶结物的界线不明显；后者指变质程度深、质纯的石英岩矿石。

脉石英由热液作用形成，几乎全部由石英组成，致密块状构造。在上述四类矿石中，除二氧化硅以外的各种组分，工业上均视为杂质，尤以铁质危害最大。

石英石和石英砂是重要的工业矿物原料，广泛应用于玻璃、铸造、陶瓷及耐火材料、冶金、建筑、化工、塑料、橡胶、磨料等工业领域。

12.3.2 石英的可浮性

石英表面有强烈的亲水性，晶体结构中不含金属阳离子，所以纯净的石英不能用阴离子捕收剂浮选。但许多金属阳离子能活化石英，用阴离子捕收剂浮选；未经金属阳离子活化的石英可用阳离子胺类捕收剂直接进行浮选。

用脂肪酸及其皂类浮选石英时，需要预先用金属阳离子（如钙、钡、铜、铅、铝、铁等）进行活化。多价金属阳离子的活化作用机理已有不少研究，并发现与水溶液的pH有密切关系，活化剂与捕收剂之间没有化学计量关系，与该金属第一氢氧化物的形成关系密切，金属离子在石英表面吸附的牢固性与该金属氢氧化物的溶度积有平行关系，金属氢氧化物的溶度积愈小，该金属离子在石英表面的吸附愈牢固，反之亦然。

用油酸钠浮选石英时 $BaCl_2$ 等活化剂的作用如图12-10所示。由图可见，在pH为9，$BaCl_2 \cdot 2H_2O$ 的用量为30 $mg \cdot L^{-1}$（曲线2），当油酸钠用量为A时，石英可浮，当油酸钠用量增加到B时，石英变为不可浮，但是在后一情况下，若将pH提高到12.5以上，石英又变为可浮。这一现象与溶液中有关离子的浓度及所生成化合物的溶度积有关。

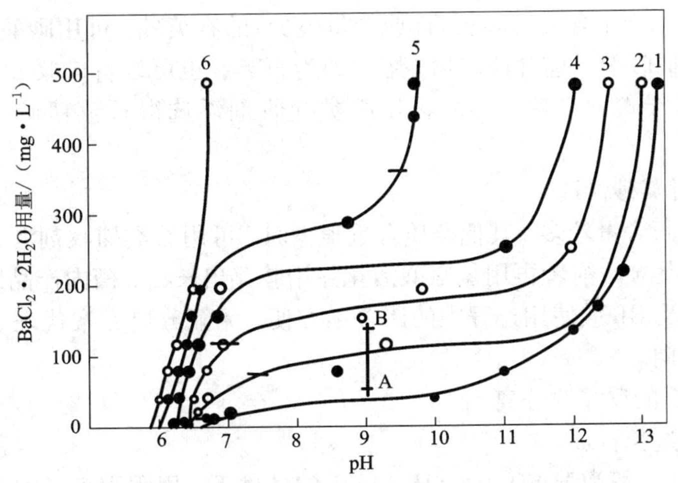

图12-10 $BaCl_2$ 与油酸用量对石英浮选临界pH的影响

在给定的活化剂浓度条件下，曲线的右侧为可浮，左侧为不可浮

$BaCl_2 \cdot 2H_2O$ 用量（$mg \cdot L^{-1}$）：1—3；2—30；3—50；4—90；5—160；6—300

Ba^{2+}离子对石英浮选的活化过程可用下列方式表示：

$$[SiO_2]^{-H} + Ba^{2+} + 2OH^- \Longleftrightarrow [SiO_2]^{-Ba-OH} + H_2O \quad (12-1)$$

$$[SiO_2]^{-Ba-OH} + Ol^- \Longleftrightarrow [SiO_2]^{-Ba-Ol} + OH^- \quad (12-2)$$

（被Ba^{2+}活化的石英对Ol^-离子的吸附）

Ba^{2+}离子与Ol^-离子可生成油酸钡沉淀：

$$Ba^{2+} + 2Ol^- \Longleftrightarrow BaOl_2 \downarrow \quad (12-3)$$

因此，可以认为，油酸根离子与吸附在石英表面的钡离子作用生成油酸钡，从而使石英表面疏水易浮。Ca^{2+}等对石英的活化机理亦可依此类推。

降低介质 pH 以及增加油酸用量将对石英浮选产生抑制作用，可用如下反应式表示：

$$[SiO_2]^{-BaOH} + H^+ + 2Ol^- \Longleftrightarrow [SiO_2]^{-H} + BaOl_2 \downarrow + OH^- \quad (12-4)$$

此反应式(12－4)表明，可浮的石英表面(已被部分的单分子$BaOl^+$膜所罩盖)由于$BaOl^+$被H^+取代，使之又恢复到原来的不可浮状态的石英表面，同时在溶液中生成独立的油酸钡沉淀，它无助于石英的浮选。

12.3.3　石英砂的浮选工艺

石英砂的主要用途之一是作为生产玻璃的原料。为了使玻璃色泽洁净，必须通过选矿方法除去矿石中的着色杂质，如含铁矿物，含铁泥质以及氧化铁薄膜等。石英砂一般常含有云母、长石、含铁矿物以及黏土等，所以在浮选前，通常需要在浓浆条件下强烈搅拌，以便除去石英表面的氧化铁薄膜、矿泥或用重选、磁选等方法除去含铁矿物，然后进行浮选，以便从中选出云母、含铁矿物、长石并得石英砂精矿。

根据矿物组成，石英砂基本可分为如下四种类型，并采用相应的浮选工艺进行处理。

1. 含铁矿物的石英砂浮选

对于仅含铁矿物而不含云母和长石(或含量很少)的石英砂，可用碳酸钠调节矿浆 pH 达 8～9，用塔尔油作捕收剂浮选含铁矿物，尾矿即为石英。也可以将矿浆 pH 调节到 7～8，用磺化石油作捕收剂浮选铁矿物，尾矿再用胺类捕收剂浮选得石英精矿，槽内产物为废弃尾矿。

2. 含长石的石英砂浮选

当石英砂中长石含量较多，其他杂质含量很少时，可用胺类捕收剂混合浮选长石和石英得混合精矿和废弃尾矿，前者再用氢氟酸活化并用胺浮出长石，槽内产品即为石英精矿。但由于环保问题，以及 HF 酸使用过程中的诸多不方便，无氟分离方案代表了石英－长石浮选分离的主导研究方向。

(1)石英与长石的反浮选分离。

①强酸性反浮选长石。

该法是在强酸(一般为H_2SO_4)性 pH＝2～3 的条件下，用阴阳离子混合捕收剂优先浮选长石。这一 pH 正处于石英零电点附近，而比长石零电点(pH＝1.5)高，因此在这一 pH 条件下长石表面荷负电，石英表面不荷电。胺类阳离子率先吸附在长石表面负电荷区，阴离子捕收剂再与吸附的胺类捕收剂络合，共吸附在长石表面。表面张力测定表明：这些络合物有更高的表面活性，从而大大增加了长石表面疏水性，使长石得以上浮。

这种工艺方法在生产实践中已获得广泛应用。如内蒙古角干工区石英砂矿用H_2SO_4为调整剂，高级脂肪胺和石油磺酸盐为捕收剂进行脱除长石等杂质的反浮选，获得 SiO_2 品位为97.83%的最终产品，可作为生产平板玻璃的原料，也可作为优质铸钢造型用砂。位于山东省荣成市港西镇的旭口硅砂矿，在 pH 为 3 的条件下，采用 N－烷基丙撑二胺与石油磺酸钠混合捕收剂优先浮选长石，获得了 SiO_2 品位为96.94%的最终石英产品，使产品达到优质浮法玻璃原料要求。内蒙古的通辽和新疆的昌吉也先后建立了 2×10^4 t/a 生产规模的硅砂无氟浮选选矿厂。

②中性反浮选长石。

该方法是在中性自然介质中，用阴阳离子混合捕收剂，外加抑制剂分离石英与长石。分析其浮选机理为：中性介质中，石英长石均荷负电，但有试验表明，阴离子捕收剂（油酸根离子）在这两种矿物表面上均可发生吸附行为。不过其吸附情况大不一样：石英表面尽管荷负电，但仍有局部正电区存在，借助静电力和氢键作用对油酸根离子有微量吸附。这一吸附是极不稳定的，加入抑制剂（如六偏磷酸钠）即可以脱去表面吸附的捕收剂。而长石则不同，它与油酸根离子的吸附有三种形式：一是静电吸附的油酸根；二是以氢键或分子力吸附的油酸分子；三是与 Al^{3+} 反应而产生化学吸附的油酸铝。第三种吸附作用相当牢固，用去离子水冲洗或加入其他阴离子均不能完全解吸长石表面上吸附的油酸，仍有一部分吸附在矿物表面。长石表面 Al^{3+} 含量并不高，化学吸附上去的油酸也不会太多，其疏水力有限，还不能导致大量长石上浮。但是表面所吸附的这些油酸根离子可作为阴离子活性质点再去吸附胺类阳离子捕收剂，其作用相当于氟化物与矿物表面作用所产生的氟化铝络合物阴离子区或氟硅酸铝阴离子区，使胺类阳离子捕收剂牢固地吸附在其表面，从而使长石可浮性大大优于石英，二者得以分离。这一分离技术的关键在于要有合适的抑制剂可以解吸石英表面上吸附的油酸根离子，又能阻止胺离子捕收剂在石英表面上的吸附，且对长石的影响不大。有试验表明，六偏磷酸钠能很好地起到这一作用。还有试验证明，阴阳离子的配比对分离效果有着很大影响：若阳离子过量则浮选选择性下降，两种矿物都上浮；若阴离子捕收剂过量，则分离效果较好。此方法在工业生产中已有成功的例子。

（2）石英与长石的正浮选分离。

在高碱性介质条件下（pH＝11～12）以碱土金属离子为活化剂，以烷基磺酸盐为捕收剂，可优先浮选石英，实现石英与长石的分离。加入的金属阳离子与烷基磺酸盐在碱性条件下形成的中性络合物如 $Ca(OH)^{+}RSO^{3-}$ 在其中起着关键作用，这些中性络合物可以与游离的磺酸盐离子结合在一起，并共同吸附在石英表面，起到半胶束促进剂的作用，使石英疏水上浮。而长石在高碱性介质中，长石表面的硅离子减少，碱金属离子增多，故在此条件下不利于外加金属阳离子的吸附。

目前该方法还仅限于实验室结果，未见有在工业生产中获得实际应用的报道。

3．含铁矿物和长石的石英砂浮选

对于不含云母（或含极少）而含较多长石和铁矿物的石英砂，将矿浆 pH 调到7～8，用脂肪酸作捕收剂浮选含铁矿物，尾矿进行长石和石英分离浮选。如果给料中铁矿物的含量高，可在浮出铁矿物后，进行长石和石英的混合浮选，然后对混合精矿进行分离得长石和石英精矿。

4．含铁矿物、云母和长石的石英砂浮选

对于这种组成较复杂的石英砂，可用硫酸调节矿浆 pH 达3～4，用胺类捕收剂浮选云母，尾矿用盐酸调节 pH 到 4 ~ 5，用磺化石油捕收浮选铁矿物，然后进行长石和石英分离浮选。也可以依次优先浮出铁矿物、云母、长石，尾矿为石英精矿。

12.4 长石浮选

12.4.1 长石的性质、矿物结构、矿床及应用

长石是地壳中分布最广的矿物，估计占组成地壳矿物的 60%。其化学组成是钾、钠、钙和钡的铝硅酸盐，即钾长石 $K(AlSi_3O_8)$、钠长石 $Na(AlSi_3O_8)$、钙长石 $Ca(Al_2Si_2O_8)$ 和钡长石 $Ba(Al_2Si_2O_8)$，有时尚含有锂、铷、铯、锶等稀有元素。表 12 - 3 是按化学成分分类的长石族矿物的主要性质。

表 12 - 3 长石族矿物的主要性质

矿物名称及化学式	化学成分/%						密度/($g \cdot cm^{-3}$)	莫氏硬度	晶系	比电导度	颜色
	SiO_2	Al_2O_3	K_2O	Na_2O	CaO	BaO					
钾长石 $K(AlSi_3O_8)$	64.7	18.3	16.7				2.56	6	单斜	2.67	白、红、乳白
钠长石 $Na(AlSi_3O_8)$	68.8	19.5		11.8			2.61	6	三斜	2.33	白、蓝、灰或无色
钙长石 $Ca(Al_2Si_2O_8)$	43.2	36.7			20.1		2.77	6	三斜	1.78	灰、白、红
钡长石 $Ba(Al_2Si_2O_8)$	32	27.1				40.9	3.45	6	单斜		蓝或无色

长石的主要矿床有伟晶岩、风化花岗岩、细晶岩（半风化花岗岩），此外还有长石质陶石、钾质流纹岩、与蛇纹岩伴生的钠长石、霞石闪长岩和白岗岩。

工业长石主要是钾长石和钠长石，它们主要用于陶瓷工业（占长石总消费量的 50% ~ 60%）和玻璃工业（约占长石总消费量的 30%），其他应用领域有化工、磨料、玻璃纤维、电焊焊条、搪瓷及釉料等。

12.4.2 长石的浮选工艺

长石浮选自 20 世纪 30 年代问世以来，在美国、德国、意大利、墨西哥及苏联等国家广泛应用。浮选方法适用于伟晶花岗岩、半花岗岩、风化花岗岩及硅砂等，使得长石生产不再单独依赖于粗晶花岗岩，低品位长石矿床得到开发利用。

长石可用脂肪酸类捕收剂（如油酸）浮选。铝盐在酸性介质中抑制长石而在弱碱性介质中活化长石。阳离子胺类也是长石的有效捕收剂，但浮选时必须预先脱泥并注意矿浆 pH 的调节，通常多用氢氟酸调整矿浆 pH 为 2 ~ 3，氢氟酸是长石的活化剂，并能清洗掉矿物表面的多价金属离子。另外，经过学者的研究，还开发出酸性和碱性浮选长石的方法。

中国地质科学院矿产综合利用研究所采用浮选的方法对青海某钾长石资源进行了综合利用研究，矿石中的主要矿物有长石、石英、云母，杂质矿物主要是电气石、石榴子石和少量锆

石。研究结果表明：采用粗磨→浮云母→再磨→浮选脱泥→长石浮选的选矿流程，见图12－11，可以综合回收云母、长石和石英。粗粒浮选云母用十二胺作捕收剂，浮选脱泥既可以脱去矿泥，也可以除去矿石中的石榴子石、电气石等含铁杂质，然后在酸性条件下用1∶3的十二胺和石油磺酸钠混合作长石的捕收剂分离长石和石英。获得云母产品产率为8.22%；玻璃工业用长石产品产率为34.28%，$K_2O + Na_2O$含量12.448%，Fe_2O_3含量0.275%；铸造砂产品产率为46.51%，SiO_2含量为83.28%、Fe_2O_3含量为0.158%。原矿利用率达89%左右，为该钾长石资源提供了合理利用的途径。

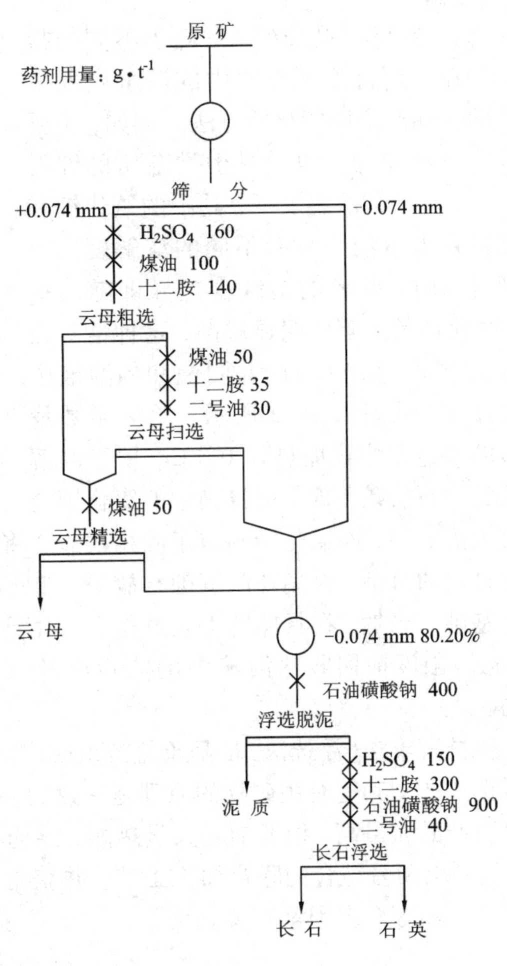

图12－11 青海某钾长石矿长石浮选流程

12.5 可溶盐浮选

12.5.1 可溶盐类矿物与处理方法

凡易溶于水且具有咸、苦咸或辛辣等味感的矿物，在日常生活和工业上统称为盐类矿物。按其化学组分，这些矿物主要是含水或不含水的碱金属、碱土金属氯化物、硫酸盐、碳酸盐、硼酸盐和硝酸盐等。

自然界的盐类矿物有100多种，广泛分布于蒸发沉积矿床中。其中最主要的有：钠盐NaCl(Na 39.4%，Cl 60.6%，密度2.1～2.2 $g\cdot cm^{-3}$，硬度2)，钾盐KCl(K 52.4%，Cl 47.6%，密度为1.97～1.99 $g\cdot cm^{-3}$，硬度2.2)，光卤石$KCl\cdot MgCl_2\cdot 6H_2O$(K 14.1%，Cl 38.3%，Mg 88%，H_2O 38.9%，密度1.57～1.6 $g\cdot cm^{-3}$，硬度2～3)，钾盐镁钒$KCl\cdot MgSO_4\cdot 3H_2O$(K 15.7%，Cl 14.2%，Mg 9.8%，SO_4 38.6%，H_2O 21.7%，密度2.07～2.19 $g\cdot cm^{-3}$，硬度2.5～3)，芒硝$Na_2SO_4\cdot 10H_2O$(Na 14.3%，SO_4 29.8%，H_2O 55.9%，密度1.48 $g\cdot cm^{-3}$，硬度1.5)，石膏$CaSO_4\cdot 2H_2O$(Ca 23.3%，SO_4 55.8%，H_2O 20.9%，密度2.3 $g\cdot cm^{-3}$，硬度2.0)，苏打$Na_2CO_3\cdot 10H_2O$(Na 16%，CO_3 21%，H_2O 63%，密度1.4～1.5 $g\cdot cm^{-3}$)以及天然硼砂$Na_2O\cdot 2B_2O_3\cdot 10H_2O$($Na_2O$ 16.2%，B_2O_3 36.6%，H_2O 47.2%，密度1.69～1.72 $g\cdot cm^{-3}$，硬度2～2.5)等。

盐类矿物应用范围极广，是基本化工、农业、轻工、冶金、建材、医药和核能利用方面的重要原料，也与人们日常生活息息相关，因此在国民经济中占有重要的位置。

盐类矿物的选矿加工利用，主要有两种方法：一是溶解结晶法(化学法)；二是机械富集法（浮选法）。

溶解结晶法（化学法）是基于不同的盐类矿物在不同温度下在水中的溶解度发生变化的特性而采用的化学方法。例如，主要组成为石盐和钾盐以及黏土类杂质的钾石盐矿石，在不同的温度下，其中的氯化钾和氯化钠在水溶液中具有不同的溶解度。当温度升高时，两者的溶解度差异即随之扩大，氯化钾的溶解度明显增高，这种情况在两种盐（NaCl 和 KCl）所共同饱和的溶液中更为显著，见图 12－12 所示。将一定数量20℃的共饱和溶液加热到 100℃，用于溶解定量的钾石盐矿石时，可将其中的氯化钾全部溶入溶液中，而氯化钠则留于固相残渣。将这种热溶液冷却，即可结晶出氯化钾，结晶出氯化钾后的母液，再循环溶解钾石盐矿，如此反复进行，即构成溶解结晶法加工钾石盐矿的操作基础。当然，在具体的工艺过程中，由于要分离出黏土等杂质，尽量减少所需产品的损失，最大限度地回收热溶液中的热量以及改善所需产品的质量等，实际控制还是比较复杂的。

图 12－12　KCl 和 NaCl 在不同温度下的互溶解度

机械富集法（浮选法）是基于盐类组成矿物表面的物理化学性质的差别而制定的，这与采用浮选法选别其他有用矿物的原理是一致的。这两种加工方法，目前都得到广泛应用。溶解结晶法产品质量高，但要消耗大量热能，浮选法产品质量略低，但比较简单和经济。近几年来，研制出两者结合的联合加工工艺，并获得发展。总之，采用何种方法与矿石性质、矿石成因及产地等众多因素有关。

12.5.2　可溶盐类矿物的浮选特点及其与捕收剂的作用

可溶盐类矿物由于本身具有可溶性，因而在许多方面与不溶于水的矿物浮选是不同的。可溶性盐类矿物浮选的特点是：①浮选过程必须在其盐类的饱和溶液中进行，因此溶液的组成和性质具有重要意义；②盐类在饱和溶液中浮选时，泡沫具有很高的稳定性，一般不必使用起泡剂；③盐类矿物很易溶于水，例如石盐在室温下的溶解度按重量计为 30%。许多盐类的溶解度都大于 5 $mol \cdot L^{-1}$，这样高的溶解度对浮选过程将产生两种重要影响：一是在技术上要注意浮选介质离子浓度极高，使双电层被破坏到可以说几乎不再存在的程度（如在钾盐的饱和溶液中，双电层的厚度仅约为 0.1 nm），二是在实践上要注意饱和溶液不能废弃，要循环使用，否则有价成分损失很大。

浮选可溶性盐类矿物捕收剂的选择，要特别注意应使其能在饱和盐溶液中溶解并能在矿物表面吸附，捕收剂的浓度应小于生成胶粒的临界浓度。盐类矿物较合适的捕收剂是：烷基硫酸盐、烷基磺酸盐、烃链较短的脂肪酸和阳离子胺盐。关于这些捕收剂与可溶性盐类矿物的作用机理，不少学者提出了多种假设，其中主要包括：

离子交换吸附：指捕收剂离子和矿物表面之间发生离子交换。例如

$$\begin{array}{l} \qquad\qquad\quad \mathrm{K^{+}} \qquad\qquad\qquad\quad \mathrm{K^{+}} \\ \mathrm{RNH_3^{+} + K^{+}\,Cl^{-} \Longleftrightarrow RNH_3^{+}\;Cl^{-} + K^{+}} \\ \qquad\qquad\quad \mathrm{K^{+}} \qquad\qquad\qquad\quad \mathrm{K^{+}} \\ \qquad\qquad\quad \mathrm{Cl^{-}} \qquad\qquad\qquad\quad \mathrm{Cl^{-}} \end{array}$$

$$\begin{array}{l} \qquad\qquad\quad \mathrm{K^{+}} \qquad\qquad\qquad \mathrm{K^{+}} \\ \mathrm{RSO_4^{-} + Cl^{-}\,K^{+} \Longleftrightarrow RSO_4^{-}\;K^{+} + Cl^{-}} \\ \qquad\qquad\quad \mathrm{Cl^{-}} \qquad\qquad\qquad \mathrm{Cl^{-}} \\ \qquad\qquad\quad \mathrm{K^{+}} \qquad\qquad\qquad \mathrm{K^{+}} \end{array}$$

分子吸附：捕收剂分子吸附在盐类矿物的表面上。如：

$$\begin{array}{l} \qquad\qquad\qquad\;\; \mathrm{Cl} \qquad\qquad\qquad\qquad\quad \mathrm{Cl} \\ \mathrm{RCOOH + Cl\;Na \longrightarrow RCOOHCl\;Na} \\ \qquad\qquad\qquad\;\; \mathrm{Cl} \qquad\qquad\qquad\qquad\quad \mathrm{Cl} \end{array}$$

依靠氢键结合：氢键较强的捕收剂离子（或分子），通过水分子借氢键附着到易水化的盐类矿物表面上。如：

$$\mathrm{R{-}\overset{}{\underset{\underset{O}{\|}}{C}}{-}O^{-}} \cdots \left[\begin{array}{c} \mathrm{H} \\ \diagdown \\ \mathrm{O} \\ \diagup \\ \mathrm{H} \end{array}\right]_{1} + \left[\begin{array}{c} \mathrm{H} \\ \diagdown \\ \mathrm{O} \\ \diagup \\ \mathrm{H} \end{array}\right]_{n_2} \cdots \begin{array}{c} \mathrm{Cl^{-}} \\ \mathrm{Na^{+}} \\ \mathrm{Cl^{-}} \end{array} \Longleftrightarrow \mathrm{R{-}\underset{\underset{O}{\|}}{C}{-}O^{-}} \cdots \left[\begin{array}{c} \mathrm{H} \\ \diagdown \\ \mathrm{O} \\ \diagup \\ \mathrm{H} \end{array}\right]_{n} \begin{array}{c} \mathrm{Cl^{-}} \\ \mathrm{Na^{+}} \\ \mathrm{Cl^{-}} \end{array} + \mathrm{H_2O}$$

表面电荷假设：在氯化钾和氯化钠的饱和溶液中，KCl 表面带正电荷，NaCl 表面带负电荷。当用胺盐（$RNH_3^+Cl^-$）捕收 KCl 时，胺的偶极带负电的一端是朝向氯化物，由于静电引力，胺盐能吸附于氯化钾表面，使之可浮；用羧酸钠（$RCOO \cdot Na^+$）捕收 NaCl 时，羧酸钠偶极带正电的一端则朝向氯化物，因此它可以捕收 NaCl。相反，胺盐不能捕收 NaCl，羧酸盐不能捕收 KCl，因为它们之间互相排斥。

晶格尺寸假设：捕收剂的晶格应与盐类矿物的晶格相适合，如果捕收剂在固相时的晶格尺寸同矿物表面晶格尺寸之间的差值不大于20%，则使用该捕收剂浮选该矿物效果良好。因为只有在这种情况下，捕收剂才有可能叠置在该矿物表面的晶格上。例如辛胺能捕收 KCl，而不能捕收 NaCl，原因是它同 KCl 晶格尺寸的差值只有 14.3%，而与 NaCl 晶格尺寸的差值为23.2%。某些学者认为，只有当阳离子胺盐的结晶格子与被浮盐类矿物的结晶格子一致时吸附才比较牢固。这种晶格的一致性应理解为盐类矿物的阳离子大小，近似于捕收剂胺基的大小。例如，对于 KCl 和 NaCl 来说，K^+的离子半径为 0.133 nm，与烷基第一胺的离子半径（0.143 nm）大小相近，所以烷基第一胺对 KCl 有捕收作用，而 NaC1 中的 Na^+的半径为0.095 nm，比烷基第一胺离子极性基小很多，因此第一胺对 NaCl 没有捕收作用。

溶解热假设：仅用矿物和捕收剂的晶格尺寸来判断某种捕收剂能否捕收某种矿物，往往是不够的。如果矿物晶体的水化热大于捕收剂同矿物晶格表面作用的反应热，则捕收剂不被吸附，矿物就不会浮游。水化热（H）为：

$$H = U + L$$

式中：U 为晶格能；L 为熔解热。

如果用 S 表示捕收剂在矿物晶格表面上的反应热，则在水化表面的吸附功（W_a）将等于：

$$W_a = S - H$$

由于晶体的水化热取决于晶格能和溶解热，因此，盐类的晶格能愈大，其可浮性也就愈差，同理，溶解热的大小也是确定盐类矿物可浮性的主要标志之一。如果溶解热是负值，则某些脂肪酸类捕收剂在矿物表面的吸附是完全可能的。表 12－4 列出碱金属和氨卤化物的溶解热与可浮性之间的关系。烷基羧酸及烷基磷酸盐捕收剂适用于浮选溶解热负值较小的盐，如 NaCl(溶解热为 -2.092 kJ·mol^{-1})，而烷基硫酸盐和烷基磺酸盐适于浮选溶解热负值较大的盐，如 KCl(溶解热为 -15.8992 kJ·mol^{-1})。

表 12-4　碱金属和氨卤化物的溶解热 180℃(×4.184 kJ·mol^{-1})

	Li^+	Na^+	K^+	Rb^+	Cs^-	NH_4^+
F^-	-1.0	-0.4	2.2	5.9 不浮	8.5	-1.5
Cl^-	4.9	-0.5	-3.8	-4.2	-3.9	-3.4
Br^-	7.7	-4.6	-4.1	-5.9	-6.6	-4.5
I	14.8 不浮	-3.9	-3.4	-6.9 可浮	-8.1	-3.6

以上这些有关捕收剂与盐类矿物的作用机理，事实上都不能较全面地解释在可溶性盐类矿物浮选中所观察到的各种现象，由于理论还处在研究阶段，许多实际问题(如浮选过程的强化，捕收剂的选择等)还不得不依靠经验方法来解决。

浮选可溶性盐类矿物时，介质 pH 的影响虽然不如非可溶性矿物那样敏感，但由于捕收剂以离子形态存在时较易溶解，所以介质 pH 的控制也具有很大的意义。比如，阳离子胺盐在弱酸性介质(pH =4 ~7)中解离情况最佳，这时它能良好地浮选 KCl，而不浮选 NaCl，这主要是离子交换吸附起主导作用。而当 pH 大于 9 时，胺盐呈分子形态存在，这时它浮选 NaCl 较好，而浮选 KCl 较差，这主要是由于捕收剂分子借氢键吸附到易水化的石盐表面。脂肪酸及其皂类在 pH 小于 5 时，亦呈分子状态存在，因此只有在 pH 为 7 ~11 时，用它来浮选 NaCl 才是成功的。而烷基硫酸盐对 pH 则不甚敏感。

12.5.3　钾石盐矿的浮选

以钾石盐矿为主的盐类矿床，比较典型的有：加拿大的莎斯喀彻温、美国的喀斯伯特、苏联的旦卡姆和斯塔罗宾、法国的阿尔萨斯以及我国的云南普洱等。它们都是采用浮选法为主要的加工方法。

钾石盐矿(KCl、NaCl)是可溶性固态含钾盐类矿床之一，它是由古代三叠纪的大海缓缓蒸发时析出的钾盐(KCl)和石盐(NaCl)晶体结合起来的混合物。矿床组成简单，储量巨大，加工利用也比较方便，是当今世界钾肥原料的最主要来源。

由于矿床形成的条件不同，矿石中钾盐和石盐的含量往往有很大的差异，钾盐的含量可在 10% ~60% 范围内波动，石盐的含量在 20% ~70% 范围之内。除两种主要盐类外，钾石盐矿中还不同程度地含有光卤石($KCl \cdot MgCl_2 \cdot 6H_2O$)及硬石膏($CaSO_4$)等矿物，并混有页岩、砾石和黏土等杂质以及某些细散的铁质物。为了提高含钾品位，综合利用有益组分，钾石盐原矿需进行加工处理。世界上钾石盐矿的加工处理最初是采用溶解结晶法，第二次世界大战后浮选法逐渐得到推广，到 20 世纪 60 年代后期，在采用浮选法的同时，还发展了两种方法联合的加工工艺。

由于 KCl 和 NaCl 在水中的溶解度均很大(例如在 10℃时，KCl 单独在水中的溶解度为 310 g/L、NaCl 为 357 g/L)，因此钾石盐矿的浮选过程，是在浓度很大的饱和盐溶液中进行的。在盐的饱和溶液中，离子之间距离很小，例如就 KCl 饱和溶液来说大约为 0.6 nm，且每个离子大约与6个水分子缔合，所以盐溶液的物理化学性质与水有很大的差异。这种盐溶液对浮选药剂会造成一些影响。比如，脂肪酸皂、烷基胺和烷基硫酸盐等在饱和盐溶液中的溶解度很小，溶解速度缓慢，导致胶粒的大量形成，阻碍浮选过程的强化，有时又因饱和盐溶液中溶质离子与捕收剂离子之间起化学反应，从而限制了某些浮选药剂的应用，例如当盐溶液中含有大量 Ca^{2+}、Mg^{2+} 等离子时，就限制了用脂肪酸皂作捕收剂来浮选 NaCl。饱和盐溶液的组成也影响 KCl 的可浮性，例如随着溶液中 NaCl 浓度的增大，KCl 的可浮性急剧下降，但溶液中 KCl 的浓度增大，却不影响 NaCl 的可浮性。

钾石盐矿的浮选，起初是用脂肪酸皂作捕收剂，用铅盐或铋盐作活化剂从中浮选出石盐(NaCl)，现在则是用烷基胺盐(如长烃链烷基第一胺)或烷基硫酸盐(如十二烷基硫酸钠)作捕收剂，从钾石盐矿中把钾盐(KCl)浮到泡沫产物中，而使石盐(NaCl)留于尾矿。浮选钾盐(KCl)的这两类捕收剂，特别是胺类很易被矿石中的黏土或其他矿泥所消耗且使矿泥上浮，这不仅使药剂用量增大，也污染精钾产品质量。同时，由于泥的胶体状态特性，使选矿过程变得复杂化。为此，在浮选钾石盐矿石时，往往根据矿泥(或称水不溶物)含量的多少，采用机械脱泥、预先浮出矿泥或直接抑制矿泥的方法来消除这种影响。常用的矿泥抑制剂有苛性淀粉，糊精，木质素衍生物，羧甲基纤维素等。苛性淀粉是较好的抑制剂，它不仅使黏土粒子不与胺盐作用，而且使它们凝聚，因而对浮选过程更为有利。钾石盐矿浮选所获得的产物(精矿、尾矿、矿泥)，因其中含有饱和石盐溶液(母液)，需过滤回收。过滤时用水洗涤精矿滤饼以提高 KCl 的品位，亦可用水洗涤尾矿，将尾矿中混入的 KCl 溶解出来，可以降低 KCl 的损失，矿泥中常含有少量未溶解的 KCl，可以用热溶解结晶法(加温到105℃左右使 KCl 溶解，然后进行过滤，将滤液冷却使之析出 KCl 结晶)加以回收。还有的把尾矿加热到40～50℃，使尾矿中的 KCl 进入溶液，然后使渣液分离，获得的母液再返回系统中去。

氯化钾精矿的品位，一般要求 K_2O 60%以上。采用浮选法处理，如果能有效的排除矿泥(或水不溶物)的不利影响，要达到符合要求的精矿产品并不困难。

下面介绍两个钾石盐矿的浮选实例：

(1)Rocanville 地区萨斯喀彻温钾盐公司用浮选法从含有约1%的不溶矿泥的钾盐矿石中除去不溶矿泥。矿石经过擦洗、解离不溶矿泥，然后浓密。浓密机底流与 Procol CK910 絮凝剂和不溶矿泥捕收剂调浆，并进行矿泥浮选。不溶尾矿中的钾盐用浮选回收。浮选采用浮选柱来代替精选用的浮选机。

(2)俄罗斯上卡马钾盐矿床中大量存在光卤石。Solikemsk 公司开发出一种反浮选法，将少量的岩盐和钾盐浮到浮选泡沫中，而光卤石回收到槽内产品中，用烷基吗啉作捕收剂。黏土矿泥在预浮选过程中脱出。

12.5.4 硼酸盐矿的浮选

主要的硼酸盐矿物有硼砂($Na_2B_4O_7 \cdot 10H_2O$)、硼酸钙矿($Ca_2B_6O_{11} \cdot 5H_2O$)、水硼酸钙镁石($MgCaB_6O_{11} \cdot 6H_2O$)和方硼石[$Mg_6(B_{14}O_{26})Cl_2$]。脉石矿物主要为黏土和石膏。含 Ca^{2+}、Mg^{2+} 的硼矿物可用脂肪酸及其皂浮选，浮选硼砂先用钡盐活化后用脂肪酸浮选。黏土可通过脱泥除去，石膏可用淀粉等抑制剂加以抑制。当硼矿石中存在含镁的硅酸盐矿物时，选择性地浮选硼矿物通常是比较困难的。

12.6　石墨浮选

12.6.1　石墨的晶体结构、矿石类型及选矿产品

石墨是碳的同素异形体，化学成分是C，密度为2 g·cm^{-3}，质软，硬度为1～2，能耐高温（熔点3850℃±50℃，沸点4250℃），具有很高的导热性、导电性、滑腻性、可塑性、热稳定性及化学稳定性。所以它被铸造业用作铸模涂层；化学工业用作耐酸耐碱和抗腐蚀的输送管道及承受容器；航天航空工业用作火箭发动机尾喷管喉衬、高温润滑剂及高温火箭外壳材料，原子工业用作原子反应堆中子减速剂、电气工业用作电弧碳棒及接触电刷；电视工业用作显像管中胶体石墨乳涂层，且是人造金刚石的原料。

石墨晶体中的碳原子成片状排列为平行六角形面网，见图12－13，具有特殊的层状结构。平行面网中每一原子为相邻三原子所围绕，相互靠得很近，间距为0.142 nm，联系牢固，层与层之间碳原子的距离则大得多，约为0.34 nm，联系很弱。这种结构特点决定了石墨最易出现平行于网层结构的完整片状解离面，该层面呈非极性，因而具有良好的天然疏水性。

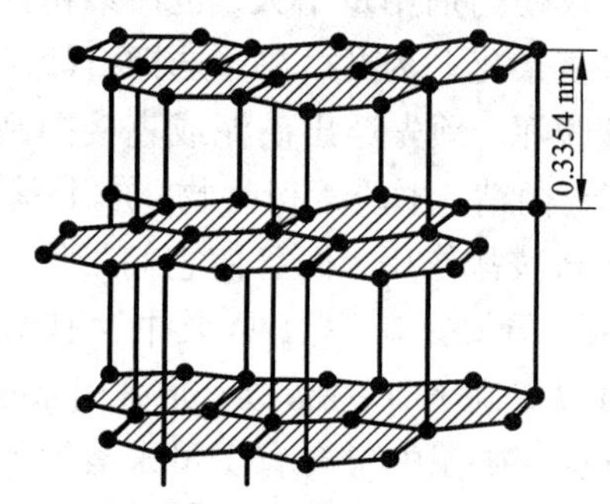

图12－13　石墨晶体结构示意图

根据矿石中所含石墨结构的不同，石墨矿石可分为三种类型：①鳞片状石墨矿石；②致密晶质石墨矿石；③隐晶质石墨矿石。前两类都是晶质石墨，具有良好的天然可浮性，后者是非晶质石墨，可浮性很差。

天然的鳞片状石墨光泽强，滑腻性强，可塑性大，且在加温时不易被氧化，因此这类矿石的价值最大，但多为贫矿。根据鳞片的大小又可分为：①粗鳞片状石墨，鳞片的宽度从几毫米到0.1 mm；②细鳞片状石墨，鳞片小于0.1 mm；③层状结晶质石墨，具有致密的构造。

致密结晶质石墨矿石中的石墨由互相紧密连接着的晶体所组成的块状体，多呈放射状取向，为它形晶结构。这种结构特点使晶体不易沿解理面破裂，也不易滑动，所以在研磨时结构几乎不会破坏，滑腻性及可塑性均小于鳞片状石墨。根据晶体的大小可分为粗粒与细粒结晶质石墨，后者单个晶体的尺寸小于0.05 mm。这类矿石的工业矿床极少见，其特点是石墨含量高（达60%～70%）。

隐晶质石墨矿石中的石墨晶体小于1 μm，平均为0.01～0.1 μm，呈致密块状，由在显微镜下都无法分辨的晶体所组成。这种石墨的滑腻性最小，且没有塑性。从隐晶质石墨到变质煤之间还可形成一系列的过渡类型，例如从无烟煤过渡到典型的隐晶质石墨，往往可在同一矿床中出现。这类矿石的矿床特点是储量大，石墨含量高（70%～80%），含量低的隐晶质石墨矿石很少被开采。

在选择石墨的选矿方法时应考虑到产品的用途和矿石的特点：制造坩埚时需采用大鳞片状的石墨，+0.2 mm的粒级应不少于95%，灰分小于15%；电极生产采用灰分低于17%的细粒石墨；制造铅笔采用灰分小于5%的细磨石墨，细度为－0.074 mm 100%；铸模采用灰分小于30%的细磨石墨，细度为－0.074 mm 80%；原子反应堆采用无灰分的石墨。

由于用户对石墨中碳的含量及鳞片大小均有较高要求，而大多数晶质石墨多为贫矿，需经选矿处理，用浮选法可获得良好结果，有时还将浮选精矿进行重力浮选(摇床浮选)以及采用化学法处理等，以获得高质量精矿。如果破碎的矿石中含有相当数量的 +0.15 mm 的石墨，有时可用筛分的方法将粗粒级筛出及早加以回收。粗粒鳞片状石墨的价格通常较高，因此选别时应尽可能早地选出以免过粉碎，且粒级粗的石墨精矿品位也高。

12.6.2 鳞片状石墨矿石的浮选

1. 浮选药剂及流程特点

鳞片状石墨具有良好的天然可浮性且密度较小，因此粗颗粒也易浮起。捕收剂可用煤油，用量因矿石特征不同而异，为 $0.5 \sim 2.5\ kg \cdot t^{-1}$，也可用柴油及其他的石油馏分如杂酚油等作捕收剂，起泡剂通常用松醇油。大多数鳞片状矿石浮选时，不加调整剂即可获得很好的指标。但当矿石中含有大量方解石等脉石矿物时，则应加调整剂，否则影响精矿质量及回收率。有时为了抑制细泥与云母等，应加水玻璃、石灰、苏打等，抑制黄铁矿等硫化物，有时加氰化物，对于碳质页岩可加淀粉，有机胶、木质素磺酸等作抑制剂。

由于石墨产品的质量是鳞片愈大愈好，杂质含量愈少愈好，因此，浮选石墨的工艺流程一般具有如下共同特点：

(1)阶段浮选。为了保护鳞片不受或少受破坏，浮选时应采用阶段磨浮流程：入选原矿一般只粗磨到 0.6 ~ 0.8 mm 即可浮选，得出粗精矿和废弃尾矿，然后将粗精矿进行多次再磨和再选。实践证明，磨矿时尖硬的脉石颗粒会刺破或割断石墨的鳞片，因此应尽可能及早地(如经粗磨)排除废弃的尾矿，而只将石墨粗精矿逐次再磨使之解离，以利保护鳞片。

(2)多次精选。由于粗选所得粗精矿固定碳含量通常较低，固定碳含量应达 85%，因而需要经过多次精选。粗精矿不经再磨就进行精选一般效果不显著，因此在浮选流程中精矿需经几段再磨再选作业，使连生体达到充分的单体解离。

有时将脱水干燥后的最终石墨精矿进行筛分，这时筛上产物总是富集着粗的鳞片状石墨，而筛下产物总是脉石含量多一些，这是由于粗的鳞片状石墨具有较高的浮游活性，它们大量浮起，而细粒的脉石又常混入精矿中所致。用筛分选别石墨精矿时，粗鳞片级别含碳量较高，是制造坩埚用的原料，细级别再进行浮选(或再磨再选)可得出高品位的制造铅笔用的石墨，中间产品则用于铸造业翻砂。

鳞片石墨精矿的脱水通常可采用垂直轴式离心机，最终石墨精矿含水 24% ~28%。

石墨精矿的干燥采用间接加热式圆筒干燥机(用烟道气加热，烟道气不与石墨直接接触)，干燥时所蒸发出来的蒸汽常带走一些石墨，因此要用沉降装置进行回收。

2. 生产实例

山东某石墨矿属沉积变质成因的晶质鳞片石墨矿床，矿石中的主要矿物是石墨，脉石矿物有方解石、绿泥石、透闪石、石榴子石等，伴生矿物有黄铁矿、磁黄铁矿、褐铁矿、金红石、锆英石，独居石及少量的磷灰石。矿石呈集合嵌布，嵌布粒度一般为 0.1 ~1 mm。

该矿选厂所处理的矿石按外观分为三类：①部分地表风化矿石，由于泥化和铁质污染外观呈黄褐色，俗称黄矿石。这种风化矿石易碎好选，大鳞片多。②矿床深部未经风化的矿石，色青，俗称青矿石。这部分矿石较硬，易选，但大鳞片在选矿过程中破损较多。③一部分已绿泥石化的晶质鳞片石墨矿石，因发绿色，俗称绿矿石。这种矿石的主要矿物有斜长石、微斜长石、石墨、绿泥石、高岭土、绢云母等，磨矿过程中容易泥化，使浮选泡沫发黏跑槽，影响精矿品位和回收率，成为石墨的难选矿石。上述三种矿石可选性差异较大。

该选厂采用的工艺流程如图12－14所示，原矿经三段开路碎矿后进入一次闭路磨矿，一次粗选，一次扫选得出废弃尾矿和粗精矿，后者经四次再磨、五次精选得最终精矿。流程前部的中矿单独再选(有时未用)，后部的中矿循序返回。浮选时用煤油(200～250 $g\cdot t^{-1}$)作捕收剂，2#油和4#油作起泡剂(200～300 $g\cdot t^{-1}$)，石灰作介质调整剂，pH保持在8～9以抑制黄铁矿。石墨最终精矿经脱水烘干后，用风力分级机分出细片，再用筛子对细片进行分级。一部分细片石墨经化学处理生产高碳石墨，另一部分细片石墨重新再磨再选，生产电碳石墨。

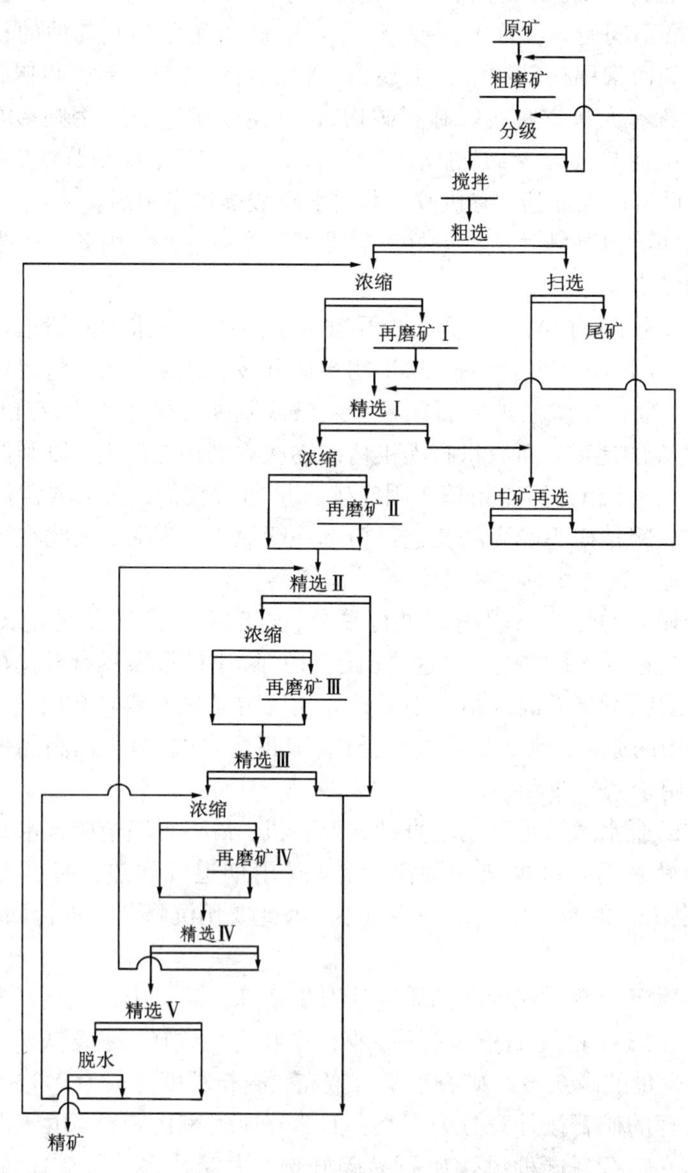

图12－14　山东某石墨矿选矿流程

选矿主要指标：原矿品位4% C，精矿品位88.59% C，尾矿品位0.6% ~0.8% C，回收率约80%。

12.6.3 致密晶质石墨矿石及隐晶质石墨矿石浮选

致密晶质石墨矿石的浮选与鳞片状石墨矿石的浮选没有多大区别，只是因磨矿时无须防止石墨鳞片受到破坏，所以磨矿段数少，磨矿机的工作强度较大，此外，浮选速度也比较慢，因为这类矿石中含有一定数量(15% ~25%)浮选速度慢的隐晶质石墨矿，需要磨得很细才易浮起。

隐晶质石墨属较难选的矿石，其特点是捕收剂用量大(1.5 ~2.0 $kg \cdot t^{-1}$)，浮选速度慢，回收率低，尾矿品位高。隐晶质石墨矿石浮选的困难程度与矿石的磨细程度以及矿石中具有抑制作用的有机物的含量有关。浮选尾矿中常含有许多石墨，一般不能作为废弃尾矿，它可用作低级铸造翻砂石墨。

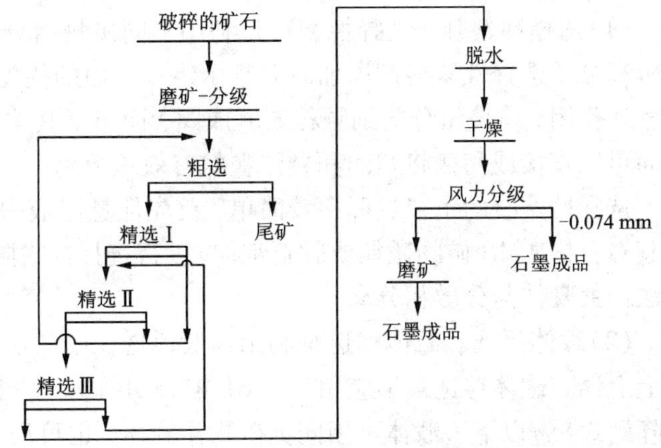

图12-15 隐晶质石墨浮选原则流程示意图

这类工业开采矿石由于原矿较富，其含量达70% ~80%，因此在很多情况下，使之磨细到一定粒度后就可利用。但对含量要求更高时才采用浮选法处理，其原则流程见图12-15所示。

12.7 其他非金属矿浮选

12.7.1 高岭石浮选

1. 高岭石的性质、矿物结构及应用

高岭石主要由小于2 μm的微小片状或管状高岭石族矿物组成。高岭石族矿物共有高岭石、地开石、珍珠石、0.7 nm埃洛石、1.0 nm埃洛石等五种，属1:1型层状硅酸盐(如图12-16所示)，即一个SiO_4四面体层与一个$AlO_2(OH)_4$八面体层连接而成，层间为氢氧键连接。其基本结构单元沿晶体c轴方向重复堆叠组成高岭石晶体，相邻的结构单元层通过铝氧八面体的OH与相邻硅氧四面体的O以氢键相联系，晶体常呈假六方片状，易沿(001)方向裂解为小的薄片。

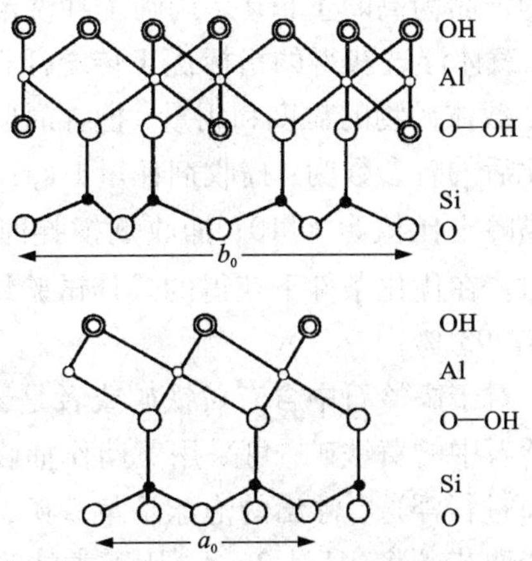

图12-16 高岭石的晶体结构
(高岭石沿a轴和b轴方向上的投影)

组成高岭土的矿物有黏土矿物和非黏土矿物两类。黏土矿物主要是高岭石族矿物，其次是水云母、蒙脱石和绿泥石。非黏土矿物主要为石英、长石和云母以及铝的氧化物和氢氧化物、铁矿物（褐铁矿、白铁矿、磁铁矿、赤铁矿和菱铁矿）、钛的氧化物（钛铁矿、金红石等）、有机物（植物纤维、有机泥炭及煤）等。

高岭土的可塑性、黏结性、一定的干燥强度、烧结性及烧后白度等特殊性能，使其成为陶瓷生产的主要原料；具有片状、粒形、洁白、柔软、高度分散性、吸附性和化学稳定性等优良工艺性能，使其在造纸工业上得到广泛的应用。此外，煅烧高岭土在橡胶、塑料、涂料、化工、石油精炼、耐火材料、农药、航空航天等领域也有广泛应用。

2. 高岭石的浮选工艺

目前，应用于高岭石的浮选工艺主要有以下几种：

（1）选择性絮凝。选择性絮凝是利用不同矿物组分表面物理化学性质的差异，通过一种有机高分子选择性絮凝剂添加后对某个组分表面的优先吸附，然后通过长线状高分子絮凝剂的桥连作用，将该组分的细颗粒絮凝成团，而留下其他组分的颗粒仍然悬浮、分散在矿浆中，从而可以直接或间接将絮团和悬浮颗粒有效地分离。

选择性絮凝的工艺过程比较简单，首先使悬浮液中固体颗粒充分分散，然后加入絮凝剂使其对目标矿物（矿物微粒或脉石细泥）进行选择性吸附。目标矿物絮凝完毕后，利用浮选的方法使絮凝体与分散相分离。

（2）载体浮选。载体浮选是利用一般浮选粒子的矿粒做载体，使目的矿物细粒罩盖在载体上上浮。载体浮选最早应用于1961年Englehard公司从高岭土中除去锐钛矿，可使TiO_2含量降到0.8%以下。载体可用同类矿物作载体，也可用异类矿物作载体。方解石是应用最广泛的载体矿物，可浮性好，易以泡沫形式除掉。

S·科卡等用方解石作载体对土耳其Balikesir－Sindirgi矿区SO_3含量高的高岭土矿进行了明矾石载体浮选研究。该矿区明矾石的解离粒度小于10 μm，采用粗粒的超纯方解石作载体，使细粒的明矾石吸附在方解石表面被浮出。油酸钠作捕收剂，高岭土的分散和调浆是在带有多级调速叶轮的烧杯中完成的，通过强烈搅拌强化细粒（被负载的矿物）和粗粒（载体矿物）的团聚，然后进行泡沫浮选可实现载体浮选。含有明矾石和方解石的泡沫产品为尾矿，槽内产品为高岭土精矿，用筛子冲洗泡沫产品实现明矾石和方解石载体的分离。试验结果表明：载体浮选获得的指标优于传统浮选工艺处理同一矿区高岭土的指标。捕收剂用量、矿浆pH、载体矿物的粒度和用量、搅拌时间和速度以及矿浆温度等参数对分选效果的影响很大，优化后的各参数为：捕收剂耗量1 $kg \cdot t^{-1}$；矿浆pH＝11；载体粒度－0.053＋0.038 mm；载体与高岭土比值为1∶10；捕收剂搅拌时间15 min；捕收剂搅拌速度1750 $r \cdot min^{-1}$；矿浆温度45℃。在优化条件下获得的最佳试验结果如下：精矿SO_3含量为1.03 %，精矿高岭土回收率为57.95 %。

对于高岭石中含有黄铁矿或者是云母等杂质，也可采用常规浮选的方法进行除杂。对于高岭石中的黄铁矿，可采用黄药作捕收剂，2#油作起泡剂，在弱酸性或者中性条件下（pH＝6～7）进行浮选，浮出的泡沫是黄铁矿，溜槽中的矿物是高岭石。对于高岭石中的云母，可用硫酸调节矿浆pH达3～4，用胺类捕收剂浮出云母杂质。

反浮选是有效地从高岭土中分离脱除带色杂质（主要是含钛和含铁矿物）的方法之一。传统上是采用塔尔油作捕收剂，这要求用金属离子（即Ca^{2+}）活化那些带色杂质，以增大塔尔油在矿物上的吸附量。另一方面，已经证实，羟肟酸的效果更好，不需要活化。

12.7.2 重晶石浮选

1. 重晶石的性质、矿物结构及应用

重晶石是硫酸盐类矿物，其化学式为 $BaSO_4$，晶体常呈厚板状，集合体常呈粒状或晶簇，少数呈致密状、钟乳状和结核状。其主要性质列于表12－5。

表12－5 重晶石矿物的主要性质

矿物名称	化学式	化学组成/%	密度/($g·cm^{-3}$)	莫氏硬度	晶系	形状	颜色
重晶石	$BaSO_4$	BaO,65.7;SO_3,34.3	4.5	2.5～3.5	斜方	板状、柱状	灰白

此外，重晶石难溶于水和酸、无毒、无磁性，能吸收X射线和γ射线。

根据矿床成因，重晶石矿可分为三种类型，即沉积型(含火山沉积型)、热液型、残积型。其矿石主要特点及伴生矿物等列于表12－6。

表12－6 重晶石的主要矿石类型和特点

矿石类型	矿石特点	主要矿物及伴生矿物
沉积型	块状或条纹和豆状构造	重晶石、石英、黏土矿物、黄铁矿、菱铁矿、镜铁矿等
热液型	致密,灰至白色	重晶石、黄铁矿、黄铜矿、方铅矿、闪锌矿、赤铁矿、萤石、毒重石
残积型	易选,品位较高	重晶石、萤石、方解石、石英等

重晶石主要用于石油、化工、涂料、填料等工业部门，其中80%～90%用作石油钻井用的泥浆加重剂。

2. 重晶石的浮选工艺

重晶石的浮选过程按吸附形式分为两种。一种是用脂肪酸、烷基硫酸盐、烷基磺酸盐(如AERO800系列石油磺酸盐)等阴离子捕收剂，按化学吸附的形式在重晶石矿物表面吸附使其表面疏水上浮。另一种是用阳离子胺类捕收剂按物理吸附的形式来浮选重晶石。胺类捕收剂捕收效率低，对矿泥影响敏感，因此，阴离子捕收剂较为理想。通常在球磨机中添加NaOH调整pH为8～10，水玻璃作为调整剂加入到矿浆中，在固体浓度40%～50%的条件下用油酸类捕收剂进行浮选。

浮选法选重晶石常用于沉积型重晶石矿以及与硫化矿、萤石等伴生的热液型重晶石矿石。图12－17和图12－18分别为沉积型重晶石和热液型重晶石的一般选矿工艺流程。

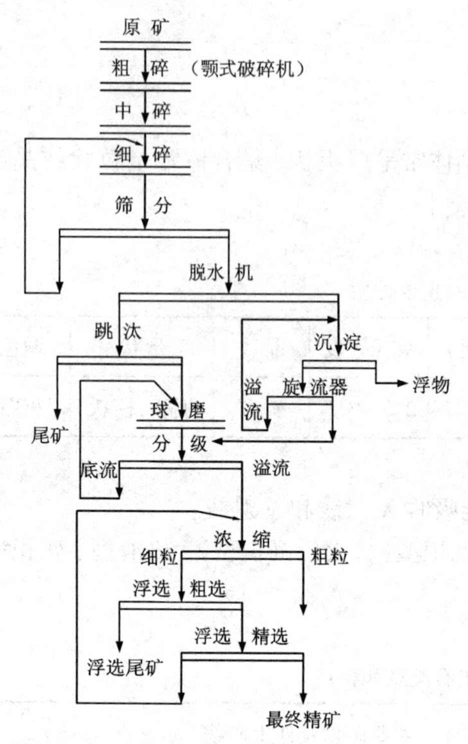

图 12－17　沉积型重晶石的一般选矿工艺流程

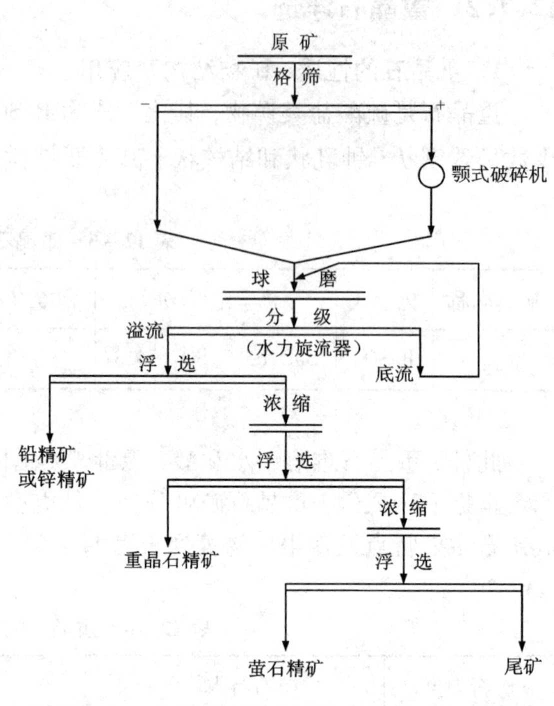

图 12－18　热液型重晶石矿的一般选矿工艺流程

3. 重晶石浮选实例

我国广西象州县潘村矿通过浮选获得品位大于95%、回收率大于97%的重晶石精矿，其细度接近－0.074 mm 99%，产品质量达到天然气及石油钻井加重剂的要求。流程为原矿磨至－0.074 mm 98.66%，经一次粗选两次精选，调整剂水玻璃耗量2.8 kg·t^{-1}，捕收剂氧化石蜡皂400 g·t^{-1}。

安泰重晶石有限公司于2002年建设一座200 t·d^{-1}重晶石选矿厂。原矿矿石中主要矿物为重晶石，次要矿物为云母、石英和少量的黄铁矿及氧化铁矿物。通过实验室小试和初期试生产试验不断调整药剂制度和浮选流程，试验结果表明，采用油酸加氧化石蜡皂或十二烷基磺酸钠加氧化石蜡皂做捕收剂，水玻璃和碳酸钠作为调整剂和脉石抑制剂，使精矿品位 $BaSO_4$ 为98.5%，SiO_2

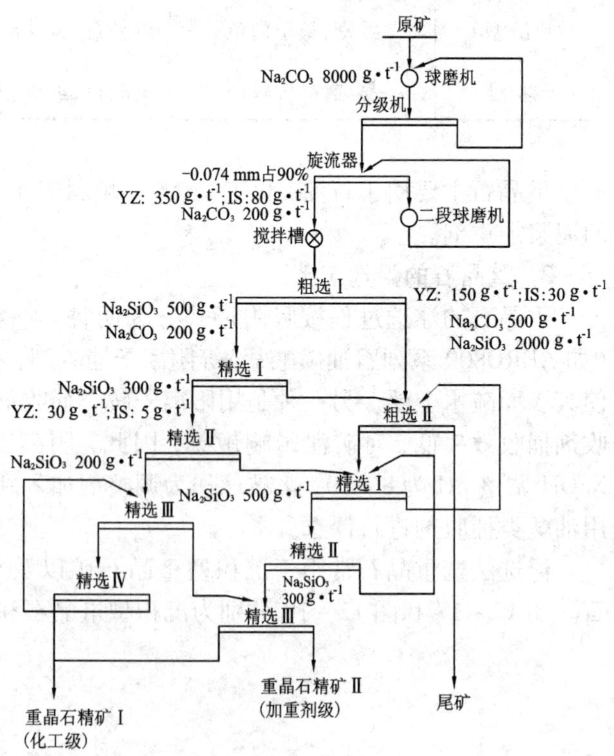

图 12－19　安泰重晶石选矿工艺流程图

为0.69%，达到了出口品级标准，重晶石回收率83.53%。选矿工艺流程见图12-19。

12.7.3 菱镁矿浮选

1. 菱镁矿的性质、矿物结构及应用

菱镁矿是镁的碳酸盐，化学式为$MgCO_3$，纯菱镁矿含MgO 47.81%，CO_2 52.19%。这种矿物有时以类似于方解石的透明晶体出现，但非常稀少。多数菱镁矿或多或少含有铁、钙、锰的碳酸盐，其颜色从白色到略带黄、蓝、红、灰，以至棕黑色。根据结晶状态的不同，菱镁矿可分为晶质和非晶质。

晶质菱镁矿呈菱面体单晶，有完全的菱面体解理，莫氏硬度为4，密度为3.1 $g \cdot cm^{-3}$，常有钙、铁、锰离子呈类质同象混入其中，菱镁矿石中，伴生矿物有白云石、滑石、绿泥石、透闪石、方解石、石英等。

非晶质菱镁矿呈致密坚硬的块状体，无解理，无光泽，断口呈贝壳状，莫氏硬度为3~5，常伴有蛇纹石、蛋白石、玉髓等硅质矿物，故其中SiO_2含量较晶质菱镁矿为多。

菱镁矿的工业价值主要是其中氧化镁具有高的耐火性和黏结性，以及可提炼金属镁。菱镁矿的主要用途是经过煅烧或电熔生成以氧化镁为主成分的各种轻、重烧镁砂及电熔镁砂，并制得烧成砖、不烧砖以及多种不定形碱性耐火材料，用作冶金、化工、玻璃等行业工业窑炉的耐火内衬；还可用于造纸、磨料、制药以及电热元件、建筑材料和土壤改良等方面；其次还可用菱镁矿制成氯化镁后再经过熔融电解生产金属镁；另外，由于高科技的发展，近几年还能够用它生产航天工业用高级绝缘材料。其中耐火材料方面的消耗约占总消耗量的80 %。菱镁矿矿石中的有害杂质主要为SiO_2和CaO，SiO_2在煅烧过程中会形成易熔性的硅酸盐，极大地减弱耐火材料的强度。CaO在煅烧过程中会形成$CaSiO_3$，冷却时易松离而使耐火材料崩溃。

2. 菱镁矿的浮选工艺

菱镁矿的浮选是利用菱镁石和硅酸盐矿物表面物理化学性质的差异来进行分选的方法。菱镁石和硅酸盐矿物的浮选分离一般是交替使用反浮选和正浮选，即先用胺类捕收剂反浮选硅质矿物，然后用脂肪酸类捕收剂浮选菱镁矿。其原则工艺流程如图12-20和图12-21所示。菱镁矿的正浮选宜在碱性条件下进行，添加水玻璃和六偏磷酸钠可选择性地部分抑制白云石等含钙矿物。

3. 菱镁矿浮选实例

自然界中，由于菱镁矿($MgCO_3$)和白云石[(Mg, Ca)$(CO_3)_2$]是两种天然亲水的盐类矿物，它们具有极为相似的结晶构造、表面特性和可浮性相近，分离难度大，钙、镁分离成为获取高纯菱镁矿产品过程中的一道难题。周文波、张一敏采用油酸钠作捕收剂进行了选择分离隐晶质菱镁矿和白云石的浮选试验研究，考察了水玻璃、六偏磷酸钠、氟硅酸钠等调整剂对钙镁分离的影响，并用人工混合的菱镁矿-白云石矿样进行了浮选试验。试验结果表明：菱镁矿和白云石的最佳分离条件为pH=10.5，六偏磷酸钠作调整剂，油酸钠为捕收剂；抑制白云石较好的调整剂是六偏磷酸钠，其次为水玻璃和氟硅酸钠。

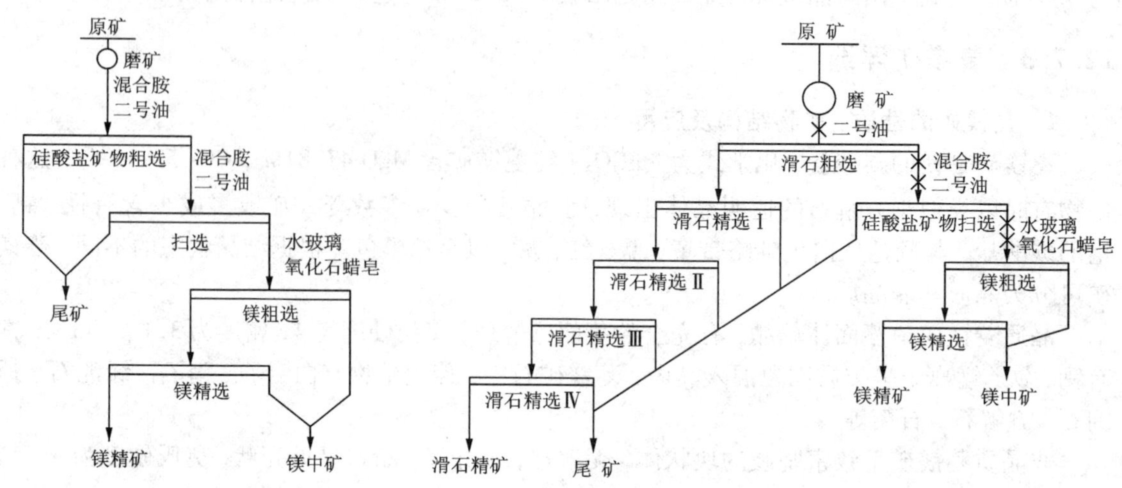

图 12－20　菱镁矿浮选的工艺流程

图 12－21　同时回收滑石的菱镁矿浮选流程

12.7.4　蓝晶石类矿物浮选

1．蓝晶石类矿物的性质、矿物结构及应用

蓝晶石、红柱石、硅线石统称为蓝晶石类矿物，三者为同质多相变体，化学式均为 Al_2SiO_5。化学成分：含 $A1_2O_3$ 62.93%，含 SiO_2 37.07%。

蓝晶石属三斜晶系，晶体常呈扁平柱状，蓝或蓝灰色，玻璃光泽，解理面呈珍珠光泽。在{100}晶面上，平行晶体延长方向的硬度为5.5，而垂直晶体延长方向的硬度则为6.5～7，差异显著，故有二硬石之称。密度3.56～3.68 $g\cdot cm^{-3}$。

红柱石属斜方晶系，晶体呈柱状，集合体呈放射状，形似菊花，俗称菊花石；灰白、褐或红色，玻璃光泽，硬度7，密度3.1～3.2 $g\cdot cm^{-3}$。

硅线石属斜方晶系，晶体呈针状，通常呈放射状和纤维状集合体，灰褐或灰绿色，玻璃光泽，硬度7，密度3.23～3.27 $g\cdot cm^{-3}$。

蓝晶石类矿物一般伴生有黑云母、白云母、绢云母、石英、石墨、斜长石、石榴子石、绿泥石等矿物。

由于蓝晶石类矿物具有很高的耐火度、化学稳定性和机械强度，是优质耐火材料的原料，因此广泛用于生产耐火材料、高级陶瓷、铝硅合金及耐火纤维等领域。

2．蓝晶石类矿物的浮选工艺

浮选是蓝晶石类矿物的主要选矿方法，但一般需要与其他方法联合选别才能达到工业指标要求。常采用重选脱泥后浮选或磁选后浮选。主要影响因素是磨矿细度、脱泥效果、药剂制度和矿浆 pH。

磨矿细度：对于晶粒较粗的蓝晶石类矿物，－0.074 mm 级别含量一般占30%～40%，对于细粒嵌布型和混合型，－0.074 mm 级别含量一般占70%～90%。

脱泥效果：脱泥作业一般要进行2～3次，可在磨矿或擦洗之后采用螺旋分级机、滚筒筛、水力旋流器和水力分级机等分级脱泥设备，脱泥的粒度上限一般为20～30 μm。

药剂制度和矿浆 pH：浮选介质一般为酸性或中性和弱碱性。在酸性介质中浮选蓝晶石可采用石油磺酸钠作捕收剂，用量一般为500～1000 $g \cdot t^{-1}$；其pH可用硫酸调节，最佳pH为3.5～4.5，在中性或弱碱性矿浆中，最佳pH为6.0～8.0；捕收剂选用脂肪酸及其盐类，如油酸、氧化石蜡皂、癸脂等，抑制剂采用水玻璃、乳酸或蚁酸等。

3．蓝晶石类矿物的浮选实例

魏鲁蓝晶石选矿厂采用磁选－浮选工艺流程，用浮选法从非磁性产物中选出蓝晶石。原矿磨至－0.2 mm，脱泥后进行磁选作业。磁选精矿进入重选(摇床)作业，获得铁铝榴石精矿；磁选尾矿作为浮选蓝晶石原料。选矿工艺流程见图12－22。浮选是在常温下加石油磺酸钠作捕收剂，硫酸作pH调整剂(pH＝2～3)，经一粗一精选别作业后，得到蓝晶石精矿。魏鲁蓝晶石原矿化学成分见表12－7，精矿产品规格见表12－8。

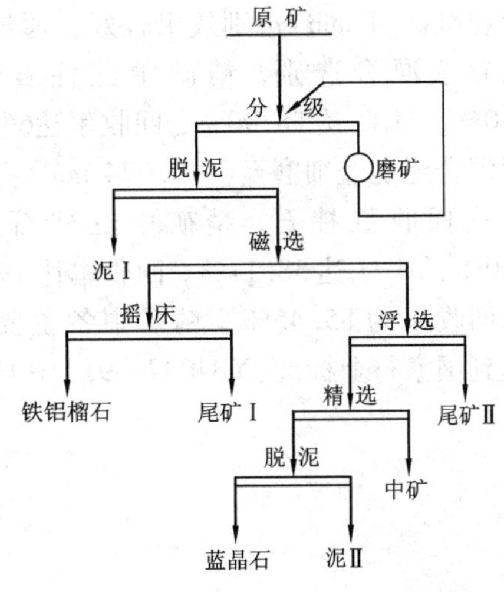

图12－22　魏鲁蓝晶石选矿工艺流程

表12－7　魏鲁蓝晶石原矿的化学成分

化学成分	SiO_2	Al_2O_3	Fe_2O_3	FeO	TiO_2	CaO	MgO	K_2O	Na_2O
含量/%	54.34	25.51	1.62	5.11	1.09	0.49	1.87	4.25	0.88

表12－8　魏鲁蓝晶石浮选精矿产品规格

产品	化学成分/%								耐火度/℃
	SiO_2	Al_2O_3	TiO_2	Fe_2O_3	CaO	MgO	Na_2O	K_2O	
浮选精矿	36.72	57.72	0.21	1.44	0.23	0.16	0.11	0.28	1790

河南隐山蓝晶石矿主要有用矿物为蓝晶石，主要脉石矿物有石英、白云母，次要矿物为黄玉、金红石、氧化铁、炭泥质及石墨。该矿原有流程是磁选除铁后用胺类捕收剂反浮石英、白云母等杂质，槽底产品为蓝晶石精矿。由于该矿矿石性质的变化，有用矿物的嵌布粒度变细，金红石矿物含量越来越高，要实现单体解离，就必须细磨，反浮选流程中目的矿物蓝晶石的流失率增高且槽底金红石的量增加会严重影响耐火制品的耐火度。针对隐山蓝晶石矿，采用超极距螺旋溜槽脱泥后用石油磺酸盐正浮选蓝晶石的工艺流程(一次粗选，三次精选)，不仅使蓝晶石精矿品位提高了4.4%，还综合回收了金红石产品。正浮流程的浮选条件是：pH为3.5，抑制剂SFS的用量为150 $g \cdot t^{-1}$，石油磺酸盐的用量是粗选800 $g \cdot t^{-1}$，精选Ⅰ和精选Ⅱ各50 $g \cdot t^{-1}$。正浮选精矿经过一段中强磁除铁和两段摇床(一次粗选，一次精选)分选后得蓝晶石精矿和金红石产品(含TiO_2 90.44%)。

内蒙古矿产实验研究所对内蒙古某红柱石矿进行了选矿试验研究。采用两种联合流程，分别获得了粗粒(≤1 mm)和细粒(－0.074 mm占90%)两种红柱石精矿产品。粗粒和细粒红柱石的选矿流程见图 12－23 和图 12－24。该试验工艺流程可行、简单，具有一定的实用性。特别是粗粒级(－1 mm)选别效果较好。通过摇床—重液—磁选混合选别，精矿中红柱石含量达到 97.40%，Al_2O_3达 58.90%，回收率达66.07%。然后对混合尾矿经细磨至(－0.074 mm)占 90%，浮选再次回收红柱石，精矿中红柱石含量达到 97.50%，Al_2O_3达 58.17%，回收率达 19.38%，粗细总回收率为 85.45%。精矿中各主要元素含量均达到国家行业标准(YB4032—91)中 HJ－58 即一级品质量要求。

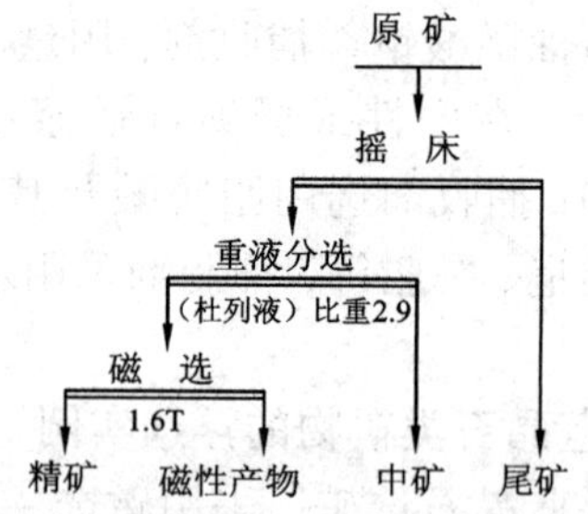

图 12－23 内蒙古某红柱石矿粗粒红柱石摇床—重液—磁选试验流程

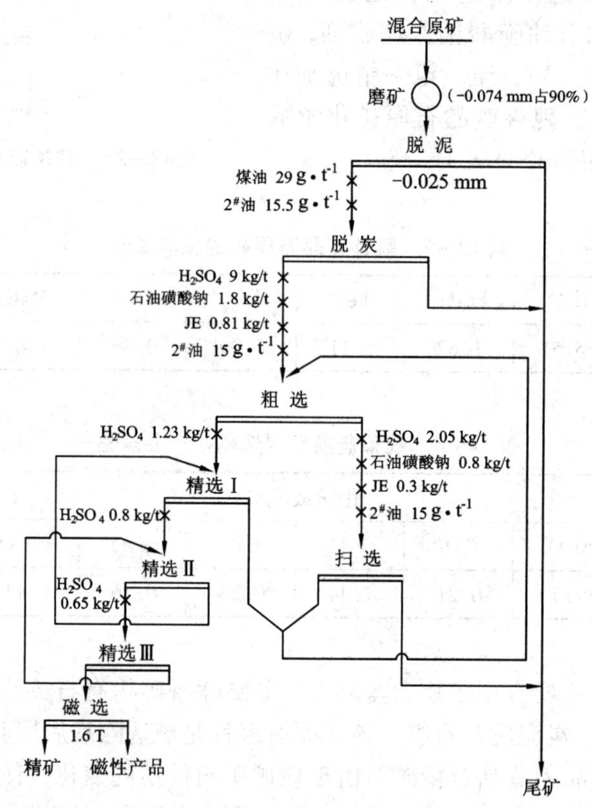

图 12－24 红柱石闭路选别工艺流程

辽宁某红柱石矿矿床类型为红柱石黑云母片岩，可供回收的有用矿物为红柱石，脉石矿物有黑云母、石英、绢云母、微晶石墨和石榴子石等，还有少量电气石、磷灰石、锆石、钠长石以及微量磁铁矿。东北大学针对此矿石做了选矿中间试验研究(图 12－25)，结果表明：采用炭浮选－脱泥－红柱石浮选－强磁选联合工艺流程，可以获得原矿品位 14.43%，精矿品位 89.03%，产率 9.93%，回收率 61.24% 的较好指标。精矿化学成分为：Al_2O_3 56.92%，SiO_2 36.92%，Fe_2O_3 1.40%，TiO_2 0.08%，K_2O 0.56%，Na_2O 0.08%，固定 C 1.70%，精矿质量达到南非 K57 产品标准。选矿中间试验工艺流程见图 12－25，分级溢流细度

-0.074 mm 69% 左右。炭浮选煤油与 2#油配比为 2.5∶1；红柱石粗选羟肟酸与 M50 配制比例为 1∶2，浓度 3%，硫酸配制浓度 1%，木素磺酸钙配制浓度 5%。强磁选作业磁场强度为 $8.8\times10^5\ A\cdot m^{-1}$。

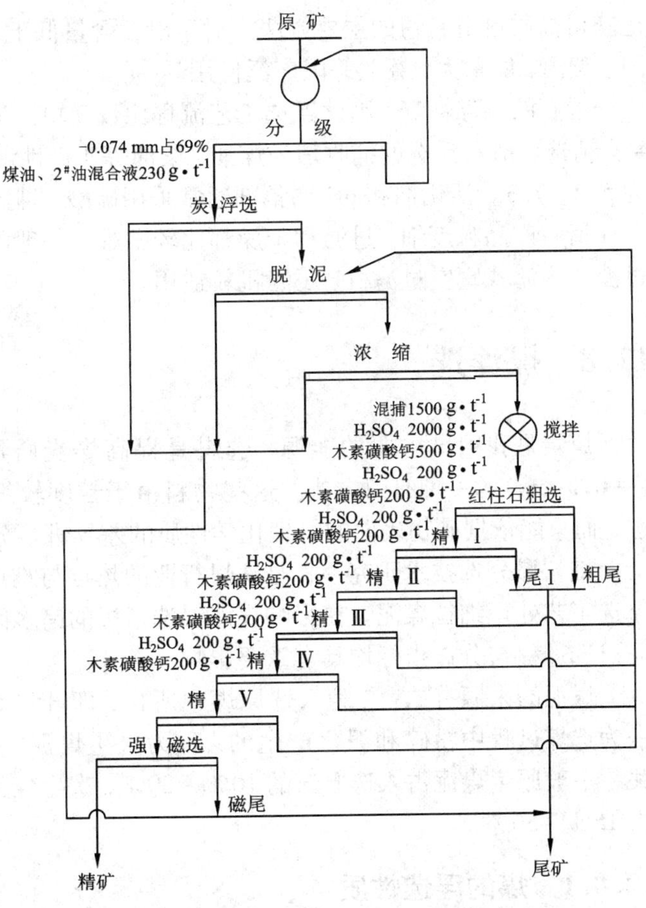

图 12-25 辽宁某红柱石矿红柱石选矿中间试验流程

中国地质科学院郑州矿产综合利用研究所选择有代表性的河南内乡硅线石进行硅线石的选矿试验研究，矿石中硅线石晶体绝大多数呈柱状，少数呈毛发状、纤维状，晶体纯度高，杂质少，主要杂质矿物碱金属和碱土金属含量较低，但铁钛矿物含量高，对精矿质量影响大，泥状硅酸盐矿物含量也较高，对浮选过程影响大。试验原则流程为：原矿→破碎→选择性磨矿→磁选→脱泥→浮选→硅线石精矿性能检测。试验结果表明：对长柱状、纤维状硅线石晶体以棒磨机选择性磨矿效果较佳，磁选除铁钛杂质，设备以立环脉动高梯度磁选机效果较好；浮选前脱泥是保证矿物回收率条件下获得高品质硅线石精矿的关键；浮选试验表明研制的 RNT 捕收剂捕收能力和选择性要优于油酸和脂肪酸，且具有一定的低温浮选效果。

12.7.5 滑石浮选

1. 滑石的性质、矿物结构及应用

滑石属层状硅酸盐，是一种含水硅酸镁矿物。理论化学式为 $Mg_3[Si_4O_{10}](OH)_2$ 或者为 $3MgO\cdot4SiO_2\cdot H_2O$。其理论化学组成为 MgO 31.88%，$SiO_2$ 63.37%，H_2O 4.75%。天然质纯的滑石矿较少，大多数伴生有其他矿物杂质，常见的伴生矿物有绿泥石、蛇纹石、菱镁矿、透闪石、白云石等。

滑石常为白、浅绿色、微带粉红、浅灰色，含杂质越多颜色越深，乃至深灰、黑色。单斜晶系，矿石常呈片状、纤维状以及致密块状。珍珠光泽或油脂光泽，莫氏硬度 1，密度为 2.7 $g\cdot cm^{-3}$ 左右，有滑感。

滑石具有良好的电绝缘性、耐热性、化学稳定性、润滑性、吸油性、遮盖力及机械加工性能，被广泛应用于造纸、塑料、橡胶、电缆、陶瓷、油漆、涂料、建材等工业领域。

2. 滑石的浮选工艺

滑石的浮选是根据滑石与脉石表面疏水性的差异（滑石疏水、脉石亲水）进行分选。浮选是获得高质量滑石粉的主要方法。对于滑石含量低于50%的滑石矿石，一般须进行浮选。美国、英国、加拿大、芬兰等国广泛使用。

滑石的可浮性好，因此浮选工艺流程比较简单。通常的流程是一次粗选，一次扫选，3～4次精选。滑石浮选的捕收剂为煤油、柴油等非极性油，起泡剂常用松醇油(2#油)。浮选pH为5.2～7.3。活化剂和pH调整剂通常采用硫酸、抑制剂可用石灰。

滑石产品粒度细，过滤和干燥都比较困难。一般的外滤式真空过滤机不适于滑石精矿的过滤。内滤式真空过滤机、压滤机较适用。

12.8 煤浮选

煤炭是我国最主要的能源，选煤是提高煤炭质量的最重要的手段，浮选是分选煤泥(-0.5 mm)的一种有效方法。这些物料由于粒度较细，不能利用密度、粒度的差异进行分选，而只能依据矿物表面的物理化学性质的差异进行分选。

细粒煤分选技术研究一直是洗煤行业的热点与难点。目前，国内外洗煤厂大都采用常规浮选工艺处理细粒煤泥。在影响煤泥浮选指标的诸多因素中，煤泥密度组成与粒度组成对煤泥浮选过程与分选指标均具有重要影响。

煤泥的来源有二：一为入选原煤中所含，即开采和运输过程中产生的，称为原生煤泥；一为选煤过程中粉碎和泥化产生的，称为次生煤泥。煤泥的数量与煤、矸石的易碎程度有关。一般原生煤泥占入选原煤的10%～20%，次生煤泥占入选原煤的5%～10%，两者合计占15%～30%。

12.8.1 煤的浮选性质

煤是含复杂的高分子有机化合物的混合物。按其组分来看，可分为有机物质和无机物质两部分，有机物质是以碳为主体含有氢氧等的聚合物，无机物质是矿物质的极性矿物。矿物杂质一部分是在成煤过程中混入的，另一部分则是来自成煤物质本身。正因为这些不能用机械方法解离的作为成煤物质一部分的矿物杂质存在，加上煤中还含有氢、氧等各种官能团，所以煤以非极性的疏水表面为主，而同时又存在程度不同的极性表面，这就反映了煤炭表面的不均匀性。在成煤过程中，随着碳化作用逐渐加强，以碳核为主体的聚合物的聚合度增加，分子结构排列整齐，含碳量增加，周围各种由氢氧等官能团组成的侧链减少，这就不断改善着煤炭的可浮性。

1. 煤泥中各煤岩组成的浮选性质

从煤岩组成来看，煤通常可分成四种组分，即丝炭、暗煤、亮煤和镜煤。上述各组分不论从结构或组成来看都有很大的差别，如按腐植酸含水量来说，从丝炭到镜煤是按上述顺序逐步增加的，在丝炭中根本就不含腐植酸；按灰分含量来说，则是按上述顺序逐步减少的。它们中间灰分(矿物质残渣)的化学组成也有很大差别。这是由于它们经过了不同的成煤作用。煤炭成分的性质随着其炭化程度而改变。从工业用途来估价各种煤岩组成的性质时可以看到，镜煤和亮煤黏结性较好，很脆易碎；丝炭是瘦化剂，无黏结性，且灰分高易碎；而暗煤从黏性和灰分来说仅优于丝炭。所以从煤岩组成的角度看，镜煤和亮煤的工业价值最高，而丝炭最差。

各种煤岩组分的可浮性是不同的，从结构上看，镜煤、亮煤表面平整，含有大量性质不活泼的无结构基质，所以在浮选过程中优先浮出。实践表明，它们在泡沫产品中的含量是逐渐增加的。而暗煤和丝炭的可浮性较差，它们在浮选各室的泡沫产品中的含量是逐渐增加的。

2. 煤的变质程度或煤化程度对煤泥可浮性的影响

随着煤变质程度的加深，煤的主要构成部分——六角形碳环为主的聚合体，性质不活泼的部分——不断增加，而其他氢氧等官能团侧链随着煤的分子排列的规则化越来越小，这就使煤的可浮性随变质程度的加深而提高。但是这一转化过程并非无止境地进行下去，随着煤的变质程度进一步加深，煤中最疏水部分的碳氢化合物将发生分解作用而脱氢，使碳氢比例发生变化，从而使煤的疏水性逐渐下降，此时，煤的可浮性又从好向坏的方面变化。因此，中等变质程度的煤的可浮性最好，变质程度很浅和极深的煤的可浮性差。各牌号煤炭的接触角列于表12－9中。由表中所列结果可以知道，炼焦煤、肥煤、瘦煤接触角大，具有较好的可浮性。

表12－9 各牌号煤炭的可浮性

煤种	长焰煤	气煤	肥煤	焦煤	瘦煤	贫煤	无烟煤
接触角/(°)	60～63	65～72	83～85	86～90	79～82	71～75	73

3. 煤中有机物质的氧化程度对煤的可浮性的影响

煤泥产生氧化作用有两种途径：在自然界的风化过程和煤泥在水中长期浸泡所发生的氧化作用，实践证明，水中浸泡的煤泥比风化中煤尘所受氧化程度深，说明煤粒在水中经受的氧化作用比空气中剧烈得多。所以应避免煤粒和水长时间接触。

煤的抗氧化能力随变质程度的加深而增强。按各煤岩成分来说，它们抗氧化能力的强弱顺序为镜煤、亮煤、暗煤和丝煤。说明丝煤是最容易氧化的。大量生产实践表明，煤粒被氧化后可浮性降低，这是由于经氧化后煤粒表面的负电性增加，从而增强了它表面亲水性，致使煤泥的可浮性降低。

4. 煤的表面结构对可浮性的影响

与其他矿物相比，煤炭表面的孔隙是极为发达的。1 g中等变质程度的煤具有的孔隙总面积可达150～170 m^2，而同样数量的一般矿物的孔隙总面积不过是5～10 m^2，煤中孔隙非常小，其中80%孔隙的直径小于10 μm，煤中孔隙具有孔径小、数量多的特点。煤中变质程度不同，孔隙也不一样。中等变质程度的煤孔隙度最低，变质程度低和高的煤的孔隙度较高。例如，肥煤、焦煤的平均孔隙度为5%～7%，贫煤为7%，长焰煤为10%左右。孔隙度对煤的浮选性质有很大影响。煤炭表面孔隙度高，孔隙面积大，煤粒表面对水和药剂的吸附作用就高，往往促成浮选时药剂耗量增加，选择性下降，煤与药剂的作用机理复杂化。

5. 煤炭中矿物杂质对可浮性的影响

煤中矿物杂质是煤的组成部分，它们中一部分是在成煤过程中由于机械作用混入的，另一部分则是来自成煤物质本身，如古植物纤维中含有微量矿物质，经过成煤作用成为煤的基质。由于煤中矿物杂质的来源不同，它们在煤中存在的形态也不一样。

当矿物包裹体或较厚的矿物沉积层与煤层共生时，由于黏结较弱，较易与煤分离。所有杂质在煤中若呈粗粒嵌布，对煤的可浮性影响不大；如呈微细粒嵌布，将提高煤的亲水性而降低可浮性。各种杂质的可浮性与其共生体的性质密切相关。杂质与碳质物、沥青及其他有机物质细致均匀分布时，可浮性提高。

按照矿物杂质在浮选过程中的作用方式及对浮选效果影响的不同，可将矿物杂质归纳成五类：①在浮选过程中发生泥化现象的杂质；②煤中硫化物包括硫酸盐硫、黄铁矿硫和有机硫等；③含有与煤的组成相同的物质包括碳质页岩、油页岩、泥板岩等；④在浮选过程中离解的物质如石膏及其他可溶性盐类等；⑤粗粒分散状的非硫化物如硅酸盐、碳酸盐、氯化物等。

可见，煤中矿物杂质的多样性及其性质的不稳定决定了它对浮选过程影响的复杂性。

12.8.2 煤浮选流程

煤浮选就是在含煤矿浆中，依据煤和矸石颗粒表面的物理化学性质，即表面润湿性的差异而进行的分选过程。

1. 原则流程

煤浮选按其特点分为浓缩浮选、直接浮选和半直接浮选。

(1)浓缩浮选。浓缩浮选是指重选过程产生的煤泥水经浓缩后再进行浮选的流程，如图12－26所示。我国20世纪70年代前的选煤厂均采用此流程。其特点：第一，是因采用浓缩机底流作浮选入料，故入料浓度高，浮选过程要添加较多的补充水；第二，当细粒含量高时，大量微细颗粒在浓缩机中不易沉降下来，集中在溢流中，往复循环，影响重选、浮选等各环节效果。

(2)直接浮选。近年我国新厂设计及国外均采用此流程。其主要特点是重选过程的煤泥水直接进入浮选环节，如图12－27所示。浮选尾煤经彻底澄清后返回作循环水使用，浓度0.5 $g\cdot L^{-1}$左右，大大提高了分级、浓缩、重选、浮选和过滤等作业的效果。此外，取消了浓缩机，简化了工艺，降低了费用，便于管理。存在的主要问题是：入浮浓度较低(有的厂低于40 $g\cdot L^{-1}$)，故生产中要严格控制添加清水量。

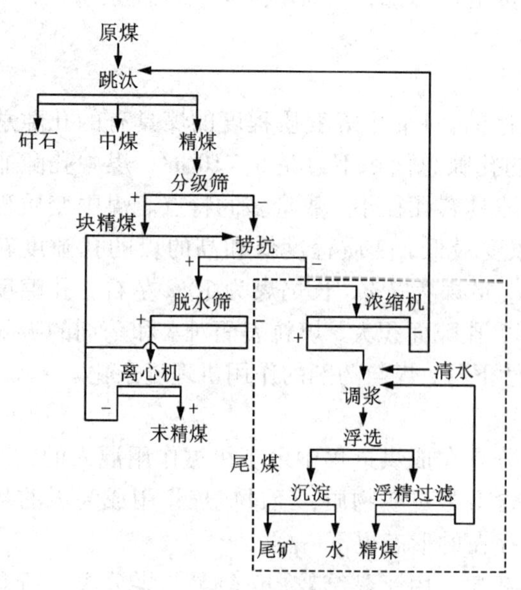

图12－26　煤浓缩浮选流程

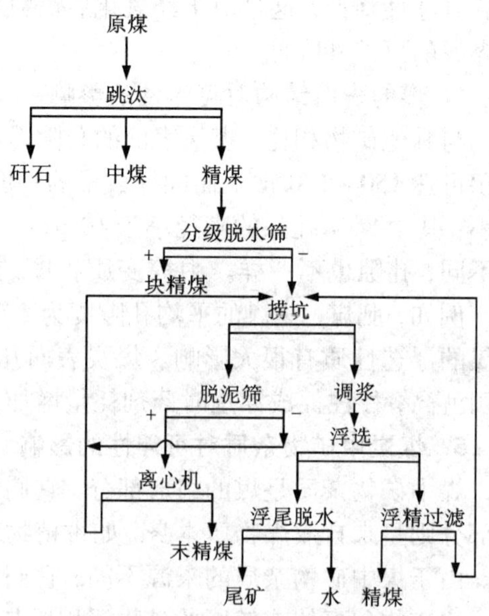

图12－27　煤直接浮选流程

(3)半直接浮选。这是考虑到直接浮选入浮浓度低而采用的一种改进措施。根据重选产品的脱水、分级设施－捞坑的溢流水流向可有以下几种不同形式。

浓缩浮选时分出小部分捞坑溢流水不经浓缩直接作为浮选入料稀释水，既降低入浮浓度，减少了清水补加量，又减轻浓缩机负荷，提高了沉降效果，降低了循环水中煤泥循环量，此又称部分浓缩，部分直接浮选。重选设有主、次(再)洗捞坑的大型厂，将主洗捞坑溢流(浓度高)做入浮原料，再洗捞坑溢流作为循环水(浓度常在10 $g \cdot L^{-1}$左右)，此又称部分循环、部分直接浮选。

2. 几种典型煤泥浮选流程

由于煤泥可浮性好，精煤量大及对精煤质量要求不高，煤泥浮选不需多次精选与扫选，流程相对简单得多，可根据煤泥性质、对精煤质量要求和规模等因素选择合适的流程内部结构。

(1)一次浮选(粗选)。如图12－28所示，是煤泥浮选中最简单的流程。在这一流程中，浮选机组从第一室一次入料，各室泡沫产品都作最终精煤，末一室流出的是最终尾煤，一次选出两种最终产品。

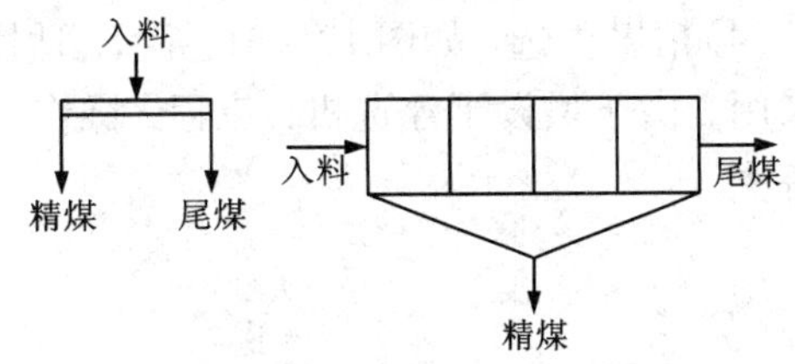

图12－28 煤泥一次浮选流程

这种流程采用较多，适用于易选或中等易浮煤泥，或精煤质量要求不高、原矿灰分不高、煤泥可浮性较好、一次即可选出符合质量要求的最终产品的煤泥浮选，操作管理简便，单产较高，流程简单，水、电耗量小，便于操作管理，处理量大；但是，在稳定最终产品质量指标方面调节余地较少，在煤质变化时产品质量波动较大。

(2)中煤再选。如图12－29所示，中煤可返回再选或单独再选，适用于较难浮煤泥，可保证精、尾煤质量。在这一流程中，浮选机组从第一室入料，在六室浮选机中，前四室(或三室)的产品作为最终精煤，后两室(或三室)的泡沫产品即为中煤，到第二室进行再选，末一室排出的为最终尾煤，也是一次选出两种最终产品(中煤也可作为最终产品)。

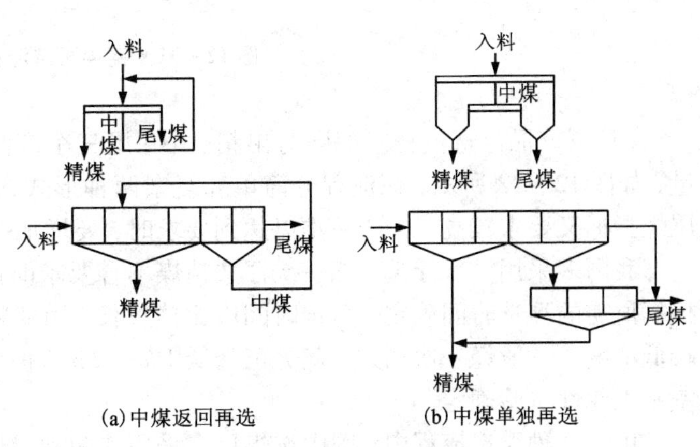

图12－29 中煤再选流程

返回再选可将粗选的后1～2室泡沫返回前几室浮选，以提高精煤回收率或降低其灰分；单独再选对降灰、提高精煤产率有利，但增加了设备，加大了管理难度。这一流程适用于细粒含量较多、灰分较高的较难选煤泥、所含中间物解离较好、经再选后可能分选的情况。此流程可以提高尾煤灰分和精煤出率，对煤质的变化有较大的适应性；但是，循环物料的存在使操作复杂和困难，影响操作的稳定，并将明显地降低浮选机的生产能力。

(3)粗选和精选的浮选流程。如图12－30所示为进行粗选和精选的浮选流程。这种流程一般在两组浮选机中进行，在第一组浮选机一室入料，各室泡沫产品作为粗选精煤，末室排出的是合乎质量要求的高灰分尾煤。选出的粗选泡沫产品经稀释（在搅拌桶中）和添加药剂后进入第二组浮选机进行精选。从而获得低灰分精煤和尾煤Ⅱ，尾煤Ⅱ可根据灰分情况，作最终尾煤或作燃料中煤。

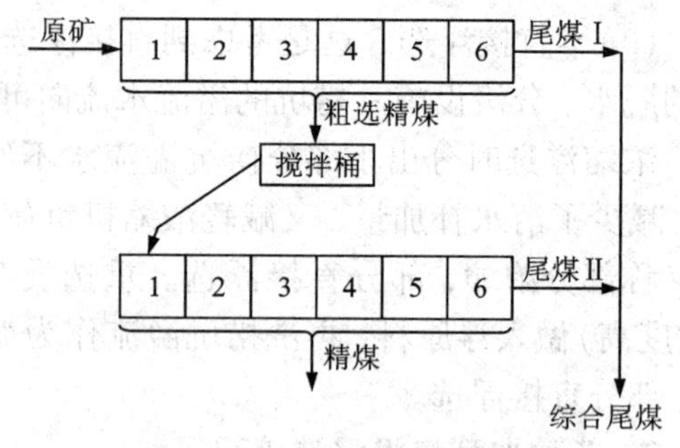

图12－30　煤泥粗选和精选流程

这种流程只适用于极难选而产品指标又很高的煤泥浮选。它能保证获得高质量的产品，由于它既可出两种产品又可出三种产品，所以在保证产品质量方面有很大的灵活性。但它将使浮选机单产大大降低，药耗、水耗、电耗增加，并给操作管理带来困难。

(4)精煤再选。如图12－31所示，适用于高灰细泥含量大的难浮煤或对精煤质量要求高时采用。由于增设了浮选机，流程、操作、管理较复杂，水、电消耗也较高，可采用大型浮选机解决。

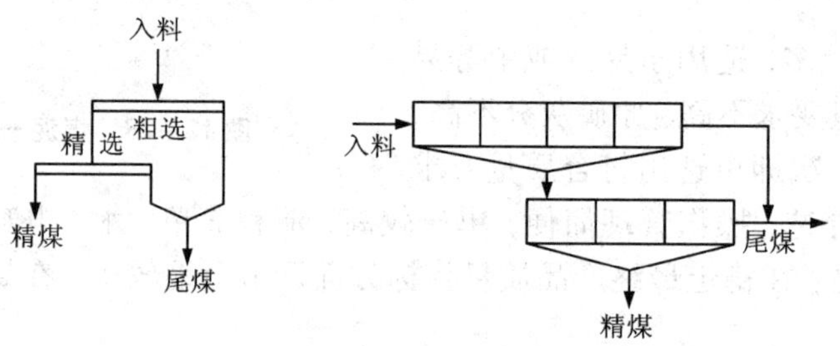

图12－31　精煤再选流程

(5)三产品浮选流程。即同时出精、中、尾三个产品。比二产品更容易保证精、尾煤质量，如图12－32所示，该流程分简单和复杂两种形式，适用于浮选入料中煤含量较大，精、尾煤指标又要求较高，二产品难以达到要求时，要增加一套中煤过滤设备。

我国多采用一次浮选，如一次浮选精煤不合要求时需用精选作业。粗选、精选所需室数根据所需的浮选时间确定，粗选时间应比精选长，因此粗选时可采用较高浓度，精选时采用较低浓度。一般经一次精选，灰分可降低1%～2%，但处理量要降低，具体流程应根据实验室和工业性试验确定。

以上几种浮选流程中，国内选煤厂多采用前两种浮选流程。这是由于我国煤泥的可浮性不是太难，而目前对浮选产品质量要求也不高。随着形势的发展和对浮选要求的提高，势必会出现日益复杂、更加完善的浮选流程。

在选择浮选流程时，同时需要考虑各组浮选机的室数。国内选煤厂的浮选机组多由六室组成，几乎已成惯例。浮选机的室数主要应由浮选时间来决定。

通过一些选煤厂的浮选分槽试验结果，绘制的浮选速度曲线可以看到，列于煤泥一次浮选的六室浮选机来说，前四室的泡沫产率已完成其理论产率的90%以上。可见，从加强操作

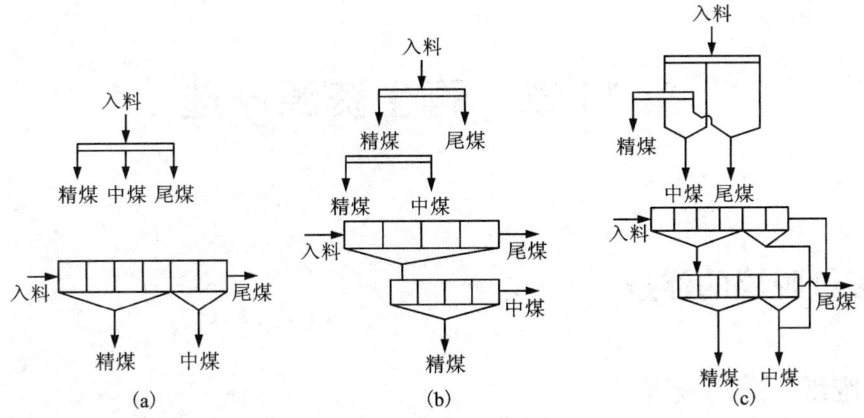

图12-32　煤泥三产品浮选流程

和改变药剂制度入手，对于易选煤的浮选，四室一组浮选机是可行的。既有利于简化流程，也能大幅度地提高浮选机的处理能力。这种四室浮选机组在国外得到广泛采用。

随着机械化采煤的普及，煤泥的细粒将增多、可浮性变坏，这些都是促使原矿浓度下降的客观因素，且细粒增多和原矿浓度下降，都有利于提高浮选速度。在这种情况下，减少浮选机组的室数就更必要了。邢台选煤厂在实现煤泥水浮选时，将二组六室浮选机改成三组四室浮选机，满足了生产的需要，就是一个典型例子。

习　题

12-1　磷矿矿石浮选的主要工艺特点有哪些？

12-2　石英、长石、云母浮选分离有何特点，应注意什么问题？

12-3　可溶性盐类矿物浮选有何特点？怎样选择浮选药剂？

12-4　石墨浮选的特点是什么？与其他非金属矿物浮选有何不同？

12-5　综合比较金属矿浮选与非金属矿浮选的差异，并举例说明。

12-6　列举煤泥浮选的典型流程。

12-7　针对不同萤石矿，应如何选择药剂制度？

第 13 章　再生资源浮选

13.1　废纸脱墨的浮选

13.1.1　废纸浮选的概况

纸是社会生活中的一个重要商品，广泛应用于印刷、包装等领域。废纸是指被用过并失去原来使用功能的废弃纸张，例如超市用来包装食品、货物而废弃的包装纸和纸箱，家庭和办公室丢弃的报纸、杂志、书籍、打印纸、包装纸、纸盒等。

废纸是制浆造纸工业的原料之一，随着纸和纸板消费水平的提高，废纸资源稳步增长。另一方面，世界环境日趋恶化，人们环保意识日益增强，为了节约能源，减少森林砍伐和环境污染负荷，养息森林，废纸的回收利用越来越引起人们的重视，特别是废纸利用带来的投资少、成本低等优点更是给废纸的回收利用带来了巨大的推动力。1990 年全球废纸利用量和利用率分别为 8480 万吨和 35.6%，1995 年达到 1.15 亿吨和 41.4%，2005 年增加到 1.88 亿吨和 48.1%。

废纸再生浆可生产各种纸和纸板。与植物性原料制成的纸浆相比，废纸制成的再生浆算得上半成品原料，一般不含果胶、树脂、溶剂抽出物、灰分等植物原料以及固有的天然有机物和无机物杂质，具有不透明度高、纤维组织均匀，能满足多数纸张的质量要求。回收纸的成分虽然比较复杂，但比使用原始植物纤维制浆造纸要简便容易得多，不必经过打浆处理，而且绒毛少、平整、实用性强，不仅使再生纤维制浆流程简化，大大节省设备投资，而且还节约电力、燃料和化学药品，大幅度降低了成本，有利于环境保护。我国造纸纤维原料短缺，价格低廉的废纸已经成为造纸工业的重要原料。进口废纸对于我国造纸业的发展具有很大的支撑作用。

废纸脱墨最常用的方法有浮选法和洗涤法，以及酶法脱墨和超声波辅助脱墨等。废纸浮选脱墨占主要地位，占世界废纸脱墨能力的 80%。虽然脱墨技术衍生于选矿工艺，但是脱墨与矿物分选有较大的差异。

1935 年美国人 P. R. Hines 进行了首例浮选脱墨装置的专利登记；1952 年，美国建成了首座浮选脱墨装置；十年后，希腊安装了欧洲第一套浮选脱墨装置。1955 年，首次召开了 TAPPI 脱墨学术会议。Yuling Den 认为将浮选技术引入废纸回收是废纸利用的一个最重要技术发展。浮选脱墨化学、油墨分散技术的进展以及相应的配套设备和改进均对废纸回收产生了重大影响。

浮选脱墨流程的一段浮选已经被前浮选和后浮选所取代，尤其是欧洲，几乎所有的新闻纸脱墨企业均采用根据分散的先后顺序而定的前、后两段浮选方法，两者的作用差别很大。前浮选废纸浆白度的增加值通常超过 10% ISO(International Organization for Standardization),

而后浮选白度增加值则低于2%ISO。通常后浮选不加化学药剂，主要起清洁作用，将残留的化学药剂如浮选用的皂类和其他的化学残留物除去。同时，纸浆中剩余的油墨粒子和胶黏物也可以通过后浮选除去。前、后浮选的另一明显区别是pH不同，前浮选pH是碱性的(7.5～9.5)，后浮选则是中性或微酸性的。有机物会随着pH从碱性到中性或酸性的变化而发生凝聚。例如胶黏物絮凝沉淀时，可通过后浮选将其除去；同时被热分散成细小的胶黏物也可以在后浮选中除去，未能除去的胶黏物通常通过洗涤浓缩，在纸浆洗涤浓缩过程中除去。

为了应对不同性质的印刷油墨和各种纸张，需要采用更好的设备、更精湛的工艺技术来适应质量日趋下降的原料、质量要求日趋严格的纸成品以及"三废"排放日趋严格的环保要求。

13.1.2　浮选脱墨的过程和机理

浮选脱墨是根据纸浆中纤维、填料和油墨等组分润湿性的不同而分离的方法。

废纸经过水力碎浆机处理后，从纤维上脱离的油墨颗粒呈高度亲水的表面特性，因此需要加入捕收剂，将细小的油墨聚集成粒径范围为10～150 μm(最佳粒径范围为20～40 μm)的较大疏水颗粒，这些油墨颗粒和废杂质颗粒吸附在浓度为0.8%～1.3%的纸浆悬浮液中的空气泡表面(如图13－1所示)，向上浮游并与表面亲水的纸浆纤维分离，然后用机械逆流或者真空抽吸的方法除去这些含有油墨的泡沫，同时除去一些胶黏物、黏结料、填料和涂料。

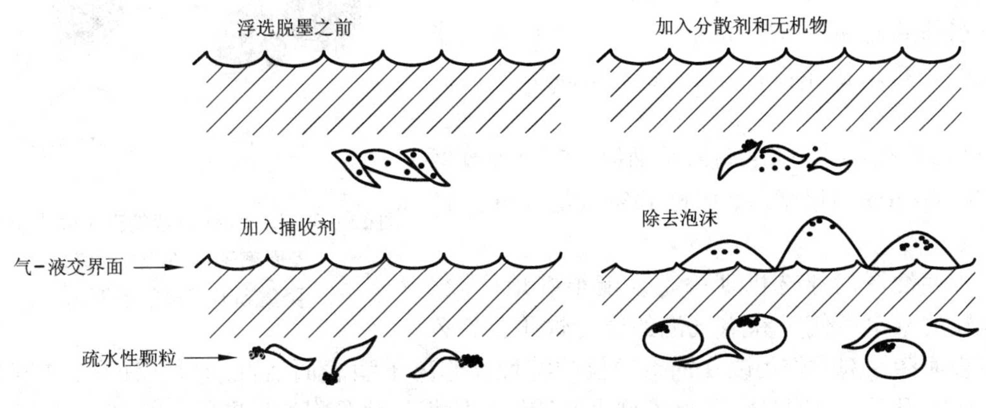

图13－1　浮选法脱墨工艺的机理

浮选脱墨的作用包括流体力学作用和脱墨化学品的作用，它们都会影响油墨颗粒分离和在废纸浆中的分散状况，前者产生湍流，将空气与浆料悬浮液混合，并形成适宜的气泡，气泡吸附分散在浆料中的油墨颗粒，并上浮至浆料的表面，除去吸附有油墨颗粒的气泡以达到分离油墨的目的。后者是控制油墨颗粒疏水特性、捕集分离的油墨颗粒并形成稳定的气泡。

日常生活中使用的各类纸张表面附有的油墨种类是不一样的，按其润湿性可分为疏水性油墨(例如印刷油墨)和亲水性油墨两类。1993年H. J. Putz等人对这两类油墨的特性和机理进行了研究，发现它们的浮选机理是完全不同的。

迄今有各种不同的疏水性油墨的浮选机理，如图13－2所示，悬浮在浆料中的油墨颗粒表面具有低负电荷，并表现出疏水性。油墨颗粒表面被表面活性剂分子覆盖，表面活性剂分子的亲水部分向外指向水，这样的颗粒具有亲水的特性，易分散在水里。悬浮液中的气泡也具有相同的情况，因此，有助于这些油墨颗粒吸附在空气泡上，并随气泡上升与纤维实现分离。

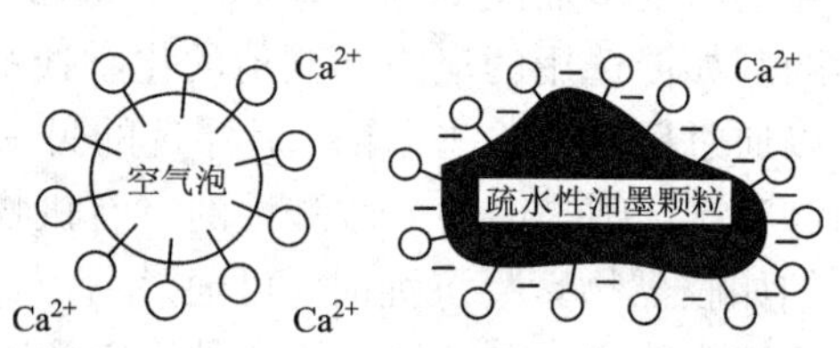

图 13－2 传统印刷油墨颗粒浮选脱墨机理

1991 年 Larrson 提出的脱墨机理，它考虑了 ζ－电位、Ca^{2+} 浓度、肥皂的沉降、油墨颗粒的絮凝等影响参数，并将脱墨过程发生的种种现象归纳为五个基本步骤（如图 13－3 所示）：

（1）油墨颗粒表面的离子化：在碱性条件下，脂肪酸类捕收剂的 RCOO——羧基部分和油墨黏结料的电离会溶解脂肪酸和稳定悬浮油墨颗粒的电荷。

（2）吸附：溶解的脂肪酸分子在油墨颗粒表面的吸附导致负 ζ－电位的减少，油墨颗粒和溶解脂肪酸之间的相互作用促进了吸附的发生。

（3）钙皂的沉降：溶解于水中的钙离子将脂肪酸沉淀于大部分油墨颗粒表面，降低其表面的负电荷，同时增加其疏水性。

（4）油墨的聚集：由于钙离子使油墨颗粒和钙皂的电偶层稀薄化以及油墨和捕收剂间疏水性相互作用的发生，导致悬浮液的不稳定化和油墨颗粒的聚集。

（5）油墨颗粒的上浮：疏水性油墨和钙皂颗粒聚集到 10～80 μm 的尺寸后，吸附到空气泡上并能轻易地浮起。

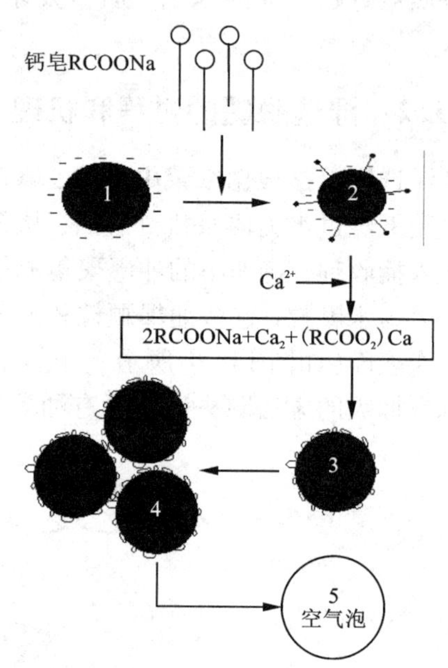

图 13－3 Larrson 机理的五个基本步骤：表面离子化、吸附、沉降、聚集和油墨颗粒的浮选

亲水性油墨的浮选机理一直未能很好地研究。油墨颗粒的亲水性使其和空气泡的亲合性很低，必须通过表面活性剂的作用改变油墨颗粒的特性。非离子型表面活性剂可在油墨颗粒表面吸附，但其作用不是很明显。阳离子型表面活性剂能很好地吸附油墨颗粒，因为它们带的电荷与油墨颗粒表面的负电荷电性相反，而阴离子型表面活性剂则因带相同电性的电荷与油墨颗粒相互排斥。

总之，在一定硬度的水中浮选疏水性油墨时，比较适合采用阴离子型表面活性剂和非离子型表面活性剂，阳离子型表面活性剂需要在酸性条件下浮选；浮选亲水性油墨时使用阳离子型表面活性剂。

13.1.3 浮选脱墨的步骤

废纸浮选法脱墨流程参见图 13－4。废纸脱墨的目的是分离废纸中的纤维和油墨，并除去纸浆中的油墨，可大致分为以下五个步骤：

（1）分离油墨和纤维。

油墨的浮选需要专门的化学和物理等条件，例如脱墨流程加入的浮选药剂有 pH 调整剂、捕收剂、起泡剂和分散剂等，目的是为了满足浮选的条件以及使油墨颗粒和纤维分离并防止油墨颗粒再度沉降在纤维上。

(2)油墨颗粒与空气泡碰撞。

油墨能够从纸浆中漂浮上来，必须依靠空气泡的上浮作用才能实现。因此，空气泡和油墨颗粒必须相互作用，形成空气泡－油墨颗粒的复合体，它们之间的距离以及相互碰撞影响着这个复合体的形成。

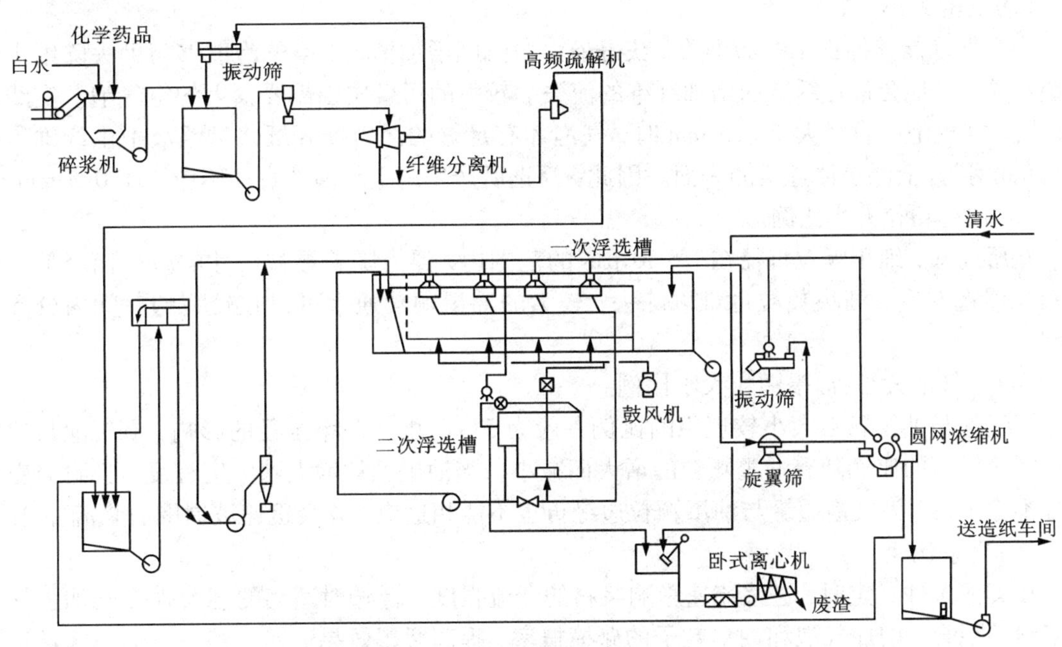

图13－4 废纸浮选法脱墨流程

(3)形成油墨颗粒与空气泡复合体。

浮选脱墨时，液体、空气泡和油墨颗粒接触属于三相接触。因此，浮选时要保持油墨颗粒、空气泡和液体之间的平衡。

(4)复合体上升到液面。

空气泡－油墨颗粒复合体形成之后，很多因素影响该复合体漂浮至液面，例如复合体的稳定性、纸浆的浓度、悬浮液的搅动、复合体与液面的距离等，其中影响复合体稳定性的因素也很多，例如接触角、液体的表面张力、油墨颗粒的表面自由能、油墨颗粒的大小、空气泡的大小等。

(5)去除空气泡－油墨复合体。

复合体不仅要升至液面，还应该有足够的稳定性应对来自泡沫去除系统的作用力。通常通过浮选溢流含有油墨颗粒的泡沫来达到去除空气泡－油墨复合体的目的，有时则借助于一个回转的机械刮料器或一个真空吸泡装置。

13.1.4 浮选脱墨的影响因素

影响浮选脱墨的因素很多，主要有以下一些因素：

（1）浆料浓度。

浆料浓度对于浮选脱墨效果影响很大。从理论上讲，浮选浓度越低，效果越好，但是，浓度太低，会降低浮选设备的产量或增加设备的负荷，使后续作业负担增加，所以浮选浓度尽量不要低于1.0%。浆料浓度增加后，浆料纤维相互交织，纤维网络强度增大，浮选气泡即使与油墨粒子碰撞并黏附也很难穿过纤维网络浮升到液面，从而降低了脱墨效果。因此，浆料的浓度需要适中。

（2）气泡大小。

小空气泡能够捕捉小的污染质，获得最大的白度增加值，小空气泡能够帮助去除细小的油墨颗粒，但也会带走纤维而增加纤维的流失。较大的污染质则需要较大的空气泡。实践表明：只有空气泡的直径大于0.5 mm时，气泡才有足够的浮力推开纸浆悬浮液中由纤维组成的“弹性网”并上浮至浮选槽的表面。因此，浮选所产生的空气泡的直径不应小于0.5 mm。

（3）油墨颗粒大小比例。

众所周知，细小颗粒直径在1～50 μm的范围内，浮力随着颗粒尺寸的减少而降低。即使延长浮选时间，细小颗粒也难以除去；较大的油墨颗粒通常可以在较短的时间内分离并浮起。

（4）空气泡大小/油墨颗粒大小比例。

空气泡与油墨颗粒大小较理想的比例一般为5∶1。由于曲率半径的影响，空气泡与油墨颗粒间接触面的比例随着油墨颗粒的增大而减小。当油墨颗粒增大到一定程度，吸附会变得十分不稳定，因为气泡边缘与油墨颗粒边缘再也不能相适应，并会迅速被周围的浆流冲开。

（5）进浆流速。

在其他条件一定时，进浆流速影响浆料的湍流强度。浮选时适当的湍流强度会加强气泡和浆料的混合，增加气泡和油墨粒子的碰撞概率，提高脱墨效果。对压缩空气通气式浮选设备，浆料需要在一定的流速下进入浮选槽中，若流速太低，则脱墨效果变差；但是，进浆流速也不能太高，否则浮选槽中湍流强度过大，导致已经黏附在一起的油墨粒子和气泡结合不稳定，有可能重新分开，特别是对大的油墨颗粒－气泡复合体影响最大。

（6）气浆比。

气浆比是空气与浆料的体积百分比。根据浮选的流体动力学理论，在一定的空气比率下，浮选脱墨效率可用式(13－1)来表示。

$$E = 1 - \exp(-K \cdot T) \tag{13-1}$$

式中：E为浮选脱墨效率，%；K为浮选速率常数，表示在一定条件下不同物料在一定时间内的相对可浮选性；T为气浆比，%。

由式(13－1)可知：K一定时，在一定范围内，气浆比越大，浮选脱墨效率就越高。但是气浆比也不能过大，空气比例过大，浆料在浮选槽中产生的湍流强度就会过大，浆流表面出现过大的翻花和波动，反而会引起已经吸附在气泡上的油墨粒子重新从气泡上脱落，再回到浆中，使脱墨效果变差。另外，过大的气浆比还会增加动力消耗以及细小纤维和填料的流失，浆料收率下降。因此，需要选择合适的气浆比。

（7）表面活性剂。

表面活性剂是脱墨中的关键药剂，具有降低表面张力、湿润渗透、发泡和絮凝捕集等作用，有助于油墨与纤维的分离。但是，表面活性剂也会对油墨的脱除、纤维的质量和水封闭循环产生不利影响。例如，油墨的疏水性和脱除效率会由于其对分散剂和起泡剂的吸收而下降，脱墨浆中残余的表面活性剂也会引起如减弱纤维间的结合力，增加气泡在抄纸过程中的稳定性，影响成纸的印刷性等问题。

(8)温度。

增加温度，油墨颗粒的浮力会略有下降，这主要是由于增加了钙皂的溶解度所致。温度升高也会增加各种脱墨化学品的溶解度，因此，提高温度既可能促进也可能妨碍脱墨浮选，一般需要在40~60℃的条件下进行。

(9)时间。

延长浮选时间，气泡会带走更多的油墨粒子，残余油墨越来越少，纸浆的白度会不断增加，脱墨理论效率将不断提高。因此，提高脱墨效率的有效手段是延长浮选时间，但浮选时间达到一定值以后，白度缓慢增加，油墨排出量越来越少，而细小纤维流失越来越多，浆料收率降低。

(10)pH。

浮选槽的pH保持在8~10之间，能够很好地促进纤维润胀以及油墨与纤维的分离。pH过高，油墨颗粒的浮力会降低，其表面负电荷会增加，并保持在高度分散状态而难以被浮起。pH还影响脂肪酸和其他化学品溶解度而影响脱墨效果。

13.1.5 浮选脱墨设备

随着人们环保意识的提高，各国政府对造纸行业废水排放标准的控制日趋严格，由于洗涤法脱墨废水排放量大，而浮选脱墨废水量少、易处理、纸浆收率高等特点，从1975年起全世界浮选脱墨替代洗涤脱墨呈上升趋势。

20世纪90年代以来，浮选机的结构和功能以及浮选技术有了不断的革新和改进。例如槽体的大小、形状、空气注入技术、浮选脱墨化学、气浮物的去除、浮选段在流程中的合理设置、单纯浮选法脱墨向浮选-洗涤法的转变等，使浮选技术在当今废纸质量日趋下降的情况下发挥了独特的作用，扩大了废纸应用的数量和范围。

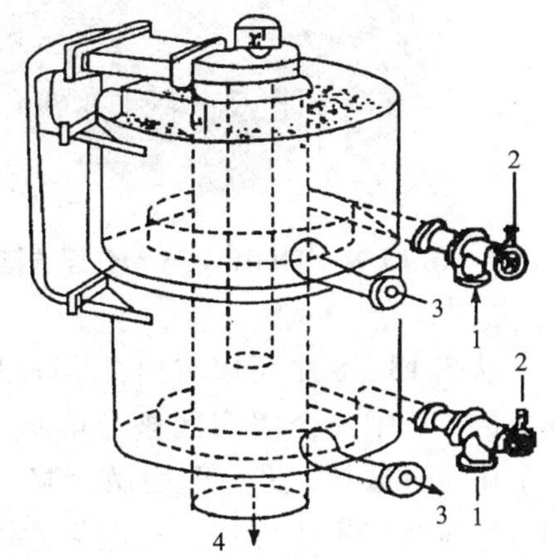

图13-5 SWEMAC立柱式浮选槽

1—未脱墨浆；2—空气；3—脱墨后浆；4—墨渣

国内外常见的脱墨浮选机有SWEMAC立柱式浮选槽(如图13-5所示)、Lamort对流式浮选槽、Escher Wyss阶梯扩散式浮选槽、Voith多喷射器椭圆形浮选槽等。

表13-1是国内进口脱墨槽的主要型号。国外浮选设备还有很多，例如日本制造的Shinhama Hi-Flo浮选槽，意大利Comer公司的新型Cybercel浮选槽，Andritz公司生产的SeltctaFlot浮选槽以及Metso公司推出的OptiBright MC浮选槽等。

Metso公司推出的OptiBright MC浮选槽(如图13-6，图13-7和图13-8所示)具有如下特点：①空气量和空间流量可在大范围内调节；②低动力消耗，溶气室间不需要泵送纸浆；③运行方便可靠，系统简单、自动；④尾渣浓度高(4%~6%)，可减少尾渣处理成本。

从图 13－7 中可以看出：溶气室和分离室之间通过各自的上、下流道联系，这样在溶气室之间不需要用泵，因此减少了能耗。由于这种内部连锁式的浮选槽联结方式，纸浆流溶气的次数要比溶气室的数量多。

表 13－1　国内进口脱墨槽及其主要型号

厂家	设备生产公司	生产能力 /(kt·a^{-1})	浮选槽型号		投产时间
			前浮选	后浮选	
江西纸业	KBC	150	日本 ⅡM 浮选槽	—	1998
石岘纸厂	KBC	200	MacCell 5A	MacCell 4A	2001
	Andritz	400	EcoCell 6/2 室	EcoCell 4	2002
山东华泰	Andritz	500	EcoCell	EcoCell	2001
杭州锦江	Andritz	150	EcoCell	—	2000
吉林纸厂	日本相川	400	MacCell 5A－976(2 台)	MacCell 4A－800(2 台)	2001
武汉晨鸣	KBC	400	MacCell 5A－1600	MacCell 4A－1456	2002
岳阳纸业	Metso	300	MC	MC	2003
广西劲达兴纸业	Metso	450	MC－150(2 台)	MC－150	2004
			MC－45	MC－30	

图 13－6　OptiBright MC 浮选槽

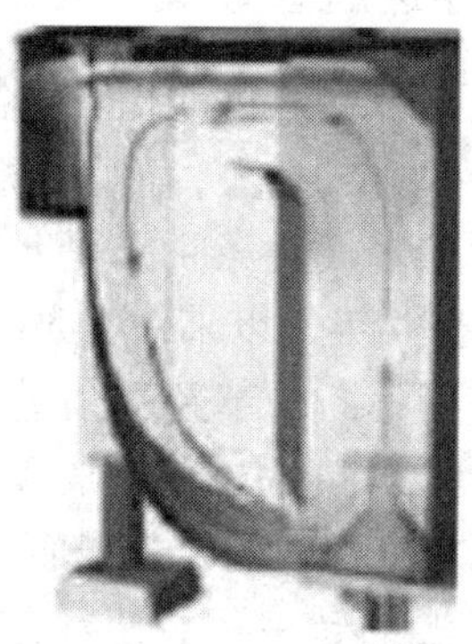

图 13－7　溶气室和分离室内纸浆流态

从图 13－8 中可以看出：浮选槽有 7 个隔离区，其中一个隔离区被分隔成两部分，一个用做进浆口，另一个用做出浆口。浆料的溶气在溶气室中完成，6 个溶气室中各设置有一个专门为纤维悬浮液开发的特殊的转子溶气系统。纸浆从入口处进入浮选槽后，利用溶气室和分离液体不同的相对密度，流过一个个的溶气室(内)和分离室(外)，浮选出来的浮渣则从分离室顶部溢流排出来，汇流在一起送后浮选。

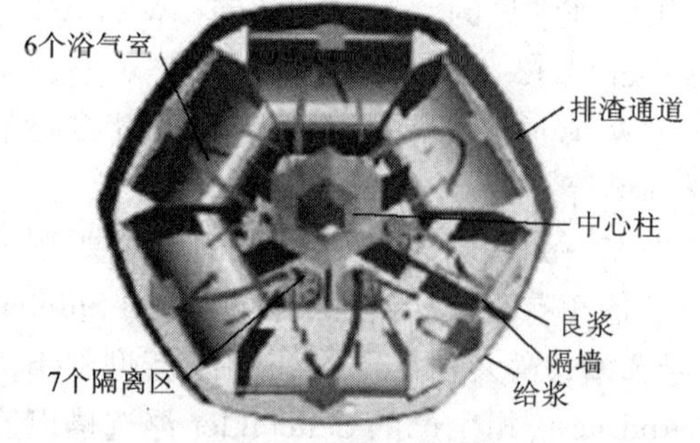

图 13－8　OptiBright MC 浮选槽的内部结构及纸浆流态

13.2 废塑料的浮选分离

13.2.1 塑料的分类

塑料是指以树脂为主要成分，以增塑剂、填充剂、润滑剂、着色剂等添加剂为辅助成分，在加工过程中能流动成型的材料。塑料的弹性模量介于橡胶和纤维之间，受力能发生一定形变。软塑料接近橡胶，硬塑料接近纤维。

塑料的种类繁多，根据受热后的不同性质，分为热塑性塑料和热固性塑料。前者分子结构是线型结构，受热时发生软化或熔化，可塑制成一定的形状，冷却后又变硬。受热到一定程度又重新软化，冷却后又变硬，这种过程能够多次反复进行，例如聚氯乙烯(PVC)、聚乙烯(PE)、聚苯乙烯(PS)等。这种塑料成型过程比较简单，能够连续化生产，机械强度相当高。后者分子结构是体型结构，受热时也发生软化，可以塑制成一定的形状，但受热到一定的程度或者加入少量固化剂后，就硬化定型，再加热也不会变软和改变形状。它的价格比较低廉，加工成型工艺过程比较复杂，连续化生产有一定的困难，但其耐热性好，不容易变形，受热不能软化，因此不能回收再用。例如酚醛塑料、氨基塑料、环氧树脂等都属于此类塑料。

根据不同的用途，塑料可分为通用塑料和工程塑料。人们日常生活中使用的许多制品都是由通用塑料制成，其产量大、价格低、应用范围广，主要包括聚烯烃、聚氯乙烯、聚苯乙烯、酚醛塑料和氨基塑料五大品种。工程塑料可作为工程结构材料并代替金属制造机器零部件等，具有密度小，化学稳定性高，机械性能良好，电绝缘性优越，加工成型容易等优点，广泛应用于汽车、电器、化工、机械、仪器仪表、宇宙航行、火箭、导弹等方面。例如聚酰胺、聚碳酸酯、聚甲醛、ABS 树脂、聚四氟乙烯、聚酯、聚砜、聚酰亚胺等。

塑料的发明堪称为20 世纪人类的一大杰作。塑料已成为现代文明社会不可或缺的重要原料。2006 年，中国的塑料制品产量已达到2802 万吨。

13.2.2 塑料浮选的历史

塑料的广泛应用在带给人类社会众多好处的同时，也带来了固体废弃物中的“白色污染”问题。废塑料的回收利用主要有燃烧获取热量、转化回收化学品、简单再生。获得高附加值的回收利用方法是将废塑料粉碎分选成单一种类的塑料。

塑料浮选是泡沫浮选技术在废旧塑料分选领域的重要应用，是通过物理的或者化学的方法调控塑料颗粒表面的疏水性或者亲水性，从而在固－液－气三相界面间实现各种废旧塑料浮选分离的技术。与矿物浮选类似，塑料浮选技术最初也是以专利的形式出现，之后才受到广泛的重视。

20 世纪 80 年代后期，由于石油危机的缓解，塑料浮选的研究曾一度停滞不前。直到 20 世纪 90 年代以后，大量消费塑料引起的环境问题日益突出，塑料浮选研究在欧洲、美国和日本又重新获得了推动力。1996 年和 1997 年是塑料浮选发展史上很重要的两年，塑料浮选得到了长足的进步。1996 年，对塑料浮选产生重大影响的预处理技术——“等离子体预处理”在美国获得了专利。Shibata J. 等发表了论文《塑料在选择性润湿剂作用下的浮选分离》，并在2001 年成为联合国环境署在1989 年于瑞士巴塞尔制定的《控制危险废物越境转移及其处置的巴塞尔公约》中补充的《巴塞尔公约无害环境管理技术导则》的附件，首次探讨了润湿临界表面张力对塑料浮选的影响，给出了四种塑料分选的原则流程和分选结果，提高了塑料浮选在固体废弃物处理处置技术中的地位。1997 年，第二十届国际选矿会议在德国亚琛召开，对塑料浮选的研究具有里程碑式的意义。

21 世纪以来，塑料浮选研究取得了长足的进步，其具有很高的分选效率和成本效益，表现出了一定的商业化应用潜力，在美国和德国建立了商业化塑料浮选分离的试验厂。

13.2.3 塑料浮选的原理

自然状态下，塑料的低表面能特性决定了大多数塑料疏水即可浮，衡量塑料自然可浮性大小的重要参数包括颗粒表面的亲水指数、水化膜厚度以及气泡与颗粒间的黏附能等。

在自然状态下，大多数塑料是疏水的即可浮的，要实现塑料的浮选分离就必须使待分离的各组分能选择性润湿。通过液-气界面张力控制、等离子体处理、表面活性剂吸附等技术，可以实现待分离塑料各组分的选择性润湿(废旧塑料分选技术)。塑料浮选大致可分为三类，即 γ 浮选、物理调控浮选和化学调控浮选。

塑料的 γ 浮选是基于不同塑料具有不同的润湿临界表面张力，通过添加表面活性物质控制液-气表面张力，使其介于待分离的塑料润湿临界表面张力之间，造成某些塑料因润湿而受抑制，而其他塑料的疏水可浮性不受影响，从而实现塑料的浮选分离。例如 Shen Hunting 等研究了烷基聚氧乙烯醚非离子型表面活性剂对 PVC、PET 等七种塑料浮选行为的影响，发现烷基聚氯乙烯醚是通过降低液-气界面张力对塑料产生抑制作用，塑料可浮性顺序是：POM < PVC < PMMA < PET < PC < ABS < PS，与其润湿临界表面张力顺序几乎一致。

塑料的物理调控浮选是指对混合塑料浮选分离之前，通过辐射等物理手段，对塑料进行表面处理，改变某些塑料的浮选润湿性，实现物理调控后的浮选分离。例如等离子体预处理塑料，可以改变其表面润湿性，在随后老化过程中产生润湿性差异，为塑料的物理调控浮选创造了条件。

30 年来，塑料浮选的研究成果主要集中在化学调控方面，它有两种情况，一是通过化学方法(如水解)对塑料混合物进行预处理，改变待分离塑料的表面性质，为后续的浮选分离创造条件。二是指浮选过程添加表面活化剂(或称润湿剂、抑制剂)，并通过其吸附改变塑料表面的亲水/疏水性，实现不同表面的选择性润湿及塑料的浮选分离。

表面活性剂的吸附可以使塑料表面选择性润湿，但对于塑料化学调控浮选的润湿机理，目前还没有统一的认识。一种观点认为：塑料聚合链中主要的横向基团由非极性碳氢组成，这是塑料表面分子和润湿剂分子间物理作用的基础，它包括吸附质偶极子诱导产生的范德华色散力以及氢键作用；在某种情况下，塑料聚合链中存在一些由电负性高的氧、氮、氯等原子构成的极性横向

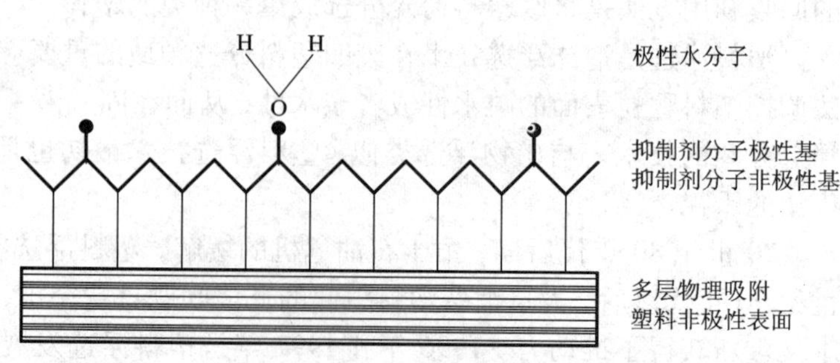

图 13-9 抑制剂在塑料表面的选择性物理吸附模型

基团，它们导致偶极子－偶极子范德华相互作用以及与抑制剂分子偶极子之间的 Lewis 酸合作用；在浮选环境下，塑料低能表面与抑制剂分子间产生化学键的可能性很小。考虑氢键的存在，B. T. O. Stuckrad 等给出了选择性物理吸附的模型(如图 13－9 所示)，并指出，塑料混合物中各组分形成氢键的能力不同以及在抑制剂分子接近塑料表面的分枝过程中空间位阻的差异是选择性物理吸附的基础，即选择性物理吸附取决于药剂的分子组成和空间构造。

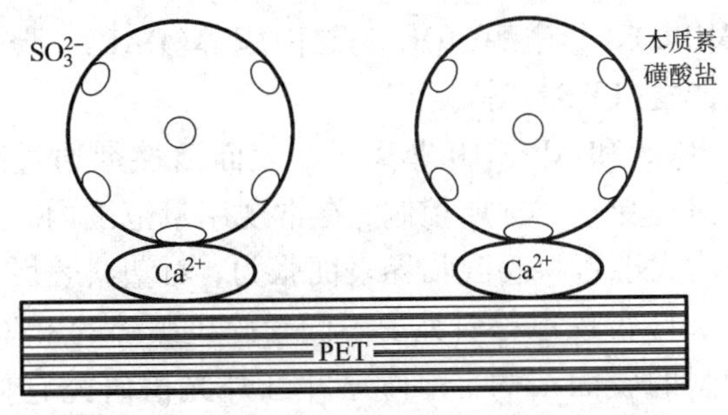

图 13－10 抑制剂在塑料表面的静电吸附模型

另一种观点认为：抑制剂在塑料表面的吸附主要由物理吸附所引起，包括疏水相互作用和静电作用，氢键存在的可能性很小；ζ－电位的测定表明，尽管浮选时气泡出现了选择性黏附，但表面活性剂在大多数塑料表面发生的是非选择性吸附；塑料的固有表面极性对抑制剂的吸附起着重要作用。

第三种观点认为：抑制剂在塑料表面的吸附主要以静电作用为主，例如木质素磺酸盐在 PET 表面的吸附，当溶液中无离子或仅有一价离子，PET 没有受到抑制；而当溶液中存在 Ca^{2+}、Mn^{2+} 等二价阳离子，木质素磺酸盐能选择性抑制 PET。XPS 检测表明：PET 表面发生了二价阳离子和木质素磺酸盐的共吸附。流动电位的测定表明：即使在含有二价阳离子的溶液中，PET 表面都是荷负电。木质素磺酸盐在荷负电的 PET 表面的吸附可以归因于二价阳离子在二者之间的静电桥联作用(如图 13－10 所示)。

13.2.4 废旧塑料的浮选分离

相对于传统的泡沫浮选，塑料浮选是一个全新的研究体系，有共性更有差异，其中有关联的纽带就是物质的表面能。常见的塑料表面为低能表面(一般为 20～50 $mJ \cdot m^{-2}$)，这一点与常见的硫化矿、氧化矿等具有的高能表面(大于100 $mJ \cdot m^{-2}$)存在差别；在自然的状态下，前者是亲水的，而后者是疏水的，即可浮的。尽管塑料与天然疏水性的煤、石墨、辉钼矿等矿物的表面能性质存在某些共同点，但除煤与化石树脂分离等少数情况外，二者的分离体系存在差别，天然疏水矿物的浮选分离往往是低能表面与高能表面间的分离，而塑料的浮选是低能表面与低能表面间的分离。

废塑料的浮选分离中，通过添加调整剂选择性抑制或分散某种塑料；加入表面活性剂，使另一种塑料疏水上浮。调整剂、表面活性剂与塑料的作用可通过物理吸附(静电力、范氏力)或化学吸附进行。

塑料分离浮选中常用的调整剂主要有水玻璃、淀粉、木质素磺酸钠、羧甲基纤维素、聚丙烯醇、聚乙烯乙醇醚、酒石酸和柠檬酸等，对不同种类塑料的抑制浮选结果表明，塑料表面的抑制剂吸附主要为物理吸附。

主要的表面活性剂有脂肪酸盐、羧酸酯、山梨糖醇酐单月桂酸酯(Span－20)、乳化剂 OT、二辛基磺化琥珀酸钠、脂肪胺(Aeromine 3037)、十二胺醋酸盐类等。

塑料浮选起泡剂通常为非离子型表面活性剂，主要有 α－萜烯醇(POIL)、甲基异丁基甲醇(MIBC)、异辛醇(IOL)、二丙酮醇(DAL)、聚乙二醇(PEG8)、聚乙二醇醚(NPEG10)、聚丙二醇醚(PPG3)等。

PEG8 和 NPEG10 非离子型表面活性剂通过降低液-气界面张力对塑料产生抑制作用，浮选过程受 γ 浮选所控制；在常规用量范围内，由松醇油、MIBC 等常用起泡剂造成的液体表面张力大于塑料润湿临界表面张力，对塑料表面不会产生润湿作用。

C. L. 古埃恩等研究了不同粉碎机破碎的 PVC 和 PET 的特性，利用扫描电镜研究粉碎后的塑料的表面结构，用傅立叶红外光谱研究它们的化学性质；浮选中利用木质素磺酸盐和 Ca^{2+} 盐抑制 PET。

B. 斯提克拉德研究了对于聚乙烯、聚丙烯、聚苯乙烯和聚氯乙烯的分离浮选，使用木质素磺酸钠和单宁酸作润湿剂，以进行浮选分离。使用强碱液，兼使用非离子型活化剂，可以抑制 PEC，使聚氯乙烯浮游分离。表 13-2 为废塑料混合物浮选试验结果。

表 13-2　废塑料混合物浮选试验结果

废塑料混合物	回收率/%	纯度/%
黏性碳纤维增强塑料(CFR-prepegs)及其保护膜(PE)	98	99
吸尘器中的塑料 ABS	95	99
PC-BT 及减震器加工中的 PE	97	99
PP-GFR 和旧汽车仪表盘塑料中的 PP	80	99
汽车后门加工中的 PA/PPO 融合物与 PP-GFR	99	99

注：* ABS—丁二烯丙烯腈苯乙烯，PC—聚酯，PPO—聚苯醚，PA—聚酰胺，PP—聚丙烯。

13.3　粉煤灰的浮选

粉煤灰是火力发电厂粉煤燃烧后的固体产物，是一种人工火山灰质材料，即一种硅质或硅铝质材料。当煤粉由高速气流喷入锅炉炉膛而发生煤粉颗粒中矿物杂质的物质转变，是从煤粉锅炉排烟系统中用收尘设施收集的细粒灰尘，约为灰渣总质量的 70%~85%。1974 年美国首先在内政部编辑的矿物年报中将粉煤灰作为一种矿物资源，并列为国家最丰富的第七位固体废物。2007 年中国产煤 25.4 亿吨，约一半用来发电，所产生的粉煤灰量巨大，是重要的二次资源。

13.3.1　粉煤灰理化性质及矿物学特性

由于煤种、锅炉的类型、运行条件、收尘和排灰方式等不同，粉煤灰的化学组成、物理性能波动较大，并随着洁净煤技术在燃煤电厂的广泛开展，燃烧过程中固硫剂的使用、低温燃烧降低 NO_x 技术和设备的应用等都对形成的粉煤灰性质和利用产生很大影响。

粉煤灰是一种分散度较高的微细物料，是各类颗粒混合体。粉煤灰的物理性能主要包括密度、堆积密度、密实度、筛余量、比表面积、原灰标准稠度、需水量比、抗压强度比等。我国 68 个电厂典型粉煤灰的物理性能见表 13-3。

表 13－3 粉煤灰的物理性能

项目	密度/($g\cdot cm^{-3}$)	堆积密度/($kg\cdot m^{-3}$)	密实度/%	筛余量/%		比表面积/($m^2\cdot g^{-1}$)		原灰标准稠度/%	需水量比/%	28d 抗压强度比/%
				80 μm	45 μm	氮吸附法	透气法			
范围	1.9～2.9	531～1261	25.6～47.0	0.6～77.8	13.4～97.3	0.8～19.5	0.1180～0.6530	27.3～66.7	89～130	37～85
均值	2.1	780	36.5	22.2	59.8	3.4	0.3300	48.0	106	66

从化学成分看，粉煤灰属于 CaO—Al_2O_3—SiO_2 系统。粉煤灰的化学成分一般包括 SiO_2、Al_2O_3、Fe_2O_3、CaO、MgO、SO_3、Na_2O、K_2O 和烧失量，有时也分析 Au、P_2O_5、Hg、Cr、Cd 及放射性元素等。我国粉煤灰化学成分的变化范围一般为：SiO_2 40%～58%、Al_2O_3 21%～27%、Fe_2O_3 4%～17%、CaO 4%～6%、烧失量 0.7%～10%。

表 13－4 中收集了我国若干电厂粉煤灰化学成分的一般变化范围。表 13－5 是部分国家电厂粉煤灰化学成分。

表 13－4 我国若干电厂粉煤灰化学成分波动范围

化学成分	烧失量	SiO_2	Al_2O_3	Fe_2O_3	CaO	MgO	SO_3	Na_2O
范围/%	0.63～29.97	34.30～65.76	14.59～40.12	1.50～16.22	0.44～16.80	0.20～3.72	0.00～6.00	0.10～4.23

表 13－5 部分国家的粉煤灰的化学成分(%)

国家	烧失量	SiO_2	Al_2O_3	Fe_2O_3	CaO	MgO	SO_2	K_2O	Na_2O
澳大利亚	0.1～0.2	53～63	25～28	2～6	1～7	1～2	0.1～0.8	1.8～3.2	0.8～2.4
比利时	0.5～19.7	40～60	12～32	6～16	4～12	0～5	0.9～9.6		
前联邦德国	1.5～2.01	34～50	21～29	8～21	3～12	1～5	0.1～2.1		
法国	0.3～15.2	29～54	10～33	5～15	1～39	1～5	0.1～7.0	0.7～6	0.1～0.9
英国	0.6～11.7	41～51	23～24	6～14	1～8	1.4～3	0.6～6.8	1.8～4.2	0.2～1.9
印度	2.2～6.5	51～60	19～29	2～19	2～4	0～2	0～0.5		
日本	0.1～1.2	53～63	25～28	2～6	1～7	1～2	0.1～0.8	1.8～3.2	0.8～2.4
波兰	1～10	35～50	6～36	5～12	2～35	1～4	0.1～8	0.1～2.7	0.1～2.0
罗马尼亚	0.2～4.5	39～53	18～29	7～16	3～13	1～4	0.5～5.9	0.3～2.2	0.1～1.8
苏联	0.5～22.5	36～63	11～40	4～17	1～32	0～5	0.1～2.5	1.1～3.6	0.5～1.2
匈牙利	1～5	41～63	16～34	5～17	1～11	1～7	0.5～7.0	0～2.2	0.2～2.5
美国	1～18	32～52	14～28	8～31	11～12	0～2	0～3		

我国的国家标准 GB1596—1991 也主要根据粉煤灰的细度和烧失量将粉煤灰分为三个等级：

Ⅰ级粉煤灰：45 μm 方孔筛筛余量小于 12%，烧失量小于 5%；Ⅱ级粉煤灰：45 μm 方孔筛筛余量小于 20%，烧失量小于 8%；Ⅲ级粉煤灰：45 μm 方孔筛筛余量小于 45%，烧失量小于 15%。

通常粉煤灰中的玻璃体是主要的，但晶体物质的含量有时也比较高，范围在 11%～48% 之间。主要晶体相物质为莫来石、石英、赤铁矿、磁铁矿、铝酸三钙、黄长石、默硅镁钙石、方镁石、石灰等，在所有晶体相物质中莫来石占最大比例，可达到总量的6%～15%。此外粉煤灰中还含有未燃烧的炭粒。

粉煤灰中的炭粒是煤粉未完全燃烧而残留的部分，如图13-11为炭粒的显微照片。炭粒一般是形状不规则的多孔体，呈海绵状和蜂窝状，内部多孔，结构疏松，表面疏水亲油，用BET法测得炭粒的比表面积为$1.54\times10^5\ cm^2\cdot g^{-1}$，约为粉煤灰的10倍，说明炭粒比粉煤灰具有更强的表面活性。粉煤灰中的炭粒部分石墨化，具有润滑性，密度较低，一般为$1.6\sim1.7\ g\cdot cm^{-3}$，堆密度为$0.66\sim0.74\ g\cdot cm^{-3}$，粒径较粗，75 μm以上颗粒含量比较高。因此，粗粒级粉煤灰中含碳量高于细粒级粉煤灰。

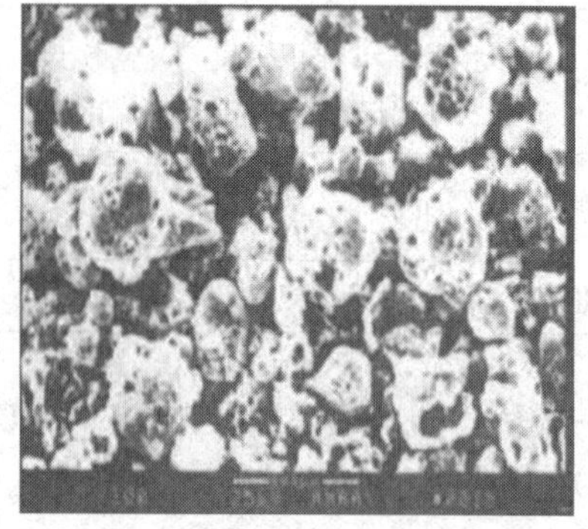

图13-11　炭粒表面形貌

光学显微镜和扫描电子显微镜研究表明：试样中除含有一部分未燃尽的细小炭粒外，大多是二氧化硅与三氧化二铝的固溶体以及石英砂粒、莫来石、多孔玻璃体等。晶相成分的主要矿物为莫来石、硅灰石、硅酸二钙-β相、钛磁铁矿和赤铁矿，如图13-12和图13-13所示。其中的莫来石呈非晶相成分以微珠为主，占非晶相的40%左右，如图13-14。在SM-Lux-PolLeitz偏光显微镜下观察，大致可分成两类：一类是玻璃微珠，另一类是不透明微珠。含铁高的黑色球形颗粒为铁珠，含碳高的黑色颗粒为炭珠。玻璃微珠呈圆形，在单偏光下中心透明，外圈呈黑色，其厚度为1/3d，在正交偏光下，内心永久消光，外圈不消光，在反射光下外圈呈弱黄白反射色，说明内心为玻璃，外圈为铁质，粒径为0.002~0.005 mm。在偏光显微镜下观测出不同种类微珠百分含量分别为：玻璃微珠占40%，铁质微珠占10%，炭质微珠占30%，含钛磁铁微珠占20%。微珠的主要化学成分是氧化硅和氧化铝，其次是铁、钾、镁的氧化物，还有少量氧化钙，此外，还有微量的钠、硫、锰、铜、磷和氯等，细柱状，无色透明，约占晶相的2%，粒径

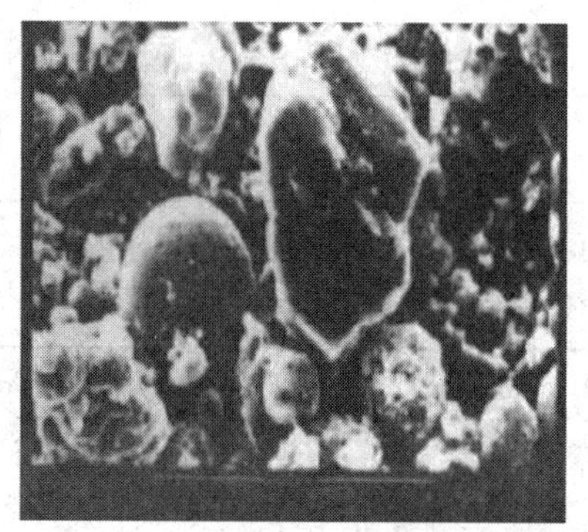

图13-12　含钛磁铁矿微珠表面形貌

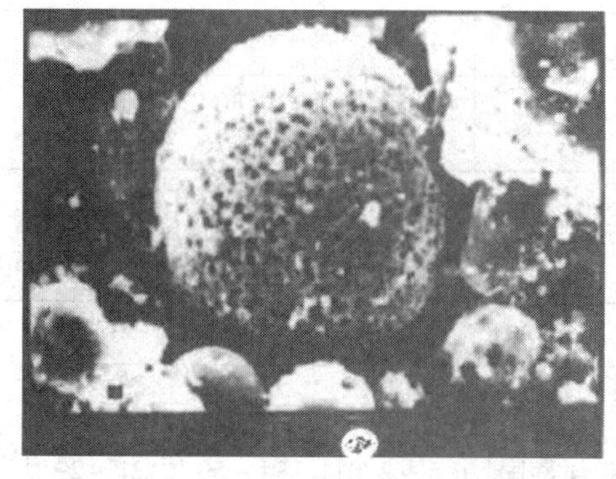

图13-13　赤铁矿微珠表面形貌

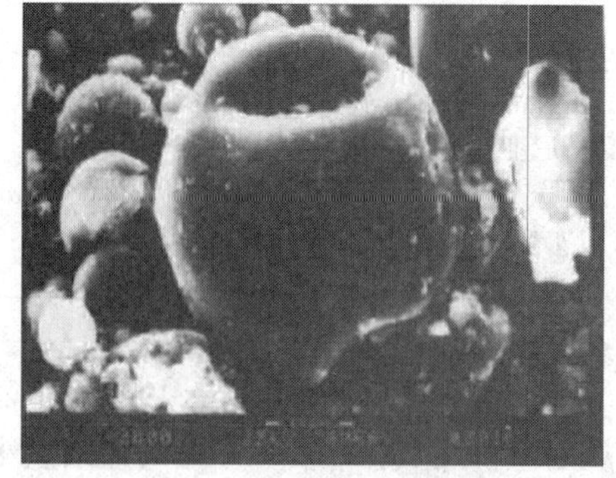

图13-14　粉煤灰微珠表面形貌

0.05 ×0.005 ~0.01 ×0.001 mm；硅灰石呈不规则板状，显淡茶色，正中偏高突起，个别颗粒可见聚片双晶，占晶相1%以下，粒径0.0025 ~0.01 mm；硅酸二钙 - β 相呈粒状，无色，正高突起，呈棕白色，占晶相的1%以上，粒径为0.002 ~0.02 mm；钛磁铁矿为黑色细粒，反射光下呈灰微带棕色调，用磁铁可吸，粒径极小。

13.3.2 粉煤灰浮选脱碳

粉煤灰中炭含量较高是粉煤灰综合利用存在的主要问题。煤粉在温度1100 ~1700°C 锅炉燃烧室内燃烧时，在锅炉中滞留的时间很短(1 ~2 s)，不可能完全燃烧，有少部分残留在粉煤灰中。粉煤灰中未燃尽的炭一部分以单体形式存在于粉煤灰中，另一部分与高温形成的玻璃融合成为固溶体存在于粉煤灰中。有研究证明：粉煤灰中炭粒部分已被烧成焦炭或半焦炭。表13 -6 为我国部分电厂粉煤灰的含碳量。从表13 -7 可以看出，即使煤粉燃烧效率较高，粉煤灰中未燃炭含量也较高。近年来，低温燃烧器的采用导致了粉煤灰中未燃炭含量的进一步增高，影响粉煤灰质量，从而给粉煤灰利用带来困难。若分选出来，则可作为吸附剂或活性炭原料及冶炼铁合金碳球的还原剂等，对粉煤灰综合利用很有意义。

表13 -6 我国部分电厂粉煤灰含碳量

电厂	上海	北京石景山	西安坝桥	青岛	株洲	鸡西	抚顺	四川江油	广西合山	吉林热电厂
含碳量/%	3.0 ~10.0	3.29	9.15	11.80	20.00	6.76	13.02	12.32	3.70	14.15

表13 -7 粉煤灰未燃炭与煤粉燃烧效率及煤中矿物含量关系

煤中矿物质/%	炭燃烧程度/%	灰中残炭含量/%
10	99	8.3
10	97	21.2
20	99	3.8
20	97	10.7

粉煤灰中炭粒的表面润湿性和可浮性与煤炭相近，其接触角在60°左右；而粉煤灰中其他颗粒的接触角较小，只有10°左右，因此在泡沫浮选过程中，由于炭粒具有较大的接触角，它能黏附于气泡表面浮出灰浆液面，而粉煤灰中的其他颗粒接触角较小，不能黏附于气泡表面而仍留在灰浆中，并且在浮选药剂作用下，炭粒与其他颗粒之间的这种润湿性差别可以增大，从而能够实现炭粒与其他颗粒的有效分离。由于粉煤灰中的炭粒与煤炭的表面润湿性相近，可采用煤泥浮选的药剂制度和试验研究方法进行粉煤灰选炭的试验研究。

粉煤灰选炭常用的捕收剂有轻柴油，起泡剂有仲辛醇。主要技术参数包括原灰含碳量，精炭含碳量，尾灰含碳量，可燃物回收率，尾灰粒度组成等。

何新露等对鞍钢的湿排粉煤灰采用浮选方法除炭。粉煤灰小型浮选试验结果如图13 -15 所示。原灰含炭12.56%，在一粗三精的浮选流程条件下，确定了捕收剂、起泡剂的用量各为1.5 $kg \cdot t^{-1}$，获得含碳量达69.65%、产率为14.15%、回收率为78.47% 的优质煤粉，同时获得尾灰含炭3%左右、产率为85.85% 的较好指标。在小型试验的基础上，进行实验室24 h连选试验。原灰含炭10.25%，在相同的浮选工艺条件下，获得的选别指标为含精炭量67.82%、产率为11.85%，炭的回收率为77.87%、热值为5964 cal·g^{-1}，尾灰含炭小于3%、产率为88.15%，与小型试验的指标接近。

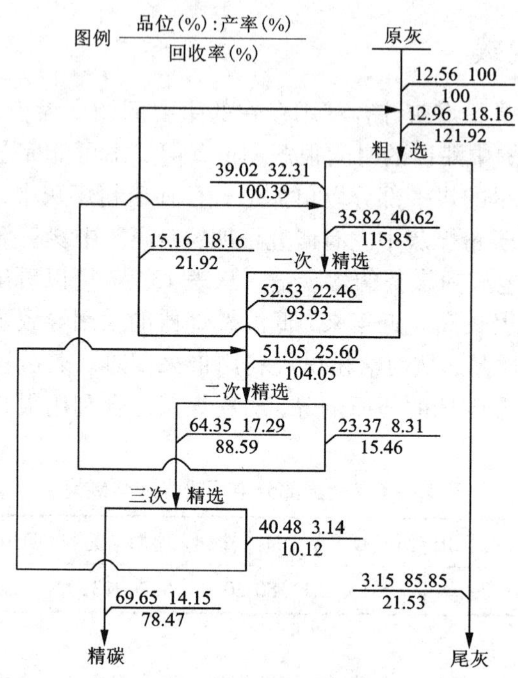

图13－15　粉煤灰选炭闭路试验数量质量流程

13.4　工业废水的浮选处理和土壤清洗

13.4.1　沉淀浮选

1. 含重金属离子工业废水的沉淀原理和方法

(1)金属氢氧化物沉淀。

除碱金属外，许多金属氢氧化物都是难溶的，它们在水中的溶解规律符合溶度积规则，金属离子含量与pH密切相关。

$$M(OH)_n \rightleftharpoons M^{n+} + nOH^-$$

$$K_S = [M^{n+}][OH^-]^n \qquad (13-2)$$

$$\lg[M^{n+}] = \lg K_S + npK_w - npH \qquad (13-3)$$

式中：K_S为金属氢氧化物的溶度积；K_w为水的离子积；n为金属离子的价数。

由式(13－3)可以看出，$\lg[M^{n+}]$与pH呈直线关系。各种金属氢氧化物的溶度积示于表13－8。

＊ 1 cal＝4.1868 J。

表 13－8 金属氢氧化物的溶度积(18～25℃)

氢氧化物	K_s	氢氧化物	K_s
$Al(OH)_3$	1.1×10^{-33}	$Fe(OH)_3$	7.1×10^{-40}
$Ca(OH)_2$	5.5×10^{-6}	$Mg(OH)_2$	1.8×10^{-11}
$Cd(OH)_2$	3.9×10^{-14}	$Mn(OH)_2$	1.9×10^{-13}
$Co(OH)_2$	2.0×10^{-16}	$Ni(OH)_2$	6.5×10^{-18}
$Cr(OH)_2$	6.0×10^{-31}	$Pb(OH)_2$	1.6×10^{-7}
$Cu(OH)_2$	6.0×10^{-20}	$Sn(OH)_2$	8.0×10^{-29}
$Fe(OH)_2$	8.0×10^{-16}	$Zn(OH)_2$	1.2×10^{-17}

Al、Pb、Zn、Cr、Ni、Cu、Mn、Sn、Co 等金属的氢氧化物，在高 pH 条件下会与过剩的 OH^- 结合形成羟基络合物再溶解，因而上述金属离子都有各自最佳 pH 沉淀范围。以氢氧化锌为例，沉淀的最佳 pH 的范围是 8～11。

金属氢氧化物沉淀析出由易到难顺序为：Fe^{3+}、Al^{3+}、Cr^{3+}、Zn^{2+}、Cu^{2+}、Pb^{2+}、Fe^{2+}、Cd^{2+}、Mn^{2+}、Mg^{2+}。沉淀最佳 pH 范围示于表 13－9。

表 13－9 金属氢氧化物沉淀析出的最佳 pH 范围

金属离子	Fe^{3+}	Al^{3+}	Cr^{3+}	Cu^{2+}	Zn^{2+}	Ni^{2+}	Pb^{2+}	Cd^{2+}	Fe^{2+}
pH 范围	4～12	6～7	8～9	8～12	8～11	>9.5	9～9.5	10.5	9～12

(2)硫化物沉淀。

金属硫化物是比氢氧化物溶度积更小的一类难溶化合物。一些金属离子，当用氢氧化物沉淀法不能将它们降到要求的浓度时，常采用硫化物沉淀法。

硫化物沉淀法是基于许多元素的硫化物难溶于水。某些硫化物的溶度积如表 13－10 所示。因此，当溶液中有 M^{n+} 存在时，加入 S^{2-}，则将发生以下沉淀反应：

$$2M^{n+}+nS^{2-}=\!=\!=M_2S_n\downarrow \tag{13-4}$$

金属硫化物沉淀由易到难的顺序是：Hg^{2+}、Fe^{3+}、Cu^{2+}、Hg^{+} Ag^{+}、Pb^{2+}、Cd^{2+}、Ni^{2+}、Co^{2+}、Zn^{2+}、Mn^{2+}。尽管这些金属硫化物溶解度随着酸性增加而相对增大，但与其氢氧化物溶解度相比则小得多(如表 13－10 所示)。因而在酸性介质中也能用生成硫化物的方法有效去除汞、铜等金属离子。

(3)碳酸盐沉淀。

很多金属离子的碳酸盐溶度积相对是较小的。因此，某些场合可利用碳酸根离子来沉淀金属离子：

$$2M^{n+}+nCO_3^{2-}=\!=\!=M_2(CO_3)_n\downarrow \tag{13-5}$$

盐湖卤水中往往含有 LiCl。卤水经曝晒浓缩加石灰沉淀 Mg^{2+}，结晶析出 KCl、NaCl 晶体后，溶液中 LiCl 质量分数可富集到6%，再加 Na_2CO_3 沉出 Li_2CO_3，反应为：

$$2LiCl+Na_2CO_3=\!=\!=Li_2CO_3\downarrow+2NaCl \tag{13-6}$$

表 13－10　某些硫化物的溶度积 K_{SP}

硫化物	温度/℃	K_{SP}	$\lg K_{SP}$	硫化物	温度/℃	K_{SP}	$\lg K_{SP}$
Ag_2S	25	1.6×10^{-49}	−48.8	HgS	18	1×10^{-47}	−47
Ag_2S_3	18	4×10^{-29}	−28.4	MnS	25	2.8×10^{-13}	−12.55
Bi_2S_3	18	1.6×10^{-72}	−71.8	NiS(α)	25	2.8×10^{-21}	−20.55
CdS	25	7.1×10^{-27}	−26.15	PbS	25	9.3×10^{-28}	−27.03
CoS(α)	25	1.8×10^{-22}	−21.74	Sb_2S_3	18	1×10^{-30}	−30
CuS	25	8.9×10^{-36}	−35.05	SnS	25	1×10^{-28}	−28
Cu_2S	18	2×10^{-47}	−46.7	Tl_2S	18	4.5×10^{-23}	−22.35
FeS	25	4.9×10^{-18}	−17.31	ZnS(β)	25	8.9×10^{-25}	−24.05
				In_2S_3		5.7×10^{-74}	−73.24

(4)草酸盐沉淀

采用质量分数为6%～7%的NaCl溶液或2%的$(NH_4)_2SO_4$溶液，浸出吸附型稀土元素，浸出液可加入草酸钠进行沉淀分离：

$$2TR^{3+}+3C_2O_4^{2-}+nH_2O = (TR)_2(C_2O_4)_3\cdot nH_2O\downarrow \qquad (13-7)$$

式中：TR表示稀土元素总和，n一般为10。

2. 矿山酸性废水的沉淀浮选处理

矿山酸性废水是一种在矿山开采和利用过程中产生的特殊酸性废水。具有污染严重、不易控制、治理困难等特点。矿山酸性废水富含多种金属离子如Fe^{2+}、Fe^{3+}、Cu^{2+}、Zn^{2+}、Pb^{2+}等，具有较低的pH(大多在2～4之间)。矿山酸性废水由于含有红褐色的$Fe(OH)_3$沉淀，其色度和悬浮物都大大超标。此类酸性水不经处理而直接排入河流会造成巨大的环境危害和资源浪费。

某研究者研究了江西德兴铜矿的矿山酸性废水的处理方法。其组成和性质见表13－11。

表 13－11　实际矿山酸性废水组成及性质($mg\cdot L^{-1}$)

组成	TFe	Cu^{2+}	Zn^{2+}	Fe^{2+}	SO_4^{2-}	Pb^{2+}	Cr^{2+}
含量	1875	92.56	10.9	701.3	6029	0.50	0.46
排放标准	3.0	0.5	2.0	1.0		1.0	0.50

经试验提出：在含铜和铁及大量硫酸根离子的酸性废水中加入一定量的石灰，通过控制溶液pH(2.5～6.5)达到优先沉淀Fe^{2+}、Fe^{3+}的目的，最佳石灰用量为$2.5\ g\cdot L^{-1}$。再利用脂肪酸钠皂(用量为$60\ mg\cdot L^{-1}$)作捕收剂浮选沉淀$Fe(OH)_3$。然后向残液(控制pH 6.5～9.5)中添加硫化钠溶液沉淀Cu^{2+}，沉铜硫化钠最佳用量为$0.22\ g\cdot L^{-1}$。再用黄药为捕收剂浮选硫化铜沉淀，其用量为$20\ mg\cdot L^{-1}$。试验流程见图13－16。

利用浮选来实现固液分离具有分离效果好、速度快、选择性好等特点。有效解决了传统中和沉淀处理技术中固液分离困难的难题。达到了既去除有害成分又回收利用废水中有价组分的目的。试验结果见表13－12。

表13-12 外排水组成及性质

组成	TFe	Cu^{2+}	Zn^{2+}	Pb^{2+}	Cr^{2+}	SO_4^{2-}	pH
含量/($mg \cdot L^{-1}$)	2.4	0.5	0.048	0.08	痕迹	2280	8.6
去除率/%	99.86	99.46	99.56				

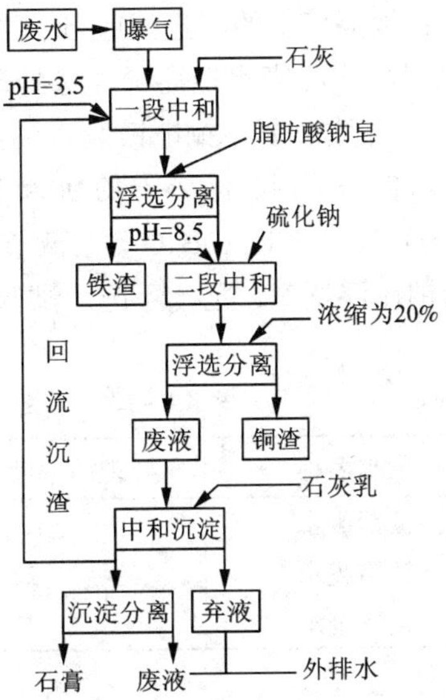

利用分步沉淀浮选分离法处理矿山酸性废水，不仅能使外排水中各种金属离子的含量及pH都符合排放标准，达到有效治理的目的，而且可以回收利用废水中的有价金属，变废为宝。其得到的浮选泡沫产物铜渣含铜28.5%、含锌5.2%；铁渣含铁14.56%。

图13-16 矿山酸性废水的沉淀浮选处理试验流程

3. 冶金废水的沉淀浮选处理

某有色金属公司冶炼厂钴镍电解车间排放的含钴镍废水，废水中的钴浓度为100~120 $mg \cdot L^{-1}$，镍浓度为80~100 $mg \cdot L^{-1}$，排放的污染物浓度远远超过国家标准，不仅给周围环境造成了严重的污染，而且还造成了每年约50 t金属的流失。

研究采用硫化沉淀浮选的方法，可以有效地处理该高钠电解钴镍废水。硫化沉淀浮选的最佳条件是：添加硫化钠1.15 $mg \cdot L^{-1}$，丁基黄原酸钠60 $mg \cdot L^{-1}$。废水中的钴镍离子浓度都可以由100 $mg \cdot L^{-1}$左右分别降至3 $mg \cdot L^{-1}$和1 $mg \cdot L^{-1}$以下，达到国家排放标准。硫化沉淀浮选方法具有设备简单、占地面积小、分离速度快、浮渣含水率低、渣量少等优点，经脱水后的浮渣可以得到回收，实现了资源的综合利用。

13.4.2 离子浮选和胶体吸附浮选

1. 离子浮选的基本概念

离子浮选是浮选法中的一种。它利用加入与待分离离子(或其络合离子)电荷相反的捕收剂(表面活性剂)，使二者生成疏水性的络合物，借助表面活性剂非极性端的疏水性附着于气泡表面，然后被载入泡沫层而达到富集分离。

离子浮选时添加的捕收剂应稍多于待分离离子的化学计量值，即约1∶1摩尔，但又不能高于其临界胶束浓度，否则表面活性剂将产生胶束增溶作用而降低气液界面上的吸附。

由于离子浮选法药剂消耗大，成本高，如不考虑药剂回收利用则影响其实用意义。同时，浮选残余药剂会影响水质，故目前离子浮选仅见用于高价值的金属离子分离回收，或含放射性金属离子废水的处理上。

若被分离出来的微量元素(离子)在一定条件下与胶体颗粒[添加$FeCl_3 \cdot 6H_2O$、$Al_2(SO_4)_3$、$FeSO_4 \cdot 7H_20$等，调节pH，生成胶体颗粒]吸附，然后加入与胶体电荷相反的表面活性剂生成疏水性的离子缔合物使它们附于气泡上浮选，称之为胶体吸附浮选，也可以叫做离子浮选。

2. 重金属离子废水的浮选

(1)含镉废水的离子浮选

对湖南省水口山矿务局含镉离子矿冶废水进行了离子浮选处理研究。研究表明，采用丁铵黑药做镉离子的浮选捕收剂，当摩尔比[丁铵黑药]/[Cd^{2+}]=1.5时，含镉离子4.5~9.0 $mg \cdot L^{-1}$的实际废水经离子浮选处理后，镉离子含量下降到0.1 $mg \cdot L^{-1}$，达到排放标准。

（2）含铬、锌、铜电镀废水的离子浮选处理

对含铬、铜、锌离子的航天电镀废水，研究采用离子浮选法处理。添加 $FeCl_3 \cdot 6H_2O$、$Al_2(SO_4)_3$、$FeSO_4 \cdot 7H_2O$ 等，调节pH，生成胶体颗粒。再加入0.02~0.1 $mg \cdot L^{-1}$的十二烷基硫酸钠作浮选剂，充气浮选。试验结果见表13-13，达到了国标排放标准。

表13-13　含铬、铜、锌离子的航天电镀废水离子浮选处理结果

废水名称	处理前浓度/($mg \cdot L^{-1}$)	处理后浓度/($mg \cdot L^{-1}$)	去除率/%
镀铜废水	104.8	0.06	99.9
镀铬废水	22.4	0.07	99.7
镀锌废水	37.5	0.19	99.5

（3）含汞废水的离子浮选处理

由于汞的毒性大，来源广泛，汞作为重要的污染物项目为各国所重视。主要处理方法有化学絮凝沉淀法、活性炭吸附法、离子交换法、还原法及膜处理法等。

研究发现，在水溶液中，Hg^{2+}与十六烷基三甲基氯化铵（CTMAD）和硫氰酸铵（NH_4SCN）生成不溶于水的三元缔合物，在少量的氯化钠存在下，此缔合物浮于水相上层，分相过程中，Hg^{2+}被定量浮选。

CTMAD浓度为1.5×10^{-3} $mol \cdot L^{-1}$，NH_4SCN浓度为1.5×10^{-2} $mol \cdot L^{-1}$，pH为1~6的常温条件下，水中的汞的浮选去除率平均达96.1%。同时在水相中存在其他离子（Ca^{2+}、Mg^{2+}、Mn^{2+}、Ni^{2+}、Pb^{2+}）时，浮选率几乎不受影响，因而能实现Hg^{2+}离子较安全地分离，从而达到从水中除去汞的目的。

（4）放射性的废水离子浮选处理

在铀同位素生产和试验研究设施的退役活动中，化学清洗去污产生大量含铀放射性废水，废水中含有成分复杂的无机和有机去污成分，采用其他方法处理、储存和运输均很困难。采用离子浮选法达到回收金属离子和处理废水的目的。

一般来说，含铀放射性废水需先经稀HNO_3处理将铀全部转化为UO_2^{2+}，然后添加硬脂酸钠、松油等的混合物为浮选捕收剂，硬脂酸钠浓度为0.006 $mol \cdot L^{-1}$。如果废水中铀浓度>2 $mg \cdot L^{-1}$，则需进行二次离子浮选处理。

用离子浮选法处理含铀量为50 $mg \cdot L^{-1}$的废水，经二次离子浮选处理后，含铀量可降至0.02 $mg \cdot L^{-1}$（我国含铀废水的排放标准暂定为0.05 $mg \cdot L^{-1}$），浓缩废液体积约为原液体积的1%。经此方法处理后，放射性废物可达到最少化。

3. 离子浮选泡沫中捕收剂和金属产品的回收

在常规的矿物泡沫浮选中，矿物颗粒的比表面积是比较小的，因此只有较少量的捕收剂吸附在矿粒上。与矿物本身的价值相比，吸附在矿粒上的有价值的捕收剂可以忽略不计。相反的是，在离子浮选中需要化学计量的捕收剂。所以，为了离子浮选经济上可行，从泡沫中

回收金属和捕收剂是很重要的。Dovle 等人研究了分解浮选得到的金属－十二烷基硫酸盐络合物的4种不同方法。这就是氢氧化物沉淀法、硫化物沉淀法、化学洗提法和电解法。

氢氧化物沉淀法的反应式为：

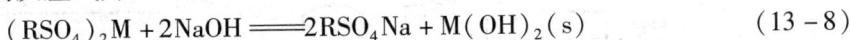

$$(RSO_4)_2M + 2NaOH = 2RSO_4Na + M(OH)_2(s) \quad (13-8)$$

硫化物沉淀法的反应式为：

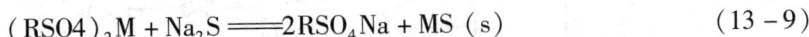

$$(RSO4)_2M + Na_2S = 2RSO_4Na + MS\ (s) \quad (13-9)$$

化学洗提法包括增大溶液中钠的浓度，以超过十二烷基硫酸钠的溶度积。这个方法不适于回收金属，溶液碱度逐渐增大对连续过程是不利的。

$$2Na^+ + (RSO_4)_2M = M^{2+} + 2RSO_4Na\ (s) \quad (13-10)$$

电解法比其他方法更适于回收金属和再生捕收剂。这个方法用于分解贵金属－捕收剂络合物。在用十一烷基硫酸盐离子浮选的浮选泡沫处理中，有关的阴极反应为：

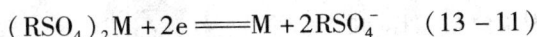

$$(RSO_4)_2M + 2e = M + 2RSO_4^- \quad (13-11)$$

在缺少特效阳极去极化时，阳极还原是水的氧化分解：

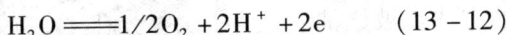

$$H_2O = 1/2O_2 + 2H^+ + 2e \quad (13-12)$$

用十二烷基硫酸盐作捕收剂，从工业废水溢流中离子浮选除去剩余金属离子的原则流程图如图13－17所示。

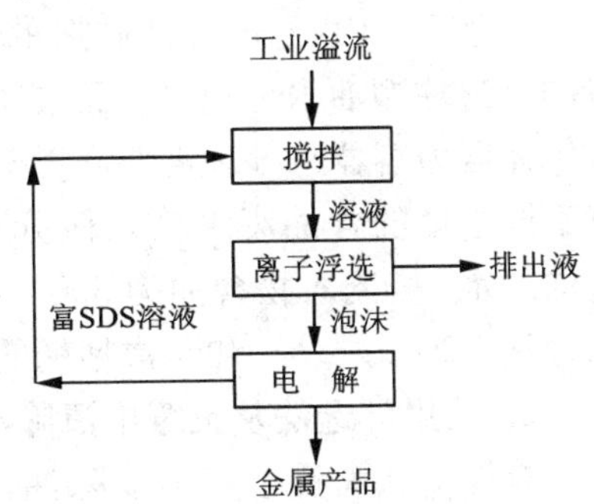

图13－17 用十二烷基硫酸盐离子浮选及用电解法回收金属和再生捕收剂溶液的流程图

13.4.3 含油废水的浮选法处理和土壤清洗

1. 含油废水的浮选法处理

含油废水的含油量随工业种类、工艺设备、操作条件、生产流程的不同而存在很大差异，如石油工业所排废水含油浓度约在150～1000 $mg \cdot L^{-1}$之间；轧钢废水含油浓度30～1200 $mg \cdot L^{-1}$；机械加工的含油废水主要源自乳化液，含80%～90%的水和10%～20%的油，并带有污泥和杂质。含油废水中的油一般呈三种状态：

①浮上油——油滴粒径一般大于100 μm，浮于水面。

②分散油——油滴粒径一般介于10～100 μm之间，悬浮于水中。

③乳化油——油滴粒径一般小于10 μm，能稳定地分散于水中。

含油废水中的油本身呈疏水状态，故不需再添加浮选捕收剂，一般采用气浮装置进行即可。

气浮装置的优点是浮选效率高，操作容易控制。为了提高气浮效果，一般投加混凝剂、助凝剂和其他药剂等。按照产生气泡的方法，气浮设备有加压溶气浮选、浮选机浮选及浮选柱曝气浮选。

(1)加压溶气浮选

废水经水泵加压到3～4个大气压，同时注入空气，使其在溶气罐内溶于废水中，溶气的废水沿减压阀进入气浮池，由于突然减至常压，废水中的空气形成许多细小的气泡逸出，使油气浮上升产生油沫，用刮油器推入收集槽排出，经过处理的废水沿集水槽流出。加压气浮的效率可达90%以上，管理方便，但耗电较多。详见图13－18。

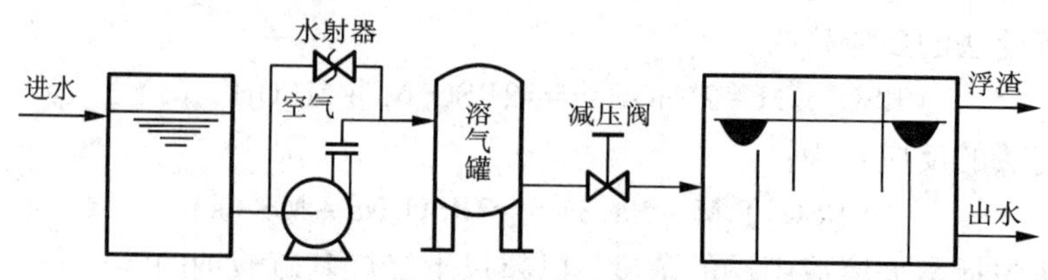

图13－18　含油废水的加压溶气浮选

(2)浮选柱曝气浮选

加拿大CPT公司设计制造的voscell，是一种独特的浮选柱型油水分离器，见图13－19。它是用分散气体压力容器来处理需要高度分离的含石油废水。将不同浓度的含油废水输入该分离器，可产出非常清洁的水(按流入物含油为300～800 $\mu g \cdot g^{-1}$计，排水含油<20 $\mu g \cdot g^{-1}$)和非常粘稠的脱水油。

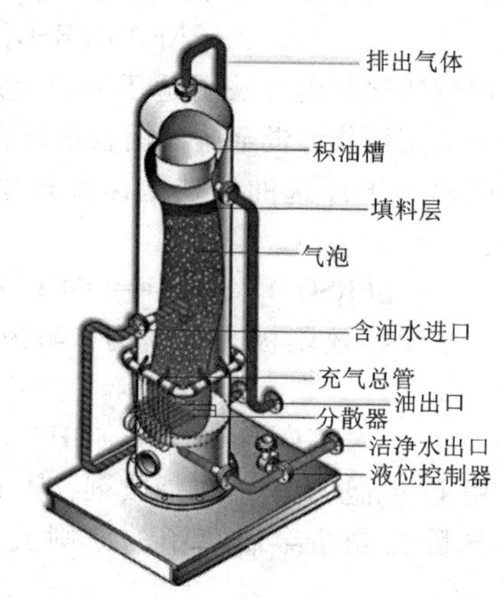

图13－19　voscell浮选柱型油水分离器

2．采用浮选法从土壤中清除油污

有许多从大量土壤中清除油污的方法。被原油污染的土壤的处理，国外多采用蒸汽抽提－高速离心分离的工艺方法。

与其他方法比较，泡沫浮选是经济和较有效的方法之一。该法包括两个步骤：第一步将油从土壤中解脱到水中；第二步浮选分离已解脱的油乳浊液。

现在已有一些应用浮选法成功地治理土壤污染的试验报道。在充气水力旋流器(ASH)中浮选油乳浊液可以在极短时间内回收80%以上的油。空气诱导浮选技术用于处理澳大利亚纽卡斯特尔柴油污染达10%的土壤后，土壤中碳氢化合物的总量降低到允许限度以下(1 $g \cdot dm^3$)。德国采用加压浮选清除土壤中的油污，油回收率从70%提高到93%。

加拿大开发了净化污染土壤的CSP工艺。该法用细粒煤作为吸附物，在90℃和强烈搅拌下加速油从土壤解吸和向细粒煤吸附，然后用浮选分离。浮选泡沫产品是吸附有烃化合物的煤，可做燃料；浮选槽底产物是干净的土壤或砂。该法可处埋被原油、重油、沥青以及其他石油化工产品污染的土壤。

有研究者针对含稠油12.5%的含油土壤，试验了用热碱水清洗－气浮分离方法。在反应温度75℃、碱浓度1.0%、液固比为2、反应时间10 min、气浮温度60℃和气浮时间10 min的条件下，可使油去除率达到92.5%～93.5%，土壤中残留油含量降至0.9%～1.0%。

采用超声波处理，可强化油从土壤中解脱到水中的过程。

3．从被污染土壤中除去污染物

土壤位于地壳的最上层，易于被化学药品所污染，被污染的土壤会通过饮用水和食物链影响人类的健康。因此，很多被污染的土壤需要清洗。

1986年在瑞士Basle，一家农药仓库着火，大量化学物品——主要是有机物－水银和消防水一起渗入地下。经过选择性挖土，14200 t的高危污染物被送进一家10 $t \cdot h^{-1}$土壤清洗厂进行处理。工厂的处理流程如图13-20所示。清洁物料重新填放在原地点，而污染物部分和石灰一起处理，然后装入筒中，在德国一家地下有毒废料堆中进行处理。在土壤清洗厂中产出的污染物浮选部分占土壤量的6%，其中含85%的污染物。一共有95%的污染物被除去或破坏掉。

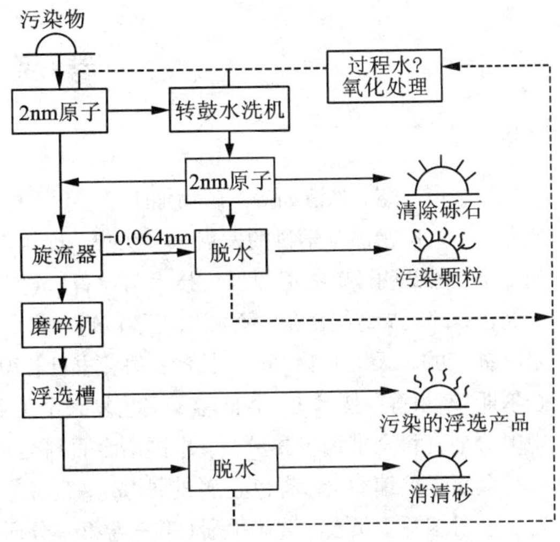

图13-20 污染土壤的浮选净化处理流程

4. 用载体浮选法清洗放射性污染土壤

美国内华达核试验场土壤的主要污染物是氧化钚。进行了载体浮选去除放射性核素的研究，研究中用二氧化铈来评价氧化钚的浮选特性。试验在机械搅拌浮选槽中进行，药剂为乳化油酸，pH为8左右，碳酸钙作载体。结果发现，油酸用量1.6 $kg \cdot t^{-1}$时，氧化铈在不存在载体时回收率仅为33%。而在100 g土壤中分别添加1 g、2 g、5 g载体时，其回收率分别增加到72%、83%和93%。

习 题

13-1 废纸脱墨浮选有何作用？用些什么药剂和设备？

13-2 废塑料浮选分离的原理和方法如何？试比较其与常规矿物间浮选分离的特点和差异。

13-3 粉煤灰脱碳浮选和浮选回收微珠是如何进行的？

13-4 简述工业废水处理中的沉淀浮选、离子浮选和胶体吸附浮选的原理和方法。

参 考 文 献

[1] 王淀佐，卢寿慈，陈清如等. 矿物加工学[M]. 徐州：中国矿业大学出版社，2003
[2] 胡岳华等. 矿物加工学科的发展——历史、现状与未来[J]. 矿冶工程，1999(1)
[3] 胡岳华，冯其明. 矿物资源加工技术与设备[M]. 北京：科学出版社，2006
[4] 王淀佐，邱冠周，胡岳华. 资源加工学[M]. 北京：科学出版社，2005
[5] 宋应星(明). 天工开物[M]. 长沙：岳麓书社，2002
[6] 查尔斯·辛格等. 技术史(第Ⅲ卷 · 文艺复兴至工业革命). 上海：上海科技教育出版社，2003
[7] 中国冶金百科全书编辑委员会. 中国冶金百科全书·选矿卷[M]. 北京：冶金工业出版社，2000
[8] 有色金属进展编委会. 有色金属进展[M]. 北京：冶金工业出版社，1995
[9] 选矿手册编写委员会. 选矿手册(第三卷第一分册)[M]. 北京：冶金工业出版社，1993
[10] 关锦镗. 中国有色金属科学技术史简编[M]. 110 – 117
[11] Somasundaran(ed.) P. Advances in Mineral Processing, Proceedings of a Symp[A]. Honoring N. Arbiter on His 75th Brithday [C], 1986, New Orleans, USA, 137 – 153
[12] 王淀佐，胡岳华. 浮选溶液化学[M]. 长沙：湖南科学技术出版社，1988
[13] 胡岳华等. 白钨矿/萤石浮选行为的溶液化学研究[J]. 矿冶，1996，5(7)
[14] 胡岳华，王毓华，王淀佐. 铝硅矿物浮选化学与铝土矿脱硅[M]. 北京：科技出版社，2004
[15] 王淀佐. 浮选理论新进展[M]. 北京：科学出版社，1992
[16] Forssberg(ed.) K S E. Flotation of Sulphide Minerals, Int. J. Miner. Process [J], 1991, 33: 1 – 383
[17] Woods R. Electrochemistry of Sulfide Flotation, In: M. H. Jones and J. T. Woodcock (Eds.), Principle of Mineral Flotation, The Wark Symposium, Australas Inst. Min. Metal., Parkville, Victoria, Australia [J]. 1984, 40: 91115
[18] Allison S A, Finkelstein N P. Study of the Products of Reaction between Galena and Aqueous Xanthate Solutions, Trans[M]. IMM, Sec. C, 1971, 80: C235C239
[19] Trahar W J. The Influence of Pulp Potential in Sulphide Flotation, 1984, In: Principles of Mineral Flotation, The Wark Symposium. M. H. Jones and J. T. Woodcock (Eds), Australa. Inst. Min. Metall. Parkville, Victoria[M]. Australia, 1984: 117135
[20] 邱冠周，胡岳华，王淀佐. 颗粒间相互作用与细粒浮选[M]. 长沙：中南工业大学出版社，1993
[21] 邱冠周，胡岳华，王淀佐. 细粒浮选体系中扩展的 DLVO 理论及应用[J]. 中南矿冶学院学报，1994，25(3)：310 – 314
[22] Israelachvili J N. The Hydrophobic Interaction is Long Range, Decaying Exponentially with Distance. Nature [M], 1982, 300: 341 – 342
[23] Yotsumoto H and Yoon R H. Application of Extended DLVO Theory: I. Stability of Rutile Suspensions. [J]. Coll. Inter. Sci., 1993, 157: 426 – 433
[24] Ravishankar S A. Nord Kaolin Co.; Jeffersonville, GA and Yoon, R. H., Long-range Hydrophobic Forces in Amine Flotation of Quartz[A]. 126th SME Annual Meeting[C], 1996, Mar. 11 – 14, Phoenix, Arizona, USA
[25] 刘新星，胡岳华. 原子力显微镜及其在矿物加工中的应用[J]. 矿冶工程，1999，32 – 35
[26] 王淀佐，林强，蒋玉仁. 矿冶药剂分子设计[M]. 长沙：中南工业大学出版社，1996
[27] 王淀佐. 浮选药剂作用原理及应用[M]. 北京：冶金工业出版社，1981

[28] 蒋玉仁，刘志国，刘景亚，胡岳华，王淀佐．一个新的分子拓扑指数．物理化学学报[J]，2003，19(3)：198－202

[29] 邱冠周，胡岳华，覃文庆．硫化矿浮选电化学国际学术研讨会论文集[R]．中国有色金属学报编辑部，2000

[30] 邱冠周，胡岳华，王淀佐．载体浮选工艺因素研究[J]．有色金属，1993，46(2)：21－26

[31] 邱冠周，胡岳华，王淀佐．细粒浮选体系中粗粒效应理论及应用[J]．中南矿冶学院学报，1993，24(6)：743－748

[32] 伍喜庆．浮选进展评述[C]//第十届全国选矿年评学术会议．成都：2006

[33] 孙传尧，程新朝，李长根．钨铋钼萤石复杂多金属矿综合选矿新技术——柿竹园法[J]．中国钨业，2004，19(5)，8－13

[34] 朱建光．浮选药剂年评[C]//第十届全国选矿年评学术会议．成都：2006

[35] 夏晓鸥．选矿设备新进展评述[C]//第十届全国选矿年评学术会议．成都：2006

[36] Murugananthan M. Bhaskar Raju G. Prabhakar S. Separation of Pollutants from Tannery Effluents by Electro Flotation. Separation and Purification Technology[J]，2004，40(1)，69－75

[37] 边炳鑫，陈清如，韦鲁滨．浮选矿浆的磁化处理效应和机理研究[J]．煤炭学报，2004，29(1)，97－100

[38] 密斯拉 M. 超声波预处理改善毒砂浮选．国外金属矿选矿[J]，2004(6)，35－38

[39] 斯提克拉德 B. 废弃塑料混合物的浮选分离[C]//第20届国际选矿会议论文集，1997，Vol. 5，303－314

[40] 李丽峰等．废纸浮选脱墨与矿物浮选[J]．中华纸业，2000(21)，8

[41] 李泠．日本选矿技术在资源再生利用中应用及展望[J]．国外金属矿选矿，2000(9)

[42] 孙传尧，印万忠．硅酸盐矿物浮选原理[M]．北京：科学出版社，2004

[43] 爱格列斯．M A. 硅酸盐和氧化物的浮选[M]．中国工业出版社，1965

[44] Lai R W M，Fuerstenau D W. 氧化物和复杂氧化物的表面状态与化学键性质之间的关系[J]．国外金属矿选矿，1987(6)：1－8

[45] Hogg R. 矿物表面特性[J]．国外金属矿选矿，1981(12)：1－15

[46] Carta M. 矿物表面能的结构对电选和浮选的影响[J]．国外金属矿选矿，1975(5－6)：13－25

[47] A. J. 罗德汀格斯．晶体化学特性对磷灰石可浮性的影响[J]．国外金属矿选矿，1994(2)：25－34

[48] Rodrigue A J and Brandao P R G. The Effect of Crystal Chemistry Properties on the Flotability of Apitite[C]//18th IMPC. Sydney：1993，1479－1485

[49] 刘晓文．一水硬铝石和层状硅酸盐矿物的晶体结构与表面性质研究[D]．长沙：中南大学，2003

[50] 卢烁十．几种硫酸盐矿物浮选的晶体化学研究[D]．沈阳：东北大学，2008

[51] 胡熙庚等．浮选理论与工艺[M]．长沙：中南工业大学出版社，1991

[52] 王资．浮游选矿技术[M]．北京：冶金工业出版社，2006

[53] 朱玉霜，朱建光．浮选药剂的化学原理[M]．长沙：中南工业大学出版社，1996

[54] 谢广元．选矿学[M]．徐州：中国矿业大学出版社，2001

[55] 朱建光．2005年浮选药剂的进展[J]．国外金属矿选矿，2006(3)：4－13

[56] 朱建光．浮选药剂[M]．北京：冶金工业出版社，1993

[57] 张一敏．固体物料分选理论与工艺[M]．徐州：中国矿业大学出版社，2001

[58] 刘文刚等．螯合捕收剂在浮选中的应用[M]．徐州：中国矿业大学出版社，2006

[59] M. A. 爱格列斯．硅酸盐和氧化物的浮选[M]．罗荣昌译．北京：中国工业出版社，1965

[60] 朱建光．2007年浮选药剂的进展[J]．国外金属矿选矿，2008(4)：3－11

[61] 孙传尧，印万忠．硅酸盐矿物浮选原理[M]．北京：化学工业出版社，2001

[62] 孙传尧．当代世界的矿物加工技术与装备——第十届选矿年评[M]．北京：科学出版社，2006

[63] 蒋玉仁等．新型螯合捕收剂 COBA 结构与捕收性能的关系[J]．中国有色金属学报，2001，11(4)：702

-706

[64] 赵世民，王淀佐等. N-[(3-二甲氨基)丙基]-脂肪酸酰胺泡沫浮选一水硬铝石的研究[J]. 中国矿业大学学报，2004,33(1)：702-73

[65] 赵世民，胡岳华等. N-(2-氨乙基-月桂酰胺浮选铝硅酸盐矿物的研究[J]. 物理化学学报，2003，19(6)：573-576

[66] ACKerman P K et. al. Use of Xanthogen Formates as Collectors in the Flotation of Copper Sulfides and Pyrite [J]. Mirer. Process，58(2000)，1-12

[67] Sirkeci A A. The Flotation Separation of Pyrite from Assenopyrite Using Hexyl Thioethyl Amine as Collector [J]. Miner. Process，2000，60(3-4)，263-267

[68] Monte M B M，Alivievra J F. Flotation of Sylvite with Dodecyloamine and the Effect of Added Long Chain Alcohols[J]. Minerals Engineering，2004，17(3)：425-430

[69] Hu Yuehua，Sun wei，Li Haipu，et. al. Role of Macro-Molecules in Kaolimite Flotation [J]. Minerral Engineering，2004，17 (9/10)：1017-1022

[70] Hu Yuehua，Cao Xuefeng，Li haipu. Synthesis of N-decyl-1，3-diaminopropanes and it's Flotation Properhies [J]. Tran of Nonferrous Metals Soc of China，2003，12(2)：417-420

[71] Wang Y，Y. Hu，P. He，et. al. Reverse Flotation for Removal of Silicates from Diasporic-bauxite [J]. Minerals Engineering，2004，17(1)：63-68

[72] 爱格列斯. M A. 浮选调整剂. 张文彬等译. 北京：冶金工业出版社，1982

[73] Nagaraj D R，et al. Copper Depressants：Correlation between Structure and Activity[C]//112th SME-AIME Annual Meeting. 1982：89-93

[74] 陈建华，冯其明，卢毅屏. 硫化矿物有机抑制剂结构与性能的研究[J]. 有色金属，1998，50(3)，60-63

[75] 林强. 新型浮选药创合成及结构与性能关系研究[D]. 长沙：中南工业大学，1989

[76] Laskowski J S，Liu Q，Bolin N J. Polysaccharides in Flotation of Sulphides. Part I. Adsorption of Polysaccharides Onto Mineral Surfaces[J]. Miner. Process.，1991(33)：223-234

[77] Pinto C L L，Araufo de A C，Peres A E C. The Effect of Starch，Amylose and Amylopectin on the Depression of Oxi-minerals[J]. Minerals Engineering，1992(5)：469-478

[78] 彭先淦. 金川低品位镍矿的浮选工艺研究[D]. 长沙：中南工业大学，1998

[79] 陈建华. 低碱度铜硫浮选分离新型有机抑制剂应用研究[J]. 有色金属(季刊)，1997，49(4)：29-33，44

[80] 丁抗生. 国外水泥助磨剂发展概况[J]. 建材部技术情报研究所，1982(2)：5-13

[81] 陈炳辰. 磨矿原理[M]. 北京：冶金工业出版社，1989

[82] Sivkov S P，Mundshiukov D V. In Organic-mineral Fillers for Cement [C]//Proceedings of the 10th International Congress on the Chemistry of Cement. Sweden：1997

[83] 卢迪芬，魏诗榴. 木质素型复合水泥助磨剂的研究[J]. 硅酸盐通报，1989，8(2)：44-49

[84] 尤兆玮，孙昕. 精细过滤及硅藻土助滤剂的应用[J]. 过滤与分离，2005，15(2)：32-35

[85] 孔令发. 助滤剂在湿法磷酸中的应用[J]. 磷肥与氮肥，2005，20(2)：32-35

[86] 阳离子聚丙烯酰胺作为助滤剂在机械浆中的应用[J]. 天津造纸，2006(2)：34-37

[87] 罗蒨. 我国选矿过滤技术的进展[J]. 金属矿山，2000(1)：11

[88] 李世丰，张永光. 表面化学[M]. 长沙：中南工业大学出版社，1991

[89] Carlos de F. Gontijo，Tatu Miettinen，Daniel Fornasiero，John Ralston Extreme Flotation：How Particle Size，Contact Angle and Hydrodynamics Influence Flotation Limits[C]//in the Proceedings of 24th IMPC. Beijing：2008，volume 1，1038-104

[90] Polat M，Chander S. 2000，First Order Flotation Kinetics Models and Methods for Estimation of the True

Distribution of Flotation Rate Constants[J]. Miner. Process. 58, 145 – 166

[91] Yoon R – H. 1991, Hydrodynamics and Surface Forces in Bubble-particle Interactions[M]. Aufbereitungs Technik, 32: (9)474

[92] 张一敏. 固体物料分选理论与工艺[M]. 北京: 冶金工业出版社, 2007

[93] 魏德洲. 固体物料分选学[M]. 北京: 冶金工业出版社, 2000

[94] 邬顺科, 戴晶平, 罗开贤. 快速分支浮选工艺研究与应用[J]. 有色金属(选矿部分), 2006(6): 1 – 5

[95] Salamy S G, Nixon J G. The Application of Electrochemical Methods to Flotation Research[C]//Recent Development in Mineral Dressing. 1952, 503 – 516

[96] Leppinen J O, Basilio C I and Yooh R H. Insitu FTIR Study of Ethylxanthate and Sorption on Sulfide Minerals under Conditions of Controlled Potential[J]. Miner. Process. 1989, 26: 259 – 274

[97] Buckley A N, Woods R. The Galena Surface Revisited, Electrochemistry in Mineral and Metal Processing [M]. 1996: 1 – 3

[98] A. 尤莱伯 – 萨拉斯等. 通过控制矿浆电位提高 Pb/Cu 浮选指标[J]. 国外金属矿选矿, 2000(8): 37 – 42

[99] 黄和平, 邱波, 张治元. 安庆铜矿电化学调控浮选探索[J]. 矿冶工程, 2005(4): 36 – 38

[100] Helical S, In Richardson P E(ed). Proceedings International Symposium on Electrochemistry in Mineral and Metal Processing[M]. Electrochemistry Science, 1988: 170 – 182

[101] 顾帼华, 王淀佐, 刘如意, 邱冠周. 硫化矿电位调控浮选及原生电位浮选技术[J]. 有色金属, 2005 (5): 18 – 21

[102] 顾帼华, 刘如意, 王淀佐. 原生电位浮选过程中的捕收剂匹配[J]. 有色金属, 1999, 11(4): 21 – 25

[103] 周龙廷. 选矿厂设计[M]. 长沙: 中南工业大学出版社, 1999

[104] 沈政昌, 刘振春等. KYF – 50 充气机械搅拌式浮选机研制[J]. 矿冶, 2001, 10(3): 33 – 35

[105] 卢寿慈. 浮选原理[M]. 北京: 冶金工业出版社, 1989

[106] 杨锦隆. 新型充填式浮选柱[J]. 国外金属矿选矿, 1991(2): 8 – 12

[107] 刘炯天, 欧泽深, 王振生. 詹姆森浮选柱的研究[J]. 选煤技术, 1995, 1: 26 – 29

[108] 邱冠周, 伍喜庆, 王毓华等. 近年浮选进展[M]. 金属矿山, 2006, 1: 41 – 52

[109] 卢世杰. KYZ 型浮选柱机理研究[J]. 有色金属(选矿部分), 2002, (1): 20 – 23

[110] 刘桂芝, 吴庆华. SF 型自吸式浮选机的研制与推广应用[J]. 矿冶, 1999, 8(1): 68 – 72

[111] 张兴昌. CPT 浮选柱工作原理及应用[J]. 有色金属(选矿部分), 2003(2): 22 – 24

[112] 刘炯天. 旋流 – 静态微泡柱分选方法及应用(之一) – 柱分选技术与旋流 – 静态微泡柱分选方法[J]. 选煤技术, 2000(1): 42 – 44

[113] 刘炯天. 旋流 – 静态微泡柱分选方法及应用(之二) – 柱分离过程的静态化及其充填方式[J]. 选煤技术, 2000(2): 1 – 5

[114] 刘炯天, 胡军, 马力强, 王永田. 浮选柱分选技术的发展与应用[J]. 煤炭加工与综合利用, 2000(1)

[115] 路迈西, 尹汝涣. 微泡浮选柱选煤技术[J]. 中国矿业大学学报, 1996, 25(2): 19 – 24

[116] 卢世杰, 沈政昌, 刘惠林. 浮选设备研究发展概述[C]//中国矿业联合会, 第四届全国选矿设备学术会议. 北京: 中国矿业, 2001, 26 – 3

[117] 孙时元. 中国选矿设备实用手册[M]. 北京: 机械工业出版社, 1994

[118] 沈政昌等. 大型浮选机评述[C]//第七届全国矿产资源综合利用学术会议论文集. 北京: 中国矿业, 2004, 229

[119] 胡熙庚, 黄和慰, 毛钜凡等. 浮选理论与工艺[M]. 长沙: 中南工业大学出版社, 1991

[120] 胡熙庚. 有色金属硫化矿选矿[M]. 北京: 冶金工业出版社, 1987

[121] 中国黄金生产实用技术编委会. 中国黄金生产实用技术[M]. 北京: 冶金工业出版社, 1998

[122] 刘时杰 . 铂族金属矿冶学[M]. 北京: 冶金工业出版社, 2001

[123] И. Н. 马斯列尼茨基等. 贵金属冶金学[M]. 北京：原子能出版社，1992

[124] 潘其经，周永生. 我国锰矿选矿的回顾与展望[J]. 中国锰业，2000(11)

[125] 张一敏，张永红，杨大兵. 氧化锰矿电化学浮选研究[J]. 中国锰业，1999(5)

[126] 毛钜凡，张勇. 水玻璃等调整剂在菱锰矿浮选中的作用研究[J]. 中国锰业，1988(2)

[127] 毛钜凡，朱友益. 药剂在微细粒菱锰矿絮凝－浮选中作用的研究[J]. 中国锰业，1990(4)

[128] Kazimierz Jurkiewicz. Flotation of Zinc and Cadmium Cations in Presence of Manganese Dioxide. Colloids and Surfaces A: Physicochem. Eng. Aspects 276 (2006) 207 – 212

[129] 朱建光. 2000 年浮选药剂的进展[J]. 国外金属矿选矿，2001(3)：10 – 16

[130] 刘邦瑞. 螯合浮选剂[M]. 北京：冶金工业出版社，1982：109 – 110

[131] 李炳秋. 氧化铜矿浮选流程的研究[J]. 有色金属，1985(5)：50 – 53

[132] 叶志中. 新型捕收剂 TLF201 对冬瓜山铜矿的浮选研究[J]. 矿产综合利用，2004(4)：36 – 38

[133] 文书明，张文彬，刘帮瑞. 二硫代碳酸盐活化异极矿的浮选试验研究[J]. 云南冶金，1995(3)：18 – 20

[134] 羊依金，刘邦瑞，冷娥. 用二甲酚橙活化异极矿浮选的研究[J]. 云南冶金，1992(2)：35 – 38

[135] 石道民，杨敖. 氧化铅锌矿的浮选[M]. 昆明：云南科技出版社，1996

[136] 谭欣，李长根. 国内外氧化铅锌矿浮选研究进展(I)[J]. 国外金属矿选矿，2000(3)：7 – 14

[137] 孙伟，胡岳华，覃文庆等. 钨矿浮选药剂研究进展[J]. 矿产保护与利用，2000，6(3)

[138] 王毓华，于福顺. 新型捕收剂浮选锂辉石和绿柱石[J]. 中南大学学报，2005(5)：807 – 811

[139] 王毓华，陈兴华等. 锂辉石与绿柱石浮选分离的试验研究[J]. 稀有金属，2005(3)：320 – 323

[140] 崔广仁等. 稀有金属选矿[M]. 北京：冶金工业出版社，1975：42 – 70

[141] A. B. 索萨等. 葡萄牙锂辉石矿石的选矿研究[J]. 国外金属矿选矿，2001(10)：29 – 31

[142] 李承元，李勤等. 国内外锂资源概况及其选冶加工工艺综述[J]. 世界有色金属，2001(8)：4 – 8

[143] 朱建光. 铌资源开发应用技术[M]. 北京：冶金工业出版社，1992

[144] 任皞，杨则器，池汝安. 双膦酸捕收铌铁金红石机理研究[J]. 有色金属，1998(3)：55 – 59

[145] Oliveira J F, Saraiva S M, Pimenta J S, et al. Technical Note Kinetics of Pyrochlore Flotation from Araxa Mineral Deposits[J]. Minerals Engineering, 2001, 14(1): 99

[146] Burt R O, Korinet G, Young S R, et a1. Ultrafine Tantalum Recovery Strategies [J]. Minerals Engineering, 1995(8): 857 – 870

[147] 余永富，陈泉源，李养正. 白云鄂博中贫氧化矿磁选工艺综合回收铌的研究[J]. 矿冶工程，1992(1)：30 – 35

[148] 何季麟. 中国钽铌工业的进步与展望[J]. 中国工程科学，2003(5)：40 – 46

[149] 周少珍，孙传尧. 钽铌矿选矿的研究进展[J]. 矿冶(增刊)，2002(7)：175 – 178

[150] 高玉德，邹霓，董天颂. 细粒钽铌选矿工艺流程及药剂研究[J]. 有色金属(选矿部分)，2004(1)：30 – 33

[151] 王文梅. 白云鄂博铌资源综合利用选矿新工艺[J]. 有色金属，2004(1)：472 – 474

[152] 黄宇林，童雄. 钽铌矿物的浮选药剂研究概况[J]. 稀有金属，2006(6)：870 – 876

[153] 葛英勇，甘顺鹏，曾小波. 胶磷矿双反浮选工艺研究[J]. 化工矿物与加工，2006(8)：8 – 10